四川省"十二五"普通高等教育本科规划教材

数学物理方法与仿真

（第3版）

杨华军　江　萍　编著

电子工业出版社

Publishing House of Electronics Industry

北京·BEIJING

内 容 简 介

本书系统地阐述了复变函数论、数学物理方程的各种解法、特殊函数以及计算机仿真编程实践等内容,对培养思维能力和实践编程能力具有指导意义。本书在取材的深度和广度上充分考虑到前沿学科领域知识内容,形成了具有前沿学科特点的数学物理方法与计算机仿真相结合的系统化理论体系。

本书结构层次清晰,理论具有系统性和完整性,重点立足于对思维能力的培养,加强计算机仿真能力的训练,分别介绍了复变函数、数学物理方程和特殊函数的计算机仿真求解及其解的仿真图形显示。习题解答和仿真程序等可以通过网络下载。

本书可作为物理学、地球物理学、电子信息科学、光通信技术、空间科学、天文学、地质学、海洋科学、材料科学等学科领域的理工科大学本科教材,也可供相关专业的研究生、科技工作者作为参考资料并进行计算机仿真训练。

图书在版编目(CIP)数据

数学物理方法与仿真/杨华军,江萍编著. —3 版. —北京:电子工业出版社,2020.3

ISBN 978-7-121-29534-8

Ⅰ. ① 数… Ⅱ. ① 杨… ② 江… Ⅲ. ① 数学物理方法–高等学校–教材 ② 计算机仿真–高等学校–教材 Ⅳ. ① O411.1 ② TP391.9

中国版本图书馆 CIP 数据核字(2019)第 290020 号

责任编辑:章海涛

印　　刷:北京盛通商印快线网络科技有限公司

装　　订:北京盛通商印快线网络科技有限公司

出版发行:电子工业出版社

　　　　　北京市海淀区万寿路 173 信箱　邮编:100036

开　　本:787×1092　1/16　印张:26.5　字数:678 千字

版　　次:2005 年 5 月第 1 版

　　　　　2020 年 3 月第 3 版

印　　次:2023 年 6 月第 5 次印刷

定　　价:62.00 元

凡所购买电子工业出版社图书有缺损问题,请向购买书店调换。若书店售缺,请与本社发行部联系,联系及邮购电话:(010)88254888,88258888。

质量投诉请发邮件至 zlts@phei.com.cn,盗版侵权举报请发邮件至 dbqq@phei.com.cn。

本书咨询联系方式:192910558(QQ 群)。

序

　　将数学思想方法应用于现代高新技术专业领域,并构建成典型的数学物理模型和解决问题的方法,从而形成了科学研究中实用性很强的数学物理方法。数学物理方法既利用了精妙的数学思想,又联系了具体的研究任务和研究目标。建立数学物理模型并给出解决方法,尤其是计算机仿真解法,是思维和研究任务、数学和物理模型有机结合的方法,是统一数学思想和物理模型的系统化理论。脱离了数学思维,具体研究任务就失去了理论指导方法;脱离了所研究的对象(物理模型),数学思维就难以发挥其解决实际问题的巨大潜能。既非数学思想也非物理模型本身能达到尽善尽美,只有两者的有机结合才能形成推动人类科学技术赖以发展的动力之源。

　　在这里,不妨引用柯朗在《数学物理方法》一书(德文版)序言中的一段话加以描述,"从 17 世纪以来,物理的直观,对于数学问题和方法是富有生命力的根源,然而近年来的趋向和时尚,已将数学与物理间的联系减弱了,数学家离开了数学的直观根源,而集中推理精致和着重于数学的公设方面,甚至有时忽视数学与物理学以及其他科学领域的整体性。而且在许多情况下,物理学家也不再体会数学家的观点,这种分裂无疑对于整个科学界是一个严重的威胁。科学发展的洪流可能逐渐分裂成为细小而又细小的溪渠,以至于干涸,因此有必要引导我们的努力转向于将许多有特点的和各式各样的科学事实的共同点,将其相互关联加以阐明,以重新统一这种分离的趋向"(译文引自该书中译本)。或许我们今天所应做的正是柯朗所指出的。数学物理方法也正是将这种分裂进行重新统一并实现有机结合的具体体现。

　　本书系统阐述了复变函数论、数学物理方程、特殊函数以及计算机仿真与实践 4 篇内容,精妙的数学思想与深刻的物理内涵在浅显的文字和系统的逻辑思维下,显得易于理解并颇具趣味性。本书既加强了数学理论和物理模型的联系,又加强了数学物理问题中典型实例的计算机仿真方法。计算机仿真编程篇中详细给出了计算机仿真编程思想和实践方法,这对于加强计算机仿真求解数学物理典型问题具有积极的理论意义和实际意义。使用计算机仿真软件解决专业技术问题(建立物理模型)是科学工作者进行科学研究最为重要的辅助设计方法。这无论对于培养大学本科生、研究生的理论知识水平和思维能力以及实践编程能力都具有积极的意义。

　　数学物理方法在高等数学和大学物理(包括力学、热学、声学、光学和电磁学)的基础上,既拓深了高等数学的内容,又给出了各个专业技术领域里具有普遍意义的典型物理模型的数学解法,同时为四大力学(理论力学、电动力学、统计力学和量子力学)和其他专业课程有关的数学物理问题做了准备,起到了承上启下的作用。本书既是数学理论的延续,又是物理模型的解决方法,是数学理论方法在专业理论中典型应用的系统性的产物,是数学和物理学系统理论的结晶。

　　本书不仅可以使读者学习到系统的基础理论,而且能引导读者通过对具体物理过程的分析,抓住主要因素,对物理现象建立系统的数学模型(即用数学理论来分析、模拟物理现象),并对数学模型(如微分方程)进行分析、求解(包括计算机仿真求解和动态演示),以达到对物理现象的深入了解。本书将引导读者从纯数学的学习转入将数学和物理紧密结合,将抽象的数学理论应用于实际物理问题的具体方法的学习,有利于培养读者分析问题和解决问题的能力。

读者在学习本书中所获得的数理知识的提高以及思维能力的训练,将使他们终身受益。

刘盛纲

中国科学院院士

2020 年 1 月

前　言

为适应 21 世纪"数学物理方法"课程教学改革发展的需要,并加强理、工科专业本科生(研究生)的计算机编程实践能力的培养,作者本着将系统的数学物理方法理论知识与计算机仿真编程实践相结合的愿望编写了本书。全书包括复变函数、数学物理方程、特殊函数、计算机仿真与实践共 4 篇,系统而全面地阐述了数学物理方法的内容,加强了典型实例分析和理论总结。

复变函数篇系统阐述了复变函数、解析函数、复变函数的积分、级数、留数定理、保角变换,利用复变函数系统理论中的各种基本定理或公式求解一个典型的环路积分,从而将各章节的内容联系起来,使复变函数理论成为一个系统的有机整体。本篇加强了对发散思维的培养、创新思维的启发和计算机仿真编程实践能力的训练。

数学物理方程篇讨论了线性和非线性数学物理问题,主要对满足线性叠加原理的数学物理方程进行了详细讨论,包括数学模型的建立、数学物理方程的分类(双曲型、抛物型和椭圆型方程)和标准化,并详细讨论了线性方程的求解方法。求解方法具体包括:① 行波法(又称达朗贝尔解法);② 分离变量法(数学物理方程的主要解法);③ 幂级数解法;④ 格林函数法;⑤ 积分变换法;⑥ 保角变换法;⑦ 变分法;⑧ 计算机仿真解法(利用 Matlab 中的偏微分方程工具箱 PTEtool 求解)。该篇最后对数学物理方程的解法进行了综述,对典型的非线性 KdV 方程给出了孤立波解,对典型的非线性 Burgers 方程给出了冲击波解。

特殊函数篇通过对勒让德方程、连带勒让德方程以及球谐函数方程解的讨论,分别引出了勒让德多项式、连带勒让德函数以及球函数,介绍了其基本性质及本征值问题,讨论了在定解问题中的应用;对贝塞尔方程解的讨论引出了第一、第二、第三类贝塞尔函数,介绍了贝塞尔函数的基本性质、本征值问题及其在定解问题中的应用;初步讨论了虚宗量贝塞尔方程、球贝塞尔方程的解及其对应的特殊函数性质。

计算机仿真与实践篇主要介绍利用数学工具软件和常用计算机语言实现对复变函数、数学物理方程以及特殊函数的计算或求解进行计算机仿真。计算机仿真方法可以广泛应用于科学研究中,并能对研究结果进行直观的显示(对随时间变化的波动方程和热传导方程能动态演示解的图形分布)。

本书还有配套的丰富的网络资源,主要包括:① 数学物理基础篇(包括矢量基础和矢量场论部分);② 全书习题答案,难题的详细解答,计算机仿真程序;③ 几类特殊函数(如埃尔米特多项式、拉盖尔多项式等)的引入及其基本理论介绍;④ 典型的数学问题、物理问题、数学物理问题的讨论与计算机仿真,以及数学定理的仿真验证,从而加强创新思维的启发以及计算机仿真能力的训练;⑤ 电子课件。读者可从 http://www.hxedu.com.cn(华信教育资源网)或http://www.uestc.edu.cn 电子科技大学精品课程"数学物理方法"中下载。

本书中的部分理论、典型实例和计算机仿真源于作者在美国加州大学(圣巴巴拉分校)研究访问期间所查询的大量外国原版书籍内容,同时也参阅了大量国内同行专家们的文献资料,谨此对他们的辛勤劳动表示由衷的谢意!作者衷心感谢刘盛纲院士在百忙之中阅读了本书并提出了宝贵意见和建议。作者向本书的责任编辑和电子工业出版社的热情支持表示由衷的谢意!作者也向为本书的编写付出过劳动的博士生、硕士生们表示感谢!他们是伍振海、何修军、刘长久、蔡杨伟男、赵晓云等。

在本书落笔时,作者油然感悟到对浩瀚宇宙中科学知识的渴望和自身认知科学的肤浅。在荏苒的时光中,作者所想表达的愿望和读者的期望未必能达到和谐一致。限于作者水平,未能尽意的文字只能起到抛砖引玉的作用,谨此诚挚地希望广大读者提出宝贵意见和建议(E-mail:yanghj@uestc.edu.cn),疏漏之处恳请专家和读者不吝指正。

作　者

目　　录

第一篇　复　变　函　数

第二篇　数学物理方程

第三篇 特 殊 函 数

第四篇 计算机仿真与实践

第一篇 复 变 函 数

> 主要内容:复变函数、解析函数、复变函数的积分、级数、留数定理、保
>   角变换。
> 重点:解析函数、复变函数的积分与留数定理。
> 特色:通过一典型环路积分,将各章节有机联系起来,使复变函数理
>   论成为一个系统的有机整体,并加强了各部分内容之间的相互
>   联系,注重培养学生创新思维、计算机仿真和解决实际问题的
>   能力。

数学发展的历史告诉我们:虚数是在代数运算过程中开始出现的。早在 16 世纪,对一元二次、一元三次代数方程求解时就引入了虚数的基本思想。1545 年,卡丹诺(Girolamo Cardano,1501—1576 年,意大利数学家)在他的 *Ars Magna* 一书中给出了虚数的符号和运算法则,但同时也对这种运算的合法性表示怀疑。卡丹诺对虚数引入的基本思想:

一元三次方程 $x^3+px+q=0$(其中 p,q 为实数)的求根公式,通常也叫做卡丹诺(Cardano)公式:

$$x=\sqrt[3]{-\frac{q}{2}+\sqrt{\left(\frac{q}{2}\right)^2+\left(\frac{p}{3}\right)^3}}+\sqrt[3]{-\frac{q}{2}-\sqrt{\left(\frac{q}{2}\right)^2+\left(\frac{p}{3}\right)^3}}$$

因为在复数域中立方根一般是 3 个,因而简记为:

$$\alpha=\sqrt[3]{-\frac{q}{2}+\sqrt{\left(\frac{q}{2}\right)^2+\left(\frac{p}{3}\right)^3}} \text{ 和 } \beta=\sqrt[3]{-\frac{q}{2}-\sqrt{\left(\frac{q}{2}\right)^2+\left(\frac{p}{3}\right)^3}}$$

式中,α,β 分别给出三个值 $\alpha_1,\alpha_2,\alpha_3$ 和 β_1,β_2,β_3。在应用卡丹诺公式中,对于某一个确定的 α_i,需要满足条件 $\alpha_i\beta_j=-p/3$ 的 β_j 组合构成其解,以实现对解的限制,限制后的解 $x=\alpha_i+\beta_j$ 为 3 个。读者可参考库洛什著《高等代数教程》。

需特别指出:可以证明,当 $x^3+px+q=0$ 有 3 个不同的实根时,若要用公式法来求解,则不可能不经过负数开方(范德瓦尔登著《代数学》,丁石孙译,科学出版社,1963 年)。至此,我们明白了这样的事实,此方程根的求得必须引入虚数概念。

卡丹诺公式出现于 17 世纪,那时虚数的地位就已初步确定下来,但对虚数的本质还缺乏认识。“虚数”这个名词是由 17 世纪的法国数学家笛卡儿(Descartes)正式取定的。“虚数”代表的意思是“虚假的数”、“实际不存在的数”,后来还有人“论证”虚数应该被排除在数的世界之外。由此给虚数披上了一层神秘的外衣。

18 世纪,瑞士数学家欧拉(Leonhard·Euler,1707—1783 年)试图进一步解释虚数到底是什么数,他把虚数称为“幻想中的数”或“不可能的数”。他在《对代数的完整性介绍》(1768—1769 年在俄国出版,1770 年在德国出版)一书中说:因为所有可以想象的数或者比零大,或者比零小,或者等于零,即为有序数。所以很清楚,负数的平方根不能包括在可能的有序数中,就其概念而言,它应该是一种新的数,而就其本性来说它是不可能的数。因为它们只存在于想象之中,所以通常叫做虚数或幻想中的数。于是,欧拉首先引入符号 i 作为虚数单位。

18世纪末至19世纪初,挪威测量学家威塞尔(Wessel)、瑞士的工程师阿尔甘(Argand)以及德国的数学家高斯(Gauss)等都对"虚数"(也称为"**复数**")给出了几何解释,并使复数得到了实际应用。

特别是在19世纪,有三位代表性人物,即柯西(Cauchy,1789—1857年)、维尔斯特拉斯(Weierstrass,1815—1897年)、黎曼(Rieman,1826—1866年)。柯西和维尔斯特拉斯分别应用积分和级数研究复变函数,黎曼研究复变函数的映射性质,经过他们的不懈努力,终于建立了系统的复变函数论。至此,披在虚数身上的神秘外衣才算真正被揭开,复变函数论才在数学科学的丛林之中昂然挺立,独树一帜。从柯西算起,复变函数论已有170多年的历史,复变函数论以其完美的理论与精湛的技巧成为数学的一个重要组成部分。

自从有了复变函数论,实数领域中的禁区或不能解释的问题,如负数不能开偶数次方、负数没有对数、指数函数无周期性、正弦函数、余弦函数的绝对值不能超过1等,已经迎刃而解。

根据数学理论,在系统的函数论中所涉及的函数有:实变实值,实变复值,复变实值,复变复值。复变函数论主要讨论复变复值函数。需要指出的是,系统的复变函数论主要包括单值解析复变函数论、多值复变函数论(黎曼曲面理论)、几何函数论、留数理论、广义解析函数等方面的内容。限于篇幅,本篇主要讨论单值解析复变函数论,具体讨论复数与复变函数、解析函数及复变函数的积分、级数展开、留数等系统理论,并介绍保角变换、傅里叶变换和拉普拉斯变换。

当人们澄清了复数的概念并建立了系统的复变函数论后,新的问题是:能否在保持复数的基本性质条件下对复数系进行新的扩张呢?答案是否定的。当哈密顿(Hamilton)试图寻找三维空间复数的类似物时,他发现自己被迫要作两个让步:第一,他的新数要包含4个分量;第二,他必须牺牲乘法的交换律。这两个特点都是对传统数系的革命。他称这种新的数为"四元数"。"四元数"的出现昭示着传统观念下数系扩张的结束,否则必须抛弃数系传统的**基本性质——交换律**。

"四元数"说明:将复变函数再进一步推广就是以$1,i,j,k$为**基的四元数**:$q=t+xi+yj+zk$,其中t,x,y,z是实数,i,j,k是基单元。注意四元数全体不能构成域,因为它**不满足乘法的交换律**。读者可参考相关文献资料。

数学的思想一旦冲破传统模式的藩篱,便会产生无可估量的创造力。哈密顿的四元数的发明,使数学家们认识到如果可以抛弃实数和复数的交换性(即抛弃复数的基本性质)去构造一个有意义、有作用的新"数系",那么就可以较为自由地考虑甚至偏离实数和复数的通常性质的代数构造,从而使得另一个通向抽象代数的大门被打开。我们相信,随着科学技术的不断发展,数学系统理论将不断地完善和自洽。

第 1 章　复数与复变函数

本章概述性地描述复数的基本知识和复变函数区域的基本概念及其单连通、多连通的判断,以及复变函数连续和极限的概念。区域概念及其区域判断、复变函数的极限和连续是本章的重点。同时,本章涉及计算机编程实践,以培养读者的计算机仿真能力。读者可以利用 Matlab,Mathcad,Mathmatic 等数学工具软件直接进行复数及复变函数的基本运算,详细请参考第四篇。

1.1　复数概念及其运算

1.1.1　复数概念

1. 数域的拓展——复数域

在解方程时,有时会遇到负数开方的问题,但在实数范围内负数是不能开平方的。前面已经叙述,早在 18 世纪数学家欧拉就引入一个新符号 i 称为虚数单位,并规定 $i=\sqrt{-1}$。这样,在实数域内无解的方程 $x^2+1=0$ 在数域拓展后也有两个根:i 和 $-i$。这样就实现了由实数域拓展为新的数域:**复数域**。

2. 复数的概念

定义 1.1.1　复数　形如 $x+iy$ 的数称为**复数**(Complex number),记为

$$z=x+iy \tag{1.1.1}$$

或 $z=(x,y)$。其中,x 称为复数 z 的实部(Real Part),y 称为复数 z 的虚部(Imaginary Part),记为

$$x=\mathrm{Re}(z),\quad y=\mathrm{Im}(z) \tag{1.1.2}$$

或 $x=\mathrm{Re}z,y=\mathrm{Im}z$。

特别地,当 $x=0$,且 $y\neq0$ 时,$z=iy$ 称为**纯虚数**;当 $y=0$ 时,$z=x$ 是实数。

3. 复数的集合表示

定义 1.1.2　复数集　全体复数组成的集合称为复数集,记为 C,即

$$C=\{x+iy\mid x,y\in R\} \tag{1.1.3}$$

此处 R 为实数(Real number)集。

4. 复数相等

对于两个复数 $z_1=x_1+iy_1$ 和 $z_2=x_2+iy_2$,当且仅当实部 $x_1=x_2$ 且虚部 $y_1=y_2$ 时,才称 z_1 和 z_2 两个复数相等,记为 $z_1=z_2$。

5. 复数的无序性

实数可以比较大小,是有序的,但复数不能比较大小,即复数是无序的。尽管复数的实部

x 和虚部 y 均为实数,但是由于复数 $z=x+iy$ 是实部和虚部通过虚单位 i 联系起来的,从而不能比较大小。

问:复数为什么不能比较大小?

解释:复数是实数的推广,若复数能比较大小,则它的大小顺序关系必须遵循实数顺序关系的有关性质。例如,在实数中,若 $a>b,c>0$,则 $ac>bc$;若 $a>b,c<0$,则 $ac<bc$。我们用复数 i 和 0 来说明。对于非零复数即 $i\neq0$,若 $i>0$,根据实数不等式的性质,两边同乘以"大于零"的 i,得 $i\times i>i\times0$,即 $-1>0$,矛盾;若 $i<0$,两边同乘以"小于零"的 i,可推得 $-1>0$,也矛盾。由此可见,在复数域中无法定义大小关系,即两个复数不能比较大小。

1.1.2 复数的基本代数运算

1. 四则运算

复数域是实数域的推广,实数是复数的特例,故规定复数的运算时,必须使得复数的代数运算满足实数代数运算的一些基本要求。

设 $z_1=x_1+iy_1,z_2=x_2+iy_2$ 为任意两个复数,它们的四则运算定义如下。

加(减)法: $z_1\pm z_2=(x_1\pm x_2)+i(y_1\pm y_2)$

乘法: $z_1z_2=z_1\times z_2=(x_1x_2-y_1y_2)+i(x_1y_2+x_2y_1)$

除法: $\dfrac{z_1}{z_2}=\dfrac{x_1+iy_1}{x_2+iy_2}=\dfrac{x_1x_2+y_1y_2}{x_2^2+y_2^2}+i\dfrac{y_1x_2-x_1y_2}{x_2^2+y_2^2}$ $(z_2\neq0)$ (1.1.4)

2. 复数运算的性质

不难证明,复数的四则运算也满足交换律、结合律和分配律。

3. 复数的二项式定理

实数的二项式定理对复数同样有效。

定理 1.1.1 复数的二项式定理 根据复数的四则运算,如果 z_1 和 z_2 为任意复数,那么二项式展开满足

$$(z_1+z_2)^n=\sum_{k=0}^{n}C_n^k z_1^{n-k}z_2^k \qquad (n=1,2,\cdots)$$ (1.1.5)

即二项式定理。其中,$C_n^k=\dfrac{n!}{k!\ (n-k)!}$ $(k=0,1,2,\cdots,n)$。

(提示:可用数学归纳法证明。首先证明当 $n=1$ 时等式成立,再假设当 $n=m$ 时(m 为任意整数)等式成立。最后证明,等式对于 $n=m+1$ 仍成立。)

1.2 复数的表示

1.2.1 复数的几何表示

1. 复平面的定义

定义 1.2.1 复平面 由于一个复数 $z=x+iy$ 由一对有序实数唯一确定,故对于平面上给定的直角坐标系,复数的全体与该平面上的点的全体形成一一对应关系,从而复数 $z=x+iy$ 可

以用该平面上坐标为 $P(x,y)$ 的点来表示。其中,x 轴称为实轴,y 轴称为虚轴,两轴所在的平面称为复平面或 z 平面。

2. 复数的几何表示

定义 1.2.2 复数的几何表示——笛卡儿坐标表示

在复平面内,复数 z 除了用点 (x,y) 表示外,还可以用从原点指向点 $z=(x,y)$ 的矢量(或向量)$\overrightarrow{OP}$ 来表示复数,称为**复数的几何表示**。如图 1.1 所示,矢量 r 或 $\overrightarrow{OP}$ 代表复数 $z=x+iy$。从这种几何意义上,我们把 $z=x+iy$ 称为复数的**直角坐标表示**(或**复数的代数表示**)。

复数的加(减)运算与两个矢量的加(减)运算完全一致,也可用平行四边形或三角形法则求出。

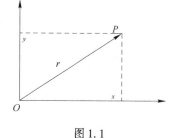

图 1.1

3. 复数的模

定义 1.2.3 复数的模

矢量 $\overrightarrow{OP}$ 的长度 r 叫做复数 z 的模(或绝对值),记为 $|z|$,即

$$|z|=r=\sqrt{x^2+y^2} \tag{1.2.1}$$

(1) 显然,有下列式子成立:

$$|x| \leqslant |z|, \quad |y| \leqslant |z|, \quad |z| \leqslant |x|+|y| \tag{1.2.2}$$

(2) 如果 $z_1=x_1+iy_1, z_2=x_2+iy_2$,则:

① 两点 z_1, z_2 的距离是 $|z_1-z_2|$,即

$$|z_1-z_2|=\sqrt{(x_1-x_2)^2+(y_1-y_2)^2} \tag{1.2.3}$$

② 三角不等式

$$|z_1+z_2| \leqslant |z_1|+|z_2| \tag{1.2.4}$$

成立,这是因为三角形的两边之和大于或等于第三边。

③ 该三角不等式的一个直接结果是

$$|z_1+z_2| \geqslant \|z_1|-|z_2\| \tag{1.2.5}$$

该式的几何意义为:三角形的一边长大于或等于另外两边长之差。

(3) 若满足 $|z-z_0|=R$,则复数 z 对应于以点 z_0 为圆心、R 为半径的圆上各点,简称复数 z 对应的点都在圆周上。

例 1.2.1 用数学归纳法证明三角不等式 (1.2.4) 可以推广为有限项和的形式:

$$|z_1+z_2+\cdots+z_n| \leqslant |z_1|+|z_2|+\cdots+|z_n| \quad (n=2,3,\cdots) \tag{1.2.6}$$

【证明】 (1) 当 $n=2$ 时,式 (1.2.6) 就是式 (1.2.4),故不等式成立。

(2) 设当 $n=m$ 时,式 (1.2.6) 成立,那么当 $n=m+1$ 时,有

$$|(z_1+z_2+\cdots+z_m)+z_{m+1}| \leqslant |z_1+z_2+\cdots+z_m|+|z_{m+1}|$$
$$\leqslant |z_1|+|z_2|+\cdots+|z_m|+|z_{m+1}|$$

即 $\left|\sum\limits_{k=1}^{m+1} z_k\right| \leqslant \sum\limits_{k=1}^{m+1} |z_k|$,故原不等式成立。

1.2.2 复数的三角表示

1. 复数的辐角

定义 1.2.4 辐角,辐角的主值 复数 $z=x+iy$ 对应的点 (x,y) 的极坐标为 r 和 θ,当 $z\neq0$ 时,复数 z 的矢量与实轴正向间的夹角 θ 称为复数 z 的辐角,记为

$$\text{Arg}z=\theta \qquad\qquad (1.2.7)$$

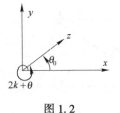

图 1.2

显然,$x=r\cos\theta,y=r\sin\theta,r=\sqrt{x^2+y^2}$,所以

$$\tan(\text{Arg}z)=\tan\theta=\frac{y}{x} \qquad\qquad (1.2.8)$$

需要指出,任何一个非零复数($z\neq0$)有无穷多个辐角(如图 1.2 所示)。若 θ_0 是辐角中的一个,则有

$$\text{Arg}z=\theta_0+2k\pi \quad (k=0,\pm1,\pm2,\cdots) \qquad (1.2.9)$$

式(1.2.9)表示 z 的全部辐角。我们规定其中满足

$$-\pi<\theta_0\leqslant\pi \qquad\qquad (1.2.10)$$

的辐角 θ_0 为**辐角 Arg$z$ 的主值**,记为 $\theta_0=\text{arg}z$。

说明:

①本书按常规约定:辐角主值范围为 $-\pi<\theta_0\leqslant\pi$(有时根据讨论问题的方便,也可选取主值范围为 $0\leqslant\theta_0<2\pi$)。

②我们约定多值函数的第一字母通常大写,如 Arg$z$,而单值函数第一字母通常小写,如 arg$z$。

③当 $z=0$ 时,其模 $|z|=0$,但辐角不确定。因此我们约定:对于复数零,其辐角无定义。

例 1.2.2 复数 $-1-i$ 所对应的点在第三象限,求辐角及其辐角的主值。

【解】 根据辐角定义和主值范围的规定,故辐角为

$$\text{Arg}(-1-i)=\theta_0+2k\pi=-\frac{3\pi}{4}+2k\pi \quad (k=0,\pm1,\pm2,\cdots)$$

辐角的主值为 $\theta_0=-\dfrac{3\pi}{4}$。

2. 复数的三角表示

定义 1.2.5 复数的三角表示 利用笛卡儿坐标关系:$x=r\cos\theta,y=r\sin\theta$,可以把非零复数 z 表示成

$$z=r(\cos\theta+i\sin\theta) \qquad\qquad (1.2.11)$$

这称为**复数的三角表示式**,即

$$z=r\cos\theta+i\,r\sin\theta=r(\cos\theta+i\sin\theta)=|z|[\cos(\text{Arg}z)+i\sin(\text{Arg}z)] \qquad (1.2.12)$$

1.2.3 复数的指数表示

定义 1.2.6 复数的指数表示 利用欧拉公式

$$e^{i\theta}=\cos\theta+i\sin\theta \qquad\qquad (1.2.13)$$

我们可以把任意非零复数 $z=x+iy=r(\cos\theta+i\sin\theta)$ 表示为指数形式,即

$$z = re^{i\theta} \tag{1.2.14}$$

1.2.4　共轭复数

定义 1.2.7　共轭复数(复数的共轭)　复数 $z = x+iy$ 的共轭复数定义为

$$\bar{z} = x-iy \tag{1.2.15}$$

所谓共轭复数,是指其实部不变,虚部反号。共轭复数在复平面内的几何意义表明:点 $\bar{z}(x,-y)$ 是点 $z(x,y)$ 关于实轴的对称点。

性质:

(1)　$|\bar{z}| = \sqrt{x^2+y^2} = |z|$　　　　　　　　　　　　　　　(1.2.16)

(2)　$\bar{\bar{z}} = z$　　　　　　　　　　　　　　　　　　　　(1.2.17)

(3)　$z \cdot \bar{z} = (x+iy)(x-iy) = x^2+y^2 = |z|^2 = |z^2|$　　　(1.2.18)

(4)　共轭复数满足常规的四则运算。

注:共轭复数也可以表示为 $z^* = x-iy$,但本书统一用 $\bar{z}$ 表示。

例 1.2.3　设 $|a|<1$, $|b|<1$,证明: $\left|\dfrac{a-b}{1-\bar{a}b}\right|<1$。

【证明】　只需证 $|1-\bar{a}b|^2 - |a-b|^2 > 0$ 即可。

因　$|1-\bar{a}b|^2 - |a-b|^2 = (1+|a|^2|b|^2 - \bar{a}b - a\bar{b}) - (|a|^2+|b|^2 - \bar{a}b - a\bar{b})$

　　　　　　　　　　$= 1+|a|^2|b|^2 - |a|^2 - |b|^2 = (1-|a|^2)(1-|b|^2)$

由 $|a|<1$, $|b|<1$ 得, $|a|^2<1$, $|b|^2<1$,所以

$$|1-\bar{a}b|^2 - |a-b|^2 > 0$$

1.2.5　复球面、无穷远点

1. 复球面

定义 1.2.8　复数球,复球面　除了用平面内的点或矢量来表示复数外,还可以用球面上的点来表示复数。取一个与复平面切于原点的球面,通过原点做垂直于复平面的直线与球面相交于另一点 N,称 N 为北极,而 O 点为南极。这个球叫做**复数球**,如图 1.3 所示。

在复数平面 xOy 上任取一点 $P(x,y)$,它与球的北极 N 的连线相交于球面点 $P'(\theta,\phi)$。这样,复平面上的有限远点与球面上除 N 点外的点满足一一对应关系。这样,球面上的每个点就有复平面上唯一的一个复数与之对应,这样的球面称为**复球面**。

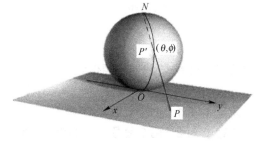

图 1.3

2. 无穷远点

定义 1.2.9　无穷远点　设想点 P 在 xOy 复平面上,沿着一根通过原点的直线向无限远移动,对应的点 P' 就沿着一根子午线(经线)向北极 N 逼近,如图 1.3 所示。事实上,不管点 P 沿着什么样的曲线向无限远移动,P' 总是相应地沿着某曲线逼近于点 N。为了使复平面上的点无例外地都能一一对应起来,我们定义:复平面上有一个唯一的"**无穷远点**",它与球的北

极 N 相对应。无限远点的模为无限大,它的辐角则没有明确定义。

3. 扩充复平面

定义 1.2.10　有限平面,扩充复平面　不包括无穷远点在内的复平面称为有限平面(或称为开平面),包括无穷远点在内的复平面称为扩充复平面(或闭平面)。

对于复数 ∞ 来说,其实部、虚部与辐角的概念均无意义,但它的模为正无穷大,即 $|\infty| = +\infty$ 。对于其他复数 z,则有 $|z| < +\infty$ 。

复球面能把扩充复平面的无穷远点明显地表示出来,这就是它比复平面优越的地方。

4. 无穷远点的四则运算

为了运算方便,关于 ∞ 点的四则运算做如下规定。

加(减)法: 　　　　$a \pm \infty = \infty \pm a = \infty \quad (a \neq \infty)$ 　　　　　　(1.2.19)

乘法: 　　　　　　$a \cdot \infty = \infty \cdot a = \infty \quad (a \neq 0)$ 　　　　　　(1.2.20)

除法: 　　　　$\dfrac{a}{\infty} = 0, \dfrac{\infty}{a} = \infty \quad (a \neq \infty), \dfrac{a}{0} = \infty \quad (a \neq 0)$ 　　(1.2.21)

至于其他运算: $\infty \pm \infty$, $0 \times \infty$, $\dfrac{\infty}{\infty}$,我们不规定其意义。同样, $\dfrac{0}{0}$ 仍然不确定。

说明: 我们引进的扩充复平面与无穷远点,在很多讨论中能够带来方便。无穷远点是一个非常重要的概念,特别是在后面章节中讨论留数时,会使很多积分计算得到简化。这里需要说明的是:以后若无特殊声明,所谓"平面"一般仍指有限平面,所谓"点"仍指有限平面上的点。

1.3　复数的乘幂与方根

1.3.1　复数的乘幂

根据复数的三角表示,设 $z_1 = r_1(\cos\theta_1 + \mathrm{i}\,\sin\theta_1)$, $z_2 = r_2(\cos\theta_2 + \mathrm{i}\,\sin\theta_2)$,根据复数乘法得

$$z_1 z_2 = r_1 r_2(\cos\theta_1 + \mathrm{i}\,\sin\theta_1)(\cos\theta_2 + \mathrm{i}\,\sin\theta_2) = r_1 r_2 \left[\cos(\theta_1 + \theta_2) + \mathrm{i}\,\sin(\theta_1 + \theta_2)\right]$$

于是有

$$|z_1 z_2| = |z_1| |z_2|, \quad \mathrm{Arg}(z_1 z_2) = \mathrm{Arg} z_1 + \mathrm{Arg} z_2$$

若用指数形式,我们也能得到

$$z_1 z_2 = r_1 \mathrm{e}^{\mathrm{i}\theta_1} r_2 \mathrm{e}^{\mathrm{i}\theta_2} = r_1 r_2 \mathrm{e}^{\mathrm{i}(\theta_1 + \theta_2)} \tag{1.3.1}$$

定理 1.3.1　两个复数相乘,其模等于它们模的乘积,其辐角等于它们辐角的和。

定理 1.3.2　两个复数的商的模等于它们模的商(注意:分母不能为 0);两个复数的商的辐角等于被除数与除数的辐角之差。

$$\left|\frac{z_1}{z_2}\right| = \frac{|z_1|}{|z_2|}, \quad \mathrm{Arg}\left(\frac{z_1}{z_2}\right) = \mathrm{Arg} z_1 - \mathrm{Arg} z_2 \quad (z_2 \neq 0) \tag{1.3.2}$$

两个复数相除的指数形式表示为

$$\frac{z_1}{z_2} = \frac{r_1}{r_2} \cdot \frac{\mathrm{e}^{\mathrm{i}\theta_1}}{\mathrm{e}^{\mathrm{i}\theta_2}} = \frac{r_1}{r_2} \mathrm{e}^{\mathrm{i}(\theta_1 - \theta_2)} \quad (r_2 \neq 0) \tag{1.3.3}$$

定义 1.3.1　乘幂　利用数学归纳法可以将上式推广到 n 个复数相乘的三角形式与指数

形式

$$z_1 z_2 \cdots z_n = r_1 r_2 \cdots r_n \left[\cos(\theta_1 + \theta_2 + \cdots + \theta_n) + i \sin(\theta_1 + \theta_2 + \cdots + \theta_n) \right]$$
$$= r_1 r_2 \cdots r_n e^{i(\theta_1 + \theta_2 + \cdots + \theta_n)} \tag{1.3.4}$$

很自然,对于 n 个相同的 z 的乘积,称为 z 的 n 次**乘幂**(简称为 n 次幂),记为 z^n,即

$$z^n = rr \cdots r(\cos\theta + i \sin\theta)(\cos\theta + i \sin\theta) \cdots (\cos\theta + i \sin\theta)$$
$$= r^n(\cos\theta + i \sin\theta)^n = r^n(\cos n\theta + i \sin n\theta)$$
$$= r^n e^{in\theta} \tag{1.3.5}$$

当 $r=1$ 即 $z=\cos\theta + i \sin\theta$ 时,由上式得到

$$z^n = (\cos\theta + i \sin\theta)^n = (\cos n\theta + i \sin n\theta) = e^{in\theta} \tag{1.3.6}$$

这就是著名的**棣模弗**(De Moivre)**公式**。

特别地,当 $n=1$ 时,即为前面提到的**欧拉公式**: $e^{i\theta} = \cos\theta + i \sin\theta$。

例 1.3.1　已知 $x^2 - x + 1 = 0$,求 $x^{11} + x^7 + x^6$ 的值。

【解】　由 $x^3 + 1 = (x+1)(x^2 - x + 1)$ 知, x 是方程 $x^3 + 1 = 0$ 除 -1 外的两个虚数根,即 $x^3 = -1$,因此 $x^{11} = x^9 \cdot x^2 = -x^2, x^7 = x^6 \cdot x = x, x^6 = 1$,故

$$x^{11} + x^7 + x^6 = -x^2 + x + 1 = -(x^2 - x + 1) + 2 = 2$$

例 1.3.2　将 $\cos 4\theta$ 与 $\sin 4\theta$ 表示为 $\cos\theta$ 与 $\sin\theta$ 的幂形式。

【解】　由棣模弗(De Moivre)公式得到

$$\cos 4\theta + i \sin 4\theta = (\cos\theta + i \sin\theta)^4$$
$$= (\cos^4\theta - 6\cos^2\theta \sin^2\theta + \sin^4\theta) + i(4\cos^3\theta \sin\theta - 4\cos\theta \sin^3\theta)$$

根据复数相等得到

$$\cos 4\theta = \cos^4\theta - 6\cos^2\theta \sin^2\theta + \sin^4\theta$$

$$\sin 4\theta = 4(\cos^3\theta \sin\theta - \cos\theta \sin^3\theta)$$

1.3.2　复数的方根

定义 1.3.2　复数的方根　定义了复数的乘幂 $z^n (n = 1, 2, \cdots)$ 后,我们可以求其逆运算来得出方根的计算方法,即求满足 $w^n = z$ 的根 w,其中 z 为已知复数。我们把满足 $w^n = z$ 的复数 w 称为 z 的 n 次**方根**,记为 $\sqrt[n]{z}$,即 $w = \sqrt[n]{z}$。

当 $z=0$ 时,有 $w = \sqrt[n]{0} = 0$;当 $z \neq 0$ 时,为从已知的 z 求出 w,令

$$z = r(\cos\theta + i \sin\theta), \quad w = \rho(\cos\varphi + i \sin\varphi)$$

于是由 $w^n = z$ 得到 $\rho^n(\cos n\varphi + i \sin n\varphi) = r(\cos\theta + i \sin\theta)$,所以

$$\rho^n = r, \cos n\varphi = \cos\theta, \sin n\varphi = \sin\theta$$

由辐角的多值性 $n\varphi = \theta + 2k\pi (k = 0, \pm 1, \pm 2, \cdots)$ 得到

$$\text{Arg} w = \varphi = \frac{\theta + 2k\pi}{n} \quad (k = 0, \pm 1, \pm 2, \cdots) \tag{1.3.7}$$

所以

$$w = \sqrt[n]{z} = \sqrt[n]{r} e^{i\frac{\theta + 2k\pi}{n}} = \sqrt[n]{r} \left[\cos\left(\frac{\theta + 2k\pi}{n}\right) + i \sin\left(\frac{\theta + 2k\pi}{n}\right) \right] \tag{1.3.8}$$

容易验证,当 $k = 0, 1, 2, \cdots, n-1$ 时得到 w 的 n 个不同的值;当 k 取其他整数时,将重复出现上述这 n 个值。因此,一个复数的 n 次方根只能取这 n 个不同的值,即

$$w_k = \sqrt[n]{r} e^{i\frac{\theta + 2k\pi}{n}} = \sqrt[n]{r} \left[\cos\left(\frac{\theta + 2k\pi}{n}\right) + i \sin\left(\frac{\theta + 2k\pi}{n}\right) \right] \quad (k = 0, 1, 2, \cdots, n-1) \tag{1.3.9}$$

复数方根的几何意义：这 n 个方根是以原点为中心，$\sqrt[n]{r}$ 为半径的圆的内接正 n 边形的 n 个顶点。

说明：有时为了计算方便，n 个不同的方根值也可以表示为

$$w_k = \sqrt[n]{r}\, \mathrm{e}^{\mathrm{i}\frac{\theta+2k\pi}{n}} = \sqrt[n]{r}\left[\cos\left(\frac{\theta+2k\pi}{n}\right)+\mathrm{i}\sin\left(\frac{\theta+2k\pi}{n}\right)\right] \quad (k=1,2,\cdots,n) \qquad (1.3.10)$$

式（1.3.10）中，当 $k=n$ 时的值 $w_n=\sqrt[n]{r}\,\mathrm{e}^{\mathrm{i}\frac{\theta+2n\pi}{n}}=\sqrt[n]{r}\,\mathrm{e}^{\mathrm{i}\frac{\theta}{n}}$ 正好对应于式（1.3.8）中的 $k=0$ 的值 $w_0=\sqrt[n]{r}\,\mathrm{e}^{\mathrm{i}\frac{\theta}{n}}$，即 $w_n=w_0$（读者能方便地从图 1.4 中 $n=3$ 情况看出，w_0 和 w_3 是重合的），而其余的对应值 $w_k(k=1,2,\cdots,n-1)$ 完全相同。读者可视问题的方便任选一公式即可。

例 1.3.3　求 1 的 n 次方根，并讨论根在复平面单位圆周上的位置。

【解】　设方根为 w_k，根据式（1.3.8）有

$$w_k = \sqrt[n]{1} = \mathrm{e}^{\mathrm{i}\frac{2k\pi}{n}} \quad (k=0,1,2,\cdots,n-1)$$

当 $n=2$ 时，其根为 ± 1，对应于单位圆与实轴的两交点。

当 $n\geq 3$ 时，各根分别位于单位圆 $|z|=1$ 的内接正多边形的顶点处，其中一个顶点对应着主根 $w_0=1(k=0)$。图 1.4 表示当 $n=3,4,6$ 时根的分布情况。

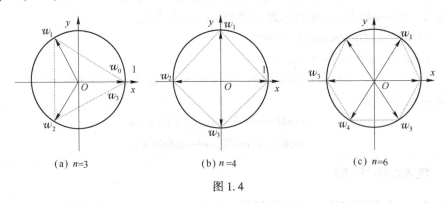

(a) $n=3$　　　　　　　(b) $n=4$　　　　　　　(c) $n=6$

图 1.4

1.3.3　实践编程：正十七边形的几何作图法

作为复数的应用，在此介绍一个有趣的几何作图问题，即正十七边形的几何作图问题。为了简化，设边长为 a 的正十七边形内接于单位圆，如图 1.5 所示，则边长 $a=2\sin(\pi/17)$。如果用复数的方法求出 a 的代数表达式，因而也就解决了该正多边形的作图问题。这种方法是否可以进一步推广，留给有兴趣的读者去思考。读者还可尝试使用计算机语言（C++）或数学软件 Matlab，Mathematic，Mathcad 等进行编程实践练习。

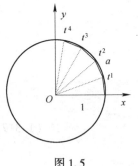

图 1.5

考虑方程 $t^{17}-1=0$ 解的情况：设 $t=\mathrm{e}^{\mathrm{i}2\pi/17}$，则易见 t^0，t^1，t^2，$\cdots$，t^{16} 均为方程的根；另一方面，$t^{17}-1=(t-1)(t^0+t^1+\cdots+t^{16})=0$，因为 $t=\mathrm{e}^{\mathrm{i}2\pi/17}\neq 0$，所以

$$t^0+t^1+t^2+\cdots+t^{16}=0, \quad t^1+t^2+\cdots+t^{16}=-1$$

令

$$p = t^{30}+t^{32}+t^{34}+t^{36}+\cdots+t^{314} = t^1+t^9+t^{13}+t^{15}+t^{16}+t^8+t^4+t^2$$

$$q = t^{31}+t^{33}+t^{35}+\cdots+t^{315} = t^3+t^{10}+t^5+t^{11}+t^{14}+t^7+t^{12}+t^6$$

注意到：

$$t^{17}=1;9^2=17\times4+13;9^3=17\times42+15;\cdots3^3=17\times1+10;3^5=17\times14+5;\cdots$$

显然，$p+q=\sum\limits_{k=1}^{16}t^k=-1$，将 p 和 q 直接相乘，即可验证

$$pq=-4$$

在复平面上标出 $t^0,t^1,t^2,\cdots,t^{16}$ 的位置。可以看出，这些点均匀地分布在单位圆周上，而且 t^1 与 t^{16}、t^2 与 t^{15}、t^4 与 t^{13}、t^8 与 t^9 均互为共轭，根据 p 的表达式可知 p 一定为实数，并且从 t^1,t^2,t^4,t^8 各点的具体位置可以进一步断定 p 为正值。因此

$$p=\frac{1}{2}((\sqrt{17}-1),\quad q=-\frac{1}{2}(\sqrt{17}+1)$$

再进一步将 p 和 q 拆开成两组数之和（r' 和 s' 并不代表求导，下面 x' 亦然）：

$$r=t^1+t^{13}+t^{16}+t^4,\quad r'=t^9+t^{15}+t^8+t^2$$
$$s=t^3+t^5+t^{14}+t^{12},\quad s'=t^{10}+t^{11}+t^7+t^6$$

容易证明

$$r+r'=p,\qquad rr'=-1$$
$$s+s'=q,\qquad ss'=-1$$

所以

$$r=\frac{1}{2}(p+\sqrt{p^2+4}),s=\frac{1}{2}(q+\sqrt{q^2+4})$$

再令

$$x=t^1+t^{16},\qquad x'=t^{13}+t^4$$

显然，有

$$x+x'=r,\qquad xx'=s$$

所以

$$x=t^1+t^{16}=2\cos\frac{2\pi}{17}=\frac{1}{2}(r+\sqrt{r^2-4s})$$

由三角公式：$\cos2\theta=1-2\sin^2\theta$，且考虑到 $a=2\sin\dfrac{\pi}{17}$，则

$$x=2\cos\frac{2\pi}{17}=2\left[1-2\times\left(\frac{a}{2}\right)^2\right]=2-a^2$$

故得到

$$a=\sqrt{2-x}$$

采用复数的方法求出了边长 a 的代数表达式，且 p,q,r,s 和 x 均可用几何作图法绘出，从而可绘出正十七边形。

1.4　区　　域

1.4.1　基本概念

为了系统地学习复变函数的理论，下面给出了较完整的基本概念。这些概念不仅有利于理解区域、闭区域以及区域的连通阶数等概念，而且有利于对整个复变函数理论进行系统的、完整的、准确的理解和学习。

（1）**邻域**：以复数 z_0 为圆心，以任意小的正实数 ε 为半径作一圆，则满足 $|z-z_0|<\varepsilon$ 的所

有点的集合称为 z_0 的 ε 邻域。

（2）**去心邻域**：以复数 z_0 为圆心，以任意小的正实数 ε 为半径作一圆，则满足 $0<|z-z_0|<\varepsilon$ 的点的集合称为 z_0 的一个去心 ε 邻域。

（3）**聚点**：给定无穷序列 $\{z_n\}$，若存在复数 z，对于任意给定的 $\varepsilon>0$，恒有无穷多个 z_n 满足 $|z_n-z|<\varepsilon$，则称 z 为 $\{z_n\}$ 的一个聚点（或极限点）。如，序列 $\frac{1}{2}\mathrm{i}, \frac{2}{3}\mathrm{i}, \cdots, \frac{n-1}{n}\mathrm{i}, \cdots$ 的聚点是 i。

一个序列可以有不止一个聚点，例如序列 $\frac{1}{2}, -\frac{2}{3}, \frac{3}{4}, -\frac{4}{5}, \frac{5}{6}, -\frac{6}{7}, \cdots$ 就有两个聚点：± 1。

（4）**孤立点**：若 z_0 属于集合 I，但非 I 的聚点，则称 z_0 为 I 的孤立点。

例如，集合 $\left\{\frac{1}{2}\mathrm{i}, \frac{2}{3}\mathrm{i}, \cdots, \frac{n-1}{n}\mathrm{i}, \cdots\right\}$ 中除点 i 是聚点外，其余各点都是孤立点。

为了叙述下列概念方便，我们统一设 G 为平面点集。

（5）**内点**：对于平面点集 G，设 $z_0 \in G$，若 z_0 及其邻域均属于 G，则称 z_0 为 G 的内点。

（6）**外点**：若 z_0 及其邻域均不属于点集 G，则称 z_0 为该点集的外点。

（7）**开集**：若 G 内的每个点都是内点，则称 G 为开集。

（8）**连通集**：若连接 G 内任意两点的折线也属于 G，则称 G 为连通集。

（9）**区域**：区域严格的定义是指同时满足下列两个条件的点集：

① 全由内点组成。

② 具有连通性：即点集中的任意两点都可以用一条折线连接起来，且折线的点全都属于该点集；区域可用符号 D 表示。

注：通常所谓某区域 D 是连通的，是指 D 中任何两点都可以用完全属于 D 的一条折线连接起来。

（10）**边界**：若 z_0 点的任意一个邻域内既有区域 D 的点，又有不属于区域 D 的点，则称 z_0 为区域 D 的一个边界点。由 D 的全体边界点组成的集合称为 D 的边界或边界线。

（11）**闭区域**：区域 D 及其边界所组成的点集称为闭区域，以 $\overline{D}$ 表示闭区域。

注：与闭区域相比较，把不含边界的区域 D 称为开区域。而且若无特殊声明，所谓区域均指开区域。而闭区域需明确指出。

例如，由 $|z| \leq 10$ 所构成的区域为闭区域，而由 $|z| < 10$ 所构成的区域为开区域。

（12）**有界区域**：如果一个区域 D 可以被包含在一个以原点为中心的圆内部，即存在正数 M，使得区域 D 的每一点 z 都满足 $|z| < M$，那么 D 称为有界区域。

（13）**无界区域**：根据上面的定义，非有界区域即为无界区域。

（14）**连续曲线**：若 $x(t)$ 和 $y(t)$ 是两个连续的实变函数，则方程组

$$x = x(t), y = y(t) \quad (a \leq t \leq b)$$

代表一条平面曲线，称为连续曲线。若令 $z(t) = x(t) + \mathrm{i}y(t)$，则这条曲线就可以用一个方程 $z = z(t)(a \leq t \leq b)$ 来代表，这就是平面曲线的复数表示。

（15）**光滑曲线**：如果在区间 $a \leq t \leq b$ 上，$x'(t)$ 和 $y'(t)$ 都是连续的，且对于 t 的每一个值，有 $[x'(t)]^2 + [y'(t)]^2 \neq 0$，那么这条曲线称为光滑曲线。

（16）**逐段光滑曲线（或分段光滑曲线）**：由几段依次相接的光滑曲线所组成的曲线称为逐段光滑曲线。

（17）**简单曲线（或若尔当曲线）**：设曲线 $C: z(t) = x(t) + \mathrm{i}y(t)$，$a \leq t \leq b$，对介于 a, b 之间的 t_1 和 t_2，当 $t_1 \neq t_2$ 时，有 $z(t_1) = z(t_2)$，则点 $z(t_1)$ 称为曲线 C 的重点。没有重点的连续曲线

C 称为简单曲线。

（18）**简单闭曲线**：如果简单曲线 C 的两个端点重合，则 C 称为简单闭曲线。

（19）**单连通域**：复平面上的一个区域 D，如果在其中任作一条简单闭曲线，而曲线的内部总属于 D，就称为单连通区域，简称为单通域。

（20）**复连通域**：若一个区域不是单连通区域，就称为复连通区域或多连通区域，简称复通域。

具体是多少阶连通域可根据下列连通阶数的定义来具体确定。

注：单连通区域和复连通区域有一个重要的区别：在单连通区域中，一条任意闭合曲线可以通过连续变形收缩成一点。换句话说，在单连通区域的任意两点 A 和 B 之间的任意两条曲线 l 和 l' 可以通过连续变形从一条变到另一条，如图 1.6(a) 所示；而复通区域却不具有这样的性质，如图 1.6(b) 和 (c) 所示。

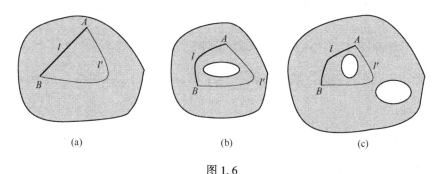

图 1.6

（21）**连通阶数**：若有界区域 D 的边界被分成若干不相连接的部分，则这些部分的数目叫做区域的连通阶数。图 1.7(a) 为单连通区域（即为一阶连通区域），图 1.7(b) 为二阶连通区域，图 1.7(c) 为三阶连通区域。

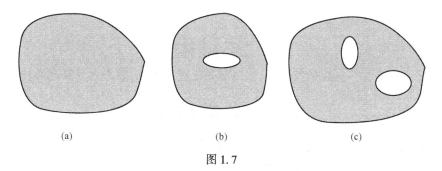

图 1.7

（22）**复连通域单连通化**：作一些适当的割线能将复通区域的不相连接的边界线连接起来，从而降低区域的连通阶数，直至可以降为单连通区域（注意：连接边界的分开方式不唯一），如图 1.8 所示。

（23）**边界线的正方向**：为了以后学习环路积分方便，我们按照通常的规定：（当人）沿边界线环行时，所包围的区域始终在人的左手边，则前进方向为边界线的正方向。对于有界的单连通区域，图 1.8(a) 的逆时针方向即为正方向。而多连通区域单连通化后，外围逆时针为正方向，内部顺时针为正方向，如图 1.8(b) 和 (c) 所示。

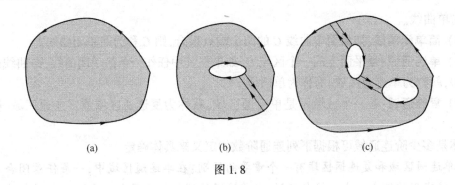

图 1.8

1.4.2　区域的判断方法及实例分析

当判断区域是什么样的区域时,通常按照下列顺序进行:有、无界→单、复连通→开、闭区域。

例 1.4.1　判断 $|z-1|+|z+2| \leqslant 5$ 代表的区域。

【解】　此不等式所代表的区域是焦点在 $z=1$ 和 $z=-2$ 上,长半轴为 $\dfrac{5}{2}$ 的椭圆内部,为有界单连通闭区域。

例 1.4.2　判断 $\mathrm{Im}\left(\dfrac{2z+1}{z-1}\right)<1$ 代表的区域。

【解】　代入 $z=x+iy$,则

$$\frac{2z+1}{z-1}=\frac{\left[(2x+1)+2iy\right]\left[(x-1)-iy\right]}{(x-1)^2+y^2}$$

故 $\mathrm{Im}\left(\dfrac{2z+1}{z-1}\right)=\dfrac{-3y}{(x-1)^2+y^2}<1$,即

$$(x-1)^2+\left(y+\frac{3}{2}\right)^2>\left(\frac{3}{2}\right)^2$$

代表圆外部分。由于无穷远点的特殊性,该区域是复连通区域,故为无界复连通开区域。

1.5　复变函数

复变函数的基本概念是实变函数基本概念的推广,因此我们所叙述的复变函数、极限、函数连续与可微等概念与高等数学中的概念叙述相似。

但复变函数与实变函数就其几何意义而言,差别是非常大的。在微积分学中,通常把实变函数用几何图形表示出来,如用空间曲面表示二元单值函数 $u=u(x,y)$,这样在研究函数性质时,这些几何图形就会使我们得到很多的启示和帮助。但是在研究复变函数时,由于自变量 z 是复数,而因变量也是复数,所以不能通过同一平面或同一空间上的几何图形来表示复变函数,因而复变函数的几何意义也就只能看做是两个复平面上点集之间的对应关系。

1.5.1　复变函数概念

定义 1.5.1　复变函数　设 D 是一个复数 $z=x+iy$ 的集合,若对每一个 $z\in D$,按照一定的法则,总有一个或几个复数 $w=u+iv$ 与之对应,则称复变量 w 为复数 z 的**复变函数**,记

为 $w=f(z)$。

其中 D 称为函数 $f(z)$ 的定义域,函数值 w 的全体所构成的集合称为函数 $f(z)$ 的值域,记为 $f(D)=\{w\mid w=f(z),z\in D\}$,把 z 称为函数的**自变量**,w 称为因变量。

定义 1.5.2 单值函数,多值函数 每个自变量复数 z,对应着一确定的复数 w 的值,则称 $w=f(z)$ 为**单值函数**。每个自变量复数 z,对应着几个或无穷多个复数 w 的值,则称 $w=f(z)$ 为**多值函数**。

注:单值函数并不排斥不同的两点 z_1 与 z_2 可以对应着同一复数 w。例如函数 $w=f(z)=z^2$ 是一个单值函数,因为与每个自变量复数 z 对应的 w 只有一个,但是 $z_1\neq z_2$ 的两个自变量,所对应的 w 可以是同一个值,如

$$z_1=\rho e^{i\varphi}\rightarrow w_1=z_1^2=\rho^2 e^{i2\varphi}$$
$$z_2=\rho e^{i(\varphi+\pi)}\rightarrow w_2=z_2^2=\rho^2 e^{i(2\varphi+2\pi)}=\rho^2 e^{i2\varphi}$$

则 $w_1=w_2=w$。由此可见,两个不同的 z_1 和 z_2 对应着同一复数值 w。

幂函数 $w=z^2$ 的反函数 $z=\sqrt{w}$ 称为根式函数。在根式函数中,w 为自变量,z 为因变量,由于 w 平面上每个点对应于 z 平面上两个不同的点,因此 $z=\sqrt{w}$ 是一多值函数。

若无特殊声明,在以后的讨论中所讨论的函数均指单值函数,所涉及的复变函数定义域 D 常常是一个平面区域。由于给定了一个复数 $z=x+iy$ 就相当于给定了两个实数 x 和 y,而复数 $w=u+iv$ 也同样地对应着一对实数 u 和 v,所以因变量 w 和自变量 z 之间的关系 $w=f(z)$ 相当于两个关系式:

$$u=u(x,y),\quad v=v(x,y)$$

它们确定了自变量为 x 和 y 的两个二元实变函数。

例如 $w=z^2$,令 $z=x+iy,w=u+iv$,则

$$u+iv=(x+iy)^2=x^2-y^2+2ixy$$

因此函数 $w=z^2$ 对应于两个二元实变函数:

$$u=x^2-y^2,\quad v=2xy$$

1.5.2 复变函数的几何意义——映射

在高等数学中,实变函数通常用几何图形来表示,通过这些几何图形,我们可以直观地理解和研究复变函数的性质。而对于复变函数 $w=f(z)=f(u,v)$,它反映了两对变量 u,v 和 x,y 之间的对应关系,因而无法用同一个平面内的几何图形表示出来,必须把它看成两个复平面上的点集之间的对应关系。

如果用 z 平面(即为 xOy 平面)上的点表示函数 w 的值,那么函数 $w=f(z)$ 在几何上就可以看做是把 z 平面上的一个点集 G(定义域的集合)变到 w 平面上的一个点集 G^*(函数值的集合)的**映射**(或**变换**)。这个映射通常称为由函数 $w=f(z)$ 所构成的映射。映射反映了复变函数的几何意义。如果 G 中的点 z 被函数 $w=f(z)$ 映射为 G^* 中的点 w,那么 w 称为 z 的**像**(映像),而 z 称为 w 的**原像**。

下面我们看几个映射的例子以便更好地理解映射的概念。

例 1.5.1 通过映射 $w=\bar{z}$,像与原像有何关系?

【解】 根据映射 $w=\bar{z}=x-iy$,易见映射后的像 $w=x-iy$ 为原像 $z=x+iy$ 关于实轴的对称点。

例 1.5.2 通过映射 $w=iz$,像与原像有何关系?

【解】 根据映射有 $w=iz=ire^{i\theta}=re^{i(\theta+\pi/2)}$,注意到 $i=e^{i\pi/2}$,故映射将每一非零点 z 的矢量半

径绕原点沿逆时针方向旋转一个直角。

例 1.5.3　在映射 $w=\dfrac{1}{z}$ 下,曲线(1)$x^2+y^2=4$;(2)$(x-1)^2+y^2=1$ 变成 w 平面上的什么曲线?

【解】　利用 $x=\dfrac{z+\bar{z}}{2}$,$y=\dfrac{z-\bar{z}}{2i}$,$x^2+y^2=z\bar{z}$。

(1)代入 $x^2+y^2=4$ 中,则有 $z\bar{z}=4$,所以 $\dfrac{1}{w}\cdot\dfrac{1}{\bar{w}}=4$。因为 $w=u+iv$,所以 $u^2+v^2=\dfrac{1}{4}$。

因此,z 平面上的曲线 $x^2+y^2=4$ 在映射 $w=\dfrac{1}{z}$ 下变成 w 平面上的以原点为圆心、$\dfrac{1}{2}$ 为半径的圆。

说明:本小题还可以这样求解。因为

$$w=u+iv=\frac{1}{z}=\frac{x}{x^2+y^2}-i\frac{y}{x^2+y^2}$$

故有 $u=\dfrac{x}{x^2+y^2}$,$v=\dfrac{-y}{x^2+y^2}$,从而 $u^2+v^2=\dfrac{1}{x^2+y^2}$ 对应于曲线 $x^2+y^2=4$,得到像曲线为 $u^2+v^2=\dfrac{1}{4}$。

(2)代入 $(x-1)^2+y^2=x^2-2x+1+y^2=1$ 中,得到

$$z\bar{z}-z-\bar{z}=0$$

利用映射 $w=\dfrac{1}{z}$ 得,$z=\dfrac{1}{w}$。将 $\bar{z}=\dfrac{1}{\bar{w}}$ 代入即得到

$$\frac{1}{w}\frac{1}{\bar{w}}-\frac{1}{w}-\frac{1}{\bar{w}}=0 \quad\Rightarrow\quad \frac{1-w-\bar{w}}{w\bar{w}}=0$$

从而 $w+\bar{w}=1$,即 $2u=1$。故像曲线为直线 $u=\dfrac{1}{2}$。

1.6　复变函数的极限

1.6.1　复变函数极限概念

定义 1.6.1　复变函数的极限　设函数 $w=f(z)$ 在 z_0 的某一去心邻域 $0<|z-z_0|<r$ 内有定义,对于任意 $\varepsilon>0$,相应地总存在 $\delta>0$,使得当 $0<|z-z_0|<\delta$ 时($0<\delta\leqslant r$),有
$$|f(z)-S|<\varepsilon$$
成立,则称 S(确定的常数)为函数 $f(z)$ 当 z 趋于 z_0 时的**极限**,记为
$$\lim_{z\to z_0}f(z)=S \quad\text{或}\quad \text{当}\ z\to z_0\ \text{时},f(z)\to S$$

注意:上述定义与一元实函数的极限定义虽然从形式上看是相似的,只不过用圆邻域 $0<|z-z_0|<\delta$ 代替了一元函数的直线邻域 $0<|x-x_0|<\delta$。但要特别注意的是,由于 $z=x+iy$ 趋向于 $z_0=x_0+iy_0$,相当于 $x\to x_0$,$y\to y_0$,这比一元实极限中的 $x\to x_0$ 具有更大的任意性。定义中的 $z\to z_0$ 的方式是任意的,即不论 z 从什么方向、以什么方式趋于 z_0,$f(z)$ 都要趋于同一常数 S。

例 1.6.1　证明极限 $\lim\limits_{z\to 0}\dfrac{z}{|z|}$ 不存在。

【证明】　令 $z=x+iy$,则沿正实轴趋于零时,$\lim\limits_{z\to 0}\dfrac{z}{|z|}=\lim\limits_{x\to 0^+}\dfrac{x}{x}=1$;而沿负实轴趋于零时,

$\lim\limits_{z\to 0}\dfrac{z}{|z|}=\lim\limits_{x\to 0^-}\dfrac{x}{(-x)}=-1$。不同的趋向得到不同的极限值,故原极限 $\lim\limits_{z\to 0}\dfrac{z}{|z|}$ 不存在。

例 1.6.2 证明函数 $f(z)=\dfrac{\mathrm{Re}(z)}{|z|}$,当 $z\to 0$ 时的极限不存在。

【证明】 不妨令 $z=r(\cos\theta+\mathrm{i}\sin\theta)$,则

$$f(z)=\frac{r\cos\theta}{r}=\cos\theta$$

显然,当 z 沿不同射线 $\arg z=\theta$ 趋于零时,$f(z)$ 趋于不同的值。如 z 沿实轴 $\arg z=0$ 趋于 0 时,$f(z)\to 1$;z 沿 $\arg z=\dfrac{\pi}{2}$ 趋于 0 时,$f(z)\to 0$。故 $\lim\limits_{z\to 0}f(z)$ 不存在。

1.6.2 复变函数极限的基本定理

定理 1.6.1 若 $f(z)=u(x,y)+\mathrm{i}v(x,y)$,$S=u_0+\mathrm{i}v_0$,$z_0=x_0+\mathrm{i}y_0$,则 $\lim\limits_{z\to z_0}f(z)=S$ 成立的充分必要条件为

$$\lim_{(x,y)\to(x_0,y_0)}u(x,y)=u_0,\qquad \lim_{(x,y)\to(x_0,y_0)}v(x,y)=v_0 \tag{1.6.1}$$

【证明】 (1) 充分性。

由 $\lim\limits_{(x,y)\to(x_0,y_0)}u(x,y)=u_0$,$\lim\limits_{(x,y)\to(x_0,y_0)}v(x,y)=v_0$,对于每一个正数 ε,存在着正数 δ_1 和 δ_2 使得:

当 $0<\sqrt{(x-x_0)^2+(y-y_0)^2}<\delta_1$ 时,$|u-u_0|<\dfrac{\varepsilon}{2}$;

当 $0<\sqrt{(x-x_0)^2+(y-y_0)^2}<\delta_2$ 时,$|v-v_0|<\dfrac{\varepsilon}{2}$。

令 $\delta=\min(\delta_1,\delta_2)$ 即取两者中较小的数。注意到

$$\sqrt{(x-x_0)^2+(y-y_0)^2}=|z-z_0|$$
$$|(u+\mathrm{i}v)-(u_0+\mathrm{i}v_0)|=|(u-u_0)+\mathrm{i}(v-v_0)|\leqslant|u-u_0|+|v-v_0|$$

可以得出,当 $0<|z-z_0|<\delta$ 时

$$|f(z)-S|=|(u+\mathrm{i}v)-(u_0+\mathrm{i}v_0)|$$
$$=|(u-u_0)+\mathrm{i}(v-v_0)|\leqslant|u-u_0|+|v-v_0|<\frac{\varepsilon}{2}+\frac{\varepsilon}{2}=\varepsilon$$

成立,即有 $\lim\limits_{z\to z_0}f(z)=S$。

(2) 必要性。

因极限 $\lim\limits_{z\to z_0}f(z)=S$ 成立,故对于任一个正数 $\varepsilon>0$,相应地存在 $\delta>0$ 使得 $0<|z-z_0|=|(x+\mathrm{i}y)-(x_0+\mathrm{i}y_0)|<\delta$ 时,有 $|f(z)-S|=|(u+\mathrm{i}v)-(u_0+\mathrm{i}v_0)|<\varepsilon$ 成立。注意到

$$|u-u_0|\leqslant|(u-u_0)+\mathrm{i}(v-v_0)|=|(u+\mathrm{i}v)-(u_0+\mathrm{i}v_0)|$$
$$|v-v_0|\leqslant|(u-u_0)+\mathrm{i}(v-v_0)|=|(u+\mathrm{i}v)-(u_0+\mathrm{i}v_0)|$$

并且 $|(x+\mathrm{i}y)-(x_0+\mathrm{i}y_0)|=|(x-x_0)+\mathrm{i}(y-y_0)|=\sqrt{(x-x_0)^2+(y-y_0)^2}$,因此可得:当 $0<\sqrt{(x-x_0)^2+(y-y_0)^2}<\delta$ 时,有

$$|u-u_0|<\varepsilon,\quad |v-v_0|<\varepsilon$$

成立。证毕。

这个定理即为:复变函数极限存在等价于其实部和虚部两个二元实函数的极限存在。

根据这个定理,可以证明下列关于极限的四则运算法则。

定理 1.6.2 若 $\lim_{z \to z_0} f(z) = A, \lim_{z \to z_0} g(z) = B$,那么:

(1) $\lim_{z \to z_0}[f(z) \pm g(z)] = A \pm B = \lim_{z \to z_0} f(z) \pm \lim_{z \to z_0} g(z)$

(2) $\lim_{z \to z_0}[f(z)g(z)] = A \cdot B = \lim_{z \to z_0} f(z) \cdot \lim_{z \to z_0} g(z)$

(3) $\lim_{z \to z_0}\left[\dfrac{f(z)}{g(z)}\right] = \dfrac{A}{B} = \dfrac{\lim_{z \to z_0} f(z)}{\lim_{z \to z_0} g(z)} \quad (B \neq 0)$

例 1.6.3 求极限 $\lim_{z \to 1-i} \dfrac{z}{\bar{z}}$。

【解法 1】 $\lim_{z \to 1-i} \dfrac{z}{\bar{z}} = \lim_{\substack{x \to 1 \\ y \to -1}} \dfrac{x+iy}{x-iy} = \lim_{\substack{x \to 1 \\ y \to -1}} \dfrac{x^2-y^2}{x^2+y^2} + \lim_{\substack{x \to 1 \\ y \to -1}} \dfrac{2xy}{x^2+y^2}i = -i$

【解法 2】 $\lim_{z \to 1-i} \dfrac{z}{\bar{z}} = \dfrac{\lim_{z \to 1-i} z}{\lim_{z \to 1-i} \bar{z}} = \dfrac{1-i}{1+i} = -i$

1.7 复变函数的连续

1.7.1 复变函数连续的概念

定义 1.7.1 **复变函数连续概念** 若 z_0 属于 $w = f(z)$ 的定义域 D,且 $\lim_{z \to z_0} f(z) = f=(z_0)$,则称 $f(z)$ 在 z_0 处连续。如果 $f(z)$ 在区域 D 内各点均连续,则称 $f(z)$ 在区域 D 上**连续**。

注意:函数连续隐含了以下 3 种情况必须同时满足:

① $\lim_{z \to z_0} f(z)$ 存在;   ② $f(z_0)$ 存在;   ③ $\lim_{z \to z_0} f(z) = f(z_0)$

显然,函数在某点极限存在不一定能保证函数在该点连续,但函数在某点连续则极限必在该点存在。

1.7.2 复变函数连续的基本定理

类似于复变函数极限的定理,我们有下列定理。

定理 1.7.1 函数 $f(z) = u(x,y) + iv(x,y)$ 在 $z_0 = x_0 + iy_0$ 处连续的充要条件是:$u(x,y)$ 和 $v(x,y)$ 在点 (x_0, y_0) 处连续。

例 1.7.1 讨论函数 $f(z) = \ln(x^2+y^2) + i(x^2-y^2)$ 在复平面的连续情况。

【解】 根据定理 1.7.1,函数 $f(z) = \ln(x^2+y^2) + i(x^2-y^2)$ 在复平面的连续性等价于 $u = \ln(x^2+y^2), v = x^2-y^2$ 的连续性。因为虚部 $v = x^2-y^2$ 是处处连续的,而实部 $u = \ln(x^2+y^2)$ 除原点外是处处连续的,故知函数 $f(z) = \ln(x^2+y^2) + i(x^2-y^2)$ 在复平面内除原点外是处处连续的。

定理 1.7.2 如果函数 $f(z)$ 和 $g(z)$ 在 z_0 点处连续,则其和、差、积、商(分母在 z_0 处不为零)仍在该点处连续。

定理 1.7.3 如果函数 $h = g(z)$ 在 z_0 处连续,函数 $w = f(h)$ 在 $h_0 = g(z_0)$ 处连续,那么复合函数 $w = f[g(z)]$ 在点 z_0 处连续。

从以上定理我们可以推得,有理整函数(多项式)

$$w = P(z) = a_0 + a_1 z + a_2 z^2 + \cdots + a_n z^n$$

对复平面内所有的 z 都是连续的,而有理分式函数

$$w = \frac{P(z)}{Q(z)}$$

在复平面内使分母不为零的点也是连续的。其中,$P(z)$ 和 $Q(z)$ 都是多项式。

说明:① 所谓函数在曲线 C 上 z_0 处连续的意义是指

$$\lim_{z \to z_0} f(z) = f(z_0) \quad (z \in C)$$

② 在闭曲线或包括曲线端点在内的曲线段上连续的函数 $f(z)$ 在曲线上是有界的,即存在某一正数 M,在曲线上恒满足 $|f(z)| \leqslant M$。

1.8　典型综合实例

例 1.8.1　若 $z_k(k = 1, 2, \cdots, n)$ 对应为 $z^n - 1 = 0$ 的根,其中 $n \geqslant 2$ 且取整数。试证明下列数学恒等式成立

$$\sum_{k=1}^{n} \frac{1}{\prod_{\substack{m=1 \\ (m \neq k)}}^{n} (z_k - z_m)} = 0 \tag{1.8.1}$$

【证明】　为了考虑问题的方便,方程 $z^n - 1 = 0$ 的根可写为

$$z_k = \sqrt[n]{1} = \mathrm{e}^{\mathrm{i}\frac{2k\pi}{n}} \quad (k = 1, 2, \cdots, n)$$

令 $t = \mathrm{e}^{\mathrm{i}\frac{2\pi}{n}}$,则 $z_k = t^k (k = 1, 2, \cdots, n)$。再考虑到级数 $\displaystyle\sum_{k=1}^{n} \frac{1}{\prod_{\substack{m=1 \\ (m \neq k)}}^{n} (z_k - z_m)}$,令 $a_k =$

$\dfrac{1}{\prod_{\substack{m=1 \\ m \neq k}}^{n} (z_k - z_m)}$,这样只需证明 $\displaystyle\sum_{k=1}^{n} a_k = 0$ 成立。

我们先考察级数 $\displaystyle\sum_{k=1}^{n} a_k$ 的各项。当 $k = 1$ 时,故有第一项为

$$a_1 = \frac{1}{\prod_{\substack{m=1 \\ m \neq k}}^{n} (z_1 - z_m)} = \frac{1}{(z_1 - z_2)(z_1 - z_3) \cdots (z_1 - z_n)} = \frac{1}{(t - t^2)(t - t^3)(t - t^4) \cdots (t - t^n)}$$

$$= \frac{1}{t^{n-1}(1-t)(1-t^2)(1-t^3) \cdots (1-t^{n-1})}$$

第二项为

$$a_2 = \frac{1}{(z_2 - z_1)(z_2 - z_3) \cdots (z_2 - z_n)} = \frac{1}{(t^2 - t)(t^2 - t^3)(t^2 - t^4) \cdots (t^2 - t^n)}$$

$$= \frac{1}{t^{2(n-1)}(1 - t^{-1})(1 - t)(1 - t^2) \cdots (1 - t^{n-2})}$$

$$= \frac{1}{t^{2(n-1)}(1 - t)(1 - t^2) \cdots (1 - t^{n-2})(1 - t^{-1})}$$

$$= \frac{1}{t^{2(n-1)}(1 - t)(1 - t^2) \cdots (1 - t^{n-2})(1 - t^{n-1})}$$

因 $t=\mathrm{e}^{\mathrm{i}\frac{2\pi}{n}}$，则 $t^n=\mathrm{e}^{\mathrm{i}2\pi}=1$。推导中已使用：

$$1-t^{-1}=1-\mathrm{e}^{-\mathrm{i}\frac{2\pi}{n}}=1-\mathrm{e}^{-\mathrm{i}\frac{2\pi}{n}}\mathrm{e}^{\mathrm{i}2\pi}=1-\mathrm{e}^{\mathrm{i}\frac{2n\pi-2\pi}{n}}$$
$$=1-\mathrm{e}^{\mathrm{i}\frac{2(n-1)\pi}{n}}=1-(\mathrm{e}^{\mathrm{i}\frac{2\pi}{n}})^{n-1}=1-t^{n-1}$$

同理，通项即第 k 项为

$$a_k=\frac{1}{(z_k-z_1)(z_k-z_2)\cdots(z_k-z_{k-1})(z_k-z_{k+1})\cdots(z_k-z_n)}$$
$$=\frac{1}{t^{k(n-1)}(1-t)(1-t^2)\cdots(1-t^{n-2})(1-t^{n-1})}$$

显然，级数 $\displaystyle\sum_{k=1}^{n}a_k$ 为一等比级数，其公比为

$$q=\frac{a_k}{a_{k-1}}=\frac{1}{t^{n-1}}=\frac{t}{t^n}$$

因 $t=\mathrm{e}^{\mathrm{i}\frac{2\pi}{n}}$，所以 $t^n=1$，从而 $q=t=\mathrm{e}^{\mathrm{i}\frac{2\pi}{n}}$。又 $n>1$，故 $q\neq 1$，则

$$\sum_{k=1}^{n}a_k=\frac{a_1(1-q^n)}{1-q}=\frac{a_1(1-t^n)}{1-t}=a_1\frac{(1-\mathrm{e}^{\mathrm{i}\frac{2\pi}{n}n})}{1-\mathrm{e}^{\mathrm{i}\frac{2\pi}{n}}}=a_1\frac{1-1}{1-\mathrm{e}^{\mathrm{i}\frac{2\pi}{n}}}=0$$

数学恒等式得证。

　　说明：① 对于上述例题中，z_k 不是任意的，它满足 $z_k=\mathrm{e}^{\mathrm{i}\frac{2\pi k}{n}}$。事实上，我们在学习后面的解析函数、复变函数的积分、级数和留数定理时，可以根据不同章节的理论对该数学恒等式进行证明。

　　② 猜想（进一步推广）：若对复平面上任意两个以上的不重合的有限远点 Z_k 和 Z_m（即确保分母不为零），恒等式

$$\sum_{k=1}^{N}\frac{1}{\displaystyle\prod_{\substack{m=1\\m\neq k}}^{N}(Z_k-Z_m)}=0 \tag{1.8.2}$$

是否还成立（式中自然数 $N\geqslant 2$，而 m,k 为介于 1 至 N 的整数）？

　　科学（尤其数学）是允许猜想的，关键是我们能否对猜想进行证明。

　　如果恒等式（1.8.2）成立，其几何意义表明：复平面上任意两个以上的不重合的有限远点，其任意一点与其余诸点之差的连乘倒数累计求和必为零。这反映平面上的统计平均效应。

　　如果成立，对推广后的数学恒等式能否做出物理意义解释呢？它是否与量子统计力学中的统计分布规律（相当于统计平均效应）、量子力学中客观微粒（二、三维空间）的位置分布（测不准原理）等重要物理现象及其物理意义相联系呢？

　　复平面上的点能否再进一步推广到三维空间中的点，使得数学恒等式成立？

　　这些问题是十分有趣的，要回答也是困难的。作者仅抛砖引玉提出一些基本思想，很多问题还有待于读者去深入思考和分析。作者希望能在本书的相关章节中通过不同的理论和计算机仿真方法，尽可能地进行分析和讨论，以培养读者的创新思维、分析问题和解决问题的能力。

　　③ 对上述猜想的数学恒等式（1.8.2）的一些说明和思考。

　　(i) 若复平面上有任意的两个不重合的点 Z_1 和 Z_2（即 $N=2$，N 代表点的个数），则显然有

$$\frac{1}{Z_1-Z_2}+\frac{1}{Z_2-Z_1}=\frac{1}{Z_1-Z_2}-\frac{1}{Z_1-Z_2}=0$$

（ii）当 $N=3$（如图 1.9 所示）时，复平面上有任意的 3 个不重合的点，则必然也有

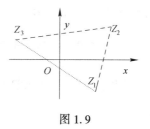

图 1.9

$$\frac{\dfrac{1}{(Z_1-Z_2)(Z_1-Z_3)}+\dfrac{1}{(Z_2-Z_1)(Z_2-Z_3)}+\dfrac{1}{(Z_3-Z_1)(Z_3-Z_2)}}{}$$

$$=\frac{(Z_2-Z_3)-(Z_1-Z_3)+(Z_1-Z_2)}{(Z_1-Z_2)(Z_1-Z_3)(Z_2-Z_3)}=0$$

（iii）当 $N=4$ 时，复平面上有任意的 4 个不重合的点，则必然也有

$$\frac{1}{(Z_1-Z_2)(Z_1-Z_3)(Z_1-Z_4)}+\frac{1}{(Z_2-Z_1)(Z_2-Z_3)(Z_2-Z_4)}+$$

$$\frac{1}{(Z_3-Z_1)(Z_3-Z_2)(Z_3-Z_4)}+\frac{1}{(Z_4-Z_1)(Z_4-Z_2)(Z_4-Z_3)}=0$$

（iv）是否能依此类推？

探索对上述恒等式的证明方法：除使用复变函数理论证明外，能否有其他证明方法？数学归纳法能否证明？计算机仿真能否验证？

对恒等式的证明，有兴趣的读者可参考文献：复变函数论典型环路积分的理论分析．杨华军．四川大学学报，2001。

例 1.8.2　当 $|z|\leqslant 1$ 时，求 $|z^n+a|$ 的最大值与最小值，n 是正整数，a 是复常数。

【解】　由于

$$\left|\,|z|^n-|a|\,\right|\leqslant|z^n+a|\leqslant|z^n|+|a|\leqslant 1+|a|$$

故当 $|z^n|=1$，且矢量 z^n 与矢量 a 夹角为 $0°$ 时，右边不等式等号成立。故 $|z^n+a|$ 的最大值是 $1+|a|$。

对于极小值，要分情况讨论：

（1）若 $|a|>1$，则 $|z^n+a|\geqslant|a|-|z^n|\geqslant|a|-1$。等号当 $|z|=1$ 且 z^n 与 a 方向相反时成立。这时最小值是 $|a|-1$。

（2）若 $|a|\leqslant 1$，则 $|z^n+a|\geqslant 0$，当 $z^n=-a$ 时等号成立，最小值为 0。

总之，不论 a 为何复数，$|z^n+1|$ 的最大值是 $1+|a|$；而当 $|a|>1$ 时，最小值为 $|a|-1$；当 $|a|\leqslant 1$ 时，最小值为 0。

例 1.8.3　设 z_1,z_2 和 z_3 满足 $z_1+z_2+z_3=0$，且 $|z_1|=|z_2|=|z_3|=1$。证明：z_1,z_2 和 z_3 为内接于单位圆的正三角形三顶点。

【证明】　由条件，z_1,z_2,z_3 均位于以原点 $(0,0)$ 为圆心、1 为半径的单位圆周上，不失一般性，可设 $z_1=1,z_2=\cos\theta_2+i\sin\theta_2,z_3=\cos\theta_3+i\sin\theta_3$，则为证结论，只需证 $\theta_2=\dfrac{2}{3}\pi,\theta_3=-\dfrac{2}{3}\pi$ 即可。

由 $z_1+z_2+z_3=0$ 得

$$1+\cos\theta_2+\cos\theta_3=0 \tag{1.8.3}$$

$$\sin\theta_2+\sin\theta_3=0 \tag{1.8.4}$$

故 $\sin\theta_2=-\sin\theta_3=\sin(-\theta_3)$，即 $\theta_3=-\theta_2$，代入式（1.8.3）得

$$1+\cos\theta_2+\cos(-\theta_2)=1+2\cos\theta_2=0$$

所以 $\cos\theta_2=-\dfrac{1}{2}$，即 $\theta_2=\dfrac{2}{3}\pi,\theta_3=-\dfrac{2}{3}\pi$。

说明：本题的关键在于对问题的恰当转化，否则较为麻烦。这里的假定不失一般性，即作

旋转变换,取 $z_1=1$,经过旋转变为 $z_2=\mathrm{e}^{\mathrm{i}\theta_2}$,$z_3=\mathrm{e}^{\mathrm{i}\theta_3}$。

例 1.8.4　试确定不等式 $0<\arg\dfrac{z-\mathrm{i}}{z+\mathrm{i}}<\dfrac{\pi}{4}$ 所确定的点集是什么图形?

【解】　方法 1(按复数几何意义和辐角定义分析):先考虑满足等式 $\arg\dfrac{z-\mathrm{i}}{z+\mathrm{i}}=\dfrac{\pi}{4}$ 的点的集合。因为

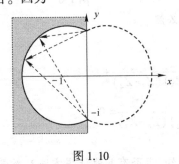

$$\arg\frac{z-\mathrm{i}}{z+\mathrm{i}}=\arg(z-\mathrm{i})-\arg(z+\mathrm{i})$$

又 $\arg(z-\mathrm{i})$ 和 $\arg(z+\mathrm{i})$ 分别是始点在 i 和 $-\mathrm{i}$ 而终点在 z 的矢量与正实轴的夹角,因此等式 $\arg\dfrac{z-\mathrm{i}}{z+\mathrm{i}}=\dfrac{\pi}{4}$ 表示到两定点 i 和 $-\mathrm{i}$ 的张角之差等于定数 $\dfrac{\pi}{4}$ 的点 z 的集合。由平面几何的定理知,这

图 1.10　　　是缺了点 i 和 $-\mathrm{i}$ 的两个圆弧。如图 1.10 所示,图中两个圆弧实际上只有实线圆弧才是 $\arg\dfrac{z-\mathrm{i}}{z+\mathrm{i}}=\dfrac{\pi}{4}$ 所确定的点集,虚线圆弧是 $\arg\dfrac{z+\mathrm{i}}{z-\mathrm{i}}=\dfrac{\pi}{4}$ 所确定的点集。

再考虑等式 $\arg\dfrac{z-\mathrm{i}}{z+\mathrm{i}}=0$ 确定的点集。实际上,此点集是虚轴上点 i 以上,点 $-\mathrm{i}$ 以下的点的全体。

从图 1.10 中可看出,半直线 $(\mathrm{i},\mathrm{i}\infty)$ 与 $(-\infty\mathrm{i},-\mathrm{i})$ 和图 1.10 中实线圆弧将整个平面分为两部分。容易验证,左边的部分除去圆域,即图中淡灰色部分为不等式 $0<\arg\dfrac{z-\mathrm{i}}{z+\mathrm{i}}<\dfrac{\pi}{4}$ 所确定的点集。

方法 2:由 $z=x+\mathrm{i}y$,根据辐角定义得出

$$\frac{z-\mathrm{i}}{z+\mathrm{i}}=\frac{x+\mathrm{i}y-\mathrm{i}}{x+\mathrm{i}y+\mathrm{i}}=\frac{x^2+y^2-1}{x^2+(y+1)^2}+\mathrm{i}\,\frac{-2x}{x^2+(y+1)^2}$$

$$\arg\left(\frac{z-\mathrm{i}}{z+\mathrm{i}}\right)=\arctan\frac{-2x}{x^2+y^2-1}$$

由题意得到 $0<\arctan\left(\dfrac{-2x}{x^2+y^2-1}\right)<\dfrac{\pi}{4}$。又在 $\left(0,\dfrac{\pi}{4}\right)$ 的角度区域,正切函数是单调增的,对上述不等式两边取正切,得到

$$0<\frac{-2x}{x^2+y^2-1}<1$$

由此得到

$$\begin{cases}x<0\\(x+1)^2+y^2>2\end{cases}\quad\text{或}\quad\begin{cases}x>0\\(x+1)^2+y^2<2\end{cases}$$

而 $(x+1)^2+y^2=2$ 是以 $(-1,0)$ 为圆心、以 $\sqrt{2}$ 为半径的圆周,所以满足题给条件的是图 1.10 中的灰色部分。根据题给辐角不等式,对于 $x>0$,可以验证,其辐角不满足要求。

例 1.8.5　研究什么原像通过映射 $w=z^2$ 后变为相互垂直的直线 $u=a$,$v=b(a,b>0)$。

【解】　因 $w=z^2=(x+\mathrm{i}y)^2=x^2-y^2+\mathrm{i}2xy$,可以视为从 xy 平面到 uv 平面的映射,即为从 z 平面(原像)到 w 平面(像)的映射,易得

$$u=x^2-y^2,\quad v=2xy$$

我们具体考察在 w 平面的像为相互垂直的直线,原像应该是什么?由题得到

$$u=x^2-y^2=a,v=2xy=b \quad (a,b>0)$$

即
$$\begin{cases} x^2-y^2=a & (a>0) \quad (原像为双曲线,如图1.11(a)实线所示) \\ v=2xy=b & (b>0) \quad (原像为双曲线,如图1.11(a)虚线所示) \end{cases}$$

另外,我们还可以进一步观察双曲线对应的变化关系。

特别地,当原像点在图1.11(a)的双曲线右分支实线上时,由 $u=a$ 且 $v=2xy$ 得到,$v=2y\sqrt{y^2+a}$。因此双曲线的右分支的像可以表示为参数形式:

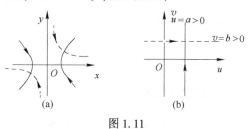

图1.11

$$u=a, \quad v=2y\sqrt{y^2+a} \quad (-\infty<y<\infty) \tag{1.8.5}$$

显然,当点 (x,y) 沿着右分支实线向上运动时,它的像沿如图1.11(b)所示的直线 $u=a$ 向上运动。同样,双曲线左分支的像的参数形式表示为

$$u=a,v=-2y\sqrt{y^2+a} \quad (-\infty<y<\infty)$$

当左分支上的点沿曲线向下运动时,它的像也沿直线 $u=a$ 向上运动。

同样可以分析另一双曲线

$$2xy=b \quad (b>0)$$

映射到直线 $v=b$。变化趋势如图1.11(a)、(b)中虚线所示,读者可自行分析。

例 1.8.6 研究下列函数在 $z=0$ 点的连续性。

(1) $f(z)=\dfrac{\mathrm{Im}(z)}{1+z\bar{z}}$

(2) $f(z)=\begin{cases} \dfrac{z\mathrm{Re}(z)}{\bar{z}}, & z\neq0 \\ 0, & z=0 \end{cases}$

【解】 (1) $\lim\limits_{z\to0}f(z)=\lim\limits_{r\to0}\dfrac{r\sin\theta}{1+re^{i\theta}re^{-i\theta}}=\lim\limits_{r\to0}\dfrac{r\sin\theta}{1+r^2}=0$,又因为 $f(0)=0$,故函数 $f(z)$ 连续。

(2) $\lim\limits_{z\to0}f(z)=\lim\limits_{r\to0}\dfrac{re^{i\theta}r\cos\theta}{re^{-i\theta}}=\lim\limits_{r\to0}re^{2i\theta}\cos\theta=0$,又因为 $f(0)=0$,故函数 $f(z)$ 连续。

小 结

1. 复数的概念

定义形如 $x+iy$ 的数为复数,记为 $z=x+iy$。其中 x、y 分别称为复数 z 的实部、虚部,记为 $x=\mathrm{Re}(z)$,$y=\mathrm{Im}(z)$,i 称为虚数单位,它满足 $i^2=-1$。与实数不同,两个复数之间一般不能比较大小。

2. 复数的表示法

(1) **几何表示**:复数 $z=x+iy$ 可以用平面上起点在 $O(0,0)$,终点在 $P(x,y)$ 的矢量 $\overrightarrow{OP}$ 表示。

(2) **代数表示**:平面上的点 $P(x,y)$ 可用代数形式 $z=x+iy$ 表示复数,这种表示法称为代数

表示,也可称为直角坐标表示。

（3）**三角函数表示**：当 $z=x+iy \neq 0$ 时,复数可用三角函数形式 $z=r(cos\theta+i\ sin\theta)$ 的表示。其中 $r=|z|=\sqrt{x^2+y^2}$ 称为复数 z 的模; $\theta=Argz=argz+2k\pi$ (k 取整数),称为 z 的辐角。当 $k=0$ 时,对应于辐角的主值 $\theta_0=argz$,在本书中规定为 $-\pi<argz\leqslant\pi$。

（4）**指数表示**：当 $z \neq 0$ 时,z 还可以用指数形式表示:$z=re^{i\theta}$,其中 $r=|z|$,$\theta=Argz$;当 $z=0$ 时,$|z|=0$,它的辐角没有意义;当 $z=\infty$ 时,$|z|=+\infty$,它的实部、虚部、辐角都没有意义。

（5）**共轭复数**：$\bar{z}=x-iy$ 称为 $z=x+iy$ 的共轭复数。

3. 复数的运算

（1）复数满足常规的四则运算规律。

（2）若 $z_1=r_1(cos\theta_1+i\ sin\theta_1)$,$z_2=r_2(cos\theta_2+i\ sin\theta_2)$,则
$$z_1 z_2 = r_1 r_2 [cos(\theta_1+\theta_2)+i\ sin(\theta_1+\theta_2)]$$

$$\frac{z_1}{z_2}=\frac{r_1}{r_2}[cos(\theta_1-\theta_2)+i\ sin(\theta_1-\theta_2)] \quad (z_2 \neq 0)$$

（3）**乘幂**：若 $z=r(cos\theta+i\ sin\theta)$,则 $z^n=r^n(cosn\theta+i\ sinn\theta)$。

当 $|z|=1$ 时,$(cos\theta+i\ sin\theta)^n=cosn\theta+i\ sinn\theta$,即为 *De Moivre* 公式。

（4）**方根**：设 $z=r(cos\theta+i\ sin\theta)$,则
$$\sqrt[n]{z}=\sqrt[n]{z}\left[cos\frac{(\theta+2k\pi)}{n}+i\ sin\frac{(\theta+2k\pi)}{n}\right] \quad (k=0,1,2,\cdots,n-1)$$

关于复数的模和辐角有以下运算公式
$$|z_1 z_2|=|z_1||z_2|, \quad \left|\frac{z_1}{z_2}\right|=\frac{|z_1|}{|z_2|} \quad (z_2 \neq 0)$$

$$Arg(z_1 z_2)=Arg\ z_1+Arg\ z_2, \quad Arg\left(\frac{z_1}{z_2}\right)=Arg\ z_1-Arg\ z_2$$

4. 区域和平面曲线

本章给出了系统的有关区域和平面曲线的概念。

（1）**区域**：严格的定义是指同时满足下列两个条件的点集 D:① 全由内点组成;② 具有连通性:即点集中的任意两点都可以用一条折线连接起来,且折线上的点全都属于该点集。满足这两个条件的点集 D 称为区域。

连通的开集称为区域,区域与它的边界一起构成的点集称为闭区域。区域可分为有界区域和无界区域,区域还有单连通区域与复连通区域之分。

（2）没有重点的连续曲线称为简单曲线。若简单曲线的两个端点重合,则称为简单闭曲线。

5. 复变函数

（1）对于函数 $w=f(z)$,如令 $z=x+iy$,$w=u+iv$,则一个复变函数 $w=f(z)$ 相当于两个实变量函数 $u=u(x,y)$,$v=v(x,y)$。复变函数 $w=f(z)$ 确定了 z 平面上的点集 D 到 w 平面上点集 $f(D)$ 之间的一个映射。如果 $w_0=f(z_0)$,则称 w_0 为 z_0 的像,而 z_0 称为 w_0 的原像。

（2）极限与连续

函数 $f(z)=u(x,y)+iv(x,y)$ 的极限等价于两个二元实函数 $u=u(x,y)$ 和 $v=v(x,y)$ 的极限。

函数 $f(z)=u(x,y)+iv(x,y)$ 在点 $z_0=x_0+iy_0$ 处的连续性等价于两个二元实函数 $u(x,y)$ 和 $v(x,y)$ 在该点处的连续性。

习　题　1

1.1　写出下列复数的实部、虚部、模和辐角以及辐角的主值，并分别写成代数形式、三角函数形式和指数形式（其中，α,R,θ 为实常数）。

（1）$-1-\sqrt{3}i$　　（2）$2\left(\cos\dfrac{\pi}{3}-i\sin\dfrac{\pi}{3}\right)$　　（3）$1-\cos\alpha+i\sin\alpha$

（4）e^{1+i}　　　　（5）$e^{iR\sin\theta}$　　　　　（6）$i+\sqrt{i}$

1.2　计算下列复数。

（1）$(-1+i\sqrt{3})^{10}$　　（2）$(-1+i)^{\frac{1}{3}}$

1.3　计算下列复数。

（1）$\sqrt{a+ib}$　　　　（2）$\sqrt[3]{i}$

1.4　已知 x 为实数，求复数 $\sqrt{1+2ix\sqrt{x^2-1}}$ 的实部和虚部。

1.5　如果 $|z|=1$，试证明对于任何复常数 a 和 b，有 $\left|\dfrac{az+b}{bz+\bar{a}}\right|=1$。

1.6　证明：如果复数 $a+ib$ 是实系数方程 $P(z)=a_0z^n+a_1z^{n-1}+\cdots+a_{n-1}z+a_n=0$ 的根，则 $a-ib$ 一定也是该方程的根。

1.7　证明：$|z_1+z_2|^2+|z_1-z_2|^2=2(|z_1|^2+|z_2|^2)$，并说明其几何意义。

1.8　若 $(1+i)^n=(1-i)^n$，试求 n 的值。

1.9　将下列复数表示为 $\sin\theta$、$\cos\theta$ 的幂的形式。

（1）$\cos5\theta$；　　　（2）$\sin5\theta$

1.10　证明：如果 w 是 1 的 n 次方根中的一个复数根，但 $w\neq1$，则必有

$$1+w+w^2+\cdots+w^{n-1}=0$$

1.11　对于复数 α_k 和 β_k，证明复数形式的柯西不等式成立，即

$$\left|\sum_{k=1}^{n}\alpha_k\beta_k\right|^2\leqslant\left(\sum_{k=1}^{n}|\alpha_k|\cdot|\beta_k|\right)^2\leqslant\sum_{k=1}^{n}|\alpha_k|^2\cdot|\beta_k|^2$$

1.12　证明：

$$\cos\theta+\cos2\theta+\cos3\theta+\cdots+\cos n\theta=\frac{\sin\left(n+\dfrac{1}{2}\right)\theta-\sin\dfrac{\theta}{2}}{2\sin\dfrac{\theta}{2}}$$

$$\sin\theta+\sin2\theta+\sin3\theta+\cdots+\sin n\theta=\frac{\cos\dfrac{\theta}{2}-\cos\left(n+\dfrac{1}{2}\right)\theta}{2\sin\dfrac{\theta}{2}}$$

成立。

1.13　下列不等式在复平面上表示怎样的点集？

(1) $0<\mathrm{Re}(z)<1$　　(2) $2<|z-z_0|<3$　　(3) $\varphi_0<\arg z<\varphi_1$

(4) $0<\mathrm{Im}(z)<\pi$　　(5) $\dfrac{|z-1|}{|z+1|}<2$

1.14 指出下列关系表示的点之轨迹或范围,并说明是何种点集?

(1) $\mathrm{Arg}(z-\mathrm{i})=\dfrac{\pi}{4}$　　(2) $|z-2|+|z+2|=5$

1.15 描述下列不等式所确定的点集,并指出是开区域还是闭区域,有界还是无界,单连通域还是复连通域。

(1) $2\leqslant|z-\mathrm{i}|\leqslant3$　　　　　　(2) $\mathrm{Re}(\mathrm{i}z)\geqslant2$

(3) $\left|\dfrac{z-3}{z-2}\right|>1$　　　　　　(4) $-1<\arg(z)<-1+\pi$

(5) $|z-1|<2|z+1|$　　　　　(6) $|z-1|+|z+2|\leqslant5$

(7) $|z-2|-|z+2|>1$　　　　(8) $z\bar{z}+\mathrm{i}z-\mathrm{i}\bar{z}\leqslant1$

1.16 已知映射 $w=\dfrac{1}{z}$,求:

(1) 圆周的像;　　(2) 直线 $y=x$ 的像;　　(3) 区域 $x>1$ 的像。

1.17 讨论下列函数在指定点极限的存在性,若存在则求出其极限,并判断在该点的连续性。

(1) $f(z)=2x+\mathrm{i}y^2$,$z_0=2\mathrm{i}$　　(2) $f(z)=\dfrac{1}{2\mathrm{i}}\left(\dfrac{z}{\bar{z}}-\dfrac{\bar{z}}{z}\right)$,$z_0=0$

1.18 若函数 $f(z)$ 在点 $z_0=x_0+\mathrm{i}y_0$ 处连续,证明:

(1) $\overline{f(z)}$ 在该点连续;　　(2) $|f(z)|$ 的模在该点连续。

计算机仿真编程实践

(说明:读者可参考第四篇的计算机仿真编程实践)

1.19 使用 Matlab、Mathcad 或 Mathmatic 计算机仿真求解下列复数的实部、虚部、共轭复数、模与辐角。

(1) $-\mathrm{i}+\dfrac{3\mathrm{i}}{1+\mathrm{i}}$,　(2) $\dfrac{1}{2+3\mathrm{i}}$,　(3) $\dfrac{(2+3\mathrm{i})(3-4\mathrm{i})}{2\mathrm{i}}$,　(4) $\mathrm{i}+\mathrm{i}^7-4\mathrm{i}^{17}$

1.20 计算机仿真计算:

(1) $(3+\mathrm{i})\times\dfrac{1-\mathrm{i}}{1+3\mathrm{i}}$,　(2) $(1+\mathrm{i})^6$,　(3) $(1-\mathrm{i})^{\frac{1}{3}}$,　(4) $(-1)^{\frac{1}{6}}$

1.21 计算机仿真求解方程

$$z^3+8=0$$

1.22 若 $z_k(k=1,2,\cdots,n)$ 对应为 $z^n-1=0$ 的根,其中 $n\geqslant2$ 且取整数。试用计算机仿真编程验证下列数学恒等式 $\displaystyle\sum_{k=1}^{n}\dfrac{1}{\displaystyle\prod_{\substack{m=1\\m\neq k}}^{n}(z_k-z_m)}=0$ 成立。

1.23 用计算机编程实践方法(Matlab,Mathcad,Mathmatic,C/C++)实现:

(1) 绘出单位圆及其内接正 17 边形;

(2) 计算机编程求出边长;

（3）能否对多边形进行推广,得出相应的计算机仿真计算方法。

1.24　验证:对复平面上任意两个以上的不重合的有限远点 Z_k 和 Z_m,(即确保分母不为零),

恒等式 $\displaystyle\sum_{k=1}^{N} \frac{1}{\prod_{\substack{m=1 \\ m \neq k}}^{N}(Z_k - Z_m)} = 0$ 是否成立?

式中自然数 $N \geqslant 2$,而 m 和 k 为 1 至 N 的整数。(**提示**:利用随机函数产生随机数 N_k,从而验证恒等式是否成立。)

第2章 解析函数

解析函数是复变函数论所研究的主要对象。本章将给出复变函数导数的定义、求导法则及可微性概念；在讨论复变函数的可导性（可微性）基础上，介绍解析函数的概念；解析函数是在一个区域内处处可导的函数；在讨论导数的几何意义的基础上引入了保角映射的概念，这是从几何意义上描述解析函数的特征。

本章还将介绍常用的初等解析函数，其中对多值函数还着重分析了产生多值性的原因，并说明如何找出支点以及在什么样的区域内多值函数可以划分为单值的解析分支。

本章对解析函数与调和函数的关系将进行详细讨论，为解决平面场问题提供了系统的理论基础。解析函数在描绘平面稳定场问题中有着广泛的应用前景。

2.1 复变函数导数与微分

2.1.1 复变函数的导数

1. 复变函数导数概念

定义 2.1.1 复变函数的导数 设函数 $w = f(z)$ 定义于区域 D，z_0 为 D 内一点，且点 $z_0 + \Delta z \in D$，如果极限

$$\lim_{\Delta z \to 0} \frac{f(z_0 + \Delta z) - f(z_0)}{\Delta z}$$

存在，则称函数 $w = f(z)$ 在点 z_0 可导，此极限值称为 $f(z)$ 在点 z_0 的**导数**，记为

$$f'(z_0) \qquad \text{或} \qquad \left. \frac{\mathrm{d}w}{\mathrm{d}z} \right|_{z=z_0}$$

即

$$\left. \frac{\mathrm{d}w}{\mathrm{d}z} \right|_{z=z_0} = f'(z_0) = \lim_{z \to z_0} \frac{f(z_0 + \Delta z) - f(z_0)}{\Delta z} \tag{2.1.1}$$

另外，导数的定义也可使用"ε-δ"语言来描述：即对于任意给定的 $\varepsilon > 0$，存在相应的 $\delta > 0$，使得当 $0 < |\Delta z| < \delta$ 时，有

$$\left| \frac{f(z_0 + \Delta z) - f(z_0)}{\Delta z} - S \right| < \varepsilon \tag{2.1.2}$$

成立，则称 S 为 $f(z)$ 在点 z_0 的导数，即 $f'(z_0) = S$。

注意：根据复变函数极限定义：$z \to z_0$（即 $\Delta z = z - z_0 \to 0$）的方式是任意的。而当 $z_0 + \Delta z$ 在区域 D 内以任何方式趋于 z_0 时，比值 $\dfrac{f(z_0 + \Delta z) - f(z_0)}{\Delta z}$ 都必须趋于同一个值。对于复变函数导数的这一限制比对一元实变函数导数的限制要严格得多，从而使可导复变函数具有许多独特的性质和应用。

如果函数 $w = f(z)$ 在区域 D 中处处可导，则称 $f(z)$ 在区域 D 内**可导**，$f'(z)$ 称为 $f(z)$ 在 D 内的**导函数**，简称为**导数**。

2. 求复变函数导数实例

例 2.1.1　用导数的定义证明公式:

(1) $(z^n)' = nz^{n-1}$ (n 为正整数)　　　　(2) $\left(\dfrac{1}{z}\right)' = -\dfrac{1}{z^2}$ ($z \neq 0$)

【证明】　(1) 设 $f(z) = z^n$,故

$$f(z+\Delta z) - f(z) = (z+\Delta z)^n - z^n = \Delta z\left[nz^{n-1} + \frac{n(n-1)}{2} \cdot z^{n-2} \cdot \Delta z + \cdots + (\Delta z)^{n-1}\right]$$

所以
$$\lim_{\Delta z \to 0} \frac{f(z+\Delta z) - f(z)}{\Delta z} = nz^{n-1}$$

(2) 设 $f(z) = \dfrac{1}{z}$,则

$$f(z+\Delta z) - f(z) = \frac{1}{z+\Delta z} - \frac{1}{z} = \frac{-\Delta z}{z(z+\Delta z)}$$

$$\lim_{\Delta z \to 0} \frac{f(z+\Delta z) - f(z)}{\Delta z} = \lim_{\Delta z \to 0} \frac{-1}{z(z+\Delta z)} = -\frac{1}{z^2}$$

例 2.1.2　讨论函数 $f(z) = \bar{z}$ 在复平面上的可导性。

【解】　由定义

$$\lim_{\Delta z \to 0} \frac{f(z+\Delta z) - f(z)}{\Delta z} = \lim_{\Delta z \to 0} \frac{(x+\Delta x) - \mathrm{i}(y+\Delta y) - (x - \mathrm{i}y)}{\Delta z}$$

$$= \lim_{\Delta z \to 0} \frac{\Delta x - \mathrm{i}\Delta y}{\Delta x + \mathrm{i}\Delta y}$$

设 Δz 沿着平行于 x 轴的方向趋向于零,因而 $\Delta y = 0$,$\Delta z = \Delta x$,这时极限

$$\lim_{\Delta z \to 0} \frac{f(z+\Delta z) - f(z)}{\Delta z} = \lim_{\Delta z \to 0} \frac{\Delta x}{\Delta x} = 1$$

设 Δz 沿着平行于 y 轴的方向趋向于零,因而 $\Delta x = 0$,$\Delta z = \mathrm{i}\Delta y$,这时极限

$$\lim_{\Delta z \to 0} \frac{f(z+\Delta z)}{\Delta z} - f(z) = \lim_{\Delta y \to 0} \frac{-\mathrm{i}\Delta y}{\mathrm{i}\Delta y} = -1$$

因此导数不存在,原函数 $f(z) = \bar{z}$ 在复平面上处处不可导。

3. 可导和连续的关系

我们知道:若复变函数在某点处连续,则该函数在该点的极限一定存在,反之不一定成立。那么可导与连续有何关系?

设函数 $w = f(z)$ 在点 z_0 处可导,则由式(2.1.2),对于任意的 $\varepsilon > 0$,对应存在 $\delta > 0$,使得当 $0 < |\Delta z| < \delta$ 时,有

$$\left|\frac{f(z_0+\Delta z) - f(z_0)}{\Delta z} - f'(z_0)\right| < \varepsilon$$

成立。

令
$$\rho(\Delta z) = \frac{f(z_0+\Delta z) - f(z_0)}{\Delta z} - f'(z_0)$$

那么
$$\lim_{\Delta z \to 0} \rho(\Delta z) = 0$$

由此得到

$$f(z_0+\Delta z)-f(z_0)=f'(z_0)\Delta z+\rho(\Delta z)\Delta z \tag{2.1.3}$$

即 $\lim\limits_{\Delta z\to0}\Delta w=\lim\limits_{\Delta z\to0}[f(z_0+\Delta z)-f(z_0)]=\lim\limits_{\Delta z\to0}[f'(z_0)\Delta z+\rho(\Delta z)\Delta z]=0$,故有

$$\lim\limits_{\Delta z\to0}f(z_0+\Delta z)=f(z_0)$$

可见,若函数在某点处可导,必在该点处连续。但反之不一定成立。

如上例中,$f(z)=\bar z$ 在复平面上处处连续,但在复平面上处处不可导。

2.1.2　复变函数的微分概念

定义 2.1.2　复变函数的微分　复变函数的微分概念在形式上与一元实变函数的微分概念类似。

设函数 $w=f(z)$ 在点 z_0 处可导,则由式(2.1.3)可得

$$\Delta w=f(z_0+\Delta z)-f(z_0)=f'(z_0)\Delta z+\rho(\Delta z)\Delta z \tag{2.1.4}$$

其中,$\lim\limits_{\Delta z\to0}\rho(\Delta z)=0$。因此,$|\rho(\Delta z)\Delta z|$ 是 $|\Delta z|$ 的高阶无穷小量,而 $f'(z_0)\Delta z$ 是函数 $w=f(z)$ 的改变量 Δw 的线性主要部分。$f'(z_0)\Delta z$ 称为函数 $w=f(z)$ 在点 z_0 处的**微分**,记为

$$\mathrm{d}w=f'(z_0)\Delta z \tag{2.1.5}$$

如果函数在点 z_0 处的微分存在,则称**函数在点 z_0 处可微**。

特别地,当 $f(z)=z$ 时,由式(2.1.5)得 $\mathrm{d}z=\Delta z$,于是式(2.1.5)变为

$$\mathrm{d}w=f'(z_0)\mathrm{d}z \tag{2.1.6}$$

即

$$f'(z_0)=\frac{\mathrm{d}w}{\mathrm{d}z}\bigg|_{z=z_0}$$

由此可见,函数 $w=f(z)$ 在点 z_0 处可导与在点 z_0 处可微是等价的。

2.1.3　可导的必要条件

判断函数是否可导时使用定义式不仅麻烦,而且对某些函数判断起来会十分困难。能否有更为简单的办法判断一个函数是否可导呢?按照逻辑思维习惯,判断不可导可能会容易一些,基于这样的思想,我们首先讨论函数可导的必要条件。

1. 笛卡儿坐标形式的柯西-黎曼条件

已知一个函数可导,得出其必须满足的条件。

设 $w=f(z)=u(x,y)+iv(x,y)$ 在区域 D 内可导,则由函数可导的定义,使用笛卡儿坐标,考察沿两个不同的方向 $\Delta z\to0$,得到的极限值应该相等。

$$\frac{f(z+\Delta z)-f(z)}{\Delta z}=\frac{u(x+\Delta x,y+\Delta y)+iv(x+\Delta x,y+\Delta y)-[u(x,y)+iv(x,y)]}{\Delta x+i\Delta y}$$

$$=\frac{u(x+\Delta x,y+\Delta y)-u(x,y)+i[v(x+\Delta x,y+\Delta y)-v(x,y)]}{\Delta x+i\Delta y}$$

(1) 沿平行于实轴的方向趋于零($\Delta y=0,\Delta z=\Delta x\to0$),则

$$f'(z)=\lim\limits_{\Delta z\to0}\frac{f(z+\Delta z)-f(z)}{\Delta z}$$

$$=\lim\limits_{\Delta x\to0}\frac{u(x+\Delta x,y)-u(x,y)+i[v(x+\Delta x,y)-v(x,y)]}{\Delta x}$$

$$= \frac{\partial u}{\partial x} + i \frac{\partial v}{\partial x}$$

（2）沿平行于虚轴的方向趋于零（$\Delta x = 0, \Delta z = i\Delta y \to 0$），则

$$f'(z) = \lim_{\Delta z \to 0} \frac{f(z+\Delta z) - f(z)}{\Delta z}$$

$$= \lim_{\Delta y \to 0} \frac{u(x, y+\Delta y) - u(x,y) + i[v(x, y+\Delta y) - v(x,y)]}{i\Delta y}$$

$$= \frac{1}{i} \cdot \frac{\partial u}{\partial y} + \frac{\partial v}{\partial y} = -i \frac{\partial u}{\partial y} + \frac{\partial v}{\partial y}$$

两者应该相等，故有

$$\frac{\partial u}{\partial x} + i \frac{\partial v}{\partial x} = -i \frac{\partial u}{\partial y} + \frac{\partial v}{\partial y}$$

即

$$\frac{\partial u}{\partial x} = \frac{\partial v}{\partial y}, \quad \frac{\partial v}{\partial x} = -\frac{\partial u}{\partial y} \tag{2.1.7}$$

可以简写为

$$u_x = v_y, \quad v_x = -u_y$$

定理 2.1.1　若函数 $w = f(z) = u(x,y) + iv(x,y)$ 于点 $z = x+iy$ 处可导，则在点 (x,y) 处必有

$$\frac{\partial u}{\partial x} = \frac{\partial v}{\partial y}, \quad \frac{\partial v}{\partial x} = -\frac{\partial u}{\partial y} \tag{2.1.8}$$

方程（2.1.8）叫做笛卡儿坐标形式的柯西–黎曼（Cauchy-Riemann）方程，或柯西–黎曼条件（简称为 **C-R 条件**）。

编者注：C-R 条件的记忆方法，由 $\binom{u,v}{x,y}$，显然上下对应求导则相等，即 $u_x = v_y$；而交叉求导则反号，即 $v_x = -u_y$。

推论 2.1.1　若 $f(z)$ 可导，则 $f(z)$ 的导数可写成以下形式：

$$f'(z) = u_x + iv_x = v_y - iu_y = u_x - iu_y = v_y + iv_x \tag{2.1.9}$$

2. 极坐标形式的柯西–黎曼条件

定理 2.1.2　若用 r 和 θ 分别表示 z 的模和辐角，若函数 $f(z) = u(r,\theta) + iv(r,\theta)$ 可导，则 $u(r,\theta)$ 与 $v(r,\theta)$ 满足**极坐标形式的柯西–黎曼条件**为

$$\frac{\partial u}{\partial r} = \frac{1}{r} \frac{\partial v}{\partial \theta}, \quad \frac{\partial v}{\partial r} = -\frac{1}{r} \frac{\partial u}{\partial \theta} \tag{2.1.10}$$

且导数可写成

$$f'(z) = \frac{r}{z} \left(\frac{\partial u}{\partial r} + i \frac{\partial v}{\partial r} \right) = \frac{1}{z} \left(\frac{\partial v}{\partial \theta} - i \frac{\partial u}{\partial \theta} \right) \tag{2.1.11}$$

【证明】　使用极坐标，设 e_r 和 e_θ 分别为极坐标系的单位矢量。

若 $z = re^{i\theta}$ 沿 e_r 方向而辐角不变时，$\Delta z = e^{i\theta}\Delta r$，则沿 e_r 方向的导数为

$$f'(z) = \lim_{\Delta z \to 0} \frac{\Delta f(z)}{\Delta z} = \lim_{\Delta z \to 0} \frac{\Delta u + i\Delta v}{\Delta z}$$

$$= \frac{1}{e^{i\theta}} \left[\frac{\partial u}{\partial r} + i \frac{\partial v}{\partial r} \right] = \frac{r}{z} \left[\frac{\partial u}{\partial r} + i \frac{\partial v}{\partial r} \right]$$

若 $z = re^{i\theta}$ 沿 e_θ 方向而半径 r 不变时，$\Delta z = re^{i\theta}(i\Delta\theta) = iz\Delta\theta$，则沿 e_θ 方向的导数

$$f'(z) = \lim_{\Delta z \to 0} \frac{\Delta f(z)}{\Delta z} = \lim_{\Delta z \to 0} \frac{\Delta u + i\Delta v}{\Delta z}$$

$$= \frac{1}{iz}\left[\frac{\partial u}{\partial \theta} + i\frac{\partial v}{\partial \theta}\right] = \frac{1}{z}\left[\frac{\partial v}{\partial \theta} - i\frac{\partial u}{\partial \theta}\right]$$

由于沿 e_r 方向和沿 e_θ 方向的导数应该相等,比较可得极坐标形式的柯西-黎曼条件即式（2.1.10）。

3. 柯西-黎曼条件的应用

例 2.1.3　讨论函数 $f(z) = \bar{z}$ 在复平面上的可导性。

【解】　注意到 $u = x, v = -y$,判断 C-R 条件是否成立。

$$u_x = 1, v_y = -1, u_y = 0, v_x = 0$$

即 $u_x \neq v_y$,显然在复平面上处处不满足 C-R 条件,故原函数在复平面上处处不可导。

例 2.1.4　讨论函数 $w = f(z) = \sqrt{|\mathrm{Im}z^2|}$ 在点 $z_0 = 0$ 处的可导性。

【解】　首先考察 C-R 条件是否满足。根据

$$f(z) = \sqrt{|\mathrm{Im}z^2|} = \sqrt{2|xy|} = u(x,y) + iv(x,y)$$

有

$$u(x,y) = \sqrt{2|xy|}, \quad v(x,y) = 0$$

$$u_x(0,0) = \lim_{\Delta x \to 0}\frac{u(\Delta x, 0) - u(0,0)}{\Delta x} = 0 = v_y(0,0)$$

$$u_y(0,0) = \lim_{\Delta y \to 0}\frac{u(0, \Delta y) - u(0,0)}{\Delta y} = 0 = -v_x(0,0)$$

显然,在 $z_0 = 0$ 处 C-R 条件成立。

根据函数可导的定义式有

$$\frac{f(0 + \Delta z) - f(0)}{\Delta z} = \frac{\sqrt{|2\Delta x \cdot \Delta y|}}{\Delta x + i\Delta y}$$

当 $\Delta z \to 0$（且使得 $\Delta x \to 0^+$）时,那么当 z 沿射线 $y = kx$ 趋于 0 时,上式比值为

$\dfrac{\sqrt{2|k|}}{1 + ik} \cdot \dfrac{|\Delta x|}{\Delta x} = \dfrac{\sqrt{2|k|}}{1 + ik}$。显然,不同的趋向得到不同的值,故原函数在 $z_0 = 0$ 处不可导。

本例题告诉我们即使函数满足 C-R 条件,仍然可能不可导。那么 C-R 条件还需加上什么条件才能保证函数可导呢? 因此需要讨论可导的充分必要条件。

2.1.4　可导的充分必要条件

定理 2.1.3　设函数 $w = f(z) = u(x,y) + iv(x,y)$ 在区域 D 内有定义,则 $f(z)$ 在 D 内一点 $z = x + iy$ 可导的**充分必要条件**是:二元函数 $u(x,y)$ 和 $v(x,y)$ 在点 (x,y) 处可微,且满足柯西-黎曼条件。

【证明】　（1）必要性。由于函数 $f(z)$ 可导,则由式（2.1.4）可知,对于充分小的 $|\Delta z| = |\Delta x + i\Delta y| > 0$,有

$$f(z + \Delta z) - f(z) = f'(z)\Delta z + \rho(\Delta z)\Delta z$$

其中

$$\lim_{\Delta z \to 0}\rho(\Delta z) = 0$$

令 $f(z + \Delta z) - f(z) = \Delta u + i\Delta v, f'(z) = a + ib, \rho(\Delta z) = \rho_1 + i\rho_2$,则

$$\Delta u + i\Delta v = (a+ib)(\Delta x+i\Delta y)+(\rho_1+i\rho_2)(\Delta x+i\Delta y)$$
$$= (a\Delta x-b\Delta y+\rho_1\Delta x-\rho_2\Delta y)+i(b\Delta x+a\Delta y+\rho_2\Delta x+\rho_1\Delta y)$$

从而

$$\Delta u = a\Delta x-b\Delta y+\rho_1\Delta x-\rho_2\Delta y$$

$$\Delta v = b\Delta x+a\Delta y+\rho_2\Delta x+\rho_1\Delta y$$

由于 $\lim\limits_{\Delta z\to 0}\rho(\Delta z)=0$，所以 $\lim\limits_{\substack{\Delta x\to 0\\\Delta y\to 0}}\rho_1=0$，$\lim\limits_{\substack{\Delta x\to 0\\\Delta y\to 0}}\rho_2=0$。根据高等数学知识，得知二元实函数 $u(x,y)$ 和 $v(x,y)$ 在点 (x,y) 处可微，而且满足方程

$$a=\frac{\partial u}{\partial x}=\frac{\partial v}{\partial y},\quad -b=\frac{\partial u}{\partial y}=-\frac{\partial v}{\partial x}$$

即

$$\frac{\partial u}{\partial x}=\frac{\partial v}{\partial y},\quad \frac{\partial u}{\partial y}=-\frac{\partial v}{\partial x}$$

这就是柯西–黎曼条件。即由函数 $w=f(z)=u(x,y)+iv(x,y)$ 可导，得到 $u(x,y)$ 和 $v(x,y)$ 可微并满足 C-R 条件。

（2）充分性。由于

$$f(z+\Delta z)-f(z)=u(x+\Delta x,y+\Delta y)-u(x,y)+i[v(x+\Delta x,y+\Delta y)-v(x,y)]$$
$$=\Delta u+i\Delta v$$

又因为 $u(x,y),v(x,y)$ 可微，故

$$\Delta u=\frac{\partial u}{\partial x}\Delta x+\frac{\partial u}{\partial y}\Delta y+\varepsilon_1\Delta x+\varepsilon_2\Delta y$$

$$\Delta v=\frac{\partial v}{\partial x}\Delta x+\frac{\partial v}{\partial y}\Delta y+\varepsilon_3\Delta x+\varepsilon_4\Delta y$$

这里 $\lim\limits_{\substack{\Delta x\to 0\\\Delta y\to 0}}\varepsilon_k=0\quad(k=1,2,3,4)$，因此

$$f(z+\Delta z)-f(z)=\left(\frac{\partial u}{\partial x}+i\frac{\partial v}{\partial x}\right)\Delta x+\left(\frac{\partial u}{\partial y}+i\frac{\partial v}{\partial y}\right)\Delta y+(\varepsilon_1+i\varepsilon_3)\Delta x+(\varepsilon_2+i\varepsilon_4)\Delta y$$

根据柯西–黎曼条件

$$\frac{\partial u}{\partial y}=-\frac{\partial v}{\partial x}=i^2\frac{\partial v}{\partial x},\quad \frac{\partial u}{\partial x}=\frac{\partial v}{\partial y}$$

所以

$$f(z+\Delta z)-f(z)=\left(\frac{\partial u}{\partial x}+i\frac{\partial v}{\partial x}\right)(\Delta x+i\Delta y)+(\varepsilon_1+i\varepsilon_3)\Delta x+(\varepsilon_2+i\varepsilon_4)\Delta y$$

$$\frac{f(z+\Delta z)-f(z)}{\Delta z}=\frac{\partial u}{\partial x}+i\frac{\partial v}{\partial x}+(\varepsilon_1+i\varepsilon_3)\frac{\Delta x}{\Delta z}+(\varepsilon_2+i\varepsilon_4)\frac{\Delta y}{\Delta z}$$

因为 $\left|\dfrac{\Delta x}{\Delta z}\right|\leqslant 1$，$\left|\dfrac{\Delta y}{\Delta z}\right|\leqslant 1$，故当 Δz 趋于零时，上式右端的最后两项都趋于零。因此

$$f'(z)=\lim\limits_{\Delta z\to 0}\frac{f(z+\Delta z)-f(z)}{\Delta z}=\frac{\partial u}{\partial x}+i\frac{\partial v}{\partial x}$$

即 $w=f(z)=u(x,y)+iv(x,y)$ 在点 $z=x+iy$ 处可导。

2.1.5　求导法则

当 $f(z)$ 和 $g(z)$ 都是复变数的可导函数时，可以证明下列求导公式与法则成立：

（1）$[f(z)+g(z)]'=f'(z)+g'(z)$；

（2）$[f(z)\cdot g(z)]'=f'(z)g(z)+f(z)g'(z)$；

（3）$\left[\dfrac{f(z)}{g(z)}\right]'=\dfrac{f'(z)g(z)-f(z)g'(z)}{g^2(z)}$ $\quad(g(z)\neq 0)$；

（4）$\{f[g(z)]\}'=f'(w)g'(z)$，其中 $w=g(z)$；

（5）若 $z=\varphi(w)$ 是函数 $w=f(z)$ 的反函数，且 $f'(z)\neq 0$，则

$$\frac{\mathrm{d}z}{\mathrm{d}w}=\varphi'(w)=\frac{1}{f'[\varphi(w)]}$$

（6）$(c)'=0$，其中 c 为复常数；

（7）$(z^n)'=nz^{n-1}$，其中 n 为正整数；

（8）$(\mathrm{e}^z)'=\mathrm{e}^z$；

（9）$\ln z=\dfrac{1}{z}$，$(z\neq 0)$；

（10）$(\sin z)'=\cos z$；

（11）$(\cos z)'=-\sin z$；

（12）$(\tan z)'=\dfrac{1}{\cos^2 z}$；

（13）$(\mathrm{sh}z)'=\mathrm{ch}z$；

（14）$(\mathrm{ch}z)'=\mathrm{sh}z$。

2.1.6　复变函数导数的几何意义

为了说明复变函数的导数 $w'=f'(z)$ 的几何意义，让我们来看 z 的增量 $\Delta z=z-z_0$，它在 z 平面上是由 z_0 指向 z 的一个矢量 $\overrightarrow{z_0 z}$，将它写成指数的形式

$$\Delta z=|\Delta z|\mathrm{e}^{\mathrm{i}\theta}$$

模 $|\Delta z|$ 表示矢量 $\overrightarrow{z_0 z}$ 的长度，而辐角 θ 表示矢量 $\overrightarrow{z_0 z}$ 与水平线的夹角，如图 2.1（a）所示。相应地，w 的增量

$$\Delta w=w-w_0=|\Delta w|\mathrm{e}^{\mathrm{i}\varphi}$$

在 w 平面上代表矢量 $\overrightarrow{w_0 w}$。它的模 $|\Delta w|$ 表示矢量 $\overrightarrow{w_0 w}$ 的长度，而辐角 φ 则是矢量 $\overrightarrow{w_0 w}$ 与水平线之间的夹角，如图 2.1（b）所示。

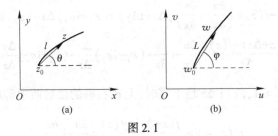

图 2.1

当 z 沿 z 平面上的曲线 l 趋于点 z_0 时，与它对应的点 w 也就沿着曲线 L 趋于点 w_0，此时弦 $\overrightarrow{z_0 z}$ 和 $\overrightarrow{w_0 w}$ 分别趋于上述两条曲线在点 z_0 和 w_0 的切线。

函数 $w=f(z)$ 在点 z_0 处的导数 $f'(z_0)$ 是 $\dfrac{\Delta w}{\Delta z}$ 当 Δz 趋于 0 时的极限：

$$f'(z_0) = \lim_{\Delta z \to 0} \frac{\Delta w}{\Delta z} = \lim_{\Delta z \to 0} \left(\left| \frac{\Delta w}{\Delta z} \right| e^{i(\varphi - \theta)} \right)$$

导数的模：

$$|f'(z_0)| = \lim_{\Delta z \to 0} \left| \frac{\Delta w}{\Delta z} \right|$$

它代表当通过 z_0 点的无穷小线段 $\overline{z_0 z}$($\Delta z \to 0$)映射到 w 平面上的无穷小线段 $\overline{w_0 w}$ 时长度的伸缩比。

像曲线 L 上过点 w_0 的无穷小的弧长与原曲线 l 上过点 z_0 的无穷小的弧长之比的极限是一个定值 $\lim_{\Delta z \to 0} \left| \frac{\Delta w}{\Delta z} \right| = |f'(z_0)|$。它反映了在映射 $w = f(z)$ 下，z 平面上 l 曲线在点 z_0 处弧长的伸缩率，这就是**导数模的几何意义**。伸缩率 $|f'(z_0)|$ 只与点 z_0 有关，而与过点 z_0 的曲线 l 的形状无关，这一性质称为**伸缩率的不变性**。

导数的辐角：

$$\arg f'(z_0) = \varphi - \theta$$

则是在点 w_0 和点 z_0 的两条切线与水平线间的夹角之差。上式表明，像曲线 L 在点 w_0 的切线方向可由曲线 l 在点 z_0 处的切线方向旋转一个角度 $\arg f'(z_0)$ 得出。我们称 $\arg f'(z_0)$ 为函数 $w = f(z)$ 在点 z_0 处的旋转角，这就是**导数辐角的几何意义**。$\arg f'(z_0)$ 只与点 z_0 有关，与过点 z_0 的曲线 l 的形状无关，这一性质称为**旋转角的不变性**。

2.2　解 析 函 数

解析函数是本章的重点内容，有着广泛的应用基础。本节着重讲解解析函数的概念及判断方法，2.3 节将介绍一些常用的初等解析函数，说明它们的解析性，然后以平面流速场和静电场的复势为例，说明解析函数在研究平面场中的应用。

2.2.1　解析函数的概念

1. 解析函数的概念

定义 2.2.1　解析函数，奇点　如果函数 $f(z)$ 在点 z_0 及其邻域内处处可导，那么称 $f(z)$ 在 z_0 点**解析**。如果 $f(z)$ 在区域 D 内每一点解析，那么称 $f(z)$ 在 D **内解析**，或称 $f(z)$ 是 D 内的一个**解析函数**（又称为**全纯函数**或**正则函数**）。如果 $f(z)$ 在点 z_0 不解析，那么称点 z_0 为 $f(z)$ 的**奇点**。

解析函数这一重要概念是与区域密切联系的。我们说函数 $f(z)$ 在某点 z_0 解析，其意义是指 $f(z)$ 在点 z_0 及其邻域内可导。

2. 函数解析与可导、连续、极限的关系

由解析函数定义可知，函数在区域内解析与在区域内可导是等价的。但是，函数在一点处解析和在一点处可导是不等价的两个概念。也就是说，函数在一点处可导，不一定在该点处解析。但函数在一点处解析，则一定在该点处可导（而且在该点及其邻域均可导）。函数在一点处解析比在该点处可导的要求要严格得多。

区域解析 ⇔ 区域可导

在某点解析 ⇒ 该点可导 ⇒ 该点连续 ⇒ 该点极限存在，反之均不一定成立

例 2.2.1　讨论函数 $f(z) = |z|^2$ 在复平面内的可导性与解析性。

【解】 由 $f'(0)=\lim\limits_{\Delta z\to 0}\dfrac{f(\Delta z)-f(0)}{\Delta z}=\lim\limits_{\Delta z\to 0}\dfrac{|\Delta z|^2}{\Delta z}=\lim\limits_{\Delta z\to 0}\dfrac{\overline{\Delta z}\Delta z}{\Delta z}=\lim\limits_{\Delta z\to 0}\overline{\Delta z}=0$ 可知，$f(z)$ 在点 $z=0$ 处可导，对任意 $z_0=x_0+\mathrm{i}y_0\neq 0$ 有

$$f(z_0+\Delta z)-f(z_0)=|z_0+\Delta z|^2-|z_0|^2=(z_0+\Delta z)\overline{(z_0+\Delta z)}-z_0\overline{z_0}$$
$$=\overline{z_0}\Delta z+z_0\overline{\Delta z}+\Delta z\overline{\Delta z}$$

则

$$\frac{f(z_0+\Delta z)-f(z_0)}{\Delta z}=\overline{z_0}+z_0\frac{\overline{\Delta z}}{\Delta z}+\overline{\Delta z}$$

显然，当沿平行于 x 方向趋于零时，即 $\Delta z=\Delta x\to 0$ 时，有

$$\lim_{\Delta z\to 0}\frac{f(z_0+\Delta z)-f(z_0)}{\Delta z}=\overline{z_0}+\lim_{\Delta x\to 0}z_0\frac{\overline{\Delta z}}{\Delta z}+0=\overline{z_0}+z_0=2x_0$$

当沿平行于 y 方向趋于零时，即 $\Delta z=\mathrm{i}\Delta y\to 0$ 时，有

$$\lim_{\Delta z\to 0}\frac{f(z_0+\Delta z)-f(z_0)}{\Delta z}=\overline{z_0}+z_0\lim_{\Delta y\to 0}\frac{-\mathrm{i}\Delta y}{\mathrm{i}\Delta y}+0=\overline{z_0}-z_0=-2\mathrm{i}y_0$$

由于在任意 $z_0\neq 0$ 处两极限不完全相等，所以函数 $f(z)$ 在任意 $z_0\neq 0$ 处不可导。尽管函数在 $z=0$ 处可导，但其邻域 $z_0\neq 0$ 处不可导，故根据函数解析的定义，$f(z)=|z|^2$ 在复平面内处处不解析。

例 2.2.2　研究函数 $w=\dfrac{1}{z}$ 的解析性。

【解】　因为 w 在复平面内除点 $z=0$ 外处处可导，且

$$\frac{\mathrm{d}w}{\mathrm{d}z}=-\frac{1}{z^2}$$

所以在除 $z=0$ 外的复平面内，函数 $w=\dfrac{1}{z}$ 处处解析，而 $z=0$ 是它的奇点。

3. 函数在开、闭区域解析的理解

以后我们所涉及的函数在区域 D 内解析，是指不包含边界的 D 的开区域内部解析；而函数在闭区域 $\overline{D}$ 解析是指，既在 D 区域内部也在区域边界处解析。在**闭区域 $\overline{D}$ 解析**可以理解为在比闭区域 $\overline{D}$ 的边界稍大一些的开区域内部解析。

2.2.2　解析函数的法则

定理 2.2.1　在区域 D 内解析的两个函数 $f(z)$ 与 $g(z)$ 的和、差、积、商（除去分母为零的点）在 D 内解析。

定理 2.2.2　设函数 $h=g(z)$ 在 z 平面上的区域 D 内解析，函数 $w=f(h)$ 在 h 平面上的区域 G 内解析。如果对 D 内的每一个点 z，函数 $g(z)$ 的对应值 h 都属于 G，那么复合函数 $w=f[g(z)]$ 在 D 内解析。

从上述定理可以推知，所有多项式在复平面内是处处解析的，任何一个有理分式函数 $\dfrac{P(z)}{Q(z)}$ 在分母不为零的区域内是解析函数，使分母为零的点是它的奇点。

2.2.3　函数解析的充分必要条件

1. 解析的充要条件

由解析函数定义可知,函数在区域内解析与在区域内可导是等价的。但函数在一点处解析,等价于函数在该点及其邻域均可导。由 2.1 节所讨论函数的可导性可方便地得出函数解析的充分必要条件。

定理 2.2.3　函数 $f(z) = u(x, y) + iv(x, y)$ 在其定义域 D 内解析的充分必要条件是: $u(x, y)$ 和 $v(x, y)$ 在 D 内任意一点 $z = x + iy$ 可微,而且满足柯西-黎曼条件。

说明:这个定理是本章的重要定理,它提供了判断函数在区域内是否解析的常用方法。如果 $f(z)$ 在区域内不满足柯西-黎曼条件,则函数 $f(z)$ 在区域内不解析。如果在区域内满足柯西-黎曼条件,而且进一步判断 $u(x, y)$, $v(x, y)$ 可微(或具有一阶连续偏导数),那么 $f(z)$ 在区域内解析。对于 $f(z)$ 在一点 $z = x + iy$ 的可导性,也有类似的结论。只不过需要将上述定理中的 "D 内任意一点" 理解为 "D 内某一点",由此定理变为在某点处可导的充分必要条件。这样该定理也可用来判断函数在某点处是否可导。

2. 几个常用结论

结论 2.2.1　如果函数 $f(z)$ 在区域 D 内解析,证明:若满足下列条件之一,则 $f(z)$ 在 D 内必为一常数(其中 c_1 为实常数, c_2 为非负实常数)。

(1) $f'(z) = 0$；　(2) $\mathrm{Re} f(z) = c_1$；　(3) $|f(z)| = c_2$。

【证明】　(1) 因为 $f'(z) = \dfrac{\partial u}{\partial x} + i\dfrac{\partial v}{\partial x} = \dfrac{\partial v}{\partial y} - i\dfrac{\partial u}{\partial y} = 0$,故

$$\frac{\partial u}{\partial x} = 0, \quad \frac{\partial u}{\partial y} = 0, \quad \frac{\partial v}{\partial x} = 0, \quad \frac{\partial v}{\partial y} = 0$$

所以 $u = $ 常数, $v = $ 常数,因而 $f(z)$ 在 D 内是常数。

(2) 因为 $\mathrm{Re} f(z) = c_1$,即 $u = c_1$,所以 $u_x = 0$, $u_y = 0$,由 C-R 条件有

$$v_y = u_x = 0, \quad v_x = -u_y = 0$$

故 $u = $ 常数, $v = $ 常数,因而 $f(z)$ 在 D 内是常数。

(3) 因为 $|f(z)| = c_2$,即 $u^2 + v^2 = c$,已令常数 $c = c_2^2$,故

$$2uu_x + 2vv_x = 0, \quad 2uu_y + 2vv_y = 0$$

再利用 C-R 条件,则

$$\begin{cases} uu_x + vv_x = uu_x - vu_y = 0 \\ uu_y + vv_y = uu_y + vu_x = 0 \end{cases}$$

从而

$$(u^2 + v^2)u_x = 0, \quad (u^2 + v^2)u_y = 0$$

讨论:若 $(u^2 + v^2) = c = 0$,则必有 $u = 0$, $v = 0$,故 $f(z) = 0$ 即 $f(z)$ 为常数；若 $(u^2 + v^2) = c \neq 0$,则必有 $u_x = 0$, $u_y = 0$。故 u 必为常数,再由 C-R 条件(或由已证(2)的结论)必有 $f(z)$ 为常数。

结论 2.2.2　如果 $f(z) = u(x, y) + iv(x, y)$ 为一解析函数,且 $f'(z) \neq 0$,那么曲线族 $u(x, y) = c_1$ 和 $v(x, y) = c_2$ 必相互正交,其中 c_1 和 c_2 为常数。

【证明】　由公式(2.1.9)得, $f'(z) = v_y - iu_y \neq 0$,故 u_y 与 v_y 必不全为零。

(1) 如果在曲线的交点处 u_y 与 v_y 都不为零。由曲线族 $u(x, y) = c_1$ 和 $v(x, y) = c_2$,利用隐

函数求导法(分别对 x 求导)有, $u_x+u_y y_x=0$, $v_x+v_y y_x=0$, 故两曲线斜率分别为

$$k_1=y_x=-u_x/u_y, \quad k_2=y_x=-v_x/v_y$$

利用 C-R 条件得

$$k_1 \cdot k_2=\left(-\frac{u_x}{u_y}\right)\left(-\frac{v_x}{v_y}\right)=\left(-\frac{v_y}{u_y}\right)\left(\frac{u_y}{v_y}\right)=-1$$

因此,曲线族 $u(x,y)=c_1$ 和 $v(x,y)=c_2$ 相互正交。

(2) 如果 u_y 与 v_y 中有一个为零,则另一个必不为零,此时容易知道两族中的曲线在交点处的切线一条是水平的,另一条是垂直的,它们仍相互正交。

例 2.2.3　问解析函数 $w=z^2=x^2-y^2+2xyi$ 对应的曲线族 $x^2-y^2=c_1$, $2xy=c_2$ 满足什么几何关系?

【解】　当 $z\neq0$ 时, $\dfrac{dw}{dz}=2z\neq0$。根据结论 2.2.2,曲线族

$$x^2-y^2=c_1, \quad 2xy=c_2$$

必然相互正交。

3. 判断函数解析的实例

例 2.2.4　判定下列函数在何处可导,在何处解析:

(1) $w=z\mathrm{Re}(z)$;　　(2) $f(z)=e^x(\cos y+i\sin y)$。

【解】　(1) 由 $w=z\mathrm{Re}(z)=x^2+ixy$ 得, $u=x^2$, $v=xy$,所以

$$\frac{\partial u}{\partial x}=2x, \quad \frac{\partial v}{\partial y}=x, \quad \frac{\partial v}{\partial x}=y, \quad \frac{\partial u}{\partial y}=0$$

容易看出,这 4 个偏导数处处连续,但是仅当 $x=y=0$ 时,它们才满足柯西-黎曼方程,因而函数 $w=z\mathrm{Re}(z)$ 仅在 $z=0$ 处可导,在复平面上处处都不解析(因在 $z=0$ 的去心领域内不可导)。

(2) 因为 $u=e^x\cos y$, $v=e^x\sin y$,则

$$\frac{\partial u}{\partial x}=e^x\cos y, \qquad \frac{\partial u}{\partial y}=-e^x\sin y$$

$$\frac{\partial v}{\partial x}=e^x\sin y, \qquad \frac{\partial v}{\partial y}=e^x\cos y$$

从而

$$\frac{\partial u}{\partial x}=\frac{\partial v}{\partial y}, \qquad \frac{\partial u}{\partial y}=-\frac{\partial v}{\partial x}$$

并且由于上面 4 个一阶偏导数都是连续的,所以 $f(z)$ 在复平面上处处可导、处处解析,并且根据公式(2.1.9),有

$$f'(z)=u_x+iv_x=e^x(\cos y+i\sin y)=f(z)$$

例 2.2.5　设函数 $f(z)=x^2+axy+by^2+i(cx^2+dxy+y^2)$。问实常数 a,b,c,d 取何值时, $f(z)$ 在复平面上处处解析?

【解】　由于

$$\frac{\partial u}{\partial x}=2x+ay, \qquad \frac{\partial u}{\partial y}=ax+2by$$

$$\frac{\partial v}{\partial x}=2cx+dy, \qquad \frac{\partial v}{\partial y}=dx+2y$$

要使 C-R 条件成立,则$\dfrac{\partial u}{\partial x}=\dfrac{\partial v}{\partial y},\dfrac{\partial u}{\partial y}=-\dfrac{\partial v}{\partial x}$,只需

$$2x+ay=dx+2y,2cx+dy=-ax-2by$$

因此,当 $a=2,b=-1,c=-1,d=2$ 时,偏导数在复平面上处处连续,且满足 C-R 条件,故此函数在复平面上处处解析。

例 2.2.6 证明若 $w=u(x,y)+iv(x,y)$ 为解析函数,则它一定能单独用 z 的形式表示。

【证明】 考虑到函数 $w=u(x,y)+iv(x,y)$ 解析,且 $x=\dfrac{1}{2}(z+\bar{z})$,$y=\dfrac{1}{2i}(z-\bar{z})$,故可把 $w(z,\bar{z})$ 看成 z 和 $\bar{z}$ 的函数。若要证明 w 仅仅依赖于 z,则只需证明该函数不含有变量 $\bar{z}$,即需证明 $\dfrac{\partial w(z,\bar{z})}{\partial \bar{z}}=0$。

因为

$$\frac{\partial w(z,\bar{z})}{\partial \bar{z}}=\frac{\partial u}{\partial x}\cdot\frac{\partial x}{\partial \bar{z}}+\frac{\partial u}{\partial y}\cdot\frac{\partial y}{\partial \bar{z}}+i\left[\frac{\partial v}{\partial x}\cdot\frac{\partial x}{\partial \bar{z}}+\frac{\partial v}{\partial y}\cdot\frac{\partial y}{\partial \bar{z}}\right]$$

$$=\frac{\partial u}{\partial x}\cdot\frac{1}{2}+\frac{\partial u}{\partial y}\cdot\left(-\frac{1}{2i}\right)+i\left[\frac{\partial v}{\partial x}\cdot\frac{1}{2}+\frac{\partial v}{\partial y}\cdot\left(-\frac{1}{2i}\right)\right]$$

$$=\frac{1}{2}\left(\frac{\partial u}{\partial x}-\frac{\partial v}{\partial y}\right)+\frac{i}{2}\left(\frac{\partial u}{\partial y}+\frac{\partial v}{\partial x}\right)$$

根据解析函数的 C-R 条件,故 $\dfrac{\partial w(z,\bar{z})}{\partial \bar{z}}=0$ 成立。

2.2.4　解析函数的几何意义(映射的保角性)

设函数 $w=f(z)$ 在区域 D 内解析,并且在 D 内的一点 z_0 有 $f(z_0)\neq0$。考虑 z 平面上过点 z_0 的任意两条曲线 l_1 和 l_2,如图 2.2(a)所示,它们在 z_0 点的切线与水平线的夹角分别用 θ_1 和 θ_2 表示,则这两条切线的夹角是 $\theta_2-\theta_1$。对应地,在 w 平面上也有过 w_0 的两条曲线 L_1 和 L_2,它们的切线与水平线之间的夹角分别为 φ_1 和 φ_2,而两切线间的夹角是 $\varphi_2-\varphi_1$,如图 2.2(b)所示。

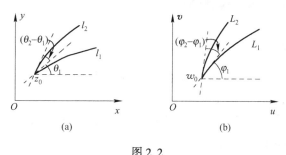

图 2.2

由于函数 $w=f(z)$ 在区域 D 内解析,故无论 z 沿什么方向趋于 z_0 均有一确定的导数值 $f'(z_0)$。因此由前面公式 $\arg f'(z_0)=\varphi-\theta$ 知道,当 $f'(z_0)\neq0$ 时,L_1 与 l_1 的切线与水平线夹角之差 $\varphi_1-\theta_1$ 和 L_2 与 l_2 的切线与水平线夹角之差 $\varphi_2-\theta_2$ 都等于 $f'(z_0)$ 的辐角,即

$$\varphi_2-\theta_2=\arg f'(z_0)=\varphi_1-\theta_1 \tag{2.2.1}$$

式(2.2.1)可改写为

$$\varphi_2-\varphi_1=\theta_2-\theta_1 \tag{2.2.2}$$

此等式右边是 z 平面上通过 z_0 点的两条任意曲线(l_2 与 l_1)的切线之间的夹角,左边是 w

平面上对应曲线的切线(L_2 与 L_1 之)间的夹角。

定义 2.2.2　保角映射(或保角变换)　解析函数 $w=f(z)$ 所代表的映射具有保持两曲线间夹角不变的性质,故称这种映射为**保角映射**(或**保角变换**)。这部分内容在数学物理定解问题(边值问题)中有着非常重要的应用。

注意:由于复数"零"的辐角没有明确的意义,对 $f'(z)=0$ 的点,公式 $\arg f'(z_0)=\varphi-\theta$ 没有意义,因而也就谈不上夹角不变。

定理 2.2.4　在区域 D 内解析的函数 $w=f(z)$ 所实现的由 z 平面到 w 平面的映射在 $f'(z_0)\neq 0$ 的点 z_0 处具有保角性质。

2.3　初等解析函数

可以将复变数的初等函数作为实变数的初等函数在复数域中的自然推广。但当复数退化为实数时,要满足实数的性质,而取复数时,复变函数可以具有与实变函数不同的性质。我们知道,实数域中的正弦、余弦函数是有界函数,但复变函数的正弦、余弦函数却不再有界;实数域中负数无对数,但在复数域中,对数函数不再受此限制。事实上,我们也希望能找到定义域更加广阔的,且不受任何限制的数域及其与之对应的函数。复数域及其对应的初等解析函数(或称为初等复变函数)为我们提供了方便。

如同初等实变函数是高等数学的主要研究对象一样,初等复变函数是复变函数论的主要研究对象。初等复变函数虽然是初等实变函数的自然推广,但在性质上却有着许多本质的区别。我们在学习中既要注意彼此间的联系,也要特别注意它们之间的本质区别。

为了结构层次的清晰性,安排单值函数和多值函数彼此形成对应关系,即指数函数—对数函数、三角函数—反三角函数、双曲函数—反双曲函数、幂函数—根式函数。事实上,几类初等多值函数是对应初等单值函数的反函数。

初等单值函数又称为初等单值解析函数,它在复平面内是解析的。而初等多值函数在其单值分支内(除去坐标原点和负实轴)也是解析的。

2.3.1　指数函数(单值函数)

1. 指数函数的定义

定义 2.3.1　指数函数　对于任何复数 $z=x+iy$,我们用关系式

$$e^z=e^{x+iy}=e^x(\cos y+i\sin y) \tag{2.3.1}$$

来定义**指数函数**。当 z 取实数即 $y=0$ 时,定义与通常的实指数函数的定义是一致的;当 $z=iy$ 时,得到欧拉公式:$e^{iy}=\cos y+i\sin y$,则

$$|e^z|=e^x \tag{2.3.2}$$

$$\text{Arg}(e^z)=y+2k\pi \tag{2.3.3}$$

其中,k 取整数。

2. 指数函数的性质

(1) 指数函数 e^z 在复平面内处处有定义,单值且解析。

(2) 指数函数不等于零。由式(2.3.2)知

$$e^z\neq 0 \tag{2.3.4}$$

（3）对任意两个复指数函数服从**加法定理**，与实指数函数一样有

$$e^{z_1+z_2}=e^{z_1} \cdot e^{z_2} \tag{2.3.5}$$

【证明】　设 $z_1=x_1+iy_1,z_2=x_2+iy_2$，按定义有

$$e^{z_1} \cdot e^{z_2}=e^{x_1}(\cos y_1+i \sin y_1) \cdot e^{x_2}(\cos y_2+i \sin y_2)$$
$$=e^{x_1+x_2}[\cos(y_1+y_2)+i \sin(y_1+y_2)]$$
$$=e^{z_1+z_2}$$

（4）指数函数是以 $2\pi i$ 为周期的周期函数。由加法定理，我们可以推出 e^z 的周期性。它的周期是 $i2k\pi$，即

$$e^{z+i2k\pi}=e^z \cdot e^{i2k\pi}=e^z \tag{2.3.6}$$

其中，k 为任何整数。

注意：复指数函数的周期性是实指数函数 e^x 所没有的。

2.3.2　对数函数——指数函数的反函数（多值函数）

1. 对数函数的定义

定义 2.3.2　对数函数，主值（或主值分支），单值分支　**对数函数**定义为指数函数的反函数，即当 $z \neq 0$ 时，方程 $z=e^w$ 所确定的 w 称为 z 的**对数函数**，记为

$$w=\text{Ln}z \tag{2.3.7}$$

根据此定义，令 $w=u+iv, z=re^{i\theta}$，则

$$e^{u+iv}=re^{i\theta}$$

考虑到指数函数的周期性

$$e^{u+iv}=re^{i(\theta+2k\pi)}$$

故实、虚部分别为

$$u=\ln r, v=\theta+2k\pi=\text{Arg}z \tag{2.3.8}$$

因此

$$w=\text{Ln}z=\ln|z|+i\text{Arg}z=\ln|z|+i(\arg z+2k\pi) \quad (k=0,\pm 1,\pm 2,\cdots) \tag{2.3.9}$$

由于 $\text{Arg}z$ 为多值函数，所以对数函数 $w=\text{Ln}z$ 为多值函数，并且每两个函数值之间相差 $2\pi i$ 的整数倍。规定：

① 若式（2.3.9）中取 $k=0$，即 $\text{Arg}z$ 取主值 $\arg z$，所得到的函数 $\ln z$ 称为多值函数 $\text{Ln}z$ 的**主值**（或称为主值分支），即

$$\ln z=\ln|z|+i\arg z \tag{2.3.10}$$

② 当 k 选择某一固定值 k_0 时，由式（2.3.9）得单值函数：

$$\ln z=\ln|z|+i(\arg z+2k_0\pi) \tag{2.3.11}$$

称为 $\text{Ln}z$ 的一个**单值分支**。当 $k_0=0$ 时，它即退化为主值分支。

注意：① 约定：首字母大写的函数代表多值函数 如 $\text{Ln}z$；首字母小写的代表单值函数，如 $\ln z$；若未特别说明，$\ln z$ 对应于对数函数的主值分支。

② 在实函数中，对数定义域为全体正实数，而复对数函数定义域为除 $z=0$ 外的全体复数。

③ 实对数函数是单值的，但复对数函数是多值函数。产生多值的原因是复指数函数的周期性所决定的，对数函数是指数函数的反函数。

④ 特别当 $z=x>0$ 时，$\text{Ln}z$ 的主值 $\ln z=\ln x$，退化为实变数的对数函数。

例 2.3.1　分别计算 $\mathrm{Ln}(-1)$ 和 $\mathrm{ln}i$ 的值,并求它们的主值。

【解】　(1) 对于多值函数　$\mathrm{Ln}(-1)=\mathrm{ln}|-1|+\mathrm{i}\,\mathrm{Arg}(-1)$

$$=\mathrm{ln}1+\mathrm{i}[\,\mathrm{arg}(-1)+2k\pi\,]$$

$$=\mathrm{i}(\pi+2k\pi)=(2k+1)\pi\mathrm{i}\quad(k\,为整数)$$

当 $k=0$ 时得到主值,$\mathrm{ln}(-1)=\mathrm{i}\pi$。

(2) 按照本书规定,则 $\mathrm{ln}i$ 代表多值函数的主值分支,即为主值,根据式(2.3.10)给出

$$\mathrm{ln}i=\mathrm{ln}|i|+\mathrm{i}\,\mathrm{arg}i=\mathrm{ln}1+\mathrm{i}(\mathrm{arg}i)=\mathrm{i}\,\frac{\pi}{2}$$

2. 对数函数的性质

利用辐角的性质不难证明,复对数函数保持了实对数函数的基本性质:

$$\mathrm{Ln}(z_1z_2)=\mathrm{Ln}z_1+\mathrm{Ln}z_2 \tag{2.3.12}$$

$$\mathrm{Ln}\frac{z_1}{z_2}=\mathrm{Ln}z_1-\mathrm{Ln}z_2 \tag{2.3.13}$$

注意:上述等式的成立应该理解为:

① 两端可能取值的全体集合是相等的(即模相等且辐角对应的集合是相等的)。

② 当等式左端的对数取某一分支的值时,等式右端的对数必有某一分支(可能是另一分支)的值与之对应相等。而对于某个指定的分支上述等式未必成立。

③ $\mathrm{Ln}z^n\neq n\mathrm{Ln}z,\mathrm{Ln}\sqrt[n]{z}\neq\dfrac{1}{n}\mathrm{Ln}z$　其中整数 $n\geqslant 1$。

3. 对数函数性质理解的典型实例

例 2.3.2　说明下列等式是否正确,为什么?

(1) $\mathrm{Ln}(z_1z_2)=\mathrm{Ln}z_1+\mathrm{Ln}z_2$　(2) $\mathrm{Ln}\left(\dfrac{z_1}{z_2}\right)=\mathrm{Ln}z_1-\mathrm{Ln}z_2$

【答】　(1) 正确。由对数函数的定义有

$$\mathrm{Ln}(z_1z_2)=\mathrm{ln}|z_1z_2|+\mathrm{i}\mathrm{Arg}(z_1z_2)$$

因为　　　　$\mathrm{ln}|z_1z_2|=\mathrm{ln}(|z_1|\cdot|z_2|)=\mathrm{ln}|z_1|+\mathrm{ln}|z_2|$

$$\mathrm{Arg}(z_1z_2)=\mathrm{Arg}z_1+\mathrm{Arg}z_2$$

所以

$$\mathrm{Ln}(z_1z_2)=\mathrm{ln}|z_1|+\mathrm{ln}|z_2|+\mathrm{i}[\,\mathrm{Arg}(z_1)+\mathrm{Arg}(z_2)\,]=\mathrm{Ln}z_1+\mathrm{Ln}z_2$$

即原等式 $\mathrm{Ln}(z_1z_2)=\mathrm{Ln}z_1+\mathrm{Ln}z_2$ 正确。

(2) 正确。理由同(1)。

说明:等式成立的充分必要条件为:等式两边实部和实部相等且虚部和虚部相等。因为上述等式为集合等式,故对于任意给定的非零复数 z_1 和 z_2,左端和右端都是一个无限集合。等式成立的充要条件是两集合完全相同,即要求左端集合⊆右端集合且右端集合⊆左端集合。

例 2.3.3　说明下列等式是否成立,为什么?

(1) $\mathrm{Ln}z^2=2\mathrm{Ln}z$　(2) $\mathrm{Ln}\sqrt{z}=\dfrac{1}{2}\mathrm{Ln}z$

【答】　(1) 不一定成立。设 $z=r\mathrm{e}^{\mathrm{i}\theta}$,则有

$$\mathrm{Ln}z^2=\mathrm{Ln}(r^2\mathrm{e}^{\mathrm{i}2\theta})=\mathrm{ln}r^2+\mathrm{i}(2\theta+2k\pi)=2\mathrm{ln}r+\mathrm{i}(2\theta+2k\pi)\quad(k=0,\pm1,\pm2,\cdots)$$

而右端为

$$2\mathrm{Ln}z = 2[\ln r + \mathrm{i}(\theta + 2m\pi)] = 2\ln r + \mathrm{i}(2\theta + 4m\pi) \quad (m = 0, \pm 1, \pm 2, \cdots)$$

两者的实部虽然相同,但虚部可能取的值却不尽相同,故 $\mathrm{Ln}z^2 = 2\mathrm{Ln}z$ 不正确(即不一定成立,而正确是指一定成立)。

(2)不正确。理由同(1)。

注意:由于上述原因,尽管例 2.3.2 中的等式(1)、(2)成立,但当 $z_1 = z_2 = z \neq 0$ 时

$$\mathrm{Ln}z^2 = \mathrm{Ln}z + \mathrm{Ln}z \neq 2\mathrm{Ln}z$$

$$\mathrm{Ln}\frac{z}{z} = \mathrm{Ln}1 = \mathrm{Ln}z - \mathrm{Ln}z \neq 0$$

这是因为集合 $\mathrm{Ln}z + \mathrm{Ln}z$ 表示集合 $\mathrm{Ln}z$ 中任意数与自己相加或与本集合中其他任意一个数相加所得的结果,而 $2\mathrm{Ln}z$ 则是对集合 $\mathrm{Ln}z$ 中每个数 2 倍后所得到的结果,显然只能得到: $2\mathrm{Ln}z \subset \mathrm{Ln}z + \mathrm{Ln}z$,而不能得到相反的关系。

同理,$\mathrm{Ln}z - \mathrm{Ln}z$ 表示给定数 $z(z \neq 0)$ 的一切对数值两两之差的集合,不仅仅是每个对数值与自身之差的集合,因此 $\mathrm{Ln}1 = \mathrm{Ln}z - \mathrm{Ln}z = \mathrm{i}2k\pi \neq 0(k = 0, \pm 1, \pm 2, \cdots)$。

4. 对数函数的解析性

就主值 $\ln z$ 而言,令 $z = x + \mathrm{i}y$,则

$$\ln z = \ln|z| + \mathrm{i}\,\arg z = \frac{1}{2}\ln(x^2 + y^2) + \mathrm{i}\,\arg z \tag{2.3.14}$$

其中,$\ln|z| = \frac{1}{2}\ln(x^2 + y^2)$ 在复平面内除原点外处处连续,而 $\arg z$ 在原点与负实轴上都不连续,这是因为在原点处,$\arg z$ 无定义,当然就谈不上连续。再考虑负实轴上的点,因 $z = x + \mathrm{i}y$,则当 $x < 0$ 时

$$\lim_{y \to 0^-} \arg z = -\pi, \quad \lim_{y \to 0^+} \arg z = \pi \tag{2.3.15}$$

可以证明:除去原点与负实轴之外,在复平面内其他点 $\ln z$ 处处连续。所以 $z = \mathrm{e}^w$ 在区域 $-\pi < v < \pi$ 内的反函数 $w = \ln z$ 是单值且连续的(注意 v 为复变函数函数 w 的虚部)。由反函数的求导法则可知:

$$\frac{\mathrm{d}\ln z}{\mathrm{d}z} = \frac{1}{\dfrac{\mathrm{d}\mathrm{e}^w}{\mathrm{d}w}} = \frac{1}{z} \tag{2.3.16}$$

$\ln z$ 在除去原点及负实轴外的复平面内解析,由式(2.3.11)知,对数函数的各个单值分支与 $\ln z$ 只相差一个复常数($2\pi\mathrm{i}$ 的整数倍),所以对数函数的各个分支在除去原点和负实轴的复平面内也解析,并且有相同的导数值 $(\ln z)' = \dfrac{1}{z}$。

我们应用对数函数 $\ln z$ 时,均指其在除去原点及负实轴的平面内的某一单值解析分支。

2.3.3 三角函数(单值函数)

定义 2.3.3 三角函数(正弦、余弦、正切、余切、正割、余割三角函数)

1. 正弦、余弦三角函数

根据欧拉公式知,当 y 为实数时有

$$e^{iy} = \cos y + i \sin y, \quad e^{-iy} = \cos y - i \sin y \tag{2.3.17}$$

把这两式相减和相加,分别得到

$$\sin y = \frac{e^{iy} - e^{-iy}}{2i}, \quad \cos y = \frac{e^{iy} + e^{-iy}}{2} \tag{2.3.18}$$

现在把正弦和余弦函数的定义推广到自变数取复值的情形,我们称

$$\sin z = \frac{e^{iz} - e^{-iz}}{2i}, \quad \cos z = \frac{e^{iz} + e^{-iz}}{2} \tag{2.3.19}$$

分别为复数域中的**正弦、余弦三角函数**。

正弦、余弦三角函数性质:

(1) $\sin z$ 和 $\cos z$ 是以 2π 为周期的周期函数。因为 e^z 是以 $2\pi i$ 为周期的周期函数,故不难证明

$$\sin(z + 2\pi) = \sin z, \quad \cos(z + 2\pi) = \cos z \tag{2.3.20}$$

(2) $\sin z$ 是奇函数,即

$$\sin(-z) = -\sin z \tag{2.3.21}$$

$\cos z$ 是偶函数,即

$$\cos(-z) = \cos z \tag{2.3.22}$$

(3) $\sin z$ 和 $\cos z$ 都是复平面内的解析函数,容易证明

$$(\sin z)' = \cos z, \quad (\cos z)' = -\sin z \tag{2.3.23}$$

且导数公式与实变数的情形完全相同。

(4) **复数形式的欧拉公式**

$$e^{iz} = \cos z + i \sin z \tag{2.3.24}$$

仍然成立。

(5) **三角公式**。根据定义可以推知,三角学中很多有关余弦和正弦函数的公式仍然是成立的。

$$\sin(z_1 \pm z_2) = \sin z_1 \cos z_2 \pm \cos z_1 \sin z_2 \tag{2.3.25}$$

$$\cos(z_1 \pm z_2) = \cos z_1 \cos z_2 \mp \sin z_1 \sin z_2 \tag{2.3.26}$$

$$\sin^2 z + \cos^2 z = 1 \tag{2.3.27}$$

(6) 可以证明: $\sin z$ 的零点为 $z = n\pi$, $\cos z$ 的零点为 $z = \left(n + \dfrac{1}{2} \right)\pi$,其中 n 为整数。

【证明】根据定义 $\sin z = \dfrac{e^{iz} - e^{-iz}}{2i} = \dfrac{e^{2iz} - 1}{2ie^{iz}}$,因此 $\sin z = 0$ 的充要条件是 $e^{2iz} = 1$,其解为 $z = n\pi$。余弦函数的零点同理可得。

(7) **正弦、余弦函数的模是无界的。**

注意:这个性质不同于实函数有界的情形: $|\sin x| \leqslant 1$, $|\cos x| \leqslant 1$。

例 2.3.4 证明 $|\sin z|$ 和 $|\cos z|$ 是无界的。

【证明】根据定义有

$$|\sin z| = \frac{1}{2}\sqrt{(e^{2y} + e^{-2y}) + 2(\sin^2 x - \cos^2 x)}$$

$$|\cos z| = \frac{1}{2}\sqrt{(e^{2y} + e^{-2y}) + 2(\cos^2 x - \sin^2 x)}$$

容易看出, $|\sin z|$ 和 $|\cos z|$ 可以大于1,甚至当 $x \to 0$, $y \to +\infty$ 时,趋近于无穷。

例如, $\sin i = \dfrac{e^{-1}-e}{2i} = 1.1755i$, $\cos i = \dfrac{e^{-1}+e}{2} = 1.54308$, 所以 $|\sin i| > 1$, $|\cos i| > 1$。

2. 其他三角复变函数定义

正切、余切的定义如下：

$$\tan z = \frac{\sin z}{\cos z}, \cot z = \frac{1}{\tan z} = \frac{\cos z}{\sin z} \tag{2.3.28}$$

正割、余割定义如下：

$$\sec z = \frac{1}{\cos z}, \csc z = \frac{1}{\sin z} \tag{2.3.29}$$

这些函数在复平面上除了分母为零的点外是处处解析的。

读者可仿照 $\sin z$ 与 $\cos z$ 讨论它们的周期性、奇偶性与解析性等。

例 2.3.5 试计算 $\cos[iLn(3i)]$ 的值。

【解法 1】
$$\cos[iLn(3i)] = \frac{e^{i \cdot iLn(3i)} + e^{-i \cdot iLn(3i)}}{2} = \frac{e^{-Ln(3i)} + e^{Ln(3i)}}{2}$$

$$= \frac{e^{-(\ln 3 + i\frac{\pi}{2} + i2k\pi)} + e^{\ln 3 + i\frac{\pi}{2} + i2k\pi}}{2}$$

$$= \frac{\frac{1}{3}(-i) + 3i}{2} = \frac{4}{3}i$$

【解法 2】
$$\cos[iLn(3i)] = \frac{e^{-Ln(3i)} + e^{Ln(3i)}}{2} = \frac{\frac{1}{3i} + 3i}{2} = \frac{4}{3}i$$

2.3.4 反三角函数（多值函数）

定义 2.3.4 反三角函数（多值函数） 如果 $z = \sin w$, 称 w 为 z 的**反正弦函数**, 记为

$$w = \text{Arcsin} z \tag{2.3.30}$$

下面推导反三角函数的表达式。因

$$z = \sin w = \frac{1}{2i}(e^{iw} - e^{-iw}) = \frac{1}{2ie^{iw}}(e^{2iw} - 1)$$

$$(e^{iw})^2 - 2ize^{iw} - 1 = 0$$

于是
$$e^{iw} = iz \pm \sqrt{1-z^2}$$

由于 $\sqrt{1-z^2}$ 本身就是多值函数, 故可用 $\sqrt{1-z^2}$ 代表 $\pm\sqrt{1-z^2}$, 从而

$$iw = \text{Ln}(iz + \sqrt{1-z^2})$$

$$w = -i\text{Ln}(iz + \sqrt{1-z^2})$$

所以
$$w = \text{Arcsin} z = -i\text{Ln}(iz + \sqrt{1-z^2}) \tag{2.3.31}$$

显然, $\text{Arcsin} z$ 是一个多值函数, 它的多值性是由于 $\sin w$ 的周期性所引起。

用同样的方法可以定义**反余弦函数**和**反正切函数**, 并且重复上述步骤可以得到它们的表达式：

$$\text{Arccos} z = -i\text{Ln}(z + \sqrt{z^2-1}) \tag{2.3.32}$$

$$\text{Arctan}z = -i\frac{1}{2}\text{Ln}\frac{1+iz}{1-iz} \tag{2.3.33}$$

例 2.3.6　求 Arcsin2 的值。

【解】
$$\text{Arcsin2} = -i\text{Ln}\left(2i+i\sqrt{3}\right) = -i\text{Ln}\left[\left(2+\sqrt{3}\right)i\right]$$
$$= -i\left[\ln\left(2+\sqrt{3}\right)+i\frac{\pi}{2}+i2k\pi\right]$$
$$= \frac{\pi}{2}-i\ln\left(2+\sqrt{3}\right)+2k\pi \qquad (k\text{ 取整数})$$

注：式中的 $\sqrt{3}$ 代表两个值。

2.3.5　双曲函数（单值函数）

1. 双曲函数的定义

定义 2.3.5　双曲函数　我们分别定义

$$\text{sh}z = \frac{e^z - e^{-z}}{2} \tag{2.3.34}$$

$$\text{ch}z = \frac{e^z + e^{-z}}{2} \tag{2.3.35}$$

$$\text{th}z = \frac{e^z - e^{-z}}{e^z + e^{-z}} \tag{2.3.36}$$

为**双曲正弦**、**双曲余弦**和**双曲正切函数**。双曲函数是单值函数,在分母不为零的区域为解析函数。当 z 为实数 x 时,显然它们是实函数,而且与高等数学中的双曲函数的定义完全一致。

说明：双曲正弦、双曲余弦、双曲正切函数也可分别写成 sinhz,coshz,tanhz。

2. 双曲函数的性质

shz 和 chz 都是以 $i2\pi$ 为周期的周期函数。shz 为奇函数,chz 为偶函数,而且它们都是复平面内的解析函数,导数分别为

$$(\text{sh}z)' = \text{ch}z, \quad (\text{ch}z)' = \text{sh}z \tag{2.3.37}$$

注意：$(\text{ch}z)' = \text{sh}z$ 与导数公式 $(\cos z)' = -\sin z$ 有区别。

双曲函数公式：

$$\text{sh}(z_1 \pm z_2) = \text{sh}z_1\text{ch}z_2 \pm \text{ch}z_1\text{sh}z_2 \tag{2.3.38}$$
$$\text{ch}(z_1 \pm z_2) = \text{ch}z_1\text{ch}z_2 \pm \text{sh}z_1\text{sh}z_2 \tag{2.3.39}$$
$$\text{ch}^2z - \text{sh}^2z = 1 \tag{2.3.40}$$

注意：双曲函数公式(2.3.39)、(2.3.40)与对应的三角函数公式有区别。

根据三角函数的定义,我们可以用三角函数表示双曲函数

$$\text{sh}z = -i\sin iz, \quad \text{ch}z = \cos iz \tag{2.3.41}$$
$$\text{sh}(x+iy) = \text{sh}x\cos y + i\text{ch}x\sin y \tag{2.3.42}$$
$$\text{ch}(x+iy) = \text{ch}x\cos y + i\text{sh}x\sin y \tag{2.3.43}$$

由此当 z 为纯虚数 iy 时,有

$$\sin iy = \frac{e^{-y} - e^y}{2i} = i\text{sh}y \tag{2.3.44}$$

$$\mathrm{cos}iy = \frac{\mathrm{e}^{-y}+\mathrm{e}^{y}}{2} = \mathrm{ch}y \qquad\qquad (2.3.45)$$

所以

$$\sin(x+iy) = \sin x\mathrm{ch}y + i\cos x\mathrm{sh}y \qquad\qquad (2.3.46)$$
$$\cos(x+iy) = \cos x\mathrm{ch}y - i\sin x\mathrm{sh}y \qquad\qquad (2.3.47)$$

例 2.3.7　已知 $z=x+iy$，试求函数 $\sin z$ 的实部和虚部。

【解】　根据式 (2.3.46) 得到

$$\sin z = \sin x\mathrm{ch}y + i\cos x\mathrm{sh}y$$

根据双曲函数定义知道 $\mathrm{ch}y$ 和 $\mathrm{sh}y$ 为实函数，故实部为 $\sin x\mathrm{ch}y$，虚部为 $\cos x\mathrm{sh}y$。

2.3.6　反双曲函数（多值函数）

定义 2.3.6　反双曲函数　反双曲函数定义为双曲函数的反函数。用与推导反三角函数表达式完全类似的步骤，可以得到各反双曲函数的表达式：

反双曲正弦

$$\mathrm{Arsh}z = \mathrm{Ln}\left(z+\sqrt{z^2+1}\right) \qquad\qquad (2.3.48)$$

反双曲余弦

$$\mathrm{Arch}z = \mathrm{Ln}\left(z+\sqrt{z^2-1}\right) \qquad\qquad (2.3.49)$$

反双曲正切

$$\mathrm{Arth}z = \frac{1}{2}\mathrm{Ln}\frac{1+z}{1-z} \qquad\qquad (2.3.50)$$

反双曲函数都是多值函数。因此研究它们的解析性时，需要选定它们各自的单值解析分支，单值分支的选取方法可参考后面多值函数的基本概念：支点、单值分支和黎曼面部分。

2.3.7　整幂函数 z^{n}（单值函数）

1. 整幂函数概念

定义 2.3.7　整幂函数　整幂函数定义为 $w=z^{n}$，其中 n 为自然数。

2. 整幂函数 z^{n} 性质

（1）整幂函数是单值的解析函数

$w=z^{n}$ 在复平面内是单值解析函数，其导数在例 2.1.1 中已经得出：$(z^{n})' = nz^{n-1}$。

（2）幂函数的映射

在变换 $w=z^{n}$（n 是自然数）中，令 $z=re^{i\theta}$，$w=\rho e^{i\varphi}$，则

$$\rho = r^{n}, \qquad \varphi = n\theta$$

由此可见，在变换 $w=z^{n}$ 下，z 平面上的圆周 $|z|=r$ 变换成 w 平面上的圆周 $|w|=r^{n}$，将 z 平面上的单位圆周变成 w 平面上的单位圆周，将 z 平面上的射线 $\theta=\theta_{0}$ 变换成 w 平面上的射线 $\varphi=n\theta_{0}$，将 z 平面上的角形区域 $\theta_{1}<\theta<\theta_{2}\left(-\dfrac{\pi}{n}<\theta_{1},\theta_{2}<\dfrac{\pi}{n}\right)$ 变换成 w 平面上的角形区域 $n\theta_{1}<\varphi<n\theta_{2}$。

（3）由整幂函数 z^{n} 的解析性，可知多项式

$$Q(z) = b_0 + b_1 z + b_2 z^2 + \cdots + b_m z^m \quad (m \text{ 为正整数}) \tag{2.3.51}$$

也是复平面上的单值解析函数。

有理分式
$$\frac{P(z)}{Q(z)} = \frac{a_0 + a_1 z + a_2 z^2 + \cdots + a_n z^n}{b_0 + b_1 z + b_2 z^2 + \cdots + b_m z^m} \tag{2.3.52}$$

在 $Q(z) \neq 0$ 的点也为单值解析函数(式中 $a_0, a_1, a_2, \cdots, a_n, b_0, b_1, b_2, \cdots, b_m$ 是复常数,而 m 和 n 为正整数)。而满足 $Q(z) = 0$ 的点 z 为奇点。

2.3.8　一般幂函数与根式函数 $w = \sqrt[n]{z}$(多值函数)

定义 2.3.8　一般幂函数　一般幂函数是指具有一般形式 a^b 的幂函数。在高等数学中,我们知道,如果 a 为正数,b 为实数,那么乘幂 a^b 可以表示为 $a^b = e^{b\ln a}$,现在将它推广到复数领域,设 a 为不等于零的一个复数,b 为任意一个复数,我们定义乘幂 a^b 为 $e^{b\mathrm{Ln}a}$,即

$$a^b = e^{b\mathrm{Ln}a} \tag{2.3.53}$$

由于 $\mathrm{Ln}a = \ln|a| + \mathrm{i}(\arg a + 2k\pi)$ 是多值的,因而幂函数 a^b 在一般情形下也是多值的。

对 a, b 分情况讨论:

① 当 $b = n$ 为整数时,由于
$$a^n = e^{n\mathrm{Ln}a} = e^{n[\ln|a| + \mathrm{i}(\arg a + 2k\pi)]} = e^{n(\ln|a| + \mathrm{i}\arg a + \mathrm{i}2k\pi)} = e^{n\ln a} e^{\mathrm{i}2kn\pi} = e^{n\ln a} \tag{2.3.54}$$

所以 a^b 具有单一的值。特别地,如果 $a = z$ 为一复变数时,即为前面已经讨论的**整幂函数** $w = z^n$。

② 当 $b = \dfrac{p}{q}$(p 和 q 为互质的整数,$q > 0$)为分数形式时,由于

$$\begin{aligned} a^b &= e^{\frac{p}{q}\ln|a| + \mathrm{i}\frac{p}{q}(\arg a + 2k\pi)} \\ &= e^{\frac{p}{q}\ln|a|} \left\{ \cos\left[\frac{p}{q}(\arg a + 2k\pi)\right] + \mathrm{i}\sin\left[\frac{p}{q}(\arg a + 2k\pi)\right] \right\} \end{aligned} \tag{2.3.55}$$

a^b 具有 q 个值,即当 $k = 0, 1, \cdots, q-1$ 时取得相应的值。

定义 2.3.9　根式函数　当 $a = z, b = \dfrac{p}{q} = \dfrac{1}{n}$ 时,有

$$\begin{aligned} z^{\frac{1}{n}} &= e^{\frac{1}{n}\mathrm{Ln}z} = e^{\frac{1}{n}\ln|z|}\left(\cos\frac{\arg z + 2k\pi}{n} + \mathrm{i}\sin\frac{\arg z + 2k\pi}{n}\right) \\ &= |z|^{\frac{1}{n}}\left(\cos\frac{\arg z + 2k\pi}{n} + \mathrm{i}\sin\frac{\arg z + 2k\pi}{n}\right) = \sqrt[n]{z} \end{aligned} \tag{2.3.56}$$

其中,$k = 0, 1, \cdots, (n-1)$。当 $a = z, b = \dfrac{1}{n}$ 时,$w = a^b = z^{\frac{1}{n}} = \sqrt[n]{z}$ 称为**根式函数**。

事实上,根式函数 $w = z^{\frac{1}{n}} = \sqrt[n]{z}$ 是整幂函数 $w = z^n$ 的反函数。

根据上面的推导,易见根式函数是多值函数,它具有 n 个分支。根式函数表达式中用到了对数函数,而对数函数在各个分支内除去原点和负实轴的复平面内是解析的,故根式函数在各个单值分支内除去原点和负实轴的复平面内也是解析的,并且

$$(z^{\frac{1}{n}})' = (\sqrt[n]{z})' = (e^{\frac{1}{n}\mathrm{Ln}z})' = \frac{1}{n}z^{\frac{1}{n}-1} \tag{2.3.57}$$

③ **幂函数** $w = z^b$。

定义 2.3.10　幂函数　这里我们令 $a = z$,故一般幂函数 a^b 即对应**幂函数** $w = z^b$。对于幂

函数 $w=z^b$ 除上面已经讨论的 $b=n$ 对应整幂函数，$b=\dfrac{1}{n}$ 对应根式函数两种情况外，其更为一般的情况下 b 取任意无理数或复数时，有无穷多个值。同样的道理，它的各个分支在除去原点和负实轴的复平面内也是解析的，并且有 $(z^b)'=bz^{b-1}$。

例 2.3.8　求 $1^{\sqrt{2}}$ 的值。

【解】　根据乘幂的定义式(2.3.53)得到
$$1^{\sqrt{2}}=e^{\sqrt{2}\operatorname{Ln}1}=e^{2k\pi i\sqrt{2}}$$
$$=\cos\left(2k\pi\sqrt{2}\right)+i\,\sin\left(2k\pi\sqrt{2}\right)\quad(k=0,\pm1,\pm2,\cdots)$$

例 2.3.9　计算 i^i。

【解】　根据乘幂的定义式(2.3.53)得到
$$i^i=e^{i\operatorname{Ln}i}=e^{i\left(\frac{\pi}{2}+2k\pi i\right)}=e^{-\left(\frac{\pi}{2}+2k\pi\right)}\quad(k=0,\pm1,\pm2,\cdots)$$

例 2.3.10　计算 $\sqrt[i]{i}$　。

【解】　根据乘幂的定义式(2.3.53)得到
$$\sqrt[i]{i}=i^{\frac{1}{i}}=e^{\frac{1}{i}\operatorname{Ln}i}=e^{-i\left[\ln\mid i\mid+i\left(\frac{\pi}{2}+2k\pi\right)\right]}=e^{\frac{\pi}{2}+2k\pi}\quad(k=0,\pm1,\pm2,\cdots)$$

上面学习了单值初等函数和多值初等函数以及它们的对应关系。多值初等函数都涉及单值分支等概念，下面以根式函数为例对多值函数的基本概念进行介绍。

*2.3.9　多值函数的基本概念

多值函数概念在第 1 章复变函数的定义中已经给出。前面所讨论的初等函数中，对数函数、反三角函数、反双曲函数、根式函数均属于多值函数。本节以根式函数为例详细介绍多值函数中的一些基本概念。

1. 单值分支

定义 2.3.11　单值分支　考虑多值函数 $w=\sqrt{z}$，若把 w 的模和辐角分别记为 r 和 θ，则除了 $z=0$ 以外，有
$$r=\sqrt{\mid z\mid},\operatorname{Arg}w=\theta=\frac{1}{2}\operatorname{Arg}z=\frac{1}{2}\operatorname{arg}z+n\pi\qquad(2.3.58)$$

这样，w 的主辐角有两个值(对应于 $n=0$ 和 $n=1$)：
$$\theta_1=\frac{1}{2}\operatorname{arg}z,\quad\theta_2=\frac{1}{2}\operatorname{arg}z+\pi\qquad(2.3.59)$$

相应地，给出两个不同的 w 值：
$$\begin{cases}w_1=\sqrt{\mid z\mid}\,e^{i(\operatorname{arg}z)/2}\\w_2=\sqrt{\mid z\mid}\,e^{i(\operatorname{arg}z)/2+i\pi}\end{cases}\qquad(2.3.60)$$

这称为多值函数 $w=\sqrt{z}$ 的两个**单值分支**。

2. 支点

定义 2.3.12　支点　当 z 沿闭合路径 l(l 包围 $z=0$)绕行一周而回到 z_0 时，$\operatorname{Arg}z$ 增加了 2π，如图 2.3 所示。按照

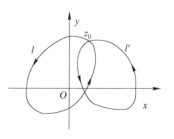

图 2.3

式(2.3.60)，w 的辐角相应增加 π，从而 $w=\sqrt{|z_0|}\,\mathrm{e}^{\mathrm{i}\frac{\mathrm{arg}z_0}{2}+\mathrm{i}\pi}$，这就从 w_1 进入了另一单值分支 w_2。由此可见，式(2.3.60)的 w_1 和 w_2 不能看做两个独立的单值函数。当然，如果从 z_0 出发，沿另一闭合路径 l'（l' 不包围 $z=0$）绕行一周而回到 z_0，$\mathrm{Arg}z$ 没有改变，w 仍然等于 $\sqrt{|z_0|}$ $\mathrm{e}^{\mathrm{i}(\mathrm{arg}z_0)/2}$，即仍然在单值分支 w_1 内，而没有转入另一单值分支 w_2。

因此，$z=0$ 点具有这样的特征：当 z 绕该点一周回到原处时，对应的函数值不复原。

一般地说，对于多值函数 $w=f(z)$，若 z 绕某点一周，函数值 w 不复原，而在该点各单值分支函数值相同，则称该点为多值函数的支点。若当 z 绕支点 n 周，函数值 w 复原，便称该点为多值函数的 $n-1$ 阶支点。例如函数 $w=\sqrt{z}$，z 沿 l 绕支点 $z=0$ 两周后，w 值还原，因此，$z=0$ 是 $w=\sqrt{z}$ 的 $(n-1)=2-1=1$ 阶支点。

除了 $z=0$ 外，可以验证 $z=\infty$ 亦是 $w=\sqrt{z}$ 的一阶支点。要说明这一点，只需令 $z=\dfrac{1}{t}$，则有 $w=\sqrt{\dfrac{1}{t}}=\dfrac{1}{\sqrt{t}}$。当 t 绕 $t=0$ 一周回到原处时，w 值不还原，绕两周后 w 值还原，因此 $t=0$，即 $z=\infty$ 为 $w=\sqrt{z}$ 的一阶支点。

3. 黎曼面

（1）多值实变函数的对应思想

我们知道，以一维空间的形式（如列表方式）很难表达实变函数的多值性，如函数 $y^2=x$。

但在二维空间就能直观地表示出来，如图 2.4 所示。黎曼（Riemann）正是运用这一思想进行拓展，方便地解决了复变函数的多值对应问题。

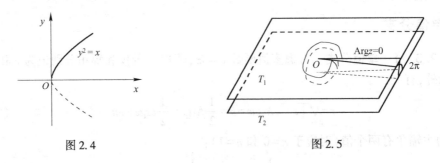

图 2.4　　　　　　　　　　　　　　　　图 2.5

（2）黎曼面

对于多值函数 $w=\sqrt{z}$，黎曼采用的办法是使得 w 值与 z 形成一一对应的关系。

这里特别约定，对两个单值分支，辐角宗量的变化范围分别是：

　　　　　对于单值分支 w_1：$0\leqslant\mathrm{Arg}z<2\pi$；

　　　　　对于单值分支 w_2：$2\pi\leqslant\mathrm{Arg}z<4\pi$。

现在用几何图形来表示，如图 2.5 所示。在上平面 T_1 上，从 $z=0$ 开始，沿正实轴方向至无限远点将其割开，并规定割线上缘对应 $\mathrm{Arg}z=0$，下缘 $\mathrm{Arg}z=2\pi$。这样，在该平面上变化时，只要不跨越割线，其辐角便被限制在 $0\leqslant\mathrm{Arg}z<2\pi$ 范围内，则对应的函数值 w 位于 w 平面的上半平面，$0\leqslant\mathrm{Arg}w<\pi$。而在平面 T_2 上也进行类似切割，但割线上缘对应于 $\mathrm{Arg}z=2\pi$，下缘对应于 $\mathrm{Arg}z=4\pi$。同样，z 在该平面上变化时亦不得跨越割线，在该平面上的 z 值对应的函数值位于 w 平面的下半平面。

由于在割开的两个平面上,辐角宗量变化时均不得跨越割线,因而任何闭合线都不包含支点 $z=0$ 于其内,因此函数值也只能在一个单值分支上变化。

进一步,我们将平面 T_1 和平面 T_2 作如下结合,将平面 T_1 的割线上缘与平面 T_2 的割线下缘连起来,而将平面 T_1 的割线下缘与平面 T_2 的割线上缘连起来,构成一个两叶的面(如图 2.5 所示),称为函数 $w=\sqrt{z}$ 的黎曼面。

定义 2.3.13 黎曼面 由许多层面放置在一起而构成的一种曲面叫做**黎曼面**。利用这种曲面,可以使多值函数的单值支(单值分支)和支点概念在几何上有非常直观的表示和说明。对于某一个多值函数,如果能做出它的黎曼面,那么函数在黎曼面上就成为单值函数。

2.4 解析函数与调和函数的关系

2.4.1 调和函数与共轭调和函数的概念

定义 2.4.1 调和函数 如果二元函数 $\varphi(x,y)$ 在区域 D 内有二阶连续偏导数,而且满足拉普拉斯方程:

$$\Delta\varphi=\frac{\partial^2\varphi}{\partial x^2}+\frac{\partial^2\varphi}{\partial y^2}=0 \tag{2.4.1}$$

则称 $\varphi(x,y)$ 为区域 D 内的**调和函数**,$\Delta=\dfrac{\partial^2}{\partial x^2}+\dfrac{\partial^2}{\partial y^2}$ 称为拉普拉斯算子(二维情形)。

定义 2.4.2 共轭调和函数 若两实函数 $u(x,y)$ 和 $v(x,y)$ 均为区域 D 内的调和函数,且满足柯西–黎曼条件,即

$$\frac{\partial u}{\partial x}=\frac{\partial v}{\partial y}, \quad \frac{\partial u}{\partial y}=-\frac{\partial v}{\partial x} \tag{2.4.2}$$

则称 v 为 u 的**共轭调和函数**。

说明:这里"共轭"一词的用法不得与复数共轭相混淆。由于柯西–黎曼条件对于 u 与 v 是不对称的,即不可互换,所以 v 是 u 的共轭调和函数,并不意味着 u 是 v 的共轭调和函数。

2.4.2 解析函数与调和函数之间的关系

定理 2.4.1 任何在区域 D 内解析的函数 $f(x,y)=u(x,y)+iv(x,y)$,其实部和虚部都是 D 内的调和函数,且虚部为实部的共轭调和函数。

【证明】 设 $f(x,y)=u(x,y)+iv(x,y)$ 在 D 内解析,则由 C-R 条件得到

$$\frac{\partial u}{\partial x}=\frac{\partial v}{\partial y}, \frac{\partial u}{\partial y}=-\frac{\partial v}{\partial x} \tag{2.4.3}$$

第 3 章将证明解析函数的导数仍是解析函数,因此解析函数的实部和虚部不但具有一阶偏导数,而且具有任意阶的连续偏导数,所以 $\dfrac{\partial^2 u}{\partial x^2}=\dfrac{\partial^2 v}{\partial y\partial x}, \dfrac{\partial^2 u}{\partial y^2}=-\dfrac{\partial^2 v}{\partial x\partial y}$。

因为 u,v 的二阶偏导数连续,从而 $\dfrac{\partial^2 v}{\partial y\partial x}=\dfrac{\partial^2 v}{\partial x\partial y}$,故

$$\frac{\partial^2 u}{\partial x^2}+\frac{\partial^2 u}{\partial y^2}=0 \tag{2.4.4}$$

同理

$$\frac{\partial^2 v}{\partial x^2} + \frac{\partial^2 v}{\partial y^2} = 0 \tag{2.4.5}$$

因此 $u(x,y)$ 和 $v(x,y)$ 都是 D 内的调和函数。

因解析函数的实部和虚部 u,v 满足柯西-黎曼条件，根据共轭调和函数的定义，故 v 为 u 的共轭调和函数。

说明：对于区域 D 内的解析函数 $f(z) = u(x,y) + iv(x,y)$，若交换虚部和实部得到的新函数 $g(z) = v(x,y) + iu(x,y)$ 不一定解析。而函数 $h(z) = -v(x,y) + iu(x,y)$ 在区域 D 内一定解析，事实上有 $h(z) = i[u(x,y) + iv(x,y)] = if(z)$，所以若 v 是 u 的共轭调和函数，则 u 是 $-v$ 的共轭调和函数。

如果注意到拉普拉斯算子 Δ（二维也可记为 Δ_2）与梯度算子 ∇ 的关系

$$\Delta = \nabla \cdot \nabla = \left(\frac{\partial}{\partial x}\boldsymbol{e}_x + \frac{\partial}{\partial y}\boldsymbol{e}_y\right) \cdot \left(\frac{\partial}{\partial x}\boldsymbol{e}_x + \frac{\partial}{\partial y}\boldsymbol{e}_y\right) = \frac{\partial^2}{\partial x^2} + \frac{\partial^2}{\partial y^2} \tag{2.4.6}$$

则解析函数 $f(z) = u(x,y) + iv(x,y)$ 的实部 u 及虚部 v 满足如下紧凑形式：

(1) $$\Delta u = 0, \quad \Delta v = 0 \tag{2.4.7}$$

(2) $$\nabla u \cdot \nabla v = 0 \quad 即 \frac{\partial u}{\partial x} \cdot \frac{\partial v}{\partial x} + \frac{\partial u}{\partial y} \cdot \frac{\partial v}{\partial y} = 0 \tag{2.4.8}$$

特性(2)是利用 C-R 条件而得到，它表明 $u(x,y) = c_1$ 的曲线族和 $v(x,y) = c_2$ 的曲线族是互相正交的两族曲线。事实上，前面我们已经证明了此结论。

2.4.3　解析函数的构建方法

由上述讨论可知，如果在区域 D 内任选两个调和函数 $u(x,y)$ 和 $v(x,y)$，则函数 $u+iv$ 在区域 D 内不一定是解析函数。只有当 u 和 v 还满足相应的 C-R 条件，对应函数 $u+iv$ 在区域 D 内才解析（而 $v+iu$ 却不一定解析）。由此提供了构建一个解析函数的方法，即由一个调和函数，利用 C-R 条件可求出另一个与之共轭的调和函数，再由这一对共轭调和函数构建出一个解析函数。

已知一个调和函数，要构成一个解析函数的具体方法如下：不定积分法，全微分法，利用导数公式法。

注意：做此类题时，首先一定要验证给定的函数是否是调和函数。下面分别以 3 种方法来说明解析函数的构建方法。具体解题时选其中最简单的方法即可。

例 2.4.1　已知 $u(x,y) = x^2 - y^2 + xy$，求解析函数 $f(z) = u(x,y) + iv(x,y)$，并满足 $f(0) = 0$。

【解法 1（不定积分法）】　首先验证 $u(x,y)$ 是否为调和函数，容易得到

$$u_x = 2x + y, \quad u_y = x - 2y$$
$$u_{xx} = 2, \quad u_{yy} = -2$$

所以 $u_{xx} + u_{yy} = 0$，故 $u(x,y)$ 为调和函数，因此只需找到它的共轭调和函数 $v(x,y)$，即可构建解析函数。由 C-R 条件得

$$v_y = u_x = 2x + y$$

所以

$$v = \int (2x + y)\,\mathrm{d}y = 2xy + \frac{1}{2}y^2 + \varphi(x)$$

再由 C-R 条件得

$$u_y = x - 2y = -v_x = -2y - \varphi'(x)$$

从而 $\varphi'(x) = -x$，由此得

$$\varphi(x) = -\frac{1}{2}x^2 + c$$

$$v(x,y) = 2xy + \frac{y^2 - x^2}{2} + c$$

$$f(z) = u + iv = x^2 - y^2 + xy + \frac{1}{2}y^2 i + 2xyi - \frac{1}{2}x^2 i + ci$$

由 $f(0)=0$ 得 $c=0$，从而

$$f(z) = (x+iy)^2 - \frac{1}{2}i(x^2 - y^2 + 2xyi) = \left(1 - \frac{1}{2}i\right)z^2$$

【解法 2（全微分法）】 容易验证所给函数 $u(x,y)$ 是调和函数。根据 C-R 条件

$$v_y = u_x = 2x+y, \quad v_x = -u_y = 2y-x$$

所以

$$dv(x,y) = \frac{\partial v}{\partial x}dx + \frac{\partial v}{\partial y}dy = (2y-x)dx + (2x+y)dy$$

$$= (-xdx + ydy) + (2ydx + 2xdy)$$

$$= d\left(-\frac{x^2}{2} + \frac{y^2}{2}\right) + d(2xy) = d\left(-\frac{x^2}{2} + \frac{y^2}{2} + 2xy\right)$$

因此

$$v(x,y) = -\frac{x^2}{2} + \frac{y^2}{2} + 2xy + c$$

利用条件 $f(0)=0$，得 $f(z) = \left(1 - \frac{1}{2}i\right)z^2$。

【解法 3（导数公式法）】 容易验证所给函数 $u(x,y)$ 为调和函数。要构建解析函数 $f(z)$，故其导数存在，且

$$f'(z) = u_x + iv_x = u_x - iu_y = (2x+y) + i(2y-x)$$

$$= 2(x+iy) - i(x+iy) = 2z - iz = (2-i)z$$

将上式两边对 z 积分得到

$$f(z) = \int (2-i)zdz = \left(1 - \frac{i}{2}\right)z^2 + c$$

根据条件 $f(0)=0$，得 $f(z) = \left(1 - \frac{1}{2}i\right)z^2$。

2.5　解析函数的物理意义——平面矢量场

2.5.1　用解析函数表述平面矢量场

若我们说某一矢量场 $E(x,y)$ 是一个平面场，其含义并不意味着这个场中所有的矢量都是定义在某一平面上，而是说所有的矢量都平行于某一固定的平面 S。这样，矢量场 $E(x,y)$ 就可以用平面 S 上的矢量场来表示。若在平面 S 上采用矢量的复数记法，那么对于向量

$$E(x,y) = E_x \boldsymbol{e}_x + E_y \boldsymbol{e}_y \tag{2.5.1}$$

就唯一地确定了一个复变函数

$$E = E_x + iE_y \tag{2.5.2}$$

式中，E_x 和 E_y 分别表示矢量 E 在 x 轴和 y 轴方向的两个分量，复变函数就是通过这样的途径被引入到向量场的研究中的。

至于说某个物理场是稳定的,其意思是说,这个场中所有的量都只是空间坐标的函数,而不随着时间改变。

许多不同的稳定平面物理场都可以用一个复变函数来描述。在大量实际问题中,人们经常遇到的不是一般的复变函数,而是构建一个能表示平面矢量场的解析函数,这就是**解析函数的物理意义**。这个解析函数就是所谓的平面矢量场的复势函数。

我们可以通过下面平面静电场例子来说明解析函数如何描绘平面矢量场,从而说明其物理意义。对于平面流速场和平面稳定温度场的描述是类似的。

2.5.2　静电场的复势

1. 静电场的复势

考虑定义在 xy 平面的区域 D 内的平面静电场,其场强设为

$$E(x,y) = E_x\, e_x + E_y\, e_y$$

若再假设平面场内没有带电物体,那么该场也是一个无源无旋平面矢量场。

我们可以构建它的复势。设其电势为 $U(x,y)$,则由电磁学知道电场是电势梯度的负值

$$E = -\nabla U \tag{2.5.3}$$

即

$$E_x = -\frac{\partial U}{\partial x}, \quad E_y = -\frac{\partial U}{\partial y} \tag{2.5.4}$$

由于该区域没有电荷,则由静电场中高斯定理知道,场强满足

$$\nabla \cdot E = \frac{\partial E_x}{\partial x} + \frac{\partial E_y}{\partial y} = 0 \tag{2.5.5}$$

将式(2.5.4)代入即得到

$$\frac{\partial^2 U}{\partial x^2} + \frac{\partial^2 U}{\partial y^2} = 0 \tag{2.5.6}$$

故势函数 $U(x,y)$ 是二维调和函数。因此可以将 $U(x,y)$ 看成是在区域 D 内的解析函数

$$w = f(z) = u + iv$$

的实部(或虚部)。设电势

$$U(x,y) = u$$

为该解析函数的实部,利用解析函数的虚部与实部共轭的关系(或利用解析函数的 C-R 条件)就可以求出 w 的虚部 v。这样得到的解析函数 w 称为**静电场的复电势**(简称**复势**)。

在 w 平面上,两个方程

$$u = c_1, \quad v = c_2$$

显然是相互正交的两个直线族。根据保角映射的保角性,上述两个方程在 z 平面的区域 D 内也应该是相互正交的。由上述假设(设电势 $U(x,y) = u$ 为解析函数的实部),则其中第一个曲线族

$$u(x,y) = c_1$$

是静电场的等势线。而

$$v(x,y) = c_2$$

与等势线正交,因而是电场的电力线。

因此,只要知道了复电势,就很容易作出等势线和电力线。

2. 电场用复势表示

我们可以将电场用复势表示出来,下面分别就电势对应于实部、虚部进行讨论:

(1) 设电势对应于实部 $U(x,y)=u$,则

$$w=f(z)=u+\mathrm{i}v$$

所以

$$w'=f'(z)=\frac{\partial u}{\partial x}+\mathrm{i}\frac{\partial v}{\partial x}$$

$$E=E_x+\mathrm{i}E_y=-\frac{\partial U}{\partial x}-\mathrm{i}\frac{\partial U}{\partial y}=-\frac{\partial u(x,y)}{\partial x}+\mathrm{i}\frac{\partial v(x,y)}{\partial x}$$

$$E=-\left[\frac{\partial u(x,y)}{\partial x}-\mathrm{i}\frac{\partial v(x,y)}{\partial x}\right]=-\overline{f'(z)} \tag{2.5.7}$$

(2) 另外,设电势对应于虚部 $U(x,y)=v$,则同样有

$$w=f(z)=u+\mathrm{i}v$$

所以

$$w'=f'(z)=\frac{\partial u}{\partial x}+\mathrm{i}\frac{\partial v}{\partial x}=\frac{\partial v}{\partial y}+\mathrm{i}\frac{\partial v}{\partial x}=\mathrm{i}\left(\frac{\partial v}{\partial x}-\mathrm{i}\frac{\partial v}{\partial y}\right)$$

$$E=E_x+\mathrm{i}E_y=-\frac{\partial U}{\partial x}-\mathrm{i}\frac{\partial U}{\partial y}=-\frac{\partial v(x,y)}{\partial x}-\mathrm{i}\frac{\partial v(x,y)}{\partial y}$$

$$E=-\mathrm{i}\left[\frac{\partial v(x,y)}{\partial y}-\mathrm{i}\frac{\partial v(x,y)}{\partial x}\right]=-\mathrm{i}\,\overline{f'(z)}=\overline{\mathrm{i}f'(z)} \tag{2.5.8}$$

例 2.5.1 已知平面电场的复电势是 $w=\mathrm{i}\sqrt{z}$(设电势对应于复电势的实部),试求出它的电力线和等势线。

【解】 由题得到

$$w^2=(u+\mathrm{i}v)^2=\left(\mathrm{i}\sqrt{z}\right)^2=-(x+\mathrm{i}y)$$

所以

$$x=v^2-u^2,\quad y=-2uv$$

为了画出电力线和等势线,将 $v^2=u^2+x$ 代入 $y^2=4u^2v^2$,得

$$y^2=4u^2(u^2+x)$$

令实部 $u=c$,于是等势线的方程为

$$y^2=4c^2(c^2+x)$$

这是一族抛物线。

将 $u^2=v^2-x$ 代入 $y^2=4u^2v^2$,得

$$y^2=4v^2(v^2-x)$$

令虚部 $v=d$,于是电力线的方程为

$$y^2=4d^2(d^2-x)$$

这也是一族抛物线。

例 2.5.2 已知平面静电场电力线方程为 $x^2-y^2=c$,求等势线方程、复势及电场分布。

【解】 电力线方程的左边是一调和函数,故可设其为某解析函数的实部

$$u=x^2-y^2$$

则容易得到解析函数的虚部为 $v=2xy$,对应的等势线方程为

$$2xy=d$$

则复势为

$$w=x^2-y^2+\mathrm{i}2xy=z^2$$

根据电势对应于虚部情形的公式(2.5.8)得到

$$E = \overline{\mathrm{i} f'(z)} = \overline{\mathrm{i} 2z} = -2y - \mathrm{i}2x$$

即平面上的场分量为

$$E_x = -2y, \quad E_y = -2x$$

2.6　典型综合实例

例2.6.1　对于在复平面上的某解析函数 $f(z) = u(x,y) + \mathrm{i}v(x,y)$，其中 $z = x + \mathrm{i}y$。已知其实部 $u(x,y)$ 和虚部 $v(x,y)$ 满足关系 $v = u^k$，k 取非负整数，求此解析函数。

【解】　由函数解析，故 C-R 条件成立。下面推导中，复变函数的实、虚部应为实数。

讨论：① $k = 0$，则 $v = 1$，故由 C-R 条件

$$\frac{\partial u}{\partial x} = \frac{\partial v}{\partial y} = 0, \quad \frac{\partial u}{\partial y} = -\frac{\partial v}{\partial x} = 0$$

即 $u = c$（c 为任意实数），故 $f(z) = c + \mathrm{i}$ 为一条过 $(0,1)$ 并平行于 u 轴的直线。

② $k > 0$，因 k 取整数，故 $k \geq 1$。由 C-R 条件得

$$\frac{\partial u}{\partial x} = \frac{\partial v}{\partial y} = ku^{k-1}\frac{\partial u}{\partial y}, \quad \frac{\partial u}{\partial y} = -\frac{\partial v}{\partial x} = -ku^{k-1}\frac{\partial u}{\partial x}$$

所以

$$u_x = ku^{k-1}u_y = -k^2 u^{2(k-1)}u_x$$

即

$$\left[1 + (ku^{k-1})^2\right]u_x = 0$$

又 $1 + (ku^{k-1})^2 \neq 0$，所以 $u_x = 0$，则 $u_y = -ku^{k-1}u_x = 0$，从而 $u = c_1$，$v_x = 0$，$v_y = 0$，故

$$v = c_2 \quad\quad (c_1, c_2\ \text{为任意实常数})$$

所以，解析函数为 $f(z) = c_1 + \mathrm{i}c_2$（即为任意复常数）。

注：本题讨论的是 $k \geq 0$ 的情况，有兴趣的读者可以思考对 $k < 0$ 的讨论。

例2.6.2　讨论函数 $w = f(z) = \dfrac{1}{z^n - 1}$ 的解析性质，其中 n 为自然数。

【解】　显然分母为零的点 $z^n - 1 = 0$，即

$$z_k = \mathrm{e}^{\mathrm{i}\frac{2k\pi}{n}}$$

是函数 $f(z)$ 的奇点。其中，$k = 1, 2, \cdots, n$（或 $k = 0, 1, 2, \cdots, n-1$）。

故除去诸奇点 z_k 外，函数 $w = f(z) = \dfrac{1}{z^n - 1}$ 在复平面上处处解析。

例2.6.3　如果 $f(z) = u(x,y) + \mathrm{i}v(x,y)$ 是 z 的解析函数，证明

$$\left(\frac{\partial |f(z)|}{\partial x}\right)^2 + \left(\frac{\partial |f(z)|}{\partial y}\right)^2 = |f'(z)|^2$$

【证明】　已知解析函数 $f(z) = u + \mathrm{i}v$，故

$$u_x = v_y, \quad u_y = -v_x, \quad f'(z) = u_x + \mathrm{i}v_x = u_x - \mathrm{i}u_y$$

$$|f(z)| = \sqrt{u^2 + v^2}$$

则

$$\frac{\partial |f(z)|}{\partial x} = \frac{uu_x + vv_x}{\sqrt{u^2 + v^2}}, \quad \frac{\partial |f(z)|}{\partial y} = \frac{uu_y + vv_y}{\sqrt{u^2 + v^2}}$$

所以

$$\left(\frac{\partial |f(z)|}{\partial x}\right)^2 + \left(\frac{\partial |f(z)|}{\partial y}\right)^2 = \frac{u^2(u_x^2 + u_y^2) + v^2(v_x^2 + v_y^2) + 2uv(u_x v_x + u_y v_y)}{u^2 + v^2}$$

$$= u_x^2 + u_y^2 = |f'(z)|^2$$

例 2.6.4　求解方程 $\sin z = 2$。

【解】　因 $\sin z = 2$，所以 $\cos z = \pm\sqrt{1-\sin^2 z} = \pm\sqrt{3}\,\mathrm{i}$，则

$$\mathrm{e}^{\mathrm{i}z} = \cos z + \mathrm{i}\,\sin z = \mathrm{i}(2\pm\sqrt{3})$$

$$\mathrm{i}z = \mathrm{Ln}\left[\mathrm{i}(2\pm\sqrt{3})\right]$$

从而　　　　$z = -\mathrm{i}\mathrm{Ln}\left[\mathrm{i}(2\pm\sqrt{3})\right] = \pi/2 - \mathrm{i}\ln(2\pm\sqrt{3}) + 2k\pi \quad (k=0,\pm1,\pm2,\cdots)$

例 2.6.5　求 $\mathrm{Arcsin}2$ 的值。

【解】　因 $\mathrm{Arcsin}z = -\mathrm{i}\mathrm{Ln}\left(\mathrm{i}z+\sqrt{1-z^2}\right)$，则

$$\mathrm{Arcsin}2 = -\mathrm{i}\mathrm{Ln}(2\mathrm{i}\pm\sqrt{3}\,\mathrm{i}) = -\mathrm{i}\mathrm{Ln}\left[(2\pm\sqrt{3})\mathrm{i}\right]$$

$$= -\mathrm{i}\left[\ln(2\pm\sqrt{3}) + \mathrm{i}\frac{\pi}{2} + 2k\pi\mathrm{i}\right]$$

$$= \frac{\pi}{2} - \mathrm{i}\ln(2\pm\sqrt{3}) + 2k\pi \qquad (k=0,\pm1,\pm2,\cdots)$$

例 2.6.6　已知 $v(x,y) = \arctan\dfrac{y}{x}\,(x>0)$，求解析函数 $f(z) = u+\mathrm{i}v$，并满足 $f(1)=0$。

【解】　本题实际上也等效于已知等势线方程求复势。因为

$$\frac{\partial v}{\partial x} = \frac{-y}{x^2+y^2}, \quad \frac{\partial^2 v}{\partial x^2} = \frac{2xy}{(x^2+y^2)^2}, \quad \frac{\partial v}{\partial y} = \frac{x}{x^2+y^2}, \quad \frac{\partial^2 v}{\partial y^2} = \frac{-2xy}{(x^2+y^2)^2}$$

所以 $v(x,y)$ 满足 $\dfrac{\partial^2 v}{\partial x^2} + \dfrac{\partial^2 v}{\partial y^2} = 0$，是调和函数。

$$u(x,y) = \int\frac{\partial u}{\partial y}\mathrm{d}y = -\int\frac{\partial v}{\partial x}\mathrm{d}y = \int\frac{y}{x^2+y^2}\mathrm{d}y = \frac{1}{2}\ln(x^2+y^2) + c(x)$$

由 $\dfrac{\partial u}{\partial x} = \dfrac{x}{x^2+y^2} + c'(x) = \dfrac{\partial v}{\partial y} = \dfrac{x}{x^2+y^2}$ 知，$c'(x)=0$，$c(x)=c$，则

$$f(z) = \frac{1}{2}\ln(x^2+y^2) + \mathrm{i}\,\arctan\frac{y}{x} + c$$

又 $f(1)=0$，则 $c=0$，即 $f(z) = \dfrac{1}{2}\ln(x^2+y^2) + \mathrm{i}\,\arctan\dfrac{y}{x} = \ln|z| + \mathrm{i}\,\arg z = \ln z$。

例 2.6.7　已知电力线是与实轴相切于原点的圆族，求电场强度。

【解】　本题没有直接给出电力线方程，但依题意可将其写为

$$x^2 + (y-c)^2 = c^2$$

现在需将其化为 $u(x,y) = $ 常数的形式，从而代表电力线，并检验 $u(x,y)$ 是否为调和函数。

由上式可构建函数为

$$u(x,y) = \frac{cy}{x^2+y^2}$$

不难验证它为调和函数。利用 $x^2+(y-c)^2 = c^2$，得到

$$u(x,y) = \frac{cy}{x^2+y^2} = \frac{c\sin\varphi}{\rho}$$

根据 C-R 条件，则

$$\frac{\partial v}{\partial \rho} = -\frac{\partial u}{\rho\partial\varphi} = -\frac{c\cos\varphi}{\rho^2}, \quad \frac{\partial v}{\partial\varphi} = \rho\frac{\partial u}{\partial\rho} = -\frac{c\sin\varphi}{\rho}$$

从而

$$v = \int \left(-\frac{c\cos\varphi}{\rho^2} \right) d\rho + C(\varphi) = \frac{c\cos\varphi}{\rho} + C(\varphi)$$

利用 C-R 条件,可以确定复常数 $C(\varphi)$:

$$-\frac{c}{\rho}\sin\varphi + C'(\varphi) = -\frac{c}{\rho}\sin\varphi \implies C'(\varphi) = 0$$

即

$$C(\varphi) = 常数$$

$$f(z) = u(x,y) + iv(x,y)$$
$$= \frac{c\sin\varphi}{\rho} + i\frac{c\cos\varphi}{\rho} + iC = \frac{ice^{-i\varphi}}{\rho} + iC = \frac{ic}{z} + iC$$

根据电势对应于虚部,故电场强度为 $E = -i\overline{f'(z)} = \dfrac{c}{z^2}$。

例 2.6.8 已知等势线的方程为 $x^2 + y^2 = c$,求复势。

【解】 若设 $u = x^2 + y^2$,则 $u_{xx} = 2, u_{yy} = 2$,所以 $u_{xx} + u_{yy} \neq 0$,即 u 不是调和函数,因而不能构建为复势的实部(或虚部)。若令 $\rho^2 = x^2 + y^2, u = F(\rho)$,采用极坐标有 $\dfrac{\partial u}{\partial \varphi} = 0$,故把极坐标系中的拉普拉斯方程 $\Delta u = \dfrac{1}{\rho}\dfrac{\partial}{\partial\rho}\left(\rho\dfrac{\partial u}{\partial\rho}\right) + \dfrac{1}{\rho^2}\dfrac{\partial^2 u}{\partial\varphi^2} = 0$ 简化为 $\dfrac{1}{\rho}\dfrac{\partial}{\partial\rho}\left(\rho\dfrac{\partial u}{\partial\rho}\right) = 0$,即

$$\rho\frac{\partial u}{\partial\rho} = C_1 \implies u = C_1\ln\rho + C_2$$

根据极坐标 C-R 条件,得到 $\dfrac{\partial v}{\partial\varphi} = \rho\dfrac{\partial u}{\partial\rho} = C_1$,所以 $v = C_1\varphi + C_3$,故复势为

$$f(z) = C_1\ln\rho + C_2 + iC_1\varphi + iC_3 = C_1(\ln\rho + i\varphi) + C_2 + iC_3$$
$$= C_1\ln z + C \quad (C = C_2 + iC_3)$$

当 u, v 具有 $(x^2 + y^2)^{\pm n}$ 的函数形式时,一般采用极坐标运算较为方便。

小　结

1. 复变函数的导数与微分

复变函数的导数定义:

$$f'(z) = \lim_{\Delta z \to 0} \frac{f(z + \Delta z) - f(z)}{\Delta z}$$

复变函数的微分定义:　　　　　　$df(z) = f'(z)dz$

2. 解析函数的概念

若 $f(z)$ 在 z_0 及其一个邻域内处处可导,则称 $f(z)$ 在 z_0 解析。可导和解析这两个概念之间显然是有密切联系的,但又是有区别的,函数在某一点可导,在这点未必解析,而在某一点解析,在这点一定可导。函数在一个区域内的可导性和解析性是等价的。

3. 柯西−黎曼条件方程

复变函数的解析性除了要求其实部和虚部的可微性外,还要求其实部和虚部满足柯西−

黎曼方程(即 C-R 方程)。

函数 $f(z)=u+iv$ 在区域 D 内解析 $\Leftrightarrow u$ 和 v 在 D 内可微,且满足 C-R 条件: $u_x=v_y$, $v_x=-u_y$。

4. 关于解析函数的求导方法

(1) 利用导数的定义求导数。

(2) 若已知导数存在,可以利用公式 $f'(z)=u_x+iv_x=v_y-iu_y=u_x-iu_y=v_y+iv_x$ 或按求导数法则求导。

5. 初等复变函数的解析性

初等函数解析性的讨论是以指数函数的解析性为基础的,因此在研究初等解析函数的性质时,都可归结到指数函数来研究。

6. 解析函数与调和函数的关系

区域 D 内的解析函数 $f(z)=u(x,y)+iv(x,y)$ 的实部和虚部都是 D 内的调和函数。但若 $u(x,y)$ 和 $v(x,y)$ 是调和函数, $f(z)=u+iv$ 不一定是解析函数,要想使得 $f(z)=u+iv$ 在区域 D 内解析, u 和 v 还必须满足 C-R 条件。因此若已知一调和函数,可由它构成某解析函数的实部(或虚部),并可相应地求出该解析函数的虚部(或实部),从而求出该解析函数。平面稳定场求复势就是其典型应用,也是解析函数物理意义的体现。

习　题　2

2.1　研究下列函数在任一点处的可导性、解析性,若可导求其导数值。

(1) $f(z)=x^3-iy^3$；　(2) $f(z)=\bar{z}$；　(3) $f(z)=|z|$；　(4) $f(z)=e^x\cos y+ie^x\sin y$。

2.2　证明:如果 $f(z)=u(x,y)+iv(x,y)$ 在区域 D 内解析且满足下列条件之一,则 $f(z)$ 必为一常数。

(1) $f(z)$ 在 D 内为实值；

(2) $\overline{f(z)}$ 在 D 内解析；

(3) $|f(z)|$ 在 D 内为常数；

(4) $\arg f(z)$ 在 D 内为一常数；

(5) 在 D 内有 $au(x,y)+bv(x,y)=c$,其中 a,b,c 是不全为 0 的实常数；

(6) $\mathrm{Re}(f(z))$ 或 $\mathrm{Im}(f(z))$ 在 D 内为常数；

(7) 在 D 内有 $f'(z)=0$。

2.3　证明:在极坐标系下的柯西-黎曼条件为

$$\frac{\partial u}{\partial \rho}=\frac{1}{\rho}\frac{\partial v}{\partial \varphi}, \quad \frac{\partial v}{\partial \rho}=-\frac{1}{\rho}\frac{\partial u}{\partial \varphi}$$

(提示:可利用 $x=\rho\cos\varphi$, $y=\rho\sin\varphi$,然后根据复合函数求导证明。)

2.4　设 $f(z)=u(x,y)+iv(x,y)$ 在 D 内解析。证明: $\left(\dfrac{\partial^2}{\partial x^2}+\dfrac{\partial^2}{\partial y^2}\right)|f(z)|^2=4|f'(z)|^2$。

2.5　证明:解析函数 $f(z)=u(x,y)+iv(x,y)$ 的实部、虚部所确定的曲线族 $u(x,y)=C$ 与 $v(x,y)=B$ 在 $f'(z)\neq 0$ 的点处是正交的(C,B 为任意实数)。

2.6　已知下列调和函数,求复势表达式 $f(z)=u(x,y)+iv(x,y)$,并写成关于 z 的表达式。

　　　(1) $u(x,y)=2y(x-1)$, $f(2)=-\mathrm{i}$　　　　(2) $v(x,y)=\arctan\dfrac{y}{x}$, $x>0$

2.7　设 $v(x,y)=e^{px}\sin y$,求 p 的值,使 v 为一调和函数,并求由此构成的解析函数 $f(z)=u(x,y)+\mathrm{i}v(x,y)$ 。

2.8　计算下列复数。

　　　(1) $(1+\mathrm{i})^{\mathrm{i}}$　　　　　(2) 1^{z} ,其中 $z=x+\mathrm{i}y$　　　(3) $\ln(-\mathrm{i})$

　　　(4) $\mathrm{i}^{1+\mathrm{i}}$　　　　　(5) $\ln(-2)$　　　　　　(6) $\mathrm{Ln}(1+\mathrm{i})$

2.9　求解方程 $\sin z+\cos z=0$ 。

2.10　解下列方程。

　　　(1) $\sin z=0$　　　　(2) $1+e^{z}=0$

2.11　证明:对任何数(复数、实数) w ,方程 $\cos z=w$ 均有解。

2.12　求 w ,使对任意 z 有 $\sin(z+w)=\sin z$ 。

2.13　若某解析函数的实部等于虚部的平方,证明该解析函数必为常数。

计算机仿真编程实践

2.14　计算机仿真编程计算 $z_1=e^{1-\mathrm{i}\frac{\pi}{2}}$, $z_2=3^{\sqrt{2}}$, $z_3=(1+\mathrm{i})^{\mathrm{i}}$, $z_4=\mathrm{i}^{\mathrm{i}}$ 。

2.15　计算机仿真编程计算 $z_1=\mathrm{Ln}(-3+4\mathrm{i})$, $z_2=\ln(\mathrm{i}-1)$ 。

2.16　计算机仿真编程解方程 $\sin z=2$ 。

2.17　计算机仿真编程计算 $\arctan(1+\mathrm{i})$ 。

2.18　计算机仿真求解方程 $e^{z}+1=0$ 。

2.19　用计算机仿真(Matlab,Mathcad,Mathmatic)方法绘出 $\sin z$, $\cos z$, $\tan z$, $\cot z$ 的图形。

2.20　对于下列解析函数,分别用计算机仿真方法(Matlab,Mathcad,Mathmatic)绘出其实部和虚部的等值曲线图(如等势线、电力线)。

　　　(1) $f(z)=z^{2}$;　　　(2) $f(z)=z^{3}$ 。

第3章 复变函数的积分

复变函数积分理论是复变函数论中最困难、最有趣、最重要的核心内容。复变函数论的许多结论都是通过积分来进行讨论的。本章将主要介绍复变函数积分的概念、性质及计算方法；然后着重讨论解析函数积分的基本定理——柯西积分定理，并推广得到复合闭路定理、闭路变形定理；由柯西积分定理推导出一个基本公式——柯西积分公式，分别以有界单连通域、有界复连通域、无界区域对柯西积分公式进行详细证明；利用柯西积分公式进一步推广，得到一系列重要推论。本章内容包括了复变函数论中最重要的定理、公式和推论。复变函数积分理论既是解析函数的应用推广，也是后面留数计算的理论基础。

3.1 复变函数积分及性质

3.1.1 复变函数积分的概念

定义 3.1.1 有向曲线 在讨论复变函数积分时，将要用到有向曲线的概念，如果一条光滑或逐段光滑曲线规定了其起点和终点，则称该曲线为**有向曲线**。

曲线的方向是这样规定的：

① 如果曲线 L 是开口弧段，若规定它的端点 P 为起点，Q 为终点，则沿曲线 L 从 P 到 Q 的方向为曲线 L 的**正方向**（简称**正向**），把正向曲线记为 L 或 L^+。而由 Q 到 P 的方向称为 L 的**负方向**（简称**负向**），负向曲线记为 L^-。

② 如果 L 是简单闭曲线，通常总规定逆时针方向为正方向，顺时针方向为负方向。

③ 如果 L 是复平面上某一个复连通域的边界曲线，则 L 的正方向这样规定：当人沿曲线 L 行走时，区域总保持在人的左侧，因此外部边界部分取逆时针方向，而内部边界曲线取顺时针为正方向。

定义 3.1.2 复变函数的积分 设函数 $w = f(z) = u(x,y) + iv(x,y)$ 在给定的光滑或逐段光滑曲线 L 上有定义，且 L 是以 a 为起点，b 为终点的一条有向曲线，如图 3.1 所示。把曲线 L 任意分成 n 个小弧段，设分点依次为 $z_0, z_1, \cdots, z_{k-1}, z_k, \cdots, z_n$，在某小弧段 $\widehat{z_{k-1}z_k}$（$k = 1, 2, \cdots, n$）上任意取一点 ζ_k，并作和 $S_n = \sum_{k=1}^{n} f(\zeta_k)\Delta z_k$，其中 $\Delta z_k = z_k - z_{k-1}$，记 $\Delta s_k = \widehat{z_{k-1}z_k}$ 的最大长度为 $\lambda =$

图 3.1

$\max_{1 \leqslant k \leqslant n} \{\Delta s_k\}$。当 n 无限增大，且 $\lambda \to 0$ 时，如果无论对 L 的分法及 ζ_k 的取法如何，S_n 都有唯一的极限存在，那么称这个极限值为函数 $f(z)$ 沿曲线 L 的积分，记为 $\int_L f(z)\,dz$，即

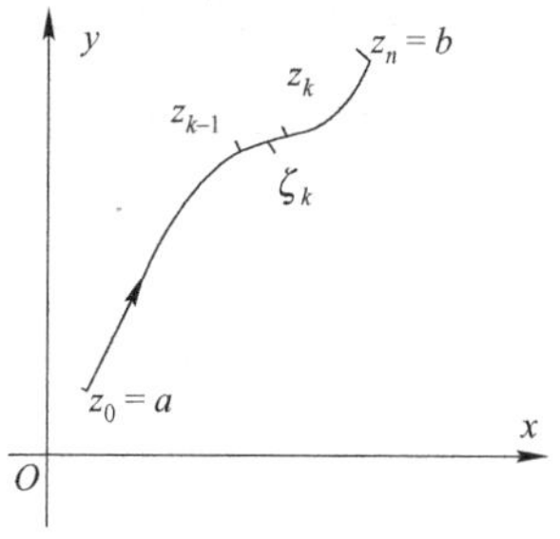

$$\int_L f(z)\,dz = \lim_{\lambda \to 0} \sum_{k=1}^{n} f(\zeta_k)\Delta z_k \tag{3.1.1}$$

我们称之为**复变函数 $f(z)$ 的积分**，简称**复积分**。

定义 3.1.3 闭合环路积分 当 L 为封闭曲线时，那么沿 L 的积分记为 $\oint_L f(z)\,dz$，并称为

复变函数 $f(z)$ 的**闭合环路积分**(简称**环路积分**)。为了方便,我们还可以在积分号中标出环路积分的方向,若沿逆时针方向积分,可用环路积分 $\oint_L f(z)\,\mathrm{d}z$ 表示;若沿顺时针方向积分,可用 $\oint_L f(z)\,\mathrm{d}z$ 表示。

3.1.2　复积分存在的条件及计算方法

下面我们推导复变函数 $w=f(z)=u(x,y)+iv(x,y)$ 的积分与其实部和虚部这两个二元函数曲线积分之间的关系。

定理 3.1.1　若函数 $w=f(z)=u(x,y)+iv(x,y)$ 在光滑曲线 L 上连续,则 $f(z)$ 沿曲线 L 的积分存在,且

$$\int_L f(z)\,\mathrm{d}z = \int_L \big[u\mathrm{d}x - v\mathrm{d}y\big] + i\int_L \big[v\mathrm{d}x + u\mathrm{d}y\big] \tag{3.1.2}$$

【证明】　设 $z_k=x_k+iy_k, \Delta x_k=x_k-x_{k-1}, \Delta y_k=y_k-y_{k-1}, \Delta z_k=\Delta x_k+i\Delta y_k, \zeta_k=\xi_k+i\eta_k(k=1,2,\cdots,n)$,则

$$
\begin{aligned}
\sum_{k=1}^n f(\zeta_k)\Delta z_k &= \sum_{k=1}^n \big[u(\xi_k,\eta_k)+iv(\xi_k,\eta_k)\big](\Delta x_k+i\Delta y_k)\\
&= \sum_{k=1}^n \big[u(\xi_k,\eta_k)\Delta x_k-v(\xi_k,\eta_k)\Delta y_k\big]+i\sum_{k=1}^n \big[v(\xi_k,\eta_k)\Delta x_k+u(\xi_k,\eta_k)\Delta y_k\big]
\end{aligned}
$$

由此可知,当 $n\to\infty$ 且小弧段长度的最大值 $\lambda\to 0$ 时,不论对 L 的分法如何,点 (ζ_k,η_k) 的取法如何,只要上式右端的两个和式极限存在,那么左端的和式极限也存在。由于 $f(z)$ 在 L 上连续,则 u 和 v 都是连续函数,根据曲线积分存在的充分条件以及曲线积分的定义得到

$$\int_L f(z)\,\mathrm{d}z = \int_L \big[u(x,y)\mathrm{d}x-v(x,y)\mathrm{d}y\big]+i\int_L \big[v(x,y)\mathrm{d}x+u(x,y)\mathrm{d}y\big] \tag{3.1.3}$$

即可以把复积分 $\int_L f(z)\,\mathrm{d}z$ 的计算化为两个二元实变函数的曲线积分。为便于记忆公式,可把 $f(z)\mathrm{d}z$ 理解为 $(u+iv)(\mathrm{d}x+i\mathrm{d}y)$,则 $f(z)\mathrm{d}z=u\mathrm{d}x-v\mathrm{d}y+i(v\mathrm{d}x+u\mathrm{d}y)$。

上式说明了两个问题:

① 当 $f(z)$ 是连续函数,且 L 是光滑曲线时,积分 $\int_L f(z)\,\mathrm{d}z$ 一定存在。

② $\int_C f(z)\,\mathrm{d}z$ 可以通过两个二元实变函数的线积分来计算。

根据线积分的计算方法,我们可以推导出

$$\int_L f(z)\,\mathrm{d}z = \int_a^b f[z(t)]z'(t)\mathrm{d}t。 \tag{3.1.4}$$

如果 L 是由光滑曲线 $L_1,L_2,\cdots,L_n$ 依次连接所组成的逐段光滑曲线,那么定义

$$\int_L f(z)\,\mathrm{d}z = \int_{L_1} f(z)\,\mathrm{d}z+\int_{L_2} f(z)\,\mathrm{d}z+\cdots+\int_{L_n} f(z)\,\mathrm{d}z \tag{3.1.5}$$

若无特殊说明,曲线积分总理解为被积函数 $f(z)$ 是连续的,而曲线 L 是逐段光滑的。

3.1.3　复积分的基本性质

根据复变函数积分和曲线积分之间的关系以及曲线积分的性质,不难验证复变函数积分具有下列性质,它们与实变函数中定积分的性质相类似。

① 若 $f(z)$ 沿 L 可积,且 L 由 L_1 和 L_2 连接而成,则

$$\int_L f(z)\,dz = \int_{L1} f(z)\,dz + \int_{L2} f(z)\,dz \tag{3.1.6}$$

② 常数因子 k 可以提到积分号外,即

$$\int_L kf(z)\,dz = k\int_L f(z)\,dz \tag{3.1.7}$$

③ 函数和(差)的积分等于各函数积分的和(差),即

$$\int_L [f_1(z) \pm f_2(z)]\,dz = \int_L f_1(z)\,dz \pm \int_L f_2(z)\,dz \tag{3.1.8}$$

④ 若积分曲线的方向改变,则积分值改变符号,即

$$\int_{L^-} f(z)\,dz = -\int_L f(z)\,dz \tag{3.1.9}$$

L^- 为 L 的负向曲线。

⑤ 积分的模不大于被积表达式模的积分,即

$$\left|\int_L f(z)\,dz\right| \leqslant \int_L |f(z)|\,|dz| = \int_L |f(z)|\,dS \tag{3.1.10}$$

这里 dS 表示弧长的微分,即 $dS = \sqrt{(dx)^2 + (dy)^2}$。

【证明】 因为

$$\left|\sum_{k=1}^n f(\zeta_k)\Delta z_k\right| \leqslant \sum_{k=1}^n |f(\zeta_k)|\,|\Delta z_k| \leqslant \sum_{k=1}^n |f(\zeta_k)|\,\Delta S_k$$

其中,$|\Delta z_k|$ 和 ΔS_k 分别表示曲线 L 上弧段 $\overset{\frown}{z_{k-1}z_k}$ 对应的弦长和弧长,两边取极限就得到

$$\left|\int_L f(z)\,dz\right| \leqslant \int_L |f(z)|\,|dz| = \int_L |f(z)|\,dS$$

⑥ **积分估值定理** 若沿曲线 L,函数 $f(z)$ 连续,且 $f(z)$ 在 L 上满足 $|f(z)| \leqslant M (M>0)$,则

$$\left|\int_L f(z)\,dz\right| \leqslant Ml \tag{3.1.11}$$

其中,l 为曲线 L 的长度。

【证明】 由于 $f(z)$ 在 L 上恒有 $|f(z)| \leqslant M$,所以

$$\int_L |f(z)|\,dS \leqslant \int_L M\,dS = M\int_L dS = Ml$$

又 $\left|\int_L f(z)\,dz\right| \leqslant \int_L |f(z)|\,dS$,则

$$\left|\int_L f(z)\,dz\right| \leqslant Ml$$

3.1.4 复积分的计算典型实例

式(3.1.2)提供了一种复积分的计算方法,即把复积分的计算转化为两个二元实函数的曲线积分。当曲线积分的积分路径 C 由参数方程给出时,复积分又可以转化为单变量的定积分。

例 3.1.1 计算 $\int_C z\,dz$,其中 C 为从原点到点 $3+4i$ 的直线段。

【解】 直线的方程可写成

$$x = 3t, y = 4t (0 \leqslant t \leqslant 1) \quad \text{或} \quad z(t) = 3t + i4t (0 \leqslant t \leqslant 1)$$

于是

$$\int_C z\,dz = \int_0^1 (3+4i)^2 t\,dt = (3+4i)^2 \int_0^1 t\,dt = \frac{1}{2}(3+4i)^2$$

又因　$\displaystyle\int_C z\mathrm{d}z = \int_C (x+\mathrm{i}y)(\mathrm{d}x+\mathrm{i}\mathrm{d}y) = \int_C x\mathrm{d}x - y\mathrm{d}y + \mathrm{i}\int_C y\mathrm{d}x + x\mathrm{d}y$，由高等数学理论，其复积分

的实部、虚部满足实积分与路径无关的条件，所以 $\displaystyle\int_C z\mathrm{d}z$ 的值不论 C 是怎样的曲线都等于

$\dfrac{1}{2}(3+4\mathrm{i})^2$，这说明该函数的积分值与积分路径无关。

例 3.1.2　计算 $\displaystyle\int_C \mathrm{Re}(z)\mathrm{d}z$。(1) C 是连接点 0 和 1+i 的直线段；(2) C 是由 0 到 1，再由 1
到 1+i 的折线段。

【解】　(1) C 可表示为 $z=(1+\mathrm{i})t, 0 \leqslant t \leqslant 1$，所以

$$\int_C \mathrm{Re}(z)\mathrm{d}z = \int_0^1 t(1+\mathrm{i})\mathrm{d}t = \frac{1}{2}(1+\mathrm{i})$$

(2) C 分为两段：$C_1: z=t, 0 \leqslant t \leqslant 1$；$C_2: z=1+\mathrm{i}t, 0 \leqslant t \leqslant 1$，所以

$$\int_C \mathrm{Re}(z)\mathrm{d}z = \int_{C1}\mathrm{Re}(z)\mathrm{d}z + \int_{C2}\mathrm{Re}(z)\mathrm{d}z = \int_0^1 t\mathrm{d}t + \int_0^1 1\times\mathrm{i}\mathrm{d}t = \frac{1}{2}+\mathrm{i}$$

可见，在本题中，C 的起点与终点虽然相同，但路径不同，积分的值也不同。

例 3.1.3　计算 $\displaystyle\oint_L \frac{\mathrm{d}z}{(z-z_0)^n}$，其中 L 是以 z_0 为中心，r 为半径的正向圆周，n 为整数。

【解】　根据 L 为正向圆周 (即逆时针方向)，故其参数方程可以表示为：

$$z = z_0 + r\mathrm{e}^{\mathrm{i}\theta}, \quad 0 \leqslant \theta \leqslant 2\pi$$
$$\mathrm{d}z = \mathrm{i}r\mathrm{e}^{\mathrm{i}\theta}\mathrm{d}\theta$$

因此

$$\oint_L \frac{\mathrm{d}z}{(z-z_0)^n} = \int_0^{2\pi} \frac{r\mathrm{i}\mathrm{e}^{\mathrm{i}\theta}}{r^n \mathrm{e}^{\mathrm{i}n\theta}}\mathrm{d}\theta = \frac{\mathrm{i}}{r^{n-1}}\int_0^{2\pi} \mathrm{e}^{-\mathrm{i}(n-1)\theta}\mathrm{d}\theta$$

$$= \begin{cases} 2\pi\mathrm{i}, & n=1 \\ \dfrac{\mathrm{i}}{r^{n-1}}\displaystyle\int_0^{2\pi}\{\cos[(n-1)\theta]-\mathrm{i}\sin[(n-1)\theta]\}\mathrm{d}\theta, & n\neq 1 \end{cases}$$

计算即得

$$\oint_L \frac{\mathrm{d}z}{(z-z_0)^n} = \begin{cases} 2\pi\mathrm{i}, & n=1 \\ 0, & n\neq 1 \end{cases} \tag{3.1.12}$$

说明：本例题的结论很重要，它的特点是积分值与积分路径即圆周的中心及半径无关。

3.1.5　复变函数环路积分的物理意义

在复变函数论中，复变函数的积分尤其是闭合环路积分是很重要的概念。现简要介绍其
物理意义。

设复变函数 $f(z)=u(x,y)+\mathrm{i}v(x,y)$ 定义在区域 D 内，L 为区域 D 内一条光滑的有向曲线，
并设二维矢量 $\boldsymbol{P}$ 对应于复变函数 $f(z)$ 的共轭，即 $\overline{f(z)}=u(x,y)-\mathrm{i}v(x,y)$。$\mathrm{i}$ 是虚数单位，所以
实部对应于实轴分量，虚部对应于纵向 (y) 分量，即可对应写为

$$\boldsymbol{P}=u(x,y)\boldsymbol{e}_x - v(x,y)\boldsymbol{e}_y$$

而且有对应关系 $\mathrm{d}z=\mathrm{d}x+\mathrm{i}\mathrm{d}y \rightarrow \mathrm{d}s\boldsymbol{l}_0=\mathrm{d}x\boldsymbol{e}_x+\mathrm{d}y\boldsymbol{e}_y, -\mathrm{i}\mathrm{d}z=\mathrm{d}y-\mathrm{i}\mathrm{d}x \rightarrow \mathrm{d}s\boldsymbol{n}_0=\mathrm{d}y\boldsymbol{e}_x-\mathrm{d}x\boldsymbol{e}_y$，则

$$\boldsymbol{P}\cdot\boldsymbol{l}_0\mathrm{d}s = [u(x,y)\boldsymbol{e}_x - v(x,y)\boldsymbol{e}_y]\cdot[\mathrm{d}x\boldsymbol{e}_x+\mathrm{d}y\boldsymbol{e}_y] = u(x,y)\mathrm{d}x - v(x,y)\mathrm{d}y$$

$$\boldsymbol{P}\cdot\boldsymbol{n}_0\mathrm{d}s = [u(x,y)\boldsymbol{e}_x - v(x,y)\boldsymbol{e}_y]\cdot[\mathrm{d}y\boldsymbol{e}_x-\mathrm{d}x\boldsymbol{e}_y] = v(x,y)\mathrm{d}x + u(x,y)\mathrm{d}y$$

其中，已设 $\boldsymbol{l}_0$ 为曲线 C 在点 z 处沿曲线方向的单位矢量，$\boldsymbol{n}_0$ 为该点处的单位法矢量，$\mathrm{d}s$ 为弧微分。$\boldsymbol{e}_x$ 和 $\boldsymbol{e}_y$ 分别代表 x,y 方向的单位矢量。

故复变函数的环路积分为

$$\begin{aligned}\oint_L f(z)\mathrm{d}z &= \oint_L [u(x,y)+\mathrm{i}v(x,y)]\mathrm{d}(x+\mathrm{i}y)\\ &= \oint_L u(x,y)\mathrm{d}x-v(x,y)\mathrm{d}y+\mathrm{i}\oint_L v(x,y)\mathrm{d}x+u(x,y)\mathrm{d}y\\ &= \oint_L \boldsymbol{P}\cdot\boldsymbol{l}_0\mathrm{d}s+\mathrm{i}\oint_L \boldsymbol{P}\cdot\boldsymbol{n}_0\mathrm{d}s\end{aligned}$$

由场论知识可知：闭合环路积分 $\oint_L f(z)\mathrm{d}z$ 的物理意义为：实部 $\oint_L \boldsymbol{P}\cdot\boldsymbol{l}_0\mathrm{d}s$ 表示矢量场 $\boldsymbol{P}$ 沿曲线 L 的环量，虚部 $\oint_L \boldsymbol{P}\cdot\boldsymbol{n}_0\mathrm{d}s$ 表示矢量场 $\boldsymbol{P}$ 沿曲线 L 的通量。

3.2　柯西积分定理及其应用

3.2.1　柯西积分定理

通过前面的例题我们发现，例 3.1.1 中的被积函数 $f(z)=z$ 在复平面内是处处解析的，它沿连接起点及终点的任何路径的积分值都相同，换句话说，积分与路径无关。例 3.1.2 中的被积函数 $f(z)=\mathrm{Re}(z)$ 是不解析的，积分与路径是有关的。也许沿封闭曲线的积分值与被积函数的解析性及区域的单连通性有关。我们自然要问：复变函数 $f(z)$ 在什么条件下，$\int_C f(z)\mathrm{d}z$ 仅与起点和终点有关，而与积分路径无关呢？

早在 1825 年柯西给出了如下定理，它是复变函数论中的一条基本定理，现称为**柯西积分定理**（简称**柯西定理**）。

定理 3.2.1　柯西积分定理　如果函数 $f(z)$ 在单连通区域 D 内及其边界线 L 上解析（即为在单连通闭区域 $\overline{D}$ 解析），那么函数 $f(z)$ 沿边界 L 或区域 D 内任意闭曲线 l 的积分为零，即

$$\oint_L f(z)\mathrm{d}z=0 \tag{3.2.1}$$

或

$$\oint_l f(z)\mathrm{d}z=0 \tag{3.2.2}$$

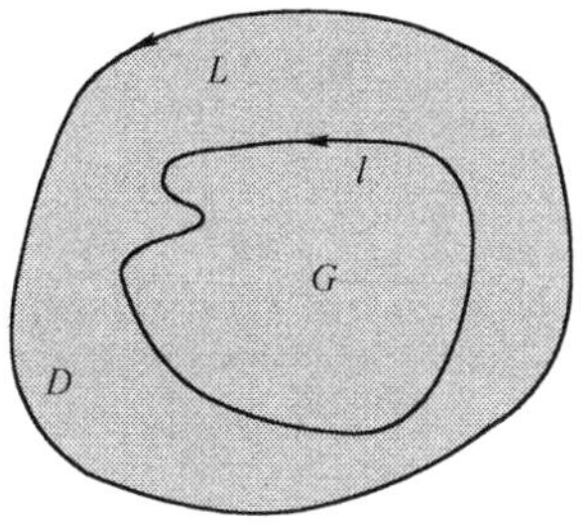

图 3.2

【证明】　如图 3.2 所示，由于对函数 $f(z)=u(x,y)+\mathrm{i}v(x,y)$ 在闭区域 $\overline{D}$ 解析概念的理解，故函数的导数即 $f'(z)$ 在区域内部及其边界是存在的，而且可以证明也是连续的。再根据格林定理有

$$\begin{aligned}\oint_L f(z)\mathrm{d}z &= \oint_L u\mathrm{d}x-v\mathrm{d}y+\mathrm{i}\oint_L v\mathrm{d}x+u\mathrm{d}y\\ &=-\iint_D\left(\frac{\partial v}{\partial x}+\frac{\partial u}{\partial y}\right)\mathrm{d}x\mathrm{d}y+\mathrm{i}\iint_D\left(\frac{\partial u}{\partial x}-\frac{\partial v}{\partial y}\right)\mathrm{d}x\mathrm{d}y\end{aligned}$$

由于函数在闭区域 $\overline{D}$ 解析，故满足 C-R 条件

$$\frac{\partial u}{\partial x}=\frac{\partial v}{\partial y},\quad \frac{\partial v}{\partial x}=-\frac{\partial u}{\partial y}$$

代入即得 $\oint_L f(z)\,\mathrm{d}z=0$。

如果我们在该闭区域 $\overline{D}$ 内任选某一单连通闭区域 $\overline{G}$，其边界为 l。在上述推导中将 $L\to l$，$D\to G$，则同理可证明

$$\oint_l f(z)\,\mathrm{d}z=0$$

故结论成立。

这个定理是柯西(Cauchy)于 1825 年发表的，古莎(Goursat)于 1900 年提出了修改，故又称为**柯西-古莎定理**。

说明：① 由第 2 章知，函数在单连通区域 D 内及闭曲线 L 上解析，即为在闭区域 $\overline{D}$ 解析，我们应该理解为函数在比边界稍大一些的开区域内部是解析的。

② **边界正方向规定**：(同第 1 章的规定)当沿边界线环行时，其边界线所包围的解析区域始终在左边，则前进的方向为边界线的正方向。据此规定，故有界单连通区域积分的边界线沿逆时针方向为正方向。而对于有界复连通区域，外边界取逆时针为边界线的正方向，内边界取顺时针方向为正方向。注意：对于无界区域则相反，内边界取顺时针方向为边界线的正方向。

③ **格林(Green)定理**(或格林公式)：在单连通区域内，若 $P(x,y)$ 和 $Q(x,y)$ 有连续的偏导数，则

$$\oint_L P(x,y)\,\mathrm{d}x+Q(x,y)\,\mathrm{d}y=\iint_D\left[\frac{\partial Q}{\partial x}-\frac{\partial P}{\partial y}\right]\mathrm{d}x\mathrm{d}y \tag{3.2.3}$$

其中，L 是区域 D 的边界。

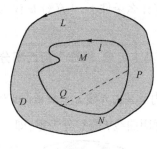

图 3.3

④ 经修改后的柯西-古萨积分定理成立的条件可以弱化为在区域 D 内解析，在边界上连续。以后使用中，当满足此条件时柯西积分定理仍然成立。

定理 3.2.2　解析函数积分与路径无关　如果函数 $f(z)$ 在单连通域 D 内处处解析，则积分 $\int_l f(z)\,\mathrm{d}z$ 与连接起点及终点的路径无关。

【证明】　根据柯西定理，由图 3.3 知

$$\oint_l f(z)\,\mathrm{d}z=0$$

所以

$$\int_{\widehat{PMQ}} f(z)\,\mathrm{d}z+\int_{\widehat{QNP}} f(z)\,\mathrm{d}z=\int_{\widehat{PMQ}} f(z)\,\mathrm{d}z-\int_{\widehat{PNQ}} f(z)\,\mathrm{d}z=0$$

$$\int_{\widehat{PMQ}} f(z)\,\mathrm{d}z=\int_{\widehat{PNQ}} f(z)\,\mathrm{d}z$$

故 $\int_{P\,\widehat{PMQ}}^{Q} f(z)\,\mathrm{d}z=\int_{P\,\widehat{PNQ}}^{Q} f(z)\,\mathrm{d}z$，即积分与路径无关。

3.2.2　不定积分

定理 3.2.3　由定理 3.2.2 知道，解析函数 $f(z)$ 在单连通域 D 内的积分只与起点 z_0 和终点 z_1 有关，假设 C_1 和 C_2 是区域 D 内连接 z_0 和 z_1 的两条简单曲线，则

$$\int_{C1} f(z)\,\mathrm{d}z=\int_{C2} f(z)\,\mathrm{d}z=\int_{z_0}^{z_1} f(z)\,\mathrm{d}z$$

z_0 和 z_1 分别称为积分的下限和上限。当下限 z_0 固定，而上限 $z_1=z$ 在 D 内变动时，积分

$\int_{z_0}^{z} f(\zeta) \, \mathrm{d}\zeta$ 可以看做是上限的函数,记为

$$F(z) = \int_{z_0}^{z} f(\zeta) \, \mathrm{d}\zeta \tag{3.2.4}$$

定理 3.2.4　如果 $f(z) = u(x,y) + \mathrm{i}v(x,y)$ 在单连通域 D 内处处解析,则 $F(z)$ 在 D 内也解析,并且

$$F'(z) = f(z) \tag{3.2.5}$$

【证明】　$F(z) = \int_{z_0}^{z} f(\zeta) \, \mathrm{d}\zeta$

$$= \int_{(x_0,y_0)}^{(x,y)} u\mathrm{d}x - v\mathrm{d}y + \mathrm{i} \int_{(x_0,y_0)}^{(x,y)} v\mathrm{d}x + u\mathrm{d}y$$

令 $P(x,y) = \displaystyle\int_{(x_0,y_0)}^{(x,y)} u\mathrm{d}x - v\mathrm{d}y, Q(x,y) = \displaystyle\int_{(x_0,y_0)}^{(x,y)} v\mathrm{d}x + u\mathrm{d}y,$ 则

$$F(z) = P(x,y) + \mathrm{i}Q(x,y) \tag{3.2.6}$$

由定理 3.2.2 知,$P(x,y)$ 和 $Q(x,y)$ 是与路径无关的,则

$$\frac{\partial P}{\partial x} = u, \quad \frac{\partial P}{\partial y} = -v, \frac{\partial Q}{\partial x} = v, \quad \frac{\partial Q}{\partial y} = u$$

从而

$$\frac{\partial P}{\partial x} = \frac{\partial Q}{\partial y}, \quad \frac{\partial P}{\partial y} = -\frac{\partial Q}{\partial x} \tag{3.2.7}$$

由式(3.2.5)、式(3.2.6)、式(3.2.7)可知,$F(z) = P(x,y) + \mathrm{i}Q(x,y)$ 的实部和虚部可微且满足 C-R 条件,故 $F(z)$ 是 D 内的一个解析函数,且 $F'(z) = \dfrac{\partial P}{\partial x} + \mathrm{i}\dfrac{\partial Q}{\partial x} = u + \mathrm{i}v = f(z)$。

与高等数学一样,可以引入原函数的概念。

定义 3.2.1　原函数　如果函数 $\varphi(z)$ 的导数等于 $f(z)$,即有 $\varphi'(z) = f(z)$,则称 $\varphi(z)$ 为 $f(z)$ 的一个**原函数**。

因此函数 $F(z) = \displaystyle\int_{z_0}^{z} f(\zeta) \, \mathrm{d}\zeta$ 是 $f(z)$ 的一个原函数。

定理 3.2.5　$f(z)$ 的任何两个原函数相差一个常数。

【证明】　若 $G(z)$ 和 $H(z)$ 均为 $f(z)$ 的原函数,则

$$[G - H]' = G' - H' = f(z) - f(z) = 0$$

所以

$$G(z) - H(z) = C \tag{3.2.8}$$

利用原函数这个关系,我们可以得出如下定理。

定理 3.2.6　若函数 $f(z)$ 在单连通域 D 内处处解析,$G(z)$ 为 $f(z)$ 的一个原函数,那么

$$\int_{z_0}^{z_1} f(z) \, \mathrm{d}z = G(z) \Big|_{z_0}^{z_1} = G(z_1) - G(z_0) \tag{3.2.9}$$

其中,z_0 和 z_1 为 D 中任意两点。式(3.2.9)称为**复积分的牛顿–莱布尼兹公式**。

【证明】　因 $F(z) = \displaystyle\int_{z_0}^{z} f(\zeta) \, \mathrm{d}\zeta$ 是 $f(z)$ 的一个原函数,根据定理 3.2.5 有 $G(z) - F(z) = C$,所以 $F(z) = \displaystyle\int_{z_0}^{z} f(\zeta) \, \mathrm{d}\zeta = G(z) - C$。

当 $z = z_0$ 时,得 $G(z_0) - C = 0$,推出 $C = G(z_0)$。因此

$$\int_{z_0}^{z} f(\zeta) \, \mathrm{d}\zeta = G(z) - G(z_0)$$

令 $z = z_1$,得到

$$\int_{z_0}^{z_1} f(z)\,\mathrm{d}z = G(z_1) - G(z_0)$$

说明：一般来说，复积分的牛顿-莱布尼兹公式对应的积分路径是不闭合的，即为非闭合环路积分，所以 $z_1 \neq z_0$。

3.2.3　典型应用实例

例3.2.1　计算积分 $\int_a^b z\,\sin z^2\,\mathrm{d}z$。

【解】　函数 $z\sin z^2$ 在 z 平面上解析，易知 $-\dfrac{1}{2}\cos z^2$ 为它的一个原函数，根据复积分的牛顿-莱布尼兹公式有

$$\int_a^b z\,\sin z^2\,\mathrm{d}z = -\frac{1}{2}\cos z^2 \Big|_a^b = \frac{1}{2}(\cos a^2 - \cos b^2)$$

例3.2.2　计算积分 $\int_i^1 z\,\mathrm{d}z$。

【解法1】　z 在整个复平面上解析，且 $\left(\dfrac{1}{2}z^2\right)' = z$，运用复积分的牛顿-莱布尼兹公式有

$$\int_i^1 z\,\mathrm{d}z = \frac{1}{2}z^2 \Big|_i^1 = \frac{1}{2}[1^2 - (i)^2] = 1$$

【解法2】　换元积分法。

令 $t = z^2$，则若 $z = i$，有 $t = -1$；若 $z = 1$，有 $t = 1$。所以

$$\int_i^1 z\,\mathrm{d}z = \int_i^1 \mathrm{d}\left(\frac{z^2}{2}\right) = \int_{-1}^1 \mathrm{d}\left(\frac{t}{2}\right) = \frac{t}{2}\Big|_{-1}^1 = \frac{1}{2}[1 - (-1)] = 1$$

例3.2.3　计算积分 $\int_0^i z\sin z\,\mathrm{d}z$。

【解】　由于 $z\sin z$ 在复平面内处处解析，因而积分与路径无关，可用分部积分法得

$$\int_0^i z\sin z\,\mathrm{d}z = \int_0^i z\,\mathrm{d}(-\cos z) = z(-\cos z)\Big|_0^i - \int_0^i (-\cos z)\,\mathrm{d}z$$

$$= -i\cos i + \sin i = -i(\cos i + i\,\sin i)$$

$$= -i e^{i\cdot i} = -i e^{-1}$$

说明：类似于实变函数理论，对于非闭合环路的积分，分部积分法是有效的。

3.2.4　柯西积分定理（柯西-古萨定理）的物理意义

对于在单连通区域 D 内解析的函数 $f(z) = u(x,y) + iv(x,y)$，L 为 D 内任一条闭曲线，设与该解析函数共轭的函数 $\overline{f(z)} = u(x,y) - iv(x,y)$ 所对应的平面矢量场为 $\boldsymbol{P} = u(x,y)\boldsymbol{e}_x - iv(x,y)\boldsymbol{e}_y$（变量含义参考"复变函数环路积分物理意义"部分），则

$$\oint_L f(z)\,\mathrm{d}z = \oint_L [u(x,y) + iv(x,y)]\,\mathrm{d}(x + iy)$$

$$= \oint_L [u(x,y)\,\mathrm{d}x - v(x,y)\,\mathrm{d}y] + i\oint_L [v(x,y)\,\mathrm{d}x + u(x,y)\,\mathrm{d}y]$$

$$= \oint_L \boldsymbol{P} \cdot \boldsymbol{l}_0\,\mathrm{d}s + i\oint_L \boldsymbol{P} \cdot \boldsymbol{n}_0\,\mathrm{d}s$$

因为函数 $f(z) = u(x,y) + iv(x,y)$ 在 D 内解析，则根据 C-R 条件有

$$\frac{\partial u}{\partial x}=\frac{\partial v}{\partial y}, \quad \frac{\partial u}{\partial y}=-\frac{\partial v}{\partial x}$$

从而　　　$$\nabla\times\boldsymbol{P}=\left(\frac{\partial}{\partial x}\boldsymbol{e}_x+\frac{\partial}{\partial y}\boldsymbol{e}_y\right)\times\left[u(x,y)\boldsymbol{e}_x-v(x,y)\boldsymbol{e}_y\right]=\boldsymbol{e}_z\left[\frac{\partial(-v)}{\partial x}-\frac{\partial u}{\partial y}\right]=0$$

$$\nabla\cdot\boldsymbol{P}=\left[\left(\frac{\partial}{\partial x}\boldsymbol{e}_x+\frac{\partial}{\partial y}\boldsymbol{e}_y\right)\cdot\left[u(x,y)\boldsymbol{e}_x-v(x,y)\boldsymbol{e}_y\right]\right]=\frac{\partial u}{\partial x}-\frac{\partial v}{\partial y}=0$$

环路积分 $\oint_L f(z)\mathrm{d}z=0$ 的物理意义为:与 $f(z)$ 共轭的函数所对应的矢量场 $\boldsymbol{P}$ 沿闭曲线 L 的

环量 $\oint_L \boldsymbol{P}\cdot\boldsymbol{l}_0\mathrm{d}s=0$,通过闭曲线 L 的通量 $\oint_L \boldsymbol{P}\cdot\boldsymbol{n}_0\mathrm{d}s=0$。$\boldsymbol{P}$ 是与 $\overline{f(z)}$ 对应的矢量场。

3.3　基本定理的推广——复合闭路定理

3.2 节考虑的是单连通区域内的解析函数,有单连通域柯西积分定理成立。如果函数在区域内有奇点,单连通域变成了复连通域,柯西积分定理是否成立呢?

本节即讨论应用更为广泛的复连通域的柯西积分定理(又称为复合闭路定理)。

定理 3.3.1　复合闭路定理(复连通域的柯西积分定理)

设 L 为闭复连通域 $\overline{D}$ 的边界(更一般的情况下可以是 D 内的简单闭曲线),而且 $C_1,C_2,\cdots,C_n$ 是 L 内部的简单闭曲线,且彼此既不包含也不相交,以 $L,C_1,C_2,\cdots,C_n$ 为边界的区域全含于闭区域 $\overline{D}$,如图 3.4 所示。对于区域 D 内的解析函数 $f(z)$,则可以证明:

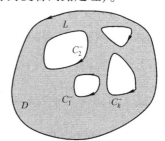

图 3.4

① $$\oint_\Gamma f(z)\mathrm{d}z=0 \tag{3.3.1}$$

这里 Γ 为由 L 以及 $C_k^-(k=1,2,\cdots,n)$ 所组成的复合闭路正方向(将复连通区域单连通化,则其方向为:L 按逆时针方向,C_k^- 按顺时针方向,均为复合闭路边界线正方向)。

② $$\oint_L f(z)\mathrm{d}z=\sum_{k=1}^n \oint_{C_k} f(z)\mathrm{d}z \tag{3.3.2}$$

其中,L 以及 C_k 都取逆时针方向。

不失一般性,取 $n=1$ 进行证明。有下述定理:

定理 3.3.2　设 L 和 C_1 为复连通区域内的两条简单闭曲线,如图 3.5 所示,C_1 在 L 内部

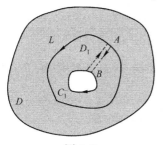

图 3.5

且彼此不相交,以 C_1 和 L 为边界所围成的闭区域 $\overline{D_1}$ 全含于 D,则对于区域 D 内的解析函数 $f(z)$ 有:

① $$\oint_{\Gamma=L+C_1^-} f(z)\mathrm{d}z=0 \tag{3.3.3}$$

其中,L 为逆时针方向(即区域 D_1 外边界的正方向)、C_1^- 代表顺时针方向(即内边界的正方向)。

② $$\oint_L f(z)\mathrm{d}z=\oint_{C_1} f(z)\mathrm{d}z \tag{3.3.4}$$

【证明】　在 L 上取一点 A,在 C_1 上取一点 B。

令 $\Gamma=L+AB+C_1^-+BA$,其中 C_1^- 代表顺时针方向。因为 $f(z)$ 在 D 内解析,所以 $f(z)$ 在 Γ 所围的区域(单连通域)内解析,则 $\oint_\Gamma f(z)\mathrm{d}z=0$,

即
$$\oint_{L+AB+C_{\bar{1}}+BA} f(z)\,\mathrm{d}z = 0$$

所以
$$\oint_L f(z)\,\mathrm{d}z + \int_{AB} f(z)\,\mathrm{d}z + \oint_{C_{\bar{1}}} f(z)\,\mathrm{d}z + \int_{BA} f(z)\,\mathrm{d}z = 0$$

又
$$\int_{AB} f(z)\,\mathrm{d}z + \int_{BA} f(z)\,\mathrm{d}z = 0$$

故
$$\oint_{\Gamma = L + C_{\bar{1}}} f(z)\,\mathrm{d}z = \oint_L f(z)\,\mathrm{d}z + \oint_{C_{\bar{1}}} f(z)\,\mathrm{d}z$$

即
$$\oint_L f(z)\,\mathrm{d}z = \oint_{C_1} f(z)\,\mathrm{d}z$$

事实上,这一证明方法可以推广到复连通域的情形,即为复合闭路柯西定理。

说明:单连通域和复连通域的柯西定理可以表述为:

① 在闭单连通域中的解析函数,沿边界线或区域内任一闭合曲线的积分为零。

② 在闭复连通域中的解析函数,沿所有边界线的正方向(即外边界取逆时针方向,内边界取顺时针方向)的积分为零。

③ 在闭复连通域中的解析函数,按逆时针方向沿外边界的积分等于按逆时针方向沿所有内边界的积分之和。

关于常用积分符号的说明:为了以后计算环路积分的方便,在有界区域我们规定:

① $\oint_C f(z)\,\mathrm{d}z = \oint_C f(z)\,\mathrm{d}z$ (C 代表取逆时针方向积分)

② $\oint_{C^-} f(z)\,\mathrm{d}z = \oint_C f(z)\,\mathrm{d}z$ (C^- 代表取顺时针方向积分)

③ $\oint_C f(z)\,\mathrm{d}z = -\oint_C f(z)\,\mathrm{d}z$

定理 3.3.2 还说明:在区域内的一个解析函数沿闭曲线的积分,不因闭曲线在区域内作连续变形而改变其值,因此可得到**闭路变形定理**。

定理 3.3.3　闭路变形定理　在区域 D 内的一个解析函数沿闭曲线的积分,不因闭曲线在 D 内作连续变形而改变积分的值,只要在变形过程中曲线不经过函数 $f(z)$ 的不解析的点。

说明:① 设 L 和 L' 为包含奇点 z_0 的任意曲线,且 L 为边界,L' 为边界内的曲线。由图 3.6 容易看出,当积分路径由 L 变形为曲线 L' 时,考虑一个微小区域 D_1(不含奇点)的情况来分析,根据柯西定理有

$$\oint_{abcda} f(z)\,\mathrm{d}z = \int_{ab} f(z)\,\mathrm{d}z + \int_{bc} f(z)\,\mathrm{d}z + \int_{cd} f(z)\,\mathrm{d}z + \int_{da} f(z)\,\mathrm{d}z$$

$$= \int_{ab} f(z)\,\mathrm{d}z + \int_{cd} f(z)\,\mathrm{d}z + \left[\int_{bc} + \int_{da}\right] f(z)\,\mathrm{d}z = 0$$

当分区无限多时,两条直线 bc 和 da 无限接近,且为相反方向。根据积分性质,有

$$\int_{bc} f(z)\,\mathrm{d}z + \int_{da} f(z)\,\mathrm{d}z = 0$$

故得到

$$\int_{ab} f(z)\,\mathrm{d}z = -\int_{cd} f(z)\,\mathrm{d}z = \int_{dc} f(z)\,\mathrm{d}z$$

综合考虑各小区域,自然得到

$$\oint_L f(z)\,\mathrm{d}z = \oint_{L'} f(z)\,\mathrm{d}z$$

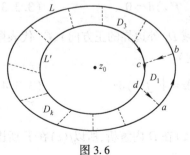

图 3.6

② 例如本章例 3.1.3 中,当 L 为以 z_0 为中心的正向圆周时,$\oint_L \frac{\mathrm{d}z}{z-z_0}=2\pi\mathrm{i}$,根据闭路变形定理,对于包含 z_0 的任何一条简单闭曲线 l,都有 $\oint_L \frac{\mathrm{d}z}{z-z_0}=\oint_l \frac{\mathrm{d}z}{z-z_0}=2\pi\mathrm{i}$ 成立。

例 3.3.1　计算 $\oint_C \frac{\mathrm{d}z}{(z-\mathrm{i})(z+3)}$,其中 C 为圆周 $|z|=2$,且取正向。

【解】　$f(z)=\dfrac{1}{(z-\mathrm{i})(z+3)}$ 在 $|z|\le 2$ 内只有 $z=\mathrm{i}$ 一个奇点,将 $f(z)$ 分成 $f(z)=\dfrac{1}{3+\mathrm{i}}\left(\dfrac{1}{z-\mathrm{i}}-\dfrac{1}{z+3}\right)$,则由闭路变形定理

$$\oint_C \frac{\mathrm{d}z}{(z-\mathrm{i})(z+3)}=\oint_C \frac{1}{3+\mathrm{i}}\left(\frac{1}{z-\mathrm{i}}-\frac{1}{z+3}\right)\mathrm{d}z$$

$$=\frac{1}{3+\mathrm{i}}\oint_C \frac{1}{z-\mathrm{i}}\mathrm{d}z-\frac{1}{3+\mathrm{i}}\oint_C \frac{1}{z+3}\mathrm{d}z$$

$$=2\pi\mathrm{i}\frac{1}{3+\mathrm{i}}-0=\frac{2\pi\mathrm{i}}{3+\mathrm{i}}$$

例 3.3.2　计算积分 $\oint_L \frac{2z-1}{z^2-z}\mathrm{d}z$ 的值,其中 L 为包含点 0 和 1 在内的任何简单闭曲线。

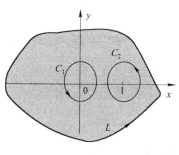

图 3.7

【解法 1】　根据函数 $\dfrac{2z-1}{z^2-z}$ 在复平面内除 $z=0,z=1$ 两个奇点外是处处解析的。由于 L 包含这两个奇点,在 L 内作两个互不包含且不相交的正向圆周 C_1 和 C_2,(如图 3.7 所示),C_1 只包含奇点 $z=0$,C_2 只包含奇点 $z=1$。那么根据复合闭路定理②得到

$$\oint_L \frac{2z-1}{z^2-z}\mathrm{d}z=\oint_{C_1}\frac{2z-1}{z^2-z}\mathrm{d}z+\oint_{C_2}\frac{2z-1}{z^2-z}\mathrm{d}z$$

$$=\oint_{C_1}\left(\frac{1}{z-1}+\frac{1}{z}\right)\mathrm{d}z+\oint_{C_2}\left(\frac{1}{z-1}+\frac{1}{z}\right)\mathrm{d}z$$

$$=\oint_{C_1}\frac{1}{z-1}\mathrm{d}z+\oint_{C_1}\frac{1}{z}\mathrm{d}z+\oint_{C_2}\frac{1}{z-1}\mathrm{d}z+\oint_{C_2}\frac{1}{z}\mathrm{d}z$$

$$=0+2\pi\mathrm{i}+2\pi\mathrm{i}+0=4\pi\mathrm{i}$$

【解法 2】　由闭路变形定理得

$$\oint_\Gamma \frac{2z-1}{z^2-z}\mathrm{d}z=\oint_\Gamma \left[\frac{1}{z-1}+\frac{1}{z}\right]\mathrm{d}z=\oint_\Gamma \frac{1}{z-1}\mathrm{d}z+\oint_\Gamma \frac{1}{z}\mathrm{d}z$$

$$=\oint_{C_2}\frac{1}{z-1}\mathrm{d}z+\oint_{C_1}\frac{1}{z}\mathrm{d}z$$

$$=2\pi\mathrm{i}+2\pi\mathrm{i}=4\pi\mathrm{i}$$

思考:为了简化计算,设 z_0 为单连通区域 D 中的一点,若 $f(z)$ 在 D 内解析,显然函数 $\dfrac{f(z)}{z-z_0}$ 在 z_0 不解析,所以在 D 内沿包含 z_0 在其内的一个闭曲线 C 的积分 $\oint_C \dfrac{f(z)}{z-z_0}\mathrm{d}z$ 一般不为零。又

根据闭路变形定理,积分路径可以连续缩小直至无限接近于 z_0 点,故可以选取半径 δ 很小的正向圆周 $|z-z_0|=\delta$ 上的积分 $\oint_{|z-z_0|=\delta}\dfrac{f(z)}{z-z_0}\mathrm{d}z$。由于 $f(z)$ 的连续性,当 δ 进一步缩小时,圆周 $|z-z_0|=\delta$ 上的函数值 $f(z)$ 无限逼近于 $f(z_0)$,我们可以猜想:随着 δ 的缩小(即为圆周趋近于点 z_0),积分 $\oint_C\dfrac{f(z)}{z-z_0}\mathrm{d}z$ 的值可能也无限逼近于

$$\oint_C\frac{f(z)}{z-z_0}\mathrm{d}z=\oint_{|z-z_0|=\delta\to0}\frac{f(z)}{z-z_0}\mathrm{d}z\to\oint_{|z-z_0|=\delta}\frac{f(z_0)}{z-z_0}\mathrm{d}z$$

$$=f(z_0)\oint_{|z-z_0|=\delta}\frac{1}{z-z_0}\mathrm{d}z=2\pi\mathrm{i}f(z_0)$$

　　我们在学习数学物理方法中的定理和公式时,特别重要的是对思维能力的培养,很多用以解决实际问题的定理的提出及其证明,都是在一些基本猜想和推理之后才得以证实的。这种**猜想**和**推理**正是数学物理方法用于解决实际问题(物理现象或物理模型),并建立基本的数学模型、定理或公式的精髓所在。

3.4　柯西积分公式

3.4.1　有界区域的单连通柯西积分公式

　　定理 3.4.1　柯西积分公式　如果 $f(z)$ 在有界区域 D 处处解析,L 为 D 内的任何一条正向简单闭曲线,且其内部全含于 D,z_0 为 L 内的任一点,那么

$$f(z_0)=\frac{1}{2\pi\mathrm{i}}\oint_L\frac{f(z)}{z-z_0}\mathrm{d}z \tag{3.4.1}$$

称为**柯西积分公式**,简称**柯西公式**。但一定要注意其与**柯西定理**称谓上的区别。

　　说明:柯西积分公式还可以写成下列形式(若改写 $z\to\zeta,z_0\to z$),即

$$f(z)=\frac{1}{2\pi\mathrm{i}}\oint_L\frac{f(\zeta)}{\zeta-z}\mathrm{d}\zeta \tag{3.4.2}$$

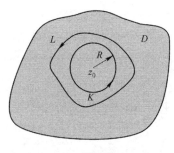

图 3.8

　　【证明】　设 D 为单连通区域,L 为区域内的某一简单闭曲线。

　　由于 $f(z)$ 在 D 内解析,所以在 z_0 点连续,则对任意小的 $\varepsilon>0$,存在 $\delta(\varepsilon)>0$,使得当 $|z-z_0|<\delta$ 时,有

$$|f(z)-f(z_0)|<\varepsilon$$

作圆周 K:$|z-z_0|=R$,使 K 在 L 的内部,且 $R<\delta$(如图 3.8 所示)。考虑到 $f(z)=f(z_0)+f(z)-f(z_0)$,于是根据复合闭路柯西定理有

$$\oint_L\frac{f(z)}{z-z_0}\mathrm{d}z=\oint_K\frac{f(z)}{z-z_0}\mathrm{d}z$$

$$=\oint_K\frac{f(z_0)}{z-z_0}\mathrm{d}z+\oint_K\frac{f(z)-f(z_0)}{z-z_0}\mathrm{d}z$$

$$=2\pi\mathrm{i}f(z_0)+\oint_K\frac{f(z)-f(z_0)}{z-z_0}\mathrm{d}z$$

由复积分性质知道

$$\left| \oint_K \frac{f(z)-f(z_0)}{z-z_0}\mathrm{d}z \right| \leqslant \oint_K \frac{|f(z)-f(z_0)|}{|z-z_0|}|\mathrm{d}z| < \frac{\varepsilon}{R}\oint_K \mathrm{d}s = 2\pi\varepsilon$$

根据 $f(z)$ 在 z_0 连续,则对任意小的 $\varepsilon>0$,对应于 R 足够小,有 $\varepsilon\to0$。显见该积分的值与 R 无关。这就证明了 $\oint_L \frac{f(z)}{z-z_0}\mathrm{d}z=2\pi\mathrm{i}f(z_0)$,即**柯西积分公式**。

它表明:对于解析函数,只要知道了它在区域边界上的值,那么通过上述积分公式,区域内部某点的值就完全确定了。

特别地,从这里我们可以得到这样一个重要的结论:如果两个解析函数在区域的边界上处处相等,则它们在整个区域上也相等。

例 3.4.1 求下列积分的值

(1) $\oint_C \frac{\mathrm{e}^{\mathrm{i}z}}{z+\mathrm{i}}\mathrm{d}z, C: |z+\mathrm{i}|=1$ 　　　　(2) $\oint_{|z|=2} \frac{z}{(5-z^2)(z-\mathrm{i})}\mathrm{d}z$

【解】 (1) $f(z)=\mathrm{e}^{\mathrm{i}z}$ 在复平面内解析,而 $-\mathrm{i}$ 在积分环路 C 内,由柯西积分公式得

$$\oint_{|z+\mathrm{i}|=1} \frac{\mathrm{e}^{\mathrm{i}z}}{z+\mathrm{i}}\mathrm{d}z=2\pi\mathrm{i}\mathrm{e}^{\mathrm{i}z}\Big|_{z=-\mathrm{i}}=2\pi\mathrm{i}\mathrm{e}$$

(2) 函数 $f(z)=\dfrac{z}{5-z^2}$ 在 $|z|\leqslant2$ 内解析,而 i 在 $|z|=2$ 内,由柯西积分公式得

$$\oint_{|z|=2} \frac{z}{(5-z^2)(z-\mathrm{i})}\mathrm{d}z=\oint_{|z|=2} \frac{\dfrac{z}{5-z^2}}{z-\mathrm{i}}\mathrm{d}z=2\pi\mathrm{i}\frac{z}{5-z^2}\Big|_{z=\mathrm{i}}=-\frac{1}{3}\pi$$

例 3.4.2 设 $f(z)=\oint_{|\zeta|=5} \dfrac{3\zeta^2+7\zeta+1}{\zeta-z}\mathrm{d}\zeta$,求 $f'(z)\Big|_{z=-1+\mathrm{i}}$。

【解】 根据柯西积分公式,得到

$$f(z)=\oint_{|\zeta|=5} \frac{3\zeta^2+7\zeta+1}{\zeta-z}\mathrm{d}\zeta=2\pi\mathrm{i}(3\zeta^2+7\zeta+1)\Big|_{\zeta=z}$$
$$=2\pi\mathrm{i}(3z^2+7z+1)$$

故得到

$$f'(z)=2\pi\mathrm{i}(6z+7)$$

$$f'(z)\Big|_{z=-1+\mathrm{i}}=f'(-1+\mathrm{i})=2\pi\mathrm{i}[6(-1+\mathrm{i})+7]=-12\pi+2\pi\mathrm{i}$$

3.4.2 有界区域的复连通柯西积分公式

定理 3.4.2 复连通域的柯西积分公式 设 L 为复连通区域 D 内的一条简单闭曲线,C_1,C_2,$\cdots$,C_n 是在 L 内部的简单闭曲线,且 C_1,C_2,$\cdots$,C_n 中的每一个都在其余的外部,以 C_1,C_2,$\cdots$,C_n 为边界的区域全含于 D。如果 $f(z)$ 在 D 内解析,这里 Γ 为由 L 以及 $C_k^-(k=1,2,\cdots,n)$ 所组成的复合闭路并且均取正方向,z_0 为 $f(z)$ 解析区域内的任一点,则下列复连通区域的柯西积分公式成立:

$$f(z_0)=\frac{1}{2\pi\mathrm{i}}\oint_{\Gamma=L+C_1^-+C_2^-+\cdots+C_n^-} \frac{f(z)}{z-z_0}\mathrm{d}z$$

$$=\frac{1}{2\pi\mathrm{i}}\left[\oint_L \frac{f(z)}{z-z_0}\mathrm{d}z-\oint_{C_1} \frac{f(z)}{z-z_0}\mathrm{d}z-\oint_{C_2} \frac{f(z)}{z-z_0}\mathrm{d}z-\cdots-\oint_{C_n} \frac{f(z)}{z-z_0}\mathrm{d}z\right] \qquad (3.4.3)$$

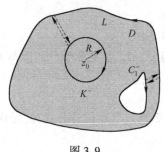

图 3.9

【证明】 如图 3.9 所示,为了简化计算,特以 $n=1$ 时的情况为例进行证明:取边界 $\Gamma = L + C_1^-$ 正方向,故 L 按逆时针方向,C_1^- 按顺时针方向,并取包含 z_0 点的圆周 K^-。

根据复合闭路柯西定理得

$$\oint_\Gamma \frac{f(z)}{z-z_0}\mathrm{d}z + \oint_{K^-} \frac{f(z)}{z-z_0}\mathrm{d}z$$

$$= \oint_\Gamma \frac{f(z)}{z-z_0}\mathrm{d}z - 2\pi i f(z_0) = 0$$

所以

$$f(z_0) = \frac{1}{2\pi i} \oint_{\Gamma = L + C_1^-} \frac{f(z)}{z-z_0}\mathrm{d}z$$

$$= \frac{1}{2\pi i}\left[\oint_L \frac{f(z)}{z-z_0}\mathrm{d}z - \oint_{C_1} \frac{f(z)}{z-z_0}\mathrm{d}z \right]$$

将上述 $n=1$ 的情形进一步推广即得到普遍的复连通区域的柯西积分公式。

3.4.3　无界区域的柯西积分公式

上面对柯西积分公式讨论了单连通区域、复连通区域,但所涉及的积分区域都是有限的区域,若遇到函数在无界区域求积分的问题又如何求解? 我们可以证明如下的无界区域柯西积分公式仍然成立。

1. 无界区域柯西积分公式

定理 3.4.3　无界区域中的柯西积分公式(当满足 $|z| \to \infty$,$f(z) \to 0$ 时)　若 $f(z)$ 在某一闭曲线 L 的外部解析,并且满足当 $z \to \infty$,$f(z) \to 0$ 时,则对于 L 外部区域中的点 z_0 有

$$f(z_0) = \frac{1}{2\pi i} \oint_L \frac{f(z)}{z-z_0}\mathrm{d}z \tag{3.4.4}$$

这就是无界区域的柯西积分公式。

【证明】 为了将柯西积分公式推广到这一情况,以原点为中心,作一个半径为 R 的大圆 C_R,将 L 和点 z_0 全部包含在内,则在 C_R 与 L 之间的区域 $f(z)$ 解析,如图 3.10 所示。应用复连通区域的柯西积分公式得到

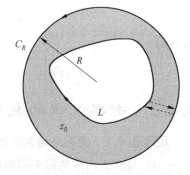

图 3.10

$$f(z_0) = \frac{1}{2\pi i} \oint_{C_R} \frac{f(z)}{z-z_0}\mathrm{d}z + \frac{1}{2\pi i} \oint_L \frac{f(z)}{z-z_0}\mathrm{d}z \tag{3.4.5}$$

该式的左边与 R 无关,右边第二项也与 R 无关,因而右边第一项也应与 R 无关。可以进一步证明,右边第一项当 $R \to \infty$ 时它趋于零,由此可以肯定它恒等于零。

事实上,当 z 在 C_R 上时,$|z| = R$,$|z-z_0| \geq |z| - |z_0| = R - |z_0|$。

因而利用积分不等式性质有

$$\left| \oint_{C_R} \frac{f(z)}{z-z_0}\mathrm{d}z \right| \leq M \cdot \frac{2R\pi}{R - |z_0|} = M \cdot \frac{2\pi}{1 - |z_0|/R}$$

其中,M 表示 $|f(z)|$ 在圆 C_R 上的最大值。根据条件 $|z| \to \infty$,$f(z) \to 0$,且函数的连续性故有 $R \to \infty$ 时,$M \to 0$,由上式可知 $\oint_{C_R} \frac{f(z)}{z-z_0}\mathrm{d}z \to 0$,且前面已经指出,该积分的值与 R 无关,因而恒等

于零

$$\oint_{C_R} \frac{f(z)}{z-z_0} dz = 0$$

故由式(3.4.5)得

$$f(z_0) = \frac{1}{2\pi i} \oint_L \frac{f(z)}{z-z_0} dz$$

这就是适用于无界区域的柯西积分公式。

说明:该公式与有界区域柯西积分公式的区别如下:

① 有界区域中柯西积分公式中的 z_0 是闭合曲线 L 内部的一点,而无界区域柯西积分公式中的 z_0 为 L 外部的一点。

② 应用有界区域柯西积分公式的条件是 $f(z)$ 在 L 内部解析,而无界区域柯西积分公式的条件是 $f(z)$ 在 L 外部解析,且当 $|z| \to \infty$ 时 $f(z) \to 0$。

③ 有界区域柯西积分公式的积分路径沿着逆时针方向进行,而无界区域的柯西积分公式积分路径沿顺时针方向进行(两种情况下都是正方向,即为沿此方向环行时,所讨论的区域在左手边)。故对于无界区域图 3.10 中的 L 取顺时针方向即为正方向。

例 3.4.3 计算积分 $I = \oint_L \frac{dz}{(z^2-a^2)(z-3a)}$,设 L 为 $|z| = 2a (a>0)$。

【解法 1】 被积函数 $f(z) = \dfrac{\frac{1}{z-3a}}{z^2-a^2}$ 在积分区域 L 内部有两个奇点 $z_1 = a$ 和 $z_2 = -a$。设 l_1 仅含奇点 z_1,l_2 仅含奇点 z_2,且彼此不相交,利用复合闭路柯西积分定理和有界域的柯西积分公式有

$$I = \oint_L \frac{dz}{(z^2-a^2)(z-3a)} = \oint_{l_1} \frac{\frac{1}{(z+a)(z-3a)}}{z-a} dz + \oint_{l_2} \frac{\frac{1}{(z-a)(z-3a)}}{z+a} dz$$

$$= 2\pi i \frac{1}{(z+a)(z-3a)} \Big|_{z=a} + 2\pi i \frac{1}{(z-a)(z-3a)} \Big|_{z=-a}$$

$$= 2\pi i \frac{1}{2a(-2a)} + 2\pi i \frac{1}{(-2a)(-4a)} = -\frac{\pi i}{4a^2}$$

【解法 2】 若将上式逆时针方向转化为顺时针方向积分,则被积函数 $f(z) = \dfrac{\frac{1}{z^2-a^2}}{z-3a}$ 在 L 外部仅有一个奇点 $z = 3a$,且当 $|z| \to \infty$ 时,$f(z) = \dfrac{1}{z^2-a^2} \to 0$,满足无界区域的柯西积分公式条件,故有

$$I = \oint_L \frac{dz}{(z^2-a^2)(z-3a)} = -\oint_L \frac{dz}{(z^2-a^2)(z-3a)}$$

$$= -\oint_L \frac{\frac{1}{(z^2-a^2)}}{(z-3a)} dz = -2\pi i \frac{1}{z^2-a^2} \Big|_{z=3a} = -\frac{\pi i}{4a^2}$$

说明:当积分区域内部的奇点多于外部的奇点时,可考察是否满足无界区域的柯西积分公

式条件,如果满足则可简化积分计算。

2. 无界区域的柯西积分公式应用推广

定理 3.4.4　假设 $f(z)$ 在某一闭曲线 L 的外部解析,则对于 L 外部区域中的点 z_0 有

$$f(z_0) = \frac{1}{2\pi i} \oint_L \frac{f(z)}{z-z_0} dz + f(\infty) \tag{3.4.6}$$

【证明】　设 C_R 为包含点 z_0 的大圆周,因为函数 $f(z)$ 在闭回路 L 的外部解析,故由复通区域的柯西积分公式得

$$f(z_0) = \frac{1}{2\pi i} \oint_L \frac{f(z)}{z-z_0} dz + \frac{1}{2\pi i} \oint_{C_R} \frac{f(z)}{z-z_0} dz$$

由于 $f(z)$ 在无限远处连续,即对于 $\varepsilon > 0$,有 $|f(z) - f(\infty)| < \varepsilon$,其中 $f(\infty)$ 有界,于是

$$\left| \frac{1}{2\pi i} \oint_{C_R} \frac{f(z)}{z-z_0} dz - f(\infty) \right| = \left| \frac{1}{2\pi i} \oint_{C_R} \frac{f(z)}{z-z_0} dz - \frac{1}{2\pi i} \oint_{C_R} \frac{f(\infty)}{z-z_0} dz \right|$$

$$\leq \frac{1}{2\pi} \oint_{C_R} \frac{|f(z) - f(\infty)|}{|z-z_0|} |dz| < \frac{1}{2\pi} \cdot \frac{\varepsilon}{R-|z_0|} 2\pi R = \frac{\varepsilon}{1 - \dfrac{|z_0|}{R}}$$

对于有限远点 z_0,显然 $\lim\limits_{R\to\infty} \dfrac{|z_0|}{R} \to 0$,故

$$\lim_{R\to\infty} \frac{1}{2\pi i} \oint_{C_R} \frac{f(z)}{z-z_0} dz = f(\infty)$$

即 $f(z_0) = \dfrac{1}{2\pi i} \oint_L \dfrac{f(z)}{z-z_0} dz + f(\infty)$ 成立。

说明:特别地,当 $|z| \to \infty$,满足 $f(z) \to 0$,即 $f(\infty) = 0$,则

$$f(z_0) = \frac{1}{2\pi i} \oint_L \frac{f(z)}{z-z_0} dz$$

即退化为定理 3.4.3 讨论的情形。

3.5　柯西积分公式的几个重要推论

3.5.1　解析函数的无限次可微性(高阶导数公式)

作为柯西积分公式的推广,我们可以证明一个解析函数的导函数仍为解析函数,从而可以证明解析函数具有任意阶导数。请特别注意:这一点和实函数完全不一样,一个实函数 $f(x)$ 有一阶导数,不一定有二阶或更高阶导数存在。

定理 3.5.1　解析函数 $f(z)$ 的导数仍为解析函数,它的 n 阶导数为

$$f^{(n)}(z_0) = \frac{n!}{2\pi i} \oint_C \frac{f(z)}{(z-z_0)^{n+1}} dz \quad (n=1,2,\cdots) \tag{3.5.1}$$

其中,C 为 $f(z)$ 的解析区域 D 内并包含 z_0 的任一简单正向闭曲线,而且它的内部全属于 D。

【证明】　如图 3.11 所示,我们先证 $n=1$ 的情况。

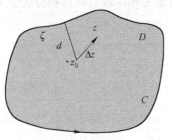

图 3.11

为了理解方便,不妨设 ζ 在边界 C 上取值,即证 $f'(z_0)=\dfrac{1}{2\pi i}\displaystyle\oint_C\dfrac{f(\zeta)}{(\zeta-z_0)^2}\mathrm{d}\zeta$。

设区域 D 内的点 z_0 的微小变化量为 $\Delta z=z-z_0$,其中 z 在区域 D 内部取值。

根据定义, $f'(z_0)=\lim\limits_{\Delta z\to0}\dfrac{f(z_0+\Delta z)-f(z_0)}{\Delta z}$。

由柯西积分公式得到

$$f(z_0)=\frac{1}{2\pi i}\oint_C\frac{f(\zeta)}{\zeta-z_0}\mathrm{d}\zeta$$

$$f(z_0+\Delta z)=\frac{1}{2\pi i}\oint_C\frac{f(\zeta)}{\zeta-z_0-\Delta z}\mathrm{d}\zeta$$

从而有

$$\frac{f(z_0+\Delta z)-f(z_0)}{\Delta z}=\frac{1}{2\pi i\Delta z}\left[\oint_C\frac{f(\zeta)}{\zeta-z_0-\Delta z}\mathrm{d}\zeta-\oint_C\frac{f(\zeta)}{\zeta-z_0}\mathrm{d}\zeta\right]$$

$$=\frac{1}{2\pi i}\oint_C\frac{f(\zeta)}{(\zeta-z_0)(\zeta-z_0-\Delta z)}\mathrm{d}\zeta$$

$$=\frac{1}{2\pi i}\left[\oint_C\frac{f(\zeta)}{(\zeta-z_0)^2}\mathrm{d}\zeta+\oint_C\frac{\Delta zf(\zeta)}{(\zeta-z_0)^2(\zeta-z_0-\Delta z)}\mathrm{d}\zeta\right]$$

设后一个积分为 I,则

$$|I|=\left|\oint_C\frac{\Delta zf(\zeta)}{(\zeta-z_0)^2(\zeta-z_0-\Delta z)}\mathrm{d}\zeta\right|\leqslant\oint_C\frac{|\Delta z|\,|f(\zeta)|\,\mathrm{d}s}{|\zeta-z_0|^2\,|\zeta-z_0-\Delta z|}$$

由于函数在边界上解析,故在边界上连续且有界。即存在 $M>0$,使得在边界 C 上 $|f(\zeta)|\leqslant M$,设 d 为 z_0 到边界 C 上的点的最短距离,则

$$|\zeta-z_0|\geqslant d$$

再考虑到 Δz 是 z 与 z_0 的微小偏移量,因此可取它满足 $|\Delta z|<\dfrac{d}{2}$,则

$$|\zeta-z_0-\Delta z|\geqslant|\zeta-z_0|-|\Delta z|>\frac{d}{2}$$

所以

$$I<|\Delta z|\frac{2ML}{d^3}$$

其中 L 为曲线 C 的长度,如果令 $\Delta z\to0$,那么 $I\to0$,故

$$f'(z_0)=\lim_{\Delta z\to0}\frac{f(z_0+\Delta z)-f(z_0)}{\Delta z}=\frac{1}{2\pi i}\oint_C\frac{f(\zeta)}{(\zeta-z_0)^2}\mathrm{d}\zeta$$

因为 $f''(\zeta)=[f'(\zeta)]'$,所以可以重复使用前面的方法,得出

$$f''(z_0)=\frac{2!}{2\pi i}\oint_C\frac{f(\zeta)}{(\zeta-z_0)^3}\mathrm{d}\zeta$$

以此类推,可得

$$f^{(n)}(z_0)=\frac{n!}{2\pi i}\oint_C=\frac{f(\zeta)}{(\zeta-z_0)^{n+1}}\mathrm{d}\zeta\qquad(n=1,2,\cdots)$$

改写上式的积分变量 $\zeta\to z$,即为式(3.5.1)的高阶导数公式。

说明: ① 上面的证明方法中,设边界上的变量为 ζ,区域内变量为 z,微小变化量为 $\Delta z=z-z_0$。相比于常规教材,这种证明方法更易于读者理解。

② 上面证明的高阶导数公式,也可以这样来理解:

由于 z_0 是区域的内点,假设积分变量 z 在区域边界上取值,故 $z-z_0 \neq 0$,积分号下的函数 $\dfrac{f(z)}{z-z_0}$ 在区域上处处可导,因此利用柯西积分公式 $f(z_0)=\dfrac{1}{2\pi i}\oint_C \dfrac{f(z)}{z-z_0}\mathrm{d}z$ 可在积分号下对 z 求导,

得到 $f'(z_0)=\dfrac{1}{2\pi i}\oint_C \dfrac{f(z)}{(z-z_0)^2}\mathrm{d}z$,反复在积分号下求导得到高阶导数公式:

$$f^{(n)}(z_0)=\frac{n!}{2\pi i}\oint_C \frac{f(z)}{(z-z_0)^{n+1}}\mathrm{d}z$$

例 3.5.1　计算积分 $\oint_C \dfrac{\cos z}{(z-\mathrm{i})^3}\mathrm{d}z$,其中 C 是绕 i 一周的围线。

【解】　将高阶导数公式应用于 $f(z)=\cos z, n=2$,得

$$\oint_C \frac{\cos z}{(z-\mathrm{i})^3}\mathrm{d}z=\frac{2\pi i}{2!}(\cos z)''\bigg|_{z=\mathrm{i}}=-\pi i\cos i$$

$$=-\pi i\frac{e^{-1}+e}{2}$$

3.5.2　解析函数的平均值公式

定理 3.5.2　若函数 $f(z)$ 在闭圆 $|z-z_0|<R$ 内及其圆周 C 上解析,则

$$f(z_0)=\frac{1}{2\pi}\int_0^{2\pi}f(z_0+Re^{\mathrm{i}\theta})\,\mathrm{d}\theta \tag{3.5.2}$$

即 $f(z)$ 在圆心 z_0 的值等于它在圆周上值的算术平均值。上式称为解析函数的平均值公式。

【证明】　我们知道 L 上的点可以写成

$$z=z_0+Re^{\mathrm{i}\theta}\qquad(0\leqslant\theta\leqslant 2\pi)$$

由柯西积分公式有

$$f(z_0)=\frac{1}{2\pi i}\oint_C \frac{f(z)}{z-z_0}\mathrm{d}z=\frac{1}{2\pi i}\int_0^{2\pi}\frac{f(z_0+Re^{\mathrm{i}\theta})}{Re^{\mathrm{i}\theta}}\mathrm{d}(z_0+Re^{\mathrm{i}\theta})$$

$$=\frac{1}{2\pi i}\int_0^{2\pi}f(z_0+Re^{\mathrm{i}\theta})\mathrm{i}\mathrm{d}\theta$$

则

$$f(z_0)=\frac{1}{2\pi}\int_0^{2\pi}f(z_0+Re^{\mathrm{i}\theta})\,\mathrm{d}\theta$$

这表明一个解析函数在圆心处的值等于它在圆周上取值的平均值,式(3.5.2)称为**解析函数的平均值公式**。

3.5.3　柯西不等式

定理 3.5.3　柯西不等式　若函数 $f(z)$ 在圆 $C: |z-z_0|<R$ 内部及其边界上解析,且 $|f(z)|\leqslant M$,则

$$|f^{(n)}(z_0)|\leqslant\frac{n!M}{R^n}\quad(n=1,2,\cdots) \tag{3.5.3}$$

【证明】　由柯西高阶导数公式

$$f^{(n)}(z_0)=\frac{n!}{2\pi i}\oint_C \frac{f(z)}{(z-z_0)^{n+1}}\mathrm{d}z\quad(n=1,2,\cdots)$$

所以

$$|f^{(n)}(z_0)| \leqslant \frac{n!}{2\pi} \oint_C \frac{|f(z)|}{|z-z_0|^{n+1}} |\mathrm{d}z| \leqslant \frac{n!}{2\pi} \cdot \frac{M}{R^{n+1}} \cdot 2\pi R = \frac{n!M}{R^n}$$

柯西不等式是对解析函数各阶导数模的估计式,表明解析函数在解析点 z_0 的各阶导数的模与它的解析区域大小密切相关。

在整个复平面(开平面)上解析的函数称为**整函数**。例如,$\mathrm{e}^z, \cos z$ 和 $\sin z$ 都是整函数,常数当然也是整函数。应用柯西不等式可得到关于整函数的刘维尔定理。

3.5.4　刘维尔定理

定理 3.5.4　刘维尔定理　若 $f(z)$ 是有界的整函数,则 $f(z)$ 必为常数。

【证明】　设 z_0 是任一复数。由假定,存在常数 M,使对一切 z 有 $|f(z)| \leqslant M$。因此在圆 $|z-a| < R$ 内自然也有 $|f(z)| \leqslant M$。应用柯西不等式,取 $n=1$,有

$$|f'(z_0)| \leqslant \frac{M}{R} \tag{3.5.4}$$

令 $R \to +\infty$,得到 $f'(z_0) = 0$。由于 z_0 是任意取的,所以对一切 z 都有 $f'(z) = 0$,故 $f(z)$ 是一常数。

刘维尔定理的逆定理也成立,即常数是有界整函数。刘维尔定理的逆否命题为:非常数的整函数必无界。这自然是成立的。

3.5.5　莫勒纳定理

定理 3.5.5　莫勒纳定理　若函数 $f(z)$ 在单连通区域 D 内连续,且对 D 内的任一围线 C,有

$$\oint_C f(z)\mathrm{d}z = 0 \tag{3.5.5}$$

则 $f(z)$ 在 D 内解析。

【证明】　在假设条件下,根据定理 3.2.3 和 3.2.4 可知

$$F(z) = \int_{z_0}^z f(\xi)\mathrm{d}\xi \quad (z_0 \in D)$$

且 $F(z)$ 在 D 内解析,有 $F'(z) = f(z)$。由解析函数的无限次可微性有

$$F''(z) = f'(z) \quad \Rightarrow f'(z) = F''(z)$$

即知 $f(z)$ 在 D 内解析。

莫勒纳定理对单连通区域内连续的复变函数来说,是柯西积分定理的逆定理。

3.5.6　最大模原理

定理 3.5.6　最大模原理　若函数 $f(z)$ 在闭区域 $\overline{D}$ 解析,则它的模 $|f(z)|$ 只能在区域的边界上达到最大值。

【证明】　首先写出 $[f(z)]^n$ 的柯西公式,显然在 $f(z)$ 解析区域内 $[f(z)]^n$ 仍然解析。

根据柯西积分公式有

$$[f(z)]^n = \frac{1}{2\pi\mathrm{i}} \oint_C \frac{[f(\zeta)]^n}{\zeta-z}\mathrm{d}\zeta \tag{3.5.6}$$

其中,C 是解析区域的边界线。

在上述积分中,变量 ζ 取边界线上的值,用 M 表示 $|f(\zeta)|$ 的极大值,δ 表示 $|\zeta-z|$ 的极小值,那么

$$M = \max |f(\zeta)|, \quad \delta = \min |\zeta - z|$$

利用式(3.5.6)得到下列不等式

$$|f(z)|^n \leqslant \frac{M^n L_0}{2\pi\delta}$$

其中,L_0 代表边界线的长度。上式两边开 n 次方得到

$$|f(z)| \leqslant M \left(\frac{L_0}{2\pi\delta} \right)^{\frac{1}{n}}$$

令 $n \to \infty$,则 $\left(\dfrac{L_0}{2\pi\delta} \right)^{\frac{1}{n}} \to 1$,于是得到

$$|f(z)| \leqslant M$$

用更精确的方法可以证明,只有当 $f(z)$ 取常数时,上式中的等号才成立。

3.5.7　代数基本定理

定理 3.5.7　代数基本定理　任何一个复系数多项式

$$f(z) = a_0 z^n + a_1 z^{n-1} + \cdots + a_{n-1} z + a_n \quad (n \geqslant 1, a_0 \neq 0) \tag{3.5.7}$$

必有零点,亦即在复数域中必有根使得方程 $f(z) = 0$ 成立。

本定理证明的方法很多,我们用复变函数理论中的刘维尔定理证明如下。

【证明】　假设 $f(z)$ 没有零点,那么 $\dfrac{1}{f(z)}$ 也是整函数,因为

$$|f(z)| = \left| z^n \left(a_0 + \frac{a_1}{z} + \cdots + \frac{a_n}{z^n} \right) \right| \geqslant |z^n| \left(|a_0| - \frac{|a_1|}{|z|} - \cdots - \frac{|a_n|}{|z|^n} \right) \quad (n \geqslant 1, z \neq 0)$$

所以

$$\lim_{z \to \infty} |f(z)| = +\infty, \lim_{z \to \infty} \frac{1}{|f(z)|} = 0$$

从而

$$\lim_{z \to \infty} \frac{1}{f(z)} = 0$$

故 $\dfrac{1}{f(z)}$ 在全平面上有界。

由刘维尔定理,有界整函数 $\dfrac{1}{f(z)}$ 必为常数,因而 $f(z)$ 也必为常数,这显然与题给 $f(z)$ 为多项式($n \geqslant 1$)矛盾,故必有根(至少一个)使得 $f(z) = 0$ 成立。因此,代数基本定理得证。

读者可以思考,还可用最大模原理等方法证明代数基本定理。

3.6　典型综合实例

例 3.6.1　求积分 $\displaystyle\oint_{|z|=2} \frac{z \mathrm{d}z}{1+z^2}$,并判断闭合环路积分中换元积分法是否成立。

【解法 1】　作积分变换 $z^2 = t$,则

$$\oint_{|z|=2} \frac{z\mathrm{d}z}{1+z^2} = \oint_{|t|=4} \frac{\frac{1}{2}\mathrm{d}t}{1+t} = \frac{1}{2} \oint_{|t|=4} \frac{\mathrm{d}t}{1+t} = \frac{1}{2} 2\pi\mathrm{i} = \pi\mathrm{i}$$

【解法2】

$$\oint_{|z|=2}\frac{z\mathrm{d}z}{1+z^2}=\oint_{|z|=2}\frac{1}{2}\left[\frac{1}{z-\mathrm{i}}+\frac{1}{z+\mathrm{i}}\right]\mathrm{d}z=\frac{1}{2}\oint_{|z|=2}\frac{\mathrm{d}z}{z-\mathrm{i}}+\frac{1}{2}\oint_{|z|=2}\frac{1}{z+\mathrm{i}}\mathrm{d}z=\pi\mathrm{i}+\pi\mathrm{i}=2\pi\mathrm{i}$$

两种方法不同,哪种解法正确? 显然解法2是正确的。

说明:① 求闭合环路积分,使用换元积分法需要考虑辐角的变化。

解法1错误的原因是积分变换 $z^2=t$ 后,辐角发生了变化。若要使得这种换元法仍然有效,需要考虑积分变换后辐角的改变。若 $z=r\mathrm{e}^{\mathrm{i}\theta}$,$0\leqslant\theta\leqslant2\pi$,则相应地由于 $t=z^2$,令 $t=\rho\mathrm{e}^{\mathrm{i}\varphi}$,那么 $\rho=r^2$,$\varphi=2\theta$,容易看出辐角 φ 的变化范围应该为 $[0,4\pi)$,则这时可根据辐角变化关系得到

$$\oint_{|z|=2}\frac{z\mathrm{d}z}{1+z^2}=\oint_{|t|=4}\frac{\frac{1}{2}\mathrm{d}t}{1+t}=\frac{1}{2}\oint_{|t|=4}\frac{\mathrm{d}t}{1+t}=\frac{1}{2}4\pi\mathrm{i}=2\pi\mathrm{i}$$

这也许是一种解决方法。由于其他相关书籍未提到此类解法,本题的方法仅供读者参考,从中明白积分变换所引起的辐角变化。

读者可分析其思想方法。这正是数学物理方法所应该强调的思维方式。

② 对于非闭合环路积分,换元积分法成立。

例 3.6.2　求积分 $\oint_{|z|=\sqrt{2}}\frac{\mathrm{d}z}{z^n-1}$,其中整数 $n>1$。

【解法1】　柯西定理求解。

(1)当 $n=1$ 时,则由例 3.1.3 结论式(3.1.12)有

$$\oint_{|z|=\sqrt{2}}\frac{\mathrm{d}z}{z-1}=2\pi\mathrm{i}$$

(2)当 $n\geqslant2$ 时,设函数 $f(z)=\dfrac{1}{z^n-1}$,则其奇点为 $z_k=\mathrm{e}^{\mathrm{i}\frac{2k\pi}{n}}(k=1,2,\cdots,n)$。

设 $\dfrac{1}{z^n-1}=\dfrac{1}{(z-z_1)(z-z_2)\cdots(z-z_n)}=\dfrac{a_1}{z-z_1}+\dfrac{a_2}{z-z_2}+\dfrac{a_3}{z-z_3}+\cdots+\dfrac{a_n}{z-z_n}$,即

$1=a_1(z-z_2)(z-z_3)\cdots(z-z_n)+a_2(z-z_1)(z-z_3)\cdots(z-z_n)+\cdots a_k(z-z_1)$

$(z-z_2)\cdots(z-z_{k-1})(z-z_k)\cdots(z-z_n)+\cdots+a_n(z-z_1)(z-z_2)\cdots(z-z_{n-1})$

对于任何复数 z,要使上式成立,则根据复数相等必有 z 的相同幂次系数相同。

仅考虑 z^{n-1} 项系数,则上式左端 z^{n-1} 项系数为0,右端 z^{n-1} 项系数为 $a_1+a_2+a_3+\cdots+a_n$,

所以　　　　　　　　　　　$a_1+a_2+a_3+\cdots+a_n=\sum_{k=1}^{n}a_k=0$

设 C_k 为仅包含奇点 z_k 又彼此不相交的小圆周,则根据复合闭路柯西定理有

$$\oint_{|z|=\sqrt{2}}\frac{\mathrm{d}z}{z^n-1}=\oint_{|z|=\sqrt{2}}\left[\frac{a_1}{z-z_1}+\frac{a_2}{z-z_2}+\cdots+\frac{a_n}{z-z_n}\right]\mathrm{d}z$$

$$=\sum_{k=1}^{n}\oint_{C_k}\frac{a_k}{z-z_k}\mathrm{d}z=\sum_{k=1}^{n}a_k\oint_{C_k}\frac{1}{z-z_k}\mathrm{d}z$$

$$=\sum_{k=1}^{n}a_k2\pi\mathrm{i}=2\pi\mathrm{i}\sum_{k=1}^{n}a_k=0$$

推导中已使用 $\oint_{|z|=\sqrt{2}}\frac{1}{z-z_k}\mathrm{d}z=\oint_{C_k}\frac{1}{z-z_k}\mathrm{d}z=2\pi\mathrm{i}$。

说明:① 本题可以将复变函数的各种基本理论有机地联系起来,而且有很多种解法。而常规教材中未涉及本积分的计算。

②读者可自行思考，本积分计算是否可以进一步推广到更一般的情形，即 $\oint_L \dfrac{dz}{(z-z_1)(z-z_2)\cdots(z-z_n)}$，其积分区域不一定是圆域，且 $z_1, z_2, \cdots, z_n$ 可选为复平面上的任意不重合的有限远点。

【解法2】 柯西定理、柯西积分公式求解。

对于 $n=1$，由柯西积分公式得

$$\oint_{|z|=\sqrt{2}} \frac{1}{z-1} dz = i2\pi$$

下面主要讨论 $n \geq 2$ 的情形，设 C_k 为仅包含奇点 z_k 又彼此不相交的小圆周（根据闭路变形原理也可以是任意小的闭合曲线），则根据柯西定理（或复合闭路柯西定理）有

$$\oint_{|z|=\sqrt{2}} \frac{dz}{z^n-1} = \sum_{k=1}^{n} \oint_{C_k} \frac{dz}{z^n-1}$$

在每一具体的 C_k 积分内应用柯西积分公式，并令 $h(z) = \dfrac{1}{\prod\limits_{\substack{m=1 \\ m \neq k}}^{n}(z-z_m)}$，故

$$\oint_{|z|=\sqrt{2}} \frac{dz}{z^n-1} = \sum_{k=1}^{n} \oint_{C_k} \frac{dz}{\prod\limits_{k=1}^{n}(z-z_k)} = \sum_{k=1}^{n} \oint_{C_k} \frac{\dfrac{1}{\prod\limits_{\substack{m=1 \\ m \neq k}}^{n}(z-z_m)}}{(z-z_k)} dz = \sum_{k=1}^{n} \oint_{C_k} \frac{h(z)}{(z-z_k)} dz$$

$$= \sum_{k=1}^{n} 2\pi i h(z_k) = 2\pi i \sum_{k=1}^{n} \frac{1}{\prod\limits_{\substack{m=1 \\ m \neq k}}^{n}(z_k-z_m)} = 0$$

上面的最后一步推导用到了第 1 章已证恒等式(1.8.1)，即 $\displaystyle\sum_{k=1}^{n} \frac{1}{\prod\limits_{\substack{m=1 \\ m \neq k}}^{n}(z_k-z_m)} = 0$。

下面举一简单例子来进行检验。

例 3.6.3　求 $I = \displaystyle\oint_{|z|=2} \dfrac{dz}{z^4-1}$。

【解】 $I = \displaystyle\oint_{|z|=2} \frac{dz}{z^4-1} = \oint_{|z|=2} \frac{dz}{(z^2+1)(z^2-1)} = \frac{1}{2} \oint_{|z|=2} \left(\frac{1}{z^2-1} - \frac{1}{z^2+1} \right) dz$

$= \dfrac{1}{2} \displaystyle\oint_{|z|=2} \frac{dz}{z^2-1} - \frac{1}{2} \oint_{|z|=2} \frac{1}{z^2+1} dz$

$= \dfrac{1}{4} \displaystyle\oint_{|z|=2} \left(\frac{1}{z-1} - \frac{1}{z+1} \right) dz - \frac{1}{4i} \oint_{|z|=2} \left(\frac{1}{z-i} - \frac{1}{z+i} \right) dz$

$= \dfrac{1}{4}(2\pi i - 2\pi i) - \dfrac{1}{4i}(2\pi i - 2\pi i)$

$= 0$

例 3.6.4　求积分 $I = \displaystyle\oint_{|z|=2} \dfrac{|dz|}{|z-1|^2}$。

解题思路：前面的积分理论未直接涉及此类复变函数模的积分计算。解题的关键是去掉

模符号,利用 $z\bar{z}=|z|^2$ 可代换掉分母的模符号,对 $z=2e^{i\theta}$ 微分后再取模,即可去掉 $|dz|$ 的模符号。

【解】 因为 $C:|z|=2$,且沿正方向(逆时针方向),所以辐角为 $0\leqslant\theta\leqslant2\pi$,则

$$z=2e^{i\theta}(0\leqslant\theta\leqslant2\pi)$$
$$dz=2e^{i\theta}\cdot id\theta=izd\theta$$

于是

$$|dz|=|izd\theta|=2d\theta=2\left(\frac{dz}{iz}\right)$$

考虑到 $|z|=2$,则 $|z|^2=4$,故得到

$$I=\oint_{|z|=2}\frac{\frac{2}{iz}dz}{(z-1)\overline{(z-1)}}=\frac{2}{i}\oint_{|z|=2}\frac{dz}{(z-1)(\bar{z}-1)z}$$

$$=\frac{2}{i}\oint_{|z|=2}\frac{dz}{(z-1)(|z|^2-z)}=\frac{2}{i}\oint_{|z|=2}\frac{dz}{(z-1)(4-z)}$$

$$=2i\oint_{|z|=2}\frac{dz}{(z-1)(z-4)}=2i\oint_{|z|=2}\frac{\frac{1}{z-4}}{z-1}dz=\frac{2i2\pi i}{1-4}$$

$$=\frac{4\pi}{3}$$

说明: ① 此题解法主要利用积分路径即边界方程,巧妙去掉模符号,并利用边界方程(如 $|z|=2$,得到 $|z|^2=4$)代入积分中,再利用柯西积分公式即可。

② 显然本题的解法可以推广到更一般的情形。

例 3.6.5 计算 $I=\oint_{|\xi|=R}\frac{|d\xi|}{|\xi-a|^2}$,其中复常数 a 满足 $|a|\neq R$,实常数 $R>0$。

【解】 设 $\xi=Re^{i\theta}$,则 $d\xi=Re^{i\theta}id\theta$,所以 $|d\xi|=Rd\theta=R\frac{d\xi}{Rie^{i\theta}}=R\frac{d\xi}{i\xi}$,于是

$$I=\oint_{|\xi|=R}\frac{|d\xi|}{|\xi-a|^2}=\oint_{|\xi|=R}\frac{Rd\xi}{(\xi-a)(\bar{\xi}-\bar{a})i\xi}=-i\oint_{|\xi|=R}\frac{Rd\xi}{(\xi-a)(|\xi|^2-\bar{a}\xi)}$$

$$=-i\oint_{|\xi|=R}\frac{Rd\xi}{(\xi-a)(R^2-\bar{a}\xi)}=i\oint_{|\xi|=R}\frac{Rd\xi}{(\xi-a)(\bar{a}\xi-R^2)}$$

$$=\frac{iR}{\bar{a}}\oint_{|\xi|=R}\frac{d\xi}{(\xi-a)\left(\xi-\frac{R^2}{\bar{a}}\right)}$$

若 $|a|<R$,则 $\left|\frac{R^2}{\bar{a}}\right|=\frac{R^2}{|a|}>R$,根据柯西积分公式有 $I=\frac{iR}{\bar{a}}\cdot\frac{2\pi i}{a-\frac{R^2}{\bar{a}}}=\frac{2\pi R}{|R^2|-|a|^2}$;

若 $|a|>R$,则 $\left|\frac{R^2}{\bar{a}}\right|=\frac{R^2}{|a|}<R$,根据柯西积分公式有 $I=\frac{iR}{\bar{a}}\cdot\frac{2\pi i}{\frac{R^2}{\bar{a}}-a}=\frac{2\pi R}{|a|^2-|R^2|}$。

例 3.6.6 通过积分 $\oint_{|z|=1}\left(z+\frac{1}{z}\right)^{2n}\frac{dz}{z}$ 证明

$$\int_0^{2\pi} \cos^{2n}\theta \mathrm{d}\theta = \frac{2\pi(2n)!}{2^{2n}(n!)^2}$$

【证明】　根据积分区域 $|z|=1$，令 $z=\mathrm{e}^{\mathrm{i}\theta}$，$z+\dfrac{1}{z}=2\cos\theta$，$\mathrm{d}\theta=\dfrac{\mathrm{d}z}{\mathrm{i}z}$，则原积分即为

$$\oint_{|z|=1}\left(z+\frac{1}{z}\right)^{2n}\frac{\mathrm{d}z}{z} = \int_0^{2\pi}(2\cos\theta)^{2n}\mathrm{i}\mathrm{d}\theta = \mathrm{i}2^{2n}\int_0^{2\pi}\cos^{2n}\theta\mathrm{d}\theta$$

根据二项式展开定理，其中 $\mathrm{C}_{2n}^k=\dfrac{(2n)!}{(2n-k)!\,k!}$，得到

$$\oint_{|z|=1}\left(z+\frac{1}{z}\right)^{2n}\frac{\mathrm{d}z}{z} = \oint_{|z|=1}\sum_{k=0}^{2n}\mathrm{C}_{2n}^k z^{2n-2k-1}\mathrm{d}z = \sum_{k=0}^{2n}\mathrm{C}_{2n}^k\oint_{|z|=1}z^{2n-2k-1}\mathrm{d}z$$

当 $k\neq n$ 时，$2n-2k-1\neq-1$，故所有 $k\neq n$ 的项积分为零。只有当 $k=n$ 时，积分

$$\oint_{|z|=1}\left(z+\frac{1}{z}\right)^{2n}\frac{\mathrm{d}z}{z} = \oint_{|z|=1}\sum_{k=0}^{2n}\mathrm{C}_{2n}^k z^{2n-2k-1}\mathrm{d}z$$

$$= \sum_{k=0}^{2n}\mathrm{C}_{2n}^k\oint_{|z|=1}z^{2n-2k-1}\mathrm{d}z = \mathrm{C}_{2n}^n 2\pi\mathrm{i}$$

即有

$$\oint_{|z|=1}\left(z+\frac{1}{z}\right)^{2n}\frac{\mathrm{d}z}{z} = \mathrm{i}2^{2n}\int_0^{2\pi}\cos^{2n}\theta\mathrm{d}\theta = \mathrm{C}_{2n}^n 2\pi\mathrm{i}$$

故得到

$$\int_0^{2\pi}\cos^{2n}\theta\mathrm{d}\theta = \frac{\mathrm{C}_{2n}^n}{2^{2n}}2\pi = \frac{2\pi}{2^{2n}}\cdot\frac{(2n)!}{(2n-n)!\,n!} = \frac{2\pi}{2^{2n}}\cdot\frac{(2n)!}{(n!)^2}$$

例 3.6.7　计算积分 $I=\displaystyle\int_0^{2\pi}\mathrm{e}^{\cos\theta}\cos(\sin\theta)\mathrm{d}\theta$。

【解】　考虑到被积函数是 $\mathrm{e}^{\cos\theta}\mathrm{e}^{\mathrm{i}\sin\theta}=\mathrm{e}^{\cos\theta+\mathrm{i}\sin\theta}$ 的实部，若令 $z=\cos\theta+\mathrm{i}\sin\theta=\mathrm{e}^{\mathrm{i}\theta}$，则 $\mathrm{d}z=\mathrm{e}^{\mathrm{i}\theta}\mathrm{i}\mathrm{d}\theta=\mathrm{i}z\mathrm{d}\theta$，从而 $\mathrm{d}\theta=\dfrac{\mathrm{d}z}{\mathrm{i}z}$。

取单位圆周构建一个复环路积分 $\displaystyle\oint_{|z|=1}\frac{\mathrm{e}^z}{z}\mathrm{d}z$，则

$$\oint_{|z|=1}\frac{\mathrm{e}^z}{z}\mathrm{d}z = \mathrm{i}\int_0^{2\pi}\mathrm{e}^{\cos\theta+\mathrm{i}\sin\theta}\mathrm{d}\theta$$

$$\int_0^{2\pi}\mathrm{e}^{\cos\theta+\mathrm{i}\sin\theta}\mathrm{d}\theta = -\mathrm{i}\oint_{|z|=1}\frac{\mathrm{e}^z}{z}\mathrm{d}z$$

而后一积分可利用柯西公式求得

$$\int_0^{2\pi}\mathrm{e}^{\cos\theta+\mathrm{i}\sin\theta}\mathrm{d}\theta = -\mathrm{i}\oint_{|z|=1}\frac{\mathrm{e}^z}{z}\mathrm{d}z = -\mathrm{i}2\pi\times\mathrm{i}\mathrm{e}^z\Big|_{z=0} = 2\pi$$

即

$$\int_0^{2\pi}\mathrm{e}^{\cos\theta}\cos(\sin\theta)\mathrm{d}\theta + \mathrm{i}\int_0^{2\pi}\mathrm{e}^{\cos\theta}\sin(\sin\theta)\mathrm{d}\theta = 2\pi$$

根据复数相等，故得到

$$\int_0^{2\pi}\mathrm{e}^{\cos\theta}\cos(\sin\theta)\mathrm{d}\theta = 2\pi$$

小　结

一、本章涉及的典型实例类型总结

第一类典型实例:给出了不同于常规教材的重要典型实例,即计算环路积分 $\oint\limits_{|z|=\sqrt{2}} \dfrac{\mathrm{d}z}{z^n-1}$,
它可以分别用复变函数论中的理论进行求解。由此读者能应用后面的柯西积分定理、柯西积分公式以及即将学习的级数展开法、留数定理以及留数和定理进行求解。由此加强各章节之间的有机联系,使读者充分理解各定理的区别和联系。

第二类典型实例:复变函数模的积分(如 $\oint\limits_{|z|=R} \dfrac{|\mathrm{d}z|}{|z-a|^2}$)的计算方法,取模后该积分与二元实函数的环路积分类似,故为高等数学中的环路实积分提供了新的计算方法。

第三类典型实例:复变函数无界区域柯西积分公式的使用(如 $I=\oint\limits_{|z|=99.5} \dfrac{\mathrm{d}z}{\prod\limits_{k=1}^{100}(z-k)}$)。积分区域内的奇点数远多于外围奇点数时,可转化为无界区域求积分,这将大大减少计算量。

第四类典型实例:若要使闭合环路积分中换元法仍然有效,则必须考虑积分变换后辐角的改变。

二、本章系统知识概述

1. 复变函数的积分

复变函数积分的概念是本章的主要概念,它是定积分在复数域中的自然推广,与定积分在形式上相似,只是把定积分的被积函数 $f(x)$ 换成了复函数 $f(z)$,积分区间 $[a,b]$ 换成了平面上的一条有向曲线 C。复积分实际上是复平面上的线积分,它们的许多性质是相似的。

如果 $f(z)=u(x,y)+\mathrm{i}v(x,y)$,则

$$\int_C f(z)\,\mathrm{d}z = \int_C u(x,y)\,\mathrm{d}x - v(x,y)\,\mathrm{d}y + \mathrm{i}\int_C v(x,y)\,\mathrm{d}x + u(x,y)\,\mathrm{d}y$$

即复变函数的积分可以化为两个二元函数的曲线积分。

如果 C 的参数方程为 $z=z(t)=x(t)+\mathrm{i}y(t)$,其中 $\alpha \leqslant t \leqslant \beta$,那么

$$\int_C f(z)\,\mathrm{d}z = \int_\alpha^\beta f[z(t)]z'(t)\,\mathrm{d}t$$

一个经常用到的公式:

$$\oint\limits_{|z-z_0|=r} \frac{\mathrm{d}z}{(z-z_0)^n} = \begin{cases} 2\pi\mathrm{i} & (n=1) \\ 0 & (n \neq 1) \end{cases}$$

2. 柯西定理与柯西公式

(1) **柯西定理**　如果函数 $f(z)$ 在单连通域 D 内处处解析,那么函数 $f(z)$ 沿 D 内任意一条闭曲线 C 的积分值为零,即

$$\oint_C f(z)\,\mathrm{d}z = 0$$

推论:如果函数 $f(z)$ 在单连通域 D 内处处解析,则积分 $\int_C f(z)\,dz$ 与连接起点与终点的路径 C 无关。

(2) **牛顿–莱布尼兹公式**　若 $f(z)$ 在单连通域 D 内处处解析,$G(z)$ 为 $f(z)$ 的一个原函数,那么

$$\int_{z_0}^{z_1} f(z)\,dz = G(z_1) - G(z_0)$$

其中,z_0 和 z_1 为 D 中任意两点。

(3) **复合闭路定理**　设 L 为复连通域 D 内的一条简单闭曲线,$C_1,C_2,\cdots,C_n$ 是在 L 内的简单闭曲线,且 $C_1,C_2,\cdots,C_n$ 中的每一个都在其余的外部,以 $C_1,C_2,\cdots,C_n$ 为边界的区域全含于 D,如果 $f(z)$ 在 D 内解析,那么:

① $\oint_\Gamma f(z)\,dz = 0$,其中 Γ 为由 L 以及 $C_k(k=1,2,\cdots,n)$ 所组成的复合闭路正方向。

② $\oint_L f(z)\,dz = \sum_{k=1}^n \oint_{C_k} f(z)\,dz$,其中 L 及所有的 C_k 都取逆时针方向。

(4) **闭路变形原理**　在区域 D 内的一个解析函数沿闭曲线的积分,不因闭曲线在 D 内作连续变形而改变积分的值,只要在变形过程中曲线不经过函数 $f(z)$ 不解析的点。

(5) **柯西积分公式**　如果 $f(z)$ 在区域 D 内处处解析,C 为 D 内的任何一条正向简单闭曲线,它的内部完全含于 D,z_0 为 C 内的任一点,那么

$$f(z_0) = \frac{1}{2\pi i} \oint_C \frac{f(z)}{z - z_0}\,dz$$

3. 柯西积分公式的几个重要推论

(1) 高阶导数公式　解析函数的导数仍为解析函数,它的 n 阶导数为

$$f^{(n)}(z_0) = \frac{n!}{2\pi i} \oint_C \frac{f(z)}{(z - z_0)^{n+1}}\,dz \quad (n = 1,2,\cdots)$$

其中 C 为 $f(z)$ 的解析区域 D 内包含 z_0 在其内部的任意一条正向简单闭曲线,且内部全属于 D。

(2) 解析函数的平均值公式、柯西不等式、刘维尔定理、莫勒纳定理、最大模原理和代数基本定理。

习 题 3

3.1　如果函数 $f(z)$ 分别是在(1)单连通区域;(2)复连通区域中的解析函数,问其积分值与路径有无关系?

3.2　计算积分 $\oint_{|z|=\sqrt{2}} \dfrac{dz}{z^3 - 1}$ 的值。

3.3　计算积分 $\oint_L \dfrac{dz}{z^2 - a^2}$,其中 $a>0$。设 L 分别为

(1) $|z| = a/2$　(2) $|z-a| = a$　(3) $|z+a| = a$

3.4　计算积分 $\int_C \mathrm{Im}\,z\,dz$,其中积分曲线 C 分别如下:

(1) 从原点到 $2+i$ 的直线段;

（2）上半圆周 $|z|=1$，起点为 1，终点为 -1；

（3）圆周 $|z-a|=R(R>0)$ 的正方向（逆时针方向）。

3.5　计算积分 $\oint_C \dfrac{\overline{z}}{|z|}\mathrm{d}z$ 的值，其积分路径分别为：

（1）$|z|=2$　　（2）$|z|=4$

3.6　计算积分的值 $\displaystyle\int_0^{\pi+2i} \cos\dfrac{z}{2}\mathrm{d}z$。

3.7　计算下列积分的值。

（1）$\oint_{|z|=1} \dfrac{\mathrm{d}z}{\cos z}$ 　　　　　　　　（2）$\oint_{|z|=2} z\mathrm{e}^2\mathrm{d}z$

（3）$\oint_{|z|=1} \dfrac{\mathrm{d}z}{z^2+2z+4}$ 　　　　　（4）$\oint_{|z|=1} \dfrac{\mathrm{d}z}{\left(z+\dfrac{1}{2i}\right)(z+2)}$

3.8　计算积分。

（1）$\oint_{|z|=2} \dfrac{\mathrm{e}^z}{z-3}\mathrm{d}z$ 　　　　　　　（2）$\oint_{|z|=2} \dfrac{z}{(z-1)^2(2z+1)}\mathrm{d}z$

（3）$\oint_{|z-i|=1} \dfrac{\cos z}{(z-i)^3}\mathrm{d}z$ 　　　　　（4）$\oint_{|z|=1} \dfrac{\mathrm{e}^z}{z^2(z-2)}\mathrm{d}z$

（5）$\oint_{|z|=1} \dfrac{\mathrm{e}^z}{z^5}\mathrm{d}z$ 　　　　　　　（6）$\oint_{|z-i|=2} \dfrac{\mathrm{d}z}{z^2(z^2+4)}$

3.9　计算积分。

（1）$\displaystyle\int_0^1 z\sin z\mathrm{d}z$ 　　（2）$\displaystyle\int_0^{\frac{\pi}{6}i} \mathrm{ch}3z\mathrm{d}z$ 　　（3）$\displaystyle\int_0^i (z-1)\mathrm{e}^{-z}\mathrm{d}z$

3.10　计算积分。

（1）$\oint_{C_1+C_2} \dfrac{\cos z}{z^3}\mathrm{d}z$，其中 C_1：$|z|=2$，顺时针方向；C_2：$|z|=3$，逆时针方向。

（2）$\oint_{|z|=1} \dfrac{\mathrm{e}^z}{(z-a)^3}\mathrm{d}z$，其中复常数 $|a|\neq 1$。

3.11　设 L 为不经过点 b 和 $-b$ 的简单正向（逆时针）曲线，b 为不等于零的任何复数，试就曲线 L 与 b 的各种可能计算下列积分的值。

$$I=\oint_L \frac{z}{(z+b)(z-b)}\mathrm{d}z$$

3.12　已知 $h(z)=\oint_{|\xi|=2} \dfrac{\mathrm{e}^{\frac{\pi}{3}\xi}}{\xi-z}\mathrm{d}\xi$，试求 $h(i)$，$h(-i)$ 以及 $|z|>2$ 时 $h'(z)$ 的值。

3.13　计算积分 $\oint_C \dfrac{z\mathrm{e}^z}{(z-a)^3}\mathrm{d}z$，其中常数 a 在闭曲线 C 内部。

3.14　设 C 为正向圆周 $|z|=1$，且 $|a|\neq 1$。证明：

$$\oint_{|z|=1} \frac{|\mathrm{d}z|}{|z-a|^2}=\begin{cases} \dfrac{2\pi}{1-|a|^2} & (|a|<1) \\[3mm] \dfrac{2\pi}{|a|^2-1} & (|a|>1) \end{cases}$$

3.15　利用积分 $\oint_{|z|=1} \dfrac{\mathrm{d}z}{z+2}$ 的值,证明 $\displaystyle\int_0^{2\pi} \dfrac{1+2\cos\theta}{5+4\cos\theta}\mathrm{d}\theta = 0$。

3.16　计算积分 $\oint_{|z|=r} \dfrac{|\mathrm{d}z|}{|z-a|^2}$　$(|a|\neq r)$。

　　　（提示:令 $c:z=r\mathrm{e}^{\mathrm{i}\theta} \Rightarrow |\mathrm{d}z| = \dfrac{r}{\mathrm{i}z}\mathrm{d}z$;点 a 和 $\dfrac{r^2}{a}$ 是关于圆周 $|z|=r$ 的对称点）

3.17　已知

$$f(z) = \int_{|\xi|=2} \dfrac{\sin\dfrac{\pi}{4}\zeta}{\zeta-z}\mathrm{d}\zeta$$

　　　求 $f(1-2\mathrm{i})$,$f(1)$ 和 $f'(1)$。

3.18　计算积分 $\oint_{|z|=1} \dfrac{\cos z}{\mathrm{e}^z z^2}\mathrm{d}z$。

计算机仿真编程实践

3.19　计算机仿真编程验证 $\displaystyle\int_0^{2\pi} \dfrac{1+2\cos\theta}{5+4\cos\theta}\mathrm{d}\theta = 0$。

3.20　计算机仿真计算下列积分的值(沿非闭合路径的积分)。

　　　(1) $I_1 = \displaystyle\int_{-\pi\mathrm{i}}^{3\pi\mathrm{i}} \mathrm{e}^{2z}\mathrm{d}z$　　(2) $I_2 = \displaystyle\int_0^{\frac{\pi}{6}\mathrm{i}} \mathrm{ch}3z\mathrm{d}z$　　(3) $I_3 = \displaystyle\int_0^{\mathrm{i}} (z-1)\mathrm{e}^{-z}\mathrm{d}z$

　　　(4) $I_4 = \displaystyle\int_1^{\mathrm{i}} \dfrac{1+\tan z}{\cos^2 z}\mathrm{d}z$,其积分的路径为沿 1 到 i 的直线段

　　（**注意**:沿闭合路径的积分可以利用留数定义、留数定理来计算,而留数可以直接利用计算机仿真 Matlab 编程求解。）

第4章　解析函数的幂级数表示

级数是研究复变函数的重要工具,一个函数的解析性与一个函数能否展为幂级数是等价的。以此出发,我们又可发现解析函数的一些重要性质,从而加深对解析函数的了解和认识。

本章首先介绍复级数的基本概念及其性质,然后在此基础上讨论如何将解析函数展开成泰勒级数及罗朗级数。在学习过程中,我们可以注意到复变函数中的级数是实函数级数的自然推广,因而从概念、性质到结论等方面都具有类似的结果。

4.1　复数项级数的基本概念

4.1.1　复数项级数概念

定义 4.1.1　复数项无穷级数　设有复数列 $\{\beta_n\}$,其中 $\beta_n = a_n + \mathrm{i}b_n\,(n = 1,2,\cdots)$,则

$$\sum_{n=1}^{\infty} \beta_n = \beta_1 + \beta_2 + \cdots + \beta_n + \cdots \tag{4.1.1}$$

称为**复数项无穷级数**。其前 n 项和

$$S_n = \beta_1 + \beta_2 + \cdots + \beta_n$$

称为**级数的部分和**。

定义 4.1.2　级数收敛　若部分和复数列 $\{S_n\}$ 存在有限极限,则称无穷级数 $\sum\limits_{n=1}^{\infty} \beta_n$ **收敛**,而这极限值称为该**级数的和**,即

$$\lim_{n \to \infty} S_n = S \tag{4.1.2}$$

记为

$$S = \sum_{n=1}^{\infty} \beta_n \tag{4.1.3}$$

定义 4.1.3　级数发散　若部分和复数列 $\{S_n\}$ 无有限的极限,则称 $\sum\limits_{n=1}^{\infty} \beta_n$ **级数发散**。

4.1.2　复数项级数的判断准则和定理

定理 4.1.1　柯西收敛准则　对于复数项级数,存在类似于实数项级数收敛的充分必要条件。级数(4.1.1)收敛的充分必要条件是对于任意给定的 $\varepsilon > 0$,存在自然数 N,使得 $n > N$ 时

$$\left| \sum_{k=n+1}^{n+p} \beta_k \right| < \varepsilon \tag{4.1.4}$$

其中,p 为任意正整数。

根据式(4.1.4)判断级数是否收敛,实际上比较困难。

事实上,由于 $S_n = \sum\limits_{k=1}^{n} \beta_k = \sum\limits_{k=1}^{n} a_k + \mathrm{i} \sum\limits_{k=1}^{n} b_k$,根据实数项级数收敛的有关结论,可以得出判断复数项级数收敛的简单方法。

定理 4.1.2　设 $\beta_n = a_n + ib_n (n = 1, 2, \cdots)$，则级数 $\sum\limits_{n=1}^{\infty} \beta_n$ 收敛的充分必要条件是级数的**实部级数** $\sum\limits_{n=1}^{\infty} a_n$ 和**虚部级数** $\sum\limits_{n=1}^{\infty} b_n$ 都收敛。

定理 4.1.3　设 $\beta_n = a_n + ib_n (n = 1, 2, \cdots)$，且 $S = a + ib$，则 $\sum\limits_{n=1}^{\infty} \beta_n$ 收敛于 S 的充分必要条件是

$$\lim_{n \to \infty} \sum_{n=1}^{\infty} a_n = a \quad 且 \quad \lim_{n \to \infty} \sum_{n=1}^{\infty} b_n = b$$

定理 4.1.4　级数 $\sum\limits_{n=1}^{\infty} \beta_n$ 收敛的必要条件是 $\lim\limits_{n \to \infty} \beta_n = 0$。

例 4.1.1　考察级数 $\sum\limits_{n=1}^{\infty} \left(\dfrac{1}{n} + \dfrac{1}{2^n} i \right)$ 的敛散性。

【解】　由定理 4.1.2 知，只需讨论级数的实部级数 $\sum\limits_{n=1}^{\infty} \dfrac{1}{n}$ 和虚部级数 $\sum\limits_{n=1}^{\infty} \dfrac{1}{2^n}$ 的敛散性。因为级数 $\sum\limits_{n=1}^{\infty} \dfrac{1}{n}$ 发散，故原级数发散。

定义 4.1.4　绝对收敛级数　若级数 $\sum\limits_{n=1}^{\infty} |\beta_n|$ 收敛，则原级数 $\sum\limits_{n=1}^{\infty} \beta_n$ 称一为**绝对收敛级数**。

定义 4.1.5　条件收敛级数　若复数项级数 $\sum\limits_{n=1}^{\infty} \beta_n$ 收敛，但级数 $\sum\limits_{n=1}^{\infty} |\beta_n|$ 发散，则原级数 $\sum\limits_{n=1}^{\infty} \beta_n$ 称为**条件收敛级数**。

说明：级数 $\sum\limits_{n=1}^{\infty} |\beta_n|$ 的各项均为非负实数，因此 $\sum\limits_{n=1}^{\infty} |\beta_n|$ 为正项实级数，故可按正项级数的收敛性判别法则，如比较判别法、比值判别法或根式判别法等，判断其收敛性。

与实数项级数相类似，关于绝对收敛有如下结论：

定理 4.1.5　若级数 $\sum\limits_{n=1}^{\infty} |\beta_n|$ 收敛，则级数 $\sum\limits_{n=1}^{\infty} \beta_n$ 必收敛；但反之不一定成立。

例如级数 $\sum\limits_{n=1}^{\infty} \dfrac{(-1)^n}{n} i = i \sum\limits_{n=1}^{\infty} \dfrac{(-1)^n}{n}$ 是收敛的，但由于 $\sum\limits_{n=1}^{\infty} \left| \dfrac{(-1)^n}{n} i \right| = \sum\limits_{n=1}^{\infty} \dfrac{1}{n}$，即为调和级数，故发散。

另外，若有 $\beta_n = a_n + ib_n$，则

$$\sum_{n=1}^{\infty} |a_n| \text{或} \sum_{n=1}^{\infty} |b_n| \leqslant \sum_{n=1}^{\infty} |\beta_n| = \sum_{n=1}^{\infty} \sqrt{a_n^2 + b_n^2} \leqslant \sum_{n=1}^{\infty} |a_n| + \sum_{n=1}^{\infty} |b_n| \tag{4.1.5}$$

因此又可以得到下面的定理：

定理 4.1.6　级数 $\sum\limits_{n=1}^{\infty} \beta_n$ 绝对收敛的充分必要条件是实数项级数 $\sum\limits_{n=1}^{\infty} a_n$ 和 $\sum\limits_{n=1}^{\infty} b_n$ 都绝对收敛。

定理 4.1.7　绝对收敛级数的各项可以重排顺序而不改变其绝对收敛性与和。

定理 4.1.8　若已知两绝对收敛级数 $\sum\limits_{n=1}^{\infty} \alpha_n = S, \sum\limits_{n=1}^{\infty} \beta_n = L$，则两级数的柯西乘积

$$\left(\sum_{n=1}^{\infty}\alpha_n\right)\left(\sum_{n=1}^{\infty}\beta_n\right) = \sum_{n=1}^{\infty}\left(\alpha_1\beta_n + \alpha_2\beta_{n-1} + \cdots + \alpha_n\beta_1\right)$$
$$= \sum_{n=1}^{\infty}\sum_{k=1}^{n}\alpha_k\beta_{(n+1)-k} \tag{4.1.6}$$

也绝对收敛,且收敛于 $S \cdot L = SL$。

例 4.1.2　判定下列级数的敛散性,若收敛,是条件收敛还是绝对收敛?

(1) $\displaystyle\sum_{n=0}^{\infty}\frac{(8i)^n}{n!}$　　　　　　　　　　(2) $\displaystyle\sum_{n=1}^{\infty}\left[\frac{(-1)^n}{n} + \frac{1}{2^n}i\right]$

【解】　(1) 因 $\left|\dfrac{(8i)^n}{n!}\right| = \dfrac{8^n}{n!}$,由正项级数的比值判别法知 $\displaystyle\sum_{n=0}^{\infty}\frac{8^n}{n!}$ 收敛,故级数 $\displaystyle\sum_{n=0}^{\infty}\frac{(8i)^n}{n!}$ 绝对收敛。

(2) 因 $\displaystyle\sum_{n=1}^{\infty}\frac{(-1)^n}{n}$ 和 $\displaystyle\sum_{n=1}^{\infty}\frac{1}{2^n}$ 都收敛,故原级数收敛,但因 $\displaystyle\sum_{n=1}^{\infty}\frac{(-1)^n}{n}$ 为条件收敛,所以原级数为条件收敛。

4.2　复变函数项级数

定义 4.2.1　复变函数项级数　设 $\{f_n(z)\}$ $(n=0,1,2,\cdots)$ 是定义在区域 D 上的复变函数序列,则表达式

$$\sum_{n=0}^{\infty}f_n(z) = f_0(z) + f_1(z) + f_2(z) + \cdots + f_n(z) + \cdots \tag{4.2.1}$$

称为**复变函数项级数**(简称**复函数项级数**)。该级数前 n 项和 $S_n(z) = \displaystyle\sum_{k=0}^{n}f_k(z)$ 称为级数的**部分和**。

定义 4.2.2　如果对于 D 内某点 z_0,级数 $\displaystyle\sum_{n=0}^{\infty}f_n(z_0)$ 收敛,则称 z_0 点为 $\displaystyle\sum_{n=0}^{\infty}f_n(z)$ 的一个**收敛点**,若级数在区域 D 内的每一点都收敛,则称该级数在 D 内收敛;收敛点的集合称为 $\displaystyle\sum_{n=0}^{\infty}f_n(z)$ 的**收敛域**。若级数 $\displaystyle\sum_{n=0}^{\infty}f_n(z_0)$ 发散,则称 z_0 点为级数的**发散点**,发散点的集合称为 $\displaystyle\sum_{n=0}^{\infty}f_n(z)$ 的**发散域**。

如果级数 $\displaystyle\sum_{n=0}^{\infty}f_n(z)$ 在 D 内处处收敛,则其和一定是 z 的函数,记为 $S(z)$,称为 $\displaystyle\sum_{n=0}^{\infty}f_n(z)$ 在 D 内的**和函数**,即对任意 $z \in D$,有 $\displaystyle\lim_{n\to\infty}S_n(z) = S(z) = \sum_{n=0}^{\infty}f_n(z)$。

定义 4.2.3　一致收敛　对于复变函数项级数(4.2.1)收敛的充分必要条件是对于 D 内各点 z,任意给定 $\varepsilon > 0$,必有 $N(z)$ 存在,使得对于任意的正整数 p,当 $n > N(z)$ 时有

$$\left|\sum_{k=n+1}^{n+p}f_k(z)\right| < \varepsilon \tag{4.2.2}$$

如果对于任意给定的 $\varepsilon > 0$,存在一个与 z 无关的自然数 N,使得对于区域 D 内(或曲线 L 上)的一切 z,当 $n > N$ 时

$$\left|\sum_{k=n+1}^{n+p}f_k(z)\right| < \varepsilon \quad (p \text{ 为任意正整数}) \tag{4.2.3}$$

则称级数 $\sum\limits_{n=0}^{\infty} f_n(z)$ 在 D 内(或曲线 L 上) 一致收敛。

上述一致收敛的判别方法也称为柯西一致收敛准则。

由此准则,可得出一致收敛的一个充分条件:

定理 4.2.1　维尔斯特拉斯(Weierstrass)判别法(又称为 M-判别法)　对于复函数序列 $\{f_n(z)\}$,存在正数列 $\{M_n\}$,使对一切 z,有

$$|f_n(z)| \leqslant M_n \quad (n=0,1,2,\cdots) \tag{4.2.4}$$

若正项级数 $\sum\limits_{n=0}^{\infty} M_n$ 收敛,则复函数项级数 $\sum\limits_{n=0}^{\infty} f_n(z)$ 绝对收敛且一致收敛。

这样的正项级数 $\sum\limits_{n=0}^{\infty} M_n$ 称为复函数项级数 $\sum\limits_{n=0}^{\infty} f_n(z)$ 的**强级数**(或**优级数**),上述 M-判别法又称为**优级数(强级数) 判别法**。

例 4.2.1　讨论复级数 $\sum\limits_{n=0}^{\infty} z^n$ 的收敛性,并讨论该级数在闭圆 $|z| \leqslant r(r<1)$ 上的一致收敛性。

【解】　首先对 z 的范围分情况讨论:

(1) 当 $|z| < 1$ 时,正项级数 $\sum\limits_{n=0}^{\infty} |z|^n$ 收敛,故此时原级数绝对收敛,其部分和为

$$S_n = 1+z+z^2+\cdots+z^{n-1} = \frac{1-z^n}{1-z}$$

因为 $\lim\limits_{n\to\infty} z^n = 0$,所以

$$\sum_{n=0}^{\infty} z^n = \lim_{n\to\infty} S_n = \lim_{n\to\infty} \frac{1-z^n}{1-z} = \frac{1}{1-z}$$

根据维尔斯特拉斯判别法,显然级数 $\sum\limits_{n=1}^{\infty} z^n$ 在闭圆 $|z| \leqslant r(r < 1)$ 上满足 $|z^n| \leqslant r^n$,即存在优级数 $\sum\limits_{n=0}^{\infty} r^n$,故在该闭圆内一致收敛。

(2) 当 $|z| \geqslant 1$ 时, $|z|^n \geqslant 1$,所以一般项 z^n 不可能以零为极限,从而级数发散。

定义 4.2.4　闭一致收敛　设 $f_n(z),(n=0,1,2,\cdots)$ 在区域 D 内有定义,若 $\sum\limits_{n=0}^{\infty} f_n(z)$ 在 D 内的任意一个有界闭区域 $\overline{G}$ 上都一致收敛,则称级数 $\sum\limits_{n=0}^{\infty} f_n(z)$ 在 D 内**闭一致收敛**。

下面就函数项级数基本性质的 3 个定理叙述如下:

定理 4.2.2　设级数 $\sum\limits_{n=0}^{\infty} f_n(z)$ 的各项在区域 D 内连续,并一致收敛于 $f(z)$,则其和函数 $f(z) = \sum\limits_{n=0}^{\infty} f_n(z)$ 也在 D 上连续。

定理 4.2.3　设级数 $\sum\limits_{n=0}^{\infty} f_n(z)$ 的各项在曲线 C 上连续,并且在 C 上一致收敛于 $f(z)$,则沿 C 可以逐项积分

$$\int_C f(z)\,\mathrm{d}z = \sum_{n=0}^{\infty} \int_C f_n(z)\,\mathrm{d}z \tag{4.2.5}$$

定理 4.2.4　维尔斯特拉斯定理　设级数 $\sum\limits_{n=0}^{\infty} f_n(z)$ 的各项在区域 D 内解析,且 $f(z) =$

$\sum\limits_{n=0}^{\infty} f_n(z)$ 在 D 内闭一致收敛,则:

(1) $f(z)$ 在 D 内解析;

(2) 在 D 内可以逐项求任意阶导数:

$$f^{(p)}(z) = \sum_{n=0}^{\infty} f_n^{(p)}(z) \quad (z \in D, p = 0, 1, 2, \cdots) \tag{4.2.6}$$

(3) $\sum\limits_{n=0}^{\infty} f_n^{(p)}(z)$ 在 D 内一致收敛于 $f^{(p)}(z)$。

4.3　幂　级　数

4.3.1　幂级数概念

定义 4.3.1　幂级数概念　当 $f_n(z) = c_n(z-z_0)^n$ 或 $f_n(z) = c_n z^n$ 时,就得到函数项级数的特殊情形:

$$\sum_{n=0}^{\infty} c_n(z-z_0)^n = c_0 + c_1(z-z_0) + c_2(z-z_0)^2 + \cdots + c_n(z-z_0)^n + \cdots \tag{4.3.1}$$

或

$$\sum_{n=0}^{\infty} c_n z^n = c_0 + c_1 z + c_2 z^2 + \cdots + c_n z^n + \cdots \tag{4.3.2}$$

这种级数称为**幂级数**,其中 c_n 都是复常数。

如果令 $z - z_0 = t$,那么式(4.3.1)的等号左边成为 $\sum\limits_{n=0}^{\infty} c_n t^n$,这即为式(4.3.2)的形式。为了方便,今后就以式(4.3.2)的函数项级数来进行讨论。

与高等数学中的实幂级数一样,复幂级数也有所谓幂级数的收敛定理,即阿贝尔定理。

定理 4.3.1　阿贝尔定理　如果级数 $\sum\limits_{n=0}^{\infty} c_n z^n$ 在点 $z = z_0(z_0 \neq 0)$ 处收敛,那么对满足 $|z| < |z_0|$ 的 z,级数必绝对收敛且一致收敛;如果在点 $z = z_0$ 处级数发散,那么对满足 $|z| > |z_0|$ 的 z,级数必发散。

【证明】　若级数 $\sum\limits_{n=0}^{\infty} c_n z_0^n$ 收敛,根据收敛的必要条件有,$\lim\limits_{n \to \infty} c_n z_0^n = 0$,因而存在正数 M,使对所有的 n 有

$$|c_n z_0^n| < M$$

如果 $|z| < |z_0|$,那么 $\dfrac{|z|}{|z_0|} = q < 1$,而

$$|c_n z^n| = |c_n z_0^n| \cdot \left|\frac{z}{z_0}\right|^n < M q^n$$

由于 $\sum\limits_{n=0}^{\infty} M q^n$ 为公比小于 1 的等比级数,故收敛,从而根据正项级数的比较法知

$$\sum_{n=0}^{\infty} |c_n z^n| = |c_0| + |c_1 z| + |c_2 z^2| + \cdots + |c_n z^n| + \cdots \tag{4.3.3}$$

收敛,故级数 $\sum\limits_{n=0}^{\infty} c_n z^n$ 是绝对且一致收敛的。

另一部分命题用反证法证明。

假设级数对满足 $|z| > |z_0|$ 的 z 是收敛的。取某一点 $z = z_1$ 满足 $|z_1| > |z_0|$，根据上述证明，则级数在满足 $|z| < |z_1|$ 条件下的点必收敛，自然对于点 $z = z_0$ 满足条件 $|z| = |z_0| < |z_1|$，所以在 z_0 点级数收敛。但这与命题中的条件：在点 $z = z_0$ 处发散相矛盾，故必有满足 $|z| > |z_0|$ 条件的级数发散。

例 4.3.1　若幂级数 $\sum\limits_{n=0}^{\infty} c_n(z-2)^n$ 在 $z_0 = 0$ 处收敛，问在 $z = 3$ 处是收敛还是发散？

【解】　令 $t = z - 2$，则 $\sum\limits_{n=0}^{\infty} c_n t^n$ 在点 $z = z_0 = 0$ 处，即在 $t = t_0 = z_0 - 2 = -2$ 处收敛。根据阿贝尔定理，$\sum\limits_{n=0}^{\infty} t^n$ 在点 $z = 3$ 处，即在 $t = z - 2 = 1$ 处满足

$$|t| = 1 < |t_0| = 2$$

故原级数 $\sum\limits_{n=0}^{\infty} c_n(z-2)^n$ 在 $z = 3$ 处收敛且绝对收敛。

4.3.2　收敛圆与收敛半径

利用阿贝尔定理，可以得出幂级数的收敛范围，对一个幂级数来说，它的收敛情况不外乎下述 3 种情况：

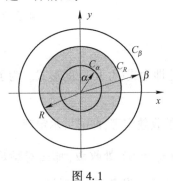

图 4.1

① 对所有的正实数都是收敛的。这时，根据阿贝尔定理可知级数在复平面内处处绝对收敛。

② 对所有的正实数除 $z = 0$ 外都是发散的。这时，级数在复平面内除原点外处处发散。

③ 既存在使级数收敛的正实数，也存在使级数发散的正实数。设 $z = \alpha$（正实数）时级数收敛，$z = \beta$（正实数）时级数发散，那么在以原点为中心，α 为半径的圆周 C_α 内，级数绝对收敛；在以原点为中心，β 为半径的圆周 C_β 外，级数发散。显然只能 $\alpha \le \beta$，否则级数必发散（见图 4.1）。

定义 4.3.2　收敛圆，收敛半径　对幂级数 $\sum\limits_{n=0}^{\infty} |c_n z^n|$，总存在一个圆 C_R：$|z| < R$，使得它在 C_R 内绝对收敛，在 C_R 的外部发散。这个圆 C_R 称为幂级数的**收敛圆**，收敛圆的半径 R 称为**收敛半径**。所以幂级数 (4.3.2) 的收敛范围是以原点为中心的圆域。关于幂级数 (4.3.1) 的级数可以类似地进行分析。

例 4.3.2　求幂级数

$$\sum_{n=0}^{\infty} z^n = 1 + z + z^2 + \cdots + z^n + \cdots$$

的收敛情况、收敛范围及和函数。

【解】　级数的部分和为

$$s_n = 1 + z + z^2 + \cdots + z^{n-1} = \frac{1-z^n}{1-z} \quad (z \ne 1)$$

当 $|z| < 1$ 时，由于 $\lim\limits_{n \to \infty} z^n = 0$，从而有 $\lim\limits_{n \to \infty} s_n = \dfrac{1}{1-z}$，即 $|z| < 1$ 时，级数 $\sum\limits_{n=0}^{\infty} z^n$ 收敛，和函数为

$\dfrac{1}{1-z}$;当 $|z| \geqslant 1$ 时,由于 $\lim\limits_{n \to \infty} z^n \neq 0$,故级数发散。由阿贝尔定理知,级数的收敛范围为一单位圆域 $|z| < 1$,在此圆域内,级数不仅收敛,而且绝对并一致收敛,收敛半径为1,并有

$$\frac{1}{1-z} = 1 + z + z^2 + \cdots + z^n + \cdots$$

4.3.3 收敛半径的求法

对于幂级数,我们主要关心的是它的收敛问题,即收敛域是怎样的以及如何求收敛域。下面我们借助正项级数的比值法来讨论这个问题。

定理 4.3.2 比值法 如果 $\lim\limits_{n \to \infty} \left| \dfrac{c_{n+1}}{c_n} \right| = \lambda \neq 0$,那么收敛半径 $R = \dfrac{1}{\lambda} = \lim\limits_{n \to \infty} \left| \dfrac{c_n}{c_{n+1}} \right|$。

【证明】 由于级数 $\sum\limits_{n=0}^{\infty} |c_n z^n|$ 是正项级数,其后项与相邻前项之比的极限为

$$\lim_{n \to \infty} \left| \frac{c_{n+1} z^{n+1}}{c_n z^n} \right| = \lim_{n \to \infty} \left| \frac{c_{n+1}}{c_n} \right| \cdot |z| = \lambda |z|$$

由正项级数的比值法知:

① 当 $\lambda = 0$ 时,$\lambda |z| < 1$,此时级数 $\sum\limits_{n=0}^{\infty} c_n z^n$ 在全平面上绝对收敛。

② 当 $\lambda \neq 0$ 时,有以下几种情况:当 $\lambda |z| < 1$,即 $|z| < \dfrac{1}{\lambda}$ 时,级数 $\sum\limits_{n=0}^{\infty} |c_n z^n|$ 收敛,从而级数 $\sum\limits_{n=0}^{\infty} c_n z^n$ 绝对收敛;当 $\lambda |z| > 1$,即 $|z| > \dfrac{1}{\lambda}$ 时,级数 $\sum\limits_{n=0}^{\infty} |c_n z^n|$ 发散,由于是用正项级数的比值法判别出级数 $\sum\limits_{n=0}^{\infty} |c_n z^n|$ 发散,所以级数 $\sum\limits_{n=0}^{\infty} c_n z^n$ 也发散;当 $\lambda |z| = 1$,即 $|z| = \dfrac{1}{\lambda}$ 时,比值法失效,这时级数 $\sum\limits_{n=0}^{\infty} c_n z^n$ 的敛散性需采用其他方法进一步确定。

综上可知:幂级数 $\sum\limits_{n=0}^{\infty} c_n z^n$ 在圆 $|z| = \dfrac{1}{\lambda}$ 内绝对收敛,在圆 $|z| = \dfrac{1}{\lambda}$ 外发散,在圆周 $|z| = \dfrac{1}{\lambda}$ 上可能收敛,也可能发散。根据收敛半径的定义,命题得证。

因此,求幂级数 $\sum\limits_{n=0}^{\infty} c_n z^n$ 收敛半径的公式为

$$R = \lim_{n \to \infty} \left| \frac{c_n}{c_{n+1}} \right|$$

注意:① 以上求 R 的方法都是针对不缺项的幂级数而言的,对于缺项幂级数,可直接用正项级数的比值法来求,或转化为不缺项幂级数再用公式求解。

② 形式更一般的幂级数 $\sum\limits_{n=0}^{\infty} c_n (z-z_0)^n$,其收敛半径 $R = \lim\limits_{n \to \infty} \left| \dfrac{c_n}{c_{n+1}} \right|$,收敛圆为 $|z-z_0| = R$。

定理 4.3.3 根值法 如果 $\lim\limits_{n \to \infty} \sqrt[n]{|c_n|} = \mu \neq 0$,那么收敛半径 $R = \lim\limits_{n \to \infty} \dfrac{1}{\sqrt[n]{|c_n|}} = \dfrac{1}{\mu}$。

例 4.3.3 求下列幂级数的收敛半径。

(1) $\sum\limits_{n=1}^{\infty} \dfrac{z^n}{n^3}$(并讨论在收敛圆周上的敛散性);

(2) $\sum\limits_{n=1}^{\infty}\dfrac{(z-1)^n}{n}$（并讨论在 $z=0,2$ 点处的敛散性）。

【解】 （1） $R=\lim\limits_{n\to\infty}\left|\dfrac{c_n}{c_{n+1}}\right|=\lim\limits_{n\to\infty}\dfrac{(n+1)^3}{n^3}=1$，所以此级数在圆 $|z|=1$ 内绝对收敛，在圆外发散；在收敛圆上，由于 $\sum\limits_{n=1}^{\infty}\left|\dfrac{z^n}{n^3}\right|=\sum\limits_{n=1}^{\infty}\dfrac{1}{n^3}$ 收敛，所以原级数在收敛圆上处处收敛。

（2） $R=\lim\limits_{n\to\infty}\left|\dfrac{c_n}{c_{n+1}}\right|=\lim\limits_{n\to\infty}\dfrac{n+1}{n}=1$，当 $z=0$ 时，级数为 $\sum\limits_{n=1}^{\infty}\dfrac{(-1)^n}{n}$，它是交错级数，根据莱布尼兹判别法知级数收敛；当 $z=2$ 时，级数为 $\sum\limits_{n=1}^{\infty}\dfrac{1}{n}$，它是调和级数，故发散。

定理 4.3.4　幂级数的性质

（1）设 $f(z)=\sum\limits_{n=0}^{\infty}a_n z^n$ 的收敛半径为 R_1，$g(z)=\sum\limits_{n=0}^{\infty}b_n z^n$ 的收敛半径为 R_2，则在 $|z|<R=\min(R_1,R_2)$ 内

$$f(z)\pm g(z)=\sum_{n=0}^{\infty}a_n z^n\pm\sum_{n=0}^{\infty}b_n z^n=\sum_{n=0}^{\infty}(a_n\pm b_n)z^n$$

$$f(z)g(z)=\left(\sum_{n=0}^{\infty}a_n z^n\right)\cdot\left(\sum_{n=0}^{\infty}b_n z^n\right)$$

$$=\sum_{n=0}^{\infty}(a_n b_0+a_{n-1}b_1+a_{n-2}b_2+\cdots+a_0 b_n)z^n\quad(|z|<R)$$

（2）设幂级数 $\sum\limits_{n=0}^{\infty}c_n(z-z_0)^n$ 的收敛半径为 R，那么：

① 它的和函数 $f(z)=\sum\limits_{n=0}^{\infty}c_n(z-z_0)^n$ 是收敛圆 $|z-z_0|<R$ 内的解析函数。

② 幂级数在其收敛圆内可逐项求导或逐项积分，即

$$\left[\sum_{n=0}^{\infty}c_n(z-z_0)^n\right]'=\sum_{n=0}^{\infty}\left[c_n(z-z_0)^n\right]'=\sum_{n=0}^{\infty}nc_n(z-z_0)^{n-1}$$

$$\int_0^z\sum_{n=0}^{\infty}c_n(z-z_0)^n\mathrm{d}z=\sum_{n=0}^{\infty}\int_0^z c_n(z-z_0)^n\mathrm{d}z=\sum_{n=0}^{\infty}\dfrac{c_n}{n+1}(z-z_0)^{n+1}$$

且逐项求导或逐项积分后的新级数与原级数具有相同的收敛半径。

两个幂级数经过运算后所得的幂级数的收敛半径可以大于 R_1 和 R_2 中较小的一个。

例 4.3.4　设有幂级数 $\sum\limits_{n=0}^{\infty}z^n$ 和 $\sum\limits_{n=0}^{\infty}\dfrac{1}{1+a^n}z^n(0<a<1)$，求 $\sum\limits_{n=0}^{\infty}z^n-\sum\limits_{n=0}^{\infty}\dfrac{1}{1+a^n}z^n=\sum\limits_{n=0}^{\infty}\dfrac{a^n}{1+a^n}z^n$ 的收敛半径。

【解】 容易验证，$\sum\limits_{n=0}^{\infty}z^n$ 和 $\sum\limits_{n=0}^{\infty}\dfrac{1}{1+a^n}z^n$ 的收敛半径都等于 1。但级数 $\sum\limits_{n=0}^{\infty}\dfrac{a^n}{1+a^n}z^n$ 的收敛半径为

$$R=\lim_{n\to\infty}\left|\dfrac{\dfrac{a^n}{1+a^n}}{\dfrac{a^{n+1}}{1+a^{n+1}}}\right|=\lim_{n\to\infty}\dfrac{1+a^{n+1}}{a(1+a^n)}=\dfrac{1}{a}>1$$

也就是说，$\sum\limits_{n=0}^{\infty}\dfrac{a^n}{1+a^n}z^n$ 自身的收敛圆域大于 $\sum\limits_{n=0}^{\infty}z^n$ 与 $\sum\limits_{n=0}^{\infty}\dfrac{1}{1+a^n}z^n$ 的公共收敛圆域 $|z|<1$，但应注意，使等式

$$\sum_{n=0}^{\infty}z^n-\sum_{n=0}^{\infty}\frac{1}{1+a^n}z^n=\sum_{n=0}^{\infty}\frac{a^n}{1+a^n}z^n$$

成立的收敛圆域仍为 $|z|<1$，不能扩大。

例 4.3.5　把函数 $\dfrac{1}{z-b}$ 表示成形如 $\sum\limits_{n=0}^{\infty}c_n(z-a)^n$ 的幂级数，其中 a 和 b 是不相等的复常数。

【解】　把函数 $\dfrac{1}{z-b}$ 写成如下形式：

$$\frac{1}{z-b}=\frac{1}{(z-a)-(b-a)}=-\frac{1}{b-a}\cdot\frac{1}{1-\dfrac{z-a}{b-a}}$$

当 $\left|\dfrac{z-a}{b-a}\right|<1$ 时，有

$$\frac{1}{1-\dfrac{z-a}{b-a}}=1+\left(\frac{z-a}{b-a}\right)+\left(\frac{z-a}{b-a}\right)^2+\cdots+\left(\frac{z-a}{b-a}\right)^n+\cdots$$

从而得到

$$\frac{1}{z-b}=\frac{-1}{b-a}-\frac{1}{(b-a)^2}(z-a)-\frac{1}{(b-a)^3}(z-a)^2-\cdots-\frac{1}{(b-a)^{n+1}}(z-a)^n-\cdots$$

设 $|b-a|=R$，那么当 $|z-a|<R$ 时，上式右端的级数收敛，且其和为 $\dfrac{1}{z-b}$。因为 $z=b$ 时，上式右端的级数发散，故由阿贝尔定理知：当 $|z-a|>|b-a|=R$ 时，级数发散，即上式右端的级数的收敛半径为 $R=|b-a|$。

说明：首先要把函数进行代数变形，使其分母中出现量 $(z-a)$，这是因为我们需要展成 $(z-a)$ 的幂级数。再把它写成 $\dfrac{1}{1-g(z)}$ 形式，若满足条件 $|g(z)|<1$，则可根据熟知的展开式 $\dfrac{1}{1-z}=\sum\limits_{n=0}^{\infty}z^n(|z|<1)$ 把 $\dfrac{1}{1-g(z)}$ 展开。

例 4.3.6　求幂级数 $\sum\limits_{n=0}^{\infty}\dfrac{1}{n+1}z^{n+1}$ 在收敛圆内的和函数。

【解】　易知，此级数的收敛圆为 $|z|=1$。设

$$S(z)=\sum_{n=0}^{\infty}\frac{1}{n+1}z^{n+1}\quad(|z|<1)$$

逐项求导得

$$S'(z)=\sum_{n=0}^{\infty}z^n=\frac{1}{1-z}\quad(|z|<1)$$

两边从 0 到 $z(|z|<1)$ 积分得

$$S(z)=\int_0^z\frac{1}{1-z}\mathrm{d}z=-\ln(1-z)\quad(|z|<1)$$

4.4　解析函数的泰勒级数展开式

通过对幂级数的学习,我们已经知道,一个幂级数的和函数在它的收敛圆内部是一个解析函数。现在我们来研究与此相反的问题,即任何一个解析函数是否能用幂级数来表示? 这个问题不但有理论意义,而且很有实用价值。

4.4.1　泰勒级数

定理 4.4.1　泰勒(Taylor)展开定理　设 $f(z)$ 在区域 D: $|z-z_0|<R$ 内解析,则在 D 内 $f(z)$ 可展为泰勒级数

$$f(z) = \sum_{n=0}^{\infty} c_n (z - z_0)^n \quad (|z - z_0| < R) \tag{4.4.1}$$

其中, $c_n = \dfrac{1}{2\pi i} \oint_C \dfrac{f(\zeta)\,\mathrm{d}\zeta}{(\zeta - z_0)^{n+1}} = \dfrac{f^{(n)}(z_0)}{n!} (n = 0,1,2,\cdots)$,且展式是唯一的

特别地,当 $z_0 = 0$ 时,级数 $\displaystyle\sum_{n=0}^{\infty} \dfrac{f^{(n)}(0)}{n!} z^n$ 称为麦克劳林级数。

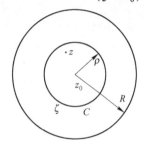

图 4.2

【证明】　设函数 $f(z)$ 在区域 D: $|z-z_0|<R$ 内解析,任取一点 $\zeta \in D$,以 z_0 为中心, ρ 为半径($\rho<R$)作圆周 C: $|\zeta-z_0|=\rho$,如图 4.2 所示。由柯西积分公式知

$$f(z) = \frac{1}{2\pi i} \oint_C \frac{f(\zeta)}{\zeta - z} \mathrm{d}\zeta \tag{4.4.2}$$

其中, z 在 C 的内部,而 ζ 在 C 上取值, C 取逆时针正方向。故 $|z-z_0|<\rho$, $|\zeta-z_0|=\rho$,从而 $\left|\dfrac{z-z_0}{\zeta-z_0}\right|<1$

因为

$$\frac{1}{\zeta-z} = \frac{1}{(\zeta-z_0)-(z-z_0)} = \frac{1}{\zeta-z_0} \cdot \frac{1}{1-\dfrac{z-z_0}{\zeta-z_0}}$$

根据 $\dfrac{1}{1-z} = \displaystyle\sum_{n=0}^{\infty} z^n (|z| < 1)$,于是

$$\frac{1}{\zeta - z} = \frac{1}{\zeta - z_0}\left[1 + \frac{z - z_0}{\zeta - z_0} + \left(\frac{z - z_0}{\zeta - z_0}\right)^2 + \cdots\right] = \sum_{n=0}^{\infty} \frac{(z - z_0)^n}{(\zeta - z_0)^{n+1}}$$

以此代入式(4.4.2),并把它写成

$$f(z) = \sum_{n=0}^{\infty} \left[\frac{1}{2\pi i} \oint_C \frac{f(\zeta)\,\mathrm{d}\zeta}{(\zeta - z_0)^{n+1}}\right] (z - z_0)^n$$

利用解析函数的高阶导数公式,上式即为

$$f(z) = \sum_{n=0}^{\infty} c_n (z - z_0)^n \tag{4.4.3}$$

其中

$$c_n = \frac{1}{2\pi i} \oint_C \frac{f(\zeta)\,\mathrm{d}\zeta}{(\zeta - z_0)^{n+1}} = \frac{f^{(n)}(z_0)}{n!} \quad (0,1,2,\cdots) \tag{4.4.4}$$

这样便得到了 $f(z)$ 在圆 $|z-z_0|<R$ 内的幂级数展式,但上述展开式是否唯一呢? 我们可以证明其唯一性。

假设 $f(z)$ 在 $|z-z_0|<R$ 内可展开为另一展开式

$$f(z) = \sum_{n=0}^{\infty} d_n(z - z_0)^n \tag{4.4.5}$$

两边逐项求导,并令 $z=z_0$ 可得到系数

$$d_n = \frac{f^{(n)}(z_0)}{n!} = c_n \quad (n=0,1,2,\cdots) \tag{4.4.6}$$

故展开式系数唯一

说明:由于展开式是唯一的,因此可用较为简单的间接方法展开,而最终的展开式是唯一的。

4.4.2 将函数展开成泰勒级数的方法

泰勒展开定理本身提供了一种展开方法,即求出 $f^{(n)}(z_0)$ 代入即可,这种方法称为直接展开法。当 $f(z)$ 较复杂时,求 $f^{(n)}(z_0)$ 比较麻烦。根据泰勒展式的唯一性,可用间接展开法,即利用基本展开公式及幂级数的代数运算、代换、逐项求导或逐项积分等将函数展开成幂级数。

基本展开公式如下:

$$\frac{1}{1-z} = \sum_{n=0}^{\infty} z^n \quad (|z| < 1) \tag{4.4.7}$$

$$\frac{1}{1+z} = \sum_{n=0}^{\infty} (-1)^n z^n \quad (|z| < 1) \tag{4.4.8}$$

$$e^z = \sum_{n=0}^{\infty} \frac{z^n}{n!} \quad (|z| < +\infty) \tag{4.4.9}$$

$$\cos z = \sum_{n=0}^{\infty} \frac{(-1)^n z^{2n}}{(2n)!} \quad (|z| < +\infty) \tag{4.4.10}$$

例 4.4.1 将函数 $f(z) = \ln(1+z)$ 在 $z_0 = 0$ 处展开成幂级数。

【解】 我们知道,$\ln(1+z)$ 在从 -1 向左沿负实轴剪开的平面内是解析的,而 -1 是它的一个奇点,所以它在 $|z|<1$ 内可以展开成 z 的幂级数。

因为 $[\ln(1+z)]' = \dfrac{1}{1+z} = \sum_{n=0}^{\infty} (-1)^n z^n \quad (|z| < 1)$,所以

$$\ln(1+z) = \int_0^z \frac{1}{1+z} dz = \sum_{n=0}^{\infty} \int_0^z (-1)^n z^n dz$$

$$= \sum_{n=0}^{\infty} (-1)^n \frac{z^{n+1}}{n+1} \quad (|z| < 1)$$

例 4.4.2 将函数 $\dfrac{1}{(1+z)^2}$ 在 $z_0 = 0$ 处展开成幂级数。

【解】 由于函数 $\dfrac{1}{(1+z)^2}$ 在单位圆周 $|z|=1$ 上有一个奇点 $z=-1$,而在 $|z|<1$ 内处处解析,所以它在 $|z|<1$ 内可展开成 z 的幂级数。

$$\frac{1}{(1+z)^2} = -\left(\frac{1}{1+z}\right)' = -\left[\sum_{n=0}^{\infty} (-1)^n z^n\right]'$$

$$= \sum_{n=0}^{\infty} (-1)^{n-1} n z^{n-1} \quad (|z| < 1)$$

例 4.4.3　将函数 $f(z) = \dfrac{z}{z+1}$，在 $|z-1| < 2$ 内展开成幂级数。

【解】
$$f(z) = \frac{z}{z+1} = 1 - \frac{1}{1+z} = 1 - \frac{1}{(z-1)+2}$$
$$= 1 - \frac{1}{2} \cdot \frac{1}{1 + \dfrac{z-1}{2}} = 1 - \frac{1}{2} \sum_{n=0}^{\infty} (-1)^n \left(\frac{z-1}{2} \right)^n$$
$$= 1 - \sum_{n=0}^{\infty} (-1)^n \frac{(z-1)^n}{2^{n+1}} \quad (|z-1| < 2)$$

总之，把一个复变函数展开成幂级数的方法与实变函数的情形基本一样。读者必须通过练习，掌握展开的基本方法和技巧。

幂级数 $\sum\limits_{n=0}^{\infty} c_n (z-z_n)^n$ 在收敛圆 $|z-z_0| < R$ 内的和函数是解析函数；反之，在圆域 $|z-z_0| < R$ 内解析的函数 $f(z)$ 必能在点 z_0 展开成幂级数 $\sum\limits_{n=0}^{\infty} c_n (z-z_0)^n$。所以，$f(z)$ 在点 z_0 解析与 $f(z)$ 在点 z_0 的邻域内可以展开成幂级数 $\sum\limits_{n=0}^{\infty} c_n (z-z_0)^n$ 是两种等价的说法。

4.5　罗朗级数及展开方法

若函数 $f(z)$ 在圆域 $|z-z_0| < R$ 内解析，则 $f(z)$ 在 z_0 点可展开成幂级数，且由上面的推论知，当 $f(z)$ 在 z_0 处不解析时，则 $f(z)$ 在 z_0 处肯定不能展开成幂级数。如果我们挖去不解析的点 z_0，函数 $f(z)$ 在解析的环域：$R_1 < |z-z_0| < R_2$ 内是否可展开成幂级数呢？这就是下面要讨论的问题，罗朗级数，它和泰勒级数一样，都是研究复变函数的有力工具。

4.5.1　罗朗级数

形如
$$\sum_{n=-\infty}^{\infty} c_n (z-z_0)^n = \cdots + c_{-n}(z-z_0)^{-n} + \cdots + c_{-1}(z-z_0)^{-1} + c_0 +$$
$$c_1(z-z_0) + \cdots + c_n(z-z_0)^n + \cdots \tag{4.5.1}$$

的级数称为**罗朗(Laurent) 级数**，其中 z_0 和 $c_n (n = 0, \pm 1, \pm 2, \cdots)$ 都是复常数。

由于这种级数没有首项，因此对它的敛散性我们无法像前面讨论的幂级数那样用前 n 项和的极限来定义。容易看出，罗朗级数是**双边幂级数**，即它由正幂项（包含常数项）级数
$$\sum_{n=0}^{\infty} c_n (z-z_0)^n \tag{4.5.2}$$

和负幂项级数
$$\sum_{n=-\infty}^{-1} c_n (z-z_0)^n = \sum_{n=1}^{\infty} c_{-n} (z-z_0)^{-n} \tag{4.5.3}$$

两部分组成。因此，我们可以用它的正幂项级数（式（4.5.2））和负幂项级数（式（4.5.3））的敛散性来定义原级数的敛散性。我们规定：当且仅当正幂项级数和负幂项级数都收敛时，原级数收敛，并且把原级数看成正幂项级数与负幂项级数的和。

对于正幂项级数 $\sum\limits_{n=0}^{\infty} c_n (z-z_0)^n$，它是一个通常的幂级数，其收敛域是一个圆域。设它的收

敛半径为 R_2，则当 $|z-z_0|<R_2$ 时，该级数收敛；当 $|z-z_0|>R_2$ 时，级数发散。

而负幂项级数 $\sum\limits_{n=1}^{\infty} c_{-n}(z-z_0)^{-n}$ 是一个新类型的级数。如果令 $\zeta=(z-z_0)^{-1}$，那么得到

$\sum\limits_{n=1}^{\infty} c_{-n}(z-z_0)^{-n}=\sum\limits_{n=1}^{\infty} c_{-n}\zeta^{n}=c_{-1}\zeta+c_{-2}\zeta^{2}+\cdots+c_{-n}\zeta^{n}+\cdots$，它是一个通常的幂级数。设它的收

敛半径为 $\dfrac{1}{R_1}$，则当 $|\zeta|<\dfrac{1}{R_1}$ 时，级数收敛；当 $|\zeta|>\dfrac{1}{R_1}$ 时，级数发散。因此，要判定负幂项级数

$\sum\limits_{n=1}^{\infty} c_{-n}(z-z_0)^{-n}$ 的收敛范围，只需把 ζ 用 $(z-z_0)^{-1}$ 代回即可。由 $|\zeta|<\dfrac{1}{R_1}$ 得，$\left|\dfrac{1}{z-z_0}\right|<\dfrac{1}{R_1}$，即

$|z-z_0|>R_1$，所以负幂项级数在 $|z-z_0|>R_1$ 内收敛。注意，该负幂级数在 $|z-z_0|<R_1$ 范围内却是发散的。

综上可知：

① 当 $R_1<R_2$ 时，罗朗级数在它的正幂项级数和负幂项级数的收敛域的公共部分 $R_1<|z-z_0|<R_2$ 内收敛，在圆环外发散；而在圆环上，可能有些点收敛，有些点发散。

② 当 $R_1\geqslant R_2$ 时，正幂项级数和负幂项级数收敛域的交集等于空集，此时原级数发散。

因此，罗朗级数的收敛域为圆环域 $R_1<|z-z_0|<R_2$。顺便指出，在特殊情况下，圆环域的内半径 R_1 可能为 0，外半径 R_2 可能是无穷大。

与幂级数一样，罗朗级数在收敛圆环内可逐项求导，逐项积分，且其和函数在收敛圆环内是解析函数。那么，反过来，任意一个在圆环内（或去心邻域内）解析的函数，它能否在该圆环内展开成罗朗级数呢？回答是肯定的，我们有如下定理。

定理 4.5.1　罗朗级数展开定理　设函数 $f(z)$ 在圆环域 $R_1<|z-z_0|<R_2$ 内解析，则在此圆环内 $f(z)$ 必可展开成罗朗级数

$$f(z)=\sum_{n=-\infty}^{\infty} c_n(z-z_0)^n \tag{4.5.4}$$

其中

$$c_n=\frac{1}{2\pi i}\oint_C \frac{f(\zeta)}{(\zeta-z_0)^{n+1}}\mathrm{d}\zeta \quad (n=0,\pm 1,\pm 2,\cdots) \tag{4.5.5}$$

式(4.5.4)称为函数 $f(z)$ 在该圆环域内的罗朗展开式，且展开式是唯一的。$C:|z-z_0|=R$（$R_1<R<R_2$）为圆环域内任意闭合圆周（或简单闭曲线），并取逆时针为正方向。式(4.5.4)中的负幂项部分称为罗朗级数的**主要部分**，正幂项部分称为罗朗级数的**解析部分**（或称为**正则部分**）。

【证明】　设 z 是圆环域 $R_1<|z-z_0|<R_2$ 内任一点，作以 z_0 为中心，位于圆环内的圆周 $\Gamma_1:|z-z_0|=\rho_1>R_1$ 和 $\Gamma_2:|z-z_0|=\rho_2<R_2$（$\rho_1<\rho_2$），两者均为逆时针方向，且 z 满足 $\rho_1<|z-z_0|<\rho_2$，如图4.3所示。

因为 $f(z)$ 在闭圆环域 $\rho_1\leqslant|z-z_0|\leqslant\rho_2$ 内解析，其边界 $\Gamma=\Gamma_2+\Gamma_1$，所以由复通区域的柯西积分公式有

$$f(z)=\frac{1}{2\pi i}\oint_{\Gamma_2}\frac{f(\zeta)}{\zeta-z}\mathrm{d}\zeta-\frac{1}{2\pi i}\oint_{\Gamma_1}\frac{f(\zeta)}{\zeta-z}\mathrm{d}\zeta$$

即

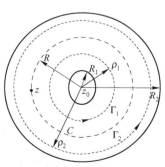

图 4.3

$$f(z) = \frac{1}{2\pi i} \oint_{\Gamma_2} \frac{f(\zeta)}{\zeta - z} \mathrm{d}\zeta + \frac{1}{2\pi i} \oint_{\Gamma_1} \frac{f(\zeta)}{z - \zeta} \mathrm{d}\zeta \qquad (4.5.6)$$

按照泰勒展开定理的推导方法,式(4.5.6)右端第一个积分可写成

$$\frac{1}{2\pi i} \oint_{\Gamma_2} \frac{f(\zeta)}{\zeta - z} \mathrm{d}\zeta = \sum_{n=0}^{\infty} c_n (z - z_0)^n$$

其中,
$$c_n = \frac{1}{2\pi i} \oint_{\Gamma_2} \frac{f(\zeta)}{(\zeta - z_0)^{n+1}} \mathrm{d}\zeta \quad (n = 0, 1, 2, \cdots)$$

设 $C: |z - z_0| = R$,且满足 $\rho_1 < R < \rho_2$,则由闭路变形定理,其系数 c_n 也可表示为

$$c_n = \frac{1}{2\pi i} \oint_C \frac{f(\zeta)}{(\zeta - z_0)^{n+1}} \mathrm{d}\zeta \quad (n = 0, 1, 2, \cdots)$$

其中,C 沿逆时针方向。

式(4.5.6)右端第二个积分:因 $\zeta \in \Gamma_1$,故 $|z - z_0| > |\zeta - z_0|$,即 $\left| \dfrac{\zeta - z_0}{z - z_0} \right| < 1$,所以

$$\frac{1}{z - \zeta} = \frac{1}{-(\zeta - z_0) + (z - z_0)} = \frac{1}{z - z_0} \cdot \frac{1}{1 - \dfrac{\zeta - z_0}{z - z_0}} = \sum_{n=1}^{+\infty} \frac{(\zeta - z_0)^{n-1}}{(z - z_0)^n}$$

因此

$$\begin{aligned}
\frac{1}{2\pi i} \oint_{\Gamma_1} \frac{f(\zeta)}{z - \zeta} \mathrm{d}\zeta &= \sum_{n=1}^{+\infty} \left[\frac{1}{2\pi i} \oint_C f(\zeta)(\zeta - z_0)^{n-1} \mathrm{d}\zeta \right] (z - z_0)^{-n} \\
&= \sum_{n=-\infty}^{-1} \left[\frac{1}{2\pi i} \oint_C \frac{f(\zeta)}{(\zeta - z_0)^{n+1}} \mathrm{d}\zeta \right] (z - z_0)^n \\
&= \sum_{n=-\infty}^{-1} c_n (z - z_0)^n
\end{aligned}$$

其中,$C: |z - z_0| = R$,沿逆时针方向,上式推导中利用了闭路变形定理。

综上讨论,可得

$$f(z) = \sum_{n=-\infty}^{+\infty} c_n (z - z_0)^n \quad (R_1 < |z - z_0| < R_2)$$

其中
$$c_n = \frac{1}{2\pi i} \oint_C \frac{f(\zeta)}{(\zeta - z_0)^{n+1}} \mathrm{d}\zeta \quad (n = 0, \pm 1, \pm 2, \cdots)$$

类似泰勒展开定理,我们可以证明展开式是唯一的。定理证毕。

说明:

① 由闭路变形定理可知,定理中的 $C: |z - z_0| = R$,也可以写成圆环域 $R_1 \leqslant |z - z_0| \leqslant R_2$ 内绕 z_0 的任一正向简单闭曲线。

② 一个函数可能在几个圆环域内解析,在不同的圆环域内的罗朗展开式可以是不同的,但在同一圆环域内,不论用何种方法展开,所得的罗朗展开式是唯一的。

③ 罗朗展开式中的 c_n 不能写成 $\dfrac{f^{(n)}(z_0)}{n!}$,这是因为若 z_0 是函数 $f(z)$ 的奇点,则 $f^{(n)}(z_0)$ 不存在。故需注意罗朗级数展开系数与泰勒级数展开系数在写法上的区别。

④ 在上述定理中,如果 $f(z)$ 在 z_0 处解析,则当 $n \leqslant -1$ 时,$\dfrac{f(\zeta)}{(\zeta - z_0)^{n+1}}$ 在 $|z - z_0| < R_2$ 内解析,

所以在 $|z-z_0|<R$ 内也解析。由柯西积分公式可知 $c_n=0(n\leqslant-1)$，此时罗朗级数就变成了泰勒级数。由此可见，泰勒级数是罗朗级数的特殊情况。

4.5.2　罗朗级数展开方法实例

罗朗级数展开定理给出了将一个在圆环域内解析的函数展开成罗朗级数的一般方法，即求出 c_n 代入即可，这种方法称为直接展开法。但是当函数复杂时，求 c_n 往往是很麻烦的。

例 4.5.1　把函数 $f(z)=\dfrac{e^z}{z^2}$ 在以 $z=0$ 为中心的圆环域 $0<|z|<+\infty$ 内展开成罗朗级数。

【解】　直接法展开。利用公式（4.5.5）计算 c_n，那么有

$$c_n=\frac{1}{2\pi i}\oint_C\frac{e^\xi}{\xi^{n+3}}d\xi$$

其中，C 为圆环域内的任意一条简单曲线。

当 $n+3\leqslant0$ 即 $n\leqslant-3$ 时，由于 $e^z z^{-n-3}$ 解析，故由柯西–古萨基本定理知，$c_n=0$，故 $c_{-3}=0$，$c_{-4}=0,\cdots$。当 $n\geqslant-2$ 时，由高阶导数公式知

$$c_n=\frac{1}{2\pi i}\oint_C\frac{e^\xi}{\xi^{n+3}}d\xi=\frac{1}{(n+2)!}\left.(e^\xi)^{(n+2)}\right|_{\xi=0}=\frac{1}{(n+2)!}$$

故

$$\frac{e^z}{z^2}=\sum_{n=-2}^\infty\frac{z^n}{(n+2)!}=\frac{1}{z^2}+\frac{1}{z}+\frac{1}{2!}+\frac{1}{3!}z+\frac{1}{4!}z^2+\cdots$$

由于在给定圆环域内的解析函数是唯一的，因此常常采用**间接展开法**，即利用基本展开公式以及逐项求导、逐项积分、代换方法等将函数展开成罗朗级数，如上例

$$\frac{e^z}{z^2}=\frac{1}{z^2}\left(1+z+\frac{z^2}{2!}+\frac{z^3}{3!}+\frac{z^4}{4!}+\cdots\right)=\frac{1}{z^2}+\frac{1}{z}+\frac{1}{2!}+\frac{1}{3!}z+\frac{1}{4!}z^2+\cdots$$

这两种方法相比，其繁简程度显而易见。因此，以后在求函数的罗朗展开式时，通常不用式（4.5.5）去求系数 c_n，而常采用间接展开法。

例 4.5.2　函数 $f(z)=\dfrac{1}{(z-1)(z-2)}$ 在下列圆环域内是处处解析的，将函数 $f(z)$ 在这些区域内展开成罗朗级数。

（1）$0<|z|<1$　　　　　　（2）$1<|z|<2$

（3）$2<|z|<+\infty$　　　　　（4）$0<|z-1|<1$

【解】　（1）先把 $f(z)$ 用部分分式来表示：

$$f(z)=\frac{1}{z-2}-\frac{1}{z-1}=\frac{1}{1-z}-\frac{1}{2}\cdot\frac{1}{1-\dfrac{z}{2}}$$

由于 $|z|<1$，从而 $\left|\dfrac{z}{2}\right|<1$，利用

$$\frac{1}{1-z}=1+z+z^2+\cdots+z^n+\cdots\qquad(|z|<1)$$

可得

$$\frac{1}{2}\cdot\frac{1}{1-\dfrac{z}{2}}=\frac{1}{2}\left(1+\frac{z}{2}+\frac{z^2}{2^2}+\cdots+\frac{z^n}{2^n}+\cdots\right)\qquad\left(\left|\frac{z}{2}\right|<1\right)$$

所以

$$f(z) = (1 + z + z^2 + \cdots) - \frac{1}{2}\left(1 + \frac{z}{2} + \frac{z^2}{2^2} + \cdots\right) = \frac{1}{2} + \frac{3}{4}z + \frac{7}{8}z^2 + \cdots \quad (0 < |z| < 1)$$

结果中不含 z 的负幂项,原因是 $f(z) = \dfrac{1}{(z-1)(z-2)}$ 在 $|z| < 1$ 内是解析的。

(2) 由于 $1 < |z| < 2$,从而 $\left|\dfrac{1}{z}\right| < 1$,$\left|\dfrac{z}{2}\right| < 1$,因此

$$f(z) = \frac{1}{z-2} - \frac{1}{z-1} = -\frac{1}{2} \cdot \frac{1}{1 - \dfrac{z}{2}} - \frac{1}{z} \cdot \frac{1}{1 - \dfrac{1}{z}}$$

$$= \cdots - \frac{1}{z^n} - \frac{1}{z^{n-1}} - \cdots - \frac{1}{z} - \frac{1}{2} - \frac{z}{4} - \frac{z^2}{8} - \cdots \quad (1 < |z| < 2)$$

(3) 由于 $|z| > 2$,因此 $\left|\dfrac{2}{z}\right| < 1$,$\left|\dfrac{1}{z}\right| < \left|\dfrac{2}{z}\right| < 1$,故

$$f(z) = \frac{1}{z-2} - \frac{1}{z-1} = \frac{1}{z} \cdot \frac{1}{1 - \dfrac{2}{z}} - \frac{1}{z} \cdot \frac{1}{1 - \dfrac{1}{z}} = \frac{1}{z^2} + \frac{3}{z^3} + \frac{7}{z^4} + \cdots \quad (|z| > 2)$$

(4) 由 $0 < |z - 1| < 1$ 可知,展开的级数形式应为 $\displaystyle\sum_{n=-\infty}^{\infty} c_n(z - 1)^n$,所以

$$f(z) = \frac{1}{z-2} - \frac{1}{z-1} = -\frac{1}{1 - (z-1)} - \frac{1}{z-1}$$

$$= -\sum_{n=0}^{\infty} (z-1)^n - \frac{1}{z-1} \quad (0 < |z-1| < 1)$$

例 4.5.3　将函数 $f(z) = \dfrac{1}{(z-2)(z-3)^2}$ 在 $0 < |z-2| < 1$ 内展开成罗朗级数。

【解】　因在 $0 < |z-2| < 1$ 内展开,所以展开的级数形式应为 $\displaystyle\sum_{n=-\infty}^{+\infty} c_n(z-2)^n$。

因为

$$\frac{1}{z-3} = \frac{1}{(z-2)-1} = -\frac{1}{1-(z-2)}$$

$$= -\sum_{n=0}^{+\infty} (z-2)^n \quad (|z-2| < 1)$$

而

$$\frac{1}{(z-3)^2} = -\left(\frac{1}{z-3}\right)' = \left[\sum_{n=0}^{\infty} (z-2)^n\right]'$$

$$= 1 + 2(z-2) + \cdots + n(z-2)^{n-1} + \cdots \quad (|z-2| < 1)$$

所以

$$f(z) = \frac{1}{z-2} \cdot \frac{1}{(z-3)^2}$$

$$= \frac{1}{z-2} + 2 + 3(z-2) + \cdots + n(z-2)^{n-2} + \cdots$$

$$= \sum_{n=1}^{+\infty} n(z-2)^{n-2} \quad (0 < |z-2| < 1)$$

例 4.5.4　把函数 $f(z)=z^3 \mathrm{e}^{\frac{1}{z}}$ 在 $0<|z|<+\infty$ 内展开成罗朗级数。

【解】　函数 $f(z)=z^3 \mathrm{e}^{\frac{1}{z}}$ 在 $0<|z|<+\infty$ 内是处处解析的。我们知道，e^z 在复平面内的展开式是

$$\mathrm{e}^z = 1+z+\frac{z^2}{2!}+\frac{z^3}{3!}+\cdots+\frac{z^n}{n!}+\cdots$$

而 $\frac{1}{z}$ 在 $0<|z|<+\infty$ 解析，可以把上式中的 z 代换成 $\frac{1}{z}$，两边同乘以 z^3，即得所求的罗朗展开式：

$$z^3 \mathrm{e}^{\frac{1}{z}}=z^3\left(1+\frac{1}{z}+\frac{1}{2!}\frac{1}{z^2}+\frac{1}{3!}\frac{1}{z^3}+\frac{1}{4!}\frac{1}{z^4}+\cdots\right)$$

4.5.3　用级数展开法计算闭合环路积分

罗朗展式的系数计算即式(4.5.5)还可广泛应用于沿闭合环路的积分计算中，从而为学习留数(第5章)打下基础。实际上，留数与级数的展开是密切相关的。

在罗朗展开式中的系数项(4.5.5)中，令 $n=-1$，得到

$$c_{-1}=\frac{1}{2\pi\mathrm{i}}\oint_C f(\xi)\,\mathrm{d}\xi = \frac{1}{2\pi\mathrm{i}}\oint_C f(z)\,\mathrm{d}z \tag{4.5.7}$$

或

$$\oint_C f(z)\,\mathrm{d}z = 2\pi\mathrm{i}c_{-1} \tag{4.5.8}$$

其中，C 为圆环域 $R_1<|z-z_0|<R_2$ 内的任一简单闭曲线，$f(z)$ 在此圆环域内解析。由式(4.5.8)可知，计算积分可转化为求被积函数的罗朗展开式中 z^{-1} 项的系数 c_{-1}。

例 4.5.5　计算积分 $\oint_{|z|=2}\dfrac{z\mathrm{e}^{\frac{1}{z}}}{1-z}\mathrm{d}z$。

【解】　函数 $f(z)=\dfrac{z\mathrm{e}^{\frac{1}{z}}}{1-z}$ 在 $1<|z|<+\infty$ 内解析，而 $|z|=2$ 在此环域内，故可把函数在环域 $1<|z|<2$ 内展开；又 $\left|\dfrac{1}{z}\right|<1$，则

$$\begin{aligned}
f(z)&=\frac{z\mathrm{e}^{\frac{1}{z}}}{1-z}=\frac{\mathrm{e}^{\frac{1}{z}}}{z^{-1}-1}=-\frac{\mathrm{e}^{\frac{1}{z}}}{1-z^{-1}}\\
&=-(1+z^{-1}+z^{-2}+\cdots)\left[1+z^{-1}+(2!\ z)^{-2}+\cdots\right]\\
&=-\left(1+\frac{2}{z}+\frac{5}{2z^2}+\cdots\right)
\end{aligned}$$

故 $c_{-1}=-2$，从而

$$\oint_{|z|=2}\frac{z\mathrm{e}^{\frac{1}{z}}}{1-z}\mathrm{d}z = 2\pi\mathrm{i}c_{-1}=-4\pi\mathrm{i}$$

4.6　典型综合实例

例 4.6.1　求积分 $I=\oint_{|z|=\sqrt{2}}\dfrac{\mathrm{d}z}{z^n-1}$，其中整数 $n\geqslant 1$。

【解法3】(本例题的解法1、解法2见第3章)

(1) 利用级数展开法计算典型环路积分。

被积函数在积分区域内的奇点较多,根据积分性质将区域内积分转化为区域外积分

$$I = \oint_{|z|=\sqrt{2}} \frac{\mathrm{d}z}{z^n - 1} = -\oint_{|z|=\sqrt{2}} \frac{\mathrm{d}z}{z^n - 1}$$

在积分区域外,$|z| > \sqrt{2} > 1$,故 $\frac{1}{z^n} < 1$,被积函数 $f(z) = \frac{1}{z^n - 1}$ 可展开为

$$\frac{1}{z^n - 1} = \frac{1}{z^n(1 - \frac{1}{z^n})} = \frac{1}{z^n}\sum_{k=0}^{\infty}\left(\frac{1}{z^n}\right)^k$$

$$I = \oint_{|z|=\sqrt{2}} \frac{\mathrm{d}z}{z^n - 1} = -\oint_{|z|=\sqrt{2}} \frac{\mathrm{d}z}{z^n - 1} = -\oint_{|z|=\sqrt{2}} \frac{1}{z^n}\sum_{k=0}^{\infty}\left(\frac{1}{z^n}\right)^k \mathrm{d}z$$

(2) 再将区域外转化为区域内积分,以便利用例3.1.3的结论式(3.1.12)

$$I = -\oint_{|z|=\sqrt{2}} \frac{1}{z^n}\sum_{k=0}^{\infty}\left(\frac{1}{z^n}\right)^k \mathrm{d}z = \oint_{|z|=\sqrt{2}} \frac{1}{z^n}\sum_{k=0}^{\infty}\left(\frac{1}{z^n}\right)^k \mathrm{d}z$$

显然,当 $n=1$ 时 $I=2\pi\mathrm{i}$;当 $n \geqslant 2$ 时,对任何 k 均有 $I=0$。

例4.6.2 设 $\dfrac{1}{1-z-z^2} = \sum\limits_{n=0}^{\infty} C_n z^n$,试证明:

(1) 展开式系数数列 $\{C_n\}$ 满足递推关系:

$$C_{n+2} = C_{n+1} + C_n \quad (n \geqslant 0, C_0 = 1, C_1 = 1)$$

$\{C_n\}$ 即为著名的斐波那契(Fibonacci)数列。

(2) 级数 $\sum\limits_{n=0}^{\infty} C_n z^n$ 的收敛半径 $R = \dfrac{\sqrt{5}-1}{2}$。

【证法1】

(1) 根据题意,则

$$1 = (1-z-z^2)\sum_{n=0}^{\infty} C_n z^n = \sum_{n=0}^{\infty} C_n z^n - \sum_{n=0}^{\infty} C_n z^{n+1} - \sum_{n=0}^{\infty} C_n z^{n+2}$$

$$= C_0 + (C_1 - C_0)z + \sum_{n=2}^{\infty}(C_n - C_{n-1} - C_{n-2})z^n$$

为了使得上式对任意的复数 z 均成立,故必须对应同幂项的系数相同,则得到

$$C_0 = 1, \quad C_1 = C_0 = 1, \quad C_n = C_{n-1} + C_{n-2} \quad (n \geqslant 2)$$

将 $(n+2)$ 代替上式中的 n,即 $C_{n+2} = C_{n+1} + C_n (n \geqslant 0)$,$C_0 = 1$,$C_1 = 1$。

(2) 级数的收敛半径。由收敛半径的计算方法 $C_{n+2} = C_{n+1} + C_n (n \geqslant 0)$,则

$$\frac{C_{n+2}}{C_{n+1}} = 1 + \frac{C_n}{C_{n+1}}$$

所以

$$R = \lim_{n \to \infty}\frac{C_n}{C_{n+1}} = \lim_{n \to \infty}\frac{C_{n+1}}{C_{n+2}}$$

$$\frac{1}{R} = 1 + R, \quad R^2 + R - 1 = 0$$

根据收敛半径的意义,故取正根,即

$$R = \frac{\sqrt{5}-1}{2}$$

注：收敛半径 $R=\dfrac{\sqrt{5}-1}{2}\approx 0.618$ 为数学中的黄金分割比，它有许多奇妙的性质。

【证法 2】 级数展开法。由函数 $\dfrac{1}{1-z-z^2}$，令分母 $1-z-z^2=0$，则

$$z_1=\frac{\sqrt{5}-1}{2},\quad z_2=-\frac{1+\sqrt{5}}{2},\quad z_1z_2=\frac{\sqrt{5}-1}{2}\left(-\frac{\sqrt{5}+1}{2}\right)=-1$$

故

$$z_1^{-1}=-z_2,\quad z_2^{-1}=-z_1,\quad |z_1z_2|=1$$

$$\frac{1}{1-z-z^2}=\frac{1}{(z_1-z_2)}\left[\frac{1}{z_1-z}+\frac{1}{z-z_2}\right]=\frac{1}{\sqrt{5}}\left[\frac{1}{z_1(1-zz_1^{-1})}+\frac{1}{-z_2(1-zz_2^{-1})}\right]$$

$$=\frac{1}{\sqrt{5}}\left(\frac{-z_2}{1+z_2z}+\frac{z_1}{1+zz_1}\right)$$

显然，它们的共同收敛域是 $|zz_1|<1$，$|zz_2|<1$，则

$$|z|<\frac{1}{|z_1|}=|z_2|,\quad |z|<\frac{1}{|z_2|}=|z_1|$$

即 $|z|<\min(|z_1|,|z_2|)=\dfrac{\sqrt{5}-1}{2}$，故收敛半径为 $R=\dfrac{\sqrt{5}-1}{2}$，所以

$$\frac{1}{1-z-z^2}=\frac{1}{\sqrt{5}}\left[(-z_2)\sum_{n=0}^{\infty}(-z_2z)^n+z_1\sum_{n=0}^{\infty}(-z_1z)^n\right]$$

$$=\frac{1}{\sqrt{5}}\sum_{n=0}^{\infty}\left[(-z_2)^{n+1}-(-z_1)^{n+1}\right]z^n$$

$$=\sum_{n=0}^{\infty}\frac{1}{\sqrt{5}}\left[\left(\frac{\sqrt{5}+1}{2}\right)^{n+1}-\left(\frac{1-\sqrt{5}}{2}\right)^{n+1}\right]z^n=\sum_{n=0}^{\infty}C_nz^n$$

故其系数为

$$C_n=\frac{1}{\sqrt{5}}\left[\left(\frac{1+\sqrt{5}}{2}\right)^{n+1}-\left(\frac{1-\sqrt{5}}{2}\right)^{n+1}\right]$$

我们可以用数学归纳法证明它满足

$$C_{n+2}=C_{n+1}+C_n\quad(n\geq 0)$$

说明：通过对函数 $\dfrac{1}{(1-z-z^2)}=\dfrac{1}{(z_1-z)(z-z_2)}=\dfrac{1}{(z_1-z_2)}\left[\dfrac{1}{z_1-z}+\dfrac{1}{z-z_2}\right]$ 分解，然后进行级数展开，其方法可进一步推广到更为普遍的函数 $\dfrac{1}{(z-a)(z-b)}$ 的级数展开。

例 4.6.3 判断级数 $\displaystyle\sum_{n=1}^{\infty}\frac{1}{n}i^n$ 的敛散性。若收敛需进一步指出是否绝对收敛。

【解】 根据复级数的收敛性可以等效为实部、虚部的收敛性。故考实部、虚部得到

$$\sum_{n=1}^{\infty}\frac{1}{n}i^n=\sum_{n=1}^{\infty}\frac{(-1)^n}{2n}+i\sum_{n=1}^{\infty}\frac{(-1)^{n-1}}{2n-1}$$

交错级数 $\displaystyle\sum_{n=1}^{\infty}\frac{(-1)^n}{2n}$ 的通项绝对值单调趋于零，根据高等数学中实级数的莱布尼兹判别法知该级数收敛；同理，交错级数 $\displaystyle\sum_{n=1}^{\infty}\frac{(-1)^{n-1}}{2n-1}$ 也收敛。根据级数收敛的充要条件知，原级数

收敛。

但是 $\sum\limits_{n=1}^{\infty}\left|\dfrac{\mathrm{i}^n}{n}\right|=\sum\limits_{n=1}^{\infty}\dfrac{1}{n}$ 为调和级数,是发散的,故原级数是条件收敛级数,而不是绝对收敛级数。

例 4.6.4　如果 $\sum\limits_{n=0}^{\infty}\alpha_n z^n$ 的收敛半径为 R,证明 $\sum\limits_{n=0}^{\infty}\mathrm{Re}(\alpha_n)z^n$ 的收敛半径不小于 R。

【证明】　反证法:设 $\sum\limits_{n=0}^{\infty}\mathrm{Re}(\alpha_n)z^n$ 的收敛半径为 R_1,且 $R_1 < R$。我们在 $R_1 < |z| < R$ 内取一点 z_0,则 $\sum\limits_{n=1}^{\infty}\mathrm{Re}(\alpha_n)z_0^n$ 发散。

另一方面,$\sum\limits_{n=0}^{\infty}\alpha_n z^n$ 的收敛半径为 R,故 $\sum\limits_{n=0}^{\infty}\alpha_n z_0^n$ 绝对收敛,所以 $|\mathrm{Re}(\alpha_n)z_0^n| \leqslant |\alpha_n z_0^n|$,从而 $\sum\limits_{n=0}^{\infty}\mathrm{Re}(\alpha_n)z_0^n$ 收敛。这与假设得到的结果矛盾,故级数 $\sum\limits_{n=0}^{\infty}\mathrm{Re}(\alpha_n)z^n$ 的收敛半径不小于 R。

例 4.6.5　若级数 $\sum\limits_{n=1}^{\infty}C_n$ 收敛,而级数 $\sum\limits_{n=1}^{\infty}|C_n|$ 发散,证明幂级数 $\sum\limits_{n=1}^{\infty}C_n z^n$ 的收敛半径为 1。

【证明】　级数 $\sum\limits_{n=1}^{\infty}C_n$ 收敛相当于幂级数 $\sum\limits_{n=0}^{\infty}C_n z^n$ 在 $z=1$ 处收敛。于是由阿贝尔定理,对于满足范围 $|z| < 1$,幂级数 $\sum\limits_{n=0}^{\infty}C_n z^n$ 必绝对收敛。从而该幂级数的收敛半径不小于 1,即 $R \geqslant 1$。若 $R > 1$,幂级数 $\sum\limits_{n=0}^{\infty}C_n z^n$ 在收敛圆周 $|z| < R$ 内绝对收敛,特别地,在 $z = 1 < R$ 处也绝对收敛,即 $\sum\limits_{n=1}^{\infty}|C_n|$ 收敛。这显然与已知条件矛盾,故幂级数 $\sum\limits_{n=0}^{\infty}C_n z^n$ 的收敛半径只能是 $R = 1$。

例 4.6.6　在 $z_0 = 0$ 的邻域上将函数 $\mathrm{e}^{\frac{1}{z}}$ 展开。

【解】　e^z 在原点邻域上的展开式为

$$\mathrm{e}^z = \sum_{k=0}^{\infty}\frac{1}{k!}z^k = 1 + \frac{1}{1!}z + \frac{1}{2!}z^2 + \cdots + \frac{1}{k!}z^k + \cdots \quad (|z| < +\infty)$$

用 $\dfrac{1}{z}$ 代换 z 得

$$\mathrm{e}^{\frac{1}{z}} = \sum_{k=0}^{\infty}\frac{1}{k!}\left(\frac{1}{z}\right)^k = 1 + \frac{1}{1!}\cdot\frac{1}{z} + \frac{1}{2!}\cdot\frac{1}{z^2} + \cdots + \frac{1}{k!}\cdot\frac{1}{z^k} + \cdots \quad \left(\left|\frac{1}{z}\right| < +\infty\right)$$

即

$$\mathrm{e}^{\frac{1}{z}} = \sum_{k=-\infty}^{0}\frac{1}{(-k)!}z^k \quad (|z| > 0)$$

这个展开式中出现了无穷多个负幂项。

小　结

1. 复数项级数

数列 $\beta_n = a_n + \mathrm{i}b_n (n = 1, 2, \cdots)$ 和级数 $\sum\limits_{n=1}^{\infty}\beta_n$ 的收敛定义与实数域内数列和级数的收敛定

义类似。

数列 $\beta_n = a_n + ib_n$ 收敛的充要条件是实数列 a_n 和 b_n 同时收敛。级数 $\sum_{n=1}^{\infty}\beta_n$ 收敛的充要条件是实级数 $\sum_{n=1}^{\infty}a_n$ 和 $\sum_{n=1}^{\infty}b_n$ 同时收敛。$\lim_{n\to\infty}\beta_n = 0$ 是级数 $\sum_{n=1}^{\infty}\beta_n$ 收敛的必要条件。

如果级数 $\sum_{n=1}^{\infty}|\beta_n| = \sum_{n=1}^{\infty}\sqrt{a_n^2 + b_n^2}$ 收敛，那么 $\sum_{n=1}^{\infty}\beta_n$ 必收敛，此时级数 $\sum_{n=1}^{\infty}\beta_n$ 称为绝对收敛；级数 $\sum_{n=1}^{\infty}\beta_n$ 绝对收敛的充要条件是 $\sum_{n=1}^{\infty}a_n$ 和 $\sum_{n=1}^{\infty}b_n$ 同时绝对收敛。若级数 $\sum_{n=1}^{\infty}\beta_n$ 收敛，而 $\sum_{n=1}^{\infty}|\beta_n|$ 发散，则级数 $\sum_{n=1}^{\infty}\beta_n$ 称为条件收敛。

2. 函数项级数　幂级数

函数项级数 $\sum_{n=0}^{\infty}f_n(z)$ 中的各项如果是幂函数 $f_n(z) = c_n(z - z_0)^n$ 或 $f_n(z) = c_n z^n$，那么得到幂级数 $\sum_{n=0}^{\infty}c_n(z - z_0)^n$ 或 $\sum_{n=0}^{\infty}c_n z^n$。

幂级数的收敛域为一圆域，其边界称为收敛圆。在圆的内部幂级数绝对收敛，在圆的外部幂级数发散，在圆周上幂级数可能处处收敛，也可能处处发散，或在某些点收敛，在另一些点发散。

收敛圆的半径称为幂级数的收敛半径，求幂级数 $\sum_{n=1}^{\infty}c_n(z - z_0)^n$ 或 $\sum_{n=0}^{\infty}c_n z^n$ 的收敛半径的公式有比值法或根值法：

$$R = \lim_{n\to\infty}\left|\frac{c_n}{c_{n+1}}\right| \quad\text{或}\quad R = \lim_{n\to\infty}\frac{1}{\sqrt[n]{|c_n|}} = \frac{1}{\mu}$$

若 $R = 0$，则幂级数仅在 $z = z_0$ 处收敛；若 $R = +\infty$，则幂级数在全平面上处处收敛。

幂级数在收敛圆内的和函数是解析函数，且具有与实幂级数相类似的四则运算性质，并可以逐项求导、逐项积分等。

3. 泰勒级数

形如 $\sum_{n=0}^{\infty}\frac{f^{(n)}(z_0)}{n!}(z - z_0)^n$ 的幂级数称为泰勒级数，若 $z_0 = 0$，则为麦克劳林级数。

若函数 $f(z)$ 在圆域 $|z - z_0| < R$ 内解析，则在此圆域内 $f(z)$ 可展开成泰勒级数

$$f(z) = \sum_{n=0}^{\infty}\frac{f^{(n)}(z_0)}{n!}(z - z_0)^n$$

且展开式是唯一的。

但需要特别说明的是：

① 尽管上式右端的幂级数可能在收敛圆周上处处收敛，也可能处处发散，或在某些点收敛，在另一些点发散，但幂级数的和函数在收敛圆周上至少有一个奇点。现在要证明这一点还缺乏理论基础，从直观意义上说一下证明的思路可能有助于了解问题的本质。如果说，在收敛圆周上和函数 $f(z)$ 没有奇点，即处处解析，那么根据解析的定义，在以圆周上各点为中心的圆

域内 $f(z)$ 解析,从直观上看,在这些圆域中我们总是可以取出个数有限但数量足够的圆域把收敛圆的圆周包围起来,即幂级数的收敛范围将比收敛圆周大,但是与收敛圆周的含义相矛盾。

② 在收敛圆内,幂级数处处收敛,它的和函数也处处解析。但在收敛圆周上,幂级数的收敛与它的和函数的解析并无直接的关系。即使幂级数在圆周上处处收敛,它的和函数仍可能在收敛的点处不解析。例如

$$f(z) = \sum_{n=1}^{\infty} \frac{z^n}{n^2}$$

容易得出,其右端幂级数的收敛半径为 1,且在单位圆周($|z| = 1$)上有 $\sum_{n=1}^{\infty} \left| \frac{z^n}{n^2} \right| = \sum_{n=1}^{\infty} \frac{1}{n^2}$,

即绝对收敛,故幂级数 $\sum_{n=1}^{\infty} \frac{z^n}{n^2}$ 在收敛圆周上处处收敛。

但是其导数 $f'(z) = 1 + \frac{z}{2} + \frac{z^2}{3} + \cdots + \frac{z^{n+1}}{n} + \cdots$ 当 z 沿实轴从圆内趋于 1 时, $f'(z) \to \infty$,也就是 $f(z)$ 在 $z = 1$ 处不解析。$z = 1$ 为 $f(z)$ 的奇点,这正好说明了在收敛圆的圆周上,幂级数的和函数至少有一个奇点。事实上,若没有奇点,收敛圆周还可能进一步扩大,有兴趣的读者对此可以进行仔细分析和思考。

4. 罗朗级数

形如 $\sum_{n=-\infty}^{+\infty} c_n (z - z_0)^n$ 的级数称为罗朗级数,它是一个双边幂级数。

若函数 $f(z)$ 在圆环域 $R_1 < |z - z_0| < R_2$ 内解析,则在此圆环域内,$f(z)$ 可展开成罗朗级数。

$$f(z) = \sum_{n=-\infty}^{+\infty} c_n (z - z_0)^n$$

其中,$c_n = \dfrac{1}{2\pi i} \oint_L \dfrac{f(z)}{(z - z_0)^{n+1}} dz (n = 0, \pm 1, \pm 2, \cdots)$,$L$ 为圆环域内绕 z_0 的任一正向简单闭曲线。

5. 本章主要题型及解题方法

(1) 讨论复数列的敛散性:可通过讨论它的实部数列和虚部数列的敛散性进行判断。

(2) 讨论复级数的敛散性:可通过讨论它的实部级数和虚部级数的敛散性进行判断。对于有些级数,若当 $n \to \infty$ 时通项不趋于 0,则级数发散。通过讨论 $\sum_{n=1}^{\infty} |\beta_n|$ 的敛散性来获得 $\sum_{n=1}^{\infty} \beta_n$ 的敛散性。

(3) 求幂级数的收敛半径及在收敛域内的和函数。

(4) 将函数展开成泰勒级数:通常采用间接展开法。为此须熟记一些基本展式,如 $\dfrac{1}{1-z}$,e^z,$\sin z$ 等函数的幂级数展式。

(5) 将函数展开成罗朗级数:通常采用间接展开法。这是本章的重点题型,须熟练掌握。具体展开方法可参看教材中的例题并从中总结规律。

习 题 4

4.1 判断级数的敛散性,若收敛,则需进一步指出是否绝对收敛。

$$(1) \sum_{k=1}^{\infty} \frac{i^n}{n} \qquad\qquad\qquad (2) \sum_{k=1}^{\infty} \frac{i^n}{n^2}$$

4.2　幂级数 $\sum_{n=0}^{\infty} a_n(z-2)^n$ 能否在 $z=0$ 处收敛,而在 $z=3$ 处发散? 说明理由。

4.3　求极限 $\lim\limits_{n \to +\infty} S_n$,其中 $S_n = \sum\limits_{k=1}^{n} \left(\dfrac{1+i}{2}\right)^k$,并由此判断复数项级数 $\sum\limits_{k=1}^{\infty} \left(\dfrac{1+i}{2}\right)^k$ 的敛散性。

4.4　证明:若 $\sum\limits_{k=1}^{\infty} |\alpha_k|$ 收敛,则 $\sum\limits_{k=1}^{\infty} \alpha_k$ 收敛。

4.5　设极限 $\lim\limits_{n \to \infty} \dfrac{a_{n+1}}{a_n}$ 存在,证明下列 3 个级数有同一收敛半径:

$$\sum_{n=0}^{\infty} a_n z^n; \qquad \sum_{n=0}^{\infty} \frac{a_n}{n+1} z^{n+1}; \qquad \sum_{n=1}^{\infty} n a_n z^{n-1}$$

4.6　将函数 $\dfrac{1}{(1+z^2)^2}$ 展为 z 的幂级数,并求其收敛半径。

4.7　计算下列积分。

$$(1) \oint_{|z|=\frac{1}{2}} \frac{e^{\frac{1}{1-z}}dz}{z^5} \qquad (2) \oint_{|z|=\frac{1}{2}} \frac{\arctan z}{z^{99}}dz \qquad (3) \oint_{|z|=\frac{\pi}{4}} \frac{dz}{z^5 \cos z}$$

4.8　在 $z=0$ 的邻域将 $f(z)=\dfrac{e^z}{1-z}$ 展为泰勒级数,并求收敛半径。

4.9　在 $z_0=0$ 的邻域将 $\dfrac{\sin z}{z}$ 展开。

4.10　将 $f(z)=\dfrac{1}{(z-1)(z-2)}$ 在下列圆环域内展为罗朗级数。

(1) $1 < |z| < 2$　　　　　(2) $|z| > 2$

4.11　下列推导是否正确? 为什么?
用长除法得

$$\frac{z}{1-z} = z + z^2 + \cdots + z^n + \cdots \qquad\qquad (1)$$

$$\frac{z}{z-1} = 1 + \frac{1}{z} + \frac{1}{z^2} + \cdots + \frac{1}{z^n} + \cdots \qquad\qquad (2)$$

左端相加为 0,故右端相加为 $\cdots + \dfrac{1}{z^n} + \cdots + \dfrac{1}{z^2} + \dfrac{1}{z} + 1 + z + z^2 + \cdots + z^n + \cdots = 0$。

4.12　将下列函数在点 ∞ 的去心邻域展为罗朗级数,并指出其收敛域。

$$(1) f(z) = \frac{1}{(1+z^2)^2} \qquad\qquad (2) f(z) = z^2 e^{\frac{1}{z^2}}$$

4.13　将 $f(z) = z^2 e^{\frac{1}{z}}$ 在 $0 < |z| < +\infty$ 内展为罗朗级数,并计算积分 $\oint_{|z|=1} e^{\frac{1}{z}}dz$。

4.14　设 $f(z) = \int_0^{\zeta} e^{\zeta^2}d\zeta$,计算积分 $\oint_{|z|=1} \dfrac{f(z)}{z^{2n+1}}dz$($n$ 为自然数)。

4.15　计算下列积分。

(1) $\oint\limits_{|z-\mathrm{i}|=2} \dfrac{\mathrm{d}z}{z^2(z-\mathrm{i})}$　　　　(2) $\oint\limits_{|z|=2} \dfrac{\mathrm{e}^{\frac{1}{1-z}}}{z^5}\mathrm{d}z$　　　　(3) $\oint\limits_{|z|=2} \mathrm{e}^{\frac{1}{1-z}}\mathrm{d}z$

4.16　计算积分 $\oint\limits_{|z|=1} \dfrac{1}{z^n}\cos\dfrac{1}{z}\mathrm{d}z$（$n$ 为自然数）。

计算机仿真编程实践

4.17　用计算机仿真编程方法（Matlab,Mathematic,Mathcad）求出 $f(z)=\dfrac{1}{1-z-z^2}$ 在 $z=0$ 邻域的泰勒级数,并求收敛半径。

4.18　用级数展开法计算积分 $\oint\limits_{|z|=\sqrt{2}} \dfrac{\mathrm{d}z}{z^{100}-1}$,并用计算机仿真实践编程验证。

4.19　将函数 $\dfrac{1}{z^2-3z+2}$ 在下列区域内展为幂级数,并用 Matlab 级数展开法验证。

(1) $|z|<1$ 内　　　(2) $1<|z|<2$ 内　　　(3) $|z|>2$

4.20　将 $\dfrac{1}{z^2(z-\mathrm{i})}$ 在下列区域内展为罗朗级数,并用 Matlab 级数展开法验证。

(1) $0<|z-\mathrm{i}|<1$　　　　(2) $|z-\mathrm{i}|>1$

第 5 章　留 数 定 理

留数是复变函数论中的重要概念之一,同时也是重要的数学工具。留数定理是柯西积分定理和柯西积分公式的继续。留数概念与留数定理以及留数和定理,均与复变函数的环路积分有着十分密切的联系。

本章详细介绍了解析函数孤立奇点的分类和判别方法,然后给出有关留数的概念以及留数的基本定理,并给出了无穷远点留数概念,详细讨论了无穷远点留数的计算方法,最后介绍留数理论在计算复积分和实积分中的典型应用。

5.1　解析函数的孤立奇点

5.1.1　孤立奇点概念

定义 5.1.1　孤立奇点,非孤立奇点　若函数 $f(z)$ 在 $z=z_0$ 不解析(或无定义),而在点 z_0 的去心邻域 $0<|z-z_0|<\delta(\delta>0)$ 内解析,则称点 $z=z_0$ 是 $f(z)$ 的一个**孤立奇点**。例如函数 $\dfrac{1}{z}$ 和 $e^{\frac{1}{z}}$ 都以 $z=0$ 为孤立奇点。但函数可能存在非孤立的奇点。

若函数 $f(z)$ 在点 $z=z_0$ 的无论多么小的邻域内,总有除点 z_0 以外的奇点,则称 z_0 是 $f(z)$ 的**非孤立奇点**。例如函数 $f(z)=\dfrac{1}{\sin\dfrac{1}{z}}$,易见 $z=0$ 是它的一个奇点,但除此之外,$\dfrac{1}{z}=n\pi$ 即 $z=\dfrac{1}{n\pi}$

$(n=\pm1,\pm2,\pm3)$ 也是它的奇点。当 n 的绝对值逐渐增加时,$\dfrac{1}{n\pi}$ 可任意接近于点 $z=0$。换句话说,在点 $z=0$ 的无论多么小的去心邻域内,总有 $f(z)$ 的其他奇点存在,所以 $z=0$ 不是 $f(z)$ 的孤立奇点,即非孤立奇点。

定义 5.1.2　解析部分,主要部分　若 z_0 为 $f(z)$ 的孤立奇点,由第 4 章的罗朗级数展开定理,则 $f(z)$ 在点 z_0 的去心邻域内可展成罗朗级数

$$f(z) = \sum_{k=-\infty}^{+\infty} a_k(z-z_0)^k = \sum_{k=-\infty}^{-1} a_k(z-z_0)^k + \sum_{k=0}^{+\infty} a_k(z-z_0)^k \qquad (5.1.1)$$

上述级数的正幂项(含常数项)$\displaystyle\sum_{k=0}^{+\infty} a_k(z-z_0)^k$ 称为函数 $f(z)$ 在 z_0 点的罗朗级数的**解析部分**(或正则部分),而负幂项 $\displaystyle\sum_{k=-\infty}^{-1} a_k(z-z_0)^k$ 称为函数 $f(z)$ 在 z_0 点的罗朗级数的**主要部分**。

5.1.2　孤立奇点的分类及其判断定理

根据函数在孤立奇点的去心邻域内罗朗级数的性质,可以将解析函数的孤立奇点分成 3 类:可去奇点,极点,本性奇点。

1. 可去奇点

定义 5.1.3　可去奇点　设点 z_0 为 $f(z)$ 的孤立奇点,若 $f(z)$ 在点 z_0 的去心邻域内的罗朗

级数无主要部分(即无负幂次项),则称点 z_0 为 $f(z)$ 的可去奇点。

这时,$f(z)$ 在点 z_0 的去心邻域内的罗朗级数实际上就是一个普通的幂级数

$$a_0+a_1(z-z_0)+\cdots+a_k(z-z_0)^k+\cdots \tag{5.1.2}$$

因此,这个幂级数的和函数 $F(z)$ 是在点 z_0 解析的函数,且当 $z\neq z_0$ 时,$F(z)=f(z)$;当 $z=z_0$ 时,$F(z_0)=a_0$。由于

$$\lim_{z\to z_0}f(z)=\lim_{z\to z_0}f(z)=F(z_0)=a_0$$

所以无论 $f(z)$ 原来在点 z_0 是否有定义,若令 $f(z_0)=a_0$,那么在圆域 $|z-z_0|<\delta$ 内就有

$$f(z)=a_0+a_1(z-z_0)+\cdots+a_k(z-z_0)^k+\cdots$$

从而 $f(z)$ 在点 z_0 处就成为了解析函数。故称点 z_0 为可去奇点。

例如,$z=0$ 是函数 $f(z)=\dfrac{\sin z}{z}$ 的可去奇点。因为这个函数在 $z=0$ 的去心邻域内的罗朗级数

$f(z)=\dfrac{\sin z}{z}=1-\dfrac{1}{3!}z^2+\dfrac{1}{5!}z^4-\cdots$ 中不含负幂次项,并且若我们约定 $f(z)$ 在 $z=0$ 的值为 1,那么点 $z=$

0 就是函数 $f(z)$ 的解析点,因此 $z=0$ 称为函数 $f(z)=\dfrac{\sin z}{z}$ 的可去奇点。

定理 5.1.1　可去奇点的判定定理:

(1) $f(z)$ 在奇点 z_0 的去心邻域内的罗朗级数中无主要部分;

(2) $\lim\limits_{z\to z_0}f(z)=a_0(a_0\neq\infty)$;

(3) $f(z)$ 在 z_0 的去心邻域内有界。

以上任何一条均可作为判别奇点是否为可去奇点的判断标准,也可作为可去奇点的定义。

2. 极点

由于极点与零点有一定关系,而零点的概念易于理解,故先给出零点的概念,然后介绍极点的定义以及极点与零点的关系,最后介绍极点的判定定理。

(1) 零点概念

定义 5.1.4　零点　不恒等于零的解析函数 $f(z)$ 如果能表示成

$$f(z)=(z-z_0)^m\varphi(z) \tag{5.1.3}$$

其中,$\varphi(z)$ 在 z_0 点解析并且 $\varphi(z_0)\neq0,m$ 为某一正整数,那么 z_0 称为 $f(z)$ 的 m **级零点**。

例如,$z=0,z=1$ 分别为函数 $f(z)=z(z-1)^3$ 的一级与三级零点。

根据这个定义我们可以得到如下零点的判定定理。

定理 5.1.2　零点判定定理　如果 $f(z)$ 在 z_0 解析,那么 z_0 为 $f(z)$ 的 m 级零点的充要条件是

$$f(z_0)=f'(z_0)=\cdots=f^{(m-1)}(z_0)=0 \quad 且 f^{(m)}(z_0)\neq0 \tag{5.1.4}$$

【证明】必要性。事实上,若解析函数 $f(z)$ 以 z_0 为 m 级零点,那么根据零点定义,$f(z)$ 可以表示为式(5.1.3)的形式。设解析的函数 $\varphi(z)$ 在点 z_0 的泰勒级数展开式为

$$\varphi(z)=c_0+c_1(z-z_0)+c_2(z-z_0)^2+\cdots$$

其中,$c_0=\varphi(z_0)\neq0$,从而 $f(z)$ 在 z_0 的泰勒级数为

$$f(z)=c_0(z-z_0)^m+c_1(z-z_0)^{m+1}+c_2(z-z_0)^{m+2}+\cdots$$

上式说明,$f(z)$ 在 z_0 的泰勒展开式的前 m 项(即幂次低于 m 的项)的系数为零。由泰勒级数的系数公式可知,这时 $f^{(k)}(z_0)=0(k=0,1,2,\cdots,m-1)$,而 $\dfrac{f^{(m)}(z_0)}{m!}=c_0\neq0$。这就证明了

式(5.1.4)是 z_0 为 $f(z)$ 的 m 级零点的必要条件。

充分条件很容易证明,由读者自己进行论证。

例如,$z=1$ 是 $f(z)=z^3-1$ 的零点,由于 $f'(1)=3z^2\big|_{z=1}=3\neq0$,故可判断 $z=1$ 是函数 $f(z)$ 的一级零点。

(2) 极点的概念

定义 5.1.5　极点　如果 $f(z)$ 在其孤立奇点 z_0 的去心邻域内,罗朗级数中的主要部分为有限多项(即有限个负幂项),即

$$f(z)=\frac{a_{-m}}{(z-z_0)^m}+\frac{a_{-(m-1)}}{(z-z_0)^{m-1}}+\cdots+\frac{a_{-1}}{z-z_0}+a_0+a_1(z-z_0)+\cdots\quad(a_{-m}\neq0,m\geq1)\quad(5.1.5)$$

则 z_0 称为 $f(z)$ 的**极点**,且为 m **阶极点**。

式(5.1.5)也可写为

$$f(z)=\frac{\lambda(z)}{(z-z_0)^m}\tag{5.1.6}$$

其中,函数 $\lambda(z)=a_{-m}+a_{-m+1}(z-z_0)+\cdots+a_0(z-z_0)^m+\cdots$ 在 $|z-z_0|<\delta$ 内是解析函数,且 $\lambda(z_0)\neq0$。

反过来,若任何一个函数 $f(z)$ 能表示为式(5.1.6)的形式,且 $\lambda(z_0)\neq0$,那么 z_0 点是 $f(z)$ 的 m 阶极点。

如果 z_0 是 $f(z)$ 的极点,由式(5.1.6)有

$$\lim_{z\to z_0}|f(z)|=+\infty\quad\text{或}\quad\lim_{z\to z_0}f(z)=\infty$$

例 5.1.1　对有理分式函数 $f(z)=\dfrac{5z+1}{(z-1)(2z+1)^2}$ 判断奇点及其类型。

【解】　根据式(5.1.6),可以判断该函数以 $z=1$ 为一阶极点,$z=-\dfrac{1}{2}$ 为二阶极点。

(3) 零点与极点的关系

定理 5.1.3　如果点 z_0 是函数 $f(z)$ 的 m 阶极点,那么点 z_0 就是函数 $\dfrac{1}{f(z)}$ 的 m 级零点,反过来也成立。

【证明】如果 z_0 是函数 $f(z)$ 的 m 阶极点,根据式(5.1.6),有

$$f(z)=\frac{\lambda(z)}{(z-z_0)^m}$$

其中,函数 $\lambda(z)=a_{-m}+a_{-m+1}(z-z_0)+\cdots+a_0(z-z_0)^m+\cdots$ 在 z_0 点及其邻域 $|z-z_0|<\delta$ 内是解析函数,且 $\lambda(z_0)\neq0$。所以当 $z\neq z_0$ 时,有

$$\frac{1}{f(z)}=(z-z_0)^m\frac{1}{\lambda(z)}=(z-z_0)^m h(z)\tag{5.1.7}$$

显然,函数 $h(z)$ 也在 z_0 解析,且 $h(z_0)\neq0$。

由于 $\lim\limits_{z\to z_0}\dfrac{1}{f(z)}=0$,因此 $\dfrac{1}{f(z_0)}=0$,那么由式(5.1.7)知点 z_0 是 $\dfrac{1}{f(z)}$ 的 m 级零点。

反过来,如果点 z_0 是 $\dfrac{1}{f(z)}$ 的 m 级零点,那么 $\dfrac{1}{f(z)}=(z-z_0)^m\varphi(z)$。这里 $\varphi(z)$ 在点 z_0 解析,并且 $\varphi(z_0)\neq0$,则当 $z\neq z_0$ 时,得到

$$f(z)=\frac{1}{(z-z_0)^m}\psi(z)$$

而 $\psi(z) = \dfrac{1}{\varphi(z)}$ 在 z_0 解析，并且 $\psi(z_0) \neq 0$，所以 z_0 是 $f(z)$ 的 m 阶极点。

上述定理为判断函数的极点提供了一个较为简单的方法。

（4）极点的判定定理

定理 5.1.4　极点的判定定理

① $f(z)$ 在奇点 z_0 的去心邻域内的罗朗级数的主要部分为有限多项；

② $f(z)$ 在 z_0 点的去心邻域 $0 < |z-z_0| < R$ 内能表示为如下形式：

$$f(z) = \frac{\lambda(z)}{(z-z_0)^m} \quad (m \geq 1)$$

其中，函数 $\lambda(z)$ 在 $|z-z_0| < \delta$ 内是解析的，且 $\lambda(z_0) \neq 0$。

③ 函数 $h(z) = \dfrac{1}{f(z)}$ 以 z_0 为 m 级零点。

④ $\lim\limits_{z \to z_0} f(z) = \infty$。

以上任何一条均可作为极点的判断标准，也可作为极点的定义。第 4 条不能指明极点的阶数。

例 5.1.2　求函数 $\dfrac{1}{\sin z}$ 的孤立奇点，并判断类型及阶数。

【解】　函数 $\dfrac{1}{\sin z}$ 的奇点显然是使 $\sin z = 0$ 的点，这些奇点是 $z = k\pi$（$k = 0, \pm 1, \pm 2, \cdots$）。它们都是孤立奇点，则

$$(\sin z)' \big|_{z=k\pi} = \cos z \big|_{z=k\pi} = (-1)^k \neq 0$$

所以 $z = k\pi$ 都是 $\sin z$ 的一级零点，从而是 $\dfrac{1}{\sin z}$ 的一阶极点。

3. 本性奇点

定义 5.1.6　本性奇点　如果 $f(z)$ 在其孤立奇点 z_0 的去心邻域的罗朗级数中主要部分为无限多项（即含无限多个负幂项），则点 z_0 称为 $f(z)$ 的**本性奇点**。

定理 5.1.5　本性奇点的判定定理：

（1）$f(z)$ 在奇点 z_0 的去心邻域内的罗朗级数的主要部分为无限多项。

（2）当 $z \to z_0$ 时，$f(z)$ 既不趋向于 ∞，也不趋向于任何一个有限值，即 $\lim\limits_{z \to z_0} f(z)$ 不存在。

以上任何一条均可作为本性奇点的判断标准，也可作为本性奇点的定义。

若函数 $f(z)$ 具有 $f(z) = e^{g(z)}$ 的形式，我们还可以引入一个实用的简便判别法，即若 $g(z)$ 以 z_0 为极点，则函数 $f(z) = e^{g(z)}$ 以 z_0 为本性奇点。

例 5.1.3　判断 $z = 0$ 是函数 $f(z) = e^{\frac{1}{z}}$ 的什么类型的奇点。

【解】　根据上述介绍的方法，函数具有 $f(z) = e^{g(z)} = e^{\frac{1}{z}}$ 的形式，而 $g(z) = \dfrac{1}{z}$ 以 $z = 0$ 为极点，所以 $z = 0$ 为 $f(z) = e^{\frac{1}{z}}$ 的本性奇点。

事实上，根据展开式 $e^{\frac{1}{z}} = 1 + \dfrac{1}{z} + \dfrac{1}{2!z^2} + \dfrac{1}{3!z^3} + \cdots$ 易见，$z = 0$ 为 $f(z) = e^{\frac{1}{z}}$ 的本性奇点。

5.2　解析函数在无穷远点的性质

首先假定函数 $f(z)$ 在无穷远点 $z=\infty$ 的去心邻域 $R<|z|<+\infty$ 内解析(这时称点 ∞ 为 $f(z)$ 的孤立奇点),作变换 $t=\dfrac{1}{z}$,且规定这个变换把扩充 z 平面上的无穷远点 $z=\infty$ 映射成扩充 t 平面上的点 $t=0$,则变换 $t=\dfrac{1}{z}$ 把扩充 z 平面上无穷远点 $z=\infty$ 的去心邻域 $R<|z|<+\infty$ 映射成扩充 t 平面上原点的去心邻域 $0<|t|<\dfrac{1}{R}$,且

$$f(z)=f\left(\dfrac{1}{t}\right)=\varphi(t) \tag{5.2.1}$$

这样,我们就可以把在去心邻域 $R<|z|<+\infty$ 内对函数 $f(z)$ 的研究,转化为在去心邻域 $0<|t|<\dfrac{1}{R}$ 内对函数 $\varphi(t)$ 的研究。

首先,函数 $\varphi(t)$ 在去心邻域 $0<|t|<\dfrac{1}{R}$ 内是解析的,因此 $t=0$ 是 $\varphi(t)$ 的孤立奇点。若 $t=0$ 是函数 $\varphi(t)$ 的可去奇点、m 阶极点或本性奇点,则点 $z=\infty$ 称为 $f(z)$ 的可去奇点、m 阶极点或本性奇点。

设在 $t=0$ 的去心邻域 $0<|t|<\dfrac{1}{R}$ 内,$\varphi(t)$ 的罗朗展开式为

$$\varphi(t)=\sum_{k=-\infty}^{+\infty}a_k t^k \tag{5.2.2}$$

令 $t=\dfrac{1}{z}$,再由式(5.2.1)得

$$f(z)=\sum_{k=-\infty}^{+\infty}c_k z^k \tag{5.2.3}$$

其中,$c_k=a_{-k}(k=0,\pm1,\pm2,\cdots)$。式(5.2.3)为 $f(z)$ 在无穷远点 $z=\infty$ 的去心邻域 $R<|z|<+\infty$ 内的罗朗展开式。对应于式(5.2.2),展开式中的负幂次项为 $\varphi(t)$ 在 $t=0$ 邻域的主要部分,故我们对应地称式(5.2.3)展式中的正幂次 $\sum_{k=1}^{\infty}a_k z^k$ 为 $f(z)$ 在 $z=\infty$ 邻域的主要部分。

由上述定义及前面讨论的有限远点的性质,容易推证下述定理。

定理 5.2.1　函数 $f(z)$ 的孤立奇点 $z=\infty$ 为可去奇点的充分必要条件是下列三条中的任何一条成立:

(1) $f(z)$ 在 $z=\infty$ 的罗朗展开式中无主要部分;

(2) $\lim\limits_{z\to\infty}f(z)=b,(b\ne\infty)$;

(3) $f(z)$ 在无穷远点 $z=\infty$ 的某去心邻域内有界。

定理 5.2.2　函数 $f(z)$ 的孤立奇点 $z=\infty$ 为 m 阶极点的充分必要条件是下列两条中的任何一条成立:

(1) $f(z)$ 在 $z=\infty$ 的罗朗展开式中主要部分有 m 项,即

$$f(z)=a_1 z+a_2 z^2+a_3 z^3+\cdots+a_m z^m \quad (a_m\ne0)$$

(2) $f(z)$ 在无穷远点 $z=\infty$ 的某去心邻域内可表示成

$$f(z)=\lambda(z)z^m$$

其中,$\lambda(z)$在$z=\infty$的邻域内解析,且$\lambda(\infty)\neq0$。

由$f(z)$在极点$z=\infty$的主要部分表达式知,$f(z)$的孤立奇点$z=\infty$为极点的充分必要条件是$\lim\limits_{z\to\infty}f(z)=\infty$。

定理 5.2.3 函数$f(z)$的孤立奇点$z=\infty$为本性奇点的充分必要条件是下列两条中的任何一条成立:

(1) $f(z)$在$z=\infty$的罗朗展开式中主要部分有无穷多项;

(2) $\lim\limits_{z\to\infty}f(z)$不存在,即当$z$趋向于$\infty$时,$f(z)$不趋向于任何值(有限或无穷)。

例如,$z=\infty$是$\dfrac{z}{1+z}$的可去奇点,因为$\lim\limits_{z\to\infty}\dfrac{z}{1+z}=1$;$z=\infty$是$z+\dfrac{1}{z}$的极点,因为$\lim\limits_{z\to\infty}\left(z+\dfrac{1}{z}\right)=\infty$,而且显然为一阶极点。

例如,

$$\mathrm{e}^z=\sum_{k=0}^{+\infty}\frac{z^k}{k!},\quad \sin z=\sum_{k=0}^{+\infty}(-1)^k\frac{z^{2k+1}}{(2k+1)!},\quad \cos z=\sum_{k=0}^{+\infty}(-1)^k\frac{z^{2k}}{(2k)!}$$

以无穷远点为本性奇点。而多项式$a_0+a_1z+\cdots+a_nz^n$以无穷远点为n阶极点。

例 5.2.1 求函数$\dfrac{\tan(z-1)}{z-1}$的奇点(包括讨论无穷远点),并确定其类型。

【解】 $\dfrac{\tan(z-1)}{z-1}=\dfrac{\sin(z-1)}{(z-1)\cos(z-1)}$,故以$z=1$为可去奇点;$z_k=1+\dfrac{2k+1}{2}\pi(k=0,\pm1,\cdots)$为一阶极点;$z=\infty$为这些极点的极限点,是非孤立奇点。

5.3　留数概念

定义 5.3.1 有限远点留数 若函数$f(z)$在z_0的去心邻域$0<|z-z_0|<R$内解析,则在此邻域内,$f(z)$可展开成罗朗级数

$$f(z)=\cdots a_{-n}(z-z_0)^{-n}+\cdots+a_{-2}(z-z_0)^{-2}+a_{-1}(z-z_0)^{-1}+$$
$$a_0+a_1(z-z_0)+\cdots+a_n(z-z_0)^n+\cdots \tag{5.3.1}$$

在$0<|z-z_0|<R$内任取一条绕z_0的正向简单闭曲线C,对上式两边在C上积分,并利用积分公式

$$\oint_C\frac{1}{(z-z_0)^n}\mathrm{d}z=\begin{cases}2\pi\mathrm{i} & (n=1)\\0 & (n\neq1)\end{cases}$$

可知,式(5.3.1)右端各项的积分除了$a_{-1}(z-z_0)^{-1}$项等于$2\pi\mathrm{i}a_{-1}$,其余各项的积分都等于0,所以

$$\oint_C f(z)\mathrm{d}z=2\pi\mathrm{i}a_{-1} \tag{5.3.2}$$

我们把(余留下的)这个积分值除以$2\pi\mathrm{i}$后得到的数称为$f(z)$在有限远点z_0处的**留数**,也称为**残数**(Residue),记为$\mathrm{Res}f(z_0)$或$\mathrm{Res}[f(z),z_0]$或$\mathrm{Res}f(z)\big|_{z=z_0}$,即

$$\mathrm{Res}f(z_0)=\frac{1}{2\pi\mathrm{i}}\oint_L f(z)\mathrm{d}z=a_{-1} \tag{5.3.3}$$

留数定义为我们提供了两个计算留数的方法:一是将$f(z)$在$0<|z-z_0|<R$内展开成罗朗级数,取其-1次幂项的系数a_{-1}的值即可;二是计算$\dfrac{1}{2\pi\mathrm{i}}\oint_L f(z)\mathrm{d}z$。

例 5.3.1 求函数 $f(z)=z\mathrm{e}^{\frac{1}{z}}$ 在孤立奇点 $z=0$ 处的留数。

【解】 由于在 $0<|z|<R$ 内有

$$z\mathrm{e}^{\frac{1}{z}}=z+1+\frac{1}{2!}z^{-1}+\frac{1}{3!}z^{-2}+\cdots$$

因此
$$\mathrm{Res}[f(z),0]=a_{-1}=\frac{1}{2}$$

例 5.3.2 求 $\mathrm{Res}\left[\dfrac{\mathrm{e}^{\frac{1}{z}}}{z^2-z},1\right]$。

【解】 此题若用寻找 $\dfrac{\mathrm{e}^{\frac{1}{z}}}{z^2-z}$ 在 $0<|z-1|<R$ 内的罗朗展开式 a_{-1} 的方法计算,则运算较为复杂,因而可考虑用计算积分的方法。

$$\mathrm{Res}\left[\frac{\mathrm{e}^{\frac{1}{z}}}{z^2-z},1\right]=\frac{1}{2\pi\mathrm{i}}\oint_L\frac{\mathrm{e}^{\frac{1}{z}}}{z^2-z}\mathrm{d}z=\frac{1}{2\pi\mathrm{i}}\oint_L\frac{\frac{\mathrm{e}^{\frac{1}{z}}}{z}}{z-1}\mathrm{d}z=\frac{1}{2\pi\mathrm{i}}\cdot2\pi\mathrm{i}\left(\frac{\mathrm{e}^{\frac{1}{z}}}{z}\right)\Bigg|_{z=1}=e$$

上式使用了柯西积分公式,其中 L 为内部不含点 0 且不经过点 1 但包含点 1 在其内部的任意闭曲线。

当函数比较复杂时,用留数定义计算留数较为困难,因此我们需要建立计算留数的其他方法。事实上,下面介绍的无穷远点留数为我们的计算提供了方便。

定义 5.3.2 无穷远点留数 设 ∞ 为 $f(z)$ 的一个孤立奇点,即 $f(z)$ 在去心邻域 $R<|z|<+\infty$ 内解析,则定义函数 $f(z)$ 在 $z=\infty$ 处的留数为

$$\mathrm{Res}f(\infty)=\frac{1}{2\pi\mathrm{i}}\oint_L f(z)\mathrm{d}z \tag{5.3.4}$$

其中,L：$|z|=\rho>R$,积分方向为顺时针方向(实际上是包含无穷远点的区域的正方向)。

如果 $f(z)$ 在 $z=\infty$ 的去心邻域 $R<|z|<+\infty$ 内的罗朗级数为

$$f(z)=\cdots+\frac{c_{-n}}{z^n}+\cdots+\frac{c_{-1}}{z}+c_0+c_1z+\cdots+c_nz^n+\cdots \tag{5.3.5}$$

得到

$$\mathrm{Res}f(\infty)=\frac{1}{2\pi\mathrm{i}}\oint_L f(z)\mathrm{d}z=-c_{-1} \tag{5.3.6}$$

也就是说,$\mathrm{Res}f(\infty)$ 等于 $f(z)$ 在 ∞ 的去心邻域的罗朗展开式中 $\dfrac{1}{z}$ 项系数的负值。

此外,无穷远点的留数与有限远点的留数还有一个重大差别:当函数 $f(z)$ 以 $z=\infty$ 为可去奇点或解析点时,其留数 $\mathrm{Res}f(\infty)$ 可能不等于 0。例如 $f(z)=\dfrac{1}{z}$,以 $z=\infty$ 为可去奇点,但留数 $\mathrm{Res}f(\infty)=-1$;函数 $f(z)=\dfrac{z-1}{z}$ 以 $z=\infty$ 为可去奇点,但留数 $\mathrm{Res}f(\infty)=1$。

说明:无穷远点概念以及无穷远点留数概念是非常重要的。如果我们能把握住无穷远点的许多本质问题,则能深刻理解下面即将学习的留数定理及留数和定理,从而使得许多复杂的积分计算简单化。作者正是本着这一愿望来介绍有限和无限的联系。

① **定义的区别**。无穷远点留数定义与有限远点留数定义是不一样的,或者说是不对称

的。有限远点的留数定义为函数在该有限远点邻域展开式 -1 次幂的系数。而无限远点的留数定义为函数在无限远点邻域展开式 -1 次幂系数的负值。这样定义是确保积分的基本性质：

$$\oint_L f(z)\mathrm{d}z = -\oint_L f(z)\mathrm{d}z \text{ 成立的必然结果。}$$

② **有限和无限的联系**。分析第一种情形：假设 L 内仅含一个奇点 z_0（且为有限远点）的简单情形，设函数为 $f(z) = \dfrac{1}{z-z_0}$。根据积分性质和留数定义，则必然有

$$\oint_L f(z)\mathrm{d}z = -\oint_L f(z)\mathrm{d}z = -\oint_L \frac{\mathrm{d}z}{z-z_0} \neq 0$$

因此即使 ∞ 是函数 $f(z)$ 的解析点，只要有限远点 $z=z_0$ 不解析，则在无穷远点的留数不为 0。而且，积分区域内仅含一个奇点（有限远点），故环路积分不等于 0。

分析第二种情形：设奇点 z_0 在 L 的外部，所以 $\oint_L f(z)\mathrm{d}z = \oint_L \dfrac{\mathrm{d}z}{z-z_0} = 0$，因此

$$\oint_L f(z)\mathrm{d}z = -\oint_L f(z)\mathrm{d}z = -\oint_L \frac{\mathrm{d}z}{z-z_0} = 0$$

但是这种情形下 L 的外部有奇点 z_0，却得出了 $\oint_L f(z)\mathrm{d}z = 0$。这只能理解为是由于（奇特的）无穷远点抵消掉了该奇点 z_0 的作用而使得总积分效应为 0。

思考：

① 能否完全对称地定义有限远点和无穷远点的留数概念？

② 被积函数有多个奇点（属有限远点且奇点个数有限）并全含于积分区域内，积分值如何？

③ 被积函数有多个奇点（属有限远点且奇点个数有限），部分含于积分区域内，部分奇点在积分区域外，如何计算积分？

这些问题的解决自然使我们想到留数定理、留数和定理。

5.4　留数定理与留数和定理

留数概念在复变函数理论及实际应用中具有重要意义。本节主要介绍留数定理、留数和定理。

定理 5.4.1　留数定理　设函数 $f(z)$ 在区域 D 内除有限个孤立奇点 $z_1, z_2, \cdots, z_n$ 外处处解析，L 为区域内包围各奇点的一条正向简单闭曲线，则

$$\oint_L f(z)\,\mathrm{d}z = 2\pi \mathrm{i} \sum_{k=1}^{n} \mathrm{Res} f(z_k) \tag{5.4.1}$$

【证明】 在 D 内将孤立奇点 $z_k (k=1,2,\cdots,n)$ 分别用互不包含且互不相交的围线 C_k 围绕起来，而围线 L 包围了所有的奇点，如图 5.1 所示。应用复围线的柯西积分定理得

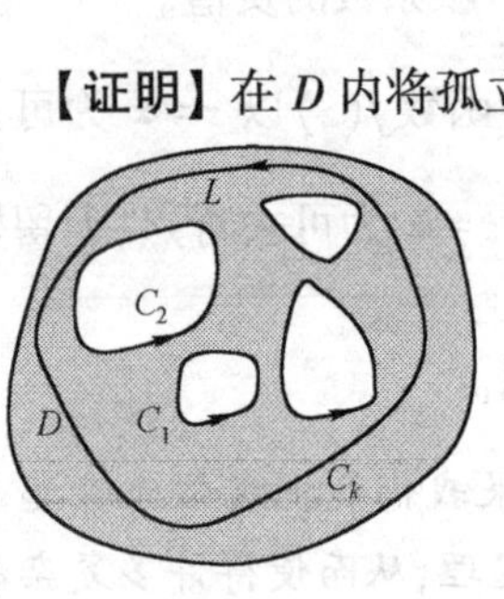

$$\oint_L f(z)\,\mathrm{d}z = \sum_{k=1}^{n} \oint_{C_k} f(z)\,\mathrm{d}z$$

根据留数定义有

$$\oint_{C_k} f(z)\,\mathrm{d}z = 2\pi \mathrm{i} \mathrm{Res} f(z_k)$$

图 5.1

代入即得 $\oint_L f(z)\,\mathrm{d}z = 2\pi\mathrm{i}\sum_{k=1}^{n}\mathrm{Res}f(z_k)$。

说明：利用这个定理，求沿封闭曲线 L 的积分可以转化为求被积函数在 L 中的各孤立奇点处的留数。

定理 5.4.2　留数和定理　设函数 $f(z)$ 在扩充复平面上除了有限远点 $z_k(k=1,2,\cdots,n)$，以及点 $z=\infty$ 以外处处解析，则

$$\sum_{k=1}^{n}\mathrm{Res}f(z_k) + \mathrm{Res}f(\infty) = 0 \tag{5.4.2}$$

【证明】 以原点为中心作一大圆 $|z|=R$，使其内部包含全部点 $z_k(k=1,2,\cdots,n)$，由留数定理有

$$\frac{1}{2\pi\mathrm{i}}\oint_{|z|=R} f(z)\,\mathrm{d}z = \sum_{k=1}^{n}\mathrm{Res}f(z_k)$$

根据无穷远点留数定义有

$$\mathrm{Res}f(\infty) = \frac{1}{2\pi\mathrm{i}}\oint_{|z|=R} f(z)\,\mathrm{d}z = -\frac{1}{2\pi\mathrm{i}}\oint_{|z|=R} f(z)\,\mathrm{d}z$$

由上两式，得到 $\sum_{k=1}^{n}\mathrm{Res}f(z_k) + \mathrm{Res}f(\infty) = 0$。

不难看出，诸有限远奇点的留数计算可以转化为一个无穷远点留数的负值，即 $\sum_{k=1}^{n}\mathrm{Res}f(z_k) = -\mathrm{Res}f(\infty)$。下面我们介绍留数的计算方法及其在积分计算中的典型应用。

5.5　留数的计算方法

由留数定理得知，计算函数 $f(z)$ 沿 C 的积分，可归结为计算围线 C 内各孤立奇点处的留数之和。而留数又是该奇点处的罗朗级数的-1 次幂的系数，因此我们只关心该奇点处罗朗级数中的-1 次幂的系数，也就是说，不必完全求出罗朗级数就可以完全确定该点的留数。

下面介绍求留数的几种常用方法，可根据具体条件选择一个较方便的方法来进行计算。

5.5.1　有限远点留数的计算方法

1. z_0 为 $f(z)$ 的可去奇点

若 z_0 为 $f(z)$ 的可去奇点，则 $f(z)$ 在 $0<|z-z_0|<R$ 内的罗朗展开式中不含负幂项，从而 $a_{-1}=0$，故当 z_0 为 $f(z)$ 的可去奇点时，有

$$\mathrm{Res}f(z_0) = 0 \tag{5.5.1}$$

2. z_0 为 $f(z)$ 的一阶极点

（1）第一种情形

若 z_0 为 $f(z)$ 的一阶极点，则 $f(z)$ 在 $0<|z-z_0|<R$ 内的罗朗展开式为

$$f(z) = a_{-1}(z-z_0)^{-1} + a_0 + a_1(z-z_0) + \cdots$$

显然，$a_{-1}=\lim_{z\to z_0}(z-z_0)f(z)$，故当 z_0 为 $f(z)$ 的一阶极点时，有

$$\mathrm{Res}f(z_0) = \lim_{z\to z_0}(z-z_0)f(z) \tag{5.5.2}$$

（2）第二种情形

若 z_0 为 $f(z)=\dfrac{P(z)}{Q(z)}$ 的一阶极点，且 $Q'(z_0)\neq 0$，则

$$\text{Res} f(z_0) = \frac{P(z_0)}{Q'(z_0)} \tag{5.5.3}$$

【证明】因为 z_0 为 $f(z)$ 的一阶极点,所以 $Q(z_0)=0$,且由上述方法知

$$\text{Res} f(z_0) = \lim_{z \to z_0}(z-z_0)f(z) = \lim_{z \to z_0} \frac{P(z)}{\dfrac{Q(z)-Q(z_0)}{z-z_0}} = \frac{P(z_0)}{Q'(z_0)}$$

3. z_0 为 $f(z)$ 的 m 阶极点

若 z_0 为 $f(z)$ 的 m 阶极点,则

$$\text{Res} f(z_0) = \frac{1}{(m-1)!}\lim_{z \to z_0} \frac{\mathrm{d}^{m-1}}{\mathrm{d}z^{m-1}}\left[(z-z_0)^m f(z)\right] \tag{5.5.4}$$

【证明】因为 z_0 是 $f(z)$ 的 m 阶极点,所以

$$f(z) = a_{-m}(z-z_0)^{-m} + a_{-m+1}(z-z_0)^{-m+1} + \cdots +$$
$$a_{-1}(z-z_0)^{-1} + a_0 + a_1(z-z_0) + \cdots \quad (a_{-m} \neq 0)$$

从而

$$(z-z_0)^m f(z) = a_{-m} + a_{-m+1}(z-z_0) + \cdots$$
$$+ a_{-1}(z-z_0)^{m-1} + a_0(z-z_0)^m + \cdots$$

上式两边对 z 求 $m-1$ 阶导数,得

$$\frac{\mathrm{d}^{m-1}}{\mathrm{d}z^{m-1}}\left[(z-z_0)^m f(z)\right] = (m-1)!\ a_{-1} + \{\text{含有}(z-z_0)\text{的正幂项}\}$$

两边取 $z \to z_0$ 时的极限,可得

$$a_{-1} = \frac{1}{(m-1)!}\lim_{z \to z_0} \frac{\mathrm{d}^{m-1}}{\mathrm{d}z^{m-1}}\left[(z-z_0)^m f(z)\right]$$

即

$$\text{Res} f(z_0) = \frac{1}{(m-1)!}\lim_{z \to z_0} \frac{\mathrm{d}^{m-1}}{\mathrm{d}z^{m-1}}\left[(z-z_0)^m f(z)\right]$$

显然,$m=1$ 时,即退化为 z_0 为 $f(z)$ 的一阶极点的公式(5.5.2)。

4. z_0 为 $f(z)$ 的本性奇点

若 z_0 为 $f(z)$ 的本性奇点,几乎没有什么简捷方法,因此对于本性奇点处的留数,就只能利用罗朗展开式的方法或计算积分的方法来求。

例 5.5.1　求 $\text{Res}\left[\dfrac{ze^z}{z^2-1},1\right]$。

【解】　容易知道,$z=1$ 是函数 $\dfrac{ze^z}{z^2-1}$ 的一阶极点,所以

$$\text{Res}[f(z),1] = \lim_{z \to 1}(z-1)\frac{ze^z}{z^2-1} = \lim_{z \to 1}\frac{ze^z}{z+1} = \frac{e}{2}$$

另解:设 $f(z) = \dfrac{P(z)}{Q(z)}$,取 $P(z)=ze^z$,$Q(z)=z^2-1$,显然

$$\text{Res}\left[\frac{ze^z}{z^2-1},1\right] = \frac{P(1)}{Q'(1)} = \frac{e}{2}$$

例 5.5.2　求 $\text{Res}\left[\dfrac{1}{(z^2+1)^3},i\right]$。

【解】 因为 $\dfrac{1}{(z^2+1)^3}=\dfrac{1}{(z-\mathrm{i})^3(z+\mathrm{i})^3}$，所以 $z=\mathrm{i}$ 是 $\dfrac{1}{(z^2+1)^3}$ 的三阶极点，从而

$$\mathrm{Res}\left[\frac{1}{(z^2+1)^3},\mathrm{i}\right]=\frac{1}{(3-1)!}\lim_{z\to\mathrm{i}}\frac{\mathrm{d}^2}{\mathrm{d}z^2}\left((z-\mathrm{i})^3\cdot\frac{1}{(z-\mathrm{i})^3(z+\mathrm{i})^3}\right)$$

$$=\frac{1}{2}\lim_{z\to\mathrm{i}}\left[(-3)(-4)(z+\mathrm{i})^{-5}\right]=-\frac{3}{16}\mathrm{i}$$

例 5.5.3 计算积分 $\displaystyle\oint_{|z|=2}\frac{5z-2}{z(z-1)^2}\mathrm{d}z$。

【解】 被积函数 $f(z)=\dfrac{5z-2}{z(z-1)^2}$ 在圆周 $|z|=2$ 内部有一阶极点 $z=0$ 及二阶极点 $z=1$，则

$$\mathrm{Res}[f(z),0]=\lim_{z\to0}\left[z\cdot\frac{5z-2}{z(z-1)^2}\right]=\lim_{z\to0}\frac{5z-2}{(z-1)^2}=-2$$

$$\mathrm{Res}[f(z),1]=\lim_{z\to1}\frac{\mathrm{d}}{\mathrm{d}z}\left[(z-1)^2\frac{5z-2}{z(z-1)^2}\right]=\lim_{z\to1}\frac{2}{z^2}=2$$

由留数定理得

$$\oint_{|z|=2}\frac{5z-2}{z(z-1)^2}\mathrm{d}z=2\pi\mathrm{i}(-2+2)=0$$

例 5.5.4 计算积分 $\displaystyle\oint_{|z|=1}\frac{z\sin z}{(1-\mathrm{e}^z)^3}\mathrm{d}z$。

【解】 被积函数在单位圆周 $|z|=1$ 内部以 $z=0$ 为孤立奇点，直接计算较复杂，因而采用罗朗展开式求留数的方法计算。

$$\frac{z\sin z}{(1-\mathrm{e}^z)^3}=\frac{z\left(z-\dfrac{z^3}{3!}+\cdots\right)}{-\left(z+\dfrac{z^2}{2!}+\cdots\right)^3}=-\frac{z^2}{z^3}\cdot\frac{\left(1-\dfrac{z^2}{3!}+\cdots\right)}{\left(1+\dfrac{z}{2!}+\cdots\right)^3}$$

右端最后的分式在 $z=0$ 解析，故可展为 z 的幂级数：$1+a_1z+\cdots$（数字 a_1 及以下各项不必关心），于是在 $z=0$ 的去心邻域内有

$$\frac{z\sin z}{(1-\mathrm{e}^z)^3}=-\frac{1}{z}-a_1-\cdots$$

由此即得

$$\mathrm{Res}\left[\frac{z\sin z}{(1-\mathrm{e}^z)^3},0\right]=-1$$

故

$$\oint_{|z|=1}\frac{z\sin z}{(1-\mathrm{e}^z)^3}\mathrm{d}z=-2\pi\mathrm{i}$$

5.5.2 无穷远点的留数计算方法

1. 利用无穷远点留数定义或留数和定理

例 5.5.5 求函数 $f(z)=\dfrac{\mathrm{e}^z}{z^2-1}$ 在点 $z=\infty$ 处的留数。

【解】　函数 $f(z)=\dfrac{e^z}{z^2-1}$ 以 $z=1$ 及 $z=-1$ 为一阶极点,而 $z=\infty$ 为本性奇点,又 $\mathrm{Res}f(1)=\dfrac{e}{2}$,

$\mathrm{Res}f(-1)=-\dfrac{1}{2}e^{-1}$,所以

$$\mathrm{Res}f(\infty)=-\mathrm{Res}f(1)-\mathrm{Res}f(-1)=\frac{e^{-1}-e}{2}$$

2. 利用下述定理求无穷远点留数

定理 5.5.1　若 $\lim\limits_{z\to\infty}f(z)=0$,则

$$\mathrm{Res}f(\infty)=-\lim_{z\to\infty}\left[z\cdot f(z)\right] \tag{5.5.5}$$

【证明】根据条件可设 $f(z)$ 在 $z=\infty$ 的去心邻域的罗朗级数为

$$f(z)=\cdots+\frac{c_{-n}}{z^n}+\cdots+\frac{c_{-1}}{z}+0+0+0+\cdots$$

因此

$$\mathrm{Res}f(\infty)=-c_{-1}=-\lim_{z\to\infty}\left[z\cdot f(z)\right]$$

例 5.5.6　计算 $I=\displaystyle\oint_{|z|=4}\frac{5z^{27}}{(z^2-1)^4(z^4+2)^5}\mathrm{d}z$ 。

【解】　可以验证被积函数的有限远奇点 $\pm1,\sqrt[4]{2}\,e^{\frac{\pi+2k\pi}{4}i}(k=0,1,2,3)$ 均在积分区域内。按照无穷远点留数的定义及留数的计算方法得到

$$I=-\oint_{|z|=4}\frac{5z^{27}}{(z^2-1)^4(z^4+2)^5}\mathrm{d}z=-2\pi i\mathrm{Res}f(\infty)$$

利用式(5.5.5), $\mathrm{Res}f(\infty)=-\lim\limits_{z\to\infty}\left[z\cdot f(z)\right]$ 得到

$$\mathrm{Res}f(\infty)=-\lim_{z\to\infty}\left[zf(z)\right]=-5$$

所以

$$I=10\pi i$$

3. 利用下述定理求无穷远点留数

定理 5.5.2

$$\mathrm{Res}f(\infty)=-\mathrm{Res}\left[f\left(\frac{1}{z}\right)\cdot\frac{1}{z^2},0\right] \tag{5.5.6}$$

【证明】设 $f(z)$ 在 $z=\infty$ 的去心邻域的罗朗级数一般形式为

$$f(z)=\cdots+\frac{c_{-n}}{z^n}+\cdots+\frac{c_{-1}}{z}+c_0+c_1z+c_2z^2+\cdots$$

作变换 $t=\dfrac{1}{z}$,则在 $t=0$ 的去心邻域内的罗朗级数为 $f\left(\dfrac{1}{t}\right)=\cdots+c_{-1}t+c_0+c_1\dfrac{1}{t}+\cdots$,而

$$\frac{1}{t^2}f\left(\frac{1}{t}\right)=\cdots+\frac{c_{-1}}{t}+\frac{c_0}{t^2}+\frac{c_1}{t^3}+\cdots$$

利用无穷远点留数及有限远点 $(t=0)$ 留数的定义,有

$$\mathrm{Res}f(\infty)=-c_{-1}=-\mathrm{Res}\left[\frac{1}{t^2}f\left(\frac{1}{t}\right),0\right]$$

故此留数为

$$\mathrm{Res}f(\infty) = -\mathrm{Res}\left[f\left(\frac{1}{t}\right)\cdot\frac{1}{t^2}, 0\right]$$

也可写为

$$\mathrm{Res}f(\infty) = -\mathrm{Res}\left[f\left(\frac{1}{z}\right)\cdot\frac{1}{z^2}, 0\right]$$

例 5.5.7 求函数 $f(z) = 1 - \dfrac{1}{z} + \dfrac{2}{z^2} + \dfrac{3}{z^3}$ 在 $z = \infty$ 点处的留数。

【解】 可以利用式(5.5.6)来求,显然

$$\mathrm{Res}f(\infty) = -\mathrm{Res}\left[f\left(\frac{1}{z}\right)\cdot\frac{1}{z^2}, 0\right] = 1$$

5.6 用留数定理计算实积分

在自然科学中常常需要计算一些实积分,特别是计算一些在无穷区间上的积分。例如,光学问题中需要计算菲涅耳积分 $\displaystyle\int_0^\infty \cos(x^2)\mathrm{d}x$ 和 $\displaystyle\int_0^\infty \sin(x^2)\mathrm{d}x$,热传导问题中需要计算 $\displaystyle\int_0^\infty e^{-ax}\cos(bx)\mathrm{d}x$,阻尼振动问题中需要计算积分 $\displaystyle\int_0^\infty \frac{\sin x}{x}\mathrm{d}x$ 等。这些实变函数的积分需要特殊的技巧才能计算,有的很难,有的甚至不能计算。原因在于被积函数往往不能用初等函数的有限形式表示,因而就不能用牛顿 – 莱布尼兹公式计算。通过本节的学习我们会发现,这些实积分可以转化为复变函数的环路积分(注意到当积分路径沿实轴时,$z = x$ 即对应于实积分),再利用留数定理,则积分显得方便易求。

利用留数定理计算实积分 $\displaystyle\int f(x)\mathrm{d}x$ 一般可采用如下步骤:

(1) 添加辅助曲线,使积分路径构成闭合曲线。

(2) 选择一个在围线内除一些孤立奇点外都解析的被积函数 $F(z)$,使得满足 $F(x) = f(x)$ 通常选用 $F(z) = f(z)$,只有少数例外。

(3) 计算被积函数 $F(z)$ 在闭合曲线内的每个孤立奇点的留数,然后求出这些留数之和。

(4) 计算辅助曲线上函数 $F(z)$ 的积分值。通常我们选择辅助线使得积分简单易求,甚至使积分直接为零。

5.6.1 $\displaystyle\int_0^{2\pi} R(\cos\theta, \sin\theta)\mathrm{d}\theta$ 型积分

这是一个实变量的积分,要用留数计算,可按上面步骤进行讨论。

定理 5.6.1 设 $f(z) = R(\cos\theta, \sin\theta)$ 为 $\cos\theta$ 和 $\sin\theta$ 的有理函数,且在 $[0, 2\pi]$ 上连续,则

$$\int_0^{2\pi} R(\cos\theta, \sin\theta)\mathrm{d}\theta = 2\pi\mathrm{i}\sum_{k=1}^n \mathrm{Res}[f(z), z_k]$$

其中,$f(z) = \dfrac{1}{\mathrm{i}z}R\left(\dfrac{z+z^{-1}}{2}, \dfrac{z-z^{-1}}{2\mathrm{i}}\right)$,$z_k(k = 1, 2, \cdots, n)$ 为单位圆 $C: |z| = 1$ 内部的 n 个孤立奇点。

【证明】 若令 $z = e^{\mathrm{i}\theta}$,则

$$\cos\theta = \frac{e^{\mathrm{i}\theta} + e^{-\mathrm{i}\theta}}{2} = \frac{z + z^{-1}}{2}$$

$$\sin\theta = \frac{e^{\mathrm{i}\theta} - e^{-\mathrm{i}\theta}}{2\mathrm{i}} = \frac{z - z^{-1}}{2\mathrm{i}}$$

$$dz = \mathrm{i}e^{\mathrm{i}\theta}d\theta = \mathrm{i}z d\theta$$

并且由变换 $z = e^{\mathrm{i}\theta}$ 知,当 θ 从 0 变到 2π 时,z 恰好沿单位圆周 C:$|z| = 1$ 的正向绕一周,所以

$$\int_0^{2\pi} R(\cos\theta,\sin\theta)d\theta = \oint_C R\left(\frac{z+z^{-1}}{2},\frac{z-z^{-1}}{2\mathrm{i}}\right)\frac{1}{\mathrm{i}z}dz \tag{5.6.1}$$

当有理函数 $f(z) = R\left(\dfrac{z+z^{-1}}{2},\dfrac{z-z^{-1}}{2\mathrm{i}}\right)\dfrac{1}{\mathrm{i}z}$ 在圆周 C:$|z| = 1$ 的内部有 n 个孤立奇点 $z_k(k = 1,2,\cdots,n)$ 时,则由留数定理有

$$\int_0^{2\pi} R(\cos\theta,\sin\theta)d\theta = 2\pi\mathrm{i}\sum_{k=1}^{n}\mathrm{Res}[f(z),z_k]$$

注:有理函数的孤立奇点均为极点。

例 5.6.1 求 $I = \displaystyle\int_0^{2\pi}\frac{d\theta}{2+\cos\theta}$ 的值。

【解】 令 $z = e^{\mathrm{i}\theta}$,则

$$I = \oint_{|z|=1}\frac{1}{2+\dfrac{z^2+1}{2z}}\cdot\frac{dz}{\mathrm{i}z} = \frac{2}{\mathrm{i}}\cdot\oint_{|z|=1}\frac{1}{z^2+4z+1}dz$$

被积函数 $f(z) = \dfrac{1}{z^2+4z+1}$ 在 $|z| = 1$ 内只有单极点 $z = -2+\sqrt{3}$,故

$$I = \frac{2}{\mathrm{i}}\times 2\pi\mathrm{i}\,\mathrm{Res}[f(z),-2+\sqrt{3}]$$

$$= 4\pi\lim_{z\to -2+\sqrt{3}}\left\{[z-(-2+\sqrt{3})]\cdot\frac{1}{z^2+4z+1}\right\}$$

$$= \frac{2\pi}{\sqrt{3}}$$

例 5.6.2 求 $I = \displaystyle\int_0^{2\pi}\frac{\cos 2\theta\,d\theta}{1-2p\cos\theta+p^2}$ $(0 < p < 1)$ 的值。

【解】 令 $z = e^{\mathrm{i}\theta}$,由于 $\cos 2\theta = \dfrac{1}{2}(e^{2\mathrm{i}\theta}+e^{-2\mathrm{i}\theta}) = \dfrac{1}{2}(z^2+z^{-2})$,因此

$$I = \oint_{|z|=1}\frac{z^2+z^{-2}}{2}\cdot\frac{1}{1-2p\cdot\dfrac{z+z^{-1}}{2}+p^2}\cdot\frac{dz}{\mathrm{i}z} = \oint_{|z|=1}\frac{z^4+1}{2\mathrm{i}z^2(1-pz)(z-p)}dz$$

设 $f(z) = \dfrac{z^4+1}{2\mathrm{i}z^2(1-pz)(z-p)}$,在积分区域 $|z| = 1$ 内函数 $f(z)$ 有二个极点:$z = 0$,$z = p$,其中 $z = 0$ 为二阶极点,$z = p$ 为一阶极点,而

$$\mathrm{Res}[f(z),0] = \lim_{z\to 0}\frac{d}{dz}[z^2 f(z)]$$

$$= \lim_{z\to 0}\frac{(z-pz^2-p+p^2 z)\cdot 4z^3 - (1+z^4)(1-2pz+p^2)}{2\mathrm{i}(z-pz^2-p+p^2 z)^2}$$

$$= -\frac{1+p^2}{2\mathrm{i}p^2}$$

$$\mathrm{Res}[f(z),p] = \lim_{z\to p}[(z-p)f(z)] = \frac{1+p^4}{2\mathrm{i}p^2(1-p^2)}$$

因此

$$I = 2\pi i \{ \operatorname{Res}[f(z),0] + \operatorname{Res}[f(z),p] \}$$
$$= 2\pi i \left[-\frac{1+p^2}{2ip^2} + \frac{1+p^4}{2ip^2(1-p^2)} \right] = \frac{2\pi p^2}{1-p^2}$$

5.6.2 $\displaystyle\int_{-\infty}^{+\infty} \frac{P(x)}{Q(x)} dx$ 型积分

定理 5.6.2 设 $f(z) = \dfrac{P(z)}{Q(z)}$ 为有理函数,其中 $P(z)$ 和 $Q(z)$ 为互质多项式,并且

① 分母 $Q(z)$ 的次数至少比 $P(z)$ 的次数高两次;

② $Q(z)$ 在实轴上没有零点。

则

$$\int_{-\infty}^{+\infty} \frac{P(x)}{Q(x)} dx = 2\pi i \sum_{\operatorname{Im} z_k > 0} \operatorname{Res}\left[\frac{P(z)}{Q(z)}, z_k \right]$$

特别地,若对应实函数 $f(x) = \dfrac{P(x)}{Q(x)}$ 为偶函数,则

$$\int_0^{+\infty} f(x) dx = \pi i \sum_{\operatorname{Im} z_k > 0} \operatorname{Res}[f(z), z_k]$$

【证明】 在 z 平面上,选取积分路径 C 为上半圆周 $C_R : |z| = R$,$\operatorname{Im}(z) \geqslant 0$ 和实轴上线段 $-R \leqslant x \leqslant R$,$\operatorname{Im}(z) = 0$ 所围成的闭曲线(如图 5.2 所示)。在

实轴上被积函数即为 $f(x) = \dfrac{P(x)}{Q(x)}$。取 R 充分大,使 C 所围

区域包含 $f(z)$ 在上半平面内的一切(有限远)孤立奇点,即

包含所有满足条件 $\operatorname{Im} z_k > 0$ 的奇点。故由留数定理得到

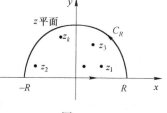

图 5.2

$$\oint_C f(z) dz = 2\pi i \sum_{\operatorname{Im} z_k > 0} \operatorname{Res}[f(z), z_k]$$

上式取 $\operatorname{Im} z_k > 0$,即为只取上半平面内的奇点求留数和。故有

$$\int_{-R}^{R} \frac{P(x)}{Q(x)} dx + \int_{C_R} f(z) dz = 2\pi i \sum_{\operatorname{Im} z_k > 0} \operatorname{Res}[f(z), z_k] \tag{5.6.2}$$

如果我们可以证出当 $R \to +\infty$ 时,$\displaystyle\int_{C_R} f(z) dz \to 0$,那么可得到 $\displaystyle\int_{-\infty}^{+\infty} \frac{P(x)}{Q(x)} dx$ 的计算公式。

事实上,对于积分 $\displaystyle\int_{C_R} f(z) dz$,令 $z = Re^{i\theta}$ $(0 \leqslant \theta \leqslant \pi)$,则 $dz = Rie^{i\theta} d\theta$,于是

$$\int_{C_R} f(z) dz = \int_0^\pi f(Re^{i\theta}) Rie^{i\theta} d\theta$$

因为 $Q(z)$ 的次数比 $P(z)$ 的次数高两次,所以

$$\lim_{z \to +\infty} zf(z) = \lim_{z \to +\infty} \frac{zP(z)}{Q(z)} = 0$$

因此,对于任给的 $\varepsilon > 0$,当 $|z| = R$ 充分大时,有

$$|zf(z)| = |f(Re^{i\theta}) Rie^{i\theta}| < \varepsilon$$

从而

$$\left| \int_{C_R} f(z) dz \right| \leqslant \int_0^\pi |f(Re^{i\theta}) Rie^{i\theta}| d\theta < \pi\varepsilon$$

即

$$\lim_{|z|=R\to+\infty}\int_{C_R}f(z)\,\mathrm{d}z=0$$

故

$$\int_{-\infty}^{+\infty}f(x)\,\mathrm{d}x=\int_{-\infty}^{+\infty}\frac{P(x)}{Q(x)}\,\mathrm{d}x=2\pi\mathrm{i}\sum_{\mathrm{Im}z_k>0}\mathrm{Res}[f(z),z_k] \tag{5.6.3}$$

特别地,若对应实函数 $f(x)=\dfrac{P(x)}{Q(x)}$ 为偶函数,则

$$\int_0^{+\infty}f(x)\,\mathrm{d}x=\pi\mathrm{i}\sum_{\mathrm{Im}z_k>0}\mathrm{Res}[f(z),z_k] \tag{5.6.4}$$

例 5.6.3　计算 $I=\displaystyle\int_{-\infty}^{+\infty}\dfrac{x^2}{(x^2+a^2)(x^2+b^2)}\mathrm{d}x\quad(a>0,b>0)$ 的值。

【解】　$f(z)=\dfrac{z^2}{(z^2+a^2)(z^2+b^2)}$ 的分母多项式次数高于分子多项式次数两次,它在上半平面内有两个单极点 $z_1=a\mathrm{i}$ 和 $z_2=b\mathrm{i}$,所以

$$\begin{aligned}
I&=2\pi\mathrm{i}\{\mathrm{Res}[f(z),a\mathrm{i}]+\mathrm{Res}[f(z),b\mathrm{i}]\}\\
&=2\pi\mathrm{i}\left[\frac{a}{2\mathrm{i}(a^2-b^2)}+\frac{b}{2\mathrm{i}(b^2-a^2)}\right]\\
&=\frac{\pi}{a+b}
\end{aligned}$$

例 5.6.4　计算 $I=\displaystyle\int_0^{+\infty}\dfrac{1}{x^4+1}\mathrm{d}x$ 的值。

【解】　$f(z)=\dfrac{1}{z^4+1}$ 的分母多项式次数高于分子多项式次数 4 次,且为偶函数,它在上半平面内有两个单极点 $z_1=\mathrm{e}^{\frac{\pi}{4}\mathrm{i}}$ 和 $z_2=\mathrm{e}^{\frac{3\pi}{4}\mathrm{i}}$,所以

$$\begin{aligned}
I&=\pi\mathrm{i}\{\mathrm{Res}[f(z),\mathrm{e}^{\frac{\pi}{4}\mathrm{i}}]+\mathrm{Res}[f(z),\mathrm{e}^{\frac{3\pi}{4}\mathrm{i}}]\}\\
&=\pi\mathrm{i}\left[\frac{1}{4\mathrm{e}^{\frac{3\pi}{4}\mathrm{i}}}+\frac{1}{4\mathrm{e}^{\frac{9\pi}{4}\mathrm{i}}}\right]=\frac{\pi}{4}\mathrm{i}(\mathrm{e}^{-\frac{3\pi}{4}\mathrm{i}}+\mathrm{e}^{-\frac{9\pi}{4}\mathrm{i}})\\
&=\frac{\sqrt{2}}{4}\pi
\end{aligned}$$

顺便指出,第一类积分可化为第二类积分,即

$$\int_0^{2\pi}R(\cos\theta,\sin\theta)\,\mathrm{d}\theta=\int_{-\pi}^{\pi}R(\cos\theta,\sin\theta)\,\mathrm{d}\theta \tag{5.6.5}$$

$$\xrightarrow{\diamondsuit\,\tan\frac{\theta}{2}=t}\int_{-\infty}^{+\infty}R\left(\frac{1-t^2}{1+t^2},\frac{2t}{1+t^2}\right)\frac{2}{1+t^2}\mathrm{d}t$$

5.6.3　$\displaystyle\int_{-\infty}^{+\infty}f(x)\mathrm{e}^{\mathrm{i}ax}\,\mathrm{d}x(a>0)$ 型积分

设 $f(x)$ 为有理分式函数,分母的次数至少比分子的次数高 1 次,且分母在实轴上没有零点。为了给出这类积分的计算方法,我们先介绍一个约当引理:

引理 5.6.1 设 C 为 $|z|=R$ 的上半圆周,函数 $f(z)$ 在 C 上连续且 $\lim\limits_{z\to\infty}f(z)=0$,则

$$\lim_{|z|=R\to+\infty}\int_C f(z)\mathrm{e}^{\mathrm{i}az}\mathrm{d}z=0 \quad (a>0) \tag{5.6.6}$$

【证明】 因为

$$\left|\int_C f(z)\mathrm{e}^{\mathrm{i}az}\mathrm{d}z\right|=\left|\int_0^\pi f(R\cos\theta+\mathrm{i}R\sin\theta)\mathrm{e}^{\mathrm{i}aR\cos\theta-aR\sin\theta}R\mathrm{i}\mathrm{e}^{\mathrm{i}\theta}\mathrm{d}\theta\right|$$

$$\leq \max|f(z)|\int_0^\pi \mathrm{e}^{-aR\sin\theta}R\mathrm{d}\theta$$

当 z 在上半平面或实轴上 $\to\infty$ 时,$f(z)$ 一致地 $\to 0$,所以 $\max|f(z)|\to 0$,从而只需证明 $\lim\limits_{R\to\infty}\int_0^\pi \mathrm{e}^{-aR\sin\varphi}R\mathrm{d}\varphi$ 即 $2\lim\limits_{R\to\infty}\int_0^{\pi/2}\mathrm{e}^{-aR\sin\varphi}R\mathrm{d}\varphi$ 是有界的。

由图 5.3 易见,在 $0\leq\varphi\leq\pi/2$ 范围内 $0\leq 2\varphi/\pi\leq\sin\varphi$

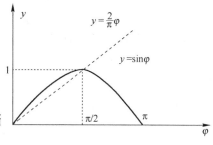

$$\int_0^{\pi/2}\mathrm{e}^{-aR\sin\varphi}R\mathrm{d}\varphi\leq\int_0^{\pi/2}\mathrm{e}^{-2aR\varphi/\pi}R\mathrm{d}\varphi=\frac{\pi}{2a}(1-\mathrm{e}^{-aR})$$

当 $R\to\infty$,上式趋于有限值。这就证明了约当引理。

注: 若 $a<0$,则对应于下半圆周上述定理成立。

图 5.3

定理 5.6.3 对于积分 $\int_{-\infty}^{+\infty}f(x)\mathrm{e}^{\mathrm{i}ax}\mathrm{d}x(a>0)$,若取函数 $F(z)=f(z)\mathrm{e}^{\mathrm{i}az}$,并且满足:

① 函数 $F(z)=f(z)\mathrm{e}^{\mathrm{i}az}$ 在 z 平面内除去有限个奇点 z_k 外处处解析,且奇点不在实轴上;

② $f(x)$ 为有理分式函数,分母的次数至少比分子的次数高一次。

则

$$\int_{-\infty}^{+\infty}f(x)\cos ax\mathrm{d}x+\mathrm{i}\int_{-\infty}^{+\infty}f(x)\sin ax\mathrm{d}x=2\pi\mathrm{i}\sum_{\mathrm{Im}z_k>0}\mathrm{Res}[F(z),z_k] \tag{5.6.7}$$

特别地,若对应的实函数 $f(x)$ 为偶函数,则

$$\int_0^{+\infty}f(x)\cos ax\mathrm{d}x=\pi\mathrm{i}\sum_{\mathrm{Im}z_k>0}\mathrm{Res}[F(z),z_k] \tag{5.6.8}$$

若对应的实函数 $f(x)$ 为奇函数,则

$$\int_0^{+\infty}f(x)\sin ax\mathrm{d}x=\pi\sum_{\mathrm{Im}z_k>0}\mathrm{Res}[F(z),z_k] \tag{5.6.9}$$

【证明】 若选取积分路径 C 为上半圆周 C_R:$|z|=R,\mathrm{Im}(z)\geq 0$ 与实轴上线段 $-R\leq x\leq R,\mathrm{Im}z=0$ 围成的闭曲线,而被积函数取为 $F(z)=f(z)\mathrm{e}^{\mathrm{i}az}$。取 R 充分大,使 C 所围区域包含 $f(z)\mathrm{e}^{\mathrm{i}az}$ 在上半平面内的所有孤立奇点,即包围满足条件 $\mathrm{Im}z_k>0$ 的奇点,由留数定理知

$$\oint_C f(z)\mathrm{e}^{\mathrm{i}az}\mathrm{d}z=2\pi\mathrm{i}\sum_{\mathrm{Im}z_k>0}\mathrm{Res}[f(z)\mathrm{e}^{\mathrm{i}az},z_k]$$

即

$$\int_{-R}^R f(x)\mathrm{e}^{\mathrm{i}ax}\mathrm{d}x+\int_{C_R}f(z)\mathrm{e}^{\mathrm{i}az}\mathrm{d}z=2\pi\mathrm{i}\sum_{\mathrm{Im}z_k>0}\mathrm{Res}[f(z)\mathrm{e}^{\mathrm{i}az},z_k]$$

因为 $f(x)$ 的分母多项式次数至少比分子多项式次数高一次,所以 $\lim\limits_{z\to\infty}f(z)=0$,由约当引理 5.6.1 知

$$\lim_{|z|=R\to+\infty}\int_{C_R}f(z)\mathrm{e}^{\mathrm{i}az}\mathrm{d}z=0 \quad (a>0)$$

故

$$\int_{-\infty}^{+\infty}f(x)\mathrm{e}^{\mathrm{i}ax}\mathrm{d}x=2\pi\mathrm{i}\sum_{\mathrm{Im}z_k>0}\mathrm{Res}[f(z)\mathrm{e}^{\mathrm{i}az},z_k]$$

又因为 $e^{iax}=\cos ax+i\sin ax$,所以

$$\int_{-\infty}^{+\infty} f(x)\cos ax\mathrm{d}x + i\int_{-\infty}^{+\infty} f(x)\sin ax\mathrm{d}x = 2\pi i\sum_{\mathrm{Im}z_k>0}\mathrm{Res}\left[F(z),z_k\right]$$

特别地,若对应的实函数 $f(x)$ 为偶函数,则

$$\int_0^{+\infty} f(x)\cos ax\mathrm{d}x = \pi i\sum_{\mathrm{Im}z_k>0}\mathrm{Res}\left[F(z),z_k\right]$$

若对应的实函数 $f(x)$ 为奇函数,则

$$\int_0^{+\infty} f(x)\sin ax\mathrm{d}x = \pi\sum_{\mathrm{Im}z_k>0}\mathrm{Res}\left[F(z),z_k\right]$$

例 5.6.5　计算 $I = \int_0^{+\infty} \dfrac{\cos x}{x^2+a^2}\mathrm{d}x(a>0)$ 的值。

【解】　因为被积函数为偶函数,所以

$$2I = \int_{-\infty}^{+\infty} \frac{\cos x}{x^2+a^2}\mathrm{d}x$$

先计算 $J = \int_{-\infty}^{+\infty} \dfrac{1}{x^2+a^2}e^{ix}\mathrm{d}x$ 的值。由于 $\dfrac{e^{iz}}{z^2+a^2}$ 在上半平面内有一阶极点 ai,因此

$$J = 2\pi i\mathrm{Res}\left[\frac{e^{iz}}{z^2+a^2},ai\right] = 2\pi i\frac{e^{-a}}{2ai} = \frac{\pi}{a}e^{-a}$$

从而

$$2I = \int_{-\infty}^{+\infty} \frac{\cos x}{x^2+a^2}\mathrm{d}x = \mathrm{Re}(J) = \frac{\pi}{a}e^{-a}$$

故

$$I = \frac{\pi}{2a}e^{-a}$$

例 5.6.6　计算 $I = \int_{-\infty}^{+\infty} \dfrac{x\sin x}{x^2-2x+10}\mathrm{d}x$ 的值。

【解】　先计算 $J = \int_{-\infty}^{+\infty} \dfrac{x}{x^2-2x+10}e^{ix}\mathrm{d}x$ 的值。

因为 $\dfrac{z}{z^2-2z+10}$ 在上半平面内有一个一阶极点 $z=1+3i$,所以

$$J = 2\pi i\mathrm{Res}\left[\frac{z}{z^2-2z+10}\cdot e^{iz},1+3i\right]$$

$$= 2\pi i\cdot\frac{1+3i}{6i}e^{i(1+3i)}$$

$$= \frac{\pi}{3}e^{-3}\left[(\cos 1-3\sin 1)+i(3\cos 1+\sin 1)\right]$$

故

$$I = \mathrm{Im}(J) = \frac{\pi}{3}e^{-3}(3\cos 1+\sin 1)$$

5.6.4　其他类型(积分路径上有奇点)的积分计算举例

上面介绍的三类积分问题都必须要求被积函数在积分路径上没有奇点,但在实际问题中常常会遇到在积分路径上(如在实轴上)有奇点的情形,下面通过具体的例子来说明积分路径有奇点的解决办法。

例 5.6.7　计算 $I = \int_0^{+\infty} \dfrac{\sin x}{x}\mathrm{d}x$ 的值。

【解】　因为 $\dfrac{\sin x}{x}$ 是偶函数,所以

$$2I = \int_{-\infty}^{+\infty} \frac{\sin x}{x} dx$$

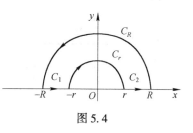

图 5.4

该积分属于 $I = \int_{-\infty}^{+\infty} f(x) \sin ax\, dx$ 类型,故计算时可取

被积函数为 $\dfrac{e^{iz}}{z}$,但由于 $z = 0$ 是 $\dfrac{e^{iz}}{z}$ 的一阶极点,它在实轴

上,为了使积分路径上没有奇点,我们取如图 5.4 所示的

路径 $C = C_1 + C_r + C_2 + C_R$。

因为 $\dfrac{e^{iz}}{z}$ 在 C 所围区域内解析,所以 $\oint_C = \dfrac{e^{iz}}{z} dz = 0$,即

$$\int_{-R}^{-r} \frac{e^{ix}}{x} dx + \int_{C_r} \frac{e^{iz}}{z} dz + \int_r^R \frac{e^{ix}}{x} dx + \int_{C_R} \frac{e^{iz}}{z} dz = 0 \qquad (5.6.10)$$

又因为

$$\frac{e^{iz}}{z} = \frac{1}{z} + i - \frac{z}{2!} + \cdots + \frac{i^n z^{n-1}}{n!} + \cdots = \frac{1}{z} + \varphi(z)$$

其中

$$\varphi(z) = i - \frac{z}{2!} + \cdots + \frac{i^n z^{n-1}}{n!} + \cdots$$

所以

$$\int_{Cr} \frac{e^{iz}}{z} dz = \int_{Cr} \frac{dz}{z} + \int_{Cr} \varphi(z) dz$$

而

$$\int_{Cr} \frac{dz}{z} = \int_\pi^0 \frac{i r e^{i\theta}}{r e^{i\theta}} d\theta = -\pi i$$

又 $\varphi(z)$ 在 $z = 0$ 处解析,且 $\varphi(0) = i$,因而当 $|z|$ 充分小时,可使 $|\varphi(z)| \leq 2$,于是

$$\left| \int_{C_r} \varphi(z) dz \right| \leq \int_{C_r} |\varphi(z)|\, ds \leq 2 \int_{C_r} ds = 2\pi r$$

从而有

$$\lim_{r \to 0} \int_{C_r} \varphi(z) dz = 0$$

因此

$$\lim_{r \to 0} \int_{C_r} \frac{e^{iz}}{z} dz = -\pi i$$

又由引理 5.6.1 知,$\lim\limits_{R \to +\infty} \int_{C_R} \dfrac{e^{iz}}{z} dz = 0$。对式(5.6.10)取 $r \to 0, R \to +\infty$ 时的极限,则有

$$\int_{-\infty}^0 \frac{e^{ix}}{x} dx - \pi i + \int_0^{+\infty} \frac{e^{ix}}{x} dx + 0 = 0$$

即

$$\int_{-\infty}^{+\infty} \frac{e^{ix}}{x} dx = \pi i$$

从而

$$\int_{-\infty}^{+\infty} \frac{\sin x}{x} dx = \text{Im}\left(\int_{-\infty}^{+\infty} \frac{e^{ix}}{x} dx \right) = \pi$$

故

$$I = \int_0^{+\infty} \frac{\sin x}{x} dx = \frac{\pi}{2}$$

此积分通常称为狄利克雷积分,在研究阻尼振动中十分有用。

例 5.6.8 计算 $I = \int_{-\infty}^{+\infty} \dfrac{e^{ax}}{1 + e^x} dx (0 < a < 1)$ 的值。

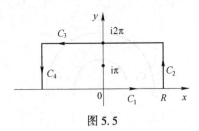

图 5.5

【解】 设被积函数为 $\dfrac{e^{az}}{1+e^z}$，可以看出，此函数仅有一个一阶极点 $z=\pi i$，且在虚轴上，取如图 5.5 所示的积分路径 $C=C_1+C_2+C_3+C_4$。

由留数定理知

$$\oint_C \frac{e^{az}}{1+e^z}dz = 2\pi i \frac{e^{az}}{(1+e^z)'}\bigg|_{z=\pi i}$$

$$= 2\pi i \cdot \frac{e^{ia\pi}}{e^{\pi i}}$$

$$= -2\pi i e^{ia\pi}$$

而

$$\oint_C \frac{e^{az}}{1+e^z}dz = \int_{C_1} \frac{e^{az}}{1+e^z}dz + \int_{C_2} \frac{e^{az}}{1+e^z}dz + \int_{C_3} \frac{e^{az}}{1+e^z}dz + \int_{C_4} \frac{e^{az}}{1+e^z}dz$$

$$= \int_{-R}^{R} \frac{e^{ax}}{1+e^x}dx + \int_0^{2\pi} \frac{e^{a(R+iy)}}{1+e^{R+iy}}i dy + \int_R^{-R} \frac{e^{a(x+i2\pi)}}{1+e^{x+2\pi i}}dx + \int_{2\pi}^0 \frac{e^{a(-R+iy)}}{1+e^{-R+iy}}i dy$$

$$= (1-e^{i2a\pi})\int_{-R}^{R} \frac{e^{ax}}{1+e^x}dx + \int_0^{2\pi} \frac{e^{a(R+iy)}}{1+e^{R+iy}}i dy + \int_{2\pi}^0 \frac{e^{a(-R+iy)}}{1+e^{-R+iy}}i dy$$

由于

$$\left|\int_0^{2\pi} \frac{e^{a(R+iy)}}{1+e^{R+iy}}i dy\right| = \int_0^{2\pi} \left|\frac{e^{a(R+iy)}}{1+e^{R+iy}}\right| dy \leqslant \int_0^{2\pi} \frac{e^{aR}}{e^R-1}dy$$

$$= 2\pi \frac{e^{aR}}{e^R-1} = 2\pi \frac{e^{(a-1)R}}{1-e^{-R}}$$

当 $0<a<1$ 时

$$\lim_{R\to+\infty} \frac{e^{(a-1)R}}{1-e^{-R}} = 0$$

从而，当 $R\to+\infty$ 时

$$i\int_0^{2\pi} \frac{e^{a(R+iy)}}{1+e^{R+iy}}dy \to 0$$

另外，$\left|\int_{2\pi}^0 \frac{e^{a(-R+iy)}}{1+e^{-R+iy}}i dy\right| = \left|\int_0^{2\pi} \frac{e^{-aR+iay}}{1+e^{-R+iy}}i dy\right| \leqslant 2\pi \frac{e^{-aR}}{1-e^{-R}}$。由于 $\lim_{R\to+\infty} \frac{e^{-aR}}{1-e^{-R}}=0$，从而当 $R\to+\infty$ 时

$$i\int_{2\pi}^0 \frac{e^{a(-R+iy)}}{1+e^{-R+iy}}dy \to 0$$

因此

$$(1-e^{i2a\pi})\int_{-\infty}^{+\infty} \frac{e^{ax}}{1+e^x}dx = -2\pi i e^{ia\pi}$$

故

$$I = \int_{-\infty}^{+\infty} \frac{e^{ax}}{1+e^x}dx = \frac{-2\pi i e^{ia\pi}}{1-e^{i2a\pi}} = \frac{\pi}{\sin \pi a}$$

5.7　典型综合实例

例 5.7.1　计算积分 $I = \oint_{|z|=4} \dfrac{z^{15}}{(z^2+1)^2(z^4+2)^3}dz$。

【解】　设 $f(z) = \dfrac{z^{15}}{(z^2+1)^2(z^4+2)^3}$，则容易验证 $f(z)$ 的有限远奇点为

$$z = \pm i, \quad z = \sqrt[4]{2}\, e^{i\frac{\pi+2k\pi}{4}} \quad (k = 0, 1, 2, 3)$$

且均包含在积分边界 $|z| = 4$ 内，若直接计算，则比较烦琐。

故根据无穷远点留数定义，有

$$I = \oint_{|z|=4} \frac{z^{15}}{(z^2+1)^2(z^4+2)^3} dz = -\oint_{|z|=4} \frac{z^{15}}{(z^2+1)^2(z^4+2)^3} dz$$

$$= -2\pi i \operatorname{Res} f(\infty)$$

因为满足 $\lim\limits_{z\to\infty} f(z) = 0$，根据计算无穷远点留数的定理 5.5.1，则

$$\operatorname{Res} f(\infty) = -\lim_{z\to\infty}\left[z \cdot f(z)\right] = -1$$

故　　　　　　　　　　　　　$I = -i2\pi \operatorname{Res} f(\infty) = i2\pi$

例 5.7.2　求积分 $\displaystyle\oint_{|z|=\sqrt{2}} \frac{dz}{z^n-1}$，其中整数 $n \geqslant 1$。

【解法 4】　解法 1~3 见第 3~4 章典型实例。利用留数计算方法对典型环路积分计算。

（1）当 $n=1$ 时，由留数理论，显然 $z=1$ 为被积函数的一阶极点，故有

$$\oint_{|z|=\sqrt{2}} \frac{dz}{z-1} = 2\pi i \operatorname{Res}\left[\frac{1}{z-1}\right]\Big|_{z=1} = 2\pi i \lim_{z\to1}\left[(z-1)\frac{1}{z-1}\right] = 2\pi i$$

（2）当 $n \geqslant 2$ 时，显然任意一个奇点 $z=z_k$ 均为被积函数的一阶极点，根据孤立奇点的留数定理，有

$$\oint_{|z|=\sqrt{2}} \frac{1}{z^n-1} dz = \oint_{|z|=\sqrt{2}} \frac{1}{(z-z_1)(z-z_2)\cdots(z-z_k)\cdots(z-z_n)} dz$$

$$= \sum_{k=1}^{n} \oint_{C_k} \frac{1}{z^n-1} dz = 2\pi i \sum_{k=1}^{n} \operatorname{Res}\left[\frac{1}{z^n-1}\right]\Big|_{z=z_k}$$

$$= 2\pi i \sum_{k=1}^{n} \frac{1}{n z^{n-1}}\Big|_{z=z_k} = \frac{2\pi i}{n} \sum_{k=1}^{n} \frac{1}{z_k^{n-1}} \quad (z_k = e^{i2k\pi/n}, z_k^n = 1, k = 1, 2, \cdots, n)$$

$$= \frac{2\pi i}{n} \sum_{k=1}^{n} \frac{z_k}{z_k^n} = \frac{2\pi i}{n} \sum_{k=1}^{n} e^{i2k\pi/n} = \frac{2\pi i}{n} \sum_{k=1}^{n} (e^{i2\pi/n})^k = \frac{2\pi i}{n} \cdot \frac{1 - (e^{i2\pi/n})^n}{1 - e^{i2\pi/n}}$$

$$= \frac{2\pi i}{n} \cdot \frac{1-1}{1 - e^{i2\pi/n}} = 0$$

【解法 5】　利用留数和定理对典型环路积分计算。

根据留数和定理，有限远奇点的各留数加无穷远点的留数之和为零，设 $f(z) = \dfrac{1}{z^n-1}$，故

$$\sum_{k=1}^{n} \operatorname{Res} f(z_k) + \operatorname{Res} f(\infty) = 0$$

$$\frac{1}{2\pi i} \oint_{|z|=\sqrt{2}} \frac{dz}{z^n-1} + \operatorname{Res} f(\infty) = 0$$

$$\oint_{|z|=\sqrt{2}} \frac{dz}{z^n-1} = -2\pi i \operatorname{Res} f(\infty)$$

因为满足 $\lim\limits_{z\to\infty} f(z) = 0$，根据计算无穷远点留数的定理 5.5.1，则

$$\mathrm{Res}f(\infty)=-\lim_{z\to\infty}\left[z\cdot\frac{1}{z^n-1}\right]=\begin{cases}-1,&n=1\\0,&n\geqslant 2\end{cases}$$

故
$$I=\oint_{|z|=\sqrt{2}}\frac{\mathrm{d}z}{z^n-1}=-2\pi\mathrm{i}\,\mathrm{Res}f(\infty)=\begin{cases}2\pi\mathrm{i},&n=1\\0,&n\geqslant 2\end{cases}$$

容易看出,利用留数定理或留数和定理(或无穷远点的留数概念)计算积分更加简单明了。

根据留数和定理进一步推广可得出如下重要推论:

推论 5.7.1 若复平面有任意 $N(N\geqslant 2)$ 个有限远点 $z_1,z_2,z_3,\cdots,z_k,\cdots,z_N$,彼此不重合,则必满足恒等式

$$\sum_{k=1}^{N}\frac{1}{\prod_{\substack{m=1\\m\neq k}}^{N}(z_k-z_m)}=0$$

其几何意义表明:复平面上任意两个以上的不重合点,其任意一点与其余诸点之差的连乘倒数累计求和必为零。有兴趣的读者可以尝试用计算机仿真方法或其他理论方法对上述恒等式进行验证和证明。

例 5.7.3 计算积分 $\displaystyle\oint_{|z|=2}\frac{\mathrm{d}z}{(z+\mathrm{i})^{10}(z-1)^5(z-4)}$。

【解】 被积函数的有限远奇点是:$-\mathrm{i},1,4$。其中 $z=4$ 在积分区域外,根据留数和定理有
$$\mathrm{Res}f(-\mathrm{i})+\mathrm{Res}f(1)+\mathrm{Res}f(4)+\mathrm{Res}f(\infty)=0$$

由于 1 和 $-\mathrm{i}$ 在积分圆周内部,由留数定理和无穷远点留数的计算方法,有
$$\oint_{|z|=2}\frac{\mathrm{d}z}{(z+\mathrm{i})^{10}(z-1)^5(z-4)}=2\pi\mathrm{i}\left[\,\mathrm{Res}f(-\mathrm{i})+\mathrm{Res}f(1)\,\right]$$
$$=-2\pi\mathrm{i}\left[\,\mathrm{Res}f(4)+\mathrm{Res}f(\infty)\,\right]$$

又
$$\mathrm{Res}f(4)=\lim_{z\to 4}(z-4)f(z)=\lim_{z\to 4}\frac{1}{(z+\mathrm{i})^{10}(z-1)^5}=\frac{1}{3^5(4+\mathrm{i})^{10}}$$
$$\mathrm{Res}f(\infty)=-\lim_{z\to\infty}\left[z\cdot f(z)\right]=0$$

故
$$\oint_{|z|=2}\frac{\mathrm{d}z}{(z+\mathrm{i})^{10}(z-1)^5(z-4)}=-2\pi\mathrm{i}\left[\frac{1}{3^5(4+\mathrm{i})^{10}}+0\right]=-\frac{2\pi\mathrm{i}}{3^5(4+\mathrm{i})^{10}}$$

例 5.7.4 计算积分 $\displaystyle\oint_{|z|=n}\tan(\pi z)\mathrm{d}z$($n$ 为正整数)。

【解】 $\tan(\pi z)=\dfrac{\sin(\pi z)}{\cos(\pi z)}$ 以 $z_k=k+\dfrac{1}{2}$ ($k=0,\pm 1,\pm 2,\cdots$)为一阶极点,故
$$\mathrm{Res}\left[\tan\pi z\right]_{z_k}=\frac{\sin(\pi z)}{\left[\cos(\pi z)\right]'}\bigg|_{z_k=k+\frac{1}{2}}=-\frac{1}{\pi}$$

于是由留数定理得
$$\oint_{|z|=n}\tan(\pi z)\mathrm{d}z=2\pi\mathrm{i}\sum_{|z_k|<n}\mathrm{Res}\left[\tan(\pi z)\right]_{z_k}=2\pi\mathrm{i}\left(\frac{-2n}{\pi}\right)=-4n\mathrm{i}$$

例 5.7.5 计算积分 $I=\displaystyle\int_0^{\pi}\frac{\cos(mx)}{5-4\cos x}\mathrm{d}x$,其中 m 为正整数。

【解】 因为积分号下的函数为偶函数,故

$$I = \frac{1}{2} \int_{-\pi}^{\pi} \frac{\cos(mx)}{5 - 4\cos x} dx$$

由于积分 $\int_{-\pi}^{\pi} \frac{\sin(mx)}{5 - 4\cos x} dx = 0$，因此

$$I = \frac{1}{2} \int_{-\pi}^{\pi} \frac{\cos(mx) + i\sin(mx)}{5 - 4\cos x} dx = \frac{1}{2} \int_{-\pi}^{\pi} \frac{e^{imx}}{5 - 4\cos x} dx$$

设 $z = e^{ix}$，则

$$I = \frac{1}{2i} \oint_{|z|=1} \frac{z^m}{5z - 2(1 + z^2)} dz$$

在 $|z| < 1$ 内，被积函数仅有一个一阶极点 $z = \frac{1}{2}$，其留数为

$$\text{Res}\left[\frac{z^m}{5z - 2(1+z^2)}, \frac{1}{2}\right] = \frac{z^m}{5 - 4z}\bigg|_{z=\frac{1}{2}} = \frac{1}{3 \times 2^m}$$

于是

$$I = \frac{1}{2i} \cdot 2\pi i \cdot \frac{1}{2^m \times 3} = \frac{\pi}{3 \times 2^m}$$

例 5.7.6　已知泊松积分公式 $\int_0^{+\infty} e^{-t^2} dt = \frac{\sqrt{\pi}}{2}$，计算积分 $\int_0^{+\infty} \sin x^2 dx$ 和 $\int_0^{+\infty} \cos x^2 dx$ 的值。

【解】　因 $\cos x^2 + i\sin x^2 = e^{ix^2}$，故只需求出积分 $\int_0^{+\infty} e^{ix^2} dx$ 的值并取实部和虚部即得所求积分的值。

取被积函数为 e^{iz^2}，积分路径 C 为一半径为 R 的 $\frac{\pi}{4}$ 扇形的边界，如图 5.6 所示。由于 e^{iz^2} 在 C 所围区域内解析，所以

$$\oint_C e^{iz^2} dz = 0$$

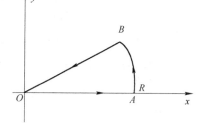

图 5.6

即

$$\int_{\overline{OA}} e^{ix^2} dx + \int_{\widehat{AB}} e^{iz^2} dz + \int_{\overline{BO}} e^{iz^2} dz = 0$$

在 $\overline{OA}$ 上，x 从 0 变化至 R；在 $\widehat{AB}$ 上，$z = Re^{i\theta}$，θ 从 0 变化至 $\frac{\pi}{4}$；在 $\overline{BO}$ 上，$z = re^{\frac{\pi}{4}i}$，r 从 R 变化到 0。因此上式成为

$$\int_0^R e^{ix^2} dx + \int_0^{\frac{\pi}{4}} e^{iR^2 e^{2i\theta}} \cdot Rie^{i\theta} d\theta + \int_R^0 e^{ir^2 e^{\frac{\pi}{2}i}} \cdot e^{\frac{\pi}{4}i} dr = 0$$

或　　　$\displaystyle\int_0^R (\cos x^2 + i\sin x^2) dx = e^{\frac{\pi}{4}i} \int_0^R e^{-r^2} dr - \int_0^{\frac{\pi}{4}} e^{iR^2\cos 2\theta - R^2\sin 2\theta} \cdot iRe^{i\theta} d\theta$

当 $R \to +\infty$ 时，上式右端的第一个积分为

$$e^{\frac{\pi}{4}i} \int_0^{+\infty} e^{-r^2} dr = \frac{\sqrt{\pi}}{2} e^{\frac{\pi}{4}i} = \frac{1}{2}\sqrt{\frac{\pi}{2}} + \frac{i}{2}\sqrt{\frac{\pi}{2}}$$

在 $0 \leqslant \theta \leqslant \frac{\pi}{4}$ 内，$\sin 2\theta \geqslant \frac{2}{\pi} \cdot 2\theta = \frac{4}{\pi}\theta$，故第二个积分的绝对值为

$$\left| \int_0^{\frac{\pi}{4}} e^{iR^2\cos2\theta - R^2\sin2\theta} \cdot iRe^{i\theta} d\theta \right| \leqslant R\int_0^{\frac{\pi}{4}} e^{-R^2\sin2\theta} d\theta \leqslant R\int_0^{\frac{\pi}{4}} e^{-\frac{4}{\pi}R^2\theta} d\theta = \frac{\pi}{4R}(1 - e^{-R^2})$$

由此可知,当 $R\to+\infty$ 时,第二个积分趋于 0,从而有

$$\int_0^R (\cos x^2 + i\sin x^2) dx = \frac{1}{2}\sqrt{\frac{\pi}{2}} + i \cdot \frac{1}{2}\sqrt{\frac{\pi}{2}}$$

故

$$\int_0^{+\infty} \cos x^2 dx = \int_0^{+\infty} \sin x^2 dx = \frac{1}{2}\sqrt{\frac{\pi}{2}}$$

这两个积分称为菲涅耳积分,在现代光学的研究中有着十分重要的应用。

小　　结

1. 孤立奇点概念及其类型

若函数 $f(z)$ 在 z_0 处不解析,但在 z_0 的某一去心邻域 $0<|z-z_0|<\delta$ 内处处解析,则 z_0 称为 $f(z)$ 的一个孤立奇点。

孤立奇点 z_0 可按函数 $f(z)$ 在解析邻域 $0<|z-z_0|<\delta$ 内的罗朗展开式中是否含有 $(z-z_0)$ 的负幂项及含有负幂项的多少分为三类。如果展开式中不含或只含有限项或含无穷多个 $(z-z_0)$ 的负幂项,则 z_0 分别称为 $f(z)$ 的可去奇点、极点、本性奇点。

孤立奇点类型的极限判别法:

① 若 $\lim\limits_{z\to z_0} f(z) = a$($a$ 为有限值),则 z_0 为 $f(z)$ 的可去奇点。

② 若 $\lim\limits_{z\to z_0} f(z) = \infty$,则 z_0 为 $f(z)$ 的极点。进一步判断,若 $\lim\limits_{z\to z_0}(z-z_0)^m f(z) = b$($b$ 为有限值且不为 0),则 z_0 为 $f(z)$ 的 m 阶极点。

③ 若 $\lim\limits_{z\to z_0} f(z)$ 不存在也不为 ∞,则 z_0 为 $f(z)$ 的本性奇点。

2. 留数的定义及计算方法

留数定义:设 z_0 为函数 $f(z)$ 的孤立奇点,那么 $f(z)$ 在 z_0 处的留数为

$$\text{Res}[f(z), z_0] = c_{-1} = \frac{1}{2\pi i}\oint_C f(z) dz$$

其中,C 为去心邻域 $0<|z-z_0|<\delta$ 内任意一条绕 z 的正向简单闭曲线。

有限远点留数的计算方法:

(1) 用定义计算留数,即求出罗朗展开式中负幂项 $(z-z_0)^{-1}$ 的系数或计算积分 $\frac{1}{2\pi i}\oint_C f(z) dz$。这是求留数的基本方法。

(2) 若 z_0 为函数 $f(z)$ 的可去奇点,则 $\text{Res}[f(z), z_0] = 0$。

(3) 若 z_0 为 $f(z)$ 的一阶极点,则 $\text{Res}[f(z), z_0] = \lim\limits_{z\to z_0}(z-z_0)f(z)$。

(4) 若 z_0 为 $f(z) = \dfrac{P(z)}{Q(z)}$ 的一阶极点,且 $Q'(z)\neq 0$,则 $\text{Res}[f(z), z_0] = \dfrac{P(z)}{Q'(z)}$。

(5) 若 z_0 为 $f(z)$ 的 m 阶极点,则 $\text{Res}[f(z), z_0] = \dfrac{1}{(m-1)!}\lim\limits_{z\to z_0}\dfrac{d^{m-1}}{dz^{m-1}}[(z-z_0)^m f(z)]$。

当 z_0 为 $f(z)$ 的本性奇点时,可用罗朗展开式求留数。

无限远点的留数计算方法:

(1) 若 $\lim\limits_{z\to\infty} f(z) = 0$,则 $\mathrm{Res}f(\infty) = -\lim\limits_{z\to\infty}[z \cdot f(z)]$。

(2) 若 $\lim\limits_{z\to\infty} f(z) \neq 0$,则 $\mathrm{Res}f(\infty) = -\mathrm{Res}\left[f\left(\dfrac{1}{z}\right) \cdot \dfrac{1}{z^2}, 0\right]$。

3. 留数定理、留数和定理及其应用

留数定理:设函数 $f(z)$ 在区域 D 内除有限个孤立奇点 $z_1, z_2, \cdots, z_n$ 外处处解析,C 为 D 内包围诸奇点的一条正向简单闭曲线,则

$$\oint\limits_C f(z)\,\mathrm{d}z = 2\pi\mathrm{i}\sum_{k=1}^{n} \mathrm{Res}[f(z), z_k]$$

留数和定理:设函数 $f(z)$ 在扩充复平面上除了 $z_k(k=1,2,\cdots,n)$ 以及 $z=\infty$ 以外处处解析,则

$$\sum_{k=1}^{n} \mathrm{Res}f(z_k) + \mathrm{Res}f(\infty) = 0$$

(1) 应用留数定理计算积分 $\oint\limits_C f(z)\,\mathrm{d}z$。

(2) 计算 3 种类型的实变量积分:

① $\int_0^{2\pi} R(\cos\theta, \sin\theta)\,\mathrm{d}\theta$;

② $\int_{-\infty}^{+\infty} \dfrac{P(x)}{Q(x)}\,\mathrm{d}x$,分母比分子至少高两阶;

③ $\int_{-\infty}^{+\infty} f(x)e^{aix}\,\mathrm{d}x$ $(a > 0)$,分式多项式 $\lim\limits_{x\to\infty} f(x) \to 0$,即分母比分子至少高一阶。

计算这三类典型实变量积分的总体思想都是先将其化为复变量的围线积分,然后利用留数定理转化为留数计算问题。其关键问题是选好复变量积分的被积函数与积分围线。

(3) 当积分区域内的奇点多于区域外的奇点时,可利用留数和定理将区域内积分转化为区域外积分进行计算。

习 题 5

5.1 设有 $f(z) = \cdots + \dfrac{1}{z^n} + \dfrac{1}{z^{n-1}} + \cdots + \dfrac{1}{z} + \dfrac{1}{2} + \dfrac{z}{2^2} + \cdots + \dfrac{z^n}{2^{n+1}} + \cdots$,能否说 $z=0$ 为 $f(z)$ 的本性奇点? 为什么?

5.2 证明:如果 z_0 为解析函数 $f(z)$ 的 m 阶零点,则 z_0 必为 $f'(z)$ 的 $m-1$ 阶零点,其中 $m>1$。

5.3 判断下列函数在无穷远点处的性态。

  (1) $z + \dfrac{1}{z}$ (2) $\sin z + \dfrac{1}{z^2}$ (3) $e^{z - \frac{1}{z}}$ (4) $\dfrac{1}{\sin z + \cos z}$

5.4 求出下列函数的奇点,并对孤立奇点判断属于什么类型。

  (1) $\dfrac{e^{z + \frac{1}{z}}}{z^2}$ (2) $\dfrac{e^{z^2} - 1}{z^3}$ (3) $\cos z + \dfrac{1}{z}$

(4) e^z　　　　(5) $\dfrac{1}{\cos\dfrac{1}{z}}$　　　　(6) $\dfrac{z^3\sin z}{(1-e^z)^3}$

5.5　计算下列各函数在指定点的留数。

(1) $\dfrac{z}{(z-1)(z+1)^3}$，在 $z=\pm 1,\infty$ 处　　(2) $\dfrac{1-e^{2z}}{z^4}$，在 $z=0,\infty$ 处

5.6　计算下列函数在 $z=0,\infty$ 处的留数。

(1) $\cos\dfrac{1}{z}$　　(2) $z^m\sin\dfrac{1}{z}$，在 $z=0,\infty$ 处（m 为自然数）

5.7　计算 $\displaystyle\int_0^{2\pi} e^{e^{i\theta}}\,d\theta$。

5.8　求下列函数在指定点的留数。

(1) $\dfrac{1}{\cos\dfrac{1}{z}}$，在 ∞ 点　(2) $\cos z+\dfrac{1}{z}$，在 ∞ 点　(3) $\dfrac{z^3\sin z}{(1-e^z)^3}$，在 ∞ 点

5.9　计算函数 $\dfrac{1}{(z-\alpha)^m(z-\beta)}$（$m$ 为自然数，$\alpha\neq\beta$）在 α,β,∞ 处的留数。

5.10　计算下列积分。

(1) $\displaystyle\oint_{|z|=1}\dfrac{1}{z^k\sin z}\,dz$　$(k=5,4,-5,-2)$

(2) $\displaystyle\oint_{|z|=\frac{3}{2}\pi}\dfrac{1}{z^k\sin z}\,dz$　$(k=-2,2,5)$

5.11　计算积分 $\displaystyle\oint_{|z|=2}\dfrac{z^3}{1+z}e^{\frac{1}{z}}\,dz$。

5.12　计算积分（积分方向为正方向）。

$$\oint_{|z|=2}\dfrac{z^{2n}}{1+z^n}\,dz\quad（n\text{ 为自然数}）$$

5.13　计算定积分 $\displaystyle\int_0^{2\pi}\dfrac{d\theta}{1-2\alpha\cos\theta+\alpha^2}$，　$\alpha\in(0,1)$。

5.14　计算定积分 $I=\displaystyle\int_0^{+\infty}\dfrac{dx}{1+x^4}$。

5.15　计算定积分 $\displaystyle\int_0^{\infty}\dfrac{\sin x}{x(1+x^2)}\,dx$。

5.16　计算实积分：(1) $\displaystyle\int_0^{2\pi}\dfrac{1}{1+\cos^2\theta}\,d\theta$；　(2) $\displaystyle\int_0^{\frac{\pi}{2}}\dfrac{dx}{a+\sin^2x}$　$(a>0)$。

5.17　计算积分 $\displaystyle\int_{-\infty}^{\infty}\dfrac{dx}{x^4-1}$。

5.18　计算积分 $\displaystyle\int_0^{\infty}\dfrac{\cos mx}{x^2+a^2}\,dx$ 的值，其中 $a>0$。

5.19　计算积分 $\displaystyle\int_0^{\infty}\dfrac{x\sin mx}{(x^2+a^2)^2}\,dx$ 的值，其中 $a>0$。

5.20 若函数 $f(z)=u(x,y)+\mathrm{i}v(x,y)$ 解析,且 $u-v=(x-y)(x^2+4xy+y^2)$,试求 $f(z)$。

5.21 利用复变函数环路积分方法,证明级数

$$\sum_{n=1}^{\infty}\frac{(-1)^n}{n^4}=-\frac{7\pi^4}{720}$$

计算机仿真编程实践

5.22 计算机仿真计算积分:

$$\oint_{|z|=2}\frac{z\mathrm{d}z}{z^{1000}+1}$$

5.23 计算机仿真计算:(1) $\dfrac{\mathrm{e}^{z^2}-1}{z^3}$ 在点 $z=0$;(2) $\dfrac{z-3}{z^3+5z^2}$ 在点 $z=0$ 处的留数。

5.24 利用计算机仿真求解积分(积分方向为正方向):

$$\oint_{|z|=2}\frac{z^{2n}}{1+z^n}\mathrm{d}z \quad (n \text{ 为自然数})$$

5.25 利用计算机仿真计算积分 $\displaystyle\oint_{|z|=2}\frac{\mathrm{d}z}{(z+\mathrm{i})^{10}(z-1)(z-3)}$。

第6章 保角映射

前面我们介绍了可以用解析函数描述平面矢量场。但实际上，更重要的问题却是根据给定的边界条件求出平面矢量场的复势。科学技术中的很多实际问题常常可归结为解平面场的边值问题。当遇到复杂的区域边界时，会使得边值问题的求解非常困难。

我们已经在第1章的复变函数中指出：复变函数在几何意义上，实际上相当于将 z 平面上的区域变成 w 平面上的另一个区域（简称为映射）。因此，我们就可以考虑利用复变函数（特别是解析函数）所构成的映射来实现复杂区域的简单化，这将给实际问题的研究带来很大的方便。

本章首先给出保角映射的概念，然后讨论分式线性映射和几个初等函数所构成的映射，最后给出典型实例描述保角映射的应用。而关于利用保角映射法求解数学物理方程边值问题，将在第二篇数学物理方程中详细介绍。

6.1 保角映射的概念

我们在讨论解析函数导数的几何意义时已经提到了保角映射这一概念。

定义 6.1.1 保角映射 凡具有保角性和伸缩率不变性的映射称为**保角映射**。

凡具有保角性（角度相同）、旋转方向相同和伸缩率不变性的映射称为**第一类保角映射**。

凡具有保角性（角度相同）但旋转方向相反和伸缩率不变性的映射称为**第二类保角映射**。

我们主要讨论第一类保角映射，根据前面的讨论，我们有下面的结论：

定理 6.1.1 若函数 $w=f(z)$ 在区域 D 内解析，且对任意 $z_0 \in D$，有 $f'(z_0) \neq 0$，那么 $w=f(z)$ 必是区域 D 内的一个保角映射。

例 6.1.1 证明函数 $w=z^n (n \geq 2, n \in N)$ 在 $z \neq 0$ 的 z 平面上都是保角映射。

【证明】 因为 $w'=nz^{n-1}$，所以当 $z \neq 0$ 时，$w' \neq 0$。根据定理 6.1.1 可知，$w=z^n$ 在 $z \neq 0$ 的 z 平面上都是保角映射。

根据实际问题的需要，对于保角映射我们提出需要研究的两个基本问题：

① 已知保角映射 $w=f(z)$ 及 z 平面上的区域，求出 w 平面上相应的区域 G。

② 求一保角映射，使它将 z 平面上一个已知区域 D 映射成 w 平面上一个指定区域 G。

解决这两个基本问题的方法是：

给出映射 $w=f(z)$，只要求出 D 的边界曲线 l（取正向）的像曲线 L，即可确定出 L 所围成的区域 G，总使 L 与 G 按正向（即当 w 沿 L 移动时，使 G 总在左侧）相互对应；当已知 D 和 G 时，可找出 D 与 G 的正向边界的对应法则，即可找到两个区域的变换关系（**映射**）。

例 6.1.2 在变换 $w=z^4(z \neq 0)$ 下，求出区域 $D: \dfrac{\pi}{8} < \arg z < \dfrac{\pi}{4}$ 的像区域 G。

【解】 由于 $f'(z)=(z^4)'=4z^3 \neq 0(z \in D)$，故 $w=f(z)=z^4$ 是保角映射。D 的边界 $l_1: \arg z = \dfrac{\pi}{8}$ 和 $l_2: \arg z = \dfrac{\pi}{4}$，由 $z=re^{i\theta}$ 和 $w=z^4$ 可得 $\arg w = 4\arg z$，故 l_1 的像为 $L_1: \arg w = \dfrac{\pi}{2}$，$l_2$ 的像为 $L_2:$ $\arg w = \pi$。为确定区域 G，在 D 的边界上取 3 个点：$z_1=e^{i\frac{\pi}{4}}, z_2=0, z_3=e^{i\frac{\pi}{8}}$，它们对应的像点为 w_1

$=e^{i4\times\frac{\pi}{4}}=-1, w_2=0, w_3=e^{i4\cdot\frac{\pi}{8}}=i$。当依 z_1, z_2, z_3 绕向前进时, 区域 D 落在边界的左侧, 因而像区域 G 也应落在边界依 w_1, w_2, w_3 绕向的左侧(见图 6.1), 故所求像区域 G 为 $\frac{\pi}{2}<\arg w<\pi$。

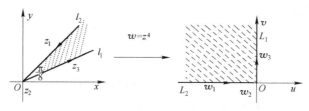

图 6.1

6.2 分式线性映射

6.2.1 分式线性映射的概念

定义 6.2.1 分式线性映射 我们把形如 $w=\dfrac{az+b}{cz+d}, ad-bc\neq0$ 的映射称为**分式线性映射** (a, b, c, d 均为复常数)。

由于它是德国数学家莫比乌斯(Mobius, 1790—1868 年)首先研究的, 所以也称为**莫比乌斯映射**。

容易验证:分式线性映射的逆映射 $z=\dfrac{-dw+b}{cw-a}, (-a)(-d)-bc\neq0$ 也是分式线性映射, 因此我们通常也把分式线性映射称为**双线性映射**。

由于分式线性映射的导数 $\dfrac{\mathrm{d}w}{\mathrm{d}z}=\dfrac{ad-bc}{(cz+d)^2}\neq0$, 因而分式线性映射是保角映射。

容易验证:两个分式线性映射的复合仍是一个分式线性映射。

事实上, 设

$$w=\frac{\alpha\xi+\beta}{\gamma\xi+\delta} \quad (\alpha\delta-\beta\gamma\neq0), \quad \xi=\frac{\alpha'z+\beta'}{\gamma'z+\delta'} \quad (\alpha'\delta'-\beta'\gamma'\neq0)$$

把后一式代入前一式, 即可得到具有下列形式

$$w=\frac{az+b}{cz+d}$$

的分式线性映射。式中, $ad-bc=(\alpha\delta-\beta\gamma)(\alpha'\delta'-\beta'\gamma')\neq0$。

容易验证:可以把一般形式的分式线性映射看成是一些简单映射的复合。

设 $w=\dfrac{az+b}{cz+d}$, 可以把它化为

$$w=\left(b-\frac{ad}{c}\right)\frac{1}{cz+d}+\frac{a}{c} \tag{6.2.1}$$

令 $\xi=cz+d, \eta=\dfrac{1}{\xi}$, 那么 $w=A\eta+B$(A, B 为复常数)。

由此可见, 一个一般形式的分式线性映射是由下列两种基本映射复合而成:

(i) $w=kz+b$; (ii) $w=\dfrac{1}{z}$。

下面讨论这两种基本映射。

6.2.2 两种基本映射

1. 整式线性映射

定义 6.2.2　我们把映射 $w=kz+b$　$(k\neq0)$ 称为整式线性映射。

(1) 当 $k=1$ 时，$w=z+b$，此映射称为平移映射。

因为复数可用矢量表示，所以平移映射可用平行四边形法则得到(见图 6.2)。

(2) 当 $b=0$ 时，$w=kz$，此映射称为旋转伸缩映射。

设 $k=re^{i\alpha}$，$z=|z|e^{i\theta}$，则 $w=r|z|e^{i(\theta+\alpha)}$，所以映射 $w=kz$ 可看成是先将 z 旋转角度 α，再将 $|z|$ 伸长(或缩短) r 倍所得，见图 6.3。

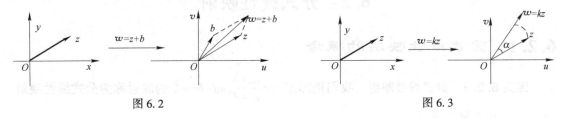

图 6.2　　　　　　　　　　　　　　　　　图 6.3

因此，映射 $w=kz+b(k\neq0)$ 就是先将 z 旋转角度 α，再将 $|z|$ 伸长(或缩短) r 倍，最后平移 b。

整式线性映射是不改变图形形状的相似变换，它在整个复平面上处处是保角的、一一对应的，因而该映射能把 z 平面上的圆周映射成 w 平面上的圆周。这一性质称为整式线性映射的保圆周性。

2. 倒数映射(或反演映射)

定义 6.2.3　倒数映射　我们把映射 $w=\dfrac{1}{z}$ 称为倒数映射(或反演映射)。

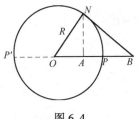

图 6.4

为了用几何方法由 z 做出 $w=\dfrac{1}{z}$，我们先介绍一下关于圆周对称点的概念。

设 C 为以原点为中心，R 为半径的圆周，若圆内点 A 及圆外点 B 与圆心 O 在同一直线上，且 $|OA|\cdot|OB|=R^2$，则称这两点 A 和 B 为关于圆周的对称点。

显然，圆周 C 上的点的对称点就在圆周上，如图 6.4 中关于圆周的一对对称点为 P 和 P'。

对称点的做法：当点 B 在圆周外时，连接 OB，由点 B 做圆的切线，切点为 N，再由 N 做 OB 的垂线 NA，则垂足为 A。A 点即为 B 点关于圆周的对称点(由 $\triangle ONA\backsim\triangle OBN$ 容易验证：$|OA|\cdot|OB|=R^2$)。

当点 B 在圆周内时，由定义也可做出其在圆外的对称点 A。

现在来讨论映射 $w=\dfrac{1}{z}$ 的几何意义。

为了便于分析，可将映射 $w=\dfrac{1}{z}$ 分解为下面两个映射：(i) $w=\overline{w_1}$；(ii) $w_1=\dfrac{1}{\overline{z}}$。

如果设 $z=re^{i\theta}$，则 $w_1=\dfrac{1}{z}=\dfrac{1}{re^{-i\theta}}$。由于 $|z|\cdot|w_1|=r\cdot\dfrac{1}{r}=1$，所以 z 与 w_1 是关于单位圆周 $|z|=1$ 的一对对称点；而 w 与 w_1 又是关于实轴互相对称的。因此，要由点 z 做出点 $w=\dfrac{1}{z}$，只要先做出 z 关于单位圆周 $|z|=1$ 的对称点 w_1，然后再做出点 w_1 关于实轴的对称点 w 即可（见图 6.5）。

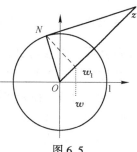

图 6.5

倒数映射 $w=\dfrac{1}{z}$ 具有下列特征：

① 映射 $w=\dfrac{1}{z}$ 在除去 $z=0$ 和 $z=\infty$ 的复平面上处处是保角的、一一对应的映射。因为当 $z\neq0,z\neq\infty$ 时，$w'=-\dfrac{1}{z^2}\neq0$。

由于映射 $w=\dfrac{1}{z}$ 可将圆周 $|z|=R$ 外的一点 z_0 映射为圆周 $|w|=\dfrac{1}{R}$ 内的一点 w_0，因此如果再规定 $z=\infty$ 与 $z=0$；$w=0$ 与 $w=\infty$ 是两对对称点，那么倒数映射 $w=\dfrac{1}{z}$ 在整个扩充复平面上处处是保角的。

② 倒数映射 $w=\dfrac{1}{z}$ 也可将圆周映射成圆周。事实上，设 z 平面上的圆周 C 的方程为

$$A(x^2+y^2)+Bx+Cy+D=0$$

其中，A,B,C,D,x,y 均为实数。将 $x=\dfrac{1}{2}(z+\bar z),y=\dfrac{1}{2i}(z-\bar z)$ 代入上式，整理后便得到圆周 C 的复数形式的方程

$$A'z\bar z+\bar\beta z+\beta\bar z+D'=0$$

其中，A' 和 D' 仍为实数，$\beta=\dfrac{1}{2}(B+iC)$。当 $A'=0$ 时，上式表示一条直线（它可理解为半径为无穷大的圆，也称为广义圆）。

在映射 $w=\dfrac{1}{z}$ 下，上面圆的复数形式的方程可变为

$$A'+\bar\beta\bar w+\beta w+D'w\bar w=0 \tag{6.2.2}$$

它表示 w 平面上的圆周 Γ（注：当 $D'=0$ 时，它表示直线，即广义圆）。

总之，映射 $w=kz+b$ 和映射 $w=\dfrac{1}{z}$ 在整个扩充复平面上是处处保角地、一一对应地把圆周映射成圆周的映射。

6.2.3　分式线性映射的性质

由于一般形式的分式线性映射是由整式线性映射和倒数映射复合而成的，因此由以上讨论容易得出下面的定理。

定理 6.2.1　分式线性映射 $w=\dfrac{az+b}{cz+d}$ 是两个扩充复平面之间的一一对应的保角映射，即分式线性映射具有保角性。

定理 6.2.2　分式线性映射 $w = \dfrac{az+b}{cz+d}$ 将 z 平面上的圆周(或直线)一一对应地映射成 w 平面上的圆周(或直线),即分式线性映射具有保圆周性。

由定理 6.2.2 可得到下面两个推论:

推论 6.2.1　在分式线性映射下,如果给定的圆周(或直线)上所有点都不映射为无穷远点,那么该圆周(或直线)将被映射成半径为有限值的圆周;如果其上有一个点映射成无穷远点,则该圆周(或直线)必映射成一条直线。

推论 6.2.2　在分式线性映射下:

① 当圆弧上没有点映射成无穷远点时,这两圆弧所围成的区域 D 映射为两圆弧所围成的区域 G,见图 6.6 (a)。

② 当两圆弧中有一弧上某点映射成无穷远点时,这两圆弧所围成的区域 D 映射成一圆弧和一直线所围区域 G,见图 6.6 (b)。

③ 当两圆弧中的一个交点映射为无穷远点时,这两圆弧所围成的区域 D 映射成角形域 G,见图 6.6(c)。

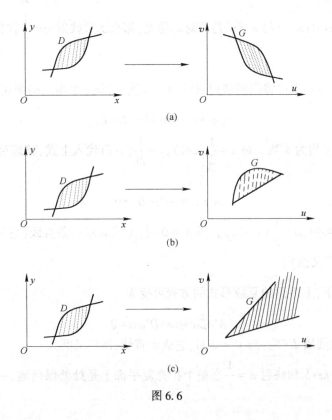

图 6.6

定理 6.2.3　如果分式线性映射 $w = \dfrac{az+b}{cz+d}$ 将 z 平面上的圆周 C 映射为 w 平面上的圆周 Γ,则它将 z 平面上关于圆周 C 对称的点 z_1 和 z_2 映射成 w 平面上关于圆周 Γ 对称的点 w_1 和 w_2(证明略)。

该定理表明分式线性映射具有保持对称点不变的性质,简称**保对称性**。

6.2.4　分式线性映射的确定及应用

1. 唯一确定分式线性映射定理

在分式线性映射 $w=\dfrac{az+b}{cz+d}(ad-bc\neq0)$ 中，a 和 c 至少有一个不为 0，以这个不为 0 的常数遍除分子、分母，可将分式中的 4 个常数化为 3 个常数，即 $w=k\dfrac{z-\alpha}{z-\beta}$（其中 α,β,k 为常数），所以分式线性映射式中只有 3 个独立的常数。欲唯一确定这 3 个待定常数，必须有 3 个代数方程。因此，若知 3 个对应点 $z_1\leftrightarrow w_1,z_2\leftrightarrow w_2,z_3\leftrightarrow w_3$，必可唯一确定一个分式线性映射，即如下定理。

定理 6.2.4　在 z 平面和 w 平面上任意给定 3 个相异的点 z_1,z_2,z_3 和 w_1,w_2,w_3，则存在唯一的分式线性映射，将 $z_k(k=1,2,3)$ 依次映射为 $w_k(k=1,2,3)$。

【证明】 设 $w=\dfrac{az+b}{cz+d}(ad-bc\neq0)$。将 $z_k(k=1,2,3)$ 依次映射成 $w_k(k=1,2,3)$，即

$$w_k=\frac{az_k+b}{cz_k+d} \qquad (k=1,2,3)$$

于是

$$w-w_k=\frac{az+b}{cz+d}-\frac{az_k+b}{cz_k+d}=\frac{(z-z_k)(ad-bc)}{(cz+d)(cz_k+d)} \qquad (k=1,2)$$

$$w_3-w_k=\frac{az_3+b}{cz_3+d}-\frac{az_k+b}{cz_k+d}=\frac{(z_3-z_k)(ad-bc)}{(cz_3+d)(cz_k+d)} \qquad (k=1,2)$$

由此可得

$$\frac{w-w_1}{w-w_2}\cdot\frac{w_3-w_2}{w_3-w_1}=\frac{z-z_1}{z-z_2}\cdot\frac{z_3-z_2}{z_3-z_1} \tag{6.2.3}$$

上式即为**三对点法唯一确定分式线性映射的公式**。

解出 w，便是所求的分式线性映射，同时也证明了它的唯一性。

上述定理说明，把 3 个相异点映射成另外 3 个相异点的分式线性映射是唯一存在的，其证明过程也给出了确定分式线性映射的公式。所以，对于两个已知圆周（或广义圆周）C 和 C_1，分别取定三对点，必能找到一个分式线性映射，将 C 映射成 C_1。但是还有一个问题，那就是这个映射会把 C 的内部映射到何处呢？

容易证明：在分式线性映射下，C 的内部不是映射成 C_1 的内部就是映射成 C_1 的外部，它不可能将 C 的内部中的一部分映射成 C_1 内部的一部分，而另一部分映射成 C_1 外部的一部分。事实上，假设 z_1 和 z_2 为 C 内的任意两点，用直线段把这两点连接起来，如果线段 $\overline{z_1z_2}$ 的像为圆弧 $\overset{\frown}{w_1w_2}$（或直线段），且 w_1 在 C_1 之外，w_2 在 C_1 之内，那么弧 $\overset{\frown}{w_1w_2}$ 必与 C_1 交于一点 Q，由于 Q 在 $\overset{\frown}{w_1w_2}$ 上，所以它的原像必在线段 $\overline{z_1z_2}$ 上；同时由于 Q 在 C_1 上，所以它的原像必在圆周 C 上，即有两个不同的点（一个在圆周 C 上，一个在线段 $\overline{z_1z_2}$ 上）被映射为同一点 Q。这与分式线性映射的一一对应性相矛盾。故上述论断是正确的。

2. 对应区域的方法

在上述论断下，我们可以得到确定以圆周（或直线）为边界的区域经过分式线性映射后所对应区域的方法：

方法一:在分式线性映射下,如果在 C 的内部任取一点 z,而点 z 的像 w 也在 C_1 的内部,那么 C 的内部就映射成 C_1 的内部,C 的外部就映射成 C_1 的外部;如果 C 内的任一点 z,其像 w 在 C_1 的外部,那么 C 的内部就映射成 C_1 的外部,而 C 的外部就映射成 C_1 的内部。

方法二:在圆周 C 上取定三点 z_1,z_2 和 z_3,它们在圆周 C_1 上的像分别为 w_1,w_2 和 w_3。如果 C 依照 $z_1 \to z_2 \to z_3$ 的绕向与 C_1 依照 $w_1 \to w_2 \to w_3$ 的绕向相同,那么 C 的内部就映射成 C_1 的内部;如果绕向相反,那么 C 的内部就映射成 C_1 的外部。通俗地说,当人沿 $z_1 \to z_2 \to z_3$ 的绕向行走及沿 $w_1 \to w_2 \to w_3$ 的绕向行走,C 所围区域 D 与其映射后的区域 G 始终在人的同一侧。

当 C 或 C_1 为直线时,方法类似。

对于图 6.7(a),当人沿 $z_1 \to z_2 \to z_3$ 方向行走时,D 始终在人的左侧,由第二种方法可知,人沿 $w_1 \to w_2 \to w_3$ 方向行走时,人的左侧区域应为 D 经映射后的区域 G,即 C 的内部映射成 C_1 的内部。

对于图 6.7(b),当人沿 $w_1 \to w_2 \to w_3$ 方向行走时,人的左侧区域是 C_1 的外部,故 C 的内部映射成 C_1 的外部。

对于图 6.7(c),当人沿 $w_1 \to w_2 \to w_3$ 方向行走时,人的左侧区域是 C_1 的左下方区域 G,故 C 的内部映射成直线 C_1 的左下方区域 G。

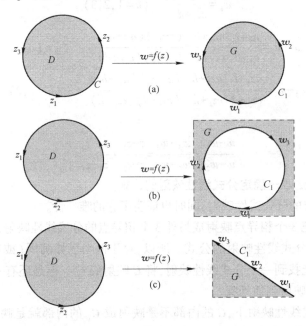

图 6.7

3. 分式线性映射确定的典型实例

例 6.2.1 求出将 $z_1 = 1$,$z_2 = 0$,$z_3 = i$ 分别映射为点 $w_1 = -1$,$w_2 = \infty$,$w_3 = -i$ 的分式线性映射。

【解】 将已知的三对点代入定理 6.2.4 中的公式(三对点确定分式线性映射公式),可得

$$\frac{w+1}{w-\infty} \cdot \frac{-i-\infty}{-i+1} = \frac{z-1}{z-0} \cdot \frac{i-0}{i-1}$$

故

$$w = \frac{i}{z} - (1+i)$$

例 6.2.2　中心分别在 $z=1$ 和 $z=-1$,半径为 $\sqrt{2}$ 的两圆弧所围成的区域(见图6.8),在映射 $w=\dfrac{z-i}{z+i}$ 下映射成什么区域?

【解】　在 z 平面所给的两个圆弧 l_1 和 l_2 的交点为 $-i$ 和 i,且两圆弧在交点处的切线相互正交。交点 $-i$ 映射成无穷远点,i 映射成原点。因此所给的区域经映射后映射成以原点为顶点的角形区域,张角为 $\dfrac{\pi}{2}$。

要确定角形区域的位置,只要定出它的边上异于顶点的任何一点就可以了。取所给圆弧 l_1 与正实轴的交点 $z=\sqrt{2}-1$,其对应点是

$$w=\frac{\sqrt{2}-1-i}{\sqrt{2}-1+i}=\frac{(\sqrt{2}-1-i)^2}{(\sqrt{2}-1)^2+1}=\frac{(1-\sqrt{2})+i(1-\sqrt{2})}{2-\sqrt{2}}$$

这一点在 w 平面第三象限的分角线 L_1 上。由保角性可知,z 平面上的 l_2 映射为 w 平面上第二象限的分角线 L_2,从而映射成的角形域如图 6.8(b) 所示。

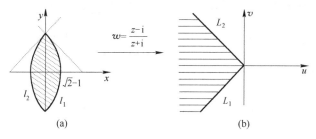

图 6.8

例 6.2.3　在映射 $w=\dfrac{z+1}{z-1}$ 下,由 $|z+i|>\sqrt{2}$,$|z-i|<\sqrt{2}$ 所构成的月牙形区域映射成什么样的区域?

【解】　见图 6.9,两圆 l_1 和 l_2 交于 $z_1=-1$,$z_2=1$。由几何知识知,在 $z_1=-1$ 处两圆的切线夹角 $\dfrac{\pi}{2}$,而且 $z=1$ 时,$w=\infty$;$z=-1$ 时,$w=0$。由于两圆交点中有一个交点映射成无穷远点,所以映射 $w=\dfrac{z+1}{z-1}$ 把平面上的月牙形区域映射成角形域,且顶点在原点,张角为 $\dfrac{\pi}{2}$。下面确定角形域的具体位置。

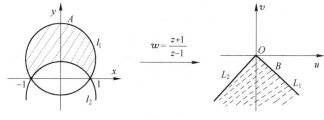

图 6.9

在 l_1 弧段上取点 $A(0,\sqrt{2}+1)$,即 $z=(\sqrt{2}+1)i$,则其像点

$$w=\frac{(\sqrt{2}+1)-(\sqrt{2}+1)i}{2+\sqrt{2}}$$

在 w 平面第四象限的角平分线上。这表明 l_1 弧段经映射后变为 w 平面上第四象限的角平分线 L_1，又当人沿 l_1 弧段从 -1 行走到 A 点时月牙形区域始终在人的右侧，故当人沿 L_1 从 O 行走到 B 点时映射后的区域也应在人的右侧，即 L_1 的左下方。根据保角性，l_2 弧段被映射成 w 平面上第三象限的角平分线 L_2。这样就确定了角形域的具体位置（见图 6.9）。

6.2.5　三类典型的分式线性映射

在前面讨论的基础上，我们介绍在保角映射中经常使用的三类典型的分式线性映射，它们在处理以圆弧或直线为边界的区域时起着重要的作用，要求大家把它们当做公式记住。

1. 上半平面映射成上半平面的分式线性映射

例 6.2.4　将上半平面映射成上半平面的分式线性映射可以写成 $w=\dfrac{az+b}{cz+d}$，其中 a,b,c,d 应该满足什么关系？

【解】　该分式线性映射 $w=\dfrac{az+b}{cz+d}$ 把上半平面映射成上半平面，则它必把 z 平面的实轴映射成 w 平面的实轴，且保持同向（见图 6.10），于是 a,b,c,d 必为实数。

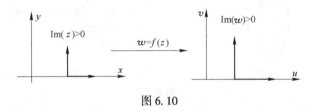

图 6.10

由此，w 在 $z=x$ 处旋转角为零，即 $\arg w'=0$，故 $\dfrac{\mathrm{d}w}{\mathrm{d}z}=\dfrac{ad-bc}{(cz+d)^2}>0$，从而满足：

$$ad-bc>0 \tag{6.2.4}$$

反之，对任意一个分式线性映射 $w=\dfrac{az+b}{cz+d}$，只要 a,b,c,d 为实数，且满足 $ad-bc>0$，它必把上半平面映射成上半平面。

2. 上半平面映射成单位圆内部的分式线性映射

例 6.2.5　求将上半平面 $\mathrm{Im}(z)>0$ 映射为单位圆内部 $|w|<1$ 的分式线性映射。

【解法 1】　如果把上半平面认为是半径为无穷大的圆域，而实轴就相当于圆域的边界圆周（广义圆）。根据分式线性映射的保圆周性，故它必能将上半平面 $\mathrm{Im}(z)>0$ 映射成单位圆域 $|w|<1$。又由分式线性映射的保对称性，z 平面上的一对对称点 λ 和 $\bar{\lambda}$ 可以映射成 w 平面上的一对对称点 0 和 ∞，因此这个映射具有如下形式：

$$w=k\,\frac{z-\lambda}{z-\bar{\lambda}}$$

下面确定常数 k。为此，取 $z=0$，其像 $w=k\,\dfrac{\lambda}{\bar{\lambda}}$，由于

$$1=|w|=|k|\cdot\left|\frac{\lambda}{\bar{\lambda}}\right|=|k|$$

所以 $k=\mathrm{e}^{\mathrm{i}\theta}$（$\theta$ 为实数），于是所求映射为

$$w=\mathrm{e}^{\mathrm{i}\theta}\frac{z-\lambda}{z-\bar{\lambda}}\qquad(\mathrm{Im}(\lambda)>0)$$

上述分式线性映射必将上半平面 $\mathrm{Im}(z)>0$ 映射为单位圆内部 $|w|<1$。

【解法 2】　也可以在 x 轴上与单位圆周 $|w|=1$ 上取三对不同的对应点来求分式线性映射 $w=f(z)$。如在 x 轴上任取三点：$z_1=-1$，$z_2=0$，$z_3=1$，使它们依次对应于 $|w|=1$ 上的三点：$w_1=1$，$w_2=\mathrm{i}$，$w_3=-1$，由于 $z_1\to z_2\to z_3$ 与 $w_1\to w_2\to w_3$ 的绕向相同，故由三对点法唯一确定分式线性映射公式可知，所求的分式线性映射为

$$\frac{w-1}{w-\mathrm{i}}\cdot\frac{-1-\mathrm{i}}{-1-1}=\frac{z+1}{z-0}\cdot\frac{1-0}{1+1}$$

即

$$w=\frac{z-\mathrm{i}}{\mathrm{i}z-1}$$

思考：在求分式线性映射时，选取的三对点不同，所得的分式线性映射也不相同。把上半平面映射成单位圆域的分式线性映射不唯一，这与唯一确定分式线性映射的定理是否矛盾？不矛盾。对于确定的三对点则分式线性映射唯一，但对于不同的三对点，分式线性映射的形式可以不同。

说明：取具体的三对点的方法所得到的映射均为映射 $w=\mathrm{e}^{\mathrm{i}\theta}\dfrac{z-\lambda}{z-\bar{\lambda}}$ 的特殊形式（即 λ，θ 取特殊值时的情形）。

例 6.2.6　求将上半平面 $\mathrm{Im}(z)>0$ 映射成单位圆域内部 $|w|<1$，且满足条件 $w(2\mathrm{i})=0$，$\arg w'(2\mathrm{i})=0$ 的分式线性映射。

【解】　我们知道，将上半平面映射成单位圆内部的分式线性映射为

$$w=\mathrm{e}^{\mathrm{i}\theta}\frac{z-\lambda}{z-\bar{\lambda}}$$

只需根据题设条件确定 θ 及 λ 即可。

将 $z=2\mathrm{i}$，$w=0$ 代入上式，可得 $\lambda=2\mathrm{i}$，从而映射变为

$$w=\mathrm{e}^{\mathrm{i}\theta}\frac{z-2\mathrm{i}}{z+2\mathrm{i}}$$

因为 $w'(z)=\mathrm{e}^{\mathrm{i}\theta}\dfrac{4\mathrm{i}}{(z+2\mathrm{i})^2}$，所以 $w'(2\mathrm{i})=\mathrm{e}^{\mathrm{i}\theta}\left(-\dfrac{\mathrm{i}}{4}\right)$，则

$$\arg w'(2\mathrm{i})=\arg\mathrm{e}^{\mathrm{i}\theta}+\arg\left(-\frac{\mathrm{i}}{4}\right)=\theta-\frac{\pi}{2}=0$$

即

$$\theta=\frac{\pi}{2}$$

故所求映射为

$$w=\mathrm{i}\left(\frac{z-2\mathrm{i}}{z+2\mathrm{i}}\right)$$

3. 把单位圆内部映射成单位圆内部的分式线性映射

例 6.2.7　求将单位圆内部 $|z|<1$ 映射成单位圆内部 $|w|<1$ 的分式线性映射。

【解】　若某分式线性映射可将 z 平面上的单位圆内部映射成 w 平面上的单位圆内部，那么它必将 z 平面上的单位圆周 $|z|=1$ 映射成 w 平面上的单位圆周 $|w|=1$。

设 z 平面上的一点 $z=\lambda$，$(0<|\lambda|<1)$ 对应于像空间 w 平面上的圆内部 $|w|<1$ 的某点

（选取容易计算的点），如点 $w=0$。则根据分式线性映射的保对称性可知，z 平面上关于单位圆周 $|z|=1$ 的对称点 $z=\dfrac{1}{\overline{\lambda}}$ 必然被映射成 w 平面上的关于单位圆 $|w|=1$ 的对称点 $w=\infty$（$w=\infty$ 是 $w=0$ 关于 $|w|=1$ 的对称点），于是所求映射应为

$$w=k\frac{z-\lambda}{z-\dfrac{1}{\overline{\lambda}}}\quad\text{或}\quad w=k_1\frac{z-\lambda}{1-\overline{\lambda}z}$$

为确定系数 k_1，可取 $z=1$，使它的像为 $|w|=1$ 上的点，于是

$$1=|w|=|k_1|\cdot\left|\frac{1-\lambda}{1-\overline{\lambda}}\right|=|k_1|$$

故可取 $k_1=e^{i\theta}$，从而所求映射为

$$w=e^{i\theta}\frac{z-\lambda}{1-\overline{\lambda}z}\quad(\theta\text{ 为实数},0<|\lambda|<1)$$

当然，我们也可以用取三对点的方法来求所作的映射。但不难知道，取三对点的方法得到的映射均为 $w=e^{i\theta}\dfrac{z-\lambda}{1-\overline{\lambda}z}$ 的特殊形式（即 λ,θ 取特殊值时的情形）。

例 6.2.8　求将单位圆域内部 $|z|<1$ 映射成单位圆域内部 $|w|<1$ 且满足 $w\left(\dfrac{1}{2}\right)=0$，$w'\left(\dfrac{1}{2}\right)>0$ 的分式线性映射。

【解】　将单位圆域 $|z|<1$ 映射成单位圆域 $|w|<1$ 的分式线性映射为

$$w=e^{i\theta}\frac{z-\lambda}{1-\overline{\lambda}z}\quad(0<|\lambda|<1)$$

将 $z=\dfrac{1}{2}$，$w=0$ 代入上式，可得 $\lambda=\dfrac{1}{2}$，从而映射变为

$$w=e^{i\theta}\frac{z-\dfrac{1}{2}}{1-\dfrac{z}{2}}$$

因为 $w'\left(\dfrac{1}{2}\right)=e^{i\theta}\left.\dfrac{\left(1-\dfrac{z}{2}\right)+\left(z-\dfrac{1}{2}\right)/2}{(1-z/2)^2}\right|_{z=\frac{1}{2}}=\dfrac{4}{3}e^{i\theta}$，又由题给条件 $w'\left(\dfrac{1}{2}\right)>0$，所以 $w'\left(\dfrac{1}{2}\right)$ 为正实数，从而 $\arg w'\left(\dfrac{1}{2}\right)=0$，即 $\theta=0$。故所求映射为

$$w=\frac{2z-1}{2-z}$$

6.3　几个初等函数所构成的映射

6.3.1　幂函数映射

幂函数 $w=z^n$ 在 z 平面上处处可导，且除原点外，导数不为零，因此映射 $w=z^n$ 在 z 平面上除去 $z=0$ 点外，处处是保角映射。

如果令 $z=re^{i\theta}$，　$w=\rho e^{i\varphi}$，由 $w=z^n$ 便得到

$$\rho = r^n, \quad \varphi = n\theta \tag{6.3.1}$$

由此可见,幂函数所构成的映射具有如下特点:把 z 平面上的圆周 $|z|=r$ 映射成 w 平面上的圆周 $|w|=r^n$;把单位圆映射成单位圆;把射线 $\theta=\theta_0$ 映射成射线 $\varphi=n\theta_0$;把正实轴 $\theta=0$ 映射成正实轴 $\varphi=0$;把角形域 $0<\theta<\theta_0$ $\left(\theta_0<\dfrac{2\pi}{n}\right)$ 映射成角形域 $0<\varphi<n\theta_0$。

特别地,角形域 $0<\theta<\dfrac{2\pi}{n}$ 经 $w=z^n$ 映射后,变成沿正实轴剪开的 w 平面 $0<\varphi<2\pi$,它的一边 $\theta=0$ 映射成 w 平面正实轴的上岸 $\varphi=0$,另一边 $\theta=\dfrac{2\pi}{n}$ 映射成正实轴的下岸 $\varphi=2\pi$。两个域上的点在映射 $w=z^n$ 下是一一对应的。

因此,常常用幂函数所构成的映射 $w=z^n$ 把角形域映射成角形域(包括半平面及全平面)。

例 6.3.1　设 z 平面上有半径为 2,且在 $0<\arg z<\dfrac{\pi}{3}$ 内的扇形域,问经映射 $w=z^3$ 后扇形域变成什么图形?

【解】　圆弧 $|z|=2$ 经映射 $w=z^3$ 后变成圆弧 $|w|=2^3=8$,角形域 $0<\arg z<\dfrac{\pi}{3}$ 经映射 $w=z^3$ 后变成角形域 $0<\arg w<3\times\dfrac{\pi}{3}=\pi$,即扇形域经映射 $w=z^3$ 后变成上半圆域。

例 6.3.2　求把角形域 $0<\arg z<\dfrac{\pi}{4}$ 映射成单位圆域 $|w|<1$ 内部的一个映射。

【解】　可考虑先将角形域变成上半平面,再将上半平面映射成单位圆域。

易知,幂函数 $\xi=z^4$ 将所给角形域 $0<\arg z<\dfrac{\pi}{4}$ 映射成上半平面 $\mathrm{Im}(\xi)>0$;且映射 $w=\dfrac{\xi-\mathrm{i}}{\xi+\mathrm{i}}$ 将上半平面映射成单位圆域 $|w|<1$(见图 6.11)。因此所求映射为

$$w=\frac{z^4-\mathrm{i}}{z^4+\mathrm{i}}$$

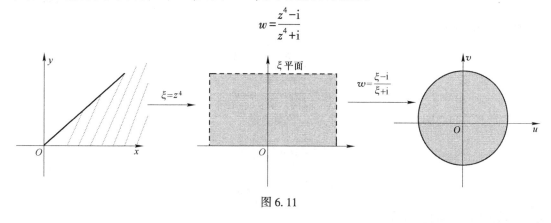

图 6.11

6.3.2　指数函数 $w=\mathrm{e}^z$ 映射

指数函数 $w=\mathrm{e}^z$ 在 z 平面上解析,且 $w'=\mathrm{e}^z\neq 0$,所以映射 $w=\mathrm{e}^z$ 在全平面上处处是保角映射。

如果令 $z=x+y\mathrm{i}, w=\rho\mathrm{e}^{\mathrm{i}\varphi}$,由 $w=\mathrm{e}^{x+y\mathrm{i}}$ 可得

$$\rho=\mathrm{e}^x, \quad \varphi=y \tag{6.3.2}$$

由此可见,指数函数 $w=\mathrm{e}^z$ 所构成的映射具有如下特点:把直线 $x=x_0$ 映射成圆周 $\rho=\mathrm{e}^{x_0}$;把虚轴 $x=0$ 映射成单位圆周 $\rho=1$;把直线 $y=y_0$ 映射成射线 $\arg w=\varphi=y_0$;把水平带形域 $0<\mathrm{Im}$

$(z)<a$ 映射成角形域 $0<\arg w<a$（$a=\pi$ 时，此角形域为上半平面）；把水平带形域 $0<\mathrm{Im}(z)<2\pi$ 映射成沿正实轴剪开的 w 平面 $0<\arg w<2\pi$。

因此，常常用指数函数所构成的映射 $w=\mathrm{e}^z$ 把带形域映射成角形域。

例 6.3.3　求把带形域 $0<\mathrm{Im}(z)<\pi$ 映射成单位圆域内部 $|w|<1$ 的一个映射。

【解】　根据上面的讨论，映射 $\xi=\mathrm{e}^z$ 将所给的带形域映射成 ξ 平面的上半平面 $\mathrm{Im}(\xi)>0$；而第二类典型的分式线性映射 $w=\dfrac{\xi-\mathrm{i}}{\xi+\mathrm{i}}$ 可将上半平面 $\mathrm{Im}(\xi)>0$ 映射成单位圆域 $|w|<1$。因此，所求的映射为

$$w=\frac{\mathrm{e}^z-\mathrm{i}}{\mathrm{e}^z+\mathrm{i}}$$

例 6.3.4　求把竖直的带形域 $a<\mathrm{Re}(z)<b$ 映射成上半平面 $\mathrm{Im}(\omega)>0$ 的一个映射。

【解】　带形域 $a<\mathrm{Re}(z)<b$ 经过平移、放大（或缩小）及旋转映射

$$\xi=(z-a)\frac{\pi}{b-a}\cdot\mathrm{e}^{\frac{\pi}{2}\mathrm{i}}=\frac{\pi\mathrm{i}}{b-a}(z-a)$$

后，可映射成水平的带形域 $0<\mathrm{Im}(\xi)<\pi$；再用映射 $w=\mathrm{e}^\xi$ 就可把水平的带形域 $0<\mathrm{Im}(\xi)<\pi$ 映射成上半平面 $\mathrm{Im}(\omega)>0$。因此所求映射为

$$w=\mathrm{e}^{\frac{\pi\mathrm{i}}{b-a}(z-a)}$$

由于对数函数的主值分支（简称对数主支）$w=\ln z$ 是指数函数 $w=\mathrm{e}^z$ 的反函数，因此对数主支 $w=\ln z$ 可以把角形域映射成水平的带形域。

* 6.3.3　儒可夫斯基函数映射

定义 6.3.1　我们定义儒可夫斯基函数为

$$w(z)=\frac{1}{2}\left(z+\frac{1}{z}\right) \tag{6.3.3}$$

其实部、虚部分别是

$$\begin{cases}u=\dfrac{1}{2}\left(\rho+\dfrac{1}{\rho}\right)\cos\varphi \\[2mm] v=\dfrac{1}{2}\left(\rho-\dfrac{1}{\rho}\right)\sin\varphi\end{cases} \tag{6.3.4}$$

z 平面上的同心圆族 $|z|=\rho_0$ 映射为 w 平面上的

$$\begin{cases}u=\dfrac{1}{2}\left(\rho_0+\dfrac{1}{\rho_0}\right)\cos\varphi \\[2mm] v=\dfrac{1}{2}\left(\rho_0-\dfrac{1}{\rho_0}\right)\sin\varphi\end{cases} \tag{6.3.5}$$

这是参数方程式。消去参数 φ，得

$$\frac{u^2}{a^2}+\frac{v^2}{b^2}=1 \tag{6.3.6}$$

其中，$a=\dfrac{1}{2}\left|\rho_0+\dfrac{1}{\rho_0}\right|$，$b=\dfrac{1}{2}\left|\rho_0-\dfrac{1}{\rho_0}\right|$。这是椭圆族，其长、短半轴分别是 a 和 b，而且 $c=\sqrt{a^2-b^2}=1$，即椭圆族是共焦点的，焦点在 $u=\pm1$。

ρ_0 从 1 开始无限增大，则 a 和 b 随之而无限增大。这样，z 平面单位圆外部变为 w 的全平面，只是从 -1 到 $+1$ 沿着实轴有一根割线。

ρ_0 从 1 开始而逼近于零,则 a 和 b 也无限增大。这样,z 平面单位圆内部也变为 w 的全平面,从 -1 到 $+1$ 沿着实轴有一割线。

z 平面上的射线族 $\arg z = \varphi_0$ 变为 w 平面上的

$$\begin{cases} u = \dfrac{1}{2}\left(\rho + \dfrac{1}{\rho}\right)\cos\varphi_0 \\[2mm] v = \dfrac{1}{2}\left(\rho - \dfrac{1}{\rho}\right)\sin\varphi_0 \end{cases} \tag{6.3.7}$$

这是参数方程式。消去参数 ρ,得

$$\frac{u^2}{a^2} - \frac{v^2}{b^2} = 1 \tag{6.3.8}$$

其中,$a = |\cos\varphi_0|$,$b = |\sin\varphi_0|$。这是双曲线族,其实半轴和虚半轴分别是 $|\cos\varphi_0|$ 和 $|\sin\varphi_0|$。而且 $\sqrt{a^2 + b^2} = 1$,即双曲线族是共焦点的,焦点在 $u = \pm 1$。

儒可夫斯基函数把圆变为椭圆,射线变为双曲线,同心圆族变为共焦点椭圆族,共点射线族变为共焦点双曲线族,这是有助于求解椭圆或双曲线边值问题的。

6.4　典型综合实例

例 6.4.1　(1) 试求在映射 $w = z^2$ 下,z 平面上的直线 $y = x$ 及 $x = 1$ 的像曲线。(2) 在这两条曲线的交点处 $w = z^2$ 是否保角?旋转角、伸缩率是多少?

【解】　令 $w = u + \mathrm{i}v$,$z = x + \mathrm{i}y$,则映射变为

$$u + \mathrm{i}v = (x + \mathrm{i}y)^2 = x^2 - y^2 + \mathrm{i}2xy$$

(1) z 平面上的直线 $l_1 : y = x$ 在 w 平面上的像曲线是

$$L_1 : u = 0, \quad v = 2y^2$$

它是 w 平面上的正半虚轴;z 平面上的直线 $l_2 : x = 1$ 在 w 平面上的像曲线是 $L_2 : v^2 = 4(1-u)$,它是 w 平面上的一条抛物线(见图 6.12)。

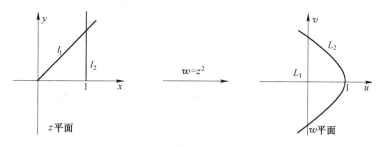

图 6.12

(2) $y = x$ 与 $x = 1$ 的交点为 $z_0 = 1 + \mathrm{i}$,因为

$$\frac{\mathrm{d}w}{\mathrm{d}z}\bigg|_{z_0 = 1 + \mathrm{i}} = 2z\,|_{z_0 = 1 + \mathrm{i}} = 2(1 + \mathrm{i}) = 2\sqrt{2}\,\mathrm{e}^{\frac{\pi}{4}\mathrm{i}} \neq 0$$

所以映射 $w = z^2$ 在交点 $z_0 = 1 + \mathrm{i}$ 处是保角的,且旋转角为 $\dfrac{\pi}{4}$,伸缩率为 $2\sqrt{2}$。

例 6.4.2　求将图 6.13 中的圆弧 C_1 与 C_2 所围成的夹角为 α 的月牙域映射成角形域

$$\varphi_0 < \arg\omega < \varphi_0 + \alpha$$

的一个映射。

【解】 先把 z 平面上的 C_1, C_2 的交点 i 与 $-\mathrm{i}$ 分别映射成 ξ 平面上的 $\xi = 0$ 与 $\xi = \infty$,并使月牙域映射成角形域 $0 < \arg\xi < \alpha$;再把这个角形域通过旋转映射 $w = \mathrm{e}^{\mathrm{i}\varphi_0} \cdot \xi$ 映射成角形域 $\varphi_0 < \arg w < \varphi_0 + \alpha$。

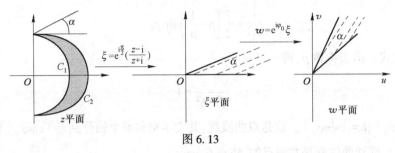

图 6.13

将所给月牙域映射成 ξ 平面中的角形域的映射具有如下形式:

$$\xi = k\frac{z - \mathrm{i}}{z + \mathrm{i}}$$

其中,k 为待定常数。取 C_1 上的点 $z = 1$,它的对应点 $\xi = k\dfrac{1 - \mathrm{i}}{1 + \mathrm{i}} = -k\mathrm{i}$,再令 $k = \mathrm{i}$,得 $\xi = 1$,于是映射 $\xi = k\dfrac{z - \mathrm{i}}{z + \mathrm{i}}$ 就把 C_1 映射成 ξ 平面上的正实轴。根据映射的保角性,它把所给月牙域映射成 w 平面上的角形域 $0 < \arg\xi < \alpha$。由此可得所求的映射为

$$w = \mathrm{e}^{\mathrm{i}\varphi_0}\xi = \mathrm{i}\mathrm{e}^{\mathrm{i}\varphi_0}\frac{z - \mathrm{i}}{z + \mathrm{i}} = \mathrm{e}^{\mathrm{i}\left(\varphi_0 + \frac{\pi}{2}\right)} \cdot \frac{z - \mathrm{i}}{z + \mathrm{i}}$$

例 6.4.3 求将上半平面 $\mathrm{Im}(z) > 0$ 映射成 $|w - 2\mathrm{i}| < 2$,且满足条件 $w(2\mathrm{i}) = 2\mathrm{i}$,$\arg w'(2\mathrm{i}) = -\dfrac{\pi}{2}$ 的分式线性映射。

【解】 容易看出,映射 $\xi = \dfrac{w - 2\mathrm{i}}{2}$ 将 $|w - 2\mathrm{i}| < 2$ 映射成 $|\xi| < 1$,而将 $\mathrm{Im}(z) > 0$ 映射成 $|\xi| < 1$ 的分式线性映射为

$$\xi = \mathrm{e}^{\mathrm{i}\theta}\frac{z - a}{z - \bar{a}}$$

由 $z = 2\mathrm{i}$ 时 $w = 2\mathrm{i}$ 可知,当 $z = 2\mathrm{i}$ 时,$\xi = 0$。将其代入上式可得,$a = 2\mathrm{i}$,从而上述映射变为

$$\xi = \mathrm{e}^{\mathrm{i}\theta}\frac{z - 2\mathrm{i}}{z + 2\mathrm{i}}$$

故有

$$\frac{w - 2\mathrm{i}}{2} = \mathrm{e}^{\mathrm{i}\theta}\frac{z - 2\mathrm{i}}{z + 2\mathrm{i}}$$

由此可得

$$w'(2\mathrm{i}) = 2\mathrm{e}^{\mathrm{i}\theta}\frac{1}{4\mathrm{i}}$$

$$\arg w'(2\mathrm{i}) = \arg(2\mathrm{e}^{\mathrm{i}\theta}) + \arg\left(\frac{1}{4\mathrm{i}}\right) = \theta - \frac{\pi}{2} = -\frac{\pi}{2}$$

从而有 $\theta = 0$。故所求映射为

$$\frac{w-2i}{2}=\frac{z-2i}{z+2i} \quad \Rightarrow \quad w=2(1+i)\frac{z-2}{z+2i}$$

例 6.4.4 如果分式线性映射 $w=\dfrac{az+b}{cz+d}$ 将 z 平面上的圆周 $|z|=1$ 映射成 w 平面上的直线,问 a,b,c,d 应满足什么条件?

【解】 由 $w=\dfrac{az+b}{cz+d}$ 解得 $z=\dfrac{b-dw}{cw-a}$。

当 $|z|=1$ 时, $|b-dw|=|cw-a|$,故

$$(dw-b)(\bar{d}\,\bar{w}-\bar{b})=(cw-a)(\bar{c}\,\bar{w}-\bar{a})$$

即

$$(|d|^2-|c|^2)|w|^2+(\bar{a}c-\bar{b}d)w+(a\bar{c}-b\bar{d})\bar{w}+|b|^2-|a|^2=0$$

要使上述方程表示 w 平面上的直线,只需 $|d|^2-|c|^2=0$。故分式线性映射 $w=\dfrac{az+b}{cz+d}$ 将圆周映射成直线的充分必要条件是 $|c|=|d|$。

例 6.4.5 求一个保角映射,将 z 平面上的弓形域 $|z+i|<2$,$\mathrm{Im}(z)>0$ 映射成 w 平面上的上半平面 $\mathrm{Im}(\omega)>0$。

【解】 见图 6.14,经计算,交点为 $z_1=\sqrt{3}$,$z_2=-\sqrt{3}$,其中 z_2 处圆弧的方向角为 $\dfrac{\pi}{3}$。

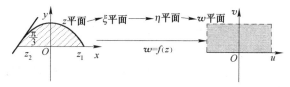

图 6.14

可考虑先将 z 平面上的弓形域映射成 ξ 平面(注意图中未画出 ξ 平面)的角形域,再将角形域映射成 w 平面上的上半平面。

设分式线性映射将 $z_1=\sqrt{3}$ 映射成 ξ 平面上的点 0。而 $z_2=-\sqrt{3}$ 映射成 ξ 平面上的 ∞,于是该映射可写为

$$\xi=\frac{z-\sqrt{3}}{z+\sqrt{3}}$$

当 $z=0$ 时 $\xi=-1$;当 $z=i$ 时,$\xi=-\dfrac{1}{2}+\dfrac{\sqrt{3}}{2}i$,所以映射 $\xi=\dfrac{z-\sqrt{3}}{z+\sqrt{3}}$ 将弓形域映射成角形域,即 ξ 平面上的顶点在原点,且以射线 $\arg\xi=\dfrac{2}{3}\pi$ 和 $\arg\xi=\pi$ 为两边的角形域。

再对 ξ 施以旋转变换 $\eta=e^{-\frac{2}{3}\pi i}\xi$,它将 ξ 平面上的角形域顺时针旋转 $\dfrac{2\pi}{3}$ 而成为 η 平面上的角形域。

最后,再令 $w=\eta^3$,它将 η 平面上的角形域映射成 w 平面上的上半平面。

复合映射 $\xi=\dfrac{z-\sqrt{3}}{z+\sqrt{3}}$,$\eta=e^{-\frac{2}{3}\pi i}\xi$,$w=\eta^3$ 便得到

$$w=\eta^3=(e^{-\frac{2}{3}\pi i}\xi)^3=\xi^3=\left[\frac{z-\sqrt{3}}{z+\sqrt{3}}\right]^3$$

即映射 $w = \left[\dfrac{z-\sqrt{3}}{z+\sqrt{3}}\right]^3$ 把 z 平面上的弓形域映射成 w 平面上的上半平面。

小　结

1. 保角映射

保角映射：具有保角性和伸缩率不变性的映射。

定理：若函数 $w=f(z)$ 在区域 D 内解析，且对任意 $z_0 \in D$，有 $f'(z_0) \neq 0$，则 $w=f(z)$ 必是 D 内的一个保角映射。

2. 分式线性映射

(1) 形如 $w = \dfrac{az+b}{cz+d}(ad-bc \neq 0)$ 的映射统称为分式线性映射。它可以看成是由下列各映射复合而成：

① $w=kz+b(k \neq 0)$，这是一个旋转伸缩平移映射，也称为整式线性映射。

② $w=\dfrac{1}{z}$，称为倒数映射或反演映射。

由于它们在扩充的复平面上都一一对应，且具有保角性、保圆周性与保对称性，因此分式线性映射也具有保角性、保圆周性与保对称性。

(2) z 平面和 w 平面上的三对点可唯一确定一个分式线性映射，即设 z 平面上的三个相异点 z_1, z_2, z_3 对应于 w 平面上的三个相异点 w_1, w_2, w_3，则唯一确定一个分式线性映射：

$$\frac{w-w_1}{w-w_2} \cdot \frac{w_3-w_2}{w_3-w_1} = \frac{z-z_1}{z-z_2} \cdot \frac{z_3-z_2}{z_3-z_1}$$

(3) 三种典型的分式线性映射。

① 把上半平面映射成上半平面的映射为

$$w = \frac{az+b}{cz+d}$$

其中，a, b, c, d 都是实数，且 $ad-bc>0$。

② 把上半平面映射为单位圆内部的映射为

$$w = \mathrm{e}^{\mathrm{i}\theta}\frac{z-\lambda}{z-\bar{\lambda}} \quad (\mathrm{Im}(\lambda)>0)$$

③ 把单位圆内部映射成单位圆内部的映射为

$$w = \mathrm{e}^{\mathrm{i}\theta}\frac{z-\lambda}{1-\bar{\lambda}z} \quad (0<|\lambda|<1)$$

3. 几个初等函数所构成的映射

(1) 幂函数 $w=z^n(n \geq 2)$，这一映射的特点是：把以原点为顶点的角形域映射为角形区域（包括半平面及全平面），其张角的大小变成了原来的 n 倍。

(2) 指数函数 $w=\mathrm{e}^z$，这一映射的特点是：把水平的带形域 $0<\mathrm{Im}(z)<a$ 映射为角形域 $0<\arg w<a$（当 $a=\pi$ 时，此角形域为上半平面）。

把这两个函数构成的映射与分式线性映射联合起来可以进一步解决某些区域之间的变化问题。

4. 本章学习要求

鉴于本章保角映射理论、例题的解法以及习题较难(也较灵活),故给出学习要求和总结:

(1) 复习解析函数的几何意义,了解保角映射的概念。

(2) 掌握分式线性映射的保角性、保圆周性和保对称性;熟练掌握利用分式线性映射求一些简单区域(半平面、圆、二圆弧所围区域、角形域)之间的保角映射。

(3) 掌握幂函数、指数函数以及它们的复合函数所构成的映射;掌握给定三对对应点决定分式线性映射的方法。

5. 本章主要题型

(1) 判别一个映射 $w=f(z)$,$z \in D$ 是否是保角映射。

(2) 已知映射及一个区域,求像区域。

(3) 已知两个区域,求映射。

(4) 已知三对点,求分式线性映射。

以上(2)和(3)的题目较为灵活,故必须熟练掌握各种基本映射(整式线性映射、倒数映射、分式线性映射、幂函数映射、指数函数映射等)的特点及一些基本区域(半平面、单位圆域、角形域)之间的映射(或变换)。

习 题 6

6.1 一个解析函数所构成的映射在什么条件下具有伸缩率和转动角的不变性?试讨论映射 $w=z^2$ 在复平面上的每点都具有这个性质吗?

6.2 求 $w=z^2$ 在点 $z=i$ 处的伸缩率和转动角。问 $w=z^2$ 将经过点 $z=i$ 且平行于实轴正向的曲线的切线方向映射成 w 平面上哪个方向?并作图表示。

6.3 求所给区域在指定映射下的像。

(1) $0<\mathrm{Im}(z)<\dfrac{1}{2}$:$w=\dfrac{1}{z}$ (2) $\mathrm{Re}(z)>1$,$\mathrm{Im}(z)>0$:$w=\dfrac{1}{z}$

6.4 在映射 $w=iz$ 下,下列图形映射为什么图形?

(1) 以 $z_1=i$,$z_2=-1$,$z_3=1$ 为顶点的三角形;

(2) 圆域 $|z-1| \leqslant 1$。

6.5 求出将点 $z=1$,i,$-i$ 分别映射为点 $w=1$,0,-1 的分式线性映射。此映射将单位圆 $|z|<1$ 映射为什么?

6.6 证明:映射 $w=z+\dfrac{1}{z}$ 把圆周 $|z|=c \neq 0$ 映射为椭圆:

$$u=(c+c^{-1})\cos\theta, v=(c-c^{-1})\sin\theta$$

6.7 如果分式线性映射 $w=\dfrac{az+b}{cz+d}$ 将上半平面 $\mathrm{Im}(z)>0$ 映射成上半平面 $\mathrm{Im}(w)>0$,或映射成下半平面 $\mathrm{Im}(w)<0$,那么系数 a,b,c,d 分别满足什么条件?

6.8 如果分式线性映射 $w=\dfrac{az+b}{cz+d}$ 将 z 平面上的直线映射成 $|w|<1$,那么它的系数应该满足什么条件?

6.9　试求将 $|z|<R$ 的圆域映射成单位圆 $|w|<1$ 的分式线性映射。

6.10　试求将 $|z|<1$ 映射成 $|w-1|<1$ 的分式线性映射。

6.11　求把右半平面 $(\mathrm{Re}(z)>0)$ 映射成单位圆 $|w|<1$ 的分式线性映射。

6.12　求将上半平面映射为单位圆 $|\omega|<1$ 的分式线性映射 $\omega=f(z)$，并满足下列条件：

$$f(\mathrm{i})=0, f(-1)=1$$

6.13　求将上半平面映射为单位圆 $|w|<1$ 的分式线性映射 $w=f(z)$，且满足条件：$f(\mathrm{i})=0$，$\arg f'(\mathrm{i})=0$。

6.14　求将单位圆内部 $|z|<1$ 映射为单位圆内部 $|w|<1$ 的映射，并满足条件

$$f\left(\frac{1}{2}\right)=0, \arg f'\left(\frac{1}{2}\right)=-\frac{\pi}{2}$$

6.15　求出将 z 平面的右半平面 $(\mathrm{Re}(z)>0)$ 映射为 w 平面上单位圆外部 $|w|>1$ 的分式线性映射的一般式。

6.16　求出任一单值且保角的映射，使单位圆 $|z|<1$ 映射为铅直条形区域 $0<\mathrm{Re}(w)<\alpha$。

计算机仿真编程实践

6.17　用计算机仿真(MATLAB)的方法绘出函数 $w=z^2$ 的实部和虚部。

6.18　求所给区域在指定映射下的像，并用计算机仿真绘出图形。

$$\mathrm{Re}(z)>0, 0<\mathrm{Im}(z)<1, w=\frac{\mathrm{i}}{z}$$

6.19　证明：在映射 $w=\mathrm{e}^{\mathrm{i}z}$ 下，相互正交的直线族 $\mathrm{Re}(z)=x=c_1$ 与 $\mathrm{Im}(z)=c_2$ 依次映射成相互正交的直线族 $v=u\tan c_1$ 与圆族 $u^2+v^2=\mathrm{e}^{-2c_2}$，并用计算机仿真绘出曲线图形。

6.20　证明：映射 $w=z+\dfrac{1}{z}$ 把圆周 $|z|=c\neq 0$ 映射为椭圆：

$$u=(c+c^{-1})\cos\theta, \quad v=(c-c^{-1})\sin\theta$$

并用计算机仿真绘出等值线图形。

第一篇复变函数论全篇总结框图

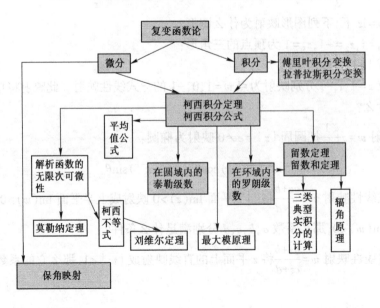

第一篇综合测试题

一、填空

1. 写出余弦函数 $\cos z$ 的虚部_____（其中 $z=x+iy$，x,y 为实数）。

2. 已知一解析函数 $f(z)=u+iv$，其实部、虚部满足 $v=u^8$，则该解析函数 $f(z)=$_____。

3. 判断复数项级数的敛散性。复数项级数 $\sum\limits_{n=1}^{\infty}\dfrac{i^n}{n}$ 是_____级数（本题需填入是否收敛，是否绝对收敛，条件收敛）。

4. 已知函数 $f(z)=\dfrac{1}{z(z-1)^2}$，则 $\text{Res}f(0)=$_____；$\text{Res}f(1)=$_____；$\text{Res}f(\infty)=$_____。

5. 函数 $w=\dfrac{z}{R}$，将 z 平面的图形：以原点为中心，R 为半径的圆，映射为 w 平面上的_____ _____（图形）。

二、求解方程

$$2\text{ch}^2z-3\text{ch}z=-1$$

三、若函数 $f(z)=u+iv$ 解析，且 $u-v=(x^2+4xy+y^2)(x-y)$，求该函数 $f(z)$。

四、用留数理论计算积分。

$$\int_0^{2\pi}e^{e^{i\theta}}\,d\theta$$

五、计算积分 $I=i\displaystyle\int_{|z|=a}\dfrac{\cos\pi z}{(z-1)^3}dz$　（$a>1$）。

六、计算积分。

（1）$\displaystyle\int_0^{2\pi}\dfrac{d\theta}{1+\cos^2\theta}$　　（2）$\displaystyle\int_0^{\infty}\dfrac{\cos ax}{1+x^4}dx$　（$a>0$）

七、试将函数 $f(z)=\dfrac{1}{z+1}$ 按下列要求展开为幂级数，并指出展开级数的名称和收敛范围。

（1）在 $f(z)$ 的孤立奇点的去心邻域展开；

（2）以 $z=i$ 为中心展开。

八、求把角形区域 $0<\arg z<\dfrac{\pi}{4}$ 映射为单位圆 $|w|<1$ 的一个保角映射。

第二篇　数学物理方程

主要内容:二阶线性偏微分方程的建立和求解

重点:数学物理方程求解方法中的分离变量法和行波法

特点:加强物理模型和数学物理思想的介绍,以便充分了解模型的物理意义,有利于根据数学物理模型建立数学物理方程

数学物理方程(简称**数理方程**)是指从物理学及其他各门自然科学、技术科学中所导出的函数方程,主要指偏微分方程和积分方程。数学物理方程所研究的内容和所涉及的领域十分广泛,它深刻地描绘了自然界中的许多物理现象和普遍规律。

从物理规律角度来分析,数学物理定解问题表征的是场和产生这种场的源之间的关系。例如,声振动研究声源与声波场之间的关系,热传导研究热源与温度场之间的关系,泊松(Poisson,1781~1840年,法国数学家)方程表示的是电势(或电场)和电荷分布之间的关系等。

根据分析问题的不同出发点,数学物理问题分为正向问题和逆向问题。正向问题即已知源求场,而逆向问题即已知场求源。前者是经典数学物理所讨论的主要内容,后者是高等数学物理(或称为现代数学物理)所讨论的主要内容。逆向问题就是通过位于源的外部场的观测来重建源的内部结构,它在探测物质微观结构、雷达、激光成像、声纳等技术领域中都有着极为重要的作用。特别地,已知入射波和散射体外的散射波求散射体的逆散射问题,已经成为当今数学物理的热门研究对象。

从数学规律角度来分析,数学物理问题又分为线性和非线性两大类。前者满足线性叠加原理,后者不满足线性叠加原理。线性问题是经典数学物理所研究的主要内容,非线性问题是高等数学物理所研究的主要内容。

随着科学技术的发展,物理学与各门技术学科特别是前沿技术学科的相互渗透已经从线性问题深入到非线性问题。从20世纪60年代开始,对非线性现象的研究发生了根本性的变化,并形成了非线性科学,已经深入到物理学许多分支和工程技术的不同学科领域,主要可概括为流体力学、非线性光学、固体力学、等离子体物理、量子场论、光通信以及化学和生物系统等。目前已引入上百种非线性偏微分方程,这些非线性方程大致分为两个基本类:一类是可积方程,这些方程具有孤子或类孤子解,并都可以用反散射法求解;另一类是不可积方程,都存在一定耗散结构,其解可出现混沌现象。非线性偏微分方程主要作为高层次的科研工作者或博士、硕士研究生掌握的内容。

本篇将主要讨论典型的二阶线性偏微分方程的建立和求解方法,并初步介绍了著名的KdV方程和Burgers方程及其孤子解和冲击波解。这些理论在现代通信技术领域具有广泛的应用基础。

数学物理方程的类型和所描述的物理规律

人们总结出:振动与波(振动波,电磁波)传播满足波动方程;热传导问题和扩散问题满足

热传导方程;静电场和引力势满足拉普拉斯方程或泊松方程。这些方程多数为二阶线性偏微分方程。

为了分析这些物理现象,我们将其满足的二阶线性偏微分方程归纳为三类典型的数学物理方程:

① **双曲型方程**(Hyperbolic Equation):以波动方程为代表的方程

$$\frac{\partial^2 u}{\partial t^2} - a^2 \nabla^2 u = f(x,y,z,t)$$

它描绘了各向同性的弹性体中的波动、振动过程,或声波、电磁波的传播规律。

② **抛物型方程**(Parabolic Equation):以热传导方程(或输运方程)为代表的方程

$$\frac{\partial u}{\partial t} - a^2 \nabla^2 u = f(x,y,z,t)$$

它主要描述扩散过程和热传导过程所满足的规律。

双曲型方程和抛物型方程都是随时间变化(或发展)的,有时也称为发展方程。

③ **椭圆型方程**(Elliptic Equation):以泊松方程为代表的方程

$$\nabla^2 u = f(x,y,z)$$

当 $f(x,y,z)=0$ 时,它即退化为拉普拉斯方程。它是描述物理现象中稳定(或平衡状态)过程规律的偏微分方程。在物理现象中,它很好地描述了重力场、静电场、静磁场、稳恒流的速度势等规律。

对这三类数学物理方程的一种最常用解法是分离变量法(The Method of Separation of Variables)。解方程的主要途径是将偏微分方程化为一些标准的常微分方程,它们有一些标准解,即为各类特殊函数。特殊函数主要包括球函数(Spherical Function)和柱函数(Cylindrical Function)以及埃尔米特多项式、拉盖尔多项式等,它们广泛应用于现代科学技术领域。为了本书的系统性,特殊函数将在第三篇进行详细介绍。

第7章 数学建模——
数学物理定解问题

本章从一些典型的物理问题中导出二阶线性偏微分方程。为了说明物理模型,我们加强了对模型物理意义的描述,对主要类型的物理现象均详细地给出了数学物理方程的建立方法,以切实加强数学建模能力的训练和提高。

数学建模的基本物理思想

在科学研究中常常需要分析空间连续分布的各种物理场的状态和物理过程。例如,研究静电场的电场强度或电势在空间中的分布,研究电磁波的电场强度和磁感应强度在空间和时间中的变化规律,研究声场中的声压在空间和时间中的变化情况,研究半导体扩散工艺中杂质浓度(单位体积中的杂质量)在硅片中怎样分布并怎样随时间而变化等,即需要研究某个(或某些)物理量(如电场强度、电势、磁感应强度、声压以及杂质浓度)在空间的某个区域中的分布情况,以及怎样随时间而变化。这些问题中的自变量就不仅是时间,还有空间坐标。

为了解决这些问题,首先必须掌握所研究的物理量在空间中的分布情况和在时间中的变化规律,这就是物理课程中所研究并加以论述的**物理规律**,它是解决问题的依据。物理规律反映了同一类物理现象的共同规律,即**普遍性**,亦即**共性**。

可是,同一类物理现象中,各个具体问题又各有其**特殊性**,即**个性**。物理规律并不反映这种个性。

为了求解具体问题的需要,还必须考虑所研究区域的边界情况,或者说必须考虑到研究对象处在怎样的特定"环境"中。我们知道,"超距作用"是不存在的,物理的联系总是要通过中介的(即对应于物理学中的各场),周围"环境"的影响总是通过边界才能传给研究对象,所以周围"环境"的影响体现于边界所处的物理状况。说明边界上的约束状况的条件叫**边界条件**。

为了求解随时间变化的物理问题,还必须考虑到研究对象的特定"历史",即它在先前某个时刻的情况, 即某个"初始"时刻的状态。说明物理现象初始状态的条件叫**初始条件**。

边界条件和初始条件反映了具体问题的特定环境和历史,即问题的特殊性(个性)。边界条件和初始条件统称为**定解条件**。

物理规律用数学的语言"翻译"出来,不过是物理量 u 在空间和时间中的变化规律,换句话说,它是物理量 u 在各个位置和各个时刻所取值之间的联系。正是这种联系使我们有可能从边界条件和初始条件去推算 u 在任意位置 (x,y,z) 和任意时刻 t 的值 (x,y,z,t)。而物理的联系总是要通过中介的,它的直接表现只能是 u 在邻近位置和邻近时刻所取的值之间的关系式。这种邻近位置、邻近时刻之间的关系式往往形成偏微分方程。物理规律用偏微分方程表示出来,即数学物理方程。数学物理方程作为同一类物理现象的共性,与具体条件(边界条件、初始条件)无关。在数学上,数学物理方程本身(不连带定解条件)叫做**泛定方程**。**定解问题**是由泛定方程和定解条件所组成的整体。

定解问题在数学上的完整提法是:在给定的定解条件下,求解数学物理方程。

数学物理方程的建立及其求解通常遵循下列三个主要步骤：

（1）**将物理问题转化为数学模型**：对物理问题根据相关的物理定律建立相应的数学模型，也就是将物理问题归结成数学上的定解问题。

（2）**解定解问题**：用数学方法求出满足方程和定解条件的解。

（3）**验证模型的正确性并理解模型的物理意义**：对所得解通过数学的论证和客观实践的检验鉴定其正确性，并将所得的解作适当的物理意义解释，从而理解遵循同一类方程的普遍物理模型。

常用物理定律概述

数学物理方程的建立常依赖于物理模型所遵循的物理定律，下面概括性地描述数学物理方程建立中常用的几个物理定律：

（1）**牛顿（Newton）第二定律**：$F=ma$。

（2）**胡克（Hooke）定律**：在弹性限度内，弹性体的张应力和弹性体的形变量（即相对伸长）成正比，即

$$张应力 = 杨氏模量(Y) \times 相对伸长$$

（3）**热传导的傅里叶定律**：在 dt 时间内，通过面积元 dS 流入小体积元的热量 dQ 与沿面积元外法线方向的温度变化率 $\dfrac{\partial u}{\partial n}$ 成正比，也与 dS 和 dt 成正比，即 $dQ = k\dfrac{\partial u}{\partial n}dSdt$。式中，$k$ 是导热系数，由物体的材料决定。

（4）**牛顿冷却定律**：单位时间内从周围介质传到边界上单位面积的热量与表面和外界的温度差成正比，即 $dQ = H(u_1 - u\,|_{\Sigma})$。这里 u_1 是外界介质的温度，H 为比例系数。

（5）**扩散定律即斐克定律**：单位时间内扩散流过某横截面的杂质量 m 与该横截面积 S 和浓度梯度 $\dfrac{\partial u}{\partial n}$ 成正比，即 $m = -DS\dfrac{\partial u}{\partial n}$。式中，$D$ 为扩散系数，负号表示扩散是向着杂质浓度减少的方向进行的。

（6）**静电场中的高斯定律**：通过任一闭合曲面的电通量等于这个闭曲面所包围的自由电荷电量的 $\dfrac{1}{\varepsilon}$ 倍，即 $\oiint_S E \cdot dS = \dfrac{1}{\varepsilon}\iiint_V \rho dV$。其中，$\varepsilon$ 为电荷所处介质的介电常数，ρ 为电荷体密度。

7.1 数学建模——波动方程类型的建立

本节具体通过 5 种物理模型详细介绍具有波动方程类型的数学物理方程的建立方法，其中弦的横振动、杆的纵振动以及传输线方程的建立是需要掌握的基本内容。为了描述定解问题的系统完整性，本节对波动方程的定解条件也进行了讨论。

7.1.1 波动方程的建立

1. 弦的微小横振动

弦的横振动问题是数学物理方程中的典型问题。它的模型简单，且具有代表性。

我们考察一根长为 l 且两端固定、水平拉紧的弦，讨论如何将这一物理问题转化为数学上的定解问题。要确定弦的运动方程，需要明确：

（1）要研究的物理量是什么？本模型是讨论弦的运动规律，并研究弦沿垂直方向的位移 $u(x,t)$。

（2）被研究的物理量遵循哪些物理定理？本模型所研究的物理量遵循牛顿第二定律。

（3）按物理定理写出数学物理方程（即建立泛定方程）。

注意： 由于物理问题涉及的因素较多，往往还需要引入适当假设才能使方程简化。

数学物理方程必须反映弦上任一位置上的垂直位移所遵循的普遍规律，所以考察点不能取在端点上，但可以取除端点之外的任何位置作为考察点。

下面以一维弦的横振动来分析：

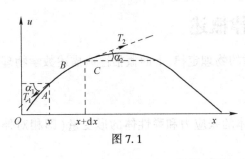

图 7.1

为了直观明了，我们取弦的一小段$\overset{\frown}{ABC}$来分析，即如图 7.1 所示的长近似为 dx 的小段来进行研究。采用"隔离物体法"，分析 dx 段的受力情况。它受三个力作用：两个张力（T_1 和 T_2）以及重力 $\lambda g\mathrm{d}s$，其中 ds 是 $\overset{\frown}{ABC}$ 的弧长，λ 是弦的线密度，g 是重力加速度。假设弦是均匀的，即线密度 λ 是常数。

我们用 $u(x,t)$ 来表示在 t 时刻 x 位置处弦沿垂直方向的位移。设弦是完全柔软的弹性体，这意味着弦无弯曲刚度，张力 T 总是沿着弦的振动波形的切线方向。由于讨论的问题是弦作横振动，故忽略弦在水平方向上的位移。根据物理意义，弦的横向加速度可用 u_{tt} 表示。

注： 为了书写方便，通常把 $\dfrac{\partial^2 u}{\partial t^2}$ 简记为 u_{tt} 或 u_t''，$\dfrac{\partial^2 u}{\partial x^2}$ 简记为 u_{xx} 或 u_x''，$\dfrac{\partial^2 u}{\partial x\partial t}$ 简记为 u_{xt} 等。

根据牛顿第二定律 $\boldsymbol{F}=m\boldsymbol{a}$。弦沿横向（$u$ 方向）运动的方程可以描述为

$$T_2\sin\alpha_2 - T_1\sin\alpha_1 - \lambda g\mathrm{d}s = (\lambda\mathrm{d}s)u_{tt} \tag{7.1.1}$$

由于每小段都没有纵向（即 x 方向）的运动，所以作用于小段 $\overset{\frown}{ABC}$ 的纵向合力应该为零：

$$T_2\cos\alpha_2 - T_1\cos\alpha_1 = 0 \tag{7.1.2}$$

由于我们仅考虑微小的横振动，则张力与水平方向的夹角 α_1 和 α_2 为很小的量，如果忽略 α_1^2 和 α_2^2 及以上的高阶小量，则根据级数展开式有

$$\cos\alpha_1 = 1 - \frac{\alpha_1^2}{2!} + \cdots \approx 1, \quad \cos\alpha_2 \approx 1$$

$$\sin\alpha_1 = \alpha_1 - \frac{\alpha_1^3}{3!} + \cdots \approx \alpha_1 \approx \tan\alpha_1, \quad \sin\alpha_2 \approx \alpha_2 \approx \tan\alpha_2$$

$$\mathrm{d}s = \sqrt{(\mathrm{d}x)^2 + (\mathrm{d}u)^2} = \sqrt{1 + (u_x)^2}\,\mathrm{d}x \approx \mathrm{d}x$$

因 $u_x = \dfrac{\partial u}{\partial x} = \tan\alpha \approx \sin\alpha$，故由图 7.1 得

$$u_x\big|_x = \tan\alpha_1 \approx \sin\alpha_1, \quad u_x\big|_{x+\mathrm{d}x} = \tan\alpha_2 \approx \sin\alpha_2$$

这样，式（7.1.1）和式（7.1.2）简化为

$$T_2 u_x\big|_{x+\mathrm{d}x} - T_1 u_x\big|_x - \lambda g\mathrm{d}x = u_{tt}\lambda\mathrm{d}x \tag{7.1.3}$$

$$T_2 - T_1 = 0 \tag{7.1.4}$$

因此在微小横振动条件下，可得出 $T_2 = T_1$，弦中张力不随 x 而变，它在整根弦中取同一数值，可记为 $T = T_1 = T_2$，故有

$$T(u_x\big|_{x+\mathrm{d}x} - u_x\big|_x) - \lambda g\mathrm{d}x = \lambda u_{tt}\mathrm{d}x \tag{7.1.5}$$

由于变化量 dx 可以取得很小，则

$$u_x\mid_{x+\mathrm{d}x}-u_x\mid_x=\frac{\partial u_x}{\partial x}\mathrm{d}x=u_{xx}\mathrm{d}x$$

这样,$\overset{\frown}{ABC}$的运动方程(7.1.5)就变为

$$\lambda u_{tt}-Tu_{xx}+\lambda g=0 \tag{7.1.6}$$

即

$$u_{tt}=a^2u_{xx}-g \tag{7.1.7}$$

式(7.1.7)即为弦作微小横振动的运动方程,简称为**弦振动方程**。其中,$a^2=T/\lambda$(以后会看到 a 就是弦上振动传播的速度)。

讨论:

① 若设弦的重量远小于弦的张力,则式(7.1.7)右端的重力加速度项可以忽略,由此得到下列齐次偏微分方程:

$$u_{tt}=a^2u_{xx} \tag{7.1.8}$$

式(7.1.8)称为弦的**自由振动方程**。

② 如果在弦的单位长度上还有横向外力 $F(x,t)$ 作用,则式(7.1.8)应该改写为

$$u_{tt}=a^2u_{xx}+f(x,t) \tag{7.1.9}$$

其中,$f(x,t)=\dfrac{F(x,t)}{\lambda}$ 称为力密度,即 t 时刻作用于 x 处单位质量上的横向外力。式(7.1.9)称为弦的**受迫振动方程**。

2. 均匀杆的纵振动

下面推导均匀杆上各点沿杆长方向的纵向振动位移 $u(x,t)$ 所遵从的运动规律。

对于一根杆,只要其中任意一小段有纵向移动,必然使它的邻近段压缩或伸长,这邻近段的压缩或伸长又使得它自己的相邻段压缩或伸长,这样任一小段的纵向振动必然传播到整根杆。实际上,这种振动的传播就是波。

把杆细分为许多微小的小段(见图7.2),选其中 $(x,x+\mathrm{d}x)$ 上的小段 B 作为研究对象。在振动过程中,t 时刻小段 B 两端的位移分别记为 $u(x,t)$ 和 $u(x+\mathrm{d}x,t)=u+\mathrm{d}u\mid_t$。显然,$B$ 段的伸长为

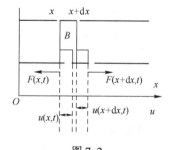

图7.2

$$u(x+\mathrm{d}x,t)-u(x,t)=\mathrm{d}u\mid_t=\frac{\partial u}{\partial x}\mathrm{d}x=u_x\mathrm{d}x$$

而相对伸长则是

$$\frac{u(x+\mathrm{d}x,t)-u(x,t)}{\mathrm{d}x}=\frac{\mathrm{d}u\mid_t}{\mathrm{d}x}=\frac{u_x\mathrm{d}x}{\mathrm{d}x}=u_x$$

确切地说,在杆做纵振动时,相对伸长 u_x 还随杆的不同点而异。在 B 的两端,相对伸长就不一样,分别是 $u_x\mid_x$ 和 $u_x\mid_{x+\mathrm{d}x}$。若杆的密度为 ρ,横截面积为 S,且杆的杨氏模量为 Y,则根据胡克定律,B 两端的张应力(即单位横截面的作用力)分别是 $Yu_x\mid_x$ 和 $Yu_x\mid_{x+\mathrm{d}x}$。故根据牛顿第二定律,$\overset{\frown}{ABC}$ 段的运动方程为

$$YSu_x\mid_{x+\mathrm{d}x}-YSu_x\mid_x=YS\frac{\partial u_x}{\partial x}\mathrm{d}x=\rho(S\mathrm{d}x)u_{tt} \tag{7.1.10}$$

故可得

$$\rho u_{tt} - Y u_{xx} = 0 \qquad (7.1.11)$$

这就是**杆的纵振动方程**。

讨论：

① 对于均匀杆，Y 和 ρ 是常数，式(7.1.11)可以改写成

$$u_{tt} = a^2 u_{xx} \qquad (7.1.12)$$

其中，$a^2 = \dfrac{Y}{\rho}$。这与弦振动方程(7.1.8)具有完全相同的形式。事实上，a 就是纵振动在杆中传播的速度。

② 杆的受迫振动方程也与弦的受迫振动方程(7.1.9)形式完全一样，只是其中的 $f(x,t)$ 应是杆的单位长度上单位横截面积所受纵向外力。

3. 传输线方程（电报方程）

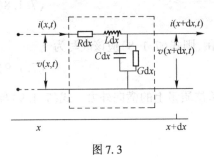

图 7.3

根据物理学知识，在非常长的两条平行传输线（或同轴电缆）的输入端加上交流电压源时，线间电压和线上电流的分布可由图 7.3 所示的等效电路求得，图中 L, R, C 和 G 分别代表往返线路单位长度的电感、电阻、静电电容和漏电导（或称为线间电漏）。若设传输线（或电缆）是均匀的，则这些值可视为常数。

由于输入端是交变电压，所以电压及电流将沿着传输线的长度 x 变化，通常还是时间 t 的函数。下面来建立分布于传输线上的电压 $v(x,t)$ 与电流 $i(x,t)$ 所满足的方程。

设某瞬间在传输线上距离始端为 x 处的电压为 $v(x,t)$，电流为 $i(x,t)$。对 $\mathrm{d}x$ 小段回路进行分析，利用基尔霍夫第二定律，便得出

$$\left(Ri + L\frac{\partial i}{\partial t} \right)\mathrm{d}x + v(x+\mathrm{d}x,t) - v(x,t) = 0$$

其中，$\left(Ri + L\dfrac{\partial i}{\partial t} \right)\mathrm{d}x$ 表示在 $\mathrm{d}x$ 段电阻和电感产生的电压降。令 $\mathrm{d}x \to 0$，则 $v(x+\mathrm{d}x,t) - v(x,t) \approx v_x \mathrm{d}x$，从而

$$Ri + L\frac{\partial i}{\partial t} + \frac{\partial v}{\partial x} = 0 \qquad (7.1.13)$$

同样，电流 $i(x,t)$ 由点 x 流到点 $(x+\mathrm{d}x)$ 时也有变化，因为有一部分电流将流向分支中的电导与电容。根据基尔霍夫第一定律，流入节点 x 的电流的总和应该等于从节点流出的电流的总和。另一方面，流经分支电容及电导的电流分别为 $C\mathrm{d}x\dfrac{\partial v}{\partial t}$ 和 $(G\mathrm{d}x)v$，因此

$$\left[(C\mathrm{d}x)\frac{\partial v}{\partial t} + (G\mathrm{d}x)v \right] + \left[i(x+\mathrm{d}x,t) - i(x,t) \right] = 0$$

同样，令 $\mathrm{d}x \to 0$，并注意到 $i(x+\mathrm{d}x,t) - i(x,t) \approx i_x \mathrm{d}x$，则

$$C\frac{\partial v}{\partial t} + Gv + \frac{\partial i}{\partial x} = 0 \qquad (7.1.14)$$

分别对式(7.1.13)和式(7.1.14)求 x 偏导数和 t 的偏导数，再将这两式消去 $\dfrac{\partial^2 i}{\partial x \partial t}$ 项，则

$$\frac{\partial^2 v}{\partial x^2} = LC\frac{\partial^2 v}{\partial t^2} + (RC + GL)\frac{\partial v}{\partial t} + GRv \tag{7.1.15}$$

同理可得

$$\frac{\partial^2 i}{\partial x^2} = LC\frac{\partial^2 i}{\partial t^2} + (RC + GL)\frac{\partial i}{\partial t} + GRi \tag{7.1.16}$$

式(7.1.15)和式(7.1.16)即为一般的传输线方程(或电报方程)。

(1) 无失真线

当信号在无失真线上传播时,不会发生畸变(失真)现象,因此是一种理想的长传输线。无失真的条件为 $RC = LG$,这时传输线方程(7.1.15)和方程(7.1.16)可简化为

$$\frac{\partial^2 v}{\partial x^2} = \frac{1}{a^2}\frac{\partial^2 v}{\partial t^2} + \frac{2\beta}{a}\frac{\partial v}{\partial t} + \beta^2 v \tag{7.1.17}$$

$$\frac{\partial^2 i}{\partial x^2} = \frac{1}{a^2}\frac{\partial^2 i}{\partial t^2} + \frac{2\beta}{a}\frac{\partial i}{\partial t} + \beta^2 i \tag{7.1.18}$$

其中,$a^2 = \frac{1}{LC}$,$\beta^2 = RG$。

(2) 无损耗线

如果电阻 R 和漏电导 G 很小,我们可以忽略损耗,这种传输线称为**无损耗线**,也叫做**理想传输线**。在高频情况下,若 $\omega L \gg R$,$\omega C \gg G$,也可近似为理想传输线,即 $R \approx G \approx 0$。这时传输线方程(7.1.15)和方程(7.1.16)将简化为

$$\frac{\partial^2 v}{\partial x^2} = LC\frac{\partial^2 v}{\partial t^2} \tag{7.1.19}$$

$$\frac{\partial^2 i}{\partial x^2} = LC\frac{\partial^2 i}{\partial t^2} \tag{7.1.20}$$

它们具有与振动方程类似的数学形式,尽管其物理本质根本不同。

(3) 无漏导,无电感线

如果传输线的 G 和 L 都可以忽略不计,即 $G \approx L \approx 0$(同轴电缆通常就是这种情况),则

$$\frac{\partial^2 v}{\partial x^2} = RC\frac{\partial v}{\partial t} \tag{7.1.21}$$

$$\frac{\partial^2 i}{\partial x^2} = RC\frac{\partial i}{\partial t} \tag{7.1.22}$$

它们具有与7.2节将讨论的一维热传导方程类似的数学形式,尽管其物理本质根本不同。

4. 薄膜的微小横振动

在推导膜的振动方程之前,也应像推导弦的横振动方程一样,做出一定的简化假设:

(1) 膜是柔软的弹性体,即它不能抵抗弯曲,因此在任何时刻它的张力总在膜的切平面内。

(2) 膜的重量与膜的张力相比,可忽略不计。

(3) 振动的膜上任意一点处沿任一方向的斜率远小于1。

如图 7.4 所示,设 $u(x, y, t)$ 表示膜相对于平衡位置(在 xy 平面内)的垂直方向的位移。

把薄膜细分为许多极小的小块,选取 x 与 $x+dx$ 之间及 y 与 $y+dy$ 之间的小块作为研究对象,如果膜与 x 轴垂直的截面的交线为 PQ 和 RS,膜与 y 轴垂直的截面交线为 QR 和 SP,设边

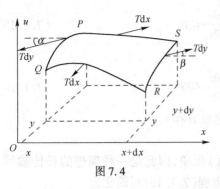

图 7.4

缘 PQ 和 RS 受到沿膜的切面方向的拉力的作用,且拉力大小近似等于 Tdy,边缘 QR 和 SP 受到沿膜的切面方向的拉力的作用,且拉力大小近似等于 Tdx。

记张力 T 的"仰角"(张力方向与 xy 平面的夹角)在 x 及 $x+dx$ 处分别为 α 和 β(见图 7.4)。对于小振动,$\alpha \approx 0$,所以张力 T 的横向分量为 $T\sin\alpha \approx T\tan\alpha = T\dfrac{\partial u}{\partial n}$(法线矢量 $\boldsymbol{n}$ 是指张力 T 在 xy 平面上的投影方向,即直线 PQ 和 RS 在 xy 平面上投影的法线方向)。

先看 x 和 $x+dx$ 这两个边,作为研究对象的小块膜受邻近部分的张力作用,张力的横向分力分别是 $-T\dfrac{\partial u}{\partial x}\Big|_{x}$ 和 $T\dfrac{\partial u}{\partial x}\Big|_{x+dx}$。这样,这小块膜在 x 和 $x+dx$ 两边所受横向作用力是

$$\left[\, Tu_x\,|_{x+dx} - Tu_x\,|_{x}\,\right]dy = Tu_{xx}dxdy$$

同理,在 y 和 $y+dy$ 两边所受横向作用力是

$$Tu_{yy}dxdy$$

用 ρ 表示单位面积的薄膜的质量,可以写出这小块膜的横向运动方程

$$\rho dxdy u_{tt} = Tu_{xx}dxdy + Tu_{yy}dxdy$$

即

$$\rho u_{tt} - T(u_{xx}+u_{yy}) = 0 \tag{7.1.23}$$

这就是**薄膜微小振动方程**。$\dfrac{\partial^2}{\partial x^2}+\dfrac{\partial^2}{\partial y^2}$ 为二维**拉普拉斯算符**,通常记为 Δ,或者为了强调二维而记为 Δ_2(用符号 $\Delta = \dfrac{\partial^2}{\partial x^2}+\dfrac{\partial^2}{\partial y^2}+\dfrac{\partial^2}{\partial z^2}$ 表示三维拉普拉斯算符),则式(7.1.23)可以记为

$$\rho u_{tt} - T\Delta_2 u = 0$$

对于均匀薄膜,面密度 ρ 是常数。式(7.1.23)可以进一步改写成

$$u_{tt} - a^2\Delta_2 u = 0 \tag{7.1.24}$$

其中,常数 $a^2 = \dfrac{T}{\rho}$,a 为膜上振动的传播速度。

如果薄膜上有横向外力作用,记单位面积上的横向外力为 $F(x,y,t)$,重复上述步骤,则得到薄膜的受迫振动方程

$$u_{tt} - a^2\Delta_2 u = f(x,y,t) \tag{7.1.25}$$

其中,$f(x,y,t) = \dfrac{F(x,y,t)}{\rho}$ 为作用于单位质量上的横向外力密度。

5. 电磁波传播方程

设空间中没有电荷,且 $\boldsymbol{E}$ 和 $\boldsymbol{H}$ 分别表示电场强度和磁场强度。由电磁场理论,描述介质中电磁场运动的麦克斯韦方程组的微分形式为

$$\begin{cases} \nabla \times \boldsymbol{E} = -u\dfrac{\partial \boldsymbol{H}}{\partial t} \\[2mm] \nabla \times \boldsymbol{H} = \sigma \boldsymbol{E} + \varepsilon \dfrac{\partial \boldsymbol{E}}{\partial t} \\[2mm] \nabla \cdot (\varepsilon \boldsymbol{E}) = 0 \\[2mm] \nabla \cdot (\mu \boldsymbol{H}) = 0 \end{cases} \tag{7.1.26}$$

假定考虑各向同性的均匀介质，则介电常数 ε、导磁系数 μ、电导率 σ 都是常数。对式(7.1.26)中的第一式两边取旋度，并利用第二式(注意：与求导次序无关)

$$\triangledown\times\triangledown\times E = -\mu\frac{\partial}{\partial t}(\triangledown\times H) = -\mu\frac{\partial}{\partial t}\left[\sigma E + \varepsilon\frac{\partial E}{\partial t}\right] = -\sigma\mu\frac{\partial E}{\partial t} - \mu\varepsilon\frac{\partial^2 E}{\partial t^2}$$

注意到 $\triangledown\times\triangledown\times E = \triangledown(\triangledown\cdot E) - \Delta E$，且考虑到式(7.1.26)中的第三式，故

$$\mu\varepsilon\frac{\partial^2 E}{\partial t^2} + \mu\sigma\frac{\partial E}{\partial t} = \Delta E \qquad (7.1.27)$$

这是一个矢量方程。若我们考虑电场强度矢量在某个方向的投影，即得到普通的标量方程

$$\mu\varepsilon\frac{\partial^2 E}{\partial t^2} + \mu\sigma\frac{\partial E}{\partial t} = \Delta E \qquad (7.1.28)$$

类似地，从麦克斯韦方程组消去 E 可得到 H 的方程为

$$\mu\varepsilon\frac{\partial^2 H}{\partial t^2} + \mu\sigma\frac{\partial H}{\partial t} = \Delta H$$

相应地，标量方程为

$$\mu\varepsilon\frac{\partial^2 H}{\partial t^2} + \mu\sigma\frac{\partial H}{\partial t} = \Delta H \qquad (7.1.29)$$

我们设 u 代表上面的 E 或 H 来进行讨论：

① 当电导率 σ 很小($\sigma\approx 0$)时，方程(7.1.28)和方程(7.1.29)可统一表示为

$$\frac{\partial^2 u}{\partial t^2} = a^2\Delta u \qquad \left(a = \sqrt{\frac{1}{\mu\varepsilon}}\right) \qquad (7.1.30)$$

② 当介质有高的导电性($\sigma\gg\varepsilon$)时，则方程(7.1.28)和方程(7.1.29)可统一表示为

$$\frac{\partial u}{\partial t} = a^2\Delta u \qquad \left(a = \sqrt{\frac{1}{\mu\sigma}}\right) \qquad (7.1.31)$$

从前面 5 种物理模型(弦的横振动、杆的纵振动、传输线(电报方程)、薄膜的微小横振动及电磁波的传播方程)的推导结果来看，它们可以归纳为同一类数学物理方程来表示。尽管我们前面的推导有的是一维方程，有的是二维方程，但在更为一般的情况下可以得到三维非齐次波动方程

$$\frac{\partial^2 u}{\partial t^2} - a^2\left(\frac{\partial^2 u}{\partial x^2} + \frac{\partial^2 u}{\partial y^2} + \frac{\partial^2 u}{\partial z^2}\right) = f(x, y, z, t)$$

在特殊的情况下得到的是三维齐次波动方程

$$\frac{\partial^2 u}{\partial t^2} - a^2\left(\frac{\partial^2 u}{\partial x^2} + \frac{\partial^2 u}{\partial y^2} + \frac{\partial^2 u}{\partial z^2}\right) = 0$$

7.1.2　波动方程的定解条件

波动方程所描述的是振动传播的一般规律，但它不能确定振动的具体状态。任何一个具体的振动现象在某一时刻的振动状态，总是与前一时刻的振动状态以及边界上的约束情况有关。因此，为了完全确定具体的振动状态就必须知道开始时刻的振动情况以及边界上的约束情况，即其初始条件和边界条件(统称为定解条件)。

1. 初始条件

事实上，由于波动方程含有对时间的二阶偏导数，它给出振动过程中每点的加速度。故要

确定振动状态,应该知道开始时刻每点的位移和速度。因此波动方程的初始条件通常是

$$u(x,t)\big|_{t=0}=u(x,0), \quad u_t(x,t)\big|_{t=0}=u_t(x,0) \tag{7.1.32}$$

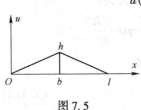

图 7.5

例 7.1.1　一根长为 l 的弦,两端固定于 $x=0$ 和 $x=l$。在距离坐标原点为 b 的位置将弦沿着横向拉开距离 h,如图 7.5 所示,然后放手任其振动,试写出其初始条件。

【解】　初始时刻就是放手的那一瞬间,按题意初始速度为零,即

$$u_t(x,t)\big|_{t=0}=u_t(x,0)=0$$

初始位移如图 7.5 所示,除两端点固定外,弦上各点均有一定的位移,写出其中的直线方程,得到初始位移为

$$u(x,0)=\begin{cases} \dfrac{h}{b}x, & 0\leqslant x\leqslant b \\[2mm] \dfrac{h}{l-b}(l-x), & b\leqslant x\leqslant l \end{cases}$$

注意:不要错误地认为初始位移是 $u(b,0)=h$。

2. 边界条件

研究具体的物理系统,还必须考虑研究对象所处的特定"环境",而周围环境的影响常体现为边界上的物理状况,即边界条件。

常见的线性边界条件分为三类:**第一类边界条件**,直接规定了所研究的物理量在边界上的数值;**第二类边界条件**,规定了所研究的物理量在边界外法线方向上方向导数的数值;**第三类边界条件**,规定了所研究的物理量及其外法向导数的线性组合在边界上的数值,即

第一类:　$u(x,y,z,t)\big|_{x_0,y_0,z_0}=f(x_0,y_0,z_0,t)$ 　　　　(7.1.33)

第二类:　$\dfrac{\partial u}{\partial n}\Big|_{x_0,y_0,z_0}=f(x_0,y_0,z_0,t)$ 　　　　(7.1.34)

第三类:　$\left(u+H\dfrac{\partial u}{\partial n}\right)\Big|_{x_0,y_0,z_0}=f(x_0,y_0,z_0,t)$ 　　　　(7.1.35)

其中,f 是时间 t 的已知函数,H 为常系数。

(1) 第一类边界条件

当弦的两端按给定的规律运动时,则边界条件为

$$u(0,t)=f(t), \quad u(l,t)=g(t) \tag{7.1.36}$$

当弦的两端 $x=0$ 和 $x=l$ 固定,则边界条件是

$$u(0,t)=0, \quad u(l,t)=0 \tag{7.1.37}$$

式(7.1.36)退化为齐次边界条件,即式(7.1.37)。

(2) 第二类边界条件

有时不能直接给出未知函数 u 在边界上的数值。如图 7.6 所示,作纵振动的杆的某个端点 $x=l$ 受沿端点外法线方向的外力 $F(t)$ 的作用,我们无法事先确定端点 l 的振动状态。这时,与推导杆的振动方程相似,取包含 $x=l$ 在内的一小段 $(l-\varepsilon,l)$,根据胡克定律,则这一小段杆在 $x=l-\varepsilon$ 处受到左边杆的张应力为

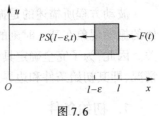

图 7.6

$$P(l-\varepsilon,t)=Y\left(\frac{\partial u}{\partial x}\right)\Big|_{l-\varepsilon}$$

设杆的体密度为 ρ,杆的横截面积为 S,应用牛顿第二定律得

$$F(t)-Y\left(\frac{\partial u}{\partial x}\right)\Big|_{l-\varepsilon}S=\rho\varepsilon S\frac{\partial^2 u}{\partial t^2}$$

令 $\varepsilon\rightarrow 0$,就有

$$\frac{\partial u}{\partial x}\Big|_{x=l}=\frac{F(t)}{YS} \tag{7.1.38}$$

所以,这种边界情况给出函数在边界上的导数值叫做第二类边界条件。

若一端点是自由的,$F(t)=0$,则

$$\frac{\partial u}{\partial x}\Big|_{x=0}=0 \tag{7.1.39}$$

若两端均为自由的,则

$$u_x(0,t)=0,\quad u_x(l,t)=0 \tag{7.1.40}$$

即均为齐次边界条件。

（3）第三类边界条件

如果 $F(t)$ 本身又与 $x=l$ 端的位移有关,如有一个弹簧所施加的力 $F(t)=-ku(l,t)$,如图 7.7 所示,其中 k 是弹簧的劲度系数,则由式(7.1.38)有

$$\frac{\partial u}{\partial x}\Big|_{x=l}+hu(l,t)=0 \tag{7.1.41}$$

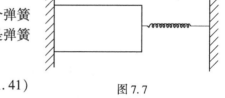

图 7.7

这里已设系数 $h=\dfrac{k}{YS}$,这种边界条件给出了边界上的导数值与函数值之间的线性关系,称为第三类边界条件。

7.2　数学建模——热传导方程类型的建立

7.2.1　数学物理方程——热传导类型方程的建立

1. 热传导方程

由于温度不均匀,热量将从温度高的地方向温度低的地方转移,这种现象叫做**热传导**。

在前面推导波动方程时,主要根据熟知的牛顿定律。而推导固体的热传导方程时,需要利用能量守恒定律和关于热传导的傅里叶定律。

热传导的傅里叶定律:在 dt 时间内,通过面积元 dS 流入小体积元的热量 dQ 与沿面积元外法线方向的温度变化率 $\dfrac{\partial u}{\partial n}$ 成正比,也与 dS 和 dt 成正比,即

$$dQ=k\frac{\partial u}{\partial n}dSdt \tag{7.2.1}$$

其中,k 是导热系数,由物体的材料决定。

为简便起见,取直角坐标系 $Oxyz$,如图 7.8 所示,用 $u(x,y,z,t)$ 表示 t 时刻物体内任一点 (x,y,z) 处的温度。于是,根据傅里叶定律,在 dt 时间内通过面 $ABCD$ 流入的热量为

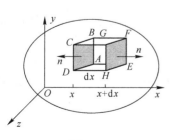

图 7.8

$$dQ\mid_x = \left(k\frac{\partial u}{\partial n}\right)\bigg|_x dtdydz = -\left(k\frac{\partial u}{\partial x}\right)\bigg|_x dtdydz$$

上式中,负号是因为对面 $ABCD$ 来说的,外法线方向与 Ox 轴正向相反,即

$$\left(\frac{\partial u}{\partial n}\right)\bigg|_x = -\left(\frac{\partial u}{\partial x}\right)\bigg|_x$$

而在 dt 时间内通过面 $EFGH$ 流入小体积元的热量为

$$dQ\mid_{x+dx} = \left(k\frac{\partial u}{\partial n}\right)\bigg|_{x+dx} dtdydz = \left(k\frac{\partial u}{\partial x}\right)\bigg|_{x+dx} dtdydz$$

因此通过这两个垂直于 x 轴的面流入的热量为

$$dQ\mid_{x+dx} + dQ\mid_x = \left[\left(k\frac{\partial u}{\partial x}\right)\bigg|_{x+dx} - \left(k\frac{\partial u}{\partial x}\right)\bigg|_x\right]dtdydz = \frac{\partial}{\partial x}\left(k\frac{\partial u}{\partial x}\right)dtdxdydz$$

注意:近似有 $\left(k\dfrac{\partial u}{\partial x}\right)\bigg|_{x+dx} - \left(k\dfrac{\partial u}{\partial x}\right)\bigg|_x = \dfrac{\partial}{\partial x}\left(k\dfrac{\partial u}{\partial x}\right)dx$ 。

同样,在 dt 时间内沿 y 方向和 z 方向流入立方体的热量分别为

$$\frac{\partial}{\partial y}\left(k\frac{\partial u}{\partial y}\right)dtdxdydz, \qquad \frac{\partial}{\partial z}\left(k\frac{\partial u}{\partial z}\right)dtdxdydz$$

流入小立方体的热量将引起它的温度升高。在 $t\sim t+dt$ 时间内,小体积元的温度变化是 $\dfrac{\partial u}{\partial t}dt$。
如果用 ρ 和 C_0 分别表示物体的密度和比热容,则根据能量守恒定律得热平衡方程为

$$\left[\frac{\partial}{\partial x}\left(k\frac{\partial u}{\partial x}\right) + \frac{\partial}{\partial y}\left(k\frac{\partial u}{\partial y}\right) + \frac{\partial}{\partial z}\left(k\frac{\partial u}{\partial z}\right)\right]dtdxdydz = \rho C_0\frac{\partial u}{\partial t}dtdxdydz$$

或写成

$$\left[\frac{\partial}{\partial x}\left(k\frac{\partial u}{\partial x}\right) + \frac{\partial}{\partial y}\left(k\frac{\partial u}{\partial y}\right) + \frac{\partial}{\partial z}\left(k\frac{\partial u}{\partial z}\right)\right] = \rho C_0\frac{\partial u}{\partial t} \qquad (7.2.2)$$

由于热传导是不可逆过程,上式只能在 $t>0$ 条件下成立。

讨论:① 对于各向同性的均匀物体,k 为常数,式(7.2.2)变为

$$k\left(\frac{\partial^2 u}{\partial x^2} + \frac{\partial^2 u}{\partial y^2} + \frac{\partial^2 u}{\partial z^2}\right) = \rho C_0\frac{\partial u}{\partial t}$$

令 $a^2 = \dfrac{k}{\rho C_0}$,则

$$\frac{\partial u}{\partial t} - a^2\left(\frac{\partial^2 u}{\partial x^2} + \frac{\partial^2 u}{\partial y^2} + \frac{\partial^2 u}{\partial z^2}\right) = 0 \qquad (t>0) \qquad (7.2.3)$$

② 若物体内有热源,单位时间单位体积内发出的热量为 $F(x,y,z,t)$,令 $f = \dfrac{F}{\rho C_0}$,则相应的方程为非齐次热传导方程:

$$\frac{\partial u}{\partial t} - a^2\left(\frac{\partial^2 u}{\partial x^2} + \frac{\partial^2 u}{\partial y^2} + \frac{\partial^2 u}{\partial z^2}\right) = f(x,y,z,t) \qquad (t>0) \qquad (7.2.4)$$

2. 扩散方程

设有一块横截面积为 S 的半导体材料,把所需的杂质涂敷在材料表面,杂质就可能向材料

里面扩散。由于浓度的不均匀,物质从浓度大的地方向浓度小的地方转移,这种现象叫做**扩散**。扩散现象广泛存在于气体、液体和固体中。

制作半导体器件就常用扩散法。把含有所需杂质的物质涂敷在硅片表面,或者用携带杂质的气体包围着硅片,杂质就向硅片里面扩散,扩散运动的方向基本上是垂直于硅片表面而指向硅片深处。对于只沿某一方向进行的扩散即为一维扩散。

为了简单起见,下面主要讨论一维扩散情形,如图 7.9 所示。用 $u(x,t)$ 表示 t 时刻 x 处杂质的浓度(即单位体积中杂质的含量),则位于 x 处厚 dx 的一薄层(面积为 S)中杂质含量为

$$M = u(x,t)Sdx$$

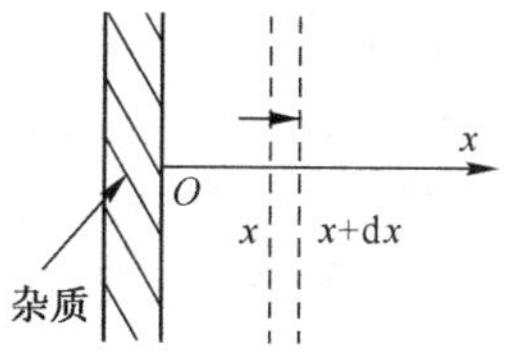

单位时间内在这一薄层中杂质的增加量为

$$\frac{\partial M}{\partial t} = \frac{\partial u(x,t)}{\partial t}Sdx$$

图 7.9

这一增加量是由于经过横截面扩散进来的杂质所产生的。

根据**扩散定律**:单位时间内扩散流过某横截面的杂质量 m 与该横截面积 S 和浓度梯度 $\frac{\partial u}{\partial x}$ 成正比,即

$$m(x,t) = -DS\frac{\partial u(x,t)}{\partial x}$$

其中,D 为扩散系数,负号表示扩散是向着杂质浓度减少的方向进行的。

在单位时间内,从 $x+dx$ 处横截面扩散流过的杂质量是

$$m(x+dx,t) = -DS\frac{\partial u(x+dx,t)}{\partial x}$$

只有扩散进入这一薄层的杂质净含量会引起含量的增加(若考虑 x 处是流入,则 $x+dx$ 处流出),故有

$$m(x,t) - m(x+dx,t) = \frac{\partial M}{\partial t}$$

将以上各式代入得到

$$DS\left[\frac{\partial u(x+dx,t)}{\partial x} - \frac{\partial u(x,t)}{\partial x}\right] = S\frac{\partial u(x,t)}{\partial t}dx$$

考虑到上式左边的改变量可以用微分代替,就得到一维扩散方程

$$\frac{\partial u}{\partial t} - a^2\frac{\partial^2 u}{\partial x^2} = 0 \qquad (t>0) \tag{7.2.5}$$

其中,$a^2 = D$。将一维推广到三维,即得到

$$\frac{\partial u}{\partial t} - a^2\left[\frac{\partial^2 u}{\partial x^2} + \frac{\partial^2 u}{\partial y^2} + \frac{\partial^2 u}{\partial z^2}\right] = 0 \qquad (t>0) \tag{7.2.6}$$

易见,上述方程与一维热传导方程具有完全类似的形式。

若外界有扩散源,且扩散源的强度(单位时间内单位体积中产生的离子数)为 $f(x,y,z,t)$。这时,扩散方程应为

$$\frac{\partial u}{\partial t} - a^2\left[\frac{\partial^2 u}{\partial x^2} + \frac{\partial^2 u}{\partial y^2} + \frac{\partial^2 u}{\partial z^2}\right] = f(x,y,z,t) \tag{7.2.7}$$

从上面的推导可知,热传导和扩散这两种不同的物理现象可以用同一类方程来描述。

7.2.2　热传导(或扩散)方程的定解条件

1. 初始条件

数学物理方程反映的是某一类物理现象的共性,要确定具体的运动现象,还必须给出适当的定解条件。

热传导方程含有温度对时间的一阶偏导数,它给出温度随时间变化的规律。所以要确定物体的温度分布,只要给出初始时刻内部各点的温度和边界上的情况就可以了。因此,热传导方程的初始条件一般为

$$u(x,y,z,0)=\varphi(x,y,z) \tag{7.2.8}$$

2. 边界条件

边界条件的提法与 7.1 节中的波动方程的边界条件相似,也有 3 类。

(1) 第一类

已知任意时刻 $t(t\geqslant0)$ 边界面 Σ 上的温度分布

$$u(x,y,z,t)\big|_{\Sigma}=f(\Sigma,t) \tag{7.2.9}$$

它直接给出函数 u 在边界上的数值,所以是第一类边界条件。

(2) 第二类

已知任意时刻 $t(t\geqslant0)$ 从外部通过边界流入物体内的热量。设单位时间内通过边界上单位面积流入的热量为 $\phi(\Sigma,t)$。与推导方程类似,考虑物体内以边界 Σ 上面积元 $\mathrm{d}S$ 为底的一个小圆柱体,如图 7.10 所示。

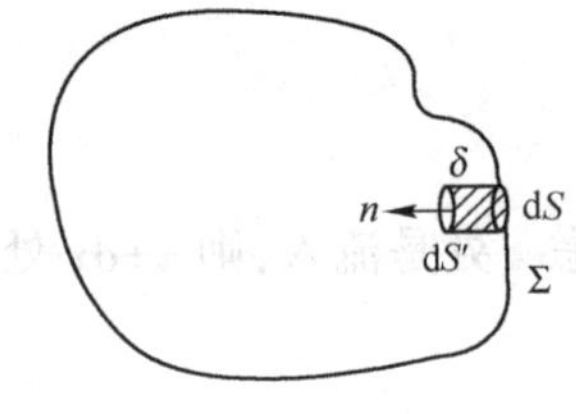

根据傅里叶定律,在物体内部通过 $\mathrm{d}S'$ 流入小柱体的热量为

图 7.10

$k\dfrac{\partial u}{\partial n}\mathrm{d}S'\mathrm{d}t$。注意到从小柱体侧面流入的热量以及小柱体内温度升高 Δu 所需要的热量(即 $\rho c\mathrm{d}S\cdot\delta\Delta u$)都是随着柱高 δ 趋于零而趋近于零,所以当 $\delta\to0$ 时,由热平衡方程给出

$$k\frac{\partial u}{\partial n}\mathrm{d}S'\mathrm{d}t+\phi(\Sigma,t)\mathrm{d}S\mathrm{d}t=0$$

考虑到 $\delta\to0$ 时,$\mathrm{d}S'\to\mathrm{d}S$,则

$$\frac{\partial u}{\partial n}\bigg|_{S'}=-\frac{1}{k}\phi(\Sigma,t) \tag{7.2.10}$$

式(7.2.10)中的 $\dfrac{\partial u}{\partial n}$ 是沿 $\mathrm{d}S'$ 面的外法线方向的方向微商,当 $\delta\to0$ 时,它即为沿边界面 Σ 的内法线方向的方向微商。为了统一地用外法线方向的方向微商来表示,式(7.2.10)应改为

$$-\frac{\partial u}{\partial n}\bigg|_{\Sigma}=-\frac{1}{k}\phi(\Sigma,t)$$

即

$$\frac{\partial u}{\partial n}\bigg|_{\Sigma}=\frac{1}{k}\phi(\Sigma,t) \tag{7.2.11}$$

其中,$\dfrac{\partial u}{\partial n}\bigg|_{\Sigma}$ 是沿边界面 Σ 的外法线方向的方向微商。这就是第二类边界条件。

如果边界是绝热的,即没有热量通过边界,$\phi(\Sigma,t)=0$,则有

$$\left.\frac{\partial u}{\partial n}\right|_{\Sigma}=0 \tag{7.2.12}$$

(3) 第三类

物体表面通过辐射或对流与外界交换热量的情况还可能与边界上的温度高低有关。根据经验规律(牛顿冷却定律):单位时间从周围介质传到边界上单位面积的热量与表面和外界的温度差成正比,即

$$dQ=H(u_1-u\mid_{\Sigma})$$

u_1 是外界介质的温度,$H>0$ 为常数。与推导条件式(7.2.11)相似,此时可得第三类边界条件

$$\left[\frac{\partial u}{\partial n}+hu\right]_{\Sigma}=hu_1 \tag{7.2.13}$$

其中,$h=\dfrac{H}{k}$。

7.3　数学建模——稳定场方程类型的建立

7.3.1　稳定场方程类型的建立

1. 静电场的电势方程

静电场是有源无旋场,电力线不闭合,始于正电荷,终于负电荷。反映静电场基本性质的是高斯定理和电场强度的无旋性。据此,我们来导出描述静电场的数学物理方程。

根据静电学中的高斯定理,在真空中的静电场中,通过任一闭合曲面的电通量满足

$$\oint_S \boldsymbol{E}\cdot d\boldsymbol{S}=\frac{1}{\varepsilon_0}\iiint_V \rho dV \tag{7.3.1}$$

其中,ε_0 称为真空中的介电常数,ρ 为空间 V 内的电荷密度。再应用曲面积分的高斯定理,将式(7.3.1)左边的面积分改写为体积分,则

$$\oint_S \boldsymbol{E}\cdot d\boldsymbol{S}=\iiint_V \nabla\cdot\boldsymbol{E}dV=\frac{1}{\varepsilon_0}\iiint_V \rho dV \tag{7.3.2}$$

要使此式对任意空间 V 都成立,则等式两边的被积函数应该相等,即

$$\nabla\cdot\boldsymbol{E}=\frac{\rho}{\varepsilon_0}$$

我们知道,静电场中的场强 $\boldsymbol{E}(x,y,z)$ 与电势 $U(x,y,z)$ 之间有关系式

$$\boldsymbol{E}=-\nabla U$$

故有

$$\nabla\cdot\nabla U=\Delta U=-\frac{\rho}{\varepsilon_0} \tag{7.3.3}$$

这个方程称为**泊松方程**。在直角坐标系中,式(7.3.3)即为

$$\frac{\partial^2 U}{\partial x^2}+\frac{\partial^2 U}{\partial y^2}+\frac{\partial^2 U}{\partial z^2}=-\frac{\rho}{\varepsilon_0} \tag{7.3.4}$$

若空间 V 中无电荷,即电荷密度 $\rho=0$,则式(7.3.4)变为

$$\frac{\partial^2 U}{\partial x^2}+\frac{\partial^2 U}{\partial y^2}+\frac{\partial^2 U}{\partial z^2}=0 \tag{7.3.5}$$

这个方程称为**拉普拉斯方程**。

2. 稳定温度分布

若导热物体内的热源分布和边界条件不随时间变化,经过相当长的时间后,物体内部的温度分布将达到稳定状态,而不随时间变化,故热传导方程中对时间的偏微分项为零,从而热传导方程(7.2.3)和方程(7.2.4)即为下列拉普拉斯方程和泊松方程。

$$\frac{\partial^2 u}{\partial x^2}+\frac{\partial^2 u}{\partial y^2}+\frac{\partial^2 u}{\partial z^2}=0 \tag{7.3.6}$$

$$\frac{\partial^2 u}{\partial x^2}+\frac{\partial^2 u}{\partial y^2}+\frac{\partial^2 u}{\partial z^2}=-\frac{1}{a^2}f(x,y,z) \tag{7.3.7}$$

3. 稳定浓度分布

如果扩散源强度 $f(x,y,z)$ 不随时间变化,而扩散运动仍然持续进行下去,最终将达到稳定状态,空间中各点的浓度不再随时间变化,即 $u_t=0$,则扩散方程(7.2.6)和方程(7.2.7)即为下列拉普拉斯方程和泊松方程。

$$\frac{\partial^2 u}{\partial x^2}+\frac{\partial^2 u}{\partial y^2}+\frac{\partial^2 u}{\partial z^2}=0 \tag{7.3.8}$$

$$\frac{\partial^2 u}{\partial x^2}+\frac{\partial^2 u}{\partial y^2}+\frac{\partial^2 u}{\partial z^2}=-\frac{1}{a^2}f(x,y,z) \tag{7.3.9}$$

7.3.2　泊松方程和拉普拉斯方程的定解条件

泊松方程和拉普拉斯方程不含对时间的导数,因而它们的定解条件不包含初始条件,而只有边界条件。

边界条件也分为 3 类:

① 在边界上直接给定未知函数 u 的值, 即为第一类边界条件。对稳定场问题,第一类边值问题常称为**狄利克雷问题**。

② 在边界上给定未知函数导数的值,即为第二类边界条件。对稳定场问题,第二类边值问题通常称为**诺埃曼问题**。

③ 在边界上给定未知函数和它的导数的某种线性组合,即第三类边界条件。对稳定场问题,第三类边值问题有时称为**洛平问题**。

事实上,第一、二、三类边界条件可以统一地写成

$$\left[\alpha u+\beta\frac{\partial u}{\partial n}\right]_\Sigma=\varphi(\Sigma,t) \tag{7.3.10}$$

其中,Σ 是边界上的变点,$\dfrac{\partial u}{\partial n}$ 表示物理量 u 沿边界外法线方向的方向导数,α 和 β 为常数,它们不同时为零。

7.4 数学物理定解理论

7.4.1 定解条件和定解问题的提法

1. 边界条件的类型

除了前面我们介绍的第一、二、三类边界条件之外,还有其他边界条件,如自然边界条件、衔接条件、周期性条件和无边界条件。

① **自然边界条件**:指定解问题中所讨论的物理量必须满足有界条件。

② **衔接条件**:如果所研究的物体是由两种以上不同介质材料(或媒质)组成,在两种介质的交界面上将这些解联系在一起,其数学形式即为衔接条件。

例如弦振动问题,如果有横向力 $F(t)$ 集中地作用于 $x=x_0$ 点,这点就成为弦的折点(见图 7.11)。在折点 x_0 处,斜率 u_x 的左极限 $u_x(x_0-0,t)$ 与右极限值 $u_x(x_0+0,t)$ 不同,即 u_x 有跃变,因而 u_{xx} 不存在,故弦振动方程 $u_{tt}-a^2u_{xx}=0$ 在这一点没有意义。这样只能把 $x<x_0$ 和 $x>x_0$ 两段分别考虑,在各段上弦振动方程是有意义的。它们是同一根弦的两段,所以并不是各自独立振动的。

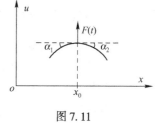

图 7.11

事实上,对于 $x<x_0$ 的一段,无法列出 $x=x_0$ 处的边界条件;对于 $x>x_0$ 的一段,同样无法列出 $x=x_0$ 处的边界条件。因为两段的振动是互相关连的,故应把两段作为一个整体来研究。首先,$x=x_0$ 虽是折点,但仍是连续的,即

$$u(x_0-0,t)=u(x_0+0,t) \tag{7.4.1}$$

其次,在折点 x_0 处,力 $F(t)$ 应与张力平衡,即

$$F(t)-T\sin\alpha_1-T\sin\alpha_2=0 \tag{7.4.2}$$

由于 $\sin\alpha_1\approx\tan\alpha_1=u_x(x_0-0,t)$,$\sin\alpha_2\approx\tan\alpha_2=-u_x(x_0+0,t)$,式(7.4.2)变为

$$Tu_x(x_0+0,t)-Tu_x(x_0-0,t)=-F(t) \tag{7.4.3}$$

式(7.4.1)和式(7.4.2)合称为**衔接条件**。考虑到衔接条件,两段弦就可以作为一个整体来考虑,其振动问题是适定的,其含义详见后面定解问题的适定性讨论。

③ **周期性条件**:具有周期性的边界条件,如极坐标系(或球、柱坐标系)下必须满足 $u(\varphi)=u(\varphi+2\pi)$。

④ **无边界条件**:物理系统总是有限的,必然有边界。以弦振动问题为例,弦总是有限长的,有两个端点。但如果着重研究靠近一端的那段弦,那么在不太长的时间里,另一端的影响还没来得及传到,不妨认为另一端并不存在,或者说另一端在无限远,当然就无须提出另一端的边界条件了。这样,就可以把有限长真实的弦抽象成半无界的弦。如果着重研究不靠近两端的那段弦,则在不太长的那段时间里,两端的影响都没来得及传到,不妨认为两端都不存在,或者说两端都在无限远,当然就无须提出边界条件了。这样,有限长真实的弦就抽象成无边界的弦,即为无边界条件的情形。

注意:不要把定解问题的**有、无边界**与物理量的**有、无界**概念相混淆。

2. 定解问题的提法

在某些情况下(如上面描述的无界弦振动问题),边界的影响可以忽略,这类只有初始条件而没有边界条件的问题称为**初值问题**(或**柯西问题**)。

在另外一些情况下,初始条件的影响会逐渐消失,经过长时间以后,可以不考虑初始条件

的影响(例如长时间后的阻尼振动问题,稳定的热传导问题),这类没有初始条件只有边界条件的定解问题称为**边值问题**。根据三类边界条件,又可以分为三类边值问题。

既有初始条件也有边界条件的定解问题称为**混合问题**。

7.4.2　数学物理定解问题的适定性

一个定解问题提得是否符合实际情况,当然必须靠实践来证实。从数学角度来看,可以从三方面加以检验。

① **解的存在性**:所归结出来的定解问题是否有解。

② **解的唯一性**:是否只有一个解。

③ **解的稳定性**:当定解问题的自由项或定解条件有微小变化时,解是否相应地只有微小的变化量,即解的稳定性问题。(在偏微分方程中,不含有求解的未知函数及其偏导数的项称为自由项,如方程 $\Delta u = f(x,y,z,t)$ 中的 $f(x,y,z,t)$ 为自由项,其中 u 为待求的未知函数。)

定解问题解的存在性、唯一性和稳定性统称为**定解问题的适定性**。

7.4.3　数学物理定解问题的求解方法

定解问题的主要解法概括如下:

① **行波法**:先求出满足定解问题的通解,再根据定解条件确定其特解。行波解是通解法中的一种特殊情形,又称为达朗贝尔解法。

② **分离变量法**:先求出满足一定条件(如边界条件)的特解,然后再用线性组合的方法(组合成级数或含参数的积分)构成通解,最后求出满足定解条件的解(特解)。

③ **幂级数解法**:在某个任选点的邻域上,把待求的解表示为系数待定的级数,代入方程以逐个确定系数。勒让德多项式、贝塞尔函数就是通过幂级数解法求得其解的。

④ **格林函数法**:又称为点源影响函数法,把产生某种现象或过程的分布干扰分解为一系列离散的点干扰的影响,再利用线性叠加原理把这些点干扰影响叠加起来,从而获得整个过程的分布干扰所产生的影响。

⑤ **积分变换法**(包括傅里叶积分变换法和拉普拉斯积分变换法):把偏微分方程化为像空间上的常微分方程,然后求逆变换即得所求的解。

⑥ **保角变换法**:利用解析函数将边界形状复杂的区域变换到某些边界形状简单的区域,从而使后一区域上的拉普拉斯边值问题易于求解。

⑦ **变分法**:用求泛函极值的方法(包括间接法和直接法)和变分原理来求解数学物理定解问题。

⑧ **计算机仿真解法**:利用数学工具软件(Matlab,Mathematic,Mathcad)和常用的计算机语言(Visual C++)等实现对数学物理方程的求解。

⑨ **数值计算法**:对于边界条件复杂,几何形状不规则的数学物理定解问题的精确求解是不可能的。这样的问题可采用数值求解的方法,主要包括:有限差分法、蒙特-卡洛法等。

7.5　典型综合实例

例 7.5.1　长为 l 的弦在 $x=0$ 端固定,另一端 $x=l$ 自由,且在初始时刻 $t=0$ 时处于水平状态,初始速度为 $x(l-x)$,且已知弦作微小横振动,试写出此定解问题。

【解】　(1)确定泛定方程:取弦的水平位置为 x 轴,$x=0$ 为原点,因为弦作自由(无外力)横振动,所以泛定方程为齐次波动方程

$$u_{tt} - a^2 u_{xx} = 0$$

(2) 确定边界条件:对于弦的固定端,显然有 $u(0,t) = 0$,而另一端自由,意味着其张力为零。故由式(7.1.39)得, $\left.\dfrac{\partial u}{\partial x}\right|_{x=l} = 0$。

(3) 确定初始条件:根据题意,当 $t = 0$ 时,弦处于水平状态,即初始位移 $u(x,0) = 0$,初始速度 $\left.\dfrac{\partial u}{\partial t}\right|_{t=0} = x(l-x)$。

综上讨论,定解问题如下:

$$\begin{cases} u_{tt} - a^2 u_{xx} = 0, & 0 < x < l, t > 0 \\ u(0,t) = 0, u_x(l,t) = 0, & t \geq 0 \\ u(x,0) = 0, u_t(x,0) = x(l-x), & 0 \leq x \leq l \end{cases}$$

说明:若题中只要求写出定解问题,可根据已经学过的数学物理模型直接写出定解问题。但若要求推导某定解问题,则必须详细写出泛定方程和定解条件的推导过程。

例 7.5.2 设一长为 l 的杆,两端受压从而长度缩为 $l(1-2\varepsilon)$,放手后自由振动,写出此定解问题。

【解】 (1) 泛定方程:因杆作自由纵振动,自由即无外力作用,所以泛定方程为

$$u_{tt} - a^2 u_{xx} = 0$$

(2) 边界条件:原来杆受压,放手后作自由振动,即这时两端无外力作用,这意味着杆的两端自由。"自由"表示在两端点处张应力为零。如果杆的材料的杨氏模量为 Y,根据胡克定律,张应力等于杨氏模量 Y 与相对伸长 u_x 的乘积,故

$$Yu_x \big|_{x=0} = 0, \qquad Yu_x \big|_{x=l} = 0$$

即

$$u_x \big|_{x=0} = 0, \qquad u_x \big|_{x=l} = 0$$

(3) 初始条件:杆由长 l 压缩为 $l(1-2\varepsilon)$,共缩短了 $2\varepsilon l$,压缩率为 $\dfrac{2\varepsilon l}{l} = 2\varepsilon$,又杆的中点 $\dfrac{l}{2}$ 压缩前后不变,即位移 $u \big|_{x=\frac{l}{2}} = 0$。以中点 $\dfrac{l}{2}$ 为标准,左边位移为正,右边位移为负。根据上述分析,初始时刻 $t = 0$ 时的位移为 $u(x,0) = \dfrac{2\varepsilon l}{l}\left(\dfrac{l}{2} - x\right)$,初始速度为零,即 $u_t(x,0) = 0$。

综上所述,定解问题如下:

$$\begin{cases} u_{tt} - a^2 u_{xx} = 0, & 0 < x < l, t > 0 \\ u_x(0,t) = 0, u_x(l,t) = 0, & t \geq 0 \\ u(x,0) = 2\varepsilon\left(\dfrac{l}{2} - x\right), u_t(x,0) = 0, & 0 \leq x \leq l \end{cases}$$

例 7.5.3 设有一长为 l 的理想传输线,远端开路。先把传输线充电到电位为 v_0,然后把近端短路,试写出其定解问题。

【解】 (1) 泛定方程:理想传输线仍然满足波动方程类型

$$v_{tt} - a^2 v_{xx} = 0$$

(2) 边界条件:对于远端开路,即意味着 $x = l$ 端电流为零,即 $i \big|_{x=l} = 0$,根据式(7.1.13)得到

$$\frac{\partial v}{\partial x} + L\frac{\partial i}{\partial t} + Ri = 0$$

且注意到理想传输线 $G \approx R \approx 0$，故 $\dfrac{\partial v}{\partial x} = -L \dfrac{\partial i}{\partial t}$，代入条件 $i \mid_{x=l} = 0$，则

$$v_x \mid_{x=l} = -L \dfrac{\partial i}{\partial t} \Big|_{x=l} = -L \dfrac{\partial i(l,t)}{\partial t} = 0$$

而近端短路，意味着 $x=0$ 端电压为零，即 $v \mid_{x=0} = v(0,t) = 0$

（3）初始条件：开始时传输线被充电到电位为 v_0，故有初始条件 $v(x,0) = v_0$，且此时的电流 $i \mid_{t=0} = 0$，根据式（7.1.14），则

$$\dfrac{\partial i}{\partial x} + C \dfrac{\partial v}{\partial t} + Gv = 0$$

且注意到理想传输线 $G \approx R \approx 0$，故 $\dfrac{\partial v}{\partial t} = -\dfrac{1}{C} \cdot \dfrac{\partial i}{\partial x}$，因而有

$$\dfrac{\partial v}{\partial t} \Big|_{t=0} = -\dfrac{1}{C} \cdot \dfrac{\partial i}{\partial x} \Big|_{t=0} = -\dfrac{1}{C} \cdot \dfrac{\partial i(x,0)}{\partial x} = 0$$

综上所述，其定解问题如下：

$$\begin{cases} v_{tt} - a^2 v_{xx} = 0, & 0 < x < l, t > 0 \\ v \mid_{x=0} = 0, v_x \mid_{x=l} = 0, & t \geq 0 \\ v \mid_{t=0} = v_0, v_t \mid_{t=0} = 0, & 0 \leq x \leq l \end{cases}$$

例 7.5.4　设有一长为 l 的均匀细杆，它的表面是绝热的，如果它的端点温度为 $u(0,t) = u_1, u(l,t) = u_2$，而初始温度为 T_0，试直接写出此定解问题。

【解】　因为此问题是热传导问题，所以泛定方程为

$$u_t - a^2 u_{xx} = 0$$

直接可写出定解问题为

$$\begin{cases} u_t - a^2 u_{xx} = 0, & 0 < x < l, t > 0 \\ u(0,t) = u_1, u(l,t) = u_2, & t \geq 0 \\ u(x,0) = T_0, & 0 \leq x \leq l \end{cases}$$

例 7.5.5　设有一矩形平板，在直角坐标系下，它的边可分别表示为 $x=0, x=a, y=0, y=b$。矩形板的上、下两面绝热，在 $x=0, y=0$ 及 $y=b$ 三边上温度保持为 0℃，在 $x=a$ 边上，温度分布为 $\varphi(y)$，写出在稳定状态下的定解问题。

【解】　因为本问题为稳定状态故与时间无关，故泛定方程为

$$u_{xx} + u_{yy} = 0$$

则定解问题即如下：

$$\begin{cases} u_{xx} + u_{yy} = 0, & 0 < x < a, 0 < y < b \\ u(0,y) = 0, u(a,y) = \varphi(y), & 0 \leq y \leq b \\ u(x,0) = 0, u(x,b) = 0, & 0 \leq x \leq a \end{cases}$$

例 7.5.6　设均匀细弦的线密度为 ρ，长为 l 且两端固定，初始位移为 0，开始时，在 $x=c$ 处受到冲量 k 的作用，试写出此定解问题。

【解】　根据题意，泛定方程为波动方程

$$\dfrac{\partial^2 u}{\partial t^2} = a^2 \dfrac{\partial^2 u}{\partial x^2} \quad (x \in (0,l), t > 0)$$

由边界两端固定知　　　　　$u(0,t) = u(l,t) = 0$

由初始位移为零知　　　　　$u(x,0) = 0$

由开始时在 $x=c$ 处受到的冲量 k 知，对足够小的 $\varepsilon > 0$，弦段 $[c-\varepsilon, c+\varepsilon]$ 上的动量改变量即

冲量 k，有

$$2\varepsilon\rho\frac{\partial u(x,0)}{\partial t}=k \qquad (x\in[c-\varepsilon,c+\varepsilon])$$

ρ 为弦的线密度，均匀弦的 ρ 为常数，由此得

$$u_t(x,0)=\begin{cases}\dfrac{k}{2\varepsilon\rho}, & x\in[c-\varepsilon,c+\varepsilon] \\ 0, & x\in[0,c-\varepsilon]\cup[c+\varepsilon,l]\end{cases} \qquad (\varepsilon\to 0)$$

于是，对应的定解问题为

$$\begin{cases}\dfrac{\partial^2 u}{\partial t^2}=a^2\dfrac{\partial^2 u}{\partial x^2}, & x\in(0,l),t>0 \\ u(0,t)=u(l,t)=0, & t\geqslant 0 \\ u(x,0)=0, & x\geqslant 0 \\ u_t(x,0)=\begin{cases}\dfrac{k}{2\varepsilon\rho}, & x\in[c-\varepsilon,c+\varepsilon] \\ 0, & x\in[0,c-\varepsilon]\cup[c+\varepsilon,l]\end{cases} & (\varepsilon\to 0)\end{cases}$$

注意：对给定的数学物理问题要先确定其共性，由此确定泛定方程的类型，然后分析物理问题的个性（特殊性），即边界约束条件以及初始条件。

小　　结

1. 掌握三类典型数学物理方程的建立方法

主要讨论的物理模型包括：

(1) 波动方程的建立（波动方程：$u_{tt}-a^2\Delta u=f$）：弦的微小横振动；均匀杆的纵振动；传输线方程（电报方程）；薄膜的微小横振动；电磁波传播方程

(2) 热传导方程的建立（热传导方程：$u_t-a^2\Delta u=f$）：热传导方程；扩散方程。

(3) 稳定场方程的建立（泊松方程 $\Delta u=f$ 或拉普拉斯方程 $\Delta u=0$）：静电场的电势方程；稳定温度场方程；稳定浓度场方程。

2. 掌握常用的定解条件分类及其求法

定解条件包括初始条件和边界条件。

(1) 初始条件：说明物理现象初始状态的条件。

(2) 边界条件：说明边界上的约束状况的条件。

常见的线性边界条件分为三类：

第一类：$\quad u(x,y,z,t)\big|_{x_0,y_0,z_0}=f(x_0,y_0,z_0,t)$

第二类：$\quad \dfrac{\partial u}{\partial n}\bigg|_{x_0,y_0,z_0}=f(x_0,y_0,z_0,t)$

第三类：$\quad \left(u+H\dfrac{\partial u}{\partial n}\right)\bigg|_{x_0,y_0,z_0}=f(x_0,y_0,z_0,t)$

除上述三类常见的边界条件外，还有自然边界条件、衔接条件、周期性条件等。

3. 定解问题

初值问题、边值问题、混合问题。

习　题　7

7.1　长为 l 的均匀细弦，两端固定于 $x=0$，$x=l$ 处，弦中的张力为 T_0。在 $x=h$ 点处，以横向力

F_0 拉弦,达到稳定后放手任其自由振动,写出其初始条件。

7.2 长为 l 的均匀杆两端受拉力 F_0 作用而作纵振动,写出其边界条件。

7.3 长为 l 的均匀杆,两端有恒定热流流入,其强度为 q_0,写出该热传导问题的边界条件。

7.4 一根长为 l 的均匀细弦,两端固定于 $x=0$,$x=l$,用手将弦于 $x=l/2$ 处朝横向拉开距离 h,然后放手任其振动,试写出其定解问题。

7.5 有一均匀细杆,一端固定,另一端受到纵向力 $F(t)=F_0\sin\omega t$ 作用,试写出其纵振动方程与定解条件。

7.6 有一均匀细杆,一端固定,另一端沿杆的轴线方向被拉长 ε 而静止(设拉长在弹性限度内)。突然放手任其振动,试推导其纵振动方程与定解条件。

7.7 长为 l 的理想传输线,一端 $x=0$ 接于交流电源,其电动势为 $E_0\sin\omega t$,另一端 $x=l$ 开路。试写出线上的稳恒电振荡方程和定解条件。

7.8 研究细杆导热问题,初始时刻杆的一端温度为 0℃,另一端温度为 T_0,杆上温度梯度均匀,0℃ 的一端保持温度不变,另一端与外界绝热,试写出细杆上温度的变化所满足的方程,及其定解条件。

7.9 试推导均匀弦的微小横振动方程。

7.10 试推导出一维和三维热传导方程。

7.11 试推导静电场的电势方程。

7.12 推导水槽中的重力波方程。水槽长为 l,截面为矩形,两端由刚性平面封闭。槽中的水在平衡时深度为 h。(提示:取 x 沿槽的长度方向,取 u 为水的质点的 x 方向位移)

7.13 有一长为 l 的均匀细弦,一端固定,另一端为弹性支撑,设弦上各点受有垂直于平衡位置的外力作用,外力线密度已知。开始时,在弦的一半处受到冲量 I 的作用,试写出其定解问题。

7.14 由一长为 l 的均匀细杆,侧面与外界无热交换,杆内有强度随时间连续变化的热源,设在同一截面上具有同一热源强度及初始温度,且杆的一端保持 0℃,另一端绝热,试推导此定解问题。

7.15 设有高为 h 半径为 R 的圆柱体,圆柱体内有稳恒热源,且上下底面温度已知,圆柱侧面绝热,写出描述稳恒热场分布的定解问题。

7.16 设有定解问题

$$\begin{cases} \dfrac{\partial^2 u}{\partial t^2}=a^2\dfrac{\partial^2 u}{\partial x^2}, & x\in(-\infty,+\infty),t>0 \\ u(x,0)=\varphi(x), & \\ u_t(x,0)=\Psi(x), & x\in(-\infty,+\infty) \end{cases}$$

给出其对应的物理模型。

7.17 设有定解问题

$$\begin{cases} \dfrac{\partial^2 u}{\partial t^2}=\dfrac{\partial^2 u}{\partial x^2}+\dfrac{\partial^2 u}{\partial y^2}, & 0<x<a,0<y<b;t>0 \\ u\big|_{x=0}=u\big|_{x=a}=0,u\big|_{y=0}=u\big|_{y=b}=0, & t\geqslant 0 \\ u\big|_{t=0}=\varphi(x,y),u_t\big|_{t=0}=\Psi(x,y), & 0<x<a,0<y<b \end{cases}$$

给出与其对应的物理模型。

计算机仿真编程实践

7.18 试求泊松方程 $\Delta_2 u=x^2+3xy+y^2$ 的一般解,并尝试用计算机仿真的方法求解。

第8章 二阶线性偏微分方程的分类

本章将介绍二阶线性偏微分方程的基本概念、分类方法和偏微分方程的标准化,对常系数的二阶线性偏微分方程的化简方法也将进行详细讨论,这对后面的偏微分方程求解是十分有用的。

8.1 基 本 概 念

偏微分方程:含有未知多元函数及其偏导数的方程,如

$$F\left(x,y,\cdots,u,\frac{\partial u}{\partial x},\frac{\partial u}{\partial y},\cdots,\frac{\partial^2 u}{\partial x^2},\frac{\partial^2 u}{\partial y^2},\frac{\partial^2 u}{\partial x\partial y},\cdots\right)=0$$

其中,$u(x,y,\cdots)$ 是未知多元函数($x,y,\cdots$是未知变量),$\frac{\partial u}{\partial x},\frac{\partial u}{\partial y}\cdots$为 u 的偏导数。有时为了书写方便,可记为

$$u_x=\frac{\partial u}{\partial x},\ u_y=\frac{\partial u}{\partial y},\ \cdots,\ u_{xx}=\frac{\partial^2 u}{\partial x^2},\ u_{xy}=\frac{\partial^2 u}{\partial x\partial y},\cdots$$

方程的阶:偏微分方程中未知函数偏导数的最高阶数。

方程的次数:偏微分方程中最高阶偏导数的幂次数。

线性方程:一个偏微分方程对未知函数和未知函数的所有(组合)偏导数的幂次数都是一次的,就称为线性方程。高于一次的方程称为非线性方程。

准线性方程:一个偏微分方程,如果仅对方程中所有最高阶偏导数是线性的,则称方程为准线性方程。

自由项:在偏微分方程中,不含有未知函数及其偏导数的项称为自由项。

齐次方程:没有自由项的偏微分方程称为齐次偏微分方程,否则称为非齐次偏微分方程。

方程的解:若某函数代入偏微分方程后,使方程化为一个恒等式,则该函数称为方程的解。

通解:包含任意独立函数的方程的解,且独立函数的个数等于方程的阶数。

特解:从通解中特殊地选定任意函数而得到的解,称为方程的特解。

例如,$\left(\dfrac{\partial u}{\partial x}\right)^2+\left(\dfrac{\partial u}{\partial y}\right)^2=\sin x\sin y$ 是一阶非线性非齐次偏微分方程;

$\dfrac{\partial u}{\partial t}-a^2\dfrac{\partial^2 u}{\partial x^2}-b^2\dfrac{\partial^2 u}{\partial y^2}-c^2\dfrac{\partial^2 u}{\partial x\partial y}=0$ 是二阶线性齐次偏微分方程;

$\dfrac{\partial^2 u}{\partial x^2}+\dfrac{\partial^2 u}{\partial y^2}+\dfrac{\partial^2 u}{\partial z^2}=0$ 是二阶线性齐次偏微分方程;

$u\dfrac{\partial^2 u}{\partial y^2}=xyz$ 是二阶准线性非齐次偏微分方程;

$x^2\dfrac{\partial^3 u}{\partial y^3}=y\dfrac{\partial^2 u}{\partial x^2}$ 是三阶线性齐次偏微分方程;

$\dfrac{\partial^3 u}{\partial x^3}+\dfrac{\partial^2 u}{\partial x\partial y}+\ln u=0$ 是三阶准线性齐次偏微分方程;

$\dfrac{\partial^3 u}{\partial x^3}+\dfrac{\partial^2 u}{\partial x \partial y}+\ln u = x\sin y$ 是三阶准线性非齐次偏微分方程。

二阶线性非齐次偏微分方程 $u_{xy}=2y-x$ 的通解为

$$u(x,y)=xy^2-\frac{1}{2}x^2 y+F(x)+G(y)$$

其中，$F(x)$ 和 $G(y)$ 是两个任意独立函数。因为方程为二阶的，所以是两个任意的函数。若给函数 $F(x)$ 和 $G(y)$ 指定为特殊的 $F(x)=2x^4-5$，$G(y)=2\sin y$，则得到的解

$$u(x,y)=xy^2-\frac{1}{2}x^2 y+2x^4-5+2\sin y$$

称为方程的特解。

n 阶常微分方程的通解含有 n 个任意常数，n 阶偏微分方程的通解含有 n 个任意函数。

8.2　数学物理方程的分类

在数学物理方程的建立过程中，我们主要讨论了三种类型的偏微分方程：波动方程、热传导方程和稳定场方程。这三类方程描写了不同物理现象及其过程，后面我们将会看到它们的解也表现出各自不同的特点。

我们在解析几何中知道对于二次实曲线

$$ax^2+bxy+cy^2+dx+ey+f=0$$

其中，a，b，c，d，e 和 f 为常数，且设 $\delta=b^2-4ac$。则当 $\delta>0$，或 $\delta=0$，或 $\delta<0$ 时，上述二次曲线分别为双曲线、抛物线和椭圆。受此启发，下面来对二阶线性偏微分方程进行分类。

下面主要以含两个自变量的二阶线性偏微分方程为例，进行理论分析。更多个自变量的情形尽管要复杂一些，但讨论的基本方法是一样的。

两个自变量 (x,y) 的二阶线性偏微分方程所具有的一般形式为

$$A(x,y)\frac{\partial^2 u}{\partial x^2}+B(x,y)\frac{\partial^2 u}{\partial x \partial y}+C(x,y)\frac{\partial^2 u}{\partial y^2}+D(x,y)\frac{\partial u}{\partial x}+E(x,y)\frac{\partial u}{\partial y}+F(x,y)u$$

$$=G(x,y) \tag{8.2.1}$$

其中，A，B，C，D，E，F 和 G 为 x，y 的已知函数，通常假设它们是连续可微的。显然，函数 $A(x,y)$，$B(x,y)$ 和 $C(x,y)$ 中至少有一个不恒为 0，否则就不能构成二阶偏微分方程。

首先考虑 $A(x,y)$ 或 $C(x,y)$ 不恒为 0 的情形。不妨设 $A(x,y)\neq 0$。这时可作变换

$$\xi=\phi(x,y),\qquad \eta=\varphi(x,y)$$

为了保证 ξ 和 η 仍然是独立变量，这一组变换的雅可比式必须满足

$$J\left(\frac{\xi,\eta}{(x,y)}\right)=\frac{\partial(\xi,\eta)}{\partial(x,y)}=\begin{vmatrix} \xi_x & \xi_y \\ \eta_x & \eta_y \end{vmatrix}\neq 0$$

在这一组变换下，有

$$\frac{\partial u}{\partial x}=\frac{\partial u}{\partial \xi}\frac{\partial \xi}{\partial x}+\frac{\partial u}{\partial \eta}\frac{\partial \eta}{\partial x}=\frac{\partial u}{\partial \xi}\frac{\partial \phi}{\partial x}+\frac{\partial u}{\partial \eta}\frac{\partial \varphi}{\partial x}$$

$$\frac{\partial u}{\partial y}=\frac{\partial u}{\partial \xi}\frac{\partial \phi}{\partial y}+\frac{\partial u}{\partial \eta}\frac{\partial \varphi}{\partial y}$$

$$\frac{\partial^2 u}{\partial x^2}=\frac{\partial^2 u}{\partial \xi^2}\left(\frac{\partial \phi}{\partial x}\right)^2+2\frac{\partial^2 u}{\partial \xi \partial \eta}\frac{\partial \phi}{\partial x}\frac{\partial \varphi}{\partial x}+\frac{\partial^2 u}{\partial \eta^2}\left(\frac{\partial \varphi}{\partial x}\right)^2+\frac{\partial u}{\partial \xi}\frac{\partial^2 \phi}{\partial x^2}+\frac{\partial u}{\partial \eta}\frac{\partial^2 \varphi}{\partial x^2}$$

$$\frac{\partial^2 u}{\partial x \partial y} = \frac{\partial^2 u}{\partial \xi^2} \frac{\partial \phi}{\partial x} \frac{\partial \phi}{\partial y} + \frac{\partial^2 u}{\partial \xi \partial \eta} \left(\frac{\partial \phi}{\partial x} \frac{\partial \varphi}{\partial y} + \frac{\partial \phi}{\partial y} \frac{\partial \varphi}{\partial x} \right) + \frac{\partial^2 u}{\partial \eta^2} \frac{\partial \varphi}{\partial x} \frac{\partial \varphi}{\partial y} + \frac{\partial u}{\partial \xi} \frac{\partial^2 \phi}{\partial x \partial y} + \frac{\partial u}{\partial \eta} \frac{\partial^2 \varphi}{\partial x \partial y}$$

$$\frac{\partial^2 u}{\partial y^2} = \frac{\partial^2 u}{\partial \xi^2} \left(\frac{\partial \phi}{\partial y} \right)^2 + 2 \frac{\partial^2 u}{\partial \xi \partial \eta} \frac{\partial \phi}{\partial y} \frac{\partial \varphi}{\partial y} + \frac{\partial^2 u}{\partial \eta^2} \left(\frac{\partial \varphi}{\partial y} \right)^2 + \frac{\partial u}{\partial \xi} \frac{\partial^2 \phi}{\partial y^2} + \frac{\partial u}{\partial \eta} \frac{\partial^2 \varphi}{\partial y^2}$$

由此,方程(8.2.1)即为

$$a \frac{\partial^2 u}{\partial \xi^2} + b \frac{\partial^2 u}{\partial \xi \partial \eta} + c \frac{\partial^2 u}{\partial \eta^2} + d \frac{\partial u}{\partial \xi} + e \frac{\partial u}{\partial \eta} + fu = g \tag{8.2.2}$$

其中

$$\begin{cases} a = A \left(\dfrac{\partial \phi}{\partial x} \right)^2 + B \dfrac{\partial \phi}{\partial x} \dfrac{\partial \phi}{\partial y} + C \left(\dfrac{\partial \phi}{\partial y} \right)^2 \\[2mm] b = 2A \dfrac{\partial \phi}{\partial x} \dfrac{\partial \varphi}{\partial x} + B \left(\dfrac{\partial \phi}{\partial x} \dfrac{\partial \varphi}{\partial y} + \dfrac{\partial \phi}{\partial y} \dfrac{\partial \varphi}{\partial x} \right) + 2C \dfrac{\partial \phi}{\partial y} \dfrac{\partial \varphi}{\partial y} \\[2mm] c = A \left(\dfrac{\partial \varphi}{\partial x} \right)^2 + B \dfrac{\partial \varphi}{\partial x} \dfrac{\partial \varphi}{\partial y} + C \left(\dfrac{\partial \varphi}{\partial y} \right)^2 \\[2mm] d = A \dfrac{\partial^2 \phi}{\partial x^2} + B \dfrac{\partial^2 \phi}{\partial x \partial y} + C \dfrac{\partial^2 \phi}{\partial y^2} + D \dfrac{\partial \phi}{\partial x} + E \dfrac{\partial \phi}{\partial y} \\[2mm] e = A \dfrac{\partial^2 \varphi}{\partial x^2} + B \dfrac{\partial^2 \varphi}{\partial x \partial y} + C \dfrac{\partial^2 \varphi}{\partial y^2} + D \dfrac{\partial \varphi}{\partial x} + E \dfrac{\partial \varphi}{\partial y} \\[2mm] f = F \\[2mm] g = G \end{cases} \tag{8.2.3}$$

可以证明

$$b^2 - 4ac = \left(\frac{\partial \phi}{\partial x} \frac{\partial \varphi}{\partial y} - \frac{\partial \phi}{\partial y} \frac{\partial \varphi}{\partial x} \right)^2 (B^2 - 4AC) \tag{8.2.4}$$

$$= \left| \frac{\partial(\xi, \eta)}{\partial(x, y)} \right|^2 (B^2 - 4AC)$$

再令

$$\Phi \left(\xi, \eta, u, \frac{\partial u}{\partial \xi}, \frac{\partial u}{\partial \eta} \right) = d \frac{\partial u}{\partial \xi} + e \frac{\partial u}{\partial \eta} + fu - g \tag{8.2.5}$$

则方程(8.2.2)变为

$$a \frac{\partial^2 u}{\partial \xi^2} + b \frac{\partial^2 u}{\partial \xi \partial \eta} + c \frac{\partial^2 u}{\partial \eta^2} + \Phi \left(\xi, \eta, u, \frac{\partial u}{\partial \xi}, \frac{\partial u}{\partial \eta} \right) = 0 \tag{8.2.6}$$

这样,我们就希望通过适当选择变换,使得 a, b, c 中有一个或几个为零,以达到化简方程的目的。

定理 8.2.1　如果 $\phi(x, y) = C_0$ 是方程

$$A(\mathrm{d} y)^2 - B \mathrm{d} y \mathrm{d} x + C(\mathrm{d} x)^2 = 0 \tag{8.2.7}$$

的一般积分,则 $\xi = \phi(x, y)$ 是方程

$$A \left(\frac{\partial \phi}{\partial x} \right)^2 + B \frac{\partial \phi}{\partial x} \frac{\partial \phi}{\partial y} + C \left(\frac{\partial \phi}{\partial y} \right)^2 = 0 \tag{8.2.8}$$

的一个特解。

【证明】　因为 $\phi(x, y) = C_0$,故有

$$\frac{\partial \phi}{\partial x} \mathrm{d} x + \frac{\partial \phi}{\partial y} \mathrm{d} y = 0$$

不妨设 $\dfrac{\partial \phi}{\partial y} \neq 0$,则 $\mathrm{d} y = -\dfrac{\partial \phi / \partial x}{\partial \phi / \partial y} \mathrm{d} x$,代入方程(8.2.7),就有

$$A(\mathrm{d}y)^2 - B\mathrm{d}y\mathrm{d}x + C(\mathrm{d}x)^2 = \left[A\left(-\frac{\partial\phi/\partial x}{\partial\phi/\partial y}\right)^2 - B\left(-\frac{\partial\phi/\partial x}{\partial\phi/\partial y}\right) + C\right](\mathrm{d}x)^2$$

$$= \left[A\left(\frac{\partial\phi}{\partial x}\right)^2 + B\frac{\partial\phi}{\partial x}\frac{\partial\phi}{\partial y} + C\left(\frac{\partial\phi}{\partial y}\right)^2\right]\left(\frac{\mathrm{d}x}{\partial\phi/\partial y}\right)^2 = 0 \qquad (8.2.9)$$

所以方程(8.2.8)成立。定理得证。

根据上述定理,并注意到式(8.2.3),如果要选择变换 $\xi = \phi(x,y)$ 使系数 $a = 0$,或选择变换 $\eta = \varphi(x,y)$ 使系数 $c = 0$,就可以通过求解常微分方程

$$A\left(\frac{\mathrm{d}y}{\mathrm{d}x}\right)^2 - B\frac{\mathrm{d}y}{\mathrm{d}x} + C = 0 \quad \text{或} \quad \frac{\mathrm{d}y}{\mathrm{d}x} = \frac{B}{2A} \pm \frac{1}{2A}\sqrt{B^2 - 4AC} \qquad (8.2.10)$$

的解来得到。在一般情况下,这样能得到两个无关解,称为偏微分方程(8.2.1)的**特征线方程**,因此构成的曲线称为**特征线**。

在具体求解方程(8.2.10)时,需要分3种情况讨论判别式 $\Delta = B^2 - 4AC$。

① 若判别式 $\Delta = B^2 - 4AC > 0$,从方程(8.2.10)可以求得两个实函数解:

$$\phi(x,y) = C_1, \quad \varphi(x,y) = C_2$$

也就是说,偏微分方程(8.2.1)有两条实的特征线。于是,令

$$\xi = \phi(x,y), \eta = \varphi(x,y)$$

即可使得 $a = c = 0$。同时,根据式(8.2.4)就可以断定 $b \neq 0$。所以方程(8.2.6)变为

$$\frac{\partial^2 u}{\partial\xi\partial\eta} + \Phi\left(\xi, \eta, u, \frac{\partial u}{\partial\xi}, \frac{\partial u}{\partial\eta}\right) = 0 \qquad (8.2.11)$$

或者进一步作变换

$$\rho = \xi + \eta, \quad \sigma = \xi - \eta$$

于是有

$$\frac{\partial}{\partial\xi} = \frac{\partial}{\partial\rho} + \frac{\partial}{\partial\sigma}, \quad \frac{\partial}{\partial\eta} = \frac{\partial}{\partial\rho} - \frac{\partial}{\partial\sigma}$$

所以

$$\frac{\partial^2 u}{\partial\xi\partial\eta} = \frac{\partial^2 u}{\partial\rho^2} - \frac{\partial^2 u}{\partial\sigma^2}$$

进一步将方程(8.2.11)化为

$$\frac{\partial^2 u}{\partial\rho^2} - \frac{\partial^2 u}{\partial\sigma^2} + \Psi\left(\rho, \sigma, u, \frac{\partial u}{\partial\rho}, \frac{\partial u}{\partial\sigma}\right) = 0$$

这种类型的方程称为**双曲型方程**。我们前面建立的波动方程就属于此类型。

② 若判别式 $\Delta = B^2 - 4AC = 0$,方程(8.2.10)一定有重根

$$\frac{\mathrm{d}y}{\mathrm{d}x} = \frac{B}{2A}$$

因而只能求得一个解,如 $\phi(x,y) = C_0$,特征线为一条实特征线。作变换 $\xi = \phi(x,y)$ 就可以使 $a = 0$。由式(8.2.4)可以得出,一定有 $B^2 - 4AC = 0$,故可推出 $b = 0$。这样就可以任意选取另一个变换 $\eta = \varphi(x,y)$,只要它与 $\xi = \phi(x,y)$ 彼此独立,即雅可比式

$$\frac{\partial(\xi, \eta)}{\partial(x, y)} \neq 0$$

取系数 $C = 1$,这样方程(8.2.6)就化为

$$\frac{\partial^2 u}{\partial\eta^2} + \Phi\left(\xi, \eta, u, \frac{\partial u}{\partial\xi}, \frac{\partial u}{\partial\eta}\right) = 0$$

此类方程称为**抛物型方程**。热传导(扩散)方程就属于这种类型。

　　③ 若判别式 $\Delta = B^2 - 4AC < 0$,可以重复上面的讨论,只不过得到的 $\phi(x,y)$ 和 $\Psi(x,y)$ 是一对共轭的复函数,或者说,偏微分方程(8.2.1)的两条特征线是一对共轭复函数族。于是 $\xi = \phi(x,y)$ 和 $\eta = \Psi(x,y)$ 是一对共轭的复变量。进一步引进两个新的变量

$$\rho = \xi + \eta, \quad \sigma = \mathrm{i}(\xi - \eta)$$

于是

$$\frac{\partial}{\partial \xi} = \frac{\partial}{\partial \rho} + \mathrm{i}\frac{\partial}{\partial \sigma}, \quad \frac{\partial}{\partial \eta} = \frac{\partial}{\partial \rho} - \mathrm{i}\frac{\partial}{\partial \sigma}$$

所以

$$\frac{\partial^2 u}{\partial \xi \partial \eta} = \frac{\partial^2 u}{\partial \rho^2} + \frac{\partial^2 u}{\partial \sigma^2}$$

方程(8.2.11)又可以进一步化为

$$\frac{\partial^2 u}{\partial \rho^2} + \frac{\partial^2 u}{\partial \sigma^2} + \Psi\left(\rho, \sigma, u, \frac{\partial u}{\partial \rho}, \frac{\partial u}{\partial \sigma}\right) = 0$$

这种类型的方程称为**椭圆型方程**。拉普拉斯方程、泊松方程和亥姆霍兹方程都属于这种类型。

　　综上所述,要判断二阶线性偏微分方程属于何种类型,只需讨论判别式 $\Delta = B^2 - 4AC$。

　　问题:二阶线性偏微分方程,是否就只有这 3 种类型?

　　【答】　对于两个自变量的情形,一定如此。

8.3　二阶线性偏微分方程标准化

　　对于二阶线性偏微分方程

$$A(x,y)\frac{\partial^2 u}{\partial x^2} + B(x,y)\frac{\partial^2 u}{\partial x \partial y} + C(x,y)\frac{\partial^2 u}{\partial y^2} + D(x,y)\frac{\partial u}{\partial x} + E(x,y)\frac{\partial u}{\partial y} + F(x,y)u$$

$$= G(x,y) \tag{8.3.1}$$

　　若判别式为 $\Delta = B(x,y)^2 - 4A(x,y)C(x,y)$,则二阶线性偏微分方程分为 3 类:当 $\Delta > 0$ 时,方程称为双曲型;当 $\Delta = 0$ 时,方程称为抛物型;当 $\Delta < 0$ 时,方程称为椭圆型。

　　注意:① 如果方程的系数 A, B, C 为常数,则判别式只能取确定的值,故偏微分方程只能是上述三种类型之一。若 A, B, C 是 x, y 的函数,那么在 xOy 平面上的一定区域内,$\Delta = B^2 - 4AC$ 并不会保持为恒正、恒负或恒为零,因此方程可能在不同区域具有不同类型。

　　② 不同类型的方程其标准形式是不同的。分类的目的就是为了通过适当的自变量变换,将方程在某一区域化为标准形式。对于两个自变量的情形,在给定的区域总能找到某一自变量的变换,把给定的方程化成标准的形式。对于多个自变量却不一定总能找到这样的变换。

　　③ 自变量变换可以采取多种形式,但判别式的符号在自变量变换前后是不变的,也就是说,方程的类型完全由判别式的符号来确定,与采用的变换无关。

　　通过前面的理论分析可知,我们可以通过自变量变换使得方程转化为标准类型,这种变换对应于**特征线方程**

$$A\left(\frac{\mathrm{d}y}{\mathrm{d}x}\right)^2 - B\frac{\mathrm{d}y}{\mathrm{d}x} + C = 0 \tag{8.3.2}$$

并规定这个常微分方程的积分曲线族为特征曲线族。这个特征曲线族根据判别式的不同符号(正、零、负),分别对应于两个实函数族、一个实函数族、一对共轭复函数族。在下面的讨论中我们会看到,特征方程所对应的函数族能给出将原偏微分方程转化为标准形式方程的自变量变换。

1. 双曲型偏微分方程

因为双曲型方程对应的判别式 $\Delta=B^2-4AC>0$，所以特征曲线是两族不同的实函数曲线，根据式(8.3.2)，则

$$A\left(\frac{\mathrm{d}y}{\mathrm{d}x}\right)^2-B\frac{\mathrm{d}y}{\mathrm{d}x}+C=0$$

设特征方程的解为 $\phi(x,y)=c_1,\Psi(x,y)=c_2$，令

$$\xi=\phi(x,y),\quad \eta=\varphi(x,y) \tag{8.3.3}$$

进行自变量变换，则原偏微分方程变为下列形式

$$\frac{\partial^2 u}{\partial\xi\partial\eta}=D_1(\xi,\eta)u_\xi+E_1(\xi,\eta)u_\eta+F_1(\xi,\eta)u-G_1(\xi,\eta) \tag{8.3.4}$$

式(8.3.4)称为**双曲型偏微分方程的第一种标准形式**，再作变量代换，令

$$\alpha=\xi+\eta,\beta=\xi-\eta \quad \text{或} \quad \xi=\frac{\alpha+\beta}{2},\eta=\frac{\alpha-\beta}{2}$$

则偏微分方程又变为

$$\frac{\partial^2 u}{\partial\alpha^2}-\frac{\partial^2 u}{\partial\beta^2}=D_1^*(\alpha,\beta)u_\alpha+E_1^*(\alpha,\beta)u_\beta+F_1^*(\alpha,\beta)u-G_1^*(\alpha,\beta) \tag{8.3.5}$$

式(8.3.5)称为**双曲型偏微分方程的第二种形式**(式中的"*"不代表共扼，仅说明是另外的函数)。

例 8.3.1　讨论方程 $y^2u_{xx}-x^2u_{yy}=0$ 的类型，并化为标准型($x,y\neq0$)。

【解】　显然 $A=y^2,B=0,C=-x^2$，因为 $x,y\neq0$，故其判别式 $\Delta=B^2-4AC=4x^2y^2>0$，因此所给方程为双曲型方程。

上述偏微分方程所对应的特征方程为 $y^2\left(\dfrac{\mathrm{d}y}{\mathrm{d}x}\right)^2-x^2=0$，变形为

$$\left(\frac{\mathrm{d}y}{\mathrm{d}x}+\frac{x}{y}\right)\cdot\left(\frac{\mathrm{d}y}{\mathrm{d}x}-\frac{x}{y}\right)=0$$

一般而言，双曲型偏微分方程的特征方程总是可以进行这样的因式分解。因此 $\dfrac{\mathrm{d}y}{\mathrm{d}x}=\pm\dfrac{x}{y}$，即

$$y\mathrm{d}y\mp x\mathrm{d}x=0 \rightarrow \mathrm{d}\left(\frac{1}{2}y^2\mp\frac{1}{2}x^2\right)=0$$

解得

$$\frac{y^2}{2}-\frac{x^2}{2}=c_1,\quad \frac{y^2}{2}+\frac{x^2}{2}=c_2$$

特征曲线为

$$\xi=\frac{1}{2}y^2-\frac{1}{2}x^2=c_1,\quad \eta=\frac{1}{2}y^2+\frac{1}{2}x^2=c_2$$

取 $\xi=\dfrac{1}{2}y^2-\dfrac{1}{2}x^2,\eta=\dfrac{1}{2}y^2+\dfrac{1}{2}x^2$，则原方程化为

$$u_{\xi\eta}=-\frac{\eta}{2(\eta^2-\xi^2)}u_\xi+\frac{\xi}{2(\eta^2-\xi^2)}u_\eta$$

2. 抛物型偏微分方程

因为抛物型偏微分方程的判别式 $\Delta=0$，所以特征曲线是一族实函数曲线。其特征方程的解为

$$\phi(x,y)=c \tag{8.3.6}$$

因此令 $\xi=\phi(x,y)$，$\eta=y$。进行自变量变换，则原偏微分方程变为

$$\frac{\partial^2 u}{\partial \eta^2}=D_2(\xi,\eta)u_\xi+E_2(\xi,\eta)u_\eta+F_2(\xi,\eta)u-G_2(\xi,\eta) \tag{8.3.7}$$

式(8.3.7)称为**抛物型偏微分方程的标准形式**。

例 8.3.2　将偏微分方程 $x^2 u_{xx}+2xy u_{xy}+y^2 u_{yy}=0(y\neq 0)$ 化为标准型，并求其通解。

【解】　上述偏微分方程所对应的特征方程为

$$x^2\left(\frac{\mathrm{d}y}{\mathrm{d}x}\right)^2-2xy\frac{\mathrm{d}y}{\mathrm{d}x}+y^2=0$$

解得 $x\dfrac{\mathrm{d}y}{\mathrm{d}x}-y=0$，$y=c_1 x$，即 $\dfrac{y}{x}=c_1$。

令 $\xi=\dfrac{y}{x}$，$\eta=y$，则原方程化为

$$\eta^2\frac{\partial^2 u}{\partial \eta^2}=0 \quad (\eta\neq 0)$$

因为 $\eta\neq 0$，所以原偏微分方程化为下列标准形式：

$$\frac{\partial^2 u}{\partial \eta^2}=0$$

3. 椭圆型偏微分方程

椭圆型偏微分方程的判别式 $\Delta<0$，所以特征曲线是一组共轭复变函数族。其特征方程的解为

$$\phi(x,y)+\mathrm{i}\varphi(x,y)=c_1,\quad \phi(x,y)-\mathrm{i}\varphi(x,y)=c_2 \tag{8.3.8}$$

若令

$$\xi=\phi(x,y),\eta=\varphi(x,y) \tag{8.3.9}$$

作自变量变换，则偏微分方程变为

$$\frac{\partial^2 u}{\partial \xi^2}+\frac{\partial^2 u}{\partial \eta^2}=D_3(\xi,\eta)u_\xi+E_3(\xi,\eta)u_\eta+F_3(\xi,\eta)u-G_3(\xi,\eta) \tag{8.3.10}$$

式(8.3.10)称为**椭圆型偏微分方程的标准形式**。

例 8.3.3　判断偏微分方程 $u_{xx}+u_{xy}+u_{yy}+u_x=0$ 的类型，并化为标准型。

【解】　$\Delta=B^2-4AC=1-4<0$，故所给方程为椭圆型，特征方程为

$$\left(\frac{\mathrm{d}y}{\mathrm{d}x}\right)^2-\frac{\mathrm{d}y}{\mathrm{d}x}+1=0$$

解之，$\dfrac{\mathrm{d}y}{\mathrm{d}x}=\dfrac{1}{2}\pm\mathrm{i}\dfrac{\sqrt{3}}{2}$，其解为

$$\begin{cases} y-\dfrac{x}{2}-\mathrm{i}\dfrac{\sqrt{3}}{2}x=c_1 \\ y-\dfrac{x}{2}+\mathrm{i}\dfrac{\sqrt{3}}{2}x=c_2 \end{cases}$$

令 $\alpha=y-\dfrac{1}{2}x$，$\beta=-\dfrac{\sqrt{3}}{2}x$，则所给方程化为 $u_{\alpha\alpha}+u_{\beta\beta}=\dfrac{2}{3}u_\alpha+\dfrac{2\sqrt{3}}{3}u_\beta$。若令 $\alpha=y-\dfrac{1}{2}x$，$\beta=\dfrac{\sqrt{3}}{2}x$，

则所给方程化为 $u_{\alpha\alpha}+u_{\beta\beta}=\dfrac{2}{3}u_\alpha-\dfrac{2\sqrt{3}}{3}u_\beta$。

对于下列含常系数的第一种标准形式的双曲型标准方程还可进一步化简

$$\frac{\partial^2 u}{\partial \xi \partial \eta} = d_1 \frac{\partial u}{\partial \xi} + e_1 \frac{\partial u}{\partial \eta} + f_1 u - G_1(\xi, \eta) \tag{8.3.11}$$

上式中用小写字母 d_1, e_1, f_1 代表常系数, 以便与大写字母代表某函数区别开来, 如 $G_1(\xi, \eta)$ 代表函数。为了化简, 我们不妨令 $u(\xi, \eta) = e^{e_1 \xi + d_1 \eta} v(\xi, \eta)$, 从而有

$$\frac{\partial^2 v}{\partial \xi \partial \eta} = h_1 v - J_1(\xi, \eta) \tag{8.3.12}$$

其中, $h_1 = d_1 e_1 + f_1, J_1(\xi, \eta) = G_1(\xi, \eta) e^{-(e_1 \xi + d_1 \eta)}$。

由第二种标准形式的双曲型偏微分方程(含常系数)可以进一步化简

$$\frac{\partial^2 u}{\partial \xi^2} - \frac{\partial^2 u}{\partial \eta^2} = d_1^* \frac{\partial u}{\partial \xi} + e_1^* \frac{\partial u}{\partial \eta} + f_1^* u - G_1^*(\xi, \eta) \tag{8.3.13}$$

其中, d_1^*, e_1^*, f_1^* 均为常系数。若令

$$u(\xi, \eta) = e^{e_1^* \xi + d_1^* \eta} v(\xi, \eta) \tag{8.3.14}$$

则有

$$\frac{\partial^2 v}{\partial \xi^2} - \frac{\partial^2 v}{\partial \eta^2} = h_1^* v - J_1^*(\xi, \eta) \tag{8.3.15}$$

其中, $h_1^* = f_1^* - e_1^{*2} + d_1^{*2} + 2 e_1^* d_1^*, J_1^*(\xi, \eta) = G_1^*(\xi, \eta) e^{-(e_1^* \xi + d_1^* \eta)}$。

例 8.3.4　将下列传输线方程

$$LC u_{tt} - u_{xx} + (LG + RC) u_t + RG u = 0$$

化为标准形式。

【解】　试作函数变换, $u(x, t) \rightarrow v(x, t)$, 则

$$u(x, t) = e^{\lambda x + \mu t} v(x, t)$$

其中, λ 和 μ 是尚待确定的常数。于是

$$u_x = e^{\lambda x + \mu t} (v_x + \lambda v)$$

$$u_t = e^{\lambda x + \mu t} (v_t + \mu v)$$

$$u_{xx} = e^{\lambda x + \mu t} (v_{xx} + 2\lambda v_x + \lambda^2 v)$$

$$u_{xt} = e^{\lambda x + \mu t} (v_{xt} + \lambda v_t + \mu v_x + \lambda \mu v)$$

$$u_{tt} = e^{\lambda x + \mu t} (v_{tt} + 2\mu v_t + \mu^2 v)$$

代入方程, 并约去公共因子 $e^{\lambda x + \mu t}$, 得

$$LC v_{tt} - v_{xx} - 2\lambda v_x + [2\mu LC + (LG + RC)] v_t + [LC \mu^2 - \lambda^2 + \mu(LG + RC) + RG] v = 0$$

如果选取 $\lambda = 0, \mu = -\dfrac{LG + RC}{2LC}$, 即 $u(x, t) = e^{\frac{LG + RC}{2LC} t} v(x, t)$, 则一阶偏导数 v_t 和 v_x 的项被消去, 方程化简为

$$LC v_{tt} - v_{xx} - \frac{(LG - RC)^2}{4LC} v = 0$$

8.4　线性偏微分方程解的特征

含有两个自变量的线性偏微分方程的一般形式也可以写成下面的形式:

$$L[u] = G(x, y)$$

其中, L 是二阶线性偏微分算符, G 是 x, y 的函数。

线性偏微分算符有以下两个基本特征:

$$L[cu] = cL[u]$$

$$L[c_1u_1+c_2u_2]=c_1L[u_1]+c_2L[u_2]$$

其中,c,c_1 和 c_2 均为常数。

1. 齐次的线性偏微分方程的解的特性

（1）当 u 为方程的解,则 cu 也为方程的解。

（2）若 u_1 和 u_2 为方程的解,则 $c_1u_1+c_2u_2$ 也是方程的解。

2. 非齐次的线性偏微分方程的解的特性

（1）若 u^{I} 为非齐次方程的特解,u^{II} 为齐次方程的通解,则 $u^{\mathrm{I}}+u^{\mathrm{II}}$ 为非齐次方程的通解。

（2）若 $L[u_1]=H_1(x,y),L[u_2]=H_2(x,y)$,则

$$L[u_1+u_2]=H_1(x,y)+H_2(x,y)$$

3. 线性偏微分方程的叠加原理

线性偏微分方程具有一个非常重要的特性,即叠加原理:若 u_k 是方程 $L[u]=f_k(k=1,$ $2,\cdots)$ 的解(其中 L 是二阶线性偏微分算符),如果级数 $u=\sum\limits_{k=1}^{\infty}c_ku_k$ 收敛,且二阶偏导数存在 (c_k 为任意常数$(k=1,2,\cdots)$),则 $u=\sum\limits_{k=1}^{\infty}c_ku_k$ 一定是方程 $L[u]=\sum\limits_{k=1}^{\infty}c_kf_k$ 的解(当然要假定这个方程右端的级数是收敛的)。

特别地,如果 $u_k(k=1,2,\cdots)$ 是二阶线性齐次方程 $L[u]=0$ 的解,则只要 $u=\sum\limits_{k=1}^{\infty}c_ku_k$ 收敛且二阶偏导数存在,则 $u=\sum\limits_{k=1}^{\infty}c_ku_k$ 一定也是此方程的解(若级数一致收敛,但当偏导数不存在时,则称此解为广义解)。

8.5　典型综合实例

例 8.5.1　判定下列二阶线性偏微分方程的类型。

（1）$u_{xx}+4u_{xy}-3u_{yy}+2u_x+6u_y=0$

（2）$(1+x^2)u_{xx}+(1+y^2)u_{yy}+xu_x+yu_y=0$

【解】　（1）因为 $A=1,B=4,C=-3,B^2-4AC=4^2-4\times1\times(-3)=28>0$ 而且在整个 xOy 平面上成立,故方程在整个 xOy 平面上为双曲型方程。

（2）因为 $A=(1+x^2),B=0,C=(1+y^2)$,故 $B^2-4AC=0-4(1+x^2)(1+y^2)=-4(1+x^2)(1+y^2)<0$,而且在整个 xOy 平面上成立,故方程在整个 xOy 平面上为椭圆型方程。

例 8.5.2　判断方程 $u_{xx}+xu_{yy}=0$ 的类型。

【解】　因为 $A=1,B=0,C=x$,故 $\Delta=B^2-4AC=0-4x=-4x$。

当 $x>0$ 时,$\Delta=-4x<0$,故原方程在右半平面 $x>0$ 为椭圆型方程。

当 $x<0$ 时,$\Delta=-4x>0$,故原方程在左半平面 $x<0$ 为双曲型方程。

当 $x=0$ 时,$\Delta=-4x=0$,故原方程在直线 $x=0$ 上是抛物型方程。

这说明该方程在全平面是混合型的。

例 8.5.3　求方程 $u_{tt}-a^2u_{xx}=0$ 的通解。

【解】　此方程是双曲型的第二标准形式,我们可将其化成第一标准形式,由特征方程求特征线,于是 $\left(\dfrac{\mathrm{d}x}{\mathrm{d}t}\right)^2-a^2=0$,即

$$\frac{\mathrm{d}x}{\mathrm{d}t}=\pm a\Longrightarrow \begin{cases}\xi=x+at\\ \eta=x-at\end{cases}$$

由复合函数求导法则

$$u_x=u_\xi\xi_x+u_\eta\eta_x=u_\xi+u_\eta$$

$$u_{xx}=u_{\xi\xi}+u_{\xi\eta}+u_{\eta\xi}+u_{\eta\eta}=u_{\xi\xi}+2u_{\xi\eta}+u_{\eta\eta}$$

$$u_t=u_\xi\xi_t+u_\eta\eta_t=u_\xi a-u_\eta a$$

$$u_{tt}=a^2(u_{\xi\xi}-2u_{\xi\eta}+u_{\eta\eta})$$

所以方程 $u_{tt}=a^2u_{xx}$ 可以化简为 $u_{\xi\eta}=0$，从而解得 $u=f_1(\xi)+f_2(\eta)$（f_1 和 f_2 为任意函数）。原方程的通解为 $u=f_1(x+at)+f_2(x-at)$。

小　　结

1. 二阶线性偏微分方程的分类方法

对于二阶线性偏微分方程

$$A(x,y)\frac{\partial^2 u}{\partial x^2}+B(x,y)\frac{\partial^2 u}{\partial x\partial y}+C(x,y)\frac{\partial^2 u}{\partial y^2}+D(x,y)\frac{\partial u}{\partial x}+E(x,y)\frac{\partial u}{\partial y}+F(x,y)u=G(x,y)$$

设判别式为 $\Delta=B(x,y)^2-4A(x,y)C(x,y)$，则二阶线性偏微分方程分为 3 类：当 $\Delta>0$ 时，方程称为双曲型；当 $\Delta=0$ 时，方程称为抛物型；当 $\Delta<0$ 时，方程称为椭圆型。

若方程的系数 A,B,C 为常数，则判别式只能取确定的值，故偏微分方程只能是三种类型之一。若 A,B,C 是 x,y 的函数，方程可能在不同区域具有不同的类型。

2. 二阶线性偏微分方程的标准化

通过自变量变换使得二阶线性偏微分方程转化为标准类型，其变换对应于**特征线方程**：

$$A\left(\frac{\mathrm{d}y}{\mathrm{d}x}\right)^2-B\frac{\mathrm{d}y}{\mathrm{d}x}+C=0$$

该常微分方程的特征曲线族根据判别式的不同符号（正、零、负），分别对应于两个实函数族、一个实函数族、一对共轭复函数族。

（1）双曲型偏微分方程

因为双曲型方程对应的判别式 $\Delta=B^2-4AC>0$，所以特征曲线是两族不同的实函数曲线，通过自变量变换，则原偏微分方程变为下列形式

$$\frac{\partial^2 u}{\partial\xi\partial\eta}=D_1(\xi,\eta)u_\xi+E_1(\xi,\eta)u_\eta+F_1(\xi,\eta)u-G_1(\xi,\eta)$$

称为**双曲型偏微分方程的第一种标准形式**，而

$$\frac{\partial^2 u}{\partial\alpha^2}-\frac{\partial^2 u}{\partial\beta^2}=D_1^*(\alpha,\beta)u_\alpha+E_1^*(\alpha,\beta)u_\beta+F_1^*(\alpha,\beta)u-G_1^*(\alpha,\beta)$$

称为**双曲型偏微分方程的第二种标准形式**。

（2）抛物型偏微分方程

判别式 $\Delta=0$，特征曲线是一族实函数曲线。通过自变量变换，则原偏微分方程变为

$$\frac{\partial^2 u}{\partial\eta^2}=D_2(\xi,\eta)u_\xi+E_2(\xi,\eta)u_\eta+F_2(\xi,\eta)u-G_2(\xi,\eta)$$

称为**抛物型偏微分方程的标准形式**。

（3）椭圆型偏微分方程

椭圆型偏微分方程的判别式 $\Delta < 0$，特征曲线是一组共轭复变函数族。通过自变量变换，偏微分方程变为

$$\frac{\partial^2 u}{\partial \xi^2} + \frac{\partial^2 u}{\partial \eta^2} = D_3(\xi, \eta) u_\xi + E_3(\xi, \eta) u_\eta + F_3(\xi, \eta) u - G_3(\xi, \eta)$$

称为**椭圆型偏微分方程的标准形式**。

习　题　8

8.1　判断方程的类型并化简。

　　（1）$y^2 u_{xx} + x^2 u_{yy} = 0$　　（2）$4y^2 u_{xx} - e^{2x} u_{yy} - 4y^2 u_x = 0$

8.2　判断下列方程的类型并化简。

　　（1）$au_{xx} + 2au_{xy} + au_{yy} + bu_x + cu_y + u = 0$

　　（2）$u_{xx} - 2u_{xy} - 3u_{yy} + 2u_x + 6u_y = 0$

　　（3）$u_{xx} + 4u_{xy} + 5u_{yy} + u_x + 2u_y = 0$

8.3　判断下列常系数方程类型并化简。

　　（1）$u_{xx} + u_{yy} + \alpha u_x + \beta u_y + \gamma u = 0$

　　（2）$u_{xx} = \dfrac{1}{a^2} u_y + \alpha u + \beta u_x$

　　（3）$u_{yy} + \dfrac{c-b}{a} u_x + \dfrac{b}{a} u_y + u = 0$

　　（4）$u_{xx} + 3u_x + 4u_y + 2u = 0$

计算机仿真编程实践

8.4　用计算机仿真的方法绘出例 8.3.1 中 $y^2 u_{xx} - x^2 u_{yy} = 0$ 方程的特征线。

第9章 行波法与达朗贝尔公式

通过第 8 章的学习,我们知道,通过变量代换将二阶偏微分方程化成标准形式后,往往可以获得方程的通解,然后结合定解条件得出定解问题的解。但这种方法一般难以找到完善的解,即解尚存在一定的局限性。通解法中有一种特殊的解法——行波法(即依赖于自变量的线性组合的解),它在解偏微分方程中的波动方程类型时特别有效,有时甚至对于非线性偏微分方程也十分有用(可参考第 16 章非线性方程的求解)。

9.1 二阶线性偏微分方程的通解

对于给定的偏微分方程,一般不能简单地确定其通解。第 8 章系统学习了二阶线性偏微分方程的标准化理论,下面我们会看到,通过对方程的标准化或进一步化简就能比较容易得到方程的通解。如果偏微分方程的标准形式特别简单,则通解可以直接求得。

下面主要以特征线法求通解。

例 9.1.1 讨论方程 $x^2 u_{xx} + 2xy u_{xy} + y^2 u_{yy} = 0$ 的类型,并化成标准型,再求通解。

【解】 判别式 $\Delta = 4x^2 y^2 - 4x^2 y^2 = 0$,所以原方程在 xOy 平面上处处是抛物型的。

上述偏微分方程对应的特征方程为

$$x^2 \left(\frac{\mathrm{d}y}{\mathrm{d}x} \right)^2 - 2xy \left(\frac{\mathrm{d}y}{\mathrm{d}x} \right) + y^2 = 0$$

即

$$\left(x \frac{\mathrm{d}y}{\mathrm{d}x} - y \right)^2 = 0 \Rightarrow \frac{\mathrm{d}y}{\mathrm{d}x} = \frac{y}{x}$$

令 $\xi = \dfrac{y}{x}$,为了与 ξ 线性独立,可令 $\eta = y$。作变量代换(这样的变量代换也称为特征变换):

$\begin{cases} \xi = y/x \\ \eta = y \end{cases}$,对原方程作变换(复合函数求导),可将方程化成标准型:

$$\eta^2 u_{\eta\eta} = 0 \quad (\eta^2 = y^2 \neq 0), \quad u_{\eta\eta} = 0$$

对 η 积分两次,从而解得:$u = \eta F(\xi) + G(\xi) = y F\left(\dfrac{y}{x} \right) + G\left(\dfrac{y}{x} \right)$ 为原方程的通解。其中,$F(\xi)$ 和 $G(\xi)$ 为两个任意二次可微连续函数。

例 9.1.2 求偏微分方程 $y^2 u_{yy} - x^2 u_{xx} = 0 (x>0, y>0)$ 的通解。

【解】 由 $B = 0, A = -x^2, C = y^2$,故方程的判别式 $\Delta = B^2 - 4AC = 4x^2 y^2 > 0$,所以方程为双曲型。其特征方程为

$$-x^2 \left(\frac{\mathrm{d}y}{\mathrm{d}x} \right)^2 + y^2 = 0, \qquad \frac{\mathrm{d}y}{\mathrm{d}x} = \pm \frac{y}{x}$$

所以 $\ln y = \pm \ln x$,因此特征曲线是如下两族曲线

$$xy = c_1, \qquad \frac{y}{x} = c_2$$

作变量代换

$$\xi = xy, \quad \eta = \frac{y}{x}$$

原偏微分方程化为标准形式

$$u_{\xi\eta}=\frac{1}{2\xi}u_{\eta} \quad (\xi>0,\eta>0)$$

再令 $v=u_{\eta}$，则有

$$v_{\xi}=\frac{1}{2\xi}v$$

通过分离变量并积分，得到

$$v=\sqrt{\xi}F(\eta)$$

将上式再对 η 积分，得到

$$u(\xi,\eta)=G(\xi)+\sqrt{\xi}H(\eta)$$

其中，$F(\eta)$，$G(\xi)$ 和 $H(\eta)$ 是任意二次可微连续函数。再恢复到原来的自变量即得到通解

$$u(xy)=G(xy)+\sqrt{xy}H\left(\frac{y}{x}\right)$$

9.2　二阶线性偏微分方程的行波解

通解法中有一种特殊的解法——行波法，即以自变量的线性组合作变量代换来进行求解的一种方法，它对波动方程类型的求解十分有效。

1. 简单的含实系数的二阶线性偏微分方程

为了方便起见，我们首先讨论如下含实常系数的简单二阶线性偏微分方程

$$au_{xx}+bu_{xy}+cu_{yy}=0 \tag{9.2.1}$$

方程中的系数 a,b,c 为实常数（说明：这里我们用了小写字母 a,b,c 表示它是实常数，而不是 (x,y) 的函数）。

假设方程的行波解具有下列形式

$$u(x,y)=F(y+\lambda x) \tag{9.2.2}$$

代入方程(9.2.1)即得

$$a\lambda^2 F''(y+\lambda x)+b\lambda F''(y+\lambda x)+cF''(y+\lambda x)=0$$

需要求方程的非零解，故

$$F''(y+\lambda x)\neq 0, \quad a\lambda^2+b\lambda+c=0 \tag{9.2.3}$$

$\Delta=b^2-4ac>0$，对应于双曲型方程，式(9.2.3)有两个不同的实根 λ_1 和 λ_2，则

$$u(x,y)=F(y+\lambda_1 x)+G(y+\lambda_2 x) \tag{9.2.4}$$

$\Delta=b^2-4ac=0$，对应于抛物型方程，式(9.2.3)有相等的实根 $\lambda_1=\lambda_2=-\dfrac{b}{2a}$，则

$$u(x,y)=F(y+\lambda_1 x)+xG(y+\lambda_1 x) \tag{9.2.5}$$

其中，$G(y+\lambda_1 x)$ 乘上 x 是为了确保构成线性独立的解。

$\Delta=b^2-4ac<0$，对应于椭圆型方程，式(9.2.3)有两个虚根 $\lambda_1=\alpha+i\beta,\lambda_2=\alpha-i\beta$，则

$$u(x,y)=F(y+\lambda_1 x)+G(y+\lambda_2 x)=F[(y+\alpha x)+i\beta x]+G[(y+\alpha x)-i\beta x] \tag{9.2.6}$$

2. 更为一般的含实常系数的偏微分方程

如果方程具有更一般的形式

$$a\frac{\partial^2 u}{\partial x^2}+b\frac{\partial^2 u}{\partial x\partial y}+c\frac{\partial^2 u}{\partial y^2}+d\frac{\partial u}{\partial x}+e\frac{\partial u}{\partial y}+fu=0 \tag{9.2.7}$$

其中，a,b,c,d,e 和 f 均为实常数。我们可以令

$$u(x,y) = e^{px+qy} \tag{9.2.8}$$

代入方程(9.2.7)得

$$ap^2 + bpq + cq^2 + dp + eq + f = 0 \tag{9.2.9}$$

$b^2 - 4ac > 0$(双曲型),上述方程有两个不同的实根 $q_1(p)$ 和 $q_2(p)$,则

$$u(x,y) = c_1 e^{px+q_1(p)y} + c_2 e^{px+q_2(p)y} \tag{9.2.10}$$

$b^2 - 4ac = 0$(抛物型),上述方程有相等的实根 $q_1(p) = q_2(p)$,则

$$u(x,y) = c_1 e^{px+q_1(p)y} + c_2 x e^{px+q_1(p)y} \tag{9.2.11}$$

$b^2 - 4ac < 0$(椭圆型),上述方程有两个共轭虚根 $q_1(p) = \alpha(p) + i\beta(p)$,$q_2(p) = \alpha(p) - i\beta(p)$,则

$$u(x,y) = c_1 e^{px+\alpha y+i\beta y} + c_2 e^{px+\alpha y-i\beta y} \tag{9.2.12}$$

例 9.2.1　求 $u_{xx} + 2u_{xy} + 2u_{yy} = 0$ 的行波解。

【解】　根据 $\Delta = b^2 - 4ac = 2^2 - 4 \times 2 = -4 < 0$,故对应于椭圆型,且 $\lambda^2 + 2\lambda + 2 = 0$,则有根

$$\lambda_1 = -1 + i, \quad \lambda_2 = -1 - i$$

根据式(9.2.6),行波解为

$$u(x,y) = F(y-x+ix) + G(y-x-ix)$$

其中,函数 F 和 G 是两个任意二次可微连续函数。

例 9.2.2　求解 $u_{xx} - 2u_{xy} + u_{yy} + 2u_x - 2u_y + u = 0$。

【解】　$\Delta = b^2 - 4ac = 0$,对应于抛物型,由式(9.2.9)有 $q_1 = q_2 = 1 + p$,则

$$u(x,y) = c_1 e^{px+q_1 y} + c_2 x e^{px+q_1 y} = c_1 e^{p(x+y)+y} + c_2 x e^{p(x+y)+y}$$
$$= e^{p(x+y)+y}(c_1 + c_2 x)$$

9.3　达朗贝尔公式

本节以行波解法为依据,介绍求解定解问题的达朗贝尔公式。

9.3.1　一维波动方程的达朗贝尔公式

设有一维无界弦自由振动(即无强迫力)定解问题为

$$\begin{cases} u_{tt} - a^2 u_{xx} = 0 & (9.3.1) \\ u(x,0) = \varphi(x) & (9.3.2) \\ u_t(x,0) = \phi(x) & (9.3.3) \end{cases}$$

其中,$-\infty < x < +\infty, t > 0, a > 0$。

容易得知,偏微分方程的判别式 $\Delta = 4a^2 > 0$,该方程为双曲型。又 $\lambda^2 - a^2 = 0$,故 $\lambda_1 = a, \lambda_2 = -a$,则泛定方程(9.3.1)的通解为

$$u(x,t) = F_1(x+at) + F_2(x-at) \tag{9.3.4}$$

其中 F_1 和 F_2 是任意两个连续二次可微函数。我们使用初始条件(本问题由于涉及无界弦问题,故没有边界条件只有初始条件)即式(9.3.2)和式(9.3.3),可确定函数 F_1 和 F_2。

由初始条件得

$$u(x,0) = F_1(x) + F_2(x) = \varphi(x) \tag{9.3.5}$$
$$aF_1'(x) - aF_2'(x) = \phi(x) \tag{9.3.6}$$

积分得

$$F_1(x) - F_2(x) = \frac{1}{a} \int_{x_0}^{x} \phi(\xi) \, d\xi + c \tag{9.3.7}$$

其中,x_0 和 c 均为常数,c 可以令 $x=x_0$ 代入式(9.3.7)确定,即

$$c=F_1(x_0)-F_2(x_0)$$

由式(9.3.5)和式(9.3.7)联立求解得到

$$\begin{cases} F_1(x)=\dfrac{1}{2}\varphi(x)+\dfrac{1}{2a}\displaystyle\int_{x_0}^{x}\phi(\xi)\mathrm{d}\xi+\dfrac{1}{2}\big[F_1(x_0)-F_2(x_0)\big] \\[3mm] F_2(x)=\dfrac{1}{2}\varphi(x)-\dfrac{1}{2a}\displaystyle\int_{x_0}^{x}\phi(\xi)\mathrm{d}\xi-\dfrac{1}{2}\big[F_1(x_0)-F_2(x_0)\big] \end{cases} \tag{9.3.8}$$

代入式(9.3.4),得到定解问题的解

$$u(x,t)=\frac{1}{2}\big[\varphi(x+at)+\varphi(x-at)\big]+\frac{1}{2a}\int_{x-at}^{x+at}\phi(\xi)\mathrm{d}\xi \tag{9.3.9}$$

当函数 $\varphi(x)$ 是二次连续函数,函数 $\phi(x)$ 是一次可微连续函数时,式(9.3.9)即为无界弦自由振动定解问题的解,式(9.3.9)称为**达朗贝尔公式**。无界弦自由振动定解问题的解称为**达朗贝尔解**。

9.3.2　达朗贝尔公式的物理意义

由上面的讨论我们得到了自由弦振动泛定方程的通解即式(9.3.4),则定解问题的解可以表示为两个函数 $F_1(x+at)$ 和 $F_2(x-at)$ 之和,而这两个函数的具体形式完全由初始条件来确定。为了阐述达朗贝尔公式的物理意义,实际上只需阐明 $F_1(x+at)$ 和 $F_2(x-at)$ 这两个函数的物理意义就行了。

首先阐明 $F_2(x-at)$ 的意义,而另一函数的意义类似。

由高等数学知识我们知道,将一函数 $f(x)$ 的图形保持外形不变,相对于原点向右移 x_0 距离,移动后该图形的表达式就变为 $f(x-x_0)$。若令 $x_0=vt$,则动点 x_0 的移动速度为

$$\frac{\mathrm{d}x_0}{\mathrm{d}t}=v$$

假定 $a>0$,则根据上面的讨论就可以赋予 $F_2(x-at)$ 新的**物理意义**:弦上质点的振动所构成的外形函数 $F_2(x-at)$ 是以常速 a 向 x 轴正方向传播的,即它代表一个以速度 a 沿正方向传播的行波或**正向波**(又称为**右行波**)。

与此类似,可以得知 $F_1(x+at)$ 的解就代表一个以速度 a 沿 x 轴负方向转播的**反向波**(又称为**左行波**)。于是,由达朗贝尔公式可知,由任意初始扰动引起的自由弦振动总是以行波的形式向正、反两个方向传播出去,传播的速度恰好等于泛定方程中的常数 a。这就是**达朗贝尔公式的物理意义**。

9.4　达朗贝尔公式的应用

为了加深对达朗贝尔公式的理解,本节讨论达朗贝尔公式的应用。

9.4.1　齐次偏微分方程求解

齐次方程类型主要讨论自由振动问题,即没有强迫力作用,故泛定方程是齐次的,可以直接利用达朗贝尔公式求解。

例 9.4.1　已知初始速度为零的无界弦振动,初始位移如图 9.1 所示,求此振动过程中的位移。

【解】　根据达朗贝尔公式,初始速度 $\phi(x)=0$,而初始位移 $\varphi(x)$ 只在区间 (x_1,x_2) 上不为

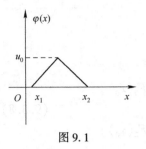

图 9.1

零，且在 $x = \dfrac{x_1 + x_2}{2}$ 处达到最大值 u_0，从而得到定解问题：

$$\varphi(x) = \begin{cases} 2u_0 \dfrac{x - x_1}{x_2 - x_1}, & x_1 \leqslant x \leqslant \dfrac{x_1 + x_2}{2} \\ 2u_0 \dfrac{x_2 - x}{x_2 - x_1}, & \dfrac{x_1 + x_2}{2} \leqslant x \leqslant x_2 \\ 0, & x \notin (x_1, x_2) \end{cases}$$

根据达朗贝尔公式 (9.3.9) 得到位移为 $u(x,t) = \dfrac{1}{2}\varphi(x+at) + \dfrac{1}{2}\varphi(x-at)$。

例 9.4.2　已知初始位移为零，即 $\varphi(x) = 0$，而且初速度 $\phi(x)$ 只在区间 (x_1, x_2) 上不为零

$$\phi(x) = \begin{cases} \phi_0, & x \in (x_1, x_2) \\ 0, & x \notin (x_1, x_2) \end{cases} \tag{9.4.1}$$

的无界弦振动，求此振动过程的位移分布。

【解】　由达朗贝尔公式 (9.3.9) 得

$$u(x,t) = \frac{1}{2a}\int_{-\infty}^{x+at}\phi(\xi)\,\mathrm{d}\xi - \frac{1}{2a}\int_{-\infty}^{x-at}\phi(\xi)\,\mathrm{d}\xi = \Phi(x+at) - \Phi(x-at) \tag{9.4.2}$$

根据式 (9.4.1)，有

$$\Phi(x) = \frac{1}{2a}\int_{-\infty}^{x}\phi(\xi)\,\mathrm{d}\xi = \begin{cases} 0, & x \leqslant x_1 \\ \dfrac{1}{2a}(x - x_1)\phi_0, & x_1 \leqslant x \leqslant x_2 \\ \dfrac{1}{2a}(x_2 - x_1)\phi_0, & x_2 \leqslant x \end{cases} \tag{9.4.3}$$

$\Phi(x)$ 代表图 9.2 中的曲线。

由公式 (9.4.2)，可作出 $+\Phi(x)$ 和 $-\Phi(x)$ 两个图形，让它们以速度 a 分别向左右两个方向移动，两者的和就描绘出各个时刻的波形，由此即得出位移分布。

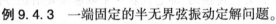

图 9.2

例 9.4.3　一端固定的半无界弦振动定解问题。

【解】　一端固定的定解问题可以描述为

$$\begin{cases} u_{tt} - a^2 u_{xx} = 0, & 0 < x < +\infty \\ u(x,0) = \varphi(x),\, u_t(x,0) = \phi(x), & 0 \leqslant x < +\infty \\ u(0,t) = 0 \end{cases} \tag{9.4.4} \tag{9.4.5} \tag{9.4.6}$$

由于端点固定，所以有 $u(0,t) = 0$。为了使用无界的达朗贝尔公式，故需要把半无界问题延拓为无界问题来处理，即必须把 $u(x,t)$、$\varphi(x)$ 和 $\phi(x)$ 延拓到整个无界区域。为此，将公式 (9.3.9) 代入得

$$0 = u(0,t) = \frac{1}{2}\big[\varphi(at) + \varphi(-at)\big] + \frac{1}{2a}\int_{-at}^{at}\phi(\xi)\,\mathrm{d}\xi$$

由于初位移和初速度是独立的，故上式右端两项分别为零，即

$$\varphi(at) = -\varphi(-at), \qquad \int_{-at}^{at}\phi(\xi)\,\mathrm{d}\xi = 0$$

由此可见，$\varphi(x)$ 和 $\phi(x)$ 应为奇函数。

现将 $\varphi(x)$ 和 $\phi(x)$ 从半无界区域奇延拓到整个无界区域，即令

$$\Phi(x) = \begin{cases} \varphi(x), & x \geqslant 0 \\ -\varphi(-x), & x < 0 \end{cases} \tag{9.4.7a}$$

$$\Psi(x) = \begin{cases} \phi(x), & x \geqslant 0 \\ -\phi(-x), & x < 0 \end{cases} \tag{9.4.7b}$$

则定解问题变为无界弦自由振动的定解问题

$$\begin{cases} u_{tt} - a^2 u_{xx} = 0, & -\infty < x < +\infty \tag{9.4.8} \\ u(x,0) = \Phi(x), u_t(x,0) = \Psi(x), & -\infty < x < +\infty \tag{9.4.9} \end{cases}$$

由达朗贝尔解得

$$u(x,t) = \frac{1}{2}[\Phi(x+at) + \Phi(x-at)] + \frac{1}{2a}\int_{x-at}^{x+at}\Psi(\xi)d\xi$$

$$= \begin{cases} \dfrac{1}{2}[\varphi(x+at) + \varphi(x-at)] + \dfrac{1}{2a}\displaystyle\int_{x-at}^{x+at}\phi(\xi)d\xi, & t \leqslant \dfrac{x}{a} \\[3mm] \dfrac{1}{2}[\varphi(x+at) - \varphi(at-x)] + \dfrac{1}{2a}\displaystyle\int_{at-x}^{x+at}\phi(\xi)d\xi, & t > \dfrac{x}{a} \end{cases} \tag{9.4.10}$$

上式的 $\Phi(x-at)$ 项当 $x-at$ 取正值或取负值时,要按式(9.4.7a)分别用 $\varphi(x-at)$ 和 $-\varphi(at-x)$ 表示;当 $t > \dfrac{x}{a}$ 即 $\xi < 0$ 时,积分项也应按式(9.4.7b)作如下变换

$$\int_{x-at}^{x+at}\Psi(\xi)d\xi = \int_0^{x+at}\Psi(\xi)d\xi - \int_0^{x-at}\Psi(\xi)d\xi$$

$$= \int_0^{x+at}\phi(\xi)d\xi - \int_0^{x-at}[-\phi(-\xi)]d\xi$$

$$= \int_0^{x+at}\phi(\xi)d\xi - \int_0^{at-x}\phi(\xi)d\xi = \int_{at-x}^{x+at}\phi(\xi)d\xi$$

例 9.4.4 一端自由的半无界弦振动定解问题。

【解】 即为如下定解问题

$$\begin{cases} u_{tt} - a^2 u_{xx} = 0, & 0 < x < +\infty \tag{9.4.11} \\ u(x,0) = \varphi(x), u_t(x,0) = \phi(x), & 0 \leqslant x < +\infty \tag{9.4.12} \\ u_x(0,t) = 0 \tag{9.4.13} \end{cases}$$

由于端点自由,故 $u_x(0,t) = 0$。将达朗贝尔解代入 $u_x(0,t) = 0$ 得

$$u_x(0,t) = \frac{1}{2}[\varphi'(at) + \varphi'(-at)] + \frac{1}{2a}[\phi(at) - \phi(-at)] = 0$$

又由初位移和初速度独立,得

$$\varphi'(at) = -\varphi'(-at), \phi(at) = \phi(-at)$$

可见,$\varphi(x)$ 和 $\phi(x)$ 均应为 x 的偶函数(注意函数与它的一阶导数的奇偶性相反)。

现在将 $\varphi(x)$ 和 $\phi(x)$ 从半无界区域偶延拓至整个无界区域,令

$$\Phi(x) = \begin{cases} \varphi(x), & x \geqslant 0 \\ \varphi(-x), & x < 0 \end{cases} \tag{9.4.14a}$$

$$\Psi(x) = \begin{cases} \phi(x), & x \geqslant 0 \\ \phi(-x), & x < 0 \end{cases} \tag{9.4.14b}$$

定解问题变为

$$\begin{cases} u_{tt} - a^2 u_{xx} = 0 & (-\infty < x < +\infty) \tag{9.4.15} \\ u(x,0) = \Phi(x), u_t(x,0) = \Psi(x) & (-\infty < x < +\infty) \tag{9.4.16} \end{cases}$$

由达朗贝尔解得

$$u(x,t) = \frac{1}{2}[\Phi(x+at) + \Phi(x-at)] + \frac{1}{2a}\int_{x-at}^{x+at}\Psi(\xi)\mathrm{d}\xi$$

$$= \begin{cases} \dfrac{1}{2}[\varphi(x+at) + \varphi(x-at)] + \dfrac{1}{2a}\displaystyle\int_{x-at}^{x+at}\phi(\xi)\mathrm{d}\xi & \left(t \leqslant \dfrac{x}{a}\right) \\[3mm] \dfrac{1}{2}[\varphi(x+at) + \varphi(at-x)] + \dfrac{1}{2a}\left[\displaystyle\int_{0}^{x+at}\phi(\xi)\mathrm{d}\xi + \int_{0}^{at-x}\phi(\xi)\mathrm{d}\xi\right] & \left(t > \dfrac{x}{a}\right) \end{cases} \tag{9.4.17}$$

注意：第一类边界条件(端点固定)应作奇延拓，第二类边界条件(端点自由)应作偶延拓。

9.4.2　非齐次偏微分方程的求解

1. 纯强迫振动定解问题——冲量原理法求解

欲求解**纯强迫力**(即指仅有强迫力，而初始条件为齐次)$f(x,t)$所引起振动的定解问题：

$$\begin{cases} u_{tt} - a^2 u_{xx} = f(x,t) \\ u(x,0) = 0, u_t(x,0) = 0 \end{cases} \quad -\infty < x < +\infty, t > 0 \tag{9.4.18}$$

根据其物理意义，该定解问题可以等效于求解一系列前后相继的瞬时冲量 $f(x,\tau)\Delta\tau(0 < \tau < t)$ 所引起的振动

$$\begin{cases} v_{tt} - a^2 v_{xx} = 0 \\ v(x,\tau) = 0, v_t(x,\tau) = f(x,\tau) \end{cases} \quad (-\infty < x < +\infty, \tau < t < \tau + \Delta\tau) \tag{9.4.19}$$

的解 $v(x,t;\tau)$ 的叠加。而这种用瞬时冲量的叠加

$$u(x,t) = \int_0^t v(x,t;\tau)\mathrm{d}\tau$$

代替持续作用力来解决定解问题的方法称为**冲量原理法**。

这样纯强迫振动定解问题式(9.4.19)的解为

$$u(x,t) = \frac{1}{2a}\int_0^t\int_{x-a(t-\tau)}^{x+a(t-\tau)} f(\xi,\tau)\mathrm{d}\xi\mathrm{d}\tau \tag{9.4.20}$$

例 9.4.5　求解定解问题

$$\begin{cases} u_{tt} - a^2 u_{xx} = x + at \\ u(x,0) = 0, u_t(x,0) = 0 \end{cases} \quad (-\infty < x < +\infty, t > 0)$$

【解】　由式(9.4.20)有

$$u(x,t) = \frac{1}{2a}\int_0^t\mathrm{d}\tau\int_{x-a(t-\tau)}^{x+a(t-\tau)}(\xi + a\tau)\mathrm{d}\xi = \frac{1}{2a}\int_0^t\mathrm{d}\tau\left[\frac{\xi^2}{2} + a\tau\xi\right]_{x-a(t-\tau)}^{x+a(t-\tau)}$$

$$= \int_0^t[x(t-\tau) + a\tau(t-\tau)]\mathrm{d}\tau = \frac{xt^2}{2} + \frac{at^3}{6}$$

2. 一般的强迫振动的定解问题

对于一般的情形，则振动方程非齐次，且初始条件也非齐次，即为下列定解问题

$$\begin{cases} u_{tt} - a^2 u_{xx} = f(x,t) \\ u(x,0) = \varphi(x), u_t(x,0) = \phi(x) \end{cases} \quad (-\infty < x < +\infty, t > 0) \tag{9.4.21}$$

按照叠加原理可令其解为

$$u = u^{\mathrm{I}} + u^{\mathrm{II}}$$

使 u^{I} 满足自由振动定解问题

$$\begin{cases} u_{tt}-a^2u_{xx}=0 \\ u(x,0)=\varphi(x), u_t(x,0)=\phi(x) \end{cases} \quad (-\infty<x<+\infty, t>0) \tag{9.4.22}$$

使 u^{II} 满足纯强迫振动定解问题,即式(9.4.18)。

故 u^{I} 为由自由振动定解问题的达朗贝尔解,即式(9.3.9), u^{II} 为纯强迫振动的解,即式(9.4.20),故

$$u(x,t)=\frac{1}{2}\left[\varphi(x+at)+\varphi(x-at)\right]+\frac{1}{2a}\int_{x-at}^{x+at}\phi(\xi)\mathrm{d}\xi+$$

$$\frac{1}{2a}\int_0^t\int_{x-a(t-\tau)}^{x+a(t-\tau)}f(\xi,\tau)\mathrm{d}\xi\mathrm{d}\tau \tag{9.4.23}$$

对于任何其他线性定解问题,均可采用类似于上面的方法,将之分解为若干个易于求解的定解问题,然后求得它的解。

例 9.4.6 求解定解问题

$$\begin{cases} u_{tt}-a^2u_{xx}=x+at \\ u(x,0)=x, u_t(x,0)=\sin x \end{cases} \quad (-\infty<x<\infty, t>0)$$

【解】 由叠加原理知,此定解问题的解可由达朗贝尔解和纯强迫振动的解的叠加得到。此处

$$f(x,t)=x+at, \quad \varphi(x)=x, \quad \phi(x)=\sin x$$

达朗贝尔解为

$$u^{\text{I}}=\frac{1}{2}\left[x+at+x-at\right]+\frac{1}{2a}\int_{x-at}^{x+at}\sin\xi\mathrm{d}\xi=x+\frac{1}{a}\sin x\sin at$$

而由纯强迫振动给出解

$$u^{\text{II}}=\frac{1}{2a}\int_0^t\int_{x-a(t-\tau)}^{x+a(t-\tau)}(\xi+a\tau)\mathrm{d}\xi\mathrm{d}\tau=\frac{xt^2}{2}+\frac{at^3}{6}$$

故原定解问题的解为

$$u(x,t)=x+\frac{1}{a}\sin x\sin at+\frac{xt^2}{2}+\frac{at^3}{6}$$

9.5 定解问题的适定性验证

定解问题来自于实际,它的解也应该回到实际中去。为此,应当要求定解问题满足:① 有解,② 其解是唯一的,③ 解是稳定的。解的存在性和唯一性这两个要求明白易懂。至于第三个要求即稳定性是指:如果定界条件的数值有细微的改变,解的数值也只作细微的改变。

为什么要求稳定性呢?由于测量不可能绝对精密,来自实际的定解条件不免带有细微的误差,如果解不是稳定的,那么它就很可能与实际情况相差甚远,而没有价值。

定解问题如果满足以上 3 个条件,就称其解具有适定性。非适定性的定解问题应当修改其提法,使其成为适定的。

现在以达朗贝尔解为例,验证其解的适定性。

① 如果 $\varphi(x)\in C^2$(即 $\varphi(x)$ 具有二阶连续导数,以 C^2 表示), $\varphi(x)\in C^1$,不难验证它确实满足定解问题的泛定方程和初始条件,即解是存在的。

② 在推导达朗贝尔公式的过程中,没有对所求解的 $u(x,t)$ 作过任何假定和限制,凡满足泛定方程和初始条件的解必可表示为达朗贝尔公式(9.3.9),即解是唯一的。

③ 证明达朗贝尔解即式(9.3.9)的稳定性。设有相差很细微的两组初始条件：

$$\begin{cases} u_1 \mid_{t=0} = \varphi_1(x) \\ u_{1t} \mid_{t=0} = \phi_1(x) \end{cases}, \qquad \begin{cases} u_2 \mid_{t=0} = \varphi_2(x) \\ u_{2t} \mid_{t=0} = \phi_2(x) \end{cases} \qquad (9.5.1)$$

$$|\varphi_1 - \varphi_2| < \delta, \qquad\qquad |\phi_1 - \phi_2| < \delta \qquad (9.5.2)$$

则根据达朗贝尔公式，相应的解 u_1 与 u_2 之差满足

$$|u_1 - u_2| \leqslant \frac{1}{2}|\varphi_1(x+at) - \varphi_2(x+at)| + \frac{1}{2}|\varphi_1(x-at) - \varphi_2(x-at)| +$$

$$\frac{1}{2a}\int_{x-at}^{x+at}|\phi_1(\xi) - \phi_2(\xi)|\,d\xi < \frac{1}{2}\delta + \frac{1}{2}\delta + \frac{1}{2a}2at\delta = (1+t)\delta$$

易见，两解的差别是微小的。

本书所研究的定解问题大多数都是适定的，我们将不再一一加以论证。

9.6 典型综合实例

例 9.6.1 求解初值问题(也称为柯西问题)。

$$\begin{cases} u_{xx} + 2u_{xy} - 3u_{yy} = 0 \\ u \mid_{y=0} = 3x^2, \quad u_y \mid_{y=0} = 0 \end{cases}$$

【解】 特征方程为

$$dy^2 - 2dxdy - 3dx^2 = 0$$

即

$$(dy - 3dx)(dy + dx) = 0$$

因此两族特征线分别是

$$3x - y = C_1, \quad x + y = C_2$$

作变换(也称为**特征变换**)

$$\xi = 3x - y, \eta = x + y$$

则经此变换后，方程变成

$$u_{\xi\eta} = 0$$

它的通解为

$$u = F(\xi) + G(\eta)$$

其中，F 和 G 是两个二次连续可微的任意函数。代回原变量得

$$u(x, y) = F(3x - y) + G(x + y) \qquad (9.6.1)$$

代入初值条件得

$$F(3x) + G(x) = 3x^2 \qquad (9.6.2)$$

$$-F'(3x) + G'(x) = 0 \qquad (9.6.3)$$

由式(9.6.3)得

$$-\frac{1}{3}F(3x) + G(x) = C \qquad (9.6.4)$$

联合式(9.6.2)和式(9.6.4)，解得

$$F(3x) = \frac{9}{4}x^2 - C_1, \quad G(x) = \frac{3}{4}x^2 + C_1$$

即

$$F(x) = \frac{1}{4}x^2 - C_1, \quad G(x) = \frac{3}{4}x^2 + C_1$$

代入通解即式(9.6.1)得所求解为

$$u(x,y) = \frac{1}{4}(3x-y)^2 + \frac{3}{4}(x+y)^2 = 3x^2+y^2$$

利用行波法还可求解更一般的问题。

例 9.6.2　求解初值问题：

$$\begin{cases} u_{tt} - a^2 u_{xx} = 0, \\ u(x,0) = \cos x, u_t(x,0) = \mathrm{e}^{-1} \end{cases} \qquad -\infty < x < +\infty, t > 0$$

【解】　由达朗贝尔公式有 $\varphi(x) = \cos x, \phi(x) = \mathrm{e}^{-1}$，则

$$u(x,t) = \frac{1}{2}\left[\cos(x+at) + \cos(x-at)\right] + \frac{1}{2a}\int_{x-at}^{x+at} \mathrm{e}^{-1}\mathrm{d}\xi = \cos at\cos x + \frac{t}{\mathrm{e}}$$

例 9.6.3　求解无界弦的自由振动，设弦的初始位移为 $\varphi(x)$，初始速度为 $-a\varphi'(x)$。

【解】　定解问题为

$$\begin{cases} u_{tt} - a^2 u_{xx} = 0, \\ u(x,0) = \varphi(x), u_t(x,0) = -a\varphi'(x) \end{cases} \qquad (-\infty < x < \infty, t > 0)$$

故由达朗贝尔公式得

$$\begin{aligned} u(x,t) &= \frac{1}{2}\left[\varphi(x+at) + \varphi(x-at)\right] + \frac{1}{2a}\int_{x-at}^{x+at}\left[-a\varphi'(\xi)\right]\mathrm{d}\xi \\ &= \frac{1}{2}\left[\varphi(x+at) + \varphi(x-at)\right] - \frac{1}{2}\left[\varphi(x+at) - \varphi(x-at)\right] \\ &= \varphi(x-at) \end{aligned}$$

例 9.6.4　在无限长的传输线上传播的电压和电流满足如下定解问题。

$$\begin{cases} v_x + Li_t + Ri = 0 \\ i_x + Cv_t + Gv = 0 \\ v(x,0) = \varphi(x) \qquad (-\infty < x < +\infty, t > 0) \\ i(x,0) = \sqrt{\dfrac{C}{L}}F(x) \end{cases} \tag{9.6.5}$$

并且满足 $CR = GL$，试求该传输线上的电流和电压。

【解】　这是关于未知函数电压 $v(x,t)$ 与电流 $i(x,t)$ 的一阶偏微分方程的定解问题。首先通过适当的变换，将其化为所讨论的二阶线性偏微分方程来求解。

先将式(9.6.5)中的第二式乘以 $\dfrac{1}{C}$ 并对 t 求导数，再减去第一式，乘以 $\dfrac{1}{LC}$ 后对 x 求导得

$$v_t'' - \frac{1}{LC}v_x'' + \frac{G}{C}v_t - \frac{R}{LC}i_x = 0$$

由第二式得到

$$i_x = -Cv_t - Gv, \qquad v_t = -\frac{i_x}{C} - \frac{G}{C}v$$

并考虑到 $CR = GL$ 以及给定的初始条件，于是有

$$\begin{cases} v_t'' - \dfrac{v_x''}{LC} + \dfrac{CR+GL}{LC}v_t + \dfrac{GR}{LC}v = 0 \\ v(x,0) = \varphi(x), v_t(x,0) = -\dfrac{1}{\sqrt{LC}}F'(x) - \dfrac{G}{C}\varphi(x) \end{cases}$$

若令 $v = e^{-\frac{R}{L}t}u(x,t)$,则

$$\begin{cases} u_t'' = a^2 u_x'' & (a^2 = \dfrac{1}{LC}) \\ u(x,0) = \varphi(x), u_t(x,0) = \left[v_t + \dfrac{R}{L}u \right]_{t=0} = -aF'(x) \end{cases}$$

由达朗贝尔公式求得

$$u(x,t) = \frac{1}{2}\left[\varphi(x-at) + F(x-at) + \varphi(x+at) - F(x+at) \right]$$

于是,原定解问题中的电压为

$$v(x,t) = \frac{1}{2e^{\frac{R}{L}t}}\left[\varphi(x-at) + F(x-at) + \varphi(x+at) - F(x+at) \right] \tag{9.6.6}$$

例 9.6.5　求解半无界弦的强迫振动问题。

$$\begin{cases} u_{tt} - u_{xx} = t\sin x, & x>0, t>0 \\ u\big|_{x=0} = A\sin\omega t, & t\geq 0 \\ u\big|_{t=0} = 0, u_t\big|_{t=0} = 0, & x\geq 0 \end{cases}$$

【解】　前面我们介绍了冲量原理法求解强迫振动,下面我们以另一特征线法求解。

作特征变换 $\xi = x+t, \eta = x-t$,则方程化为

$$\frac{\partial^2 u}{\partial \xi \partial \eta} = \frac{1}{8}(\eta - \xi)\sin\frac{\xi+\eta}{2}$$

分别对 ξ 和 η 积分,并代入原变量,求得通解

$$u(x,t) = t\sin x + f(x-t) + g(x+t) \qquad (x\geq 0, t\geq 0) \tag{9.6.7}$$

由初值条件得

$$f(x) + g(x) = 0 \qquad (x\geq 0) \tag{9.6.8}$$

$$\sin x - f'(x) + g'(x) = 0 \qquad (x\geq 0) \tag{9.6.9}$$

由式(9.6.9)得

$$f(x) - g(x) = -\cos x + C \qquad (x\geq 0) \tag{9.6.10}$$

联立式(9.6.8)和式(9.6.10),解得

$$f(x) = -\frac{1}{2}\cos x + \frac{1}{2}C \qquad (x\geq 0) \tag{9.6.11}$$

$$g(x) = \frac{1}{2}\cos x - \frac{1}{2}C \qquad (x\geq 0) \tag{9.6.12}$$

为了利用通解式(9.6.7),还必须求出在 $x<0$ 时 $f(x)$ 的表达式。为此,利用边界条件有

$$f(-t) + g(t) = A\sin\omega t \qquad (t\geq 0)$$

即

$$f(-x) = A\sin\omega x - g(x) = A\sin\omega x - \frac{1}{2}\cos x + \frac{1}{2}C \qquad (x>0)$$

所以

$$f(x) = -A\sin\omega x - \frac{1}{2}\cos x + \frac{1}{2}C \qquad (x<0) \tag{9.6.13}$$

把式(9.6.11)、式(9.6.12)、式(9.6.13)代入通解式(9.6.7),得所求定解问题的解为

$$u(x,t)=\begin{cases}t\sin x-\sin x\sin t, & x\geqslant t \\ t\sin x-A\sin\omega(x-t)-\sin x\sin t, & x<t\end{cases}$$

小　　结

1.　求二阶线性偏微分方程的通解。

2.　二阶线性偏微分方程的行波解法(行波解法是通解法中的一种特殊情形，行波法又称为特征线法)。

(1) 简单的含实系数的二阶线性偏微分方程的求解

$$au_{xx}+bu_{xy}+cu_{yy}=0$$

(2) 更为一般的含实常系数的偏微分方程的求解

$$a\frac{\partial^2 u}{\partial x^2}+b\frac{\partial^2 u}{\partial x\partial y}+c\frac{\partial^2 u}{\partial y^2}+d\frac{\partial u}{\partial x}+\mathrm{e}\frac{\partial u}{\partial y}+fu=0$$

3.　达朗贝尔公式

(1) 达朗贝尔公式。无界弦自由振动问题

$$\begin{cases}u_{tt}-a^2 u_{xx}=0 \\ u(x,0)=\varphi(x) \\ u_t(x,0)=\phi(x)\end{cases}\qquad(-\infty<x<\infty)$$

其解为

$$u(x,t)=\frac{1}{2}[\varphi(x+at)+\varphi(x-at)]+\frac{1}{2a}\int_{x-at}^{x+at}\phi(\xi)\mathrm{d}\xi$$

这种表达式称为达朗贝尔公式。

(2) 达朗贝尔公式的物理意义

由任意初始扰动引起的自由振动弦总是以行波的形式向正、反两个方向传播出去,传播的速度恰好等于泛定方程中的常数 a,这就是达朗贝尔公式的物理意义。

4.　定解问题求解(达朗贝尔公式的应用)

(1) 齐次偏微分方程:自由振动定解问题的解直接由达朗贝尔公式给出。

(2) 非齐次偏微分方程的求解。

① 纯强迫振动的解:由冲量原理法求解。根据冲量原理,对于纯强迫力 $f(x,t)$ 所引起振动的定解问题:

$$\begin{cases}u_{tt}-a^2 u_{xx}=f(x,t) \\ u(x,0)=0,u_t(x,0)=0\end{cases}\qquad(-\infty<x<+\infty,t>0)$$

其解为

$$u(x,t)=\frac{1}{2a}\int_0^t\int_{x-a(t-\tau)}^{x+a(t-\tau)}f(\xi,\tau)\mathrm{d}\xi\mathrm{d}\tau$$

② 一般的强迫振动

$$\begin{cases}u_{tt}-a^2 u_{xx}=f(x,t) \\ u(x,0)=\varphi(x),u_t(x,0)=\phi(x)\end{cases}\qquad(-\infty<x<\infty,t>0)$$

根据叠加原理得到其解为

$$u(x,t) = \frac{1}{2}\left[\varphi(x+at) + \varphi(x-at)\right] + \frac{1}{2a}\int_{x-at}^{x+at}\phi(\xi)\,\mathrm{d}\xi + \frac{1}{2a}\int_{0}^{t}\int_{x-a(t-\tau)}^{x+a(t-\tau)}f(\xi,\tau)\,\mathrm{d}\xi\,\mathrm{d}\tau$$

这是求解无界区域强迫振动问题的一种比较简单的方法。

5. 定解问题的适定性验证

对无界振动定解问题的达朗贝尔解进行解的适定性验证。

习　题　9

9.1　设弦的初始位移为 $\varphi(x)$，初始速度为 $\Psi(x)$，求无限长弦的自由振动。

9.2　半无限长弦的初始位移和速度都为零，端点作微小振动 $u\big|_{x=0} = A\sin\omega t$，求弦的振动。

9.3　求细圆锥形均质杆的纵振动。

9.4　半无限长杆的端点受到纵向力 $F(t) = A\sin\omega t$ 作用，求杆的纵振动。

9.5　已知初始电压分布为 $A\cos kx$，初始电流分布为 $\sqrt{\dfrac{C}{L}}A\cos kx$，求无限长理想传输线上电压和电流的传播情况。

9.6　在 $CL = CR$ 条件下求无限长传输线上的电报方程的通解。

9.7　已知端点通过电阻 R 相接，初始电压分布为 $A\cos kx$，初始电流分布为 $\sqrt{\dfrac{C}{L}}A\cos kx$。求半无限长理想传输线上电报方程的解；在什么条件下端点没有反射(这种情况叫作**匹配**)？

计算机仿真编程实践

9.8　试用计算机仿真方法，将习题 9.2 的弦振动规律以图形的方式表示出来。

9.9　试用计算机仿真方法，将习题 9.5 中的电压分布和电流分布用图形表示出来。

第 10 章　分离变量法

第 9 章讲述的行波法的适用范围有一定限制,本章介绍的**分离变量法**(又称为**本征函数展开法**)是解偏微分方程定解问题最常用的重要方法,它广泛应用于各种各样的定解问题中。其基本思想是把偏微分方程分解为几个常微分方程,其中有的常微分方程带有附加条件,从而构成本征值问题。

10.1　分离变量理论

10.1.1　偏微分方程变量分离及条件

对于一个给定的偏微分方程实施变量分离应该具备什么条件？下面以两个自变量的二阶线性偏微分方程为例来进行讨论。

第 8 章的知识告诉我们,对于任何二阶线性(齐次)偏微分方程

$$A(\xi,\eta)u_{\xi\xi}+B(\xi,\eta)u_{\xi\eta}+C(\xi,\eta)u_{\eta\eta}+D(\xi,\eta)u_\xi+E(\xi,\eta)u_\eta+F(\xi,\eta)u=0 \quad (10.1.1)$$

总可以通过适当的自变量变换转化为下列标准形式：

$$A_1(x,y)u_{xx}+C_1(x,y)u_{yy}+D_1(x,y)u_x+E_1(x,y)u_y+F_1(x,y)u=0 \quad (10.1.2)$$

根据方程(10.1.2)的类型可知：

① 当 $A_1(x,y)\cdot C_1(x,y)<0$ 时,即 $\Delta>0$,它是双曲型的；

② 当 $A_1(x,y)\equiv0$,或 $C_1(x,y)\equiv0$ 时,即 $\Delta=0$,它是抛物型的；

③ 当 $A_1(x,y)\cdot C_1(x,y)>0$ 时,即 $\Delta<0$,它是椭圆型的。

我们不妨假设式(10.1.2)的解有下列分离的形式(如果最后能求出分离形式的解,则说明这种假设是可行的)

$$u(x,y)=X(x)Y(y) \quad (10.1.3)$$

其中,$X(x)$ 和 $Y(y)$ 分别是单个变量的二次可微函数。代入式(10.1.2)即有

$$A_1(x,y)X''Y+C_1(x,y)XY''+D_1(x,y)X'Y+E_1(x,y)XY'+F_1(x,y)XY=0 \quad (10.1.4)$$

其中,X 和 Y 右上角撇号的个数代表对各自的自变量求导的阶数。

1. 常系数偏微分方程

若式(10.1.4)的系数均为常数,并分别用小写的 a,c,d,e,f 代替 A_1,C_1,D_1,E_1,F_1,将方程两边同除以 XY, 则得到

$$a\frac{X''}{X}+c\frac{Y''}{Y}+d\frac{X'}{X}+e\frac{Y'}{Y}+f=0$$

即

$$\frac{aX''+dX'}{X}=-\frac{cY''+eY'}{Y}-f$$

易见,上式左边是自变量 x 的函数(与 y 无关),右边是自变量 y 的函数(与 x 无关),而且这两个自变量是独立的。因此要等式恒成立,只能是它们等于一个既不依赖于 x,也不依赖于 y 的常数,记为 λ,从而得到两个(变量已被分离的)常微分方程

$$aX''+dX'-\lambda X=0$$
$$cY''+eY'+(f+\lambda)Y=0$$

2. 变系数偏微分方程

对于变系数函数 $A_1(x,y),C_1(x,y),D_1(x,y),\cdots$假设存在某个函数 $P(x,y)\neq0$,使得方程除以 $P(x,y)$ 后变为下列可分离的形式

$$a_1(x)X''Y+b_1(y)XY''+a_2(x)X'Y+b_2(y)XY'+[a_3(x)+b_3(y)]XY=0$$

则得到

$$a_1\frac{X''}{X}+a_2\frac{X'}{X}+a_3=-\left(b_1\frac{Y''}{Y}+b_2\frac{Y'}{Y}+b_3\right)$$

上式要恒成立,只有它们均等于同一个常数,记为 λ,从而得到两个(变量已被分离的)常微分方程

$$a_1X''+a_2X'+(a_3-\lambda)X=0$$
$$b_1Y''+b_2Y'+(b_3+\lambda)Y=0$$

由上面的讨论知道:对于常系数二阶偏微分齐次方程,总是能实施变量分离的。但对于变系数的二阶偏微分齐次方程,则需要满足一定的条件,即必须找到适当的函数 $P(x,y)$,才能实施变量分离。

10.1.2　边界条件可实施变量分离的条件

对于一维的情形(设在边界点 $x=l$ 处),常见的边界条件为:

① 第一类边界条件(也称狄利克雷条件): $u(x)\big|_{x=l}=\alpha$。

② 第二类边界条件(也称诺依曼条件): $\dfrac{\partial u}{\partial x}\Big|_{x=l}=\beta$。

③ 第三类边界条件(也称混合条件): $\dfrac{\partial u}{\partial x}+hu\big|_{x=l}=\gamma$。

假设具体定解问题(以弦的横振动为例)的边界条件为齐次的:

$$u(0,t)=0,\quad u(l,t)=0$$

由于 $u(x,t)=X(x)T(t)$,所以

$$X(0)T(t)=0,\quad X(l)T(t)=0$$

因为要求定解问题的不恒等于零的解 $u(x,t)$,故必须 $T(t)\neq0$,因此

$$X(0)=0,\quad X(l)=0$$

根据上述讨论可见,只有当边界条件是齐次的,方可分离出单变量未知函数的边界条件。此外,进行分离变量时,需根据边界情况适当选择直角坐标系、极坐标系(二维)、球坐标系以及柱坐标系。

10.2　直角坐标系下的分离变量法

10.2.1　分离变量法介绍

下面以一维有界弦的自由振动为例,阐述分离变量法的基本思路和主要步骤。

例 10.2.1　具体考虑长为 l,两端固定的均匀弦的自由振动,即下列定解问题

泛定方程　　　　　　　$u_{tt}-a^2u_{xx}=0$　　　　$(0<x<l,t>0)$　　　　　　　　(10.2.1)

边界条件　　　　　　　$u\mid_{x=0}=0, u\mid_{x=l}=0$　　　$(t\geqslant0)$　　　　　　（10.2.2）

初始条件　　　　　　　$u\mid_{t=0}=\varphi(x), u_t\mid_{t=0}=\Psi(x)$　　（0<x<l）　　　　（10.2.3）

在此定解问题中,方程和边界条件都是齐次的,而初始条件是非齐次的。

【解】:用分离变量法求解定解问题,具体分如下四个步骤:

第一步:分离变量。将变量分离形式的试探解 $u(x,t)=X(x)T(t)$,代入齐次泛定方程和齐次边界条件,导出 $X(x)$ 所满足的常微分方程的边值问题。

注意到 x 和 t 为相互独立的自变量,由此定解问题的泛定方程变为

$$X(x)T''(t)-a^2X''(x)T(t)=0$$

即

$$\frac{X''(x)}{X(x)}=\frac{T''(t)}{a^2T(t)}$$

显然,上式左边为自变量 x 的函数(与变量 t 无关),右边为自变量 t 的函数(与 x 无关),所以要使等式恒成立,只能是它们等于一个既不依赖于 t 也不依赖于 x 的常数,不妨设常数为 $-\lambda$,于是偏微分方程就分离成两个常微分方程

$$T''(t)+a^2\lambda T(t)=0 \tag{10.2.4}$$

$$X''(x)+\lambda X(x)=0 \tag{10.2.5}$$

由齐次边界条件有

$$\begin{cases} X(0)T(t)=0 \\ X(l)T(t)=0 \end{cases} \tag{10.2.6}$$

式(10.2.6)的意义很清楚:不论在什么时刻 t, $X(0)T(t)$ 和 $X(l)T(t)$ 总是零。因为 $T(t)\neq0$(否则得零解,零解对于齐次微分方程是无意义的。所谓求解是指求出**非零解**),故

$$X(0)=0, \qquad X(l)=0 \tag{10.2.7}$$

注意:由于边界条件是齐次的,才得出式(10.2.7)这样简单的结论。对于非齐次边界条件需要转化为齐次边界条件。

第二步:求解本征值(或称为**固有值**)**问题。**根据上面推导的方程有

$$X''(x)+\lambda X(x)=0, \quad X(0)=0, \quad X(l)=0$$

先求解 $X(x)$,将 $\lambda<0$、$\lambda=0$ 和 $\lambda>0$ 三种可能逐一加以分析。

① $\lambda<0$。根据高等数学中微分方程求解的知识得到方程(10.2.5)的解为

$$X(x)=C_1e^{\sqrt{-\lambda}x}+C_2e^{-\sqrt{-\lambda}x}$$

常数 C_1 和 C_2 由边界条件(10.2.7)确定,即

$$\begin{cases} C_1+C_2=0 \\ C_1e^{\sqrt{-\lambda}l}+C_2e^{-\sqrt{-\lambda}l}=0 \end{cases}$$

由此解出 $C_1=0, C_2=0$,从而 $X(x)\equiv0$,所求解 $u(x,t)=X(x)T(t)\equiv0$,这是没有意义的。于是,$\lambda<0$ 被排除。

② $\lambda=0$。方程(10.2.5)的解是

$$X(x)=C_1x+C_2$$

常数 C_1 和 C_2 由条件(10.2.7)确定,即

$$C_2=0, \qquad C_1l+C_2=0$$

由此解出 $C_1=0, C_2=0$,从而 $X(x)\equiv0$,所求解 $u=XT\equiv0$,仍然没有意义。于是,$\lambda=0$ 也被排除。

③ $\lambda>0$。方程(10.2.5)的解是

$$X(x) = C_1\cos\sqrt{\lambda}\,x + C_2\sin\sqrt{\lambda}\,x$$

常数 C_1 和 C_2 由条件(10.2.7)确定,即

$$C_1 = 0, \quad C_2\sin\sqrt{\lambda}\,l = 0$$

如 $\sin\sqrt{\lambda}\,l \neq 0$,则仍然解出 $C_1 = 0, C_2 = 0$,从而 $u(x,t) \equiv 0$,同样没有意义,应予排除。现只剩下一种可能性:$C_1 = 0, \sin\sqrt{\lambda}\,l = 0$,于是 $\sqrt{\lambda}\,l = n\pi$ (n 为正整数, $n \neq 0$),即

$$\lambda_n = \frac{n^2\pi^2}{l^2} \quad (n = 1, 2, 3, \cdots) \tag{10.2.8}$$

与 λ_n 对应的函数为

$$X_n(x) = C_2\sin\frac{n\pi x}{l}$$

C_2 为任意常数。但考虑到 $u_n(x,t) = X_n(x)T_n(t)$,故这个常数可以在求 $T_n(t)$ 时考虑,则

$$X_n(x) = \sin\frac{n\pi x}{l} \tag{10.2.9}$$

式(10.2.9)正是傅里叶正弦级数的基本函数族。

这样,分离变量过程中所引入的常数 λ 不能为负数或零,甚至也不能是任意的正数,它必须取式(10.2.8)所给出的特定数值,才可能从方程(10.2.5)和条件(10.2.7)求出有意义的解。常数 λ 的这种特定数值叫作**本征值**,相应的解叫作**本征函数**。方程(10.2.5)和条件(10.2.7)则构成所谓**本征值问题**或**固有值问题**。

第三步:先求特解,再叠加求出通解。在求解了本征值问题后,对于每一个本征值 λ_n,应该由方程(10.2.4)求出相应的 $T_n(t)$

$$T'' + a^2\frac{n^2\pi^2}{l^2}T = 0 \tag{10.2.10}$$

这个方程的解是

$$T_n(t) = A_n\cos\frac{n\pi at}{l} + B_n\sin\frac{n\pi at}{l} \tag{10.2.11}$$

其中, A 和 B 是待定常数。

把式(10.2.9)和式(10.2.11)代入到解 $u(x,t) = X(x)T(t)$ 中,得到变量分离形式的特解

$$u_n(x,t) = \left(A_n\cos\frac{n\pi at}{l} + B_n\sin\frac{n\pi at}{l}\right)\sin\frac{n\pi x}{l} \quad (n = 1, 2, 3, \cdots) \tag{10.2.12}$$

这样的独立特解有无穷多个,每一特解都满足齐次偏微分方程和齐次边界条件。由于泛定方程(10.2.1)和边界条件(10.2.2)都是线性而且是齐次的,故线性叠加后的解

$$u(x,t) = \sum_{n=1}^{+\infty}u_n(x,t) = \sum_{n=1}^{+\infty}\left(A_n\cos\frac{n\pi at}{l} + B_n\sin\frac{n\pi at}{l}\right)\sin\frac{n\pi x}{l} \tag{10.2.13}$$

仍然满足泛定方程(10.2.1)和边界条件(10.2.2)。这就是满足方程(10.2.1)和条件(10.2.2)的通解。这里, A_n 和 B_n 尚未确定,是因为还没有考虑初始条件。

第四步:利用本征函数的正交归一性确定待定系数。根据初始条件(10.2.3)确定待定系数 A_n 和 B_n:

$$\begin{cases} \sum_{n=1}^{+\infty}A_n\sin\frac{n\pi x}{l} = \varphi(x) \\ \sum_{n=1}^{+\infty}B_n\frac{n\pi a}{l}\sin\frac{n\pi x}{l} = \Psi(x) \end{cases} \tag{10.2.14}$$

式(10.2.14)左边是傅里叶正弦级数,这就提示我们把右边的 $\varphi(x)$ 和 $\Psi(x)$ 展开为傅里叶正弦级数,然后比较两边的系数就可确定待定系数。

$$
\begin{cases}
A_n = \dfrac{2}{l}\displaystyle\int_0^l \varphi(\xi)\sin\dfrac{n\pi\xi}{l}\mathrm{d}\xi \\[3mm]
B_n = \dfrac{2}{n\pi a}\displaystyle\int_0^l \Psi(\xi)\sin\dfrac{n\pi\xi}{l}\mathrm{d}\xi
\end{cases}
\tag{10.2.15}
$$

至此,定解问题(10.2.1)~(10.2.3)的解已经求出,即为式(10.2.13),其中系数由式(10.2.15)给出。

注意:分离变量法是有条件的,会受到一定的限制:① 变系数的二阶线性偏微分方程并非总能实施变量分离;② 二阶线性偏微分方程的解不一定是分离变量的乘积形式,如 $u=x+y$ 是拉普拉斯方程 $\nabla^2 u=0$ 的解,却并不具有 $u(x,y)=X(x)Y(y)$ 形式的解。

10.2.2 解的物理意义

为了揭示所研究现象的重要物理特性以及阐明解的物理意义,现以两端固定均匀弦的自由振动为例予以说明。

考虑特解(10.2.12)并把它改写为

$$
u_n(x,t)=N_n\cos(\omega_n t-\varphi_n)\sin\dfrac{n\pi x}{l}
\tag{10.2.16}
$$

其中,$N_n=\sqrt{A_n^2+B_n^2}$,$\varphi_n=\arctan\dfrac{B_n}{A_n}$,$\omega_n=\dfrac{n\pi a}{l}$。

我们知道,形如 $N_n\cos(\omega_n t-\varphi_n)$ 的函数表示一种简谐振动,它的角频率为 ω_n,初相位为 $-\varphi_n$,因此 $u_n(x,t)=N_n\sin\dfrac{n\pi x}{l}\cos(\omega_n t-\varphi_n)$ 代表这样的振动波:在所考察的弦上各点以同一圆频率做简谐振动,其振幅 $\left|N_n\sin\dfrac{n\pi x}{l}\right|$ 依赖于点 x 的位置。

在 $x=0,\dfrac{l}{n},\dfrac{2l}{n},\cdots,\dfrac{(n-1)l}{n},l$ 这些点上,振幅 $\left|N_n\sin\dfrac{n\pi x}{l}\right|=0$,这些点称为波 u_n 的**节点**,或称为**波节**。在两个波节之间,各点的振动都有相同的相位,它们同时达到自己的最大位移,又同时通过平衡位置。在同一波节两边的各点,振动位移则相反,即同时达到最大位移,但符号相反;同时通过平衡位置,但速度的方向相反。

在 $x=\dfrac{l}{2n},\dfrac{3l}{2n},\dfrac{5l}{2n},\cdots,\dfrac{(2n-1)l}{2n}$ 这些点上,振幅 $\left|N_n\sin\dfrac{n\pi x}{l}\right|=N_n$ 达到最大值,这些点称为振动波 u_n 的**腹点**,或称为**波腹**。弦的振动情形,就好像是由互不连接的几段组成的,每段的端点恰好就像固定在各个节点上,永远保持不动。显然,对 $u_n(x,t)$ 而言,连同固定的端点共有 $n+1$ 个节点,我们把这种包含节点的振动波称为**驻波**。驻是停的意思,看起来这种波就好像在那里不动一样。图10.1分别画出了在某一时刻节点数为2,3,4的驻波形状。

于是我们也可以说,解 $u(x,t)$ 是由一系列频率不同(成倍增长)、相位不同、振幅不同的驻波叠加而成的,所以分离变量法又称为**驻波法**。各驻波振幅的大小和位相的差异由初始条件决定,而圆频率 $\omega_n=\dfrac{n\pi a}{l}$ 与初始条件无关,所以也称为弦的**本征频率**。

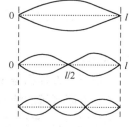

图 10.1

$\{\omega_n\}$ 中最小的一个 $\omega_1 = \dfrac{\pi a}{l}$ 称为**基频**，相应的 $u_1(x,t) = N_1 \sin \dfrac{\pi a}{l} \sin\left(\dfrac{\pi a}{l} t + \varphi_1\right)$ 称为**基波**。$\omega_2, \omega_3, \omega_4, \cdots$ 称为**谐频**，相应的 $u_2, u_3, u_4, \cdots$ 称为**谐波**。基波的作用往往最显著。

　　振动着的弦激起空气的振动，人的耳朵就感觉弦在发出声音。声音的大小由振动的振幅来决定，音调的高低依赖于振动频率，弦发出的最低音由弦的最低本征频率 ω_1 来确定，叫作弦的基音。其余对应于频率 $\omega_2, \omega_3, \omega_4, \cdots$ 的音叫作泛音。而音品（音色）则是与基音和伴随着它的诸泛音的状况有关。

　　1753 年，伯努利就是以这一重要物理现象为背景来开展研究的。他认为，弦所产生的声音是由基音和无穷多个泛音所组成，弦的振动正如由弦的各部分的无穷多个振动所组成，因此把对应着各种泛音的正弦曲线叠加起来，就得到弦的形状。接着，伯努利把这种物理上的想法进一步数学化：把弦振动方程的解用三角级数表示出来。这种解在当时引起了很大的争论，一直到 1824 年傅里叶关于"把任意函数展开为三角级数"的文章问世后疑问才得以消除。由此可见，伯努利可算最早发现了线性振动的叠加原理，并且获得了后来称为解偏微分方程的傅里叶级数解法。

10.2.3　三维形式的直角坐标分离变量

　　上面讨论的是一维情形下的直角坐标系的分离变量。下面我们简单介绍一下多维（二、三维）情况下的分离变量，具体以直角坐标系中的三维齐次热传导方程为例来说明三维形式变量的分离。

　　在直角坐标系中，热传导方程为

$$\frac{\partial u}{\partial t} = a^2 \left[\frac{\partial^2 u}{\partial x^2} + \frac{\partial^2 u}{\partial y^2} + \frac{\partial^2 u}{\partial z^2} \right]$$

令 $u(x,y,z,t) = V(x,y,z) T(t)$，代入热传导方程，并使坐标变量和时间变量分离开来，得到

$$\frac{T'}{a^2 T} = \frac{1}{V} \left[\frac{\partial^2 V}{\partial x^2} + \frac{\partial^2 V}{\partial y^2} + \frac{\partial^2 V}{\partial z^2} \right] = -k^2$$

　　从前面讨论的例子容易看出，分离变量的本征值通常是非负数，所以在上式中我们采用实数的平方形式 k^2 来表示，于是

$$T'(t) + a^2 k^2 T(t) = 0$$

$$\frac{\partial^2 V}{\partial x^2} + \frac{\partial^2 V}{\partial y^2} + \frac{\partial^2 V}{\partial z^2} + k^2 V = 0$$

上式称为**亥姆霍兹方程**。而 $V(x,y,z)$ 又可以表成如下分离形式：

$$V(x,y,z) = X(x) Y(y) Z(z)$$

$$\frac{X''}{X} + \frac{Y''}{Y} + \frac{Z''}{Z} + k^2 = 0$$

由于上式中函数的每一项都是单一自变量的函数，而且彼此独立，因此只有当每一项分别等于某一任意常数时，上述等式才成立，于是

$$X'' + \lambda X = 0, \quad Y'' + \mu Y = 0, \quad Z'' + \nu Z = 0$$

其中，$\lambda + \mu + \nu = k^2$。

　　上面三个方程就是 X, Y, Z 的分离方程，这些分离方程的通解是正弦函数与余弦函数的组合。若是有限区域的情形，这些分离方程还应配有相应的齐次边界条件，即构成本征值问题。在这种情况下，这些分离的常数（λ, μ, ν）应是一系列离散值（例如它们分别与一系列整数 l，m, n 有关），这些离散值即本征值；与此相应的解即本征函数，而时间部分的解为

$$T(t) = e^{-(\lambda+\mu+\nu)a^2 t}$$

因此,三维形式中热传导问题的完整解为

$$u(x,y,z,t) = \sum_l \sum_m \sum_n C_{lmn} e^{-(\lambda+\mu+\nu)a^2 t} X_l(x) Y_m(y) Z_n(z)$$

10.2.4　直角坐标系分离变量例题分析

例 10.2.1 讨论的是两个边界点均为第一类齐次边界条件的定解问题。下面讨论的例 10.2.2 既有第一类也有第二类齐次边界条件的定解问题,例 10.2.3 讨论的均为第二类齐次边界条件的定解问题(请注意本征值和本征函数的区别)。

例 10.2.2　研究定解问题:

$$\begin{cases} \dfrac{\partial^2 u}{\partial t^2} = a^2 \dfrac{\partial^2 u}{\partial x^2}, & x \in (0,l), t>0 & (10.2.17) \\[2mm] u(0,t) = u_x(l,t) = 0, & t>0 & (10.2.18) \\[2mm] u(x,0) = \varphi(x) & & (10.2.19) \\[2mm] u_t(x,0) = \Psi(x), & x \in (0,l) & (10.2.20) \end{cases}$$

【解】　用分离变量法求解。令

$$u(x,t) = T(t) X(x) \tag{10.2.21}$$

代入式(10.2.17)和式(10.2.18),得本征值问题

$$X''(x) + \lambda X(x) = 0 \tag{10.2.22}$$

$$X(0) = X'(l) = 0 \tag{10.2.23}$$

$$T''(t) + a^2 \lambda T(t) = 0 \tag{10.2.24}$$

对本征值问题(10.2.22)~(10.2.23)讨论:

① 若 $\lambda < 0$,则方程(10.2.22)的解为

$$X(x) = A e^{\sqrt{-\lambda}x} + B e^{-\sqrt{-\lambda}x}$$

待定常数 A 和 B 由边界条件(10.2.23)确定,即

$$A + B = 0, \quad A\sqrt{-\lambda}\, e^{\sqrt{-\lambda}l} - \sqrt{-\lambda}\, B e^{-\sqrt{-\lambda}l} = 0$$

由此解出 $A=0, B=0$,从而 $X(x) \equiv 0$,只能得到无意义的解 $X(x) \equiv 0$,应该排除。

② 若 $\lambda = 0$,则方程(10.2.22)的解为 $X(x) = Ax + B$,由式(10.2.23)得 $B=0, A=0$,故只能得到无意义的解 $X(x) \equiv 0$,应该排除。

③ 若 $\lambda > 0$,则方程的解是

$$X(x) = A\cos\sqrt{\lambda}\, x + B\sin\sqrt{\lambda}\, x$$

由式(10.2.23)有

$$X(0) = A = 0$$

$$X'(l) = B\sqrt{\lambda}\cos\sqrt{\lambda}\, l = 0$$

注意到 $\sqrt{\lambda} \neq 0$ 且要得到非零解只有 $\cos\sqrt{\lambda}\, l = 0$,在 $\cos\sqrt{\lambda}\, l = 0$ 的条件下,B 可以是任意常数。$\cos\sqrt{\lambda}\, l = 0$,则 $\sqrt{\lambda}\, l = \left(n+\dfrac{1}{2}\right)\pi\,(n=0,1,2,\cdots)$,故得到本征值为

$$\lambda_n = \left(\frac{2n+1}{2l}\pi\right)^2 \quad (n=0,1,2,\cdots)$$

相应的本征函数是

$$X_n(x) = \sin\frac{2n+1}{2l}\pi x \quad (n=0,1,2,\cdots)$$

说明：系数 B 可以在求通解时考虑进去，故此将系数认为是归一化的。

将 λ_n 代入方程(10.2.24)解得

$$T_n = C_n\cos\frac{2n+1}{2l}\pi at + D_n\sin\frac{2n+1}{2l}\pi at \quad (n=0,1,2,\cdots)$$

由 $u_n(x,t) = T_n(t)X_n(x)(n=0,1,2,\cdots)$ 叠加得

$$u(x,t) = \sum_{n=0}^{\infty}\left[C_n\cos\left(\frac{2n+1}{2l}\pi at\right) + D_n\sin\left(\frac{2n+1}{2l}\pi at\right)\right]\sin\frac{2n+1}{2l}\pi x \quad (10.2.25)$$

系数由定解条件确定

$$u(x,0) = \varphi(x) = \sum_{n=0}^{\infty}C_n\sin\left(\frac{2n+1}{2l}\pi x\right)$$

$$u_t(x,0) = \Psi(x) = \sum_{n=0}^{\infty}D_n\frac{2n+1}{2l}\pi a\sin\left(\frac{2n+1}{2l}\pi x\right)$$

傅里叶展开式系数可确定为

$$C_n = \frac{2}{l}\int_0^l\varphi(x)\sin\left(\frac{2n+1}{2l}\pi x\right)\mathrm{d}x \quad (10.2.26)$$

$$D_n = \frac{4}{(2n+1)\pi a}\int_0^l\Psi(x)\sin\frac{2n+1}{2l}\pi x\mathrm{d}x \quad (n=0,1,2,\cdots) \quad (10.2.27)$$

例 10.2.3   解下列两端自由棒的自由纵振动定解问题：鱼群探测换能器件或磁致伸缩换能器的核心是两端自由的均匀杆，它做纵振动，即下列定解问题：

$$\begin{cases} \dfrac{\partial^2 u}{\partial t^2} = a^2\dfrac{\partial^2 u}{\partial x^2}, & x\in(0,l),t>0 & (10.2.28)\\[2mm] u_x(0,t) = u_x(l,t) = 0, & t>0 & (10.2.29)\\[2mm] & & (10.2.30)\\[2mm] u(x,0) = \varphi(x) & & (10.2.31)\\[2mm] u_t(x,0) = \Psi(x) & & \end{cases}$$

【解】   按照分离变量法的步骤，先以变量分离形式的试探解

$$u(x,t) = X(x)T(t) \quad (10.2.32)$$

代入方程(10.2.28)和方程(10.2.29)得

$$T''(t) + a^2\lambda T(t) = 0 \quad (10.2.33)$$

$$X''(x) + \lambda X(x) = 0 \quad (10.2.34)$$

$$X'(0) = X'(l) = 0 \quad (10.2.35)$$

求解式(10.2.34)~式(10.2.35)本征值问题，对 λ 进行讨论：

① 若 $\lambda<0$，类似于前面的讨论，只能得到无意义的解。

② 若 $\lambda=0$，则方程(10.2.34)的解为 $X(x)=Ax+B$，代入得到 $A=0$，于是得到 $X(x)=B$，$B\neq0$，否则得到无意义的零解。由于通解中还另有待定系数，故可取归一化的本征函数 $X(x)=1$。

③ 若 $\lambda>0$，方程(10.2.34)的解为

$$X(x) = A\cos\sqrt{\lambda}\,x + B\sin\sqrt{\lambda}\,x$$

常数由式(10.2.35)确定，即

$$\sqrt{\lambda}B = 0, \quad \sqrt{\lambda}(-A\sin\sqrt{\lambda}\,l + B\cos\sqrt{\lambda}\,l) = 0$$

由于 $\sqrt{\lambda}\neq0$，所以 $B=0$，$A\sin\sqrt{\lambda}\,l=0$。如果 $A=0$，则得无意义的解 $X(x)\equiv0$，因此 $A\neq0$，$\sin\sqrt{\lambda}\,l=0$。于是 $\sqrt{\lambda}\,l=n\pi(n=1,2,\cdots)$ 即 $\lambda_n=\dfrac{n^2\pi^2}{l^2}(n=1,2,\cdots)$，这是 $\lambda>0$ 情况下的本征值。

相应的(归一化的)本征函数是

$$X_n(x)=\cos\frac{n\pi x}{l}\quad(n=1,2,\cdots)$$

将本征值 $\lambda=0$，$\lambda>0$ 与对应的本征函数统一为

$$\begin{cases}\lambda_n=\dfrac{n^2\pi^2}{l^2}, & n=0,1,2,\cdots\\[3mm]X_n(x)=\cos\dfrac{n\pi x}{l}, & n=0,1,2,\cdots\end{cases}$$

当 $\lambda=0$，$\lambda>0$ 时，将本征函数值代入方程(10.2.33)得到

$$T_0''(t)=0$$

$$T_n''(t)+\frac{n^2\pi^2 a^2}{l^2}T_n(t)=0\quad(n\neq0)$$

其对应的解为

$$T_0(t)=C_0+D_0 t$$

$$T_n(t)=C_n\cos\frac{n\pi a}{l}t+D_n\sin\frac{n\pi a}{l}t\quad(n=1,2,\cdots)$$

其中，C_0，D_0，C_n 和 D_n 均为独立的任意常数。所以，原定解问题的形式解为

$$u_0(x,t)=C_0+D_0 t$$

$$u_n(x,t)=\left(C_n\cos\frac{n\pi a}{l}t+D_n\sin\frac{n\pi a}{l}t\right)\cos\frac{n\pi}{l}x\quad(n=1,2,\cdots)$$

上式正是傅里叶余弦级数的基本函数族。

所有本征振动的叠加得到通解

$$u(x,t)=C_0+D_0 t+\sum_{n=1}^{\infty}\left(C_n\cos\frac{n\pi a}{l}t+D_n\sin\frac{n\pi a}{l}t\right)\cos\frac{n\pi}{l}x$$

系数由初始条件确定，有

$$\begin{cases}C_0+\displaystyle\sum_{n=1}^{\infty}C_n\cos\frac{n\pi}{l}x=\varphi(x)\\[3mm]D_0+\displaystyle\sum_{n=1}^{\infty}\frac{n\pi a}{l}D_n\cos\frac{n\pi}{l}x=\Psi(x)\end{cases}$$

把右边的函数 $\varphi(x)$ 和 $\Psi(x)$ 展开为傅里叶余弦级数，然后比较两边的系数，得到

$$\begin{cases}C_0=\dfrac{1}{l}\displaystyle\int_0^l\varphi(\xi)\,\mathrm{d}\xi\\[3mm]D_0=\dfrac{1}{l}\displaystyle\int_0^l\Psi(\xi)\,\mathrm{d}\xi\end{cases},\qquad\begin{cases}C_n=\dfrac{2}{l}\displaystyle\int_0^l\varphi(\xi)\cos\dfrac{n\pi}{l}\xi\,\mathrm{d}\xi\\[3mm]D_n=\dfrac{2}{n\pi a}\displaystyle\int_0^l\Psi(\xi)\cos\dfrac{n\pi}{l}\xi\,\mathrm{d}\xi\end{cases}$$

例 10.2.4 求边长分别为 a，b，c 的长方体中的温度分布，设物体表面温度保持 0℃，初始温度分布为 $u(x,y,z,0)=\varphi(x,y,z)$。

【解】 定解问题为：

$$\begin{cases} u_t = k^2 \Delta u & (0<x<a,0<y<b,0<z<c,t>0) & (10.2.36) \\ u\mid_{x=0}=u\mid_{x=a}=0 & & (10.2.37) \\ u\mid_{y=0}=u\mid_{y=b}=0 & & (10.2.38) \\ u\mid_{z=0}=u\mid_{z=c}=0 & & (10.2.39) \\ u\mid_{t=0}=\varphi(x,y,z) & & (10.2.40) \end{cases}$$

（1）时空变量的分离：令 $u=T(t)V(x,y,z)$，代入式（10.2.36）可得

$$T'+k^2\lambda_1 T=0$$
$$V''_x+V''_y+V''_z+\lambda_1 V=0 \qquad\qquad (10.2.41)$$

（2）空间变量的分离：令 $V=X(x)W(y,z)$，代入式（10.2.41）和式（10.2.37）。
关于 $X(x)$ 的常微分方程及边界条件构成本征值问题：

$$X''+(\lambda_1-\lambda_2)X=0$$
$$X\mid_{x=0}=0,\quad X\mid_{x=a}=0$$

同时，$W(y,z)$ 满足

$$W_{yy}+W_{zz}+\lambda_2 W=0 \qquad\qquad (10.2.42)$$

再令 $W(y,z)=Y(y)Z(z)$，代入式（10.2.42）和式（10.2.38）可得另外两个本征值问题：

$$\begin{cases} Y''+(\lambda_2-\lambda_3)Y=0 \\ Y\mid_{y=0}=0,Y\mid_{y=b}=0 \end{cases}, \qquad \begin{cases} Z''+\lambda_3 Z=0 \\ Z\mid_{z=0}=0,Z\mid_{z=c}=0 \end{cases}$$

（3）求本征值问题：这三个本征值问题的本征值与本征函数分别为：

$$\lambda_3=\frac{n^2\pi^2}{c^2}, \qquad Z_n=\sin\frac{n\pi}{c}z \qquad (n=1,2,3,\cdots) \qquad (10.2.43)$$

$$\lambda_2-\lambda_3=\frac{m^2\pi^2}{b^2}, \qquad Y_m=\sin\frac{m\pi}{b}y \qquad (m=1,2,3,\cdots) \qquad (10.2.44)$$

$$\lambda_1-\lambda_2=\frac{p^2\pi^2}{a^2}, \qquad X_p=\sin\frac{p\pi}{a}x \qquad (p=1,2,3,\cdots) \qquad (10.2.45)$$

把式（10.2.43）、式（10.2.44）、式（10.2.45）的本征值相加，得到关于 V 的本征值问题的本征值 λ_1 为

$$\lambda_{pmn}=\pi^2\left[\frac{p^2}{a^2}+\frac{m^2}{b^2}+\frac{n^2}{c^2}\right] \qquad\qquad (10.2.46)$$

再将式（10.2.43）~式（10.2.45）写成 $V(x,y,z)$ 的本征函数：

$$V_{pmn}=\sin\left(\frac{p\pi}{a}x\right)\sin\left(\frac{m\pi}{b}y\right)\sin\left(\frac{n\pi}{c}z\right)$$

（4）求解关于 $T(t)$ 的常微分方程：将式（10.2.46）代入 $T'+\lambda_1 k^2 T=0$ 中，可得通解：

$$T_{pmn}=A_{pmn}\mathrm{e}^{-\lambda_{pmn}k^2 t}$$

（5）将所有的常微分方程的解叠加起来，代入初值有

$$\begin{cases} u=\sum_{p=1}^{\infty}\sum_{m=1}^{\infty}\sum_{n=1}^{\infty}A_{pmn}\mathrm{e}^{-\lambda_{pmn}k^2 t}\sin\left(\frac{p\pi}{a}x\right)\sin\left(\frac{m\pi}{b}y\right)\sin\left(\frac{n\pi}{c}z\right) \\ u\mid_{t=0}=\varphi(x,y,z) \end{cases}$$

其中，$A_{pmn}=\dfrac{8}{abc}\displaystyle\int_0^a\int_0^b\int_0^c\varphi(x,y,z)\sin\left(\frac{p\pi}{a}x\right)\sin\left(\frac{m\pi}{b}y\right)\sin\left(\frac{n\pi}{c}z\right)\mathrm{d}x\mathrm{d}y\mathrm{d}z$。

10.3　二维极坐标系下拉普拉斯方程的分离变量法

例 10.3.1　物理模型　带电的云与大地之间的静电场近似是匀强静电场,其电场强度 E_0 是竖直的,且方向向下。水平架设的输电线处于这个静电场之中,输电线是导体圆柱,柱面由于静电感应出现感应电荷,圆柱邻近的静电场也就不再是匀强的了,如图 10.2 所示。不过离圆柱"无限远"处的静电场仍保持为匀强的。现在研究导体圆柱怎样改变了匀强静电场,求出柱外的电势分布。

分析:首先需要把这个物理问题表示为定解问题。取圆柱的轴为 z 轴。如果圆柱"无限长",那么这个静电场的电场强度、电势显然与 z 坐标无关,我们只需在 xy 平面上加以研究就行了。图 10.2 画出了 xy 平面上的静电场分布,圆柱面在 xy 平面的剖口是圆 $x^2+y^2=a^2$,其中 a 是圆柱的半径。

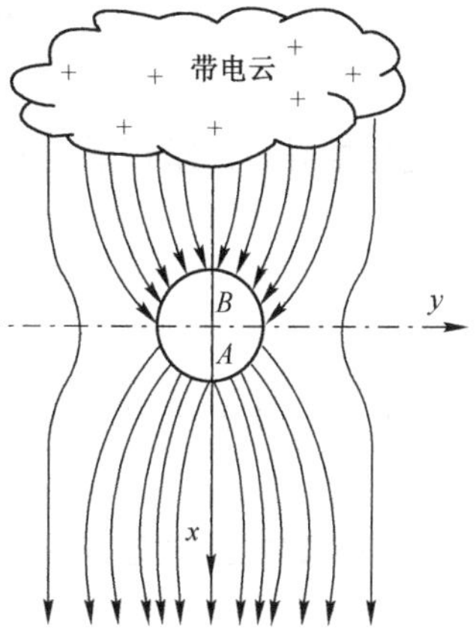

柱外的空间中没有电荷,所以电势 u 满足二维拉普拉斯方程

$$u_{xx}+u_{yy}=0 \qquad (在圆柱外)$$

导体中的电荷不再移动,说明导体中各处电势相同。又因为电势只具有相对的意义,完全可以把导体的电势当作零,从而写出边界条件

$$u\,|_{x^2+y^2=a^2}=0$$

图 10.2

考虑到边界是圆,故直角坐标显然是不方便的,我们采用平面极坐标系来分析。

柱外空间中的电势 u 满足拉普拉斯方程,在极坐标系中就可表示为

$$\frac{\partial^2 u}{\partial \rho^2}+\frac{1}{\rho}\frac{\partial u}{\partial \rho}+\frac{1}{\rho^2}\frac{\partial^2 u}{\partial \varphi^2}=0 \qquad (\rho>a) \tag{10.3.1}$$

其中,ρ 是极径,φ 是极角。导体电势为零就表示为齐次的边界条件

$$u\,|_{\rho=a}=0 \tag{10.3.2}$$

在"无限远"处的静电场仍然保持为匀强的 E_0。由于选取了 x 轴平行于 E_0,所以在无限远处,$E_y=0,E_x=E_0$。因为 $E_0=-\dfrac{\partial u}{\partial x}$,故 $u=-E_0 x=-E_0\rho\cos\varphi$,即非齐次的边界条件

$$u\,|_{\rho\to\infty} \sim -E_0\rho\cos\varphi \tag{10.3.3}$$

问题就在于求解定解问题式(10.3.1)~式(10.3.3)。

【解】　以变量分离形式的试探解

$$u(\rho,\varphi)=R(\rho)\Phi(\varphi) \tag{10.3.4}$$

代入拉普拉斯方程(10.3.1),得

$$\frac{1}{R}\rho\frac{\mathrm{d}}{\mathrm{d}\rho}\left(\rho\frac{\mathrm{d}R}{\mathrm{d}\rho}\right)=-\frac{\Phi''}{\Phi}$$

上式左边是 ρ 的函数,与 φ 无关;右边是 φ 的函数,与 ρ 无关。两边只能取同一个常数 λ

$$-\frac{\Phi''}{\Phi}=\lambda=\frac{1}{R}\rho\frac{\mathrm{d}}{\mathrm{d}\rho}\left(\rho\frac{\mathrm{d}R}{\mathrm{d}\rho}\right)$$

这就分解为两个常微分方程

$$\Phi''+\lambda\Phi=0 \tag{10.3.5}$$

$$\rho^2 R''+\rho R'-\lambda R=0 \tag{10.3.6}$$

常微分方程(10.3.6)隐含着一个附加条件。事实上,一个确定位置的极角可以加减 2π 的整数倍,而电势 u 在确定的地点应具有确定数值,所以 $u(\rho,\varphi+2\pi)=u(\rho,\varphi)$,即 $R(\rho)\Phi(\varphi+2\pi)=R(\rho)\Phi(\varphi)$,要求非零解,则

$$\Phi(\varphi+2\pi)=\Phi(\varphi) \tag{10.3.7}$$

这叫作**自然的周期条件**。常微分方程(10.3.5)与条件式(10.3.7)构成本征值问题。

容易求得式(10.3.5)的解为

$$\Phi(\varphi)=\begin{cases} A\cos\sqrt{\lambda}\,\varphi+B\sin\sqrt{\lambda}\,\varphi, & \lambda>0 \\ A+B\varphi, & \lambda=0 \\ Ae^{\sqrt{-\lambda}\varphi}+Be^{-\sqrt{-\lambda}\varphi}, & \lambda<0 \end{cases} \tag{10.3.8}$$

通过推导可以求得满足式(10.3.5)和式(10.3.7)的本征值和本征函数为

$$\lambda=m^2 \qquad (m=0,1,2,\cdots) \tag{10.3.9}$$

$$\Phi(\varphi)=\begin{cases} A\cos m\varphi+B\sin m\varphi, & m\neq0 \\ A, & m=0 \end{cases} \tag{10.3.10}$$

以本征值式(10.3.9)代入常微分方程(10.3.6),得

$$\rho^2 R''+\rho R'-m^2 R=0 \tag{10.3.11}$$

这是典型的**欧拉型微分方程**,作代换 $\rho=e^t$,即 $t=\ln\rho$,则方程化为

$$\frac{\mathrm{d}^2 R}{\mathrm{d}t^2}-m^2 R=0$$

可得到解为

$$R=\begin{cases} Ce^{mt}+De^{-mt}=C\rho^m+D\dfrac{1}{\rho^m}, & m\neq0 \\ C+Dt=C+D\ln\rho, & m=0 \end{cases}$$

于是变量分离形式的解为

$$u_0(\rho,\varphi)=C_0+D_0\ln\rho$$

$$u_m(\rho,\varphi)=\rho^m(A_m\cos m\varphi+B_m\sin m\varphi)+\frac{1}{\rho^m}(C_m\cos m\varphi+D_m\sin m\varphi)$$

拉普拉斯方程是线性的,它的一般解应是所有本征解的叠加,即

$$u(\rho,\varphi)=C_0+D_0\ln\rho+\sum_{m=1}^{\infty}\rho^m(A_m\cos m\varphi+B_m\sin m\varphi)+ \tag{10.3.12}$$

$$\sum_{m=1}^{\infty}\rho^{-m}(C_m\cos m\varphi+D_m\sin m\varphi)$$

为确定式(10.3.12)的系数,把式(10.3.12)代入齐次边界条件式(10.3.2),则

$$C_0+D_0\ln a+\sum_{-m=1}^{\infty}a^m(A_m\cos m\varphi+B_m\sin m\varphi)+\sum_{m=1}^{\infty}a^{-m}(C_m\cos m\varphi+D_m\sin m\varphi)=0$$

比较等式两端得

$$C_0+D_0\ln a=0, \quad a^m A_m+a^{-m}C_m=0, a^m B_m+a^{-m}D_m=0$$

由此

$$C_0=-D_0\ln a, \qquad C_m=-A_m a^{2m}, \qquad D_m=-B_m a^{2m} \tag{10.3.13}$$

再讨论非齐次边界条件式(10.3.3),这里着重研究 u 的主要部分。对于很大的 ρ,式(10.3.12)中的 $C_0+D_0\ln\rho$ 和 ρ^{-m} 远远小于 ρ^m,故可略去。因此,把式(10.3.12)代入式(10.3.3)的结果为

$$\sum_{m=1}^{\infty} \rho^m (A_m \cos m\varphi + B_m \sin m\varphi) \sim -E_0 \rho \cos\varphi \qquad (10.3.14)$$

考虑到主要部分是 ρ^1 项,可见在式(10.3.14)中不应出现 $\rho^m (m>1)$ 的项(否则 ρ^m 项就成了主要部分),即

$$A_m = 0, \quad B_m = 0 \qquad (m>1)$$

就 ρ^1 项而论,从式(10.3.14)知,$A_1 = -E_0$,$B_1 = 0$,故

$$C_1 = -A_1 a^2 = E_0 a^2, \quad C_m = 0 \quad (m>1), \quad D_m = 0 \quad (m \geqslant 1)$$

最后得柱外的静电势为

$$u(\rho, \varphi) = D_0 \ln \frac{\rho}{a} - E_0 \rho \cos\varphi + E_0 \frac{a^2}{\rho} \cos\varphi \qquad (10.3.15)$$

式(10.3.15)中:$-E_0 \rho \cos\varphi$ 正是原来的匀强静电场中的电势分布;$E_0 (a^2/\rho) \cos\varphi$ 对于大的 ρ 可以忽略,所以它代表在圆柱邻近对匀强电场的修正,这自然是柱面感应电荷的影响;$D_0 \ln(\rho/a)$ 项的系数 D_0 又是任意常数,这表明解答方程(10.3.15)包含某个不确定的因素,从物理上检查,这个不确定因素就在于问题提出时根本没有说明导体柱原来所带的电量。可见,$D_0 \ln(\rho/a)$ 正是圆柱原来所带电量的影响(根据静电学知识,$D_0 \ln(\rho/a)$ 正是均匀带电圆柱体周围的静电场中的电势)。

10.4 球坐标系下的分离变量法

圆球形和圆柱形是两种常见的边界,相应地用球坐标系和柱坐标系比较方便。本节主要介绍在球坐标系下的分离变量,而柱坐标系下的分离变量在 10.5 节中介绍。

本着由浅入深的思路,我们先介绍与时间无关的拉普拉斯方程的分离变量,再介绍与时间相关方程的分离变量方法。

10.4.1 拉普拉斯方程 $\Delta u = 0$ 的分离变量(与时间无关)

在球坐标系下的拉普拉斯算符方程表示为

$$\frac{1}{r^2} \frac{\partial}{\partial r} \left(r^2 \frac{\partial u}{\partial r} \right) + \frac{1}{r^2 \sin\theta} \frac{\partial}{\partial \theta} \left(\sin\theta \frac{\partial u}{\partial \theta} \right) + \frac{1}{r^2 \sin^2\theta} \frac{\partial^2 u}{\partial \varphi^2} = 0 \qquad (10.4.1)$$

首先,把表示距离的变量 r 跟表示方向的变量 θ 和 φ 分离,令 $u(r, \theta, \varphi) = R(r) Y(\theta, \varphi)$,代入式(10.4.1),得

$$\frac{Y}{r^2} \frac{d}{dr} \left(r^2 \frac{dR}{dr} \right) + \frac{R}{r^2 \sin\theta} \frac{\partial}{\partial \theta} \left(\sin\theta \frac{\partial Y}{\partial \theta} \right) + \frac{R}{r^2 \sin^2\theta} \frac{\partial^2 Y}{\partial \varphi^2} = 0$$

用 $\dfrac{r^2}{RY}$ 遍乘各项并适当移项,即

$$\frac{1}{R} \frac{d}{dr} \left(r^2 \frac{dR}{dr} \right) = \frac{-1}{Y \sin\theta} \frac{\partial}{\partial \theta} \left(\sin\theta \frac{\partial Y}{\partial \theta} \right) - \frac{1}{Y} \frac{1}{\sin^2\theta} \frac{\partial^2 Y}{\partial \varphi^2}$$

左边是 r 的函数,与 θ 和 φ 无关;右边是 θ 和 φ 的函数,与 r 无关。两边相等显然是不可能的,除非两边实际上是同一个常数,通常把这个常数记为 $l(l+1)$,即

$$\frac{1}{R} \frac{d}{dr} \left(r^2 \frac{dR}{dr} \right) = -\frac{1}{Y \sin\theta} \frac{\partial}{\partial \theta} \left(\sin\theta \frac{\partial Y}{\partial \theta} \right) - \frac{1}{Y \sin^2\theta} \frac{\partial^2 Y}{\partial \varphi^2} = l(l+1)$$

这就分解为两个方程。其中一个方程是

$$\frac{\mathrm{d}}{\mathrm{d}r}\left(r^2\frac{\mathrm{d}R}{\mathrm{d}r}\right)-l(l+1)R=0$$

即

$$r^2\frac{\mathrm{d}^2R}{\mathrm{d}r^2}+2r\frac{\mathrm{d}R}{\mathrm{d}r}-l(l+1)R=0 \qquad (10.4.2)$$

它是**欧拉型常微分方程**,它的解是

$$R(r)=Cr^l+D\frac{1}{r^{l+1}} \qquad (10.4.3)$$

另一个方程是

$$\frac{1}{\sin\theta\partial\theta}\left(\sin\theta\frac{\partial Y}{\partial\theta}\right)+\frac{1}{\sin^2\theta}\frac{\partial^2 Y}{\partial\varphi^2}+l(l+1)Y=0 \qquad (10.4.4)$$

它称为**球函数方程**。

进一步分离变量,将 $Y(\theta,\varphi)=\Theta(\theta)\Phi(\varphi)$ 代入球函数方程(10.4.4),得

$$\frac{\Phi}{\sin\theta}\frac{\mathrm{d}}{\mathrm{d}\theta}\left(\sin\theta\frac{\mathrm{d}\Theta}{\mathrm{d}\theta}\right)+\frac{\Theta}{\sin^2\theta}\frac{\mathrm{d}^2\Phi}{\mathrm{d}\varphi^2}+l(l+1)\Theta\Phi=0$$

用 $\dfrac{\sin^2\theta}{\Theta\Phi}$ 遍乘各项并适当移项,即得

$$\frac{\sin\theta}{\Theta}\frac{\mathrm{d}}{\mathrm{d}\theta}\left(\sin\theta\frac{\mathrm{d}\Theta}{\mathrm{d}\theta}\right)+l(l+1)\sin^2\theta=-\frac{1}{\Phi}\frac{\mathrm{d}^2\Phi}{\mathrm{d}\varphi^2}$$

左边是 θ 的函数,与 φ 无关;右边是 φ 的函数,跟 θ 无关。显然,要使两边相等只能取同一个常数 λ,即

$$\frac{\sin\theta}{\Theta}\cdot\frac{\mathrm{d}}{\mathrm{d}\theta}\left(\sin\theta\frac{\mathrm{d}\Theta}{\mathrm{d}\theta}\right)+l(l+1)\sin^2\theta=-\frac{1}{\Phi}\frac{\mathrm{d}^2\Phi}{\mathrm{d}\varphi^2}=\lambda$$

即为两个常微分方程:

$$\Phi''+\lambda\Phi=0 \qquad (10.4.5)$$

$$\sin\theta\frac{\mathrm{d}}{\mathrm{d}\theta}\left(\sin\theta\frac{\mathrm{d}\Theta}{\mathrm{d}\theta}\right)+\left[l(l+1)\sin^2\theta-\lambda\right]\Theta=0 \qquad (10.4.6)$$

方程(10.4.5)实际上还有一个隐含的"自然周期边界条件"

$$\Phi(\varphi+2\pi)=\Phi(\varphi)$$

方程(10.4.5)和自然周期条件构成本征值问题:

本征值 $\qquad \lambda=m^2 \qquad (m=0,1,2,3,\cdots) \qquad (10.4.7)$

本征函数 $\qquad \Phi(\varphi)=A\cos m\varphi+B\sin m\varphi \qquad (10.4.8)$

故式(10.4.6)变为

$$\frac{1}{\sin\theta\mathrm{d}\theta}\frac{\mathrm{d}}{}\left(\sin\theta\frac{\mathrm{d}\Theta}{\mathrm{d}\theta}\right)+\left[l(l+1)-\frac{m^2}{\sin^2\theta}\right]\Theta=0 \qquad (10.4.9)$$

令 $\theta=\arccos x$,即 $x=\cos\theta$,把自变量从 θ 换为 x(即令 $x=\cos\theta$,其中 x 只是代表 $\cos\theta$,并不是直角坐标),则

$$\frac{\mathrm{d}\Theta}{\mathrm{d}\theta}=\frac{\mathrm{d}\Theta}{\mathrm{d}x}\frac{\mathrm{d}x}{\mathrm{d}\theta}=-\sin\theta\frac{\mathrm{d}\Theta}{\mathrm{d}x}$$

$$\frac{1}{\sin\theta\mathrm{d}\theta}\frac{\mathrm{d}}{}\left(\sin\theta\frac{\mathrm{d}\Theta}{\mathrm{d}\theta}\right)=\frac{1}{\sin\theta}\frac{\mathrm{d}x}{\mathrm{d}\theta}\frac{\mathrm{d}}{\mathrm{d}x}\left(-\sin^2\theta\frac{\mathrm{d}\Theta}{\mathrm{d}x}\right)=\frac{\mathrm{d}}{\mathrm{d}x}\left[(1-x^2)\frac{\mathrm{d}\Theta}{\mathrm{d}x}\right]$$

方程(10.4.9)进一步化为

$$(1-x^2)\frac{d^2\Theta}{dx^2}-2x\frac{d\Theta}{dx}+\left[l(l+1)-\frac{m^2}{1-x^2}\right]\Theta=0 \qquad (10.4.10)$$

它叫作 l 阶**连带勒让德方程**(也称为 l 阶**缔合勒让德方程**)。若所讨论的问题具有旋转轴对称性,即定解问题的解与 φ 无关,则 $m=0$,即有

$$(1-x^2)\frac{d^2\Theta}{dx^2}-2x\frac{d\Theta}{dx}+l(l+1)\Theta=0 \qquad (10.4.11)$$

它叫作 l 阶**勒让德方程**。

我们会在后面看到,勒让德方程和连带勒让德方程往往隐含着在 $x=\pm1$(即 $\theta=0,\pi$)的"自然边界条件"从而构成本征值问题,决定了 l 只能取整数值。

10.4.2 与时间有关的方程的分离变量

1. 波动方程的分离变量

对于三维波动方程

$$u_{tt}-a^2\Delta u=0 \qquad (10.4.12)$$

分离时间变量 t 和空间变量 r,令

$$u(r,t)=T(t)V(r) \qquad (10.4.13)$$

并代入方程(10.4.12),得

$$\frac{T''(t)}{a^2T(t)}=\frac{\Delta V(r)}{V(r)}$$

左边是 t 的函数,右边是 r 的函数,两边不可能相等,除非两边实际上是同一个常数。把这个常数记为 $-k^2$,即

$$\frac{T''(t)}{a^2T}=\frac{\Delta V(r)}{V(r)}=-k^2$$

这就分解为两个方程:

$$T''(t)+k^2a^2T(t)=0 \qquad (10.4.14)$$

$$\Delta V(r)+k^2V(r)=0 \qquad (10.4.15)$$

常微分方程(10.4.14)的解是读者熟悉的,即

$$\begin{cases} T(t)=C\cos(kat)+D\sin(kat), & k\neq0 \\ T(t)=C+Dt, & k=0 \end{cases} \qquad (10.4.16)$$

或

$$\begin{cases} T(t)=(Ce^{ikat}+De^{-ikat}), & k\neq0 \\ T(t)=C+Dt, & k=0 \end{cases}$$

偏微分方程(10.4.15)叫作**亥姆霍兹方程**。

2. 热传导(输运)方程的分离变量

考察三维热传导(输运)方程

$$u_t-a^2\Delta u=0 \qquad (10.4.17)$$

分离时间变量 t 和空间变量 r,令

$$u(r,t)=T(t)V(r)$$

并代入方程(10.4.17),得

$$\frac{T'}{a^2 T} = \frac{\Delta V(\boldsymbol{r})}{V(\boldsymbol{r})}$$

左边是时间 t 的函数,右边是 $\boldsymbol{r}$ 的函数,两边要相等,只能是等于同一个常数。把这个常数记为 $-k^2$,即

$$\frac{T'}{a^2 T} = \frac{\Delta V}{V} = -k^2 \tag{10.4.18}$$

这就分解为两个方程:

$$T' + k^2 a^2 T = 0 \tag{10.4.19}$$

$$\Delta V + k^2 V = 0 \tag{10.4.20}$$

常微分方程(10.4.19)的解是读者熟悉的,即

$$T(t) = C e^{-k^2 a^2 t} \tag{10.4.21}$$

偏微分方程(10.4.20)也是亥姆霍兹方程,下面重点讨论亥姆霍兹方程。

10.4.3 亥姆霍兹方程的分离变量

下面主要讨论亥姆霍兹方程在球坐标系中的变量分离。

利用球坐标系拉普拉斯算符 Δ 的表达式,可得球坐标系亥姆霍兹方程的表达式

$$\frac{1}{r^2}\frac{\partial}{\partial r}\left(r^2\frac{\partial V}{\partial r}\right) + \frac{1}{r^2\sin\theta}\frac{\partial}{\partial\theta}\left(\sin\theta\frac{\partial V}{\partial\theta}\right) + \frac{1}{r^2\sin^2\theta}\frac{\partial^2 V}{\partial\varphi^2} + k^2 V = 0 \tag{10.4.22}$$

首先,把 r 与 θ,φ 分离开。令

$$V(r,\theta,\varphi) = R(r)Y(\theta,\varphi)$$

并代入式(10.4.22),用 $\dfrac{r^2}{RY}$ 遍乘各项并适当移项,得

$$\frac{1}{R}\frac{\mathrm{d}}{\mathrm{d}r}\left(r^2\frac{\mathrm{d}R}{\mathrm{d}r}\right) + k^2 r^2 = \frac{-1}{Y\sin\theta}\frac{\partial}{\partial\theta}\left(\sin\theta\frac{\partial Y}{\partial\theta}\right) - \frac{1}{Y\sin^2\theta}\frac{\partial^2 Y}{\partial\varphi^2}$$

左边是 r 的函数,右边是 θ 和 φ 的函数,两边要相等只能是等于同一个常数,把这个常数记为 $l(l+1)$,则

$$\frac{1}{R}\frac{\mathrm{d}}{\mathrm{d}r}\left(r^2\frac{\mathrm{d}R}{\mathrm{d}r}\right) + k^2 r^2 = \frac{-1}{Y\sin\theta}\frac{\partial}{\partial\theta}\left(\sin\theta\frac{\partial Y}{\partial\theta}\right) - \frac{1}{Y\sin^2\theta}\frac{\partial^2 Y}{\partial\varphi^2} = l(l+1)$$

这就分解为两个方程:

$$\frac{1}{\sin\theta}\frac{\partial}{\partial\theta}\left(\sin\theta\frac{\partial Y}{\partial\theta}\right) + \frac{1}{\sin^2\theta}\frac{\partial^2 Y}{\partial\varphi^2} + l(l+1)Y = 0 \tag{10.4.23}$$

$$\frac{\mathrm{d}}{\mathrm{d}r}\left(r^2\frac{\mathrm{d}R}{\mathrm{d}r}\right) + \left[k^2 r^2 - l(l+1)\right]R = 0 \tag{10.4.24}$$

方程(10.4.23)就是**球函数方程(10.4.4)**,把它进一步分离变量将得到方程(10.4.8)和**连带勒让德方程**(10.4.11)。方程(10.4.11)在 $x = \pm 1$ 的"自然边界条件"下构成本征值问题,决定了 l 只能取整数值。

常微分方程(10.4.24)即为

$$r^2\frac{\mathrm{d}^2 R}{\mathrm{d}r^2} + 2r\frac{\mathrm{d}R}{\mathrm{d}r} + \left[k^2 r^2 - l(l+1)\right]R = 0 \tag{10.4.25}$$

它叫作 l 阶球贝塞尔方程。这是因为对于 $k>0$,可以把自变量 r 和函数 $R(r)$ 分别换为 x 和

$y(x)$。令 $x=kr$，$R(r)=\sqrt{\dfrac{\pi}{2x}}y(x)$，则方程(10.4.25)化为

$$x^2\frac{\mathrm{d}^2y}{\mathrm{d}x^2}+x\frac{\mathrm{d}y}{\mathrm{d}x}+\left[x^2-\left(l+\frac{1}{2}\right)^2\right]y=0 \tag{10.4.26}$$

根据贝塞尔方程阶数的定义，则方程(10.4.26)是 $l+\dfrac{1}{2}$ 阶的**贝塞尔方程**。

若 $k=0$，方程(10.4.25)退化为**欧拉型方程**(10.4.2)，其解为 $R(r)=Cr^l+\dfrac{D}{r^{l+1}}$。

10.5　柱坐标系下的分离变量

10.5.1　与时间无关的拉普拉斯方程分离变量

柱坐标系拉普拉斯算符 Δ 的表达式同样可在微积分学教材中找到，从而得到拉普拉斯方程在柱坐标系中的表达式

$$\frac{1}{\rho}\frac{\partial}{\partial\rho}\left(\rho\frac{\partial u}{\partial\rho}\right)+\frac{1}{\rho^2}\frac{\partial^2 u}{\partial\varphi^2}+\frac{\partial^2 u}{\partial z^2}=0 \tag{10.5.1}$$

设变量分离的形式为

$$u(\rho,\varphi,z)=R(\rho)\varPhi(\varphi)Z(z)$$

并代入式(10.5.1)，得

$$\varPhi Z\frac{\mathrm{d}^2R}{\mathrm{d}\rho^2}+\frac{Z\varPhi}{\rho}\frac{\mathrm{d}R}{\mathrm{d}\rho}+\frac{RZ}{\rho^2}\varPhi''+R\varPhi Z''=0$$

用 $\dfrac{\rho^2}{R\varPhi Z}$ 遍乘各项并适当移项，即

$$\frac{\rho^2}{R}\frac{\mathrm{d}^2R}{\mathrm{d}\rho^2}+\frac{\rho}{R}\frac{\mathrm{d}R}{\mathrm{d}\rho}+\rho^2\frac{Z''}{Z}=-\frac{\varPhi''}{\varPhi}$$

左边是 ρ 和 z 的函数，与 φ 无关；右边是 φ 的函数，与 ρ 和 z 无关。两边相等只能是等于同一常数，记为 λ，即

$$\frac{\rho^2}{R}\frac{\mathrm{d}^2R}{\mathrm{d}\rho^2}+\frac{\rho}{R}\frac{\mathrm{d}R}{\mathrm{d}\rho}+\rho^2\frac{Z''}{Z}=-\frac{\varPhi''}{\varPhi}=\lambda$$

这就分解为两个方程：

$$\varPhi''+\lambda\varPhi=0 \tag{10.5.2}$$

$$\frac{\rho^2}{R}\frac{\mathrm{d}^2R}{\mathrm{d}\rho^2}+\frac{\rho}{R}\frac{\mathrm{d}R}{\mathrm{d}\rho}+\rho^2\frac{Z''}{Z}=\lambda \tag{10.5.3}$$

常微分方程(10.5.2)和自然周期边界条件构成本征值问题。本征值和本征函数为

$$\lambda=\nu^2=m^2 \quad (m=0,1,2,3,\cdots) \tag{10.5.4}$$

$$\varPhi(\varphi)=A\cos m\varphi+B\sin m\varphi \tag{10.5.5}$$

把式(10.5.4)代入方程(10.5.3)，用 $\dfrac{1}{\rho^2}$ 遍乘各项并适当移项，即得

$$\frac{1}{R}\frac{\mathrm{d}^2R}{\mathrm{d}\rho^2}+\frac{1}{\rho}\frac{1}{R}\frac{\mathrm{d}R}{\mathrm{d}\rho}-\frac{m^2}{\rho^2}=-\frac{Z''}{Z}$$

左边是 ρ 的函数,与 z 无关;右边是 z 的函数,与 ρ 无关。两边相等只能取同一常数,记为 $-\mu$,则

$$\frac{1}{R}\frac{\mathrm{d}^2R}{\mathrm{d}\rho^2}+\frac{1}{\rho}\frac{1}{R}\frac{\mathrm{d}R}{\mathrm{d}\rho}-\frac{m^2}{\rho^2}=-\frac{Z''}{Z}=-\mu$$

这就分解为两个常微分方程:

$$Z''-\mu Z=0 \tag{10.5.6}$$

$$\frac{\mathrm{d}^2R}{\mathrm{d}\rho^2}+\frac{1}{\rho}\frac{\mathrm{d}R}{\mathrm{d}\rho}+\left(\mu-\frac{m^2}{\rho^2}\right)R=0 \tag{10.5.7}$$

下面分 $\mu=0$,$\mu>0$ 和 $\mu<0$ 三种情况讨论:

① $\mu=0$。式(10.5.7)是欧拉方程,式(10.5.6)和式(10.5.7)的解是

$$Z_0=C_0+D_0z \tag{10.5.8}$$

$$R_0=\begin{cases} E+F\ln\rho, & m=0 \\ E\rho^m+\dfrac{F}{\rho^m}, & m\neq 0 \end{cases} \tag{10.5.9}$$

② $\mu>0$。对于式(10.5.7),通常作代换 $x=\rho\sqrt{\mu}$,把自变量 ρ 换为 x(x 只是代表 $\rho\sqrt{\mu}$,并非直角坐标),则

$$\frac{\mathrm{d}R}{\mathrm{d}\rho}=\frac{\mathrm{d}R}{\mathrm{d}x}\frac{\mathrm{d}x}{\mathrm{d}\rho}=\sqrt{\mu}\frac{\mathrm{d}R}{\mathrm{d}x}$$

$$\frac{\mathrm{d}^2R}{\mathrm{d}\rho^2}=\frac{\mathrm{d}}{\mathrm{d}\rho}\left(\sqrt{\mu}\frac{\mathrm{d}R}{\mathrm{d}x}\right)=\frac{\mathrm{d}}{\mathrm{d}x}\left(\sqrt{\mu}\frac{\mathrm{d}R}{\mathrm{d}x}\right)\frac{\mathrm{d}x}{\mathrm{d}\rho}=\mu\frac{\mathrm{d}^2R}{\mathrm{d}x^2}$$

方程化为

$$\frac{\mathrm{d}^2R}{\mathrm{d}x^2}+\frac{1}{x}\frac{\mathrm{d}R}{\mathrm{d}x}+\left(1-\frac{m^2}{x^2}\right)R=0 \tag{10.5.10}$$

即

$$x^2\frac{\mathrm{d}^2R}{\mathrm{d}x^2}+x\frac{\mathrm{d}R}{\mathrm{d}x}+(x^2-m^2)R=0$$

它叫做 m 阶贝塞尔方程。

以后将要看到,贝塞尔方程附加以 $\rho=\rho_0$ 处(即半径为 ρ_0 的圆柱的侧面)的齐次边界条件构成本征值问题,决定 μ 的可能数值(本征值)。

式(10.5.6)的解是

$$Z(z)=Ce^{\sqrt{\mu}z}+De^{-\sqrt{\mu}z} \tag{10.5.11}$$

③ $\mu<0$。$-\mu=k^2>0$,则式(10.5.6)成为 $Z''+k^2Z=0$,其解为

$$Z(z)=C\cos kz+D\sin kz \tag{10.5.12}$$

若对此附加以 $z=z_1$ 和 $z=z_2$ 处(即柱体的上下底面)的齐次边界条件,便构成本征值问题,决定 k 的可能数值,从而决定 k^2 的可能数值(本征值)。至于方程(10.5.7),以 $\mu=-k^2$ 代入,并作代换 $x=k\rho$,则方程化为

$$\frac{\mathrm{d}^2R}{\mathrm{d}x^2}+\frac{1}{x}\frac{\mathrm{d}R}{\mathrm{d}x}-\left(1+\frac{m^2}{x^2}\right)R=0 \tag{10.5.13}$$

即

$$x^2\frac{\mathrm{d}^2R}{\mathrm{d}x^2}+x\frac{\mathrm{d}R}{\mathrm{d}x}-(x^2+m^2)R=0$$

它叫作**虚宗量贝塞尔方程**。事实上,如把贝塞尔方程(10.5.10)的宗量 x 改成虚数 ix,就成了方程(10.5.13)。关于方程的解法见第三篇特殊函数部分。

10.5.2　与时间相关的方程的分离变量

由于波动方程和热传导(输运)方程先把时间项与坐标项进行分离,由前面的讨论我们已经知道,与坐标相关的方程均为亥姆霍兹方程,故下面主要讨论亥姆霍兹方程的分离变量。

亥姆霍兹方程在柱坐标系下的的分离变量:利用柱坐标系拉普拉斯算符 Δ 的表达式,可得柱坐标系亥姆霍兹方程的表达式为

$$\frac{1}{\rho}\frac{\partial}{\partial\rho}\left(\rho\frac{\partial V}{\partial\rho}\right)+\frac{1}{\rho^2}\frac{\partial^2 V}{\partial\varphi^2}+\frac{\partial^2 V}{\partial z^2}+k^2 V=0 \tag{10.5.14}$$

设变量分离形式为

$$V(\rho,\varphi,Z)=R(\rho)\varPhi(\varphi)Z(z)$$

代入式(10.5.14),一步一步分离变量,引进两个常数 λ 和 ν^2,不难分解出 3 个方程

$$\varPhi''+\lambda\varPhi=0 \tag{10.5.15}$$

$$Z''+\nu^2 Z=0 \tag{10.5.16}$$

$$\frac{\mathrm{d}^2 R}{\mathrm{d}\rho^2}+\frac{1}{\rho}\frac{\mathrm{d}R}{\mathrm{d}\rho}+\left(k^2-\nu^2-\frac{\lambda}{\rho^2}\right)R=0 \tag{10.5.17}$$

式(10.5.15)与自然周期边界条件构成本征值问题,其本征值和本征函数是

$$\lambda=m^2 \qquad (m=0,1,2,\cdots) \tag{10.5.18}$$

$$\varPhi(\varphi)=A\cos m\varphi+B\sin m\varphi \tag{10.5.19}$$

记常数 $\mu=k^2-\nu^2$,即

$$k^2=\mu+\nu^2 \tag{10.5.20}$$

于是,式(10.5.17)变为

$$\frac{\mathrm{d}^2 R}{\mathrm{d}\rho^2}+\frac{1}{\rho}\frac{\mathrm{d}R}{\mathrm{d}\rho}+\left(\mu-\frac{m^2}{\rho^2}\right)R=0 \tag{10.5.21}$$

如上所述,我们总认为亥姆霍兹方程的边界条件是齐次的,于是,式(10.5.16)附加有 $z=z_1$ 和 $z=z_2$ 处的齐次边界条件,构成本征值问题,决定 ν 的可能数值。而式(10.5.21)附加有圆柱侧面上的齐次边界条件,也构成本征值问题,决定 μ 的可能数值(本征值)。后面将会看到,这里的两个本征值问题必然有本征值 $\nu^2\geqslant 0$ 和本征值 $\mu>0$,故 $k^2\geqslant 0$。

式(10.5.21)在自变量代换 $x=\sqrt{\mu}\rho$ 下化为

$$\frac{\mathrm{d}^2 R}{\mathrm{d}x^2}+\frac{1}{x}\frac{\mathrm{d}R}{\mathrm{d}x}+\left(1-\frac{m^2}{x^2}\right)R=0 \tag{10.5.22}$$

这是 m 阶贝塞尔方程。

从上可知,不管是球坐标系还是柱坐标系,亥姆霍兹方程在齐次边界条件下分离变量后都有常数 $k^2\geqslant 0$,即 k^2 为非负实数,从而 k 为实数。

10.6　非齐次二阶线性偏微分方程的解法

第 9 章中介绍了非齐次方程的冲量法,下面再介绍两种解法:特解法和傅里叶级数解法。

10.6.1　泊松方程非齐次方程的特解法

泊松方程 $\Delta u=f(x,y,z)$ 可以说是非齐次的拉普拉斯方程。它与时间无关,显然不适用冲量法。

我们可以采用**特解法**,即先不管边界条件,任取这泊松方程(非齐次方程)的一个特解 V,然后令 $u=V+W$。而 $\Delta W=\Delta u-\Delta V=\Delta u-f=0$,这样就把泊松方程(非齐次方程)定解问题转化为拉普拉斯方程(齐次方程)定解问题。在一定边界条件下,求拉普拉斯定解问题是本章前面已研究过的问题。

例 10.6.1　求解环形域 $a^2\leqslant x^2+y^2\leqslant b^2$ 内的泊松方程定解问题:

$$\begin{cases} \dfrac{\partial^2 u}{\partial x^2}+\dfrac{\partial^2 u}{\partial y^2}=12(x^2-y^2) \\[2mm] u\Big|_{x^2+y^2=a^2}=1,\quad \dfrac{\partial u}{\partial n}\Big|_{x^2+y^2=b^2}=0 \end{cases}$$

【解】　泛定方程的右端关于 x 和 y 的二次齐次多项式为 $12(x^2-y^2)$,故可设方程有特解 $V(x,y)=ax^4+by^4$,代入方程,并比较两边的系数,可求得 $a=1,b=-1$。因而

$$V=x^4-y^4=(x^2+y^2)(x^2-y^2)=r^4\cos2\theta$$

这里,r 和 θ 是极坐标。

令 $u=V+W$,就得到定解问题(采用极坐标):

$$\begin{cases} \Delta_2 W=0 & (a<r<b) \\[2mm] W(a,\theta)=u(a,\theta)-V(a,\theta)=1-a^4\cos2\theta \\[2mm] \dfrac{\partial W}{\partial r}\Big|_{r=b}=\left(\dfrac{\partial u}{\partial r}-\dfrac{\partial V}{\partial r}\right)\Big|_{r=b}=-4b^3\cos2\theta \end{cases}$$

我们知道,在极坐标系下拉氏方程的一般解为

$$W=A_0+B_0\ln r+\sum_{n=1}^{\infty}(A_n r^n+B_n r^{-n})(C_n\cos n\theta+D_n\sin n\theta)$$

由边界条件的形式,可设 $W=A_0+B_0\ln r+(A_2 r^2+B_2 r^{-2})\cos2\theta$,于是由边界条件,有

$$1-a^4\cos2\theta=A_0+B_0\ln a+(A_2 a^2+B_2 a^{-2})\cos2\theta$$

$$-4b^3\cos2\theta=\dfrac{B_0}{b}+(2A_2 b-2B_2 b^{-3})\cos2\theta$$

比较两边的系数,得

$$\begin{cases} \dfrac{B_0}{b}=0 \\[2mm] A_0+B_0\ln a=1 \end{cases},\qquad \begin{cases} A_2 a^2+B_2 a^{-2}=-a^4 \\[2mm] A_2 b-B_2 b^{-3}=-2b^3 \end{cases}$$

解之,得

$$\begin{cases} A_0=1 \\[2mm] B_0=0 \\[2mm] A_2=-\dfrac{a^6+2b^6}{a^4+b^4} \\[3mm] B_2=-\dfrac{a^4 b^4(a^2-2b^2)}{a^4+b^4} \end{cases}$$

所以

$$u=V+W=1+\left[r^4-\dfrac{a^6+2b^6}{a^4+b^4}r^2-\dfrac{a^4 b^4(a^2-2b^2)}{a^4+b^4}r^{-2}\right]\cos2\theta$$

例 10.6.2　在矩形域 $0\leqslant x\leqslant a,0\leqslant y\leqslant b$ 上,求解泊松方程的边值问题:

$$\begin{cases} \Delta_2 u = -2 & (10.6.1) \\ u\mid_{x=0} = 0, u\mid_{x=a} = 0 & (10.6.2) \\ u\mid_{y=0} = 0, u\mid_{y=b} = 0 & (10.6.3) \end{cases}$$

【解】 先找泊松方程的一个特解 V。显然,$V = -x^2$ 满足 $\Delta V = -2$,其实 $V = -x^2 + c_1 x + c_2 (c_1,$ c_2 是两个待定常数),也满足 $\Delta V = -2$。选择适当的 c_1 和 c_2,使 V 满足已知的齐次边界条件。容易看出,$c_1 = a, c_2 = 0$,则

$$V(x,y) = x(a-x)$$

令 $u(x,y) = V + W = x(a-x) + W(x,y)$,代入 u 的定解条件,就把它转化为 W 的定解问题:

$$\begin{cases} \Delta W = 0 & (10.6.4) \\ W\mid_{x=0} = 0, \quad W\mid_{x=a} = 0 & (10.6.5) \\ W\mid_{y=0} = x(x-a), \quad W\mid_{y=b} = x(x-a) & (10.6.6) \end{cases}$$

满足式(10.6.4)和式(10.6.5)的解可表示为

$$W(x,y) = \sum_{n=1}^{\infty} \left(A_n \mathrm{e}^{\frac{n\pi y}{a}} + B_n \mathrm{e}^{-\frac{n\pi y}{a}} \right) \sin \frac{n\pi x}{a}$$

为确定系数 A_n 和 B_n,将上式代入边界条件式(10.6.6),则

$$\begin{cases} \displaystyle\sum_{n=1}^{\infty} (A_n + B_n) \sin \frac{n\pi x}{a} = x(x-a) \\ \displaystyle\sum_{n=1}^{\infty} \left(A_n \mathrm{e}^{\frac{n\pi b}{a}} + B_n \mathrm{e}^{-\frac{n\pi b}{a}} \right) \sin \frac{n\pi x}{a} = x(x-a) \end{cases} \qquad (10.6.7)$$

将式(10.6.7)的右边也展为傅里叶正弦级数:

$$x(x-a) = \sum_{n=1}^{\infty} C_n \sin \frac{n\pi x}{a} \qquad (10.6.8)$$

其中,$C_n = \dfrac{2}{a} \displaystyle\int_0^a (x^2 - ax) \sin \dfrac{n\pi x}{a} \mathrm{d}x = \dfrac{4a^2}{n^3 \pi^3} \left[(-1)^n - 1 \right]$。

把式(10.6.8)代入式(10.6.7)的右边,比较左右两边的傅里叶系数,则

$$A_n + B_n = C_n$$

$$A_n \mathrm{e}^{\frac{n\pi y}{b}} + B_n \mathrm{e}^{-\frac{n\pi b}{a}} = C_n$$

由此解得

$$A_n = \frac{\mathrm{e}^{-n\pi b/2a}}{\cosh(n\pi b/2a)} C_n, \qquad B_n = \frac{\mathrm{e}^{n\pi b/2a}}{\cosh(n\pi b/2a)} C_n$$

得到

$$W(x,y) = -\frac{8a^2}{\pi^3} \sum_{k=1}^{\infty} \frac{\cosh\left[(2k-1)\pi(y-b/2)/a \right]}{(2k-1)^3 \cosh\left[(2k-1)\pi b/2a \right]} C_n \sin\left[\frac{(2k-1)\pi x}{a} \right]$$

最后由代换 $u(x,y) = V + W = x(a-x) + W(x,y)$ 即可求出 $u(x,y)$。

10.6.2 非齐次偏微分方程的傅里叶级数解法

我们已经研究了齐次方程定解问题的傅里叶级数解法,下面主要研究非齐次方程的傅里叶级数解法。

前面所讨论的两端固定弦的齐次振动方程定解问题中,得到的解具有傅里叶正弦级数的形式,而且其系数 A_n 和 B_n 决定于初始条件 $\varphi(x)$ 和 $\Psi(x)$ 的傅里叶正弦级数展开式。至于采

取正弦级数而不是一般的傅里叶级数的形式,则是由于边界条件属于第一类边界条件 $u\big|_{x=0}=0$ 和 $u\big|_{x=l}=0$ 的缘故,若具有第二类边界条件,则需选取余弦级数。

根据分离变量法得出的结论,我们不妨把所求的解展为傅里叶级数,即

$$u(x,t) = \sum_{n} T_n(t) X_n(x) \tag{10.6.9}$$

式(10.6.9)的基本函数族 $X_n(x)$ 为该定解问题齐次方程在所给齐次边界条件下的本征函数。

由于解是自变量 x 和 t 的函数,因此 $u(x,t)$ 的傅里叶系数不是常数,而是时间 t 的函数,记为 $T_n(t)$。将待定解(10.6.9)代入泛定方程,尝试分离出 $T_n(t)$ 的常微分方程,然后求解。

例 10.6.3　用傅里叶级数解法求解非齐次方程的定解问题:

$$\begin{cases} u_{tt}-a^2 u_{xx}=A\cos\dfrac{\pi x}{l}\sin\omega t \\[2mm] u_x\big|_{x=0}=0,\ u_x\big|_{x=l}=0 \\[2mm] u\big|_{t=0}=\varphi(x),u_t\big|_{t=0}=\Psi(x), \qquad 0<x<l \end{cases} \tag{10.6.10}$$

【解】　级数展开的基本函数应是相应的齐次泛定方程 $u_{tt}-a^2 u_{xx}=0$ 在所给边界条件 $u_x\big|_{x=0}=0$ 和 $u_x\big|_{x=l}=0$ 下的本征函数。这些本征函数(见例10.2.3)是 $\cos\dfrac{n\pi x}{l}$($n=0,1,$ $2,\cdots$)。这样,试把所求的解展为傅里叶余弦级数

$$u(x,t) = \sum_{n=0}^{\infty} T_n(t)\cos\frac{n\pi x}{l} \tag{10.6.11}$$

为了求解 $T_n(t)$,尝试把这个级数代入泛定方程

$$\sum_{n=0}^{\infty}\left[T_n''+\left(\frac{n\pi a}{l}\right)^2 T_n\right]\cos\frac{n\pi x}{l}=A\cos\frac{\pi x}{l}\sin\omega t \tag{10.6.12}$$

上式左边是傅里叶余弦级数,因此我们把右边也展开为傅里叶余弦级数。其实,右边已经是傅里叶余弦级数,它只有一个单项即 $n=1$ 的项。比较两边的系数,分离出 $T_n(t)$ 的常微分方程

$$T_1''+\left(\frac{\pi a}{l}\right)^2 T_1=A\sin\omega t,\ T_n''+\left(\frac{n\pi a}{l}\right)^2 T_n=0 \qquad (n\neq 1) \tag{10.6.13}$$

把 $u(x,t)$ 的傅里叶余弦级数代入初始条件,得

$$\begin{cases} \displaystyle\sum_{n=0}^{\infty} T_n(0)\cos\frac{n\pi}{l}x = \varphi(x) = \sum_{n=0}^{\infty}\varphi_n\cos\frac{n\pi}{l}x \\[4mm] \displaystyle\sum_{n=0}^{\infty} T_n'(0)\cos\frac{n\pi}{l}x = \Psi(x) = \sum_{n=0}^{\infty}\Psi_n\cos\frac{n\pi}{l}x \end{cases} \tag{10.6.14}$$

其中,φ_n 和 Ψ_n 分别为 $\varphi(x)$ 和 $\Psi(x)$ 的傅里叶余弦级数(以 $\cos\left(\dfrac{n\pi x}{l}\right)$ 为基本函数族)的第 n 个傅里叶系数。根据基本函数族 $\cos\left(\dfrac{n\pi x}{l}\right)$ 的正交性,等式两边对应于同一基本函数的傅里叶系数必然相等,于是 $T_n(t)$ 的非零值初始条件为

$$\begin{cases} T_0(0) = \varphi_0 = \dfrac{1}{l}\displaystyle\int_0^l \varphi(\xi)\,\mathrm{d}\xi \\[4mm] T_0'(0) = \Psi_0 = \dfrac{1}{l}\displaystyle\int_0^l \Psi(\xi)\,\mathrm{d}\xi \end{cases} \tag{10.6.15}$$

$$\begin{cases} T_n(0) = \varphi_n = \dfrac{2}{l} \displaystyle\int_0^l \varphi(\xi) \cos \dfrac{n\pi\xi}{l} \mathrm{d}\xi \\[3mm] T'_n(0) = \Psi_n = \dfrac{2}{l} \displaystyle\int_0^l \Psi(\xi) \cos \dfrac{n\pi\xi}{l} \mathrm{d}\xi \end{cases} \quad (n \neq 0) \quad (10.6.16)$$

$T_n(t)$ 的常微分方程在初始条件式(10.6.15)和式(10.6.16)下的解为

$$T_0(t) = \varphi_0 + \Psi_0 t \tag{10.6.17}$$

$$T_1(t) = \frac{Al}{\pi a} \cdot \frac{1}{\omega^2 - \pi^2 a^2/l^2} \left(\omega \sin \frac{\pi at}{l} - \frac{\pi a}{l} \sin \omega t \right) + \varphi_1 \cos \frac{\pi at}{l} + \frac{l}{\pi a} \Psi_1 \sin \frac{\pi at}{l} \tag{10.6.18}$$

$$T_n(t) = \varphi_n \cos \frac{n\pi at}{l} + \frac{l}{n\pi a} \Psi_n \sin \frac{n\pi at}{l} \quad (n \neq 0,1) \tag{10.6.19}$$

式(10.6.18)的第一项为 $T_1(t)$ 的非齐次常微分方程的特解,满足零值初始条件。式(10.6.18)的后两项之和及式(10.6.19)分别为 $T_1(t)$ 和 $T_n(t)$ ($n \neq 0,1$) 的齐次常微分方程的解,满足非零值初始条件即式(10.6.15)或式(10.6.16)。

这样,所求的解为

$$u(x,t) = \frac{Al}{\pi a} \cdot \frac{1}{\omega - \pi^2 a^2/l^2} \left(\omega \sin \frac{\pi at}{l} - \frac{\pi a}{l} \sin \omega t \right) \cos \frac{x\pi}{l} + \varphi_0 +$$

$$\Psi_0 t + \sum_{n=1}^{\infty} \left(\varphi_n \cos \frac{n\pi at}{l} + \frac{l}{n\pi a} \Psi_n \sin \frac{n\pi at}{l} \right) \cos \frac{n\pi x}{l}$$

这种尝试成功,我们把这种方法叫作**傅里叶级数法**。

10.7　非齐次边界条件的处理

前面所讨论的定解问题解法中,不论方程是否为齐次,但边界条件都是齐次的。如果遇到非齐次方程和非齐次边界条件的情况,应该如何处理? 总的原则是:首先设法将边界条件通过某种变量代换转化为齐次的。当边界条件为齐次之后,即使方程是非齐次的,我们也可以用傅里叶级数法等进行求解。

例 10.7.1　定解问题。

$$\begin{cases} \dfrac{\partial^2 u}{\partial t^2} = a^2 \dfrac{\partial^2 u}{\partial x^2} + f(x,t), & 0 < x < L, t > 0 & (10.7.1) \\[3mm] u \big|_{x=0} = u_1(t), u \big|_{x=L} = u_2(t) & & (10.7.2) \\[3mm] u \big|_{t=0} = \varphi(x), \dfrac{\partial u}{\partial t} \bigg|_{t=0} = \Psi(x) & & (10.7.3) \end{cases}$$

【解】　作一变量代换将边界条件化为齐次的,为此令

$$u(x,t) = V(x,t) + W(x,t) \tag{10.7.4}$$

选取 $W(x,t)$ 使 $V(x,t)$ 的边界条件化为齐次的,即

$$V \big|_{x=0} = V \big|_{x=L} = 0 \tag{10.7.5}$$

由式(10.7.2)和式(10.7.4)容易看出,要使式(10.7.5)成立,只要

$$W \big|_{x=0} = u_1(t), W \big|_{x=L} = u_2(t) \tag{10.7.6}$$

也就是说,只要所选取的 W 满足式(10.7.6)就能达到我们的目的。而满足式(10.7.6)的函数是容易找到的,如取 W 为 x 的一次式,即设 $W(x,t) = A(t)x + B(t)$,用条件式(10.7.6)确定 A 和 B,得

$$A(t) = \frac{1}{L} [u_2(t) - u_1(t)], \qquad B(t) = u_1(t)$$

显然,函数 $W(x,t)=u_1(t)+\dfrac{u_2(t)-u_1(t)}{L}x$ 就满足式(10.7.6),因而只要作代换

$$u=V+\left[u_1+\frac{u_2-u_1}{L}x\right] \tag{10.7.7}$$

就能使新的未知函数满足齐次的边界条件。

经过这个代换后,得到关于 V 的定解问题为

$$\begin{cases} \dfrac{\partial^2 V}{\partial t^2}=a^2\dfrac{\partial^2 V}{\partial x^2}+f_1(x,t), & 0<x<L,t>0 \\[2mm] V\big|_{x=0}=V\big|_{x=L}=0 \\[2mm] V\big|_{t=0}=\varphi_1(x),\ \dfrac{\partial V}{\partial t}\Big|_{t=0}=\varPsi_1(x) \end{cases} \tag{10.7.8}$$

其中

$$\begin{cases} f_1(x,t)=f(x,t)-\left[u_1''(t)+\dfrac{u_2''(t)-u_1''(t)}{L}x\right] \\[3mm] \varphi_1(x)=\varphi(x)-\left[u_1(0)+\dfrac{u_2(0)-u_1(0)}{L}x\right] \\[3mm] \varPsi_1(x)=\varPsi(x)-\left[u_1'(0)+\dfrac{u_2'(0)-u_1'(0)}{L}x\right] \end{cases} \tag{10.7.9}$$

显然,定解问题式(10.7.8)可用 10.6 节的方法解出,将式(10.7.8)的解代入式(10.7.7),即得原问题的解。

上面由式(10.7.6)确定 $W(x,t)$ 时,取 $W(x,t)$ 为 x 的一次式是为了使式(10.7.9)中的几个项简单一些,并且 $W(x,t)$ 也容易确定。但若 f,u_1 和 u_2 都与 t 无关,则可取适当简化的 $W(x)$(也与 t 无关),使 $V(x,t)$ 的方程与边界条件同时都化成齐次的,这样就可能省掉对 $V(x,t)$ 求解非齐次方程的繁重工作。

若边界条件不全是第一类的,本节的方法仍然适用,不同的只是函数 $W(x,t)$ 的形式,读者可就下列几种边界条件的情况考虑写出相应的 $W(x,t)$:

$$u\big|_{x=0}=u_1(t),\quad \frac{\partial u}{\partial x}\Big|_{x=L}=u_2(t)$$

$$\frac{\partial u}{\partial x}\Big|_{x=0}=u_1(t),\quad u\big|_{x=L}=u_2(t)$$

$$\frac{\partial u}{\partial x}\Big|_{x=0}=u_1(t),\quad \frac{\partial u}{\partial x}\Big|_{x=L}=u_2(t)$$

以上我们说明了如何用分离变量法来解定解问题,为便于读者掌握此方法,现将解定解问题的主要步骤简略小结如下:

(1) 根据边界的形状选取适当的坐标系,选取的原则是使在此坐标系中边界条件的表达式最为简单:圆、圆环、扇形等域用极坐标系较方便,圆柱形域与球域分别用柱坐标系与球坐标系较方便。

(2) 若边界条件是非齐次的,又没有其他条件可以用来定本征函数,则不论方程是否为齐次,必须先进行函数的代换,使其化为具有齐次边界条件的问题,然后再求解。

(3) 非齐次方程、齐次边界条件的定解问题(不论初始条件如何)可以分为两个定解问题:其一是具有原来初始条件的齐次方程的定解问题,其二是具有齐次定解条件的非齐次方程

的定解问题。第一个定解问题用分离变量法求解,第二个定解问题可利用傅里叶级数法求解(对于非稳定的情况,也可用冲量法求解)。

10.8　典型综合实例

例 10.8.1　用分离变量法解定解问题

$$
\begin{cases}
\dfrac{\partial^2 u}{\partial t^2} = a^2 \dfrac{\partial^2 u}{\partial x^2}, & x \in (0,l), t > 0 & (10.8.1) \\[3mm]
u(0,t) = u(l,t) = 0, u(x,0) = A\sin\dfrac{5\pi}{l}x, & x \in (0,l) & (10.8.2) \\[3mm]
u_t(x,0) = 0 & & (10.8.3)
\end{cases}
$$

【解】　令 $u(x,t) = T(t)X(x)$,代入方程(10.8.1)得,$T''(t)X(x) = a^2 T(t)X''(x)$,即

$$
\frac{T''(t)}{a^2 T(t)} = \frac{X''(x)}{X(x)} = -\lambda \tag{10.8.4}
$$

并将式(10.8.4)代入式(10.8.2)得,本征值问题为

$$
\begin{cases}
X''(x) + \lambda X(x) = 0 & (10.8.5) \\
X(0) = X(l) = 0 & (10.8.6)
\end{cases}
$$

$$
T''(t) + a^2 \lambda T(t) = 0 \tag{10.8.7}
$$

解本征值问题式(10.8.5)和式(10.8.6),即求本征值和对应的非零解。

当 $\lambda \leqslant 0$ 时,无非零解;当 $\lambda > 0$ 时,解得

$$
\lambda_n(x) = \left(\frac{n\pi}{l}\right)^2 \quad (n = 1,2,\cdots), \qquad X_n(x) = \sin\frac{n\pi}{l}x \, (n = 1,2,\cdots)
$$

将 λ_n 代入方程(10.8.7)得

$$
T''_n(t) + \frac{a^2 n^2 \pi^2}{l^2} T_n(t) = 0 \qquad (n = 1,2,\cdots)
$$

其通解为

$$
T_n(t) = C_n\cos\frac{an\pi}{l}t + D_n\sin\frac{an\pi}{l}t \qquad (n = 1,2,\cdots)
$$

由此得

$$
u_n(x,t) = T_n(t)X_n(x) \qquad (n = 1,2,\cdots)
$$

叠加得到形式解

$$
u(x,t) = \sum_{n=1}^{\infty} u_n(x,t) = \sum_{n=1}^{\infty}\left(C_n\cos\frac{n\pi a}{l}t + D_n\sin\frac{n\pi a}{l}t\right)\sin\left(\frac{n\pi}{l}x\right) \tag{10.8.8}
$$

为确定 C_n 和 D_n,令式(10.8.8)满足式(10.8.2)和式(10.8.3),得

$$
u(x,0) = \sum_{n=1}^{\infty} C_n\sin\frac{n\pi}{l}x = \varphi(x) = A\sin\frac{5\pi}{l}x \tag{10.8.9}
$$

$$
u_t(x,0) = \sum_{n=1}^{\infty} D_n\frac{n\pi a}{l}\sin\frac{n\pi}{l}x = \Psi(x) \equiv 0 \tag{10.8.10}
$$

由傅里叶级数展开式的唯一性知

$$
C_n = \begin{cases} A, & n = 5 \\ 0, & n \neq 5 \end{cases} \tag{10.8.11}
$$

$$
D_n = 0 \quad (n = 1,2,\cdots) \tag{10.8.12}
$$

将式(10.8.11)和式(10.8.12)代入式(10.8.8)得

$$u(x,t) = A\cos\left(\frac{5\pi a}{l}t\right)\sin\left(\frac{5\pi}{l}x\right) \qquad (x \in (0,l), t>0)$$

例 10.8.2　考虑两端绝热的细杆内的温度分布,假设其初始温度分布为 $\varphi(x)$,即求解问题

$$\begin{cases} u_t = a^2 u_{xx}, & 0<x<l, t>0 \\ u_x \big|_{x=0} = 0, u_x \big|_{x=l} = 0, & t>0 \\ u \big|_{t=0} = \varphi(x), & 0 \leq x \leq l \end{cases} \qquad (10.8.13)$$

【解】　这是第二类边界条件的问题,仍可用分离变量法,设 $u(x,t) = X(x)T(t)$,代入方程,有

$$\frac{X''(x)}{X(x)} = \frac{T'(t)}{a^2 T(t)} = -\lambda$$

可得两个常微分方程:

$$X''(x) + \lambda X(x) = 0 \qquad (10.8.14)$$

$$T'(t) + a^2 \lambda T(t) = 0 \qquad (10.8.15)$$

由边界条件可得

$$X'(0) = X'(l) = 0 \qquad (10.8.16)$$

方程式(10.8.14)和边界条件式(10.8.16)组成本征值问题,也可分 3 种情况讨论:

① 若 $\lambda<0$,方程式(10.8.14)的通解为 $X(x) = A\mathrm{e}^{-\sqrt{-\lambda}x} + B\mathrm{e}^{\sqrt{-\lambda}x}$。由条件式(10.8.14)解得 $A=B=0$,即 $X(x) \equiv 0$,不符合非零解要求,故 $\lambda<0$ 不是本征值。

② 若 $\lambda=0$,此时方程式(10.8.14)的通解为 $X(x) = A+Bx$。由边界条件式(10.8.16)可知,$B=0$,A 可以是任意常数,所以 $\lambda=0$ 是本征值,它对应的特征函数是 $X_0(x) = A_0 \neq 0$,可以取归一化本征函数 $X_0(x) = 1$。

③ 若 $\lambda>0$,此时方程式(10.8.14)的通解为 $X(x) = A\cos\sqrt{\lambda}x + B\sin\sqrt{\lambda}x$。由边界条件式(10.8.16)有 $B=0$,$A\sqrt{\lambda}\sin\sqrt{\lambda}l = 0$。因为 $A \neq 0, \lambda>0$,所以

$$\lambda = \lambda_n = \left(\frac{n\pi}{l}\right)^2 \qquad (n=1,2,3,\cdots)$$

其相应的特征函数为

$$X_n(x) = A_n \cos\frac{n\pi}{l}x \qquad (n=0,1,2,3,\cdots)$$

综上所述,本征值问题式(10.8.14)和式(10.8.16)的本征值和特征函数为

$$\begin{cases} \lambda_n = \left(\frac{n\pi}{l}\right)^2 \\ X_n(x) = A_n \cos\frac{n\pi}{l}x \end{cases} \qquad (n=0,1,2,\cdots)$$

把 $\lambda_0 = 0$ 代入式(10.8.15),解得 $T_0(t) = d_0$;把 $\lambda_n = \left(\frac{n\pi}{l}\right)^2$ 代入式(10.8.15),解得 $T_n(t) = d_n \mathrm{e}^{-\left(\frac{n\pi a}{l}\right)^2 t}$($n=1,2,3,\cdots$)。所以

$$u_0(x,t) = A_0 d_0 = \frac{C_0}{2}$$

$$u_n(x,t) = C_n \mathrm{e}^{-\left(\frac{n\pi a}{l}\right)^2 t} \cos\frac{n\pi}{l}x \qquad (n=1,2,3,\cdots)$$

其中，$C_0 = 2A_0d_0$，$C_n = A_nd_n (n=1,2,3,\cdots)$。把这些 u_n 叠加起来得

$$u(x,t) = \frac{C_0}{2} + \sum_{n=1}^{+\infty} C_n \mathrm{e}^{-\left(\frac{n\pi a}{l}\right)^2 t} \cos \frac{n\pi}{l}x \qquad (10.8.17)$$

现在要确定式(10.8.16)中的各系数。由初值条件知，$\varphi(x) = \dfrac{C_0}{2} + \sum\limits_{n=1}^{+\infty} C_n \cos \dfrac{n\pi}{l}x$，此式表明 $C_n (n=0,1,2,\cdots)$ 是 $\varphi(x)$ 展开成余弦级数的系数，所以

$$C_n = \frac{2}{l} \int_0^l \varphi(x) \cos \frac{n\pi}{l}x \mathrm{d}x \qquad (n=0,1,2,\cdots) \qquad (10.8.18)$$

最后得细杆内的温度分布函数为

$$u(x,t) = \frac{C_0}{2} + \sum_{n=1}^{+\infty} C_n \mathrm{e}^{-\left(\frac{n\pi a}{l}\right)^2 t} \cos \frac{n\pi}{l}x$$

其中，$C_n (n=0,1,2,\cdots)$ 由式(10.8.18)给出。

注意：若定解问题两端的边界条件均为第二类时，$\lambda = 0$ 是它的一个本征值，在处理这类问题时，不能漏掉这个本征值及相应的特征解 $u_0(x,t)$。

例 10.8.3　一块位于 xy 平面内的正方形金属薄板，边长为单位 1，初始温度分布为 $\varphi(x,y)$，板的上下表面及平行于 x 轴的边缘完全绝热，而平行于 y 轴的边缘保持恒温 0℃。试求随后时刻的温度分布。

【解】　根据本题的物理模型建立定解问题如下：

$$\begin{cases} u_t = a^2(u_{xx} + u_{yy}), & 0 \leqslant x,y \leqslant 1, t > 0 \\ u(0,y,t) = 0, u(1,y,t) = 0 \\ u_y(x,0,t) = 0, u_y(x,1,t) = 0 \\ u(x,y,0) = \varphi(x,y) \end{cases}$$

令 $u(x,y,t) = X(x)Y(y)T(t)$，并代入定解问题，得到 $X(x)$ 满足的分离方程及边界条件为

$$X'' + \lambda X = 0, \quad X(0) = 0, \quad X(1) = 0$$

由上述本征值问题解得

　　　本征值　　　　　　$\lambda = (n\pi)^2 \quad (n=1,2,3,\cdots)$

　　　本征函数　　　　$X_n(x) = \sin(n\pi x) \quad (n=1,2,3,\cdots)$

而 $Y(y)$ 满足的分离方程及边界条件为

$$Y'' + \mu Y = 0, \quad Y'(0) = 0, \quad Y'(1) = 0$$

由上述本征值问题解得

　　　本征值　　　　　　$\mu = (m\pi)^2 \quad (m=0,1,2,3,\cdots)$

　　　本征函数　　　　$Y_m(y) = \cos(m\pi y) \quad (m=0,1,2,3,\cdots)$

而 $T(t)$ 满足下列方程

$$T' + (\lambda + \mu)a^2 T = 0$$

　　因此

$$T(t) = C\mathrm{e}^{-(\lambda+\mu)a^2 t} = C_{nm}\mathrm{e}^{-(n^2+m^2)\pi^2 a^2 t}$$

于是定解问题的解为

$$u(x,y,t) = \sum_{n=1}^{\infty} \sum_{m=0}^{\infty} C_{nm}\mathrm{e}^{-(n^2+m^2)\pi^2 a^2 t} \sin(n\pi x)\cos(m\pi y)$$

而系数 C_{nm} 可由初始条件来确定，其值为

$$C_{nm} = 4\int_0^l \int_0^l \varphi(x,y)\sin(n\pi x)\cos(m\pi y)\mathrm{d}x\mathrm{d}y$$

例 10.8.4 在圆域 $\rho < \rho_0$ 上求解泊松方程的边值问题：

$$\begin{cases} \Delta u = a + b(x^2 - y^2) \\ u \mid_{\rho = \rho_0} = c \end{cases}$$

【解】 设法找到泊松方程的一个特解。显然，$\Delta\left(\dfrac{ax^2}{2}\right) = a$，$\Delta\left(\dfrac{ay^2}{2}\right) = a$，为对称起见取

$a\dfrac{(x^2 + y^2)}{4}$。又 $\Delta\left(\dfrac{bx^4}{12}\right) = bx^2$，$\Delta\left(\dfrac{by^4}{12}\right) = by^2$。这样，找到一个特解

$$v = \frac{a}{4}(x^2 + y^2) + \frac{b}{12}(x^4 - y^4) = \frac{a}{4}\rho^2 + \frac{b}{12}(x^2 + y^2)(x^2 - y^2) = \frac{a}{4}\rho^2 + \frac{b}{12}\rho^4\cos 2\varphi$$

令 $u = v + w = \dfrac{a}{4}\rho^2 + \dfrac{b}{12}\rho^4\cos 2\varphi + w$，就把问题转化为 w 的定解问题：

$$\begin{cases} \Delta w = 0 \\ w \mid_{\rho = \rho_0} = c - \dfrac{a}{4}\rho_0^2 - \dfrac{b}{12}\rho_0^4\cos 2\varphi \end{cases}$$

在极坐标中用分离变量法求解拉普拉斯方程的一般结果为

$$u(\rho, \varphi) = C_0 + D_0\ln\rho + \sum_{m=1}^{\infty}\rho^m(A_m\cos m\varphi + B_m\sin m\varphi) + \sum_{m=1}^{\infty}\rho^{-m}(C_m\cos m\varphi + D_m\sin m\varphi)$$

并且 w 在圆域内应当是有界的。但上式中的 $\ln\rho$ 和 ρ^{-m} 当 ρ 趋于零（即圆心）时为无限大，所以应当排除，故 $D_0 = 0, C_m = 0, D_m = 0$，于是

$$w(\rho, \varphi) = \sum_{m=0}^{\infty}\rho^m(A_m\cos m\varphi + B^m\sin m\varphi)$$

把上式代入边界条件，则

$$\sum_{m=0}^{\infty}\rho_0^m(A_m\cos m\varphi + B_m\sin m\varphi) = c - \frac{a}{4}\rho_0^2 - \frac{b}{12}\rho_0^4\cos 2\varphi$$

比较两边系数，得

$$A_0 = c - \frac{a}{4}\rho_0^2, \quad A_2 = -\frac{b}{12}\rho_0^2, \quad A_m = 0(m \neq 0, 2), \quad B_m = 0$$

这样，所求解为

$$u = v + w = c + \frac{a}{4}(\rho^2 - \rho_0^2) + \frac{b}{12}\rho^2(\rho^2 - \rho_0^2)\cos 2\varphi$$

例 10.8.5 求解三维静电场的边值问题：

$$\begin{cases} u_{xx} + u_{yy} + u_{zz} = 0 & (0 < x < a, 0 < y < b, 0 < z < c) & (10.8.19) \\ u(0, y, z) = u(a, y, z) = u(x, 0, z) = u(x, b, z) = 0 & (10.8.20) \\ u(x, y, 0) = 0, u(x, y, c) = \varphi(x, y) & (10.8.21) \end{cases}$$

【解】 设 $u = X(x)Y(y)Z(z)$，将变量分离，并由边界条件式（10.8.20），得

$$\begin{cases} X'' + \lambda X = 0 \\ X(0) = X(a) = 0 \end{cases}, \quad \begin{cases} Y'' + \mu Y = 0 \\ Y(0) = Y(b) = 0 \end{cases}$$
$$Z'' - (\lambda + \mu)Z = 0$$

相应的本征值和本征函数系为

$$\begin{cases} \lambda_m = \left(\dfrac{m\pi}{a}\right)^2 \\ X_m = \sin\left(\dfrac{m\pi x}{a}\right) \end{cases}, \quad \begin{cases} \mu_n = \left(\dfrac{n\pi}{b}\right)^2 \\ Y_n = \sin\left(\dfrac{n\pi y}{b}\right) \end{cases}$$

这里，$m, n = 1, 2, 3\cdots$，且

$$Z_{mn} = A_{mn}e^{\nu_{mn}z} + B_{mn}e^{-\nu_{mn}z}$$

$$\nu_{mn} = \sqrt{\lambda_m + \mu_n}$$

于是,得到满足泛定方程和边界条件的特解:

$$u_{mn} = Z_{mn}\sin\left(\frac{m\pi x}{a}\right)\sin\left(\frac{n\pi y}{b}\right)$$

把各特解叠加,得到级数解为

$$u = \sum_{m=1}^{\infty}\sum_{n=1}^{\infty} Z_{mn}\sin\left(\frac{m\pi x}{a}\right)\sin\left(\frac{n\pi y}{b}\right)$$

再由边界条件式(10.8.21)得

$$\sum_{m=1}^{\infty}\sum_{n=1}^{\infty}(A_{mn} + B_{mn})\sin\left(\frac{m\pi x}{a}\right)\sin\left(\frac{n\pi y}{b}\right) = 0$$

$$\sum_{m=1}^{\infty}\sum_{n=1}^{\infty}(A_{mn}e^{\nu_{mn}c} + B_{mn}e^{-\nu_{mn}c})\sin\left(\frac{m\pi x}{a}\right)\sin\left(\frac{n\pi y}{b}\right) = \varphi(x,y)$$

把这两个式子的两端分别乘以 $\sin\dfrac{k\pi x}{a}\sin\dfrac{l\pi y}{b}$,并在矩形 $0 \leqslant x \leqslant a, 0 \leqslant y \leqslant b$ 内积分,注意到函数系 $\left\{\sin\dfrac{m\pi x}{a}\right\}$ 和 $\left\{\sin\dfrac{n\pi y}{b}\right\}$ 的正交性,比较两边的系数,可以得到

$$\begin{cases} A_{mn} + B_{mn} = 0 \\ A_{mn}e^{\nu_{mn}c} + B_{mn}e^{-\nu_{mn}c} = \varphi_{mn} \end{cases}$$

这里,$\varphi_{mn} = \dfrac{4}{ab}\displaystyle\int_0^a\int_0^b\varphi(x,y)\sin\dfrac{m\pi x}{a}\sin\dfrac{n\pi y}{b}\mathrm{d}x\mathrm{d}y$。解出 A_{mn} 和 B_{mn},代入级数解,所求解为

$$u(x,y,z) = \sum_{m=1}^{\infty}\sum_{n=1}^{\infty}\frac{\varphi_{mn}}{\mathrm{sh}(c\sqrt{\lambda_m + \mu_n})}\mathrm{sh}(\sqrt{\lambda_m + \mu_n}\,z)\sin\left(\frac{m\pi x}{a}\right)\sin\left(\frac{n\pi y}{b}\right)$$

小　　结

1. 基本要求

(1) 掌握分离变量法的适用范围及解题步骤。

(2) 掌握一维齐次波动方程与齐次热传导方程在各类齐次边界条件下对应的本征值问题、本征值、本征函数系及形式解的结构(以第一、二类边界条件为主)。

(3) 掌握圆域、圆环域、扇形域、部分圆环域及矩形区域上拉普拉斯方程边值问题的本征值问题、本征值、本征函数系及形式解结构。

2. 分离变量理论

(1)定解问题实施变量分离的条件

对于常系数二阶偏微分方程,总是能实施变量分离的。但对于变系数的二阶偏微分方程则需要满足一定的条件,即必须找到适当的函数 $P(x,y)$,才能实施变量分离。

边界条件可实施变量分离的条件:只有当边界条件是齐次的,方可分离出单变量未知函数的边界条件。此外,进行分离变量时,需适当根据边界情况选择直角坐标系(二维、三维)、极坐标系(二维)、柱坐标系(三维)、球坐标系(三维)等。

（2）分离变量解法

分离变量法（或傅里叶级数法）的实质即为将时间变量（在稳恒方程中为部分空间变量）视为参变量、将解展开为空间变量的傅里叶级数，或者说将解按本征函数系展开，展开式中每项为变量分离形式；此法适用于满足下述条件的定解问题：① 方程与边界条件为线性的；② 边界条件为齐次的（圆域、圆环域例外）；③ 区域为有界且规则的（即区域边界易于由简单方程表示）。

3. 直角坐标系中的分离变量法

常规的分离变量法步骤：

第一步：分离变量；

第二步：求解本征值（或称为固有值）问题；

第三步：求特解，并进一步叠加求出一般解；

第四步：利用本征函数的正交归一性确定待定系数。

4. 二维极坐标系下拉普拉斯方程分离变量法

5. 球坐标系下的分离变量

（1）与时间无关：拉普拉斯方程 $\Delta u=0$ 的分离变量。

分解为欧拉型方程：
$$\frac{\mathrm{d}}{\mathrm{d}r}\left(r^2\frac{\mathrm{d}R}{\mathrm{d}r}\right)-l(l+1)R=0$$

球函数方程：
$$\frac{1}{\sin\theta\partial\theta}\left(\sin\theta\frac{\partial Y}{\partial\theta}\right)+\frac{1}{\sin^2\theta}\frac{\partial^2 Y}{\partial\varphi^2}+l(l+1)Y=0$$

而球函数方程可再分离变量，并令 $x=\cos\theta$，得到
$$(1-x^2)\frac{\mathrm{d}^2\Theta}{\mathrm{d}x^2}-2x\frac{\mathrm{d}\Theta}{\mathrm{d}x}+\left[l(l+1)-\frac{m^2}{1-x^2}\right]\Theta=0$$

这叫作 l 阶连带勒让德方程。其 $m=0$ 的特例，即 $(1-x^2)\frac{\mathrm{d}^2\Theta}{\mathrm{d}x^2}-2x\frac{\mathrm{d}\Theta}{\mathrm{d}x}+l(l+1)\Theta=0$ 叫作 l 阶勒让德方程。

（2）与时间有关的方程的分离变量：波动方程的变量分离，热传导方程的变量分离，亥姆霍兹方程变量分离。

分离变量后涉及的方程：$r^2\frac{\mathrm{d}^2R}{\mathrm{d}r^2}+2r\frac{\mathrm{d}R}{\mathrm{d}r}+[k^2r^2-l(l+1)]R=0$（球贝塞尔方程）。

6. 柱坐标系下的分离变量

（1）与时间无关的拉普拉斯方程在柱坐标系下的分离变量，对于方程
$$\frac{\mathrm{d}^2R}{\mathrm{d}\rho^2}+\frac{1}{\rho}\frac{\mathrm{d}R}{\mathrm{d}\rho}-\left(\mu-\frac{m^2}{\rho^2}\right)R=0$$

下面区分 $\mu=0$，$\mu>0$ 和 $\mu<0$ 三种情况讨论：

① $\mu=0$，该方程是欧拉型方程。

② $\mu>0$，令 $x=\rho\sqrt{\mu}$，方程化为 $x^2\frac{\mathrm{d}^2R}{\mathrm{d}x^2}+x\frac{\mathrm{d}R}{\mathrm{d}x}+(x^2-m^2)R=0$（$m$ 阶贝塞尔方程）。

③ $\mu<0$，以 $\mu=-k^2$ 代入，令 $x=k\rho$，则方程化为 $x^2\dfrac{\mathrm{d}^2R}{\mathrm{d}x^2}+x\dfrac{\mathrm{d}R}{\mathrm{d}x}-(x^2+m^2)R=0$（虚宗量贝塞尔方程）。

（2）亥姆霍兹方程的分离变量。

7. 非齐次偏微分方程与非齐次边界条件

对于更一般的非齐次方程和非齐次边界条件的解法：首先通过变量代换将边界条件转化为齐次的，然后再对非齐次方程求解。目前已经介绍的方法有冲量法、特解法和傅里叶级数法，但需注意：稳定场问题不能用冲量法，因为它与时间变化无关。

习　题　10

10.1 求解下列本征值问题的本征值和本征函数。

（1）$X''(x)+\lambda X(x)=0;X(0)=0,X'(l)=0$

（2）$X''(x)+\lambda X(x)=0;X'(0)=0,X'(l)=0$

（3）$X''(x)+\lambda X(x)=0;X(a)=0,X(b)=0$

10.2 长为 l 的杆，一端固定，另一端受力 F_0 而伸长，求解放手后杆的振动。

10.3 长为 l 的弦，两端固定，弦中张力为 T。在距一端为 x_0 的一点以力 F_0 把弦拉开，然后突然撤去此力，求弦的振动。

10.4 一个长宽各为 a 的方形膜，边界固定，膜的振动方程为

$$\frac{\partial^2 u}{\partial t^2}-v^2\left(\frac{\partial^2 u}{\partial x^2}+\frac{\partial^2 u}{\partial y^2}\right)=0 \quad (0<x<a,0<y<a)$$

试求方形膜振动的本征频率。

10.5 求解细杆导热问题，杆长 l，两端保持为零度，初始温度分布为

$$u\big|_{t=0}=bx(l-x)/l^2$$

10.6 一根均匀弦两端固定在 $x=0,x=l$ 处。假设初始时刻速度为零，而在初始时刻弦的形状是一条顶点为 $(l/2,h)$ 的抛物线，试求弦振动的位移。

10.7 求定解问题。

$$\begin{cases} \dfrac{\partial^2 u}{\partial t^2}=a^2\dfrac{\partial^2 u}{\partial x^2}, & x\in(0,l),t>0 \\ u(0,t)=u_x(l,t)=0, & t>0 \\ u(x,0)=\varphi(x),u_t(x,0)=\Psi(x), & x\in(0,l) \end{cases}$$

10.8 求定解问题。

$$\begin{cases} \dfrac{\partial^2 u}{\partial r^2}+\dfrac{1}{r}\dfrac{\partial u}{\partial r}+\dfrac{1}{r^2}\dfrac{\partial^2 u}{\partial\theta^2}=0, & 0<r<R,0\leqslant\theta<2\pi \\ u_{r=R}=f(\theta), & 0\leqslant\theta<2\pi \end{cases}$$

10.9 求定解问题。

$$\begin{cases} \dfrac{\partial^2 u}{\partial r^2}+\dfrac{1}{r}\dfrac{\partial u}{\partial r}+\dfrac{1}{r^2}\dfrac{\partial^2 u}{\partial\theta^2}=0, & 0<r<R,0<\theta<\alpha \\ u\big|_{\theta=0}=u\big|_{\theta=\alpha}=0, & 0<r<R \\ u\big|_{r=R}=f(\theta), & 0<\theta<\alpha \end{cases}$$

10.10 求定解问题。

$$\begin{cases} \dfrac{\partial^2 u}{\partial r^2} + \dfrac{1}{r}\dfrac{\partial u}{\partial r} + \dfrac{1}{r^2}\dfrac{\partial^2 u}{\partial \theta^2} = 0, & \rho_1 < r < \rho_2, 0 \leqslant \theta < 2\pi \\[2mm] u\mid_{r=\rho_1} = f_1(\theta), & \\[2mm] u\mid_{r=\rho_2} = f_2(\theta), & 0 \leqslant \theta < 2\pi \end{cases}$$

10.11 求定解问题。

$$\begin{cases} \Delta u = a + br^2(\cos^2\theta - \sin^2\theta), & 0 \leqslant r < R, 0 \leqslant \theta < 2\pi \\[2mm] u\mid_{r=R} = c, & 0 \leqslant \theta < 2\pi \end{cases}$$

10.12 求定解问题。

$$\begin{cases} \Delta u = -x^2 y, & 0 < x < a, 0 < y < b \\[2mm] u\mid_{y=0} = u\mid_{y=b} = 0 & \\[2mm] u\mid_{x=0} = u\mid_{x=a} = 0 & \end{cases}$$

10.13 求定解问题。

$$\begin{cases} \dfrac{\partial^2 u}{\partial t^2} = a^2 \dfrac{\partial^2 u}{\partial x^2}, & 0 < x < l, t > 0 \\[2mm] u(0,t) = 0, u(l,t) = \sin\omega t, & t \geqslant 0 \\[2mm] u_t(x,0) = 0, & 0 \leqslant x \leqslant l \end{cases}$$

10.14 求定解问题。

$$\begin{cases} \dfrac{\partial u}{\partial t} = a^2 \dfrac{\partial^2 u}{\partial x^2} + x, & 0 < x < l, t > 0 \\[2mm] u\mid_{x=0} = A, u\mid_{x=l} = B, & t \geqslant 0, A, B \text{ 为常数} \\[2mm] u\mid_{t=0} = \varphi(x), & 0 \leqslant x \leqslant l \end{cases}$$

10.15 求定解问题。

$$\begin{cases} \dfrac{\partial u}{\partial t} = a^2 \dfrac{\partial^2 u}{\partial x^2} + be^{\alpha x}, & 0 < x < l, t > 0 \\[2mm] u\mid_{x=0} = u\mid_{x=l} = 0, & t \geqslant 0 \\[2mm] u\mid_{t=0} = \varphi(x), & 0 \leqslant x \leqslant l \end{cases}$$

10.16 求定解问题。

$$\begin{cases} u_{tt} = a^2 u_{xx}, & 0 < x < l, t > 0 \\[2mm] u(0,t) = u_x(l,t) = 0, & t \geqslant 0 \\[2mm] u(x,0) = 0, u_t(x,0) = v_0, & 0 \leqslant x \leqslant l \end{cases}$$

10.17 长为 l 的理想传输线,远端开路。先把传输线充电到电位差 v_0,然后把近端短路,求线上电压分布 $v(x,t)$。

10.18 在矩形区域 $0 < x < a, 0 < y < b$ 内求解拉普拉斯方程 $\Delta u = 0$,使得满足边界条件

$$u\mid_{x=0} = Ay(b-y), u\mid_{x=a} = 0, u\mid_{y=0} = B\sin\frac{\pi x}{a}, u\mid_{y=b} = 0$$

10.19 均匀的薄板占据区域 $0 < x < a, 0 < y < \infty$。边界上的温度满足

$$u\mid_{x=0} = 0, u\mid_{x=a} = 0, u\mid_{y=0} = u_0, \lim_{y \to \infty} u = 0$$

求板的稳定温度分布。

10.20 在圆形区域内求解 $\Delta u = 0$，使满足边界条件：

（1）$u\,|_{\rho=\rho_0} = A\cos\varphi$ 　　　（2）$u\,|_{\rho=\rho_0} = A + B\sin\varphi$

10.21 考虑长为 l 的一来一往的传输线，开始时传输线的电位差为常数，然后让一端短路，另一端开路，求传输线上的电压，即求下列定解问题

$$\begin{cases} u_{tt} = a^2 u_{xx} - bu_t - cu, & 0 < x < l, t > 0 \\ u\,|_{x=0} = 0, u_x\,|_{x=l} = 0, & t \geqslant 0 \\ u\,|_{t=0} = u_0, u_t\,|_{t=0} = -\dfrac{G}{C}u_0, & 0 \leqslant x \leqslant l \end{cases}$$

其中，$a^2 = \dfrac{1}{LC}, b = \dfrac{LG+RC}{LC}, c = \dfrac{RG}{LC}$，$R$ 和 L 分别是每一回路单位长度的串联电阻与电感，C 和 G 分别为单位长度的分路电容和电导。

10.22 设弦的一端（$x=0$）固定，另一端（$x=L$）以 $\sin\omega t\left(\omega \neq \dfrac{n\pi a}{L}, n=1,2,\cdots\right)$ 作周期振动，且初值为零，试研究弦的自由振动。

10.23 求下例定解问题

$$\begin{cases} \dfrac{\partial^2 u}{\partial t^2} = a^2 \dfrac{\partial^2 u}{\partial x^2} + A, & 0 < x < L, t > 0 \\ u\,|_{x=0} = 0, u\,|_{x=L} = B \\ u\,|_{t=0} = \dfrac{\partial u}{\partial t}\Big|_{t=0} = 0 \end{cases}$$

的形式解，其中 A 和 B 均为常数。

10.24 一个半径为 ρ_0 的薄圆盘，上下两面绝热，圆周边缘温度分布为已知，求达到稳恒状态时圆盘内的温度分布。

计算机仿真编程实践

10.25 试用计算机仿真求例 10.8.1，并用计算机仿真方法将结果以图形表示出来。

10.26 试用计算机仿真求习题 10.6，并用计算机仿真方法将结果以图形表示出来。

10.27 试用计算机仿真求习题 10.17，并用计算机仿真方法将结果以图形表示出来。

10.28 试用计算机仿真求习题 10.18，并用计算机仿真方法将结果以图形表示出来。

第 11 章　幂级数解法——本征值问题

11.1　二阶常微分方程的幂级数解法

11.1.1　幂级数解法理论概述

用球坐标系和柱坐标系对拉普拉斯方程、波动方程、输运方程进行变量分离,就出现连带勒让德方程、勒让德方程、贝塞尔方程、球贝塞尔方程等特殊函数方程,用其他坐标系对其他数学物理偏微分方程进行分离变量,还会出现各种各样的特殊函数方程,它们大多是二阶线性常微分方程。这向我们提出求解带初始条件的线性二阶常微分方程定解问题。不失一般性,我们讨论复变函数 $w(z)$ 的线性二阶常微分方程

$$\begin{cases} \dfrac{\mathrm{d}^2 w(z)}{\mathrm{d}z^2} + p(z)\dfrac{\mathrm{d}w(z)}{\mathrm{d}z} + q(z)w(z) = 0 \\ w(z_0) = C_0, w'(z_0) = C_1 \end{cases} \tag{11.1.1}$$

其中,z 为复变数,z_0 为选定的点,C_0 和 C_1 为复常数。

这些线性二阶常微分方程常常不能用通常的解法直接解出,但可用幂级数解法解出。所谓**幂级数解法**,就是在点 z_0 的邻域上把待求的解表示为系数待定的幂级数,代入方程以逐个确定系数。

幂级数解法是一个比较普遍的方法,适用范围较广,可借助于解析函数的理论进行讨论。求得的解既然是级数,就有是否收敛以及收敛范围的问题。尽管幂级数解法较为烦琐,但它可广泛应用于微分方程的求解问题中。

1. 方程的常点和奇点概念

定义 11.1.1　常点,奇点　如果方程(11.1.1)的系数函数 $p(z)$ 和 $q(z)$ 在选定的点 z_0 的邻域上是解析的,则点 z_0 叫作方程(11.1.1)的**常点**。如果选定的点 z_0 是 $p(z)$ 或 $q(z)$ 的奇点,则点 z_0 叫作方程(11.1.1)的**奇点**。

2. 常点邻域上的幂级数解定理

关于线性二阶常微分方程在常点邻域上的级数解,有下面的定理。

定理 11.1.1　若方程(11.1.1)的系数 $p(z)$ 和 $q(z)$ 为点 z_0 的邻域 $|z-z_0|<R$ 上的解析函数,则方程在这圆中存在唯一的解析解 $w(z)$ 满足初始条件 $w(z_0)=C_0, w'(z_0)=C_1$(C_0 和 C_1 是任意给定的复常数)。

既然线性二阶常微分方程在常点 z_0 的邻域 $|z-z_0|<R$ 上存在唯一的解析解,故可以把它表示为此邻域上的泰勒级数

$$w(z) = \sum_{k=0}^{\infty} a_k (z - z_0)^k \tag{11.1.2}$$

其中,$a_0, a_1, \cdots, a_k, \cdots$ 为待定系数。

为了确定级数解即式(11.1.2)中的系数,具体的做法是把式(11.1.2)代入方程(11.1.1),合并同幂项,令合并后的系数分别为零,找出系数 $a_0, a_1, a_2, \cdots, a_k \cdots$ 之间的递推关系,最后用已给的初值 C_0 和 C_1 来确定各个系数 $a_k(k=0,1,2,\cdots)$,从而求得确定的级数解。

下面以 l 阶勒让德方程为例,具体说明级数解法的步骤。

11.1.2　常点邻域上的幂级数解法(勒让德方程的求解)

由分离变量法得到了勒让德方程,下面讨论在 $x_0 = 0$ 邻域上求解 l 阶勒让德方程

$$(1-x^2)y'' - 2xy' + l(l+1)y = 0$$

即 $y'' - \dfrac{2x}{1-x^2}y' + \dfrac{l(l+1)}{1-x^2}y = 0$。故方程的系数 $p(x) = -\dfrac{2x}{1-x^2}, q(x) = \dfrac{l(l+1)}{1-x^2}$。

在 $x_0 = 0$ 处,单值函数 $p(x_0) = 0, q(x_0) = l(l+1)$ 均为有限值,它们必然在 $x_0 = 0$ 处解析。因此,点 $x_0 = 0$ 是方程的常点。根据常点邻域上解的定理,解具有泰勒级数形式,故可设勒让德方程具有

$$y(x) = \sum_{k=0}^{+\infty} a_k x^k \tag{11.1.3}$$

泰勒级数形式的解,将其代入勒让德方程可得系数间的递推关系

$$a_{k+2} = -\frac{(l-k)(l+k+1)}{(k+1)(k+2)}a_k \qquad (k=0,1,2,\cdots) \tag{11.1.4}$$

因此,由任意常数 a_0 和 a_1 可计算出任一系数 $a_k(k=2,3,\cdots)$。首先在式(11.1.4)中令 $k=0,2,4,\cdots,2m,\cdots$,可得偶次项的系数

$$a_{2m} = (-1)^m \frac{l(l-2)\cdots(l-2m+2)(l+1)(l+3)\cdots(l+2m-1)}{(2m)!}a_0 \tag{11.1.5}$$

再令 $k=1,3,5,\cdots,2m-1,\cdots$,则可得奇次项的系数

$$a_{2m+1} = (-1)^m \frac{(l-1)(l-3)\cdots(l-2m+1)(l+2)(l+4)\cdots(l+2m)}{(2m+1)!}a_1 \tag{11.1.6}$$

将它们代入解的表达式中,得到勒让德方程解的形式

$$
\begin{aligned}
y(x) &= a_0\left[1 - \frac{l(l+1)}{2}x^2 + \frac{l(l-2)(l+1)(l+3)}{4!}x^4 - \cdots\right] + \\
&\quad a_1\left[x - \frac{(l-1)(l+2)}{3!}x^3 + \frac{(l-1)(l-3)(l+2)(l+4)}{5!}x^5 - \cdots\right] \\
&= p_l(x) + q_l(x)
\end{aligned} \tag{11.1.7}
$$

其中, $p_l(x)$ 和 $q_l(x)$ 分别是偶次项和奇次项组成的级数。当 l 不是整数时, $p_l(x)$ 和 $q_l(x)$ 都是无穷级数,容易求得其收敛半径均为 1,而且在 $x = \pm 1$ 时, $p_l(x)$ 和 $q_l(x)$ 均发散于无穷。当 $l = n$ 是非负整数时,由系数递推公式(11.1.4)知, $a_{n+2} = a_{n+4} = \cdots = 0$,所以:当 n 是偶数时, $p_l(x)$ 是一个 n 次多项式,但函数 $q_l(x)$ 为在 $x = \pm 1$ 处发散至无穷的无穷级数;当 n 是奇数时, $q_l(x)$ 是 n 次多项式,而 $p_l(x)$ 仍然是在 $x = \pm 1$ 处无界的无穷级数。类似地,当 l 是负整数时, $p_l(x)$ 和 $q_l(x)$ 总有一个是多项式,另一个是无界的无穷级数,所以不妨设 l 是非负整数 n(因在实际问题中一般总要求有界解)。

现在来导出这个多项式的表达式。把系数递推公式(11.1.4)改写成

$$a_k = -\frac{(k+1)(k+2)}{(n-k)(n+k+1)}a_{k+2} \qquad (k \leqslant n-2) \tag{11.1.8}$$

于是可由多项式的最高次项系数 a_n 来表示其他各低阶项系数

$$a_{n-2} = -\frac{n(n-1)}{2(2n-1)}a_n$$

$$a_{n-4} = -\frac{(n-2)(n-3)}{4(2n-3)}a_{n-2} = \frac{n(n-1)(n-2)(n-3)}{2\cdot 4(2n-1)(2n-3)}a_n$$

$$\cdots\cdots$$

我们取多项式最高次项系数为(这样取主要是为了使所得多项式在 $x=1$ 处取值为 1,即实现归一化)

$$a_n = \frac{(2n)!}{2^n(n!)^2} \quad (n=1,2,3,\cdots) \tag{11.1.9}$$

则可得系数的一般式为

$$a_{n-2k} = (-1)^k \frac{(2n-2k)!}{2^n k!\,(n-k)!\,(n-2k)!} \quad (2k \leqslant n) \tag{11.1.10}$$

因此,我们得出结论:当 $l=2n$ 是非负偶数时,勒让德方程有解

$$p_l(x) = \frac{(2l)!}{2^l(l!)^2}x^l - \frac{(2l-2)!}{2^l(l-1)!\,(l-2)!}x^{l-2} + \cdots$$

$$= \sum_{k=0}^{\frac{l}{2}} (-1)^k \frac{(2l-2k)!}{2^l k!\,(l-k)!\,(l-2k)!}x^{l-2k} \tag{11.1.11}$$

当 $l=2n+1$ 是正奇数时,勒让德方程有解

$$p_l(x) = \sum_{k=0}^{\frac{l-1}{2}} (-1)^k \frac{(2l-2k)!}{2^l k!\,(l-k)!\,(l-2k)!}x^{l-2k} \tag{11.1.12}$$

对上述讨论进行综合,用 $[\frac{l}{2}]$ 表示不大于 $\frac{l}{2}$ 的整数部分,用大写字母 P 写成统一形式解

$$P_l(x) = \sum_{k=0}^{[\frac{l}{2}]} (-1)^k \frac{(2l-2k)!}{2^l k!\,(l-k)!\,(l-2k)!}x^{l-2k} \tag{11.1.13}$$

在 $l=n$ 是非负整数时,勒让德方程的基本解组 $p_n(x)$ 和 $q_n(x)$ 中只有一个多项式,这个多项式即为**勒让德多项式** $P_n(x)$,也称为**第一类勒让德函数**。

而另一个是无穷级数,这个无穷级数称为**第二类勒让德函数**,记为 $Q_n(x)$。可以得出它们的关系为

$$Q_l(x) = P_l(x) \int \frac{dx}{(1-x^2)[P_l(x)]^2} \tag{11.1.14}$$

经过计算后,$Q_l(x)$ 可以由对数函数及勒让德多项式 $P_l(x)$ 表示,所以第二类勒让德函数的一般表达式为

$$Q_l(x) = \frac{1}{2}P_l(x)\ln\frac{1+x}{1-x} - \sum_{k=0}^{[\frac{l}{2}]} \frac{2l-4k+3}{(2k-1)(l-k+1)}P_{l-2k+1}(x) \tag{11.1.15}$$

特别地

$$\begin{cases} Q_0(x) = \frac{1}{2}\ln\frac{1+x}{1-x};\ Q_1(x) = \frac{x}{2}\ln\frac{1+x}{1-x} - 1; \\ Q_2(x) = \frac{1}{4}(3x^2-1)\ln\frac{1+x}{1-x} - \frac{3}{2}x \end{cases} \tag{11.1.16}$$

可以证明:这样定义的 $Q_l(x)$,其递推公式和 $P_l(x)$ 的递推公式具有相同的形式,而且在一般情况下,勒让德方程

$$\frac{\mathrm{d}}{\mathrm{d}x}\left[(1-x^2)\frac{\mathrm{d}y}{\mathrm{d}x}\right]+l(l+1)y=0$$

的通解为两个独立解的线性叠加

$$y(x)=c_1\mathrm{P}_l(x)+c_2\mathrm{Q}_l(x) \tag{11.1.17}$$

但是在满足自然边界(即要求定解问题在边界上有限)条件下,由 $\mathrm{Q}_l(x)$ 的形式容易看出,它在端点 $x=\pm1$ 处是无界的,故必须取常数 $c_2=0$。从而勒让德方程的解就只有**第一类勒让德函数**,即勒让德多项式 $\mathrm{P}_l(x)$。

注:法国数学家勒让德(A. M. Legendre, 1725~1833 年),最早专门研究过在球坐标系中求解数学物理方程问题时所遇到的一类特殊函数。由于这类函数具有多项式形式,所以命名这类函数为勒让德函数以及勒让德多项式。

综合可得如下结论:

① 当 l 不是整数时,勒让德方程在区间 $[-1,1]$ 上无有界的解。

② 当 $l=n$ 为整数时,勒让德方程的通解为 $y(x)=c_1\mathrm{P}_n(x)+c_2\mathrm{Q}_n(x)$,$\mathrm{P}_n(x)$ 称为第一类勒让德函数(即勒让德多项式),$\mathrm{Q}_n(x)$ 称为第二类勒让德函数。

当 $l=n$ 为整数,且要求在自然边界条件下求解时,勒让德方程的解只有第一类勒让德函数即勒让德多项式 $\mathrm{P}_n(x)$,因为第二类勒让德函数 $\mathrm{Q}_n(x)$ 在闭区间 $[-1,1]$ 上是无界的。

11.1.3　奇点邻域的级数解法(贝塞尔方程的求解)

在第 10 章的分离变量法中,我们引出了贝塞尔方程,本节来讨论这个方程的幂级数解法。按惯例,仍以 x 表示自变量,以 y 表示未知函数,则 ν 阶贝塞尔方程为

$$x^2\frac{\mathrm{d}^2y}{\mathrm{d}x^2}+x\frac{\mathrm{d}y}{\mathrm{d}x}+(x^2-\nu^2)y=0 \tag{11.1.18}$$

其中,ν 为任意实数或复数(这里特用 ν 而不是 n,表示可以取任意数)。但在本书中 ν 只限于取实数,由于方程的系数中出现 ν^2 项,所以在讨论时不妨暂先假定 $\nu\geq0$。

在贝塞尔方程中,因为 $p(x)=\dfrac{1}{x}$,$q(x)=1-\dfrac{\nu^2}{x^2}$,故 $x=0$ 为 $p(x)$ 和 $q(x)$ 的奇点。

下面介绍奇点邻域的幂级数解法:贝塞尔方程的求解。

设方程(11.1.18)的一个特解具有下列幂级数形式:

$$y=x^c(a_0+a_1+a_2x^2+\cdots a_kx^k+\cdots)$$

$$=\sum_{k=0}^{\infty}a_kx^{c+k}\qquad(a_0\neq0) \tag{11.1.19}$$

其中,常数 c 和 $a_k(k=0,1,2,\cdots)$ 可以通过把 y 和它的导数 y',y'' 代入式(11.1.18)来确定。

将式(11.1.19)及其导数代入式(11.1.18),得

$$\sum_{k=0}^{\infty}\{[(c+k)(c+k-1)+(c+k)+(x^2-\nu^2)]a_kx^{c+k}\}=0$$

化简后为

$$(c^2-\nu^2)\cdot a_0x^c+[(c+1)^2-\nu^2]\cdot a_1x^{c+1}+\sum_{k=2}^{\infty}\{[(c+k)^2-\nu^2]\cdot a_k+a_{k-2}\}x^{c+k}=0$$

要使上式恒成立,必须使得各个 x 次幂的系数为零,从而得下列各式:

$$a_0(c^2-\nu^2)=0 \tag{11.1.20}$$

$$a_1[(c+1)^2-\nu^2]=0 \tag{11.1.21}$$

$$[(c+k)^2-\nu^2]a_k+a_{k-2}=0 \qquad (k=2,3,\cdots) \qquad (11.1.22)$$

由式(11.1.20)得,$c=\pm\nu$,代入式(11.1.21)得,$a_1=0$。现暂取$c=\nu$,代入式(11.1.22)得

$$a_k=\frac{-a_{k-2}}{k(2\nu+k)} \qquad (11.1.23)$$

因为$a_1=0$,由式(11.1.23)知,$a_1=a_3=a_5=a_7=\cdots=0$。$a_2,a_4,a_6,\cdots$都可以用a_0表示,即

$$a_2=\frac{-a_0}{2(2\nu+2)}$$

$$a_4=\frac{a_0}{2\cdot4(2\nu+2)(2\nu+4)}$$

$$a_6=\frac{-a_0}{2\cdot4\cdot6(2\nu+2)(2\nu+4)(2\nu+6)}$$

$$\cdots\cdots$$

$$a_{2m}=(-1)^m\frac{a_0}{2\cdot4\cdot6\cdots2m(2\nu+2)(2\nu+4)\cdots(2\nu+2m)}$$

$$=\frac{(-1)^m a_0}{2^{2m}m!(\nu+1)(\nu+2)\cdots(\nu+m)}$$

由此知式(11.1.19)的一般项为

$$(-1)^m\frac{a_0 x^{\nu+2m}}{2^{2m}m!(\nu+1)(\nu+2)\cdots(\nu+m)}$$

a_0是一个任意常数,令a_0取一个确定的值,就得方程(11.1.18)的一个特解。令$a_0=\dfrac{1}{2^\nu\Gamma(\nu+1)}$,这样选取$a_0$与后面将介绍的贝塞尔函数的母函数有关。运用下列恒等式

$$(\nu+m)(\nu+m-1)\cdots(\nu+2)(\nu+1)\Gamma(\nu+1)=\Gamma(\nu+m+1)$$

使分母简化,从而使式(11.1.19)中一般项的系数变成

$$a_{2m}=(-1)^m\frac{1}{2^{\nu+2m}m!\ \Gamma(\nu+m+1)} \qquad (11.1.24)$$

这样就比较整齐、简单了。

把式(11.1.24)代入式(11.1.19),得到贝塞尔方程(11.1.18)的一个特解

$$y_1=\sum_{m=0}^{\infty}(-1)^m\frac{x^{\nu+2m}}{2^{\nu+2m}m!\ \Gamma(\nu+m+1)} \qquad (\nu\geqslant0)$$

用级数的比值判别式(或称达朗贝尔判别法)可以判定这个级数在整个数轴上收敛。这个无穷级数所确定的函数称为**ν阶第一类贝塞尔函数**,记为

$$\mathrm{J}_\nu(x)=\sum_{m=0}^{\infty}(-1)^m\frac{x^{\nu+2m}}{2^{\nu+2m}m!\ \Gamma(\nu+m+1)} \qquad (\nu\geqslant0) \qquad (11.1.25)$$

至此,就求出了贝塞尔方程的一个特解$\mathrm{J}_\nu(x)$。

另外,当$c=-\nu$即取负值时,用同样方法可得贝塞尔方程(11.1.18)的另一特解

$$\mathrm{J}_{-\nu}(x)=\sum_{m=0}^{\infty}(-1)^m\frac{x^{-\nu+2m}}{2^{-\nu+2m}m!\ \Gamma(-\nu+m+1)} \qquad (11.1.26)$$

比较式(11.1.25)和式(11.1.26)可见,只需在式(11.1.25)的右端把ν换成$-\nu$,即可得到式(11.1.26)。故不论ν是正数还是负数,总可以用式(11.1.25)统一地表达第一类贝塞尔函数。

讨论：

① ν 不为整数时，如 $J_\nu(x)$ 为分数阶贝塞尔函数：$J_{\frac{1}{2}}(x)$，$J_{-\frac{1}{2}}(x)$，$\cdots$ 等。若 $x \to 0$，则

$$J_\nu(x) \approx \frac{1}{\Gamma(\nu+1)}\left(\frac{x}{2}\right)^\nu \to 0$$

$$J_{-\nu}(x) \approx \frac{1}{\Gamma(-\nu+1)}\left(\frac{x}{2}\right)^{-\nu} \to \infty$$

故这两个特解 $J_\nu(x)$ 与 $J_{-\nu}(x)$ 是线性无关的，由齐次线性常微分方程的通解构成法知道，方程 (11.1.18) 的通解为

$$y = AJ_\nu(x) + BJ_{-\nu}(x) \tag{11.1.27}$$

其中，A 和 B 为两个任意常数。

根据系数关系，且由比值法知 $\lim\limits_{m\to\infty}\left|\dfrac{a_{2m}}{a_{2m-2}}\right| = 0$，级数 $J_\nu(x)$ 和 $J_{-\nu}(x)$ 的收敛范围为 $0 < |x| < \infty$。

② $\nu = n$ 为正整数或零时（以下推导凡用 n 即表整数），$\Gamma(n+m+1) = (n+m)!$，故

$$J_n(x) = \sum_{m=0}^{\infty}(-1)^m\frac{x^{n+2m}}{2^{n+2m}m!\,(n+m)!} \quad (n=0,1,2,\cdots) \tag{11.1.28}$$

$J_n(x)$ 称为整数阶贝塞尔函数。易得

$$J_0(x) = 1 - \left(\frac{x}{2}\right)^2 + \frac{1}{(2!)^2}\left(\frac{x}{2}\right)^4 - \frac{1}{(3!)^2}\left(\frac{x}{2}\right)^6 + \cdots$$

$$J_1(x) = \frac{x}{2} - \frac{1}{2!}\left(\frac{x}{2}\right)^3 + \frac{1}{2!\,3!}\left(\frac{x}{2}\right)^5 - \cdots$$

在取整数的情况下，$J_n(x)$ 和 $J_{-n}(x)$ 线性相关，这是因为

$$J_{-n}(x) = \left(\frac{x}{2}\right)^{-n}\sum_{m=0}^{\infty}(-1)^m\frac{\left(\dfrac{x}{2}\right)^{2m}}{m!\,\Gamma(m-n+1)}$$

由于 n 是零或正整数，只要 $m < n$，则 $m-n+1$ 是零或负整数，而对于零或负整数的 Γ 函数为无穷大，所以上面的级数实际上只从 $m=n$ 开始。若令 $l = m-n$，则 l 从零开始，故

$$J_{-n}(x) = \left(\frac{x}{2}\right)^{-n}\sum_{l=0}^{\infty}(-1)^{n+l}\frac{\left(\dfrac{x}{2}\right)^{2l+2n}}{(n+l)!\,l!} = (-1)^n\left(\frac{x}{2}\right)^n\sum_{l=-n}^{\infty}(-1)^l\frac{\left(\dfrac{x}{2}\right)^{2l}}{l!\,(n+l)!}$$

$$J_{-n}(x) = (-1)^n J_n(x)$$

可见，正、负 n 阶贝塞尔函数只相差一个常数因子 $(-1)^n$，这时贝塞尔方程的通解需要求出与之线性无关的另一个特解。我们定义**第二类贝塞尔函数**（又称为**诺依曼函数**）为

$$N_\nu(x) = \frac{\cos(\nu\pi)J_\nu(x) - J_{-\nu}(x)}{\sin(\nu\pi)}$$

是一个特解，它既满足贝塞尔方程，又与 $J_n(x)$ 线性无关，这样可以得到

$$N_0(x) = \frac{2}{\pi}J_0(x)\left(\ln\frac{x}{2} + \gamma\right) - \frac{2}{\pi}\sum_{m=0}^{\infty}\frac{(-1)^m\left(\dfrac{x}{2}\right)^{2m}}{(m!)^2}\sum_{k=0}^{m-1}\frac{1}{k+1}$$

$$N_n(x) = \frac{2}{\pi}J_n(x)\left(\ln\frac{x}{2} + \gamma\right) - \frac{1}{\pi}\sum_{m=0}^{n-1}\frac{(n-m-1)!}{m!}\left(\frac{x}{2}\right)^{-n+2m}$$

$$-\frac{1}{\pi}\sum_{m=0}^{\infty}\frac{(-1)^{m}\left(\dfrac{x}{2}\right)^{n+2m}}{m!\ (n+m)!}\left(\sum_{k=0}^{n+m-1}\frac{1}{k+1}+\sum_{k=0}^{m-1}\frac{1}{k+1}\right)$$

其中，$\gamma=0.5772\cdots$ 为欧拉常数。

可以证明，这个函数确实是贝塞尔方程的一个特解，而且是与 $J_n(x)$ 线性无关的（因为当 $x=0$ 时，$J_n(x)$ 为有限值，而 $N_n(x)$ 为无穷大）。

综述：① 若 $\nu\neq n$，即不取整数时，其贝塞尔方程的通解可表示为

$$y=AJ_{\nu}(x)+BJ_{-\nu}(x)$$

② 不论 ν 是否为整数，贝塞尔方程的通解都可表示为

$$y=AJ_{\nu}(x)+BN_{\nu}(x)$$

其中，A 和 B 为任意常数，ν 为任意实数。

11.2　施图姆-刘维尔本征值

从数学物理偏微分方程分离变量法引出的常微分方程往往还附有边界条件，这些边界条件可以是明确写出来的，也可以是没有写出来的所谓自然边界条件。满足这些边界条件的非零解使得方程的参数取某些特定值。这些特定值叫做**本征值**（或特征值、或固有值），相应的非零解叫做**本征函数**（特征函数、固有函数）。求本征值和本征函数的问题叫做**本征值问题**。

常见的本征值问题都可以归结为施图姆-刘维尔本征值问题，本节就讨论具有普遍意义的施图姆-刘维尔本征值问题。

11.2.1　施图姆-刘维尔本征值问题

定义 11.2.1　施图姆-刘维尔型方程　通常把具有形式

$$\frac{d}{dx}\left[k(x)\frac{dy}{dx}\right]-q(x)y+\lambda\rho(x)y=0\quad(a\leqslant x\leqslant b)\tag{11.2.1}$$

的二阶常微分方程叫做**施图姆-刘维尔型方程**，简称施-刘型方程。

研究二阶常微分方程的本征值问题时，对于一般的二阶常微分方程

$$y''+a(x)y'+b(x)y+\lambda c(x)y=0$$

通常乘以适当的函数 $e^{\int a(x)dx}$，就可以化成施图姆-刘维尔型方程

$$\frac{d}{dx}\left[e^{\int a(x)dx}\frac{dy}{dx}\right]+\left[b(x)e^{\int a(x)dx}\right]y+\lambda\left[c(x)e^{\int a(x)dx}\right]y=0\tag{11.2.2}$$

施图姆-刘维尔型方程(11.2.1)附以齐次的第一类、第二类或第三类边界条件或自然边界条件，就构成**施图姆-刘维尔本征值问题**。

讨论：

① $a=-1,b=+1,k(x)=1-x^2,q(x)=0,\rho(x)=1$，或 $a=0,b=\pi,k(\theta)=\sin\theta,q(\theta)=0,\rho(\theta)=\sin\theta$；再加上自然边界条件：$y(\pm1)$ 有界，就构成了**勒让德方程本征值问题**

$$\frac{d}{dx}\left[(1-x^2)\frac{dy}{dx}\right]+\lambda y=0\quad\text{或}\frac{d}{d\theta}\left(\sin\theta\frac{d\Theta}{d\theta}\right)+\lambda\sin\theta\Theta=0\tag{11.2.3}$$

② $a=-1,b=+1,k(x)=1-x^2,q(x)=\dfrac{m^2}{1-x^2},\rho(x)=1$，或 $a=0,b=\pi,k(\theta)=\sin\theta,q(\theta)=\dfrac{m^2}{\sin\theta}$，$\rho(\theta)=\sin\theta$；再加上自然边界条件：$y(\pm1)$ 有界，即构成**连带勒让德方程本征值问题**

$$\begin{cases} \dfrac{\mathrm{d}}{\mathrm{d}x}\left[(1-x^2)\dfrac{\mathrm{d}y}{\mathrm{d}x}\right]-\dfrac{m^2}{1-x^2}y+\lambda y=0 \\ y(-1)\text{有限},y(+1)\text{有限} \end{cases} \tag{11.2.4}$$

或

$$\begin{cases} \dfrac{\mathrm{d}}{\mathrm{d}\theta}\left(\sin\theta\dfrac{\mathrm{d}\Theta}{\mathrm{d}\theta}\right)-\dfrac{m^2}{\sin\theta}\Theta+\lambda\sin\theta\Theta=0 \\ \Theta(0)\text{有限},\Theta(\pi)\text{有限} \end{cases}$$

③ $a=0,b=x_0,k(x)=x,q(x)=\dfrac{m^2}{x},\rho(x)=x$；再加上自然边界条件：$y(0)$ 和 $y(x_0)$ 有界，即构成贝塞尔方程本征值问题

$$\dfrac{\mathrm{d}}{\mathrm{d}x}\left[x\dfrac{\mathrm{d}y}{\mathrm{d}x}\right]-\dfrac{m^2}{x}y+\lambda xy=0 \tag{11.2.5}$$

这里的 x 其实是柱坐标系或平面极坐标系的极坐标 ρ，但需注意 ρ 与施-刘型方程中的 $\rho(x)$ 的区别。

④ $a=0,b=l;k(x)=$ 常数，$q(x)=0,\rho(x)=$ 常数。构成的本征值问题为

$$\begin{cases} y''+\lambda y=0 \\ y(0)=0,y(l)=0 \end{cases} \tag{11.2.6}$$

我们已经学习过，该问题的本征值和本征函数分别为，$\lambda=\dfrac{n^2\pi^2}{l^2},y=C\sin\dfrac{n\pi x}{l}$。

⑤ $a=-\infty,b=+\infty';k(x)=\mathrm{e}^{-x^2},q(x)=0,\rho(x)=\mathrm{e}^{-x^2}$。附加边界条件：当 $x\to\pm\infty$ 时，y 的增长不快于 $\mathrm{e}^{x^2/2}$，又

$$\dfrac{\mathrm{d}}{\mathrm{d}x}\left[\mathrm{e}^{-x^2}\dfrac{\mathrm{d}y}{\mathrm{d}x}\right]+\lambda\mathrm{e}^{-x^2}=0 \tag{11.2.7}$$

即构成埃尔米特 $y''-2xy'+\lambda y=0$ 本征值问题（这个本征值问题来自量子力学中的谐振子问题）。

⑥ $a=0,b=+\infty;k(x)=x\mathrm{e}^{-x},q(x)=0,\rho(x)=\mathrm{e}^{-x}$。附加边界条件：$y(0)$ 有界，且 $x\to\pm\infty$，y 的增长不快于 $\mathrm{e}^{x/2}$，即构成拉盖尔方程 $xy''+(1-x)y'+\lambda y=0$ 本征值问题

$$\begin{cases} \dfrac{\mathrm{d}}{\mathrm{d}x}\left[x\mathrm{e}^{-x}\dfrac{\mathrm{d}y}{\mathrm{d}x}\right]+\lambda\mathrm{e}^{-x}y=0 \\ y(0)\text{有限，当} x\to\infty \text{时}，y \text{的增长不快于} \mathrm{e}^{\frac{x}{2}} \end{cases} \tag{11.2.8}$$

这个本征值问题来自量子力学中的氢原子问题。

在以上各例中，$k(x),q(x)$ 和 $\rho(x)$ 在开区间 (a,b) 上都取正值。

从以上各例还可看出：如端点 a 或 b 是 $k(x)$ 的一级零点，则在那个端点就存在着自然的边界条件。例如，勒让德方程的 $k(x)=1-x^2,k(\pm1)=1-(\pm1)^2=0$，在端点 $x=\pm1$ 确实存在自然边界条件。又如贝塞尔方程的 $k(x)=x,k(0)=0$，在端点 $x=0$ 确实存在着自然边界条件。

11.2.2　施图姆-刘维尔本征值问题的性质

以上各例的 $k(x)$、$q(x)$ 和 $\rho(x)$ 都只取非负的值。在这样的条件下，施图姆-刘维尔本征值问题有如下共同性质：

① 若 $k(x)$、$k'(x)$、$q(x)$ 连续，或者最多以 $x=a$ 和 $x=b$ 为一阶极点，则存在无限多个本征值

$$\lambda_1\leqslant\lambda_2\leqslant\lambda_3\leqslant\lambda_4\leqslant\cdots \tag{11.2.9}$$

相应地,有无限多个本征函数

$$y_1(x), y_2(x), y_3(x), y_4(x), \cdots \tag{11.2.10}$$

这些本征函数的排列次序正好使节点个数依次增多。

说明:节点个数的性质在量子力学中可以判断哪个波函数代表基态。

② 可以证明所有本征值都满足

$$\lambda_n \geqslant 0 \tag{11.2.11}$$

③ 相应于不同本征值 λ_m 和 λ_n 的本征函数 $y_m(x)$ 和 $y_n(x)$ 在区间 $[a,b]$ 上带**权重** $\rho(x)$ **正交**,即

$$\int_a^b y_m(x) y_n(x) \rho(x) \mathrm{d}x = 0 \tag{11.2.12}$$

【证明】　本征函数 y_m 和 y_n 分别满足

$$\frac{\mathrm{d}}{\mathrm{d}x}[k y_m'] - q y_m + \lambda_m \rho y_m = 0$$

$$\frac{\mathrm{d}}{\mathrm{d}x}[k y_n'] - q y_n + \lambda_n \rho y_n = 0$$

前一式乘以 y_n,后一式乘以 y_m,然后相减得

$$y_n \frac{\mathrm{d}}{\mathrm{d}x}[k y_m'] - y_m \frac{\mathrm{d}}{\mathrm{d}x}[k y_n'] + (\lambda_m - \lambda_n) \rho y_m y_n = 0$$

逐项从 a 到 b 积分,得

$$\begin{aligned}
0 &= \int_a^b \left[y_n \frac{\mathrm{d}}{\mathrm{d}x}(k y_m') - y_m \frac{\mathrm{d}}{\mathrm{d}x}(k y_n') \right] \mathrm{d}x + (\lambda_m - \lambda_n) \int_a^b \rho y_m y_n \mathrm{d}x \\
&= \int_a^b \frac{\mathrm{d}}{\mathrm{d}x}[k y_n y_m' - k y_m y_n'] \mathrm{d}x + (\lambda_m - \lambda_n) \int_a^b \rho y_m y_n \mathrm{d}x \\
&= (k y_n y_m' - k y_m y_n')\big|_{x=b} - (k y_n y_m' - k y_m y_n')\big|_{x=a} + (\lambda_m - \lambda_n) \int_a^b \rho y_m y_n \mathrm{d}x
\end{aligned} \tag{11.2.13}$$

现在看式(11.2.13)右边第一项 $(k y_n y_m' - k y_m y_n')\big|_{x=b}$。如果在端点 $x=b$ 的边界条件是第一类齐次条件 $y_m(b)=0$ 和 $y_n(b)=0$,或第二类齐次条件 $y_m'(b)=0$ 和 $y_n'(b)=0$,或自然边界条件 $k(b)=0$,则 $(k y_n y_m' - k y_m y_n')$ 为零;如果在端点 $x=b$ 的边界条件是第三类齐次条件 $(y_m + h y_m')_{x=b} = 0$ 和 $(y_n + h y_n')\big|_{x=b} = 0$,则

$$[k y_n y_m' - k y_m y_n']_{x=b} = \frac{1}{h}[k y_n(y_m + h y_m') - k y_m(y_n + h y_n')]_{x=b} = 0$$

总之,式(11.2.13)右边第一项为零。同理,如果在端点 $x=a$ 的边界条件是第一类、第二类或第三类齐次条件,或者自然边界条件,则式(11.2.13)右边第二项为零。这样式(11.2.13)变为

$$(\lambda_m - \lambda_n) \int_a^b \rho y_m y_n \mathrm{d}x = 0$$

对于 $\lambda_m - \lambda_n \neq 0$,上式即为式(11.2.12)。

若权重 $\rho(x) = 1$,我们称式(11.2.12)中的本征函数正交。

④ 本征函数族是 $y_1(x), y_2(x), y_3(x), \cdots$ 具有**完备性**。

函数 $f(x)$ 若具有连续的一阶导数和分段连续的二阶导数,且满足本征函数族所满足的边界条件,就可以展开为绝对且一致收敛的级数:

$$f(x) = \sum_{n=1}^{\infty} f_n y_n(x) \tag{11.2.14}$$

11.2.3 广义傅里叶级数

定义 11.2.2 广义傅里叶级数,广义傅里叶系数 通常称式(11.2.14)右边的级数为**广义傅里叶级数**,系数 $f_n(n=1,2,\cdots)$ 叫做 $f(x)$ 的**广义傅里叶系数**。函数族 $y_n(x)(n=1,2,\cdots)$ 叫做这级数展开的基。

现在推导广义傅里叶系数的计算公式。

由于广义傅里叶级数(11.2.14)是绝对且一致收敛的,可以逐项积分。用 $y_m(x)\rho(x)$ 遍乘式(11.2.14)各项,并逐项积分

$$\int_a^b f(\xi) y_m(\xi) \rho(\xi) \mathrm{d}(\xi) = \sum_{n=1}^\infty f_n \int_a^b y_n(\xi) y_m(\xi) \rho(\xi) \mathrm{d}\xi$$

由于正交关系即式(11.2.12),上式右边除 $n=m$ 的一项之外全为零,即

$$\int_a^b f(\xi) y_m(\xi) \rho(\xi) \mathrm{d}\xi = f_m \int_a^b [y_m(\xi)]^2 \rho(\xi) \mathrm{d}\xi$$

记为

$$N_m^2 = \int_a^b [y_m(\xi)]^2 \rho(\xi) \mathrm{d}\xi \tag{11.2.15}$$

式(11.2.15)的平方根 N_m 叫做 $y_m(x)$ 的**模**,于是

$$f_m = \frac{1}{N_m^2} \int_a^b f(\xi) y_m(\xi) \rho(\xi) \mathrm{d}\xi \tag{11.2.16}$$

上式即为**广义傅里叶系数的计算公式**,它在数理方程分离变量法系数计算中是很重要的。

如果本征函数的模 $N_m = 1(m=1,2,\cdots)$,就叫做归一化的本征函数。对于正交归一化的本征函数族,式(11.2.16)简化为

$$f_m = \int_a^b f(\xi) y_m(\xi) \rho(\xi) \mathrm{d}\xi \tag{11.2.17}$$

其实,对于非归一化的本征函数 $y_n(x)$,只要改用 $\dfrac{y_n(x)}{N_n}$ 作为新的本征函数就归一化了。

为了方便,常把式(11.2.12)和式(11.2.15)合并成一个式子,即

$$\int_a^b y_m(x) y_n(x) \rho(x) \mathrm{d}x = N_m^2 \delta_{mm} \tag{11.2.18}$$

其中,$\delta_{mn} = \begin{cases} 1, & n=m \\ 0, & n \neq m \end{cases}$ 是**克罗内克符号**。对于正交归一化的本征函数族,式(11.2.18)简化为

$$\int_a^b y_m(x) y_n(x) \rho(x) \mathrm{d}x = \delta_{mn} \tag{11.2.19}$$

为了应用式(11.2.16)或式(11.2.17),必须先判定本征函数族是(带权重)正交的,且能计算本征函数族的模。在特殊函数篇研究球函数和柱函数时,正交关系和模的计算非常重要。

11.2.4 复数的本征函数族

以上讨论假定本征函数是实变数的实值函数。但本征函数也可以是实变数的复值函数,如本征值方程 $\Phi'' + \lambda\Phi = 0$ 和周期边界条件构成的本征值问题,其本征函数族通常是实函数族

$$1, \cos\varphi, \cos 2\varphi, \cos 3\varphi, \cdots, \sin\varphi, \sin 2\varphi, \sin 3\varphi, \cdots \tag{11.2.20}$$

但这完全可以代之以复函数族

$$\cdots, \mathrm{e}^{-\mathrm{i}3\varphi}, \mathrm{e}^{-\mathrm{i}2\varphi}, \mathrm{e}^{-\mathrm{i}\varphi}, 1, \mathrm{e}^{\mathrm{i}\varphi}, \mathrm{e}^{\mathrm{i}2\varphi}, \mathrm{e}^{\mathrm{i}3\varphi}, \cdots \tag{11.2.21}$$

对于复数的本征函数族，为了保证模是实数，通常把模的定义修改为

$$N_m^2 = \int_a^b y_m(x) [y_m(x)]^* \rho(x) \mathrm{d}x \qquad (11.2.22)$$

其中，$[y_m(x)]^*$ 为 $y_m(x)$ 的复数共轭。正交关系也相应地修改为

$$\int_a^b y_m(x) [y_n(x)]^* \rho(x) \mathrm{d}x = 0 \qquad (11.2.23)$$

式(11.2.22)和式(11.2.23)合起来写，即

$$\int_a^b y_m(x) [y_n(x)]^* \rho(x) \mathrm{d}x = N_m^2 \delta_{mn} \qquad (11.2.24)$$

广义傅里叶系数的公式(11.2.16)对应为

$$f_m = \frac{1}{N_m^2} \int_a^b f(\xi) [y_m(\xi)]^* \rho(\xi) \mathrm{d}\xi \qquad (11.2.25)$$

11.2.5　希尔伯特空间矢量分解

本征函数、广义傅里叶级数展开，类似于矢量理论中介绍的**希尔伯特空间矢量**的分解：

$$f = c_1 e_1 + c_2 e_2 + c_3 e_3 + \cdots \qquad (11.2.26)$$

其中，f 为希尔伯特空间中的任一矢量，$e_1, e_2, e_3, \cdots$ 代表希尔伯特空间的"**基底矢量**"。

11.3　综　合　实　例

例 11.3.1　将勒让德方程化成施-刘型方程。

【解】　由施-刘型方程的标准形式

$$\frac{\mathrm{d}}{\mathrm{d}x}\left[k(x)\frac{\mathrm{d}y}{\mathrm{d}x} \right] - q(x)y + \lambda\rho(x)y = 0 \qquad (a \leqslant x \leqslant b)$$

令 $-1 < x < 1, k(x) = 1 - x^2, q(x) = 0, \rho(x) = 1$，即可将勒让德方程化为施-刘型方程

$$\frac{\mathrm{d}}{\mathrm{d}x}\left[(1 - x^2)\frac{\mathrm{d}y}{\mathrm{d}x} \right] + \lambda y = 0 \qquad (-1 < x < 1)$$

例 11.3.2　将连带勒让德方程化成施-刘型方程。

【解】　令 $-1 < x < 1, k(x) = 1 - x^2, q(x) = \dfrac{m^2}{1-x^2}, \rho(x) = 1$，即可将连带勒让德方程化为施-刘型方程：

$$\frac{\mathrm{d}}{\mathrm{d}x}\left[(1 - x^2)\frac{\mathrm{d}y}{\mathrm{d}x} \right] - \frac{m^2}{1-x^2}y + \lambda y = 0 \qquad (-1 < x < 1)$$

其中，m 是常数。

例 11.3.3　将贝塞尔方程化成施-刘型方程。

【解】　令 $0 < x < a, k(x) = x, q(x) = \dfrac{m^2}{x}, \rho(x) = x$，即可将贝塞尔方程化为施-刘型方程

$$\frac{\mathrm{d}}{\mathrm{d}x}\left[x\frac{\mathrm{d}y}{\mathrm{d}x} \right] - \frac{m^2}{x}y + \lambda x y = 0 \qquad (0 < x < a)$$

例 11.3.4　将球贝塞尔方程化成施-刘型方程。

【解】　令 $0 < x < a, k(x) = x^2, q(x) = l(l+1), \rho(x) = x^2$，即可将球贝塞尔方程转化为施-刘型方程

$$\frac{\mathrm{d}}{\mathrm{d}x}\left[x^2\frac{\mathrm{d}y}{\mathrm{d}x}\right]-l(l+1)y+\lambda x^2y=0 \quad (0<x<a)$$

小　结

本章主要介绍了二阶常微分方程的幂级数解法,包括:

1. 常点邻域上的幂级数解法

以 l 阶勒让德方程

$$\frac{\mathrm{d}}{\mathrm{d}x}\left[(1-x^2)\frac{\mathrm{d}y}{\mathrm{d}x}\right]+l(l+1)y=0$$

的级数解法进行了讨论,给出了勒让德方程的解。具体描述为:

① 当 l 不是整数时,勒让德方程在区间 $[-1,1]$ 上无有界的解。

② 当 $l=n$ 为整数时,勒让德方程的通解为 $y(x)=c_1\mathrm{P}_n(x)+c_2\mathrm{Q}_n(x)$,其中 $\mathrm{P}_n(x)$ 称为第一类勒让德函数(即勒让德多项式),$\mathrm{Q}_n(x)$ 称为第二类勒让德函数。

当 $l=n$ 为整数且要求在自然边界条件下求解时,勒让德方程的解只有第一类勒让德函数即勒让德多项式 $\mathrm{P}_n(x)$。因第二类勒让德函数 $\mathrm{Q}_n(x)$ 在闭区间 $[-1,1]$ 上是无界的。

第一类勒让德多函数为

$$\mathrm{P}_l(x)=\sum_{k=0}^{\left[\frac{l}{2}\right]}(-1)^k\frac{(2l-2k)!}{2^lk!(l-k)!(l-2k)!}x^{l-2k}$$

第二类勒让德函数为

$$\mathrm{Q}_l=\mathrm{P}_l(x)\int\frac{\mathrm{d}x}{(1-x^2)[p_l(x)]^2}$$

2. 奇点邻域的级数解法

ν 阶贝塞尔方程 $x^2\dfrac{\mathrm{d}^2y}{\mathrm{d}x^2}+x\dfrac{\mathrm{d}y}{\mathrm{d}x}+(x^2-\nu^2)y=0$ 的通解:

① 若 $\nu\neq n$,即 ν 不取整数时,通解可表示为 $y=A\mathrm{J}_\nu(x)+B\mathrm{J}_{-\nu}(x)$。

② 不论 ν 是否为整数,通解都可表示为 $y=A\mathrm{J}_\nu(x)+B\mathrm{N}_\nu(x)$($A$ 和 B 为任意常数,ν 为任意实数)。

其中,$\mathrm{J}_\nu(x)$ 称为 ν 阶第一类贝塞尔函数,定义为

$$\mathrm{J}_\nu(x)=\sum_{m=0}^{\infty}(-1)^m\frac{x^{\nu+2m}}{2^{\nu+2m}m!\,\Gamma(\nu+m+1)} \quad (\nu\geq0)$$

第二类贝塞尔函数(又称为诺依曼函数)定义为

$$\mathrm{N}_\nu(x)=\frac{\cos(\nu\pi)\mathrm{J}_\nu(x)-\mathrm{J}_{-\nu}(x)}{\sin(\nu\pi)}$$

3. 施图姆-刘维尔本征值问题

① 施图姆-刘维尔型方程: $\dfrac{\mathrm{d}}{\mathrm{d}x}\left[k(x)\dfrac{\mathrm{d}y}{\mathrm{d}x}\right]-q(x)y+\lambda\rho(x)y=0 \quad (a\leq x\leq b)$

② 施图姆-刘维尔本征值问题的性质。

③ 广义傅里叶级数，广义傅里叶系数。对于 $f(x) = \sum\limits_{n=1}^{\infty} f_n y_n(x)$ ，右边的级数称为广义傅里叶级数，系数 $f_n(n=1,2\cdots)$ 叫做 $f(x)$ 的广义傅里叶系数，函数族 $y_n(x),(n=1,2\cdots)$ 叫做这级数展开的基。

广义傅里叶系数的计算公式：$f_m = \dfrac{1}{N_m^2} \displaystyle\int_a^b f(\xi) y_m(\xi) \rho(\xi) \,\mathrm{d}\xi$

④ 复数的本征函数族。

⑤ 希尔伯特空间矢量分解。

习　题　11

11.1　将下列二阶线性常微分方程化成施-刘型方程的形式。

(1) 超几何级数微分方程(高斯方程)
$$x(x-1)y'' + [(1+\alpha+\beta)x - \gamma]y' + \alpha\beta y = 0$$

(2) 汇合超几何级数微分方程
$$xy'' + (\gamma - x)y' - ay = 0$$

11.2　求解下列本征值问题，并证明各题中不同的本征函数相互正交，并求出模的平方。

(1) $\begin{cases} X''(x) + \lambda X(x) = 0 \\ X(a) = 0 = X(b) \end{cases}$
(2) $\begin{cases} X''(x) + \lambda X(x) = 0 \\ X(a) = 0, X(l) + hX'(l) = 0 \end{cases}$

计算机仿真编程实践

11.3　利用计算机仿真验证习题 11.2 的本征函数的正交性，并求出其模。

第 12 章　格林函数法

格林函数又称为点源影响函数,是数学物理中的一个重要概念。格林函数代表一个点源在一定的边界条件下和初始条件下所产生的场,知道了点源的场,就可以用叠加的方法计算出任意源所产生的场。

格林函数法是解数学物理方程的常用方法之一,不仅限于解稳态的边值问题,而且也用来解非稳态的边值问题或混合问题。这种方法也广泛用于解各类非齐次定解问题。

12.1　格林公式

设 $u(r)$ 和 $v(r)$ 在区域 T 及其边界 Σ 上具有连续一阶导数,而且在 T 中具有连续二阶导数,应用矢量分析的高斯定理

$$\oiint_{\Sigma} \boldsymbol{A} \cdot \mathrm{d}\boldsymbol{S} = \iiint_{T} \nabla \cdot \boldsymbol{A} \mathrm{d}V \tag{12.1.1}$$

将对曲面 Σ 的积分化为体积分

$$\oiint_{\Sigma} u \nabla v \cdot \mathrm{d}\boldsymbol{S} = \iiint_{T} \nabla \cdot (u \nabla v) \mathrm{d}V = \iiint_{T} u\Delta v \mathrm{d}V + \iiint_{T} \nabla u \cdot \nabla v \mathrm{d}V \tag{12.1.2}$$

上式称为**第一格林公式**。同理,有

$$\oiint_{\Sigma} v \nabla u \cdot \mathrm{d}\boldsymbol{S} = \iiint_{T} \nabla \cdot (v \nabla u) \boldsymbol{\mathrm{d}V} = \iiint_{T} v\Delta u \mathrm{d}V + \iiint_{T} \nabla v \cdot \nabla u \mathrm{d}V \tag{12.1.3}$$

式(12.1.2)和式(12.1.3)相减得到

$$\oiint_{\Sigma} (u \nabla v - v \nabla u) \cdot \mathrm{d}\boldsymbol{S} = \iiint_{T} (u\Delta v - v\Delta u) \mathrm{d}V$$

进一步改写为

$$\oiint_{\Sigma} \left(u \frac{\partial v}{\partial n} - v \frac{\partial u}{\partial n} \right) \mathrm{d}S = \iiint_{T} (u\Delta v - v\Delta u) \mathrm{d}V \tag{12.1.4}$$

$\dfrac{\partial}{\partial n}$ 表示沿边界 Σ 的外法向偏导数。式(12.1.4)称为**第二格林公式**。

12.2　解泊松方程的格林函数法

现在我们讨论具有一定边界条件的泊松方程的定解问题。若泊松方程是
$$\Delta u(\boldsymbol{r}) = -f(\boldsymbol{r}) \tag{12.2.1}$$
边值条件是

$$\left[\alpha u + \beta \frac{\partial u}{\partial n} \right]_{\Sigma} = \varphi(\boldsymbol{r}_{\Sigma}) \tag{12.2.2}$$

根据前面定解条件的讨论:对第一、第二、第三类边界条件已经进行了统一描述,其中 $\varphi(\boldsymbol{r}_{\Sigma})$ 是区域边界 Σ 上给定的函数;若 $\alpha \neq 0, \beta = 0$,则为第一类边界条件;若 $\alpha = 0, \beta \neq 0$,则为第二类边界条件;若 α 和 β 均不等于零,则为第三类边界条件。

下面我们来讨论典型的泊松方程(三维稳定分布)边值问题

$$\begin{cases} \Delta u(\boldsymbol{r}) = -f(\boldsymbol{r}) \\ \left[\alpha u + \beta \dfrac{\partial u}{\partial n} \right]_{\Sigma} = \varphi(\boldsymbol{r}_{\Sigma}) \end{cases} \qquad (12.2.3)$$

符号 $\dfrac{\partial}{\partial n}$ 表示边界面 Σ 上沿界面外法线方向的偏导数。

为了求解定解问题(12.2.3)，我们可以定义一个与此定解问题相应的格林函数 $G(\boldsymbol{r}, \boldsymbol{r}_0)$，它满足如下定解问题，边值条件可以是第一、二、三类条件：

$$\begin{cases} \Delta G(\boldsymbol{r}, \boldsymbol{r}_0) = -\delta(\boldsymbol{r} - \boldsymbol{r}_0) \\ \left[\alpha G + \beta \dfrac{\partial G}{\partial n} \right]_{\Sigma} = 0 \end{cases} \qquad (12.2.4)$$

其中，$\delta(\boldsymbol{r} - \boldsymbol{r}_0)$ 代表三维空间变量的 δ 函数，在直角坐标系中其形式为

$$\delta(\boldsymbol{r} - \boldsymbol{r}_0) = \delta(x - x_0)\delta(y - y_0)\delta(z - z_0)$$

其中，δ 函数前取负号是为了以后构建格林函数方便。

格林函数的物理意义：在物体内部(T 内)$\boldsymbol{r}_0$ 处放置一个单位点电荷(或热源)，而该物体的界面保持电位为零(或温度为零)，那么该点电荷(或该点热源)在物体内产生的电势分布(或稳定温度分布)，就是定解问题(12.2.4)的解——格林函数。

格林函数互易定理：正因为格林函数 $G(\boldsymbol{r}, \boldsymbol{r}_0)$ 代表 $\boldsymbol{r}_0$ 处的脉冲(或点源)在 $\boldsymbol{r}$ 处所产生的影响(或所产生的场)，所以它只能是距离 $|\boldsymbol{r} - \boldsymbol{r}_0|$ 的函数。这一点也可以从定解问题(12.2.4)的形式看出来，故它应该遵守如下的互易定理：

$$G(\boldsymbol{r}, \boldsymbol{r}_0) = G(\boldsymbol{r}_0, \boldsymbol{r}) \qquad (12.2.5)$$

上述定理表明，位于 $\boldsymbol{r}_0$ 处的脉冲(或点源)在一定边界条件下在 $\boldsymbol{r}$ 处所产生的影响(或场)，等效于把脉冲(或点源)移至 $\boldsymbol{r}$ 处在同样的边界条件下在 $\boldsymbol{r}_0$ 处所产生的影响(或场)，即物理场的互易性。

根据格林公式(12.1.4)，令 $v = G(\boldsymbol{r}, \boldsymbol{r}_0)$，得到

$$\oiint_{\Sigma} \left[u(\boldsymbol{r}) \frac{\partial G}{\partial n} - G \frac{\partial u(\boldsymbol{r})}{\partial n} \right] \cdot \mathrm{d}S = \iiint_{T} \left[u(\boldsymbol{r})\Delta G - G\Delta u(\boldsymbol{r}) \right] \mathrm{d}V \qquad (12.2.6)$$

即

$$\oiint_{\Sigma} \left[G \frac{\partial u}{\partial n} - u(\boldsymbol{r}) \frac{\partial G}{\partial n} \right] \cdot \mathrm{d}S = \iiint_{T} (G\Delta u(\boldsymbol{r}) - u(\boldsymbol{r})\Delta G) \mathrm{d}V$$

$$= \iiint_{T} \left[G \cdot (-f(\boldsymbol{r})) + u(\boldsymbol{r})\delta(\boldsymbol{r} - \boldsymbol{r}_0) \right] \mathrm{d}V \qquad (12.2.7)$$

根据 δ 函数性质，有 $\iiint_{T} \left[u(\boldsymbol{r})\delta(\boldsymbol{r} - \boldsymbol{r}_0) \right] \mathrm{d}V = u(\boldsymbol{r}_0)$，故 $\qquad\qquad (12.2.8)$

$$u(\boldsymbol{r}_0) = \iiint_{T} G(\boldsymbol{r}, \boldsymbol{r}_0)f(\boldsymbol{r})\mathrm{d}V + \oiint_{\Sigma} \left[G(\boldsymbol{r}, \boldsymbol{r}_0) \frac{\partial u(\boldsymbol{r})}{\partial n} - u(\boldsymbol{r}) \frac{\partial G(\boldsymbol{r}, \boldsymbol{r}_0)}{\partial n} \right] \mathrm{d}S \qquad (12.2.9)$$

式(12.2.9)称为**泊松方程的基本积分公式**。

式(12.2.9)的物理解释是困难的。因为式(12.2.9)左边 $u(\boldsymbol{r}_0)$ 表明观察点在 $\boldsymbol{r}_0$ 处，而右边积分中的 $f(\boldsymbol{r})$ 表示源在 $\boldsymbol{r}$ 处，可是格林函数 $G(\boldsymbol{r}, \boldsymbol{r}_0)$ 所代表的是 $\boldsymbol{r}_0$ 的点源在观察点 $\boldsymbol{r}$ 处所产生的场。根据前面介绍的格林函数满足**互易定理**(或互易性)，有 $G(\boldsymbol{r}, \boldsymbol{r}_0) = G(\boldsymbol{r}_0, \boldsymbol{r})$，将式(12.2.9)的 $\boldsymbol{r}$ 与 $\boldsymbol{r}_0$ 对调，并利用格林函数的对称性则得到

$$u(\boldsymbol{r}) = \iiint_{T_0} G(\boldsymbol{r}, \boldsymbol{r}_0)f(\boldsymbol{r}_0)\mathrm{d}V_0 + \oiint_{\Sigma_0} \left[G(\boldsymbol{r}, \boldsymbol{r}_0) \frac{\partial u(\boldsymbol{r}_0)}{\partial n_0} - u(\boldsymbol{r}_0) \frac{\partial G(\boldsymbol{r}, \boldsymbol{r}_0)}{\partial n_0} \right] \mathrm{d}S_0 \qquad (12.2.10)$$

式(12.2.10)称为互易后的**泊松方程基本积分公式**,与式(12.2.9)形式上是类似的,但其物理意义更加直观。

式(12.2.9)中的第一个积分是在区域 T 中进行体积分,第二个积分是在边界面上进行面积分。能否用式(12.2.9)来解决边值问题(12.2.3)呢? 根据泊松积分公式,需要同时知道 u 和 $\dfrac{\partial u}{\partial n}$ 在边界 $\sum$ 上的值,后面的面积分才较为容易得出。从第一边值问题只能知道 u 在边界上的值;在第二边界条件中,已知的只是 $\dfrac{\partial u}{\partial n}$ 在边界上的值;在第三边界条件中,已知的是 u 和 $\dfrac{\partial u}{\partial n}$ 的一个线性关系在边界上的值。三类边界条件均未同时给出 u 和 $\dfrac{\partial u}{\partial n}$ 在边界 $\sum$ 上的值,因此还不能直接利用式(12.2.9)来解三类边值问题。

但是,当我们对格林函数 $G(\boldsymbol{r},\boldsymbol{r}_0)$ 提出适当的边值条件时,则上述困难就解决了。

通过上面解的形式即式(12.2.9),我们容易观察出引用格林函数的目的:使一个非齐次方程(12.2.1)与任意边值问题(12.2.2)所构成的定解问题转化为求解一个特定的边值问题(12.2.4)。一般后者的解容易求得,通过式(12.2.9)即可求出方程(12.2.1)和方程(12.2.2)定解问题的解。

为了深入理解基本积分公式(12.2.9)及其应用,现讨论格林函数所满足的边界条件:

(1) 第一类边值问题

$$\begin{cases} \Delta u(\boldsymbol{r}) = -f(\boldsymbol{r}) \\ u\big|_{\sum} = \varphi(\boldsymbol{r}_{\sum}) \end{cases} \tag{12.2.11}$$

相应的格林函数 $G(\boldsymbol{r},\boldsymbol{r}_0)$ 是下列问题的解:

$$\begin{cases} \Delta G(\boldsymbol{r},\boldsymbol{r}_0) = -\delta(\boldsymbol{r}-\boldsymbol{r}_0) \\ G(\boldsymbol{r},\boldsymbol{r}_0)\big|_{\sum} = 0 \end{cases} \tag{12.2.12}$$

考虑到格林函数的齐次边界条件,由公式(12.2.9)可得**第一类边值问题的解**

$$u(\boldsymbol{r}_0) = \iiint_T G(\boldsymbol{r},\boldsymbol{r}_0)f(\boldsymbol{r})\mathrm{d}V - \oiint_{\sum} \varphi(\boldsymbol{r})\frac{\partial G(\boldsymbol{r},\boldsymbol{r}_0)}{\partial n}\mathrm{d}S \tag{12.2.13}$$

由式(12.2.13)中的 $\boldsymbol{r}$ 与 $\boldsymbol{r}_0$ 对调,并利用格林函数的互易性和边值条件得到另一形式的**第一类边值问题的解**

$$u(\boldsymbol{r}) = \iiint_{T_0} G(\boldsymbol{r},\boldsymbol{r}_0)f(\boldsymbol{r}_0)\mathrm{d}V_0 - \oiint_{\sum_0} \varphi(\boldsymbol{r}_0)\frac{\partial G(\boldsymbol{r},\boldsymbol{r}_0)}{\partial n_0}\mathrm{d}S_0 \tag{12.2.14}$$

(2) 第二类边值问题

$$\begin{cases} \Delta u(\boldsymbol{r}) = -f(\boldsymbol{r}) \\ \dfrac{\partial u}{\partial n}\bigg|_{\sum} = \varphi(\boldsymbol{r}_p) \end{cases} \tag{12.2.15}$$

相应的格林函数 $G(\boldsymbol{r},\boldsymbol{r}_0)$ 是下列问题的解:

$$\begin{cases} \Delta G(\boldsymbol{r},\boldsymbol{r}_0) = -\delta(\boldsymbol{r}-\boldsymbol{r}_0) \\ \dfrac{\partial G(\boldsymbol{r},\boldsymbol{r}_0)}{\partial n}\bigg|_{\sum} = 0 \end{cases} \tag{12.2.16}$$

由公式(12.2.9)可得**第二类边值问题的解**

$$u(\boldsymbol{r}_0) = \iiint_T G(\boldsymbol{r},\boldsymbol{r}_0)f(\boldsymbol{r})\mathrm{d}V + \oiint_{\sum} \varphi(\boldsymbol{r})G(\boldsymbol{r},\boldsymbol{r}_0)\mathrm{d}S \tag{12.2.17}$$

实际上,在静电场边值问题中,遇到的大部分问题都是第一类、第三类边值问题,而第二类边值问题涉及不多。

(3) 第三类边值问题

$$\begin{cases} \Delta u(\boldsymbol{r}) = -f(\boldsymbol{r}) \\ \left[\alpha u + \beta \dfrac{\partial u}{\partial n} \right]_{\Sigma} = \varphi(\boldsymbol{r}_p) \end{cases} \tag{12.2.18}$$

相应的格林函数 $G(\boldsymbol{r}, \boldsymbol{r}_0)$ 是下列问题的解:

$$\begin{cases} \Delta G(\boldsymbol{r}, \boldsymbol{r}_0) = -\delta(\boldsymbol{r} - \boldsymbol{r}_0) \\ \left[\alpha G + \beta \dfrac{\partial G(\boldsymbol{r}, \boldsymbol{r}_0)}{\partial n} \right]_{\Sigma} = 0 \end{cases} \tag{12.2.19}$$

由式(12.2.18)的边值条件,两边同乘以格林函数 G,得

$$G \left[\alpha u + \beta \frac{\partial u}{\partial n} \right]_{\Sigma} = G\varphi(\boldsymbol{r}_p)$$

式(12.2.19)的边值条件的两边同乘以函数 u,得

$$u \left[\alpha G + \beta \frac{\partial G}{\partial n} \right]_{\Sigma} = 0$$

相减得到

$$\beta \left[G \frac{\partial u}{\partial n} - u \frac{\partial G}{\partial n} \right]_{\Sigma} = G\varphi$$

代入式(12.2.9),得到第三类边值问题的解

$$u(\boldsymbol{r}_0) = \iiint_T G(\boldsymbol{r}, \boldsymbol{r}_0) f(\boldsymbol{r}) \, \mathrm{d}V + \frac{1}{\beta} \oiint_{\Sigma} \varphi(\boldsymbol{r}) G(\boldsymbol{r}, \boldsymbol{r}_0) \, \mathrm{d}S \tag{12.2.20}$$

将式(12.2.20)的 $\boldsymbol{r}$ 与 $\boldsymbol{r}_0$ 对调,并利用格林函数的互易性则得到

$$u(\boldsymbol{r}) = \iiint_{T_0} G(\boldsymbol{r}, \boldsymbol{r}_0) f(\boldsymbol{r}_0) \, \mathrm{d}V_0 + \frac{1}{\beta} \oiint_{\Sigma_0} \varphi(\boldsymbol{r}_0) G(\boldsymbol{r}, \boldsymbol{r}_0) \, \mathrm{d}S_0 \tag{12.2.21}$$

这就是**第三边值问题解的积分表示式**。

这样一来,式(12.2.14)和式(12.2.21)的物理意义就很清楚了:右边第一个积分表示区域 T 中分布的源 $f(\boldsymbol{r}_0)$ 在 $\boldsymbol{r}$ 点产生的场的总和;第二个积分则代表边界上的状况对 $\boldsymbol{r}$ 点场的影响的总和。两项积分中的格林函数相同,这正说明泊松方程的格林函数是点源在一定的边界条件下所产生的场。

特别地,对于拉普拉斯方程,即对于式(12.2.3)右边的 $f(\boldsymbol{r}_0) = 0$ 恒成立。此情况下,令式(12.2.14)和式(12.2.21)右边的体积分值等于零,便得到拉普拉斯方程的**第一边值问题的解**

$$u(\boldsymbol{r}) = -\oiint_{\Sigma_0} \left[\varphi(\boldsymbol{r}_0) \frac{\partial G(\boldsymbol{r}, \boldsymbol{r}_0)}{\partial n_0} \right] \mathrm{d}S_0 \tag{12.2.22}$$

拉普拉斯方程的**第三边值问题的解**为

$$u(\boldsymbol{r}) = \frac{1}{\beta} \oiint_{\Sigma_0} \varphi(\boldsymbol{r}_0) G(\boldsymbol{r}, \boldsymbol{r}_0) \, \mathrm{d}S_0 \tag{12.2.23}$$

12.3 无界空间的格林函数基本解

12.2 节所讨论的都是有界区域的边值问题,本节主要讨论无界区域的格林函数和基本解的情况。在这种情形下,式(12.2.10)中的面积分应为零,故

$$u(\boldsymbol{r}) = \iiint_{T_0} G(\boldsymbol{r}, \boldsymbol{r}_0) f(\boldsymbol{r}_0) \mathrm{d}V_0 \tag{12.3.1}$$

选取 $u(\boldsymbol{r})$ 和 $G(\boldsymbol{r}, \boldsymbol{r}_0)$ 分别满足下列方程

$$\Delta u(\boldsymbol{r}) = -f(\boldsymbol{r}) \tag{12.3.2}$$

$$\Delta G(\boldsymbol{r}, \boldsymbol{r}_0) = -\delta(\boldsymbol{r} - \boldsymbol{r}_0) \tag{12.3.3}$$

为了求出方程(12.3.3)中的格林函数 $G(\boldsymbol{r}, \boldsymbol{r}_0)$,具体讨论如下:

12.3.1 三维球对称情形

对于三维球对称情形,我们选取 $\boldsymbol{r}_0$ 的矢端为坐标原点(即取 $\boldsymbol{r}_0 = 0$),任作一球,再对式(12.3.3)两边在球内积分,则

$$\iiint_T \Delta G(\boldsymbol{r}, 0) \mathrm{d}V = - \iiint_T \delta(\boldsymbol{r}) \mathrm{d}V \tag{12.3.4}$$

由于

$$\iiint_T \delta(\boldsymbol{r}) \mathrm{d}V = 1 \tag{12.3.5}$$

并利用式(12.1.1)得到

$$\iiint_T \Delta G(\boldsymbol{r}, 0) \mathrm{d}V = \iiint_T \nabla \cdot \nabla G(\boldsymbol{r}, 0) \mathrm{d}V = \oiint_S \nabla G(\boldsymbol{r}, 0) \mathrm{d}\boldsymbol{S}$$

$$= \oiint_S \frac{\partial G}{\partial r} r^2 \sin\theta \mathrm{d}\theta \mathrm{d}\varphi \tag{12.3.6}$$

故

$$\oiint_S \frac{\partial G}{\partial r} r^2 \sin\theta \mathrm{d}\theta \mathrm{d}\varphi = \iiint_T \Delta G(\boldsymbol{r}, 0) \mathrm{d}V = -1$$

要使上式恒成立,有

$$4\pi r^2 \frac{\partial G(\boldsymbol{r}, 0)}{\partial r} = -1, \quad G(\boldsymbol{r}, 0) = \frac{1}{4\pi r} + c$$

式中的积分常数 c 可以这样来决定:当 $r \to \infty$ 时,$G \to 0$,因此 $c = 0$,故得到

$$G(\boldsymbol{r}, 0) = \frac{1}{4\pi r}$$

三维无界球对称情形的格林函数可以选取为

$$G(\boldsymbol{r}, \boldsymbol{r}_0) = \frac{1}{4\pi |\boldsymbol{r} - \boldsymbol{r}_0|} \tag{12.3.7}$$

将式(12.3.7)代入式(12.3.1),得到三维无界区域问题的解为

$$u(\boldsymbol{r}) = \frac{1}{4\pi} \iiint_{T_0} \frac{f(\boldsymbol{r}_0)}{|\boldsymbol{r} - \boldsymbol{r}_0|} \mathrm{d}V_0 \tag{12.3.8}$$

式(12.3.8)正是我们所熟知的静电场的电位表达式。

12.3.2 二维轴对称情形

对于二维轴对称的情形,只需用单位长的圆柱体来代替上一情形中的球就可以了。现在积分是在单位长的圆柱体内进行的,即

$$\iiint_T \Delta G(\boldsymbol{r}, 0) \mathrm{d}V = - \iiint_T \delta(\boldsymbol{r}) \mathrm{d}V$$

同时

$$\iiint_T \delta(\boldsymbol{r}) \mathrm{d}V = 1$$

$$\iiint_T \Delta G(\boldsymbol{r},0) \mathrm{d}V = \iiint_T \nabla \cdot \nabla G(\boldsymbol{r},0) \mathrm{d}V = \oiint_S \nabla G(\boldsymbol{r},0) \cdot \mathrm{d}\boldsymbol{S}$$

由于 $\nabla G = \dfrac{\partial G}{\partial r} \boldsymbol{e}_r$，$\nabla G$ 只是垂直于轴且向外的分量，所以上式在圆柱体上、下底的面积分为零，只剩下沿侧面的积分，即

$$\iint \frac{\partial G}{\partial r} r \mathrm{d}\varphi \mathrm{d}z = -\iiint_T \delta(\boldsymbol{r}) \mathrm{d}V = -1$$

由于我们选取的圆柱高度为单位长，则很容易得到下面的结果

$$\frac{\partial G}{\partial r} = -\frac{1}{2\pi r}$$

$$G(\boldsymbol{r},0) = \frac{1}{2\pi} \ln \frac{1}{r} + c$$

为了简单，令积分常数为 0，得到

$$G(\boldsymbol{r},0) = \frac{1}{2\pi} \ln \frac{1}{r}$$

因此二维轴对称情形的格林函数为

$$G(\boldsymbol{r},\boldsymbol{r}_0) = \frac{1}{2\pi} \ln \frac{1}{|\boldsymbol{r}-\boldsymbol{r}_0|} \tag{12.3.9}$$

将式(12.3.9)代入式(12.3.1)，得到二维无界区域的解为

$$u(\boldsymbol{r}) = \frac{1}{2\pi} \iint_{s0} f(\boldsymbol{r}_0) \ln \frac{1}{|\boldsymbol{r}-\boldsymbol{r}_0|} \mathrm{d}S_0$$

12.4　用电像法确定格林函数

根据前面的讨论我们看出，第一、三类边值问题尽管解在形式上表示得非常紧凑，但用格林函数法求解的主要困难还在于如何确定格林函数本身。

对于一个具体的定解问题，需要寻找一个合适的格林函数，而这个合适的格林函数的选取又与坐标的形式、边界条件以及定解问题的定义(即是否有限、半无限或无限)等相关。为了求解的方便，对一些典型问题我们给出构建格林函数的方法。

定义 12.4.1　电像法　首先我们来考虑这样一个具体的物理模型：设在一接地导体球内的点 M_0 放置一个单位正电荷，求在体内的电势分布，并满足边界条件为零。显然，对于第一类边值问题，其格林函数可定义为下列定解问题的解

$$\begin{cases} \Delta G(\boldsymbol{r},\boldsymbol{r}_0) = -\delta(\boldsymbol{r}-\boldsymbol{r}_0) \\ G(\boldsymbol{r},\boldsymbol{r}_0) \big|_\Sigma = 0 \end{cases} \tag{12.4.1}$$

根据静电学知识，为了满足边界条件：电势为零，所以还得在边界外的像点(或对称点)放置一个合适的负电荷，这样才能使这两个电荷在界面上产生的电势之和为零。

由于这种方法是基于静电学的镜像原理来构建格林函数的，所以这种构建方法称为**电像法**(也称为**镜像法**)。下面我们分别以 3 种典型的情况来具体说明格林函数的构建方法，主要说明如何在边界外像点(或对称点)位置放置适当的电荷，以满足边界条件，并由此构建各种典型情况的格林函数。以后求解时，可以直接利用基本格林函数公式求解。

12.4.1　上半平面区域第一边值问题的格林函数构建方法

1. 拉普拉斯方程的第一边值问题求解

构建物理模型：若在 $M_0(x_0,y_0)$ 处放置一正单位点电荷，根据电像法（以边界为对称轴），则虚设的负单位点电荷应该在 $M_1(x_0,-y_0)$ 处。于是，很容易得到这两点电荷在 xOy 的上半平面的电位分布，也就是本问题的格林函数，即

$$G(\boldsymbol{r},\boldsymbol{r}_0)=\frac{1}{2\pi}\ln\frac{1}{|\boldsymbol{r}-\boldsymbol{r}_0|}-\frac{1}{2\pi}\ln\frac{1}{|\boldsymbol{r}-\boldsymbol{r}_1|}$$

$$G(x,y\,|\,x_0,y_0)=\frac{1}{2\pi}\ln\frac{1}{\sqrt{(x-x_0)^2+(y-y_0)^2}}-\frac{1}{2\pi}\ln\frac{1}{\sqrt{(x-x_0)^2+(y+y_0)^2}}$$

$$=\frac{1}{4\pi}\ln\left[\frac{(x-x_0)^2+(y+y_0)^2}{(x-x_0)^2+(y-y_0)^2}\right] \tag{12.4.2}$$

说明：因格林函数内部的变量太多，故可用竖线分开，如 $G(x,y\,|\,x_0,y_0)$，以后不再声明。

容易验证，根据上述方法构建的格林函数满足在边界处为零的第一边值条件。根据上述物理模型可求解下列定解问题。

例 12.4.1　定解问题　在上半平面 $y>0$ 内求解拉普拉斯方程的第一边值问题。

$$\begin{cases} u_{xx}+u_{yy}=0,\,(y>0) \\ u\,|_{y=0}=\varphi(x) \end{cases}$$

【解】　根据第一边值问题，构建的格林函数满足

$$\Delta_2 G=G_{xx}+G_{yy}=-\delta(x-x_0)\delta(y-y_0)$$

$$G\,|_{y=0}=0$$

分别在 (x_0,y_0) 和 $(x_0,-y_0)$ 处放置于一正、一负两个点电荷（或点源），可构建格林函数为

$$G(x,y\,|\,x_0,y_0)=\frac{1}{4\pi}\ln\left[\frac{(x-x_0)^2+(y+y_0)^2}{(x-x_0)^2+(y-y_0)^2}\right]$$

注意到边界外法线方向为负轴，故有

$$\frac{\partial G}{\partial n}\Big|_{\Sigma}=-\frac{\partial G}{\partial y}\Big|_{y=0}=-\frac{1}{2\pi}\cdot\frac{y_0}{(x-x_0)^2+y_0^2}-\frac{1}{2\pi}\cdot\frac{y_0}{(x-x_0)^2+y_0^2}=-\frac{1}{\pi}\frac{y_0}{(x-x_0)^2+y_0^2}$$

代入到拉普拉斯第一边值问题解的公式（12.2.13），并注意到拉普拉斯方程的自由项 $f=0$，则

$$u(\boldsymbol{r}_0)=\iiint_T G(\boldsymbol{r},\boldsymbol{r}_0)f(\boldsymbol{r})\,\mathrm{d}V-\oiint_{\Sigma}\varphi(\boldsymbol{r})\frac{\partial G(\boldsymbol{r},\boldsymbol{r}_0)}{\partial n}\mathrm{d}S$$

故

$$u(x_0,y_0)=\frac{y_0}{\pi}\int_{-\infty}^{+\infty}\frac{\varphi(x)}{(x-x_0)^2+y_0^2}\mathrm{d}x \tag{12.4.3}$$

或代入拉普拉斯方程的第一边值问题的解公式（12.2.22）

$$u(\boldsymbol{r})=-\oiint_{\Sigma_0}\varphi(\boldsymbol{r}_0)\frac{\partial G(\boldsymbol{r},\boldsymbol{r}_0)}{\partial n_0}\mathrm{d}S_0$$

得到

$$u(x,y)=\frac{y}{\pi}\int_{-\infty}^{+\infty}\frac{\varphi(x_0)}{(x-x_0)^2+y^2}\mathrm{d}x_0 \tag{12.4.4}$$

式(12.4.3)或式(12.4.4)称为上半平面的拉普拉斯积分公式。

根据互易性容易看出,上述两种形式即式(12.4.3)和式(12.4.4)实质上是一样的。

2. 泊松方程的第一边值问题求解

上面讨论的是拉普拉斯方程的格林函数求解,下面讨论泊松方程的格林函数解法。

例12.4.2　求解定解问题:

$$\begin{cases} u_{xx}+u_{yy}=-f(x,y), & -\infty<x<+\infty,y>0 \\ u(x,0)=\varphi(x), & -\infty<x<+\infty,y=0 \end{cases}$$

【解】　根据第一类边值问题的解公式(12.2.14)并考虑二维情形,得到

$$u(x,y)=\int_{-\infty}^{+\infty}\int_{0}^{+\infty}G(x,y\mid x_0,y_0)f(x_0,y_0)\mathrm{d}x_0\mathrm{d}y_0-\int_{-\infty}^{+\infty}\varphi(x_0)\frac{\partial G(\boldsymbol{r},\boldsymbol{r}_0)}{\partial n_0}\bigg|_{y_0=0}\mathrm{d}x_0$$

$$(12.4.5)$$

上式中的第一项是面积分,第二项是线积分。根据半平面区域第一类边值问题的格林函数即式(12.4.2),得到

$$G(x,y\mid x_0,y_0)=\frac{1}{4\pi}\ln\left[\frac{(x-x_0)^2+(y+y_0)^2}{(x-x_0)^2+(y-y_0)^2}\right] \tag{12.4.6}$$

因为边界上的法线为负y轴,故

$$\frac{\partial G}{\partial n}\bigg|_{\Sigma}=-\frac{\partial G}{\partial y}\bigg|_{y=0}=-\frac{y_0}{\pi\left[(x-x_0)^2+y_0^2\right]} \tag{12.4.7}$$

将式(12.4.6)和式(12.4.7)代入式(12.4.5),得到泊松方程在半平面区域第一边值问题的解

$$u(x,y)=\frac{1}{4\pi}\int_{-\infty}^{+\infty}\int_{0}^{+\infty}\ln\left[\frac{(x-x_0)^2+(y+y_0)^2}{(x-x_0)^2+(y-y_0)^2}\right]f(x_0,y_0)\mathrm{d}x_0\mathrm{d}y_0+\frac{1}{\pi}\int_{-\infty}^{+\infty}\frac{y\varphi(x_0)}{(x-x_0)^2+y^2}\mathrm{d}x_0$$

显然,若$f(x_0,y_0)=0$,上式退化为拉普拉斯方程第一边值问题的解。

12.4.2　上半空间内求解拉普拉斯方程的第一边值问题

物理模型: 考虑一个接地导体平面$z=0$上方的电势,在上空间$M_0(x_0,y_0,z_0)$处放置正电荷ε_0。设想在M_0的对称点(关于边界)$M_1(x_0,y_0,-z_0)$处放置电量$-\varepsilon_0$的点电荷。不难验证,在两个点电荷的电场中,在平面$z=0$上满足电势为零的条件。因此得到对应的定解问题和格林函数满足的定解问题。

例12.4.3　在上半空间$z>0$内求解拉普拉斯方程的第一边值问题

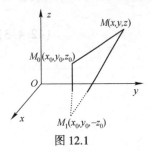

图 12.1

$$u_{xx}+u_{yy}+u_{zz}=0 \qquad (z>0)$$
$$u\mid_{z=0}=\varphi(x,y)$$

【解】　构建格林函数$G(x,y,z\mid x_0,y_0,z_0)$满足

$$\begin{cases} \Delta G=-\delta(x-x_0)\delta(y-y_0)\delta(z-z_0) \\ G\mid_{z=0}=0 \end{cases}$$

根据物理模型和无界区域的格林函数可以构建为

$$G(\boldsymbol{r},\boldsymbol{r}_0)=\frac{1}{4\pi\mid\boldsymbol{r}-\boldsymbol{r}_0\mid}-\frac{1}{4\pi\mid\boldsymbol{r}-\boldsymbol{r}_1\mid}$$

即

$$G(\boldsymbol{r},\boldsymbol{r}_0)=\frac{1}{4\pi\sqrt{(x-x_0)^2+(y-y_0)^2+(z-z_0)^2}}-$$

$$\frac{1}{4\pi\sqrt{(x-x_0)^2+(y-y_0)^2+(z+z_0)^2}} \tag{12.4.8}$$

为了把 $G(\boldsymbol{r},\boldsymbol{r}_0)$ 代入拉普拉斯第一边值问题的解公式（12.2.22），需要先计算 $\dfrac{\partial G}{\partial n_0}\Big|_{z_0=0}$ 即 $\dfrac{\partial G}{\partial z_0}\Big|_{z_0=0}$，因为边界外法线方向 $\boldsymbol{n}$ 为负 z 轴方向，则

$$\frac{\partial G}{\partial n_0}\Big|_{z_0=0}=-\frac{\partial G}{\partial z}\Big|_{z_0=0}$$

$$=-\frac{1}{4\pi}\left\{\frac{\partial}{\partial z_0}\left[\frac{1}{\sqrt{(x-x_0)^2+(y-y_0)^2+(z-z_0)^2}}\right]+\right.$$

$$\left.\frac{\partial}{\partial z_0}\left[\frac{1}{\sqrt{(x-x_0)^2+(y-y_0)^2+(z+z_0)^2}}\right]\right\}\Big|_{z_0=0}$$

$$=-\frac{1}{2\pi}\frac{z}{\left[(x-x_0)^2+(y-y_0)^2+z^2\right]^{3/2}}$$

代入式（12.2.22）即得到

$$u(x,y,z)=\frac{z}{2\pi}\int_{-\infty}^{+\infty}\int_{-\infty}^{+\infty}\frac{\varphi(x_0,y_0)}{\left[(x-x_0)^2+(y-y_0)^2+z^2\right]^{3/2}}\mathrm{d}x_0\mathrm{d}y_0 \tag{12.4.9}$$

这个公式叫做半空间的拉普拉斯积分。

12.4.3 圆形区域第一边值问题的格林函数构建

对于半径为 a 的圆形区域，也可以按电像法来构建格林函数。

物理模型：在圆内任选一点 $M_0(\boldsymbol{\rho}_0)$，放置一个正单位线电荷，在圆外点 $M_1(\boldsymbol{b})$ 处放置一虚设的线电荷，其线电荷密度为 λ，根据图 12.2，这两线电荷在圆内任一观察点 $P(\boldsymbol{\rho})$ 处所产生的电势为

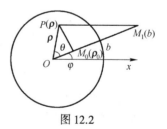

图 12.2

$$u=\frac{1}{2\pi}\ln\frac{1}{|\boldsymbol{\rho}-\boldsymbol{\rho}_0|}+\frac{\lambda}{2\pi}\ln\frac{1}{|\boldsymbol{\rho}-\boldsymbol{b}|}+c$$

当观察点 P 位于圆周上（$\rho=a$）时，应该有 $u=0$，即满足第一类齐次边值条件 $u|_\Sigma=0$，即

$$-\frac{1}{4\pi}\ln\left[a^2+\rho_0^2-2a\rho_0\cos(\theta-\varphi)\right]-\frac{\lambda}{4\pi}\ln\left[a^2+b^2-2ab\cos(\theta-\varphi)\right]+c=0$$

上式应对任何 θ 值成立，所以上式对 θ 的导数应为零，即

$$-\frac{1}{4\pi}\cdot\frac{2a\rho_0\sin(\theta-\varphi)}{a^2+\rho_0^2-2a\rho_0\cos(\theta-\varphi)}-\frac{\lambda}{4\pi}\cdot\frac{2ab\sin(\theta-\varphi)}{a^2+b^2-2ab\cos(\theta-\varphi)}=0$$

从而得到

$$\lambda b\left[a^2+\rho_0^2-2a\rho_0\cos(\theta-\varphi)\right]+\rho_0\left[a^2+b^2-2ab\cos(\theta-\varphi)\right]=0$$

要求上式对任意的 θ 值要成立，故提供了确定 λ,b 的方程

$$\begin{cases} \lambda b(a^2+\rho_0^2)+\rho_0(a^2+b^2)=0 \\ 2\lambda a\rho_0 b+2a\rho_0 b=0 \end{cases}$$

联立解得，$\lambda=-1$，$b=\dfrac{a^2}{\rho_0}$。于是圆形区域（$\rho\leqslant a$）的第一类边值问题的格林函数为

$$G(\boldsymbol{\rho},\boldsymbol{\rho}_0)=\frac{1}{2\pi}\ln\frac{1}{|\boldsymbol{\rho}-\boldsymbol{\rho}_0|}-\frac{1}{2\pi}\ln\frac{1}{\left|\boldsymbol{\rho}-\dfrac{a^2}{\boldsymbol{\rho}_0}\right|} \tag{12.4.10}$$

即

$$G(\boldsymbol{\rho},\boldsymbol{\rho}_0)=\frac{1}{4\pi}\ln\left\{\frac{\rho^2\rho_0^2+a^4-2\rho\rho_0 a^2\cos(\theta-\varphi)}{a^2[\rho^2+\rho_0^2-2\rho\rho_0\cos(\theta-\varphi)]}\right\} \tag{12.4.11}$$

其中，$\rho=\sqrt{x^2+y^2}$，$\rho_0=\sqrt{x_0^2+y_0^2}$。

例 12.4.4　求解如下泊松方程定解问题

$$\begin{cases} \Delta_2 u(\boldsymbol{\rho})=-f(\boldsymbol{\rho}), & \rho<a \\ u(\boldsymbol{\rho})\big|_{\rho=a}=\varphi(\theta), & \rho=a \end{cases}$$

说明：Δ_2 代表二维拉普拉斯算符。

根据第一类边值问题公式（12.2.14），并取沿垂直于圆的方向取单位长积分，这样原来的体积分化为面积分，原来的面积分化为线积分，故得到

$$u(\boldsymbol{\rho})=\iint_{S_0}G(\boldsymbol{\rho},\boldsymbol{\rho}_0)f(\boldsymbol{\rho}_0)\mathrm{d}S_0-\oint_{l_0}\varphi(\theta_0)\frac{\partial G}{\partial n_0}\bigg|_{\rho_0=a}\mathrm{d}l_0 \tag{12.4.12}$$

第一项积分是圆域内的面积分，第二项积分是一围线积分（沿圆周的积分）。

根据构建的圆内第一边值问题的格林函数即式（12.4.11），则

$$\frac{\partial G}{\partial n_0}\bigg|_{\rho_0=a}=\frac{\partial G}{\partial \rho_0}\bigg|_{\rho_0=a}=-\frac{a^2-\rho^2}{2\pi a[a^2+\rho^2-2a\rho\cos(\theta-\varphi)]} \tag{12.4.13}$$

于是代入到式（12.4.12），得到圆内第一边值问题的解为

$$u(\rho,\theta)=\frac{1}{4\pi}\int_0^a\int_0^{2\pi}\ln\left\{\frac{\rho^2\rho_0+a^4-2\rho\rho_0 a^2\cos(\theta-\varphi_0)}{a^2[\rho^2+\rho_0^2-2\rho\rho_0\cos(\theta-\varphi_0)]}\right\}f(\rho_0)\rho_0\mathrm{d}\rho_0\mathrm{d}\varphi_0+$$

$$\frac{1}{2\pi}\int_0^{2\pi}\frac{a^2-\rho^2}{a^2+\rho^2-2a\rho\cos(\theta-\varphi_0)}\varphi(\varphi_0)\mathrm{d}\varphi_0 \tag{12.4.14}$$

令 $f(\rho_0)=0$，上述定解问题退化为拉普拉斯定解问题。

例 12.4.5　在圆 $\rho=a$ 内求解拉普拉斯方程的第一边值问题：

$$\begin{cases} \Delta_2 u=0, & y>0 \\ u\big|_{\rho=a}=f(\varphi) \end{cases}$$

【解】　根据式（12.4.14），有

$$u(\rho,\varphi)=\frac{1}{2\pi}\int_0^{2\pi}\frac{a^2-\rho^2}{a^2+\rho^2-2a\rho\cos(\theta-\varphi_0)}f(\varphi_0)\mathrm{d}\varphi_0$$

$$=\frac{a^2-\rho^2}{2\pi}\int_0^{2\pi}\frac{f(\varphi_0)}{a^2+\rho^2-2a\rho\cos(\theta-\varphi_0)}\mathrm{d}\varphi_0$$

12.4.4　球形区域第一边值问题的格林函数构建

对于半径为 a 的球形区域（$r\leqslant a$），按照电像法来构建第一类边值问题的格林函数。

物理模型: 如图 12.3 所示, 在球内点 $M_0(\boldsymbol{r}_0)$ 处放置一个单位正电荷, 在球外点 $M_1(\boldsymbol{b})$ 处放置一个虚设的电荷 q。这两电荷在球内任一点 $P(\boldsymbol{r})$ 处所产生的电势可以计算为

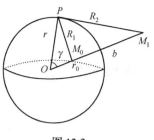

图 12.3

$$u=\frac{1}{4\pi}\left(\frac{1}{R_1}+\frac{q}{R_2}\right)=\frac{1}{4\pi}\left[\frac{1}{\sqrt{r^2+r_0^2-2rr_0\cos\gamma}}+\frac{q}{\sqrt{r^2+b^2-2rb\cos\gamma}}\right]$$

其中, γ 是矢量 $\boldsymbol{r}$ 和 $\boldsymbol{r}_0$ 间的夹角, $r_0=\overline{OM_0}$, $b=\overline{OM_1}$。

当观察点 P 位于球面上即 $r=a$ 处时, 若要求满足条件 $u=0$, 则

$$\frac{1}{\sqrt{1+\frac{a^2}{r_0^2}-\frac{2a}{r_0}\cos\gamma}}+\frac{r_0q}{a}\cdot\frac{1}{\sqrt{1+\frac{b^2}{a^2}-\frac{2b}{a}\cos\gamma}}=0$$

上式应对任何 γ 值均成立, 所以就提供了确定 q 和 b 的方程。于是令 γ 取某个特定的值, 可以得到下面两个方程

$$\frac{a}{r_0}=\frac{b}{a}, \qquad 1+\frac{r_0q}{a}=0$$

从以上两个方程得到

$$q=-\frac{a}{r_0}, \quad b=\frac{a^2}{r_0}$$

因此球形区域 $(r\leqslant a)$ 第一类边值问题的格林函数为

$$G(\boldsymbol{r},\boldsymbol{r}_0)=\frac{1}{4\pi}\left[\frac{1}{\sqrt{r^2+r_0^2-2rr_0\cos\gamma}}-\frac{a}{\sqrt{r^2r_0^2+a^4-2rr_0a^2\cos\gamma}}\right]$$

例 12.4.6 求解球内泊松方程第一类边值问题:

$$\begin{cases}\Delta u(\boldsymbol{r})=-f(\boldsymbol{r}), & r<a\\ u(\boldsymbol{r})=\varphi(\theta,\varphi), & r=a\end{cases}$$

【解】 根据第一类边值问题的解公式(12.2.14)得到

$$u(\boldsymbol{r})=\iiint_{T_0}G(\boldsymbol{r},\boldsymbol{r}_0)f(\boldsymbol{r}_0)\,\mathrm{d}V_0-\oiint_{S_0}u(\boldsymbol{r}_0)\Bigg|_{r_0=a}\frac{\partial G}{\partial n_0}\Bigg|_{r_0=a}\,\mathrm{d}S_0$$

再根据球形区域第一边值问题的格林函数构建方法得

$$G(\boldsymbol{r},\boldsymbol{r}_0)=\frac{1}{4\pi}\left[\frac{1}{\sqrt{r^2+r_0^2-2rr_0\cos\gamma}}-\frac{a}{\sqrt{r^2r_0^2+a^4-2rr_0a^2\cos\gamma}}\right]$$

其中, γ 是矢量 $\boldsymbol{r}$ 和 $\boldsymbol{r}_0$ 之间的夹角。

$$\frac{\partial G}{\partial n_0}\Bigg|_{r_0=a}=-\frac{a^2-r^2}{4\pi a\left[a^2+r^2-2ar\cos\gamma\right]^{3/2}}$$

代入到解的公式, 得到**球内泊松方程的第一边值问题的解**为

$$u(r,\theta,\varphi)=\int_0^a\int_0^{2\pi}\int_0^\pi G(\boldsymbol{r},\boldsymbol{r}_0)f(\boldsymbol{r}_0)r_0^2\sin\theta_0\,\mathrm{d}r_0\mathrm{d}\varphi_0\mathrm{d}\theta_0+$$

$$\frac{a}{4\pi}\int_0^{2\pi}\int_0^\pi\frac{(a^2-r^2)\varphi(\theta_0,\varphi_0)\sin\theta_0}{\left[a^2+r^2-2ar\cos\gamma\right]^{3/2}}\mathrm{d}\varphi_0\mathrm{d}\theta_0$$

12.5　典型综合实例

例 12.5.1　验证 $u=\ln\dfrac{1}{r}$ 是二维拉普拉斯方程的基本解,其中

$$r=\sqrt{(x-x_0)^2+(y-y_0)^2}$$

【证明】　将 Δu 写成极坐标形式

$$\frac{\partial^2 u}{\partial r^2}+\frac{1}{r}\frac{\partial u}{\partial r}+\frac{1}{r^2}\frac{\partial^2 u}{\partial \theta^2}\quad(r\neq 0)$$

因 $u=\ln\dfrac{1}{r}=-\ln r$,故 $\dfrac{\partial u}{\partial r}=-\dfrac{1}{r}$,$\dfrac{\partial u}{\partial \theta}=0$,则 $\dfrac{\partial^2 u}{\partial r^2}=-\left(-\dfrac{1}{r^2}\right)=\dfrac{1}{r^2}$,代入方程

$$左=\frac{1}{r^2}-\frac{1}{r^2}+0=0=右$$

所以满足二维拉普拉斯方程。

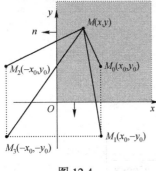

图 12.4

例 12.5.2　求四分之一平面,即区域 $x\geq 0,y\geq 0$ 内的格林函数,并由此求解下列狄利克雷问题。

$$\begin{cases} u_{xx}+u_{yy}=0 \\ u(0,y)=f(y), & y\geq 0 \\ u(x,0)=0, & x\geq 0 \end{cases}$$

其中,f 为已知的连续函数。

【解】　电像法(见图 12.4):在区域 D 内任选一点 M_0,找其关于边界 $y=0$ 的对称点 M_1,然后找 M_0 和 M_1 关于边界 $x=0$ 的对称点 M_2 和 M_3。对于每一边界的像(映射)电荷反号,故可求出 M_0,M_1,M_2 和 M_3 点电荷在区域 D 内某一点 M 处的电位分别为

$$V_0=\frac{1}{2\pi}\ln\frac{1}{r_{MM_0}},\quad V_1=-\frac{1}{2\pi}\ln\frac{1}{r_{MM_1}},$$

$$V_2=-\frac{1}{2\pi}\ln\frac{1}{r_{MM_2}},\quad V_3=\frac{1}{2\pi}\ln\frac{1}{r_{MM_3}}$$

则得到区域 D 的格林函数为 $G(M,M_0)=V_0+V_1+V_2+V_3$,即

$$G(M,M_0)=\frac{1}{2\pi}\left[\ln\frac{1}{r_0}-\ln\frac{1}{r_1}-\ln\frac{1}{r_2}+\ln\frac{1}{r_3}\right]=\frac{1}{2\pi}\ln\frac{r_1 r_2}{r_0 r_3}$$

$$=\frac{1}{2\pi}\ln\frac{\sqrt{(x-x_0)^2+(y+y_0)^2}\sqrt{(x+x_0)^2+(y-y_0)^2}}{\sqrt{(x-x_0)^2+(y-y_0)^2}\sqrt{(x+x_0)^2+(y+y_0)^2}}$$

$$=\frac{1}{4\pi}\ln\frac{[(x-x_0)^2+(y+y_0)^2][(x+x_0)^2+(y-y_0)^2]}{[(x-x_0)^2+(y-y_0)^2][(x+x_0)^2+(y+y_0)^2]}$$

因边界条件 $u(x,0)=0$,故原定解问题的解为

$$u(M_0)=-\frac{1}{2\pi}\int_r f(M)\frac{\partial G}{\partial n}\Big|_r \mathrm{d}l$$

$$=-\frac{1}{2\pi}\int_0^\infty f(y)\frac{\partial G}{\partial n}\Big|_{x=0}\mathrm{d}y\qquad\left(因\frac{\partial G}{\partial n}\Big|_{x=0}=-\frac{\partial G}{\partial x}\Big|_{x=0}\right)$$

$$= \frac{1}{2\pi} \int_0^\infty f(y) \frac{\partial G}{\partial x} \bigg|_{x=0} \mathrm{d}y$$

$$= \frac{x_0}{\pi} \int_0^\infty f(y) \left\{ \frac{1}{[x_0^2 + (y-y_0)]^2} - \frac{1}{[x_0^2 + (y+y_0)]^2} \right\} \mathrm{d}y$$

通过上述例题,我们可得出格林函数的求法:

① 在给定的区域 D 内任取一固定点 M_0,在点 M_0 处放置适当的正电荷。

② 以区域 D 划分空间为若干部分(有限个或无穷多),在这样的每一个部分内求出点 M_0 关于围成区域 D 的所有边界的某种对称点或对称点关于边界的对称点:$M_1, M_2, \cdots, M_n$,并在这些对称点上放上相应的点电荷。

③ 求这些点电荷 $M_0, M_1, M_2, \cdots$,在区域 D 内任意一点 M 处产生的电位 $V_0, V_1, V_2, \cdots$。$V_0, V_1, V_2, \cdots$ 的正负取决于点 $M_0, M_1, M_2, \cdots$ 所带电荷的正负。

对于每一次边界的像(映射),电荷反号。如上例中,设 M_0 处放置正电荷,则 M_0 关于一个边界 $y=0$ 的像点 M_1 处为负电荷,M_0 关于另一个边界 $x=0$ 的像点 M_2 处也为负电荷。而 M_3 是负电荷 M_1 关于边界 $x=0$ 的像(或是负电荷 M_2 关于边界 $y=0$ 的像),故 M_3 处为正电荷。

④ 区域 D 内的格林函数就是这些电位之和,即 $G(M, M_0) = \sum\limits_{k=0} V_k$。

小　　结

1. 格林公式

第一格林公式:

$$\oiint_\Sigma u \nabla v \cdot \mathrm{d}S = \iiint_T \nabla \cdot (u \nabla v) \mathrm{d}V = \iiint_T u \Delta v \mathrm{d}V + \iiint_T \nabla u \cdot \nabla v \mathrm{d}V$$

第二格林公式:

$$\oiint_\Sigma \left(u \frac{\partial u}{\partial n} - v \frac{\partial u}{\partial n} \right) \cdot \mathrm{d}S = \iiint_T (u \Delta v - v \Delta u) \mathrm{d}V$$

2. 泊松方程的格林函数法

(1) 定解问题

泊松方程　　　　　　　　　　　$\Delta u = -f(\boldsymbol{r})$

边值条件　　　　　　　$\left[\alpha u + \beta \dfrac{\partial u}{\partial n} \right]_\Sigma = \varphi(\boldsymbol{r}_\Sigma)$

泊松方程与第一类边界条件构成的定解问题叫做第一边值问题或狄义赫利问题;泊松方程与第二类边界条件构成的定解问题叫做第二边值问题或诺依曼问题;泊松方程与第三类边界条件构成的定解问题叫做第三边值问题。

(2) 格林函数的引入及其物理意义。

(3) 互易定理:　　　　　　　$\boldsymbol{G}(\boldsymbol{r}, \boldsymbol{r}_0) = \boldsymbol{G}(\boldsymbol{r}_0, \boldsymbol{r})$

(4) 泊松方程的基本积分公式

$$u(\boldsymbol{r}_0) = \iiint_T G(\boldsymbol{r}, \boldsymbol{r}_0) f(\boldsymbol{r}) \mathrm{d}V + \oiint_\Sigma \left[G(\boldsymbol{r}, \boldsymbol{r}_0) \frac{\partial u(\boldsymbol{r})}{\partial n} - u(\boldsymbol{r}) \frac{\partial G(\boldsymbol{r}, \boldsymbol{r}_0)}{\partial n} \right] \mathrm{d}S$$

(5) 互易后的泊松方程基本积分公式

$$u(\boldsymbol{r}) = \iiint_{T0} G(\boldsymbol{r},\boldsymbol{r}_0) f(\boldsymbol{r}_0) \mathrm{d}V_0 + \oiint_{\Sigma_0} \left[G(\boldsymbol{r},\boldsymbol{r}_0) \frac{\partial u(\boldsymbol{r}_0)}{\partial n_0} - u(\boldsymbol{r}_0) \frac{\partial G(\boldsymbol{r},\boldsymbol{r}_0)}{\partial n_0} \right] \mathrm{d}S_0$$

3. 无界空间的格林函数

二维轴对称情形的格林函数可选为：$G(\boldsymbol{r},\boldsymbol{r}_0) = \dfrac{1}{2\pi} \ln \dfrac{1}{|\boldsymbol{r}-\boldsymbol{r}_0|}$。

三维无界球对称情形的格林函数可选为：$G(\boldsymbol{r},\boldsymbol{r}_0) = \dfrac{1}{4\pi |\boldsymbol{r}-\boldsymbol{r}_0|}$。

4. 用电像法确定格林函数

电像法：基于静电学的镜像原理来构建格林函数，故这种构建方法称为电像法(也称为镜像法)。

（1）上半平面区域第一边值问题的格林函数的构建

格林函数为 $G(\boldsymbol{r},\boldsymbol{r}_0) = \dfrac{1}{2\pi} \ln \dfrac{1}{|\boldsymbol{r}-\boldsymbol{r}_0|} - \dfrac{1}{2\pi} \ln \dfrac{1}{|\boldsymbol{r}-\boldsymbol{r}_1|}$，即

$$G(x,y \,|\, x_0,y_0) = \frac{1}{4\pi} \ln \left[\frac{(x-x_0)^2 + (y+y_0)^2}{(x-x_0)^2 + (y-y_0)^2} \right]$$

（2）上半空间内求解拉普拉斯方程的第一边值问题的格林函数的构建

格林函数为 $G(\boldsymbol{r},\boldsymbol{r}_0) = \dfrac{1}{4\pi |\boldsymbol{r}-\boldsymbol{r}_0|} - \dfrac{1}{4\pi |\boldsymbol{r}-\boldsymbol{r}_1|}$，即

$$G(\boldsymbol{r},\boldsymbol{r}_0) = \frac{1}{4\pi \sqrt{(x-x_0)^2 + (y-y_0)^2 + (z-z_0)^2}} - \frac{1}{4\pi \sqrt{(x-x_0)^2 + (y-y_0)^2 (z+z_0)^2}}$$

（3）圆形区域第一边值问题的格林函数的构建

$$G(\boldsymbol{\rho},\boldsymbol{\rho}_0) = \frac{1}{2\pi} \ln \frac{1}{|\boldsymbol{\rho}-\boldsymbol{\rho}_0|} - \frac{1}{2\pi} \ln \frac{1}{\left| \boldsymbol{\rho} - \dfrac{a^2}{\boldsymbol{\rho}_0} \right|}，即$$

$$G(\boldsymbol{\rho},\boldsymbol{\rho}_0) = \frac{1}{4\pi} \ln \left\{ \frac{\rho^2 \rho_0^2 + a^4 - 2\rho\rho_0 a^2 \cos(\theta-\varphi)}{a^2 [\rho^2 + \rho_0^2 - 2\rho\rho_0 \cos(\theta-\varphi)]} \right\}$$

（4）球形区域第一边值问题的格林函数的构建

格林函数为 $G(\boldsymbol{r},\boldsymbol{r}_0) = \dfrac{1}{4\pi} \left[\dfrac{1}{\sqrt{r^2 + r_0^2 - 2rr_0 \cos\gamma}} - \dfrac{a}{\sqrt{r^2 r_0^2 + a^4 - 2rr_0 a^2 \cos\gamma}} \right]$

习　题　12

12.1　在圆 $\rho = R$ 内求解拉普拉斯方程的第一边值问题：

$$\Delta_2 u = u_{xx} + u_{yy} = 0 (\rho < a), \quad u|_{\rho=a} = g(\varphi)$$

12.2　在半平面 $y > 0$ 上内求解拉普拉斯方程的第一边值问题：

$$\Delta_2 u = u_{xx} + u_{yy} = 0, (y > 0), u|_{y=0} = f(x)$$

12.3　在圆形域上 $\rho \leq a$，分别求解方程 $\Delta_2 u = 0$，使满足边界条件 $u|_{\rho=a} = A\cos\varphi$。

12.4　在圆形域 $\rho \leq a$ 上，分别求解方程 $\Delta_2 u = 0$，使满足边界条件 $u|_{\rho=a} = A + B\sin\varphi$。

计算机仿真编程实践

12.5　在圆 $\rho = a$ 内,利用计算机仿真的方法求解拉普拉斯方程的第一边值问题:

$\Delta_2 u = u_{xx} + u_{yy} = 0 (\rho < a)$, $u|_{\rho=a} = 1$,并用仿真图形把结果表示出来。

12.6　在半平面 $y > 0$ 内,利用计算机仿真的方法求解拉普拉斯方程的第一边值问题:

$\Delta_2 u = u_{xx} + u_{yy} = 0$, $(y > 0)$, $u|_{y=0} = 10$,并用仿真图形把结果表示出来。

第 13 章　积分变换法求解定解问题

积分变换法是通过积分变换简化定解问题的一种有效的求解方法。对于多个自变量的线性偏微分方程,可以通过实施积分变换来减少方程的自变量个数,直至化为常微分方程,这就使问题得到大大简化,再进行反演,就得到了原来偏微分方程的解。积分变换法在数学物理方程(也包括积分方程、差分方程等)中亦具有广泛的用途。尤其当泛定方程及边界条件均为非齐次时,用经典的分离变量法求解,就显得有些烦琐,而积分变换法为这类问题提供了一种系统的解决方法,并且显得具有固定的程序,按照解法程序进行易于求解。利用积分变换,有时还能得到有限形式的解,而这往往是用分离变量法不能得到的。

特别是对于无界或半无界的定界问题,用积分变换来求解,最合适不过了(无界或半无界的定界问题也可以用行波法求解)。

积分变换法包括傅立叶(Fourier)积分变换法和拉普拉斯(Laplace)积分变换法。本章主要介绍傅里叶变换的基本概念、基本性质。拉普拉斯变换的基本概念、基本性质。傅里叶变换法解数学物理定解问题,以及拉普拉斯变换法解数学物理定解问题。

用积分变换求解定解问题的步骤为:

第一:根据自变量的变化范围和定解条件确定选择适当的积分变换。

对于自变量在$(-\infty,\infty)$内变化的定解问题(如无界域的坐标变量)常采用傅里叶变换,而自变量在$(0,\infty)$内变化的定解问题(如时间变量)常采用拉普拉斯变换。

第二:对方程取积分变换,将一个含两个自变量的偏微分方程化为一个含参量的常微分方程。

第三:对定解条件取相应的变换,导出常微分方程的定解条件。

第四:求解常微分方程的解,即为原定解问题的变换。

第五:对所得解取逆变换,最后得原定解问题的解。

13.1　傅里叶变换及性质

13.1.1　傅里叶变换

定义 13.1.1　傅里叶变换　若$f(x)$满足傅里叶积分定理条件,称表达式

$$F(\omega) = \int_{-\infty}^{+\infty} f(x)\,e^{-i\omega x}\,dx \tag{13.1.1}$$

为$f(x)$的**傅里叶变换式**,记为$F(\omega)=\mathscr{F}[f(x)]$。我们称函数$F(\omega)$为$f(x)$的**傅里叶变换**,简称**傅氏变换**(或称为像函数)。

定义 13.1.2　傅里叶逆变换　如果

$$f(x) = \frac{1}{2\pi} \int_{-\infty}^{+\infty} F(\omega)\,e^{i\omega x}\,d\omega \tag{13.1.2}$$

则上式为$f(x)$的**傅里叶逆变换式**,记为$f(x)=\mathscr{F}^{-1}[F(\omega)]$。我们称$f(x)$为$F(\omega)$的**傅里叶逆变换**,简称**傅氏逆变换**(或称为**像原函数**或**原函数**)。

由式(13.1.1)和式(13.1.2)知,傅里叶变换和傅里叶逆变换是互逆变换,即

$$\mathscr{F}^{-1}[F(\omega)] = \mathscr{F}^{-1}[\mathscr{F}[f(x)]] = \mathscr{F}^{-1}\mathscr{F}[f(x)] = f(x) \qquad (13.1.3)$$

或者简写为

$$\mathscr{F}^{-1}\mathscr{F}[f(x)] = f(x)$$

定义 13.1.3　多维傅里叶变换　在多维(n 维)情况下,完全可以类似地定义函数 $f(x_1, x_2, \cdots, x_n)$ 的傅氏变换如下:

$$F(\omega_1, \omega_2, \cdots, \omega_n) = \mathscr{F}[f(x_1, x_2, \cdots, x_n)]$$

$$= \int_{-\infty}^{+\infty} \cdots \int_{-\infty}^{+\infty} f(x_1, x_2, \cdots, x_n) e^{-i(\omega_1 x_1 + \omega_2 x_2 + \cdots + \omega_n x_n)} dx_1 dx_2 \cdots dx_n$$

它的逆变换公式为:

$$f(x_1, x_2, \cdots, x_n) = \frac{1}{(2\pi)^n} \int_{-\infty}^{+\infty} \cdots \int_{-\infty}^{+\infty} F(\omega_1, \omega_2, \cdots, \omega_n) e^{-i(\omega_1 x_1 + \omega_2 x_2 + \cdots + \omega_n x_n)} d\omega_1 d\omega_2 \cdots d\omega_n$$

定义 13.1.4　傅里叶变换的三种定义式　在实际应用中,傅里叶变换常常采用如下三种形式,由于它们采用不同的定义式,往往给出不同的结果,为了便于相互转换,特给出如下关系式:

(1) 第一种定义式

$$F_1(\omega) = \frac{1}{\sqrt{2\pi}} \int_{-\infty}^{+\infty} f(x) e^{-i\omega x} dx, \quad f(x) = \frac{1}{\sqrt{2\pi}} \int_{-\infty}^{+\infty} F_1(\omega) e^{i\omega x} d\omega$$

(2) 第二种定义式

$$F_2(\omega) = \int_{-\infty}^{+\infty} f(x) e^{-i\omega x} dx, \quad f(x) = \frac{1}{2\pi} \int_{-\infty}^{+\infty} F_2(\omega) e^{i\omega x} d\omega$$

(3) 第三种定义式

$$F_3(\omega) = \int_{-\infty}^{+\infty} f(t) e^{-i2\pi\omega x} dx, \quad f(x) = \int_{-\infty}^{+\infty} F_3(\omega) e^{i2\pi\omega x} d\omega$$

三者之间的关系为

$$F_1(\omega) = \frac{1}{\sqrt{2\pi}} F_2(\omega) = \frac{1}{\sqrt{2\pi}} F_3\left(\frac{\omega}{2\pi}\right)$$

三种定义可统一用下述变换对形式描述

$$\begin{cases} F(\omega) = \mathscr{F}[f(x)] \\ f(x) = \mathscr{F}^{-1}[F(\omega)] \end{cases}$$

特别说明:不同书籍可能采用了不同的傅里叶变换对定义,所以在傅里叶变换的运算和推导中可能会相差一个常数倍数,如 $\dfrac{1}{2\pi}$ 或 $\dfrac{1}{\sqrt{2\pi}}$,读者应能理解。本书采用的傅里叶变换(对)是大量书籍中常采用的统一定义,若未特殊申明,均使用的是第二种定义式。

$$\begin{cases} F(\omega) = \int_{-\infty}^{+\infty} f(x) e^{-i\omega x} dx \\ f(x) = \frac{1}{2\pi} \int_{-\infty}^{+\infty} F(\omega) e^{i\omega x} d\omega \end{cases} \quad 即 \quad \begin{cases} F(\omega) = \mathscr{F}[f(x)] \\ f(x) = \mathscr{F}^{-1}[F(\omega)] \end{cases}$$

13.1.2　广义傅里叶变换

前面定义的傅里叶变换要求满足**狄利克**雷条件,那么对一些很简单、很常用的函数,如单位阶跃函数,正、余弦函数等都无法确定其傅里叶变换。这无疑限制了傅里叶变换的应用,所以我们引入广义傅里叶变换概念系指 δ 函数及其相关函数的傅里叶变换。

在后面我们将看到，δ 函数的傅里叶变换在求解数理方程中有着特殊的作用。这里先介绍其有关基本定义和性质。

1. δ 函数定义

定义 13.1.5　δ 函数　如果一个函数满足下列条件，则称之为 δ 函数，并记为 $\delta(x)$

$$\delta(x) = \begin{cases} 0, & x \neq 0 \\ \infty, & x = 0 \end{cases} \tag{13.1.4}$$

且

$$\int_{-\infty}^{\infty} \delta(x)\,\mathrm{d}x = 1 \tag{13.1.5}$$

我们不加证明地指出与定义 13.1.5 等价的 δ 函数的另一定义。

定义 13.1.6　δ 函数　如果对于任意一个在区间 $(-\infty, +\infty)$ 上连续的函数 $f(t)$ 恒有

$$\int_{-\infty}^{\infty} \delta(x - x_0)f(x)\,\mathrm{d}x = f(x_0)$$

则称满足上式中的函数 $\delta(x-x_0)$ 为 δ **函数**。

对于任意的连续可微函数 $f(t)$，定义 $\delta(x)$ 函数的导数为

$$\int_{-\infty}^{\infty} \delta'(x)f(x)\,\mathrm{d}x = -\int_{-\infty}^{\infty} \delta(x)f'(x)\,\mathrm{d}x \tag{13.1.6}$$

根据上式显然有

$$\int_{-\infty}^{\infty} \delta^{(n)}(x)f(x)\,\mathrm{d}x = (-1)^n \int_{-\infty}^{\infty} \delta(x)f^{(n)}(x)\,\mathrm{d}x, \quad n = 1,2,3,\cdots \tag{13.1.7}$$

由 δ 函数定义 13.1.6 有

$$\int_{-\infty}^{\infty} \delta^{(n)}(x - x_0)f(x)\,\mathrm{d}x = (-1)^n \int_{-\infty}^{\infty} \delta(x - x_0)f^{(n)}(x)\,\mathrm{d}x = (-1)^n f^{(n)}(x_0)$$

$$\tag{13.1.8}$$

2. δ 函数性质

性质 13.1.1　对于 $a \neq 0$ 的实常数，有

$$\delta(ax) = \frac{1}{|a|}\delta(x) \tag{13.1.9}$$

性质 13.1.2　设 $n = 0,1,2,\cdots$，则

$$\delta^{(n)}(-x) = (-1)^n \delta^{(n)}(x)$$

当 $n = 0$ 时，即对应为 $\delta(-x) = \delta(x)$，故为偶函数。

显然，当 n 为偶数时，$\delta^{(n)}(x)$ 为偶函数；当 n 为奇数时，$\delta^{(n)}(x)$ 为奇函数。

性质 13.1.3　设函数 $g(x)$ 在 $(-\infty, \infty)$ 上连续，则

$$g(x)\delta(x-x_0) = g(x_0)\delta(x-x_0), \quad x \in (-\infty, \infty)$$

3. 广义傅里叶变换

根据 δ 函数的定义和性质，很方便地求得

$$F(\omega) = \mathscr{F}[\delta(x)] = \int_{-\infty}^{+\infty} \delta(x)\mathrm{e}^{-i\omega x}\,\mathrm{d}x = \mathrm{e}^{-i\omega x}\big|_{x=0} = 1$$

也就是说，δ 函数的傅里叶变换是常数 1。那么 $\mathscr{F}^{-1}[1]$ 是否为 $\delta(x)$？为此，考察下列积分：设 $f(x)$ 连续且傅里叶变换存在，记 $F(\omega) = \mathscr{F}[f(x)]$，则

$$\int_{-\infty}^{+\infty} \mathscr{F}^{-1}[1]f(x)\,\mathrm{d}x = \int_{-\infty}^{+\infty}\left[\frac{1}{2\pi}\int_{-\infty}^{+\infty}\mathrm{e}^{\mathrm{i}\omega x}\mathrm{d}\omega\right]f(x)\,\mathrm{d}x = \frac{1}{2\pi}\int_{-\infty}^{+\infty}\left[\int_{-\infty}^{+\infty}f(x)\mathrm{e}^{\mathrm{i}\omega x}\mathrm{d}x\right]\mathrm{d}\omega$$

$$= \frac{1}{2\pi}\int_{-\infty}^{+\infty}F(-\omega)\mathrm{d}\omega = \frac{1}{2\pi}\int_{-\infty}^{+\infty}F(\lambda)\,\mathrm{d}\lambda$$

$$= \frac{1}{2\pi}\int_{-\infty}^{+\infty}F(\lambda)\mathrm{e}^{\mathrm{i}\lambda\cdot 0}\mathrm{d}\lambda = f(0)$$

这表明 $\mathscr{F}^{-1}[1]$ 在积分中的作用相当于 $\delta(x)$，所以我们定义

$$\mathscr{F}^{-1}[1] = \delta(x)$$

即单位脉冲函数 $\delta(x)$ 与常数 1 构成了一组广义傅里叶变换对。

定义 13.1.7　广义傅里叶变换　我们把 $\mathscr{F}^{-1}[1]=\delta(x)$ 即单位脉冲函数 $\delta(x)$ 与常数 1 构成一组广义傅里叶变换对，把 δ 函数及其相关函数的傅里叶变换为**广义傅里叶变换**。

同理，有

$$\mathscr{F}[\delta(x-x_0)] = \int_{-\infty}^{+\infty}\delta(x-x_0)\mathrm{e}^{-\mathrm{i}\omega x}\mathrm{d}x = \mathrm{e}^{-\mathrm{i}\omega x_0}$$

$$\mathscr{F}^{-1}[\mathrm{e}^{-\mathrm{i}\omega x_0}] = \delta(x-x_0)$$

即 $\delta(x-x_0)$ 的傅里叶变换为 $\mathrm{e}^{-\mathrm{i}\omega x_0}$。

同时，若知 $F_1(\omega)=2\pi\delta(\omega)$ 或 $F_2(\omega)=2\pi\delta(\omega-\omega_0)$，则

$$f_1(x) = \mathscr{F}^{-1}[F_1(\omega)] = \frac{1}{2\pi}\int_{-\infty}^{\infty}2\pi\delta(\omega)\mathrm{e}^{\mathrm{i}\omega x}\mathrm{d}\omega = \mathrm{e}^{\mathrm{i}\omega x}\big|_{\omega=0} = 1$$

或

$$f_2(x) = \mathscr{F}^{-1}[F_2(\omega)] = \frac{1}{2\pi}\int_{-\infty}^{\infty}2\pi\delta(\omega-\omega_0)\mathrm{e}^{\mathrm{i}\omega x}\mathrm{d}\omega = \mathrm{e}^{\mathrm{i}\omega x}\big|_{\omega=\omega_0} = \mathrm{e}^{\mathrm{i}\omega_0 x}$$

立即可知

$$\mathscr{F}[1] = 2\pi\delta(\omega), \qquad\qquad \mathscr{F}^{-1}[2\pi\delta(\omega)] = 1,$$

$$\mathscr{F}[\mathrm{e}^{\mathrm{i}\omega_0 x}] = 2\pi\delta(\omega-\omega_0), \quad \mathscr{F}^{-1}[2\pi\delta(\omega-\omega_0)] = \mathrm{e}^{\mathrm{i}\omega_0 x}$$

13.1.3　傅里叶变换的基本性质

傅里叶变换有着许多重要性质，这些性质在工程技术领域有着广泛的应用基础。下面详细给出傅里叶变换的基本性质并进行证明。

当涉及某一函数需要进行傅里叶变换时，我们约定这个函数满足傅里叶积分定理条件。

性质 13.1.4　线性定理　函数的线性组合的傅里叶变换等于函数的傅里叶变换的线性组合，即，如果 α,β 为任意常数，则对函数 $f_1(x)$ 和 $f_2(x)$ 有

$$\mathscr{F}[\alpha f_1(x) + \beta f_2(x)] = \alpha\mathscr{F}[f_1(x)] + \beta\mathscr{F}[f_2(x)] \tag{13.1.10}$$

【证明】将 $\alpha f_1(x)+\beta f_2(x)$ 代入定义式中即得到

$$\mathscr{F}[\alpha f_1(x) + \beta f_2(x)] = \int_{-\infty}^{\infty}[\alpha f_1(x) + \beta f_2(x)]\mathrm{e}^{-\mathrm{i}\omega x}\mathrm{d}x$$

$$= \alpha\int_{-\infty}^{\infty}f_1(x)\mathrm{e}^{-\mathrm{i}\omega x}\mathrm{d}x + \beta\int_{-\infty}^{\infty}f_2(x)\mathrm{e}^{-\mathrm{i}\omega x}\mathrm{d}x$$

$$= \alpha\mathscr{F}[f_1(x)] + \beta\mathscr{F}[f_2(x)]$$

同理可证，傅里叶逆变换也具有类似的线性性质，即

$$\mathscr{F}^{-1}\big[\alpha F_1(\omega)+\beta F_2(\omega)\big]=\alpha\mathscr{F}^{-1}\big[F_1(\omega)\big]+\beta\mathscr{F}^{-1}\big[F_2(\omega)\big] \tag{13.1.11}$$

例 13.1.1　求函数 $f(t)=A+B\cos\omega_0 t$ 的傅里叶变换。

【解】由线性定理,并注意到上节已求出的

$$\mathscr{F}[1]=2\pi\delta(\omega)$$

$$\mathscr{F}[\cos\omega_0 t]=\pi[\delta(\omega+\omega_0)+\delta(\omega-\omega_0)]$$

可得

$$\mathscr{F}[A+B\cos\omega_0 t]=A\mathscr{F}[1]+B\mathscr{F}[\cos\omega_0 t]=A2\pi\delta(\omega)+B\pi[\delta(\omega+\omega_0)+\delta(\omega-\omega_0)]$$

性质 13.1.5　对称定理　若已知 $F(\omega)=\mathscr{F}[f(x)]$,则有

$$\mathscr{F}[F(x)]=2\pi f(-\omega) \tag{13.1.12}$$

【证明】因为 $F(\omega)=\mathscr{F}[f(x)]$,故其傅里叶逆变换为

$$f(x)=\mathscr{F}^{-1}[F(\omega)]=\frac{1}{2\pi}\int_{-\infty}^{\infty}F(\omega)\,\mathrm{e}^{\mathrm{i}\omega x}\mathrm{d}\omega=\frac{1}{2\pi}\int_{-\infty}^{\infty}F(p)\,\mathrm{e}^{\mathrm{i}px}\mathrm{d}p$$

上式中令 $x=-\omega$,得到

$$f(-\omega)=\frac{1}{2\pi}\int_{-\infty}^{\infty}F(p)\,\mathrm{e}^{-\mathrm{i}p\omega}\mathrm{d}p=\frac{1}{2\pi}\int_{-\infty}^{\infty}F(x)\,\mathrm{e}^{-\mathrm{i}\omega x}\mathrm{d}x=\frac{1}{2\pi}\mathscr{F}[F(x)]$$

即 $\mathscr{F}[F(x)]=2\pi f(-\omega)$,特别若 $f(x)$ 为偶函数,则

$$\mathscr{F}[F(x)]=2\pi f(\omega) \tag{13.1.13}$$

这反映出傅里叶变换具有一定程度的对称性,若采用第一种定义,则完全对称。

性质 13.1.6　位移定理,又称为延迟定理　若已知 $F(\omega)=\mathscr{F}[f(x)]$,则有

$$\mathscr{F}[f(x\pm x_0)]=\mathrm{e}^{\pm\mathrm{i}\omega x_0}\mathscr{F}[f(x)]$$

$$\mathscr{F}^{-1}[F(\omega\pm\omega_0)]=\mathrm{e}^{\mp\mathrm{i}\omega_0 x}f(x) \tag{13.1.14}$$

【证明】由傅里叶变换定义

$$\mathscr{F}[f(x\pm x_0)]=\int_{-\infty}^{\infty}f(x\pm x_0)\,\mathrm{e}^{-\mathrm{i}\omega x}\mathrm{d}x=\int_{-\infty}^{\infty}f(u)\,\mathrm{e}^{-\mathrm{i}\omega(u\mp x_0)}\mathrm{d}u$$

$$=\mathrm{e}^{\pm\mathrm{i}\omega x_0}\int_{-\infty}^{\infty}f(u)\,\mathrm{e}^{-\mathrm{i}\omega u}\mathrm{d}u=\mathrm{e}^{\pm\mathrm{i}\omega x_0}\int_{-\infty}^{\infty}f(x)\,\mathrm{e}^{-\mathrm{i}\omega x}\mathrm{d}x$$

$$=\mathrm{e}^{\pm\mathrm{i}\omega x_0}\mathscr{F}[f(x)]$$

由傅里叶逆变换同理可证 $\mathscr{F}^{-1}[F(\omega\pm\omega_0)]=\mathrm{e}^{\mp\mathrm{i}\omega_0 x}f(x)$。

推论　设 $\mathscr{F}[f(x)]=F(\omega)$,则

$$\mathscr{F}[f(x)\cos\omega_0 x]=\frac{1}{2}[F(\omega+\omega_0)+F(\omega-\omega_0)]$$

$$\mathscr{F}[f(x)\sin\omega_0 x]=\frac{\mathrm{i}}{2}[F(\omega+\omega_0)-F(\omega-\omega_0)] \tag{13.1.15}$$

【证明】由 (13.2.5) 的第二式得到

$$\mathscr{F}[\mathrm{e}^{\mp\mathrm{i}\omega_0 x}f(x)]=F(\omega\pm\omega_0)$$

由欧拉公式知道

$$f(x)\cos\omega_0 x=\frac{1}{2}[f(x)\,\mathrm{e}^{\mathrm{i}\omega_0 x}+f(x)\,\mathrm{e}^{-\mathrm{i}\omega_0 x}]$$

$$\mathscr{F}[f(x)\cos\omega_0 x]=\frac{1}{2}\{\mathscr{F}[f(x)\,\mathrm{e}^{\mathrm{i}\omega_0 x}]+\mathscr{F}[f(x)\,\mathrm{e}^{-\mathrm{i}\omega_0 x}]\}$$

$$\mathscr{F}[f(x)\cos\omega_0 x]=\frac{1}{2}[F(\omega+\omega_0)+F(\omega-\omega_0)]$$

同理可证,$\mathscr{F}[f(x)\sin\omega_0 x]=\dfrac{i}{2}[F(\omega+\omega_0)-F(\omega-\omega_0)]$。

性质 13.1.7　坐标缩放定理,又称为相似定理　设 a 是不等于零的实常数,若 $\mathscr{F}[f(x)]=F(\omega)$,则

$$\mathscr{F}[f(ax)]=\frac{1}{|a|}F\left(\frac{\omega}{a}\right)$$

【证明】设 $a>0$,则

$$\mathscr{F}[f(ax)]=\int_{-\infty}^{\infty}f(ax)\,\mathrm{e}^{-\mathrm{i}\omega x}\mathrm{d}x=\int_{-\infty}^{\infty}f(ax)\,\mathrm{e}^{-\mathrm{i}\frac{\omega}{a}ax}\frac{1}{a}\mathrm{d}(ax)$$

$$=\frac{1}{a}\int_{-\infty}^{\infty}f(u)\,\mathrm{e}^{-\mathrm{i}\frac{\omega}{a}u}\mathrm{d}u=\frac{1}{|a|}F\left(\frac{\omega}{a}\right)$$

再设 $a<0$,令 $u=ax,\mathrm{d}x=\dfrac{1}{a}\mathrm{d}u=-\dfrac{1}{-a}\mathrm{d}u$,所以 $\mathrm{d}x=-\dfrac{1}{|a|}\mathrm{d}u$,于是

$$\mathscr{F}[f(ax)]=-\frac{1}{|a|}\int_{+\infty}^{-\infty}f(u)\,\mathrm{e}^{-\mathrm{i}\frac{\omega}{a}u}\mathrm{d}u=\frac{1}{|a|}\int_{-\infty}^{+\infty}f(u)\,\mathrm{e}^{-\mathrm{i}\frac{\omega}{a}u}\mathrm{d}u=\frac{1}{|a|}F\left(\frac{\omega}{a}\right)$$

这一性质表明:如果函数 $f(x)$ 的图像变窄,则其傅里叶变换 $F(\omega)$ 的图像将变宽变矮;反之,如果 $f(x)$ 的图像变宽,则其傅里叶变换 $F(\omega)$ 的图像将变窄变高。

性质 13.1.8　卷积定理和频谱卷积定理

(1) 卷积的基本概念

定义 13.1.8　卷积　已知函数 $f_1(x)$ 和 $f_2(x)$,则

$$\int_{-\infty}^{+\infty}f_1(x)f_2(x-\tau)\mathrm{d}\tau$$

称为函数 $f_1(x)$ 与 $f_2(x)$ 的**卷积**,记为 $f_1(x)*f_2(x)$,即

$$f_1(x)*f_2(x)=\int_{-\infty}^{+\infty}f_1(x)f_2(x-\tau)\mathrm{d}\tau$$

(2) 卷积的运算规律

① 交换律

$$f_1(x)*f_2(x)=f_2(x)*f_1(x)$$

② 对加法的分配律

$$f_1(x)*[f_2(x)+f_3(x)]=f_1(x)*f_2(x)+f_1(x)*f_3(x)$$

(3) 卷积定理

设 $\mathscr{F}[f_1(x)]=F_1(\omega)$,$\mathscr{F}[f_2(x)]=F_2(\omega)$,则 $\mathscr{F}[f_1(x)*f_2(x)]=F_1(\omega)\cdot F_2(\omega)$ 成立,或 $\mathscr{F}^{-1}[F_1(\omega)\cdot F_2(\omega)]=f_1(x)*f_2(x)$ 成立。

这个定理说明了两个函数卷积的傅里叶变换等于这两个函数傅里叶变换的乘积。

【证明】利用卷积的定义,作积分变量代换:$x-\tau=u$,并交换积分次序,有

$$\mathscr{F}[f_1(x)*f_2(x)]=\int_{-\infty}^{+\infty}[f_1(x)*f_2(x)]\,\mathrm{e}^{-\mathrm{i}\omega x}\mathrm{d}x$$

$$=\int_{-\infty}^{+\infty}[\int_{-\infty}^{+\infty}[f_1(\tau)f_2(x-\tau)\mathrm{d}\tau]\,\mathrm{e}^{-\mathrm{i}\omega x}\mathrm{d}x$$

$$=\int_{-\infty}^{+\infty}f_1(\tau)\mathrm{d}\tau\int_{-\infty}^{+\infty}f_2(x-\tau)\,\mathrm{e}^{-\mathrm{i}\omega x}\mathrm{d}x$$

$$= \int_{-\infty}^{+\infty} f_1(\tau)\,\mathrm{d}\tau \int_{-\infty}^{+\infty} f_2(u)\,\mathrm{e}^{-\mathrm{i}\omega(u+\tau)}\,\mathrm{d}u$$

$$= \int_{-\infty}^{+\infty} f_1(\tau)\,\mathrm{e}^{-\mathrm{i}\omega\tau}\,\mathrm{d}\tau \int_{-\infty}^{+\infty} f_2(u)\,\mathrm{e}^{-\mathrm{i}\omega u}\,\mathrm{d}u$$

$$= F_1(\omega) \cdot F_2(\omega)$$

故成立。

用类似的证明方法可证明如下性质或定理。

(4) 频谱卷积定理

$$\mathscr{F}[f_1(x) \cdot f_2(x)] = \frac{1}{2\pi} F_1(\omega) * F_2(\omega)$$

这个定理说明:两个函数 $f_1(x)$, $f_2(x)$ 乘积的傅里叶变换等于它们各自的傅里叶变换的卷积除以 2π,即

$$\mathscr{F}[f_1 f_2] = \frac{1}{2\pi} \mathscr{F}[f_1] * \mathscr{F}[f_2]$$

【证明】

$$\mathscr{F}[f_1 f_2] = \int_{-\infty}^{+\infty} f_1(x) f_2(x)\,\mathrm{e}^{-\mathrm{i}\lambda x}\,\mathrm{d}x$$

$$= \int_{-\infty}^{+\infty} f_1(x) \left[\frac{1}{2\pi} \int_{-\infty}^{+\infty} F_2(\omega)\,\mathrm{e}^{\mathrm{i}\omega u}\,\mathrm{d}u \right] \mathrm{e}^{-\mathrm{i}\lambda x}\,\mathrm{d}x$$

$$= \frac{1}{2\pi} \int_{-\infty}^{+\infty} F_2(\omega) \left[\int_{-\infty}^{+\infty} f_1(x)\,\mathrm{e}^{-\mathrm{i}(\lambda-\omega) x}\,\mathrm{d}x \right] \mathrm{d}\omega$$

$$= \frac{1}{2\pi} \int_{-\infty}^{+\infty} F_2(\omega) F_1(\lambda-\omega)\,\mathrm{d}\omega$$

$$= \frac{1}{2\pi} \mathscr{F}[f_1] * \mathscr{F}[f_2]$$

一般地,设 $\mathscr{F}[f_k(t)] = F_k(\omega)$ $(k=1,2,\cdots,n)$,则

$$\mathscr{F}[f_1(x) \cdot f_2(x) \cdots f_n(x)] = \frac{1}{(2\pi)^{n-1}} F_1(\omega) * F_1(\omega) * \cdots F_n(\omega)$$

从上面可以看出,虽然卷积并不很容易计算,但卷积定理提供了计算卷积的简便方法,即化卷积为乘积运算。

性质 13.1.9　乘积定理　设 $\mathscr{F}[f_1(x)] = F_1(\omega)$, $\mathscr{F}[f_2(x)] = F_2(\omega)$,则

$$\int_{-\infty}^{\infty} f_1(x) f_2(x)\,\mathrm{d}x = \frac{1}{2\pi} \int_{-\infty}^{\infty} \overline{F_1(\omega)} F_2(\omega)\,\mathrm{d}\omega = \frac{1}{2\pi} \int_{-\infty}^{\infty} F_1(\omega) \overline{F_2(\omega)}\,\mathrm{d}\omega$$

其中, $f_1(x)$ 和 $f_2(x)$ 为 x 的实函数,而 $\overline{F_1(\omega)}$ 和 $\overline{F_2(\omega)}$ 代表对应函数的共轭。

【证明】

$$\int_{-\infty}^{\infty} f_1(x) f_2(x)\,\mathrm{d}x = \int_{-\infty}^{\infty} f_1(x) \left[\frac{1}{2\pi} \int_{-\infty}^{\infty} F_2(\omega)\,\mathrm{e}^{\mathrm{i}\omega x}\,\mathrm{d}\omega \right] \mathrm{d}x$$

$$= \frac{1}{2\pi} \int_{-\infty}^{\infty} F_2(\omega) \left[\int_{-\infty}^{\infty} f_1(x)\,\mathrm{e}^{\mathrm{i}\omega x}\,\mathrm{d}x \right] \mathrm{d}\omega$$

$$= \frac{1}{2\pi} \int_{-\infty}^{\infty} F_2(\omega) \left[\int_{-\infty}^{\infty} f_1(x)\,\overline{\mathrm{e}^{-\mathrm{i}\omega x}}\,\mathrm{d}x \right] \mathrm{d}\omega$$

$$= \frac{1}{2\pi} \int_{-\infty}^{\infty} F_2(\omega) \left[\overline{\int_{-\infty}^{\infty} f_1(x) \mathrm{e}^{\mathrm{i}\omega x} \mathrm{d}x} \right] \mathrm{d}\omega$$

$$= \frac{1}{2\pi} \int_{-\infty}^{\infty} \overline{F_1(\omega)} F_2(\omega) \mathrm{d}\omega$$

同理可证

$$\int_{-\infty}^{\infty} f_1(x) f_2(x) \mathrm{d}x = \frac{1}{2\pi} \int_{-\infty}^{\infty} F_1(\omega) \overline{F_2(\omega)} \mathrm{d}\omega$$

性质 13.1.10　傅里叶变换的微分定理或导数定理　若当 $x \to \pm\infty$, $f(x) \to 0$, 且满足 $F(\omega) = \mathscr{F}[f(x)]$, 则

$$\mathscr{F}[f'(x)] = \mathrm{i}\omega F(\omega)$$

【证明】

$$\mathscr{F}[f'(x)] = \int_{-\infty}^{\infty} f'(x) \mathrm{e}^{-\mathrm{i}\omega x} \mathrm{d}x$$

$$= f(x) \mathrm{e}^{-\mathrm{i}\omega x} \Big|_{-\infty}^{\infty} + \mathrm{i}\omega \int_{-\infty}^{\infty} f(x) \mathrm{e}^{-\mathrm{i}\omega x} \mathrm{d}x$$

$$= (\mathrm{i}\omega) F(\omega)$$

我们可以进一步证明:若满足 $\lim\limits_{|x| \to \infty} f^{(k)}(x) = 0 \ (k = 0, 1, 2, 3, \cdots, n-1)$, 则

$$\mathscr{F}[f^{(n)}(x)] = (\mathrm{i}\omega)^n F(\omega)$$

$$\mathscr{F}^{-1}[F^{(n)}(\omega)] = (-\mathrm{i}x)^n f(x)$$

性质 13.1.11　傅里叶变换的积分定理　设 $F(\omega) = \mathscr{F}[f(x)]$, 则

$$\mathscr{F}\left[\int_{-\infty}^{x} f(\xi) \mathrm{d}\xi \right] = \frac{1}{\mathrm{i}\omega} F(\omega)$$

【证明】令 $g(x) = \int_{-\infty}^{x} f(\xi) \mathrm{d}\xi = \mathscr{F}^{-1}[G(\omega)]$, 因为 $g'(x) = f(x)$, 所以 $\mathscr{F}[g'(x)] = \mathscr{F}[f(x)] = F(\omega)$ 。根据微分定理有

$$\mathscr{F}[g'(x)] = \mathrm{i}\omega G(\omega)$$

所以

$$G(\omega) = \frac{1}{\mathrm{i}\omega} F(\omega)$$

故

$$\mathscr{F}\left[\int_{-\infty}^{x} f(\xi) \mathrm{d}\xi \right] = \frac{1}{\mathrm{i}\omega} F(\omega)$$

性质 13.1.12　巴塞瓦 (Parseval) 定理　若有 $F(\omega) = \mathscr{F}[f(x)]$, 则

$$\int_{-\infty}^{+\infty} [f(x)]^2 \mathrm{d}x = \frac{1}{2\pi} \int_{-\infty}^{+\infty} |F(\omega)|^2 \mathrm{d}\omega$$

【证明】在乘积定理中,令 $f_1(x) = f_2(x) = f(x)$, 则

$$\int_{-\infty}^{+\infty} [f(x)]^2 \mathrm{d}x = \frac{1}{2\pi} \int_{-\infty}^{+\infty} \overline{F(\omega)} F(\omega) \mathrm{d}\omega = \frac{1}{2\pi} \int_{-\infty}^{+\infty} |F(\omega)|^2 \mathrm{d}\omega$$

由于上述的左右两边均可表示某种能量,所以这个定理有时也称为**能量积分**或**瑞利定理**。可以记为

$$\int_{-\infty}^{+\infty} [f(x)]^2 \mathrm{d}x = \frac{1}{2\pi} \int_{-\infty}^{+\infty} |F(\omega)|^2 \mathrm{d}\omega$$

表 13.1.1　傅里叶变换简表

	原函数 $f(x)$	像函数 $F(\omega)$
1	$f(x) = \dfrac{1}{2\pi}\displaystyle\int_{-\infty}^{+\infty} F(\omega)\mathrm{e}^{\mathrm{i}\omega x}\mathrm{d}\omega$	$F(\omega) = \displaystyle\int_{-\infty}^{\infty} f(x)\mathrm{e}^{-\mathrm{i}\omega x}\mathrm{d}x$
2	$H(x) = \begin{cases} 1, x \geqslant 0 \\ 0, x < 0 \end{cases}$	$\dfrac{1}{\mathrm{i}\omega} + \pi\delta(\omega)$
3	1	$2\pi\delta(\omega)$
4	$\mathrm{sgn}x$	$\dfrac{2}{\mathrm{i}\omega}$
5	$\cos\omega_0 t$	$\pi[\delta(\omega + \omega_0) + \delta(\omega - \omega_0)]$
6	$\sin\omega_0 t$	$\mathrm{i}\pi[\delta(\omega + \omega_0) - \delta(\omega - \omega_0)]$
7	t	$2\pi\mathrm{i}\delta'(\omega)$
8	t^n	$2\pi\mathrm{i}^n\delta^{(n)}(\omega)$
9	$f(x) = \begin{cases} \mathrm{e}^{-ax}, x \geqslant 0 \\ 0, x < 0 \end{cases} (a > 0)$	$\dfrac{1}{a + \mathrm{i}\omega}$
10	$f(x) = \begin{cases} \mathrm{e}^{-ax}, x \geqslant 0 \\ \mathrm{e}^{ax}, x < 0 \end{cases} (a > 0)$	$\dfrac{2a}{a^2 + \omega^2}$
11	$|x|$	$\dfrac{-2}{\omega^2}$
12	$\dfrac{1}{|x|}$	$\dfrac{\sqrt{2\pi}}{|\omega|}$
13	$f(x) = \begin{cases} 1, 0 \leqslant x \leqslant b \\ 0, -b \leqslant x < 0 \end{cases} (b > 0)$	$\dfrac{\mathrm{i}}{\omega}[\mathrm{e}^{-\mathrm{i}\omega b} - 1]$
14	$f(x) = \begin{cases} 1, 0 \leqslant x \leqslant b \\ -1, -b \leqslant x < 0 \end{cases} (b > 0)$	$\dfrac{2\sin\omega b}{\omega}$
15	$\dfrac{1}{a^2 + x^2}, \mathrm{Re}(a) < 0$	$-\dfrac{\pi}{a}\mathrm{e}^{a|\omega|}$
16	$\dfrac{x}{(a^2 + x^2)^2}, \mathrm{Re}(a) < 0$	$\dfrac{\mathrm{i}\omega\pi}{2a}\mathrm{e}^{a|\omega|}$
17	$\dfrac{\cos bx}{a^2 + x^2}, \mathrm{Re}(a) < 0, \mathrm{Im}b = 0$	$-\dfrac{\pi}{2a}[\mathrm{e}^{a|\omega-b|} + \mathrm{e}^{a|\omega+b|}]$
18	$\dfrac{\sin bx}{a^2 + x^2}, \mathrm{Re}(a) < 0, \mathrm{Im}b = 0$	$\dfrac{\mathrm{i}\pi}{2a}[\mathrm{e}^{a|\omega-b|} - \mathrm{e}^{a|\omega+b|}]$

13.2　拉普拉斯变换及性质

拉普拉斯变换理论(又称为运算微积分,或称为算子微积分)是在 19 世纪末发展起来的。首先是英国工程师亥维赛德(O. Heaviside)发明了用运算法解决当时电工计算中出现的一些问题,但是缺乏严密的数学论证。后来由法国数学家拉普拉斯(P. S. Laplace)给出了严密的数学定义,称之为拉普拉斯变换方法。拉普拉斯(Laplace)变换在电学、光学、力学等工程技术与科学领域中有着广泛的应用。由于它的像原函数 $f(x)$ 要求的条件比傅里叶变换的条件要弱,因此在某些问题上,它比傅里叶变换的适用面要广。

13.2.1　拉普拉斯变换

定义 13.2.1　设实函数 $f(t)$ 在 $t \geqslant 0$ 上有定义,且积分 $F(p) = \displaystyle\int_0^{+\infty} f(t)\mathrm{e}^{-pt}\mathrm{d}t$ (p 为复参变

量) 对复平面上某一范围 p 收敛,则由这个积分所确定的函数

$$F(p) = \int_0^{+\infty} f(t) e^{-pt} dt \tag{13.2.1}$$

称为函数 $f(t)$ 的**拉普拉斯变换**,简称**拉氏变换**(或称为**像函数**),记为 $F(p) = \mathscr{L}[f(t)]$。

综合傅里叶变换和拉普拉斯变换可见,傅里叶变换的像函数是一个实自变量为 ω 的复值函数,而拉普拉斯变换的像函数则是一个复变数 p 的复值函数,由式(13.2.1)可以看出,$f(t)$ $(t \geqslant 0)$ 的拉普拉斯变换实际上就是 $f(t)u(t) e^{-\beta t}(\beta > 0)$ 的傅里叶变换(其中 $u(t)$ 为单位阶跃函数),因此拉普拉斯变换实质上就是一种单边的广义傅里叶变换,单边是指积分区间从 0 到 $+\infty$,广义是指函数 $f(t)$ 要乘上 $u(t) e^{-\beta t}(\beta > 0)$ 之后再做傅里叶变换。

例 13.2.1　求拉普拉斯变换 $\mathscr{L}[1]$。

【解】在 $\mathrm{Re}p > 0$(按照假设 $p = \sigma + i\omega$),即 $\sigma > 0$ 的半平面,有

$$\int_0^{+\infty} 1 \cdot e^{-pt} dt = \frac{1}{p}$$

例 13.2.2　求拉普拉斯变换 $\mathscr{L}[t]$。

【解】在 $\mathrm{Re}p > 0$ 的半平面,有

$$\int_0^{+\infty} t e^{-pt} dt = -\frac{1}{p} \int_0^{+\infty} t \, d(e^{-pt})$$

$$= -\frac{1}{p} \left[t e^{-pt} \right]_0^{+\infty} + \frac{1}{p} \int_0^{+\infty} e^{-pt} dt$$

$$= \frac{1}{p} \int_0^{+\infty} e^{-pt} dt = \frac{1}{p^2}$$

所以

$$\mathscr{L}[t] = \frac{1}{p^2} \quad (\mathrm{Re}p > 0)$$

同理有

$$\mathscr{L}[t^n] = \frac{n!}{p^{n+1}}$$

例 13.2.3　求单位阶跃函数 $u(t) = \begin{cases} 0, & t < 0 \\ 1, & t > 0 \end{cases}$ 的拉普拉斯变换。

【解】由拉普拉斯变换的定义,有

$$\mathscr{L}[u(t)] = \int_0^{+\infty} e^{-pt} dt = -\frac{1}{p} e^{-pt} \Big|_0^{+\infty}$$

设 $p = \beta + i\omega$,由于 $|e^{-pt}| = |e^{-(\beta+i\omega)t}| = e^{-\beta t}$,所以当且仅当 $\mathrm{Re}p = \beta > 0$ 时,$\lim\limits_{t \to \infty} e^{-pt} = 0$,从而有

$$\mathscr{L}[u(t)] = \frac{1}{p} \quad (\mathrm{Re}p > 0)$$

定理 13.2.1　拉普拉斯变换存在定理　若函数 $f(t)$ 满足下述条件:

(1) 当 $t < 0$ 时,$f(t) = 0$;当 $t \geqslant 0$ 时,$f(t)$ 在任一有限区间上分段连续;

(2) 当 $t \to +\infty$ 时,$f(t)$ 的增长速度不超过某一指数函数,即存在常数 M 及 $\sigma_0 \geqslant 0$,使得

$$|f(t)| \leqslant M e^{\sigma_0 t} \quad (0 \leqslant t < +\infty)$$

则 $\mathscr{L}[f(t)] = F(p)$ 在半平面 $\mathrm{Re}p > \sigma_0$ 上存在且解析。

定义 13.2.2　拉普拉斯逆变换　若满足式: $F(p) = \int_0^{+\infty} f(t) e^{-pt} dt$,我们称 $f(t)$ 为 $F(p)$ 的

拉普拉斯逆变换,简称拉普拉斯逆变换(或称为**原函数**),记为 $f(t)=\mathscr{L}^{-1}[F(p)]$。为了计算拉普拉斯逆变换的方便,下面给出拉普拉斯逆变换的具体表达式。

实际上,$f(t)$ 的拉普拉斯变换就是 $f(t)u(t)e^{-\beta t}$ $(\beta>0)$ 的傅里叶变换。因此,当 $f(t)u(t)e^{-\beta t}$ 满足傅里叶积分定理的条件时,根据傅里叶积分公式,$f(t)$ 在连续点处

$$
\begin{aligned}
f(t)u(t)e^{-\beta t} &= \frac{1}{2\pi}\int_{-\infty}^{+\infty}\left[\int_{-\infty}^{+\infty}f(\tau)u(\tau)e^{-\beta\tau}e^{-i\omega\tau}d\tau\right]e^{i\omega t}d\omega \\
&= \frac{1}{2\pi}\int_{-\infty}^{+\infty}e^{i\omega t}\int_{0}^{+\infty}f(\tau)e^{-(\beta+i\omega)\tau}d\tau d\omega \\
&= \frac{1}{2\pi}\int_{-\infty}^{+\infty}F(\beta+i\omega)e^{i\omega t}d\omega \quad (t>0)
\end{aligned}
$$

等式两端同乘 $e^{\beta t}$,并注意到这个因子与积分变量 ω 无关,故 $t>0$ 时

$$
f(t)=\frac{1}{2\pi}\int_{-\infty}^{+\infty}F(\beta+i\omega)e^{(\beta+i\omega)t}d\omega
$$

令 $p=\beta+i\omega$,则

$$
f(t)=\frac{1}{2\pi i}\int_{\beta-i\infty}^{\beta+i\infty}F(p)e^{pt}dp \quad (t>0) \tag{13.2.2}
$$

上式为 $F(p)$ 的拉普拉斯逆变换式,称为拉普拉斯逆变换式,记为 $f(t)=\mathscr{L}^{-1}[F(p)]$,并且 $f(t)$ 称为 $F(p)$ 的拉普拉斯逆变换,简称拉氏逆变换(或称为**像原函数或原函数**)。上式右端的积分称为**拉普拉斯反演积分**。式(13.2.2)称为**黎曼-梅林反演公式**,这就是从像函数求原函数的一般公式。

注意:公式 $F(p)=\int_{0}^{+\infty}f(t)e^{-pt}dt$ 和公式 $f(t)=\frac{1}{2\pi i}\int_{\beta-i\infty}^{\beta+i\infty}F(p)e^{pt}dp(t>0)$ 构成一对互逆的积分变换公式,我们也称 $f(t)$ 和 $F(p)$ 构成一组拉普拉斯变换对。

13.2.2　拉普拉斯变换的性质

虽然由拉普拉斯(简称为拉普拉斯变换)的定义式可以求出一些常用函数的拉普拉斯变换。但在实际应用中我们总结出一些规律,即拉普拉斯变换的一些基本性质,可以使得许多复杂计算简单化。

我们约定需要取拉普拉斯变换的函数,均满足拉普拉斯变换存在定理的条件。

性质 13.2.1　线性定理　若 α,β 为任意常数,且 $F_1(p)=\mathscr{L}[f_1(t)]$,$F_2(p)=\mathscr{L}[f_2(t)]$,则

$$
\begin{aligned}
\mathscr{L}[\alpha f_1(t)+\beta f_2(t)] &= \alpha\mathscr{L}[f_1(t)]+\beta\mathscr{L}[f_2(t)] \\
\mathscr{L}^{-1}[\alpha F_1(p)+\beta F_2(p)] &= \alpha\mathscr{L}^{-1}[F_1(p)]+\beta\mathscr{L}^{-1}[F_2(p)]
\end{aligned} \tag{13.2.3}
$$

【证明】

$$
\begin{aligned}
\mathscr{L}[\alpha f_1(t)+\beta f_2(t)] &= \int_{0}^{+\infty}[\alpha f_1(t)+\beta f_2(t)]e^{-pt}dt \\
&= \alpha\int_{0}^{+\infty}f_1(t)e^{-pt}dt+\beta\int_{0}^{+\infty}f_2(t)e^{-pt}dt \\
&= \alpha\mathscr{L}[f_1(t)]+\beta\mathscr{L}[f_2(t)]
\end{aligned}
$$

根据逆变换的定义,不难证明第二式,具体留给读者去证明。

例 13.2.4　求函数 $F(p)=\dfrac{1}{(p-a)(p-b)}(a>0,b>0,a\neq b)$ 的拉普拉斯逆变换。

$$F(p) = \frac{1}{(p-a)(p-b)} = \frac{1}{a-b} \cdot \frac{1}{p-a} + \frac{1}{b-a} \cdot \frac{1}{p-b}$$

【解】
$$\mathscr{L}^{-1}[F(p)] = \frac{1}{a-b} \cdot \mathscr{L}^{-1}\left[\frac{1}{p-a}\right] + \frac{1}{b-a} \cdot \mathscr{L}^{-1}\left[\frac{1}{p-b}\right]$$

$$= \frac{e^{at}}{a-b} + \frac{e^{bt}}{b-a} = \frac{1}{a-b}(e^{at} - e^{bt})$$

性质 13.2.2　延迟定理　若设 τ 为非负实数，$\mathscr{L}[f(t)] = F(p)$，又当 $t<0$ 时，$f(t) = 0$，则

$$\mathscr{L}[f(t-\tau)] = e^{-p\tau}F(p) = e^{-p\tau}\mathscr{L}[f(t)] \tag{13.2.4}$$

或
$$\mathscr{L}^{-1}[e^{-p\tau}F(p)] = f(t-\tau)$$

【证明】由定义出发，随后令 $u = t - \tau$，可得

$$\mathscr{L}[f(t-\tau)] = \int_0^{+\infty} f(t-\tau)e^{-pt}dt = \int_{-\tau}^{+\infty} f(u)e^{-p(u+\tau)}du$$

利用 $u<0$ 时，$f(u) = 0$，积分下限可改为零，故得

$$\mathscr{L}[f(t-\tau)] = e^{-p\tau}\int_0^{+\infty} f(u)e^{-pu}du = e^{-p\tau}\mathscr{L}[f(t)]$$

性质 13.2.3　位移定理　若 $\mathscr{L}[f(t)] = F(p)$，则有

$$\mathscr{L}[e^{at}f(t)] = F(p-a), \quad (\mathrm{Re}(p-a) > p_0)$$

其中，p_0 是 $f(t)$ 的增长指数。

【证明】根据定义

$$\mathscr{L}[e^{at}f(t)] = \int_0^\infty e^{at}f(t)e^{-pt}dt$$

$$= \int_0^\infty f(t)e^{-(p-a)t}dt = F(p-a)$$

性质 13.2.4　相似定理　设 $\mathscr{L}[f(t)] = F(p)$，则对于大于零的常数 c，有

$$\mathscr{L}[f(ct)] = \frac{1}{c}F\left(\frac{p}{c}\right)$$

【证明】由定义出发，随后作变量代换 $u = ct$，则

$$\mathscr{L}[f(ct)] = \int_0^{+\infty} f(ct)e^{-pt}dt = \int_0^{+\infty} f(u)e^{-\frac{p}{c}u}d\frac{u}{c}$$

$$= \frac{1}{c}\int_0^{+\infty} f(u)e^{-\frac{p}{c}u}du = \frac{1}{c}F\left(\frac{p}{c}\right)$$

性质 13.2.5　微分定理　设 $\mathscr{L}[f(t)] = F(p)$，$f^{(n)}(t)(n=1,2,\cdots)$ 存在且分段连续，则

$$\begin{cases} \mathscr{L}[f'(t)] = p\mathscr{L}[f(t)] - f(0) \\ \mathscr{L}[f''(t)] = p^2\mathscr{L}[f(t)] - pf(0) - f'(0) \\ \cdots \\ \mathscr{L}[f^{(n)}(t)] = p^n\mathscr{L}[f(t)] - p^{n-1}f(0) - p^{n-2}f'(0) - \cdots - pf^{(n-2)}(0) - f^{(n-1)}(0) \end{cases}$$

【证明】由定义出发，随后用分部积分，可得

$$\mathscr{L}[f'(t)] = \int_0^{+\infty} f'(t)e^{-pt}dt = f(t)e^{-pt}\big|_0^{+\infty} + p\int_0^{+\infty} f(t)e^{-pt}dt$$

$$= -f(0) + pF(p) = p\mathscr{L}[f(t)] - f(0)$$

同理，用 $f'(t)$ 取代上式中的 $f(t)$，可得

$$\mathscr{L}[f''(t)] = p\mathscr{L}[f'(t)] - f'(0)$$

$$= p\{p\mathscr{L}[f(t)] - f(0)\} - f'(0)$$

$$= p^2 \mathscr{L}[f(t)] - pf(0) - f'(0)$$

继续下去，即得所证。

特别地，当 $f^{(k)}(0) = 0(k = 0, 1, 2, \cdots, n-1)$，则

$$\mathscr{L}[f^{(n)}(t)] = p^n \mathscr{L}[f(t)]$$

性质 13.2.6　像函数的微分定理

$$\frac{\mathrm{d}^n}{\mathrm{d}p^n} F(p) = \mathscr{L}[(-t)^n f(t)] \tag{13.2.5}$$

【证明】 在拉普拉斯变换定义式两边对 p 求导

$$\frac{\mathrm{d}}{\mathrm{d}p} F(p) = \frac{\mathrm{d}}{\mathrm{d}p} \int_0^{+\infty} f(t) \mathrm{e}^{-pt} \mathrm{d}t = \int_0^{+\infty} \frac{\partial}{\partial p} [f(t) \mathrm{e}^{-pt}] \mathrm{d}t$$

$$= \int_0^{+\infty} (-t) f(t) \mathrm{e}^{-pt} \mathrm{d}t = \mathscr{L}[(-t) f(t)]$$

$$\frac{\mathrm{d}^2}{\mathrm{d}p^2} F(p) = \frac{\mathrm{d}}{\mathrm{d}p} \int_0^{+\infty} (-t) f(t) \mathrm{e}^{-pt} \mathrm{d}t = \int_0^{+\infty} \frac{\partial}{\partial p} [(-t) f(t) \mathrm{e}^{-pt}] \mathrm{d}t$$

$$= \int_0^{+\infty} (-t)^2 f(t) \mathrm{e}^{-pt} \mathrm{d}t = \mathscr{L}[(-t)^2 f(t)]$$

继续下去，即得所证。

性质 13.2.7　积分定理　设 $\mathscr{L}[f(t)] = F(p)$，则

$$\mathscr{L}\left[\int_0^t f(\tau) \mathrm{d}\tau\right] = \frac{1}{p} \mathscr{L}[f(t)] = \frac{1}{p} F(p) \tag{13.2.6}$$

【证明】 设 $g(t) = \int_0^t f(\tau) \mathrm{d}\tau$，则 $g'(t) = f(t)$，$g(0) = 0$ 由微分定理，有

$$\mathscr{L}[g'(t)] = p \mathscr{L}[g(t)] - g(0) = p \mathscr{L}[g(t)]$$

即

$$\mathscr{L}[g(t)] = \frac{1}{p} \mathscr{L}[g'(t)]$$

由 $g'(t) = f(t)$ 可得

$$\mathscr{L}\left[\int_0^t f(\tau) \mathrm{d}\tau\right] = \mathscr{L}[g(t)] = \frac{1}{p} \mathscr{L}[g'(t)] = \frac{1}{p} \mathscr{L}[f(t)] = \frac{1}{p} F(p)$$

一般地，对应 n 重积分，有

$$\mathscr{L}\left[\int_0^t \mathrm{d}t \int_0^t \mathrm{d}t \cdots \int_0^t f(\tau) \mathrm{d}\tau\right] = \frac{1}{p^n} F(p)$$

性质 13.2.8　像函数的积分定理

$$\int_p^{+\infty} F(p') \mathrm{d}p' = \mathscr{L}\left[\frac{f(t)}{t}\right] \tag{13.2.7}$$

【证明】 由拉普拉斯变换的定义式出发，随后交换积分次序

$$\int_p^{+\infty} F(p') \mathrm{d}p' = \int_p^{+\infty} \left[\int_0^{+\infty} f(t) \mathrm{e}^{-p't} \mathrm{d}t\right] \mathrm{d}p' = \int_0^{+\infty} f(t) \left(\int_p^{+\infty} \mathrm{e}^{-p't} \mathrm{d}p'\right) \mathrm{d}t$$

$$= \int_0^{+\infty} f(t) \left.\frac{\mathrm{e}^{-p't}}{-t}\right|_{p'=p}^{+\infty} \mathrm{d}t = \int_0^{+\infty} f(t) \frac{\mathrm{e}^{-pt}}{t} \mathrm{d}t = \mathscr{L}\left[\frac{f(t)}{t}\right]$$

上面交换积分次序的根据是 $\int_0^{+\infty} f(t) \mathrm{e}^{-p't} \mathrm{d}t$ 在满足 $\mathrm{Re}p' > \sigma_0$ 条件下是一致收敛的。

性质 13.2.9　拉普拉斯变换的卷积定理

(1) 定义 13.2.1　拉普拉斯变换的卷积　第 12 章学习了傅里叶变换的卷积概念和性

质,当 $f_1(t)$ 和 $f_2(t)$ 是 $(-\infty,+\infty)$ 上绝对可积函数时,它们的卷积是

$$f_1(t)*f_2(t)=\int_{-\infty}^{\infty}f_1(\tau)f_2(t-\tau)\mathrm{d}\tau$$

如果 $t<0$ 时有 $f_1(t)=f_2(t)=0$,则上式可写为

$$f_1(t)*f_2(t)=\int_{-\infty}^{0}f_1(\tau)f_2(t-\tau)\mathrm{d}\tau+\int_{0}^{t}f_1(\tau)f_2(t-\tau)\mathrm{d}\tau+\int_{t}^{\infty}f_1(\tau)f_2(t-\tau)\mathrm{d}\tau$$

所以

$$f_1(t)*f_2(t)=\int_{0}^{t}f_1(\tau)f_2(t-\tau)\mathrm{d}\tau \tag{13.2.8}$$

因为在拉普拉斯变换中总认为 $t<0$ 时,原函数 $f(t)$ 恒为零,因此把式(13.2.8)定义为拉普拉斯变换的卷积。

(2) 拉普拉斯变换的卷积定理

$$\mathscr{L}[f_1(t)*f_2(t)]=\mathscr{L}[f_1(t)]\cdot\mathscr{L}[f_2(t)] \tag{13.2.9}$$

【证明】首先由卷积定义及拉普拉斯变换定义出发,随后交换积分次序,并作变量代换:

$$u=t-\tau$$

$$
\begin{aligned}
\mathscr{L}[f_1(t)*f_2(t)] &=\int_{0}^{+\infty}[f_1(t)*f_2(t)]\mathrm{e}^{-pt}\mathrm{d}t=\int_{0}^{+\infty}\Big[\int_{0}^{+\infty}f_1(\tau)f_2(t-\tau)\mathrm{d}\tau\Big]\mathrm{e}^{-pt}\mathrm{d}t\\
&=\int_{0}^{+\infty}f_1(\tau)\mathrm{d}\tau\int_{0}^{+\infty}f_2(t-\tau)\mathrm{e}^{-pt}\mathrm{d}t\\
&=\int_{0}^{+\infty}f_1(\tau)\mathrm{d}\tau\int_{-\tau}^{+\infty}f_2(u)\mathrm{e}^{-p(u+\tau)}\mathrm{d}u
\end{aligned}
$$

由于当 $u<0$ 时 $f(u)=0$,第二个积分下限可写成零,再将 $\mathrm{e}^{-p\tau}$ 提出第二个积分号外,便有

$$
\begin{aligned}
\mathscr{L}[f_1(t)*f_2(t)] &=\int_{0}^{+\infty}f_1(\tau)\mathrm{e}^{-p\tau}\mathrm{d}\tau\int_{0}^{+\infty}f_2(u)\mathrm{e}^{-pu}\mathrm{d}u\\
&=\mathscr{L}[f_1(t)]\cdot\mathscr{L}[f_2(t)]=F_1(p)\cdot F_2(p)
\end{aligned}
$$

应用拉普拉斯变换法时经常要求 $\mathscr{L}^{-1}[F(p)]$,若 $F(p)$ 能分解为 $F_1(p)F_2(p)$,对上式作逆变换,即

$$\mathscr{L}^{-1}[F(p)]=\mathscr{L}^{-1}[F_1(p)F_2(p)]=f_1(t)*f_2(t) \tag{13.2.10}$$

13.2.3　拉普拉斯变换的反演

求拉普拉斯变换的反演即为在已知像函数情况下求原函数(即为求反演积分),我们分不同情况按下述方法来求。

1. 有理分式反演法

若像函数是有理分式,只要把有理分式分解为分项分式之和,然后利用拉普拉斯变换的基本公式,就能得到相应的原函数。

例 13.2.5　求 $F(p)=\dfrac{10(p+2)(p+5)}{p(p+1)(p+3)}$ 的拉普拉斯逆变换 $\mathscr{L}^{-1}[F(p)]$。

【解】设可分解为展开式

$$F(p)=\frac{a}{p}+\frac{b}{p+1}+\frac{c}{p+3}$$

容易计算得到

$$a=pF(p)\mid_{p=0}=\frac{100}{3}$$

$$b = (p+1)F(p)\mid_{p=-1} = -20$$

$$c = (p+3)F(p)\mid_{p=-3} = -\frac{10}{3}$$

故由

$$F(p) = \frac{100}{3p} - \frac{20}{p+1} - \frac{10}{3(p+3)}$$

得到

$$f(t) = \frac{100}{3} - 20\mathrm{e}^{-t} - \frac{10}{3}\mathrm{e}^{-3t}\ (t \geq 0)$$

2. 查表法

许多函数的拉普拉斯变换都制成了表格(见表 13.2.1),从表中直接查找很方便。尽管有些像函数可能不能直接从表中查出其原函数,但可利用拉普拉斯变换的性质进行反演计算。

表 13.2.1　拉普拉斯变换简表

	原函数 $f(t)$	像函数 $F(p)$	原函数 $f(t)$	像函数 $F(p)$
1	$\delta(t)$	1	$H(t)$	$\dfrac{1}{p}$
2	1	$\dfrac{1}{p}$	t	$\dfrac{1}{p^2}$
3	e^{-at}	$\dfrac{1}{p+a}$	$t\mathrm{e}^{-at}$	$\dfrac{1}{(p+a)^2}$
4	$t^n\,(n=1,2,\cdots)$	$\dfrac{n!}{p^{n+1}}$	$t^n\mathrm{e}^{-at}\,(n=1,2,\cdots)$	$\dfrac{n!}{(p+a)^{n+1}}$
5	$\sin\omega t$	$\dfrac{\omega}{p^2+\omega^2}$	$\cos\omega t$	$\dfrac{p}{p^2+\omega^2}$
6	$t\sin\omega t$	$\dfrac{2\omega p}{(p^2+\omega^2)^2}$	$t\cos\omega t$	$\dfrac{p^2-\omega^2}{(p^2+\omega^2)^2}$
7	$\sin(a\sqrt{t})$	$\dfrac{a}{2p}\sqrt{\dfrac{\pi}{p}}\mathrm{e}^{-\frac{a^2}{4p}}$	$\dfrac{\sin at}{t}$	$\arctan\left(\dfrac{a}{p}\right)$
8	$\mathrm{e}^{-at}\sin\omega t$	$\dfrac{\omega}{(p+a)^2+\omega^2}$	$\mathrm{e}^{-at}\cos\omega t$	$\dfrac{p+a}{(p+a)^2+\omega^2}$
9	$\dfrac{1}{a^2}(at-1+\mathrm{e}^{-at})$	$\dfrac{1}{p^2(p+a)}$	$\dfrac{1}{b-a}(\mathrm{e}^{-at}-\mathrm{e}^{-bt})$	$\dfrac{1}{(p+a)(p+b)}$
10	$\dfrac{1}{b-a}(b\mathrm{e}^{-bt}-a\mathrm{e}^{-at})$	$\dfrac{p}{(p+a)(p+b)}$	$\mathrm{ch}\,kt$	$\dfrac{p}{p^2-k^2}$
11	$\dfrac{1}{\sqrt{\pi t}}$	$\dfrac{1}{\sqrt{p}}$	$J_0(t)$	$\dfrac{1}{\sqrt{p^2+1}}$
12	$\dfrac{1}{\sqrt{\pi t}}\mathrm{e}^{-\frac{b^2}{4t}}$	$\dfrac{1}{\sqrt{p}}\mathrm{e}^{-b\sqrt{p}}$	$\dfrac{2}{\sqrt{\pi}}\displaystyle\int_{\frac{u}{2\sqrt{t}}}^{\infty}\mathrm{e}^{-y^2}dy$	$\dfrac{1}{p}\mathrm{e}^{-\sqrt{p}u}\,(u \geq 0)$

例 13.2.6　求 $\dfrac{\mathrm{e}^{-\tau p}}{\sqrt{p}}$ 的原函数。

【解】 即求 $\mathscr{L}^{-1}\left[\dfrac{\mathrm{e}^{-\tau p}}{\sqrt{p}}\right]$,首先抛开因子 $\mathrm{e}^{-\tau p}$,从表 13.2.1 中的第 11 行查出 $\mathscr{L}^{-1}\left[\dfrac{1}{\sqrt{p}}\right] = \dfrac{1}{\sqrt{\pi t}}$,再利用延迟定理,将原函数中的 t 延迟为 $t-\tau$,即得到

$$\mathscr{L}^{-1}\left[\frac{\mathrm{e}^{-\tau p}}{\sqrt{p}}\right]=\frac{1}{\sqrt{\pi(t-\tau)}}$$

3. 黎曼–梅林反演公式

由于拉式逆变换是一个复变函数的积分,计算复变函数的积分通常比较困难,但当 $F(p)$ 满足一定条件时可用留数的方法来计算反演积分。即前面学过的黎曼—梅林反演公式

$$f(t)=\frac{1}{2\pi\mathrm{i}}\int_{b-\mathrm{i}\infty}^{b+\mathrm{i}\infty}F(p)\mathrm{e}^{pt}\mathrm{d}p\quad(t>0)\qquad(13.2.11)$$

下面给出计算这个反演积分的方法,即下述两个定理。

定理 13.2.1　若 $p_1,p_2,\cdots,p_n$ 是函数 $F(p)$ 的所有孤立奇点(有限个),除这些点外 $F(p)$ 处处解析。适当选取 b,使这些奇点全在 $\mathrm{Re}(p)<b$ 的范围内,且当 $p\to\infty$ 时,$F(p)\to0$,则有

$$\int_{b-\mathrm{i}\infty}^{b+\mathrm{i}\infty}F(p)\mathrm{e}^{pt}\mathrm{d}p=2\pi\mathrm{i}\sum_{k=1}^{n}\mathrm{Res}\left[F(p)\mathrm{e}^{pt}\right]\quad\text{成立}$$

即在 $f(t)$ 的连续点处有

$$f(t)=\sum_{n=1}^{n}\mathrm{Res}\left[F(p)\mathrm{e}^{pt}\right]\quad(t>0)\qquad(13.2.12)$$

成立。在 $f(t)$ 的间断点 $t_0>0$ 处,左方应代之为 $\frac{1}{2}\left[f(t_0^+)+f(t_0^-)\right]$。

若上述定理中的 $F(p)$ 为有理函数,则定理变得更为简单。

定理 13.2.2　若函数 $F(p)$ 是有理函数:$F(p)=\dfrac{A(p)}{B(p)}$,其中 $A(p)$ 和 $B(p)$ 是互质多项式,$A(p)$ 的次数为 n,$B(p)$ 的次数为 m,并且 $n<m$。又假定 $B(p)$ 的零点为 $p_1,p_2,p_3,\cdots,p_k$,其阶数分别为 $q_1,q_2,q_3,\cdots,q_k$,$\left(\sum\limits_{j=1}^{k}q_j=m\right)$,那么在 $f(t)$ 的连续点处成立:

$$f(t)=\sum_{j=1}^{k}\frac{1}{(q_j-1)!}\lim_{p\to p_j}\frac{\mathrm{d}^{q_j-1}}{\mathrm{d}p^{q_j-1}}\left[(p-p_j)^{q_j}\frac{A(p)}{B(p)}\mathrm{e}^{pt}\right],\ (t>0)\qquad(13.2.13)$$

特别,如果 $B(p)$ 有 m 个单零点 $p_1,p_2,\cdots,p_m$ 那么在 $f(t)$ 的连续点处有下式成立

$$f(t)=\sum_{j=1}^{m}\frac{A(p_j)}{B'(p_j)}\mathrm{e}^{p_jt}\quad(t>0)\qquad(13.2.14)$$

在 $f(t)$ 的间断点 $t_0>0$ 处,式(13.2.13)和(13.2.14)左端应代之以 $\frac{1}{2}\left[f(t_0^+)+f(t_0^-)\right]$。

13.3　傅里叶变换法解数学物理定解问题

用分离变量法求解有限空间的定解问题时,所得到的本征值谱是分离的,所求的解可表为对分离本征值求和的傅里叶级数。对于无限空间,用分离变量法求解定解问题时,所得到的本征值谱一般是连续的,所求的解可表为对连续本征值求积分的傅里叶积分。因此,对于无限空间的定解问题,傅里叶变换是一种很适用的求解方法。本节将通过几个例子说明运用傅里叶变换求解无界空间(含一维半无界空间)的定界问题的基本方法,并给出几个重要的解的公式。下面的讨论假设待求解的函数 u 及其一阶导数是有限的。

13.3.1　弦振动问题

例 13.3.1　求解无限长弦的自由振动定解问题(这一定解问题在行波法中已经介绍,读者可以比较行波解法和傅里叶解法)。

$$\begin{cases} u_{tt}-a^2 u_{xx}=0,(-\infty<x<\infty) \\ u\mid_{t=0}=\varphi(x) \\ u_t\mid_{t=0}=\psi(x) \end{cases}$$

【解】应用傅里叶变换,即用 $e^{-i\omega x}$ 遍乘定解问题中的各式,并对空间变量 x 积分(这里把时间变量看成参数),按照傅里叶变换的定义,我们采用如下的傅里叶变换对:

$$U(\omega,t)=\int_{-\infty}^{\infty}u(x,t)e^{-i\omega x}dx$$

$$u(x,t)=\frac{1}{2\pi}\int_{-\infty}^{\infty}U(\omega,t)e^{i\omega x}d\omega$$

简化表示为 $\mathscr{F}[u(x,t)]=U(\omega,t)$。

对其它函数也作傅里叶变换,即

$$\mathscr{F}[\varphi(x)]=\Phi(\omega)$$

$$\mathscr{F}[\psi(x)]=\Psi(\omega)$$

于是原定解问题变换为下列常微分方程的定解问题

$$\begin{cases} U_{tt}+a^2\omega^2 U(\omega,t)=0 \\ U(\omega,t)\mid_{t=0}=\Phi(\omega) \\ U_t(\omega,t)\mid_{t=0}=\Psi(\omega) \end{cases}$$

上述常微分方程的通解为

$$U(\omega,t)=A(\omega)e^{i\omega at}+B(\omega)e^{-i\omega at}$$

代入初始条件可以定出

$$A(\omega)=\frac{1}{2}\Phi(\omega)+\frac{1}{2ai}\frac{1}{\omega}\Psi(\omega)$$

$$B(\omega)=\frac{1}{2}\Phi(\omega)-\frac{1}{2ai}\frac{1}{\omega}\Psi(\omega)$$

这样

$$U(\omega,t)=\frac{1}{2}\Phi(\omega)e^{i\omega at}+\frac{1}{2\omega ai}\Psi(\omega)e^{i\omega at}+\frac{1}{2}\Phi(\omega)e^{-i\omega at}-\frac{1}{2\omega ai}\Psi(\omega)e^{-i\omega at}$$

$$=\Phi(\omega)\cos(\omega at)+\frac{\Psi(\omega)}{\omega a}\sin(\omega at)$$

最后,上式乘以 $\frac{1}{2\pi}$ 并做逆傅里叶变换,应用延迟定理和积分定理得到

$$u(x,t)=\frac{1}{2}[\varphi(x+at)+\varphi(x-at)]+\frac{1}{2a}\int_{x-at}^{x+at}\psi(\xi)d\xi$$

这正是前面学过的的达朗贝尔公式。

例 13.3.2　求解无限长弦的强迫振动方程的初值问题:

$$\begin{cases} u_{tt}-a^2 u_{xx}=f(x,t),(-\infty<x<\infty) \\ u\mid_{t=0}=\varphi(x) \\ u_t\mid_{t=0}=\psi(x) \end{cases}$$

【解】根据与例 13.3.1 相同的方法,做傅里叶变换

$$\mathscr{F}[u(x,t)]=U(\omega,t), \quad \mathscr{F}[f(x,t)]=F(\omega,t)$$
$$\mathscr{F}[\varphi(x)]=\Phi(\omega), \quad \mathscr{F}[\psi(x)]=\Psi(\omega)$$

原定解问题可变换为下列常微分方程的问题

$$\begin{cases} U_{tt}+a^2\omega^2 U(\omega,t)=F(\omega,t) \\ U(\omega,t)\big|_{t=0}=\Phi(\omega) \\ U_t(\omega,t)\big|_{t=0}=\Psi(\omega) \end{cases}$$

上述问题的解为

$$U(\omega,t)=\frac{1}{a\omega}\int_0^t F(\omega,\tau)\sin\omega a(t-\tau)\mathrm{d}\tau + \Phi(\omega)\cos(\omega at) + \frac{\Psi(\omega)}{\omega a}\sin(a\omega t)$$

利用傅里叶变换的性质有

$$\mathscr{F}^{-1}[F(\omega,t)]=f(x,t)$$
$$\mathscr{F}^{-1}\left[\frac{1}{\mathrm{i}\omega}F(\omega,\tau)\right]=\int_{-\infty}^x f(\xi,\tau)\mathrm{d}\xi$$

故得到

$$\mathscr{F}^{-1}\left[\mathrm{e}^{\pm\mathrm{i}\omega a(t-\tau)}\frac{1}{\mathrm{i}\omega}F(\omega,t)\right]=\int_{-\infty}^{x\pm a(t-\tau)}f(\xi,\tau)\mathrm{d}\xi$$
$$\sin[\omega a(t-\tau)]=\frac{1}{2\mathrm{i}}[\mathrm{e}^{\mathrm{i}\omega a(t-\tau)}-\mathrm{e}^{-\mathrm{i}\omega a(t-\tau)}]$$

代入得到

$$u(x,t)=\frac{1}{2a}\int_0^t\left[\int_{-\infty}^{x+a(t-\tau)}f(\xi,\tau)\mathrm{d}\xi - \int_{-\infty}^{x-a(t-\tau)}f(\xi,\tau)\mathrm{d}\xi\right]\mathrm{d}\tau$$
$$+\frac{1}{2}[\varphi(x+at)+\varphi(x-at)]+\frac{1}{2a}\int_{x-at}^{x+at}\psi(\xi)\mathrm{d}\xi$$

即

$$u(x,t)=\frac{1}{2a}\int_0^t\int_{x-a(t-\tau)}^{x+a(t-\tau)}f(\xi,\tau)\mathrm{d}\xi\mathrm{d}\tau$$
$$+\frac{1}{2}[\varphi(x+at)+\varphi(x-at)]+\frac{1}{2a}\int_{x-at}^{x+at}\psi(\xi)\mathrm{d}\xi$$

13.3.2　热传导问题

例 13.3.3　求解无限长细杆的热传导(无热源)问题

$$\begin{cases} u_t-a^2 u_{xx}=0, \ (-\infty<x<\infty,\ t>0) \\ u\big|_{t=0}=\varphi(x) \end{cases}$$

【解】做傅里叶变换,$\mathscr{F}[u(x,t)]=U(\omega,t)$,$\mathscr{F}[\varphi(x)]=\Phi(\omega)$,定解问题变换为

$$\begin{cases} U_t+a^2\omega^2 U(\omega,t)=0 \\ U(\omega,0)=\Phi(\omega) \end{cases}$$

常微分方程的初值问题的解是

$$U(\omega,t)=\Phi(\omega)\mathrm{e}^{-\omega^2 a^2 t}$$

再进行逆傅里叶变换,则

$$u(x,t)=\mathscr{F}^{-1}[U(\omega,t)]=\frac{1}{2\pi}\int_{-\infty}^{\infty}\Phi(\omega)\mathrm{e}^{-\omega^2 a^2 t}\mathrm{e}^{\mathrm{i}\omega x}\mathrm{d}\omega$$

$$= \frac{1}{2\pi} \int_{-\infty}^{\infty} \left[\int_{-\infty}^{\infty} \varphi(\xi) e^{-i\omega\xi} d\xi \right] e^{-\omega^2 a^2 t} e^{i\omega x} d\omega$$

交换积分次序得

$$u(x,t) = \frac{1}{2\pi} \int_{-\infty}^{\infty} \varphi(\xi) \left[\int_{-\infty}^{\infty} e^{-\omega^2 a^2 t} e^{i\omega(x-\xi)} d\omega \right] d\xi$$

引用积分公式

$$\int_{-\infty}^{\infty} e^{-\sigma^2 \omega^2} e^{\beta\omega} d\omega = \left(\frac{\sqrt{\pi}}{\sigma} \right) e^{\frac{\beta^2}{4\sigma^2}}$$

令 $\sigma = a\sqrt{t}$,$\beta = i(x-\xi)$ 以便利用积分公式,则

$$u(x,t) = \int_{-\infty}^{\infty} \varphi(\xi) \left[\frac{1}{2a\sqrt{\pi t}} e^{-\frac{(x-\xi)^2}{4a^2 t}} \right] d\xi$$

例 13.3.4 求解无限长细杆的有源热传导方程定解问题

$$\begin{cases} u_t - a^2 u_{xx} = f(x,t), & (-\infty < x < \infty, t > 0) \\ u\big|_{t=0} = \varphi(x) \end{cases}$$

【解】 利用

$$\mathscr{F}[u(x,t)] = U(\omega,t), \mathscr{F}[f(x,t)] = F(\omega,t), \mathscr{F}[\varphi(x)] = \Phi(\omega)$$

对定解问题作傅里叶变换,得到常微分方程的定解问题

$$\begin{cases} U_t + a^2 \omega^2 U(\omega,t) = F(\omega,t) \\ U(\omega,0) = \Phi(\omega) \end{cases}$$

上述问题的解为

$$U(\omega,t) = \Phi(\omega) e^{-a^2\omega^2 t} + \int_0^t F(\omega,\tau) e^{-a^2\omega^2(t-\tau)} d\tau$$

为了求出上式的逆变换,利用下面傅里叶变换的卷积公式,即若

$$\mathscr{F}^{-1}[G(\omega)] = g(x), \mathscr{F}^{-1}[F(\omega)] = f(x)$$

则

$$\mathscr{F}^{-1}[F(\omega)G(\omega)] = \int_{-\infty}^{\infty} f(x-\xi)g(\xi) d\xi$$

而积分

$$\frac{1}{2\pi} \int_{-\infty}^{\infty} e^{-a^2\omega^2 t + i\omega x} d\omega = \frac{1}{2a\sqrt{\pi t}} \exp\left[-\frac{x^2}{4a^2 t} \right]$$

从而

$$\mathscr{F}^{-1}[e^{-a^2\omega^2 t}] = \frac{1}{2a\sqrt{\pi t}} \exp\left[-\frac{x^2}{4a^2 t} \right]$$

最后得到定解问题的解为

$$u(x,t) = \frac{1}{2a\sqrt{\pi t}} \int_{-\infty}^{\infty} \varphi(\xi) e^{-\frac{(x-\xi)^2}{4a^2 t}} d\xi + \frac{1}{2a\sqrt{\pi}} \int_0^t d\tau \int_{-\infty}^{\infty} \frac{f(\xi,\tau)}{\sqrt{t-\tau}} e^{-\frac{(x-\xi)^2}{4a^2(t-\tau)}} d\xi$$

13.3.3　稳定场问题

先给出求半平面内($y > 0$)拉普拉斯方程的第一边值问题的傅里叶变换系统解法(读者可以与格林函数解法进行比较)。

例 13.3.5 定解问题

$$\begin{cases} u_{xx}+u_{yy}=0 & (-\infty<x<\infty,\ y>0) \\ u(x,0)=f(x) \\ \lim_{x\to\pm\infty}u(x,y)=0 \end{cases}$$

【解】对于变量 x 作傅里叶变换，有

$$\mathscr{F}[u(x,y)]=U(\omega,y),\ \mathscr{F}[f(x)]=F(\omega)$$

定解问题变换为常微分方程

$$U_{yy}-\omega^2 U(\omega,y)=0$$
$$U(\omega,0)=F(\omega)$$
$$\lim_{\omega\to\pm\infty}U(\omega,y)=0$$

因为 ω 可取正、负值，所以常微分定解问题的通解为

$$U(x,y)=C(\omega)\mathrm{e}^{|\omega|y}+D(\omega)\mathrm{e}^{-|\omega|y}$$

因为 $\lim_{\omega\to\pm\infty}U(\omega,y)=0$，故

$$C(\omega)=0,\ D(\omega)=F(\omega)$$

常微分方程的解为

$$U(\omega,y)=F(\omega)\mathrm{e}^{-|\omega|y}$$

设 $G(\omega,y)=\mathrm{e}^{-|\omega|y}$，根据傅里叶变换定义，$\mathrm{e}^{-|\omega|y}$ 的傅里叶逆变换为

$$\frac{1}{2\pi}\int_{-\infty}^{\infty}\mathrm{e}^{-|\omega|y}\mathrm{e}^{\mathrm{i}\omega x}\mathrm{d}\omega=\frac{1}{2\pi}\left[\int_{0}^{\infty}\mathrm{e}^{-\omega y+\mathrm{i}\omega x}\mathrm{d}\omega+\int_{-\infty}^{0}\mathrm{e}^{\omega y+\mathrm{i}\omega x}\mathrm{d}\omega\right]=\frac{1}{2\pi}\left[\frac{1}{y-\mathrm{i}x}+\frac{1}{y+\mathrm{i}x}\right]=\frac{y}{\pi(x^2+y^2)}$$

再利用卷积公式 $\mathscr{F}^{-1}[F(\omega)G(\omega)]=\int_{-\infty}^{\infty}f(\xi)g(x-\xi)\mathrm{d}\xi$，最后得到原定解问题的解为

$$u(x,y)=\frac{y}{\pi}\int_{-\infty}^{\infty}\frac{f(\xi)}{(x-\xi)^2+y^2}\mathrm{d}\xi$$

容易看出，与格林函数解出的结果具有相同的表示式。

例 13.3.6　如果定解问题为下列第二边值问题

$$\begin{cases} u_{xx}+u_{yy}=0 & (-\infty<x<\infty,\ y>0) \\ u_y(x,0)=f(x) \\ \lim_{x\to\pm\infty}u(x,y)=0 \end{cases}$$

【解】令 $v(x,y)=u_y(x,y)$，即 $u(x,y)=\int_{y_0}^{y}v(x,\xi)\mathrm{d}\xi$，容易得到 $v(x,y)$ 满足定解问题为

$$\begin{cases} v_{xx}+v_{yy}=0 & (-\infty<x<\infty,\ y>0) \\ v(x,0)=f(x) \\ \lim_{x\to\pm\infty}v(x,y)=0 \end{cases}$$

则根据上述稳定场第一边值问题公式

$$v(x,y)=\frac{y}{\pi}\int_{-\infty}^{\infty}\frac{f(\xi)}{(x-\xi)^2+y^2}\mathrm{d}\xi$$

故得到

$$u(x,y)=\int_{y_0}^{y}v(x,\eta)\mathrm{d}\eta=\frac{1}{\pi}\int_{y_0}^{y}\eta\mathrm{d}\eta\int_{-\infty}^{\infty}\frac{f(\xi)}{(x-\xi)^2+\eta^2}\mathrm{d}\xi$$

$$= \frac{1}{\pi} \int_{-\infty}^{\infty} f(\xi) \mathrm{d}\xi \int_{y_0}^{y} \frac{\eta \mathrm{d}\eta}{(x-\xi)^2 + \eta^2}$$

$$= \frac{1}{\pi} \int_{-\infty}^{\infty} f(\xi) \ln[(x-\xi)^2 + y^2] \mathrm{d}\xi + \varphi(x)$$

13.4　拉普拉斯变换解数学物理定解问题

由于要做傅里叶变换的函数必须定义在 $(-\infty, +\infty)$ 上,故讨论半无界问题时,就不能对变量 x 作傅里叶变换了,本节介绍另一种变换法:拉普拉斯变换法求解定解问题。

13.4.1　无界区域的问题

例 13.4.1　求解无限长细杆的热传导(无热源)问题

$$\begin{cases} u_t - a^2 u_{xx} = f(x,t) & (-\infty < x < \infty, t > 0) \\ u \mid_{t=0} = \varphi(x) \end{cases} \tag{13.4.1}$$

【解】先对时间 t 作拉普拉斯变换

$$\mathscr{L}[u(x,t)] = U(x,p), \quad \mathscr{L}[f(x,t)] = F(x,p)$$

$$\mathscr{L}[u_t(x,t)] = pU(x,p) - u(x,0) \tag{13.4.2}$$

由此原定解问题中的泛定方程变为

$$\frac{\mathrm{d}^2 U}{\mathrm{d}x^2} - \frac{p}{a^2} U + \frac{1}{a^2} \varphi(x) + \frac{1}{a^2} F(x,p) = 0 \tag{13.4.3}$$

对方程(13.4.3)实施傅里叶逆变换来进行求解,利用傅里叶逆变换公式

$$\mathscr{F}^{-1}\left[\frac{2}{\pi} \frac{b}{\omega^2 + b^2}\right] = \mathrm{e}^{-b|x|}$$

以及卷积定理

$$\mathscr{F}^{-1}[F(\omega)G(\omega)] = \int_{-\infty}^{\infty} f(x-\xi)g(\xi)\mathrm{d}\xi$$

得到方程(13.4.3)的解为

$$U(x,p) = \int_{-\infty}^{\infty} \varphi(\xi) \frac{1}{2a\sqrt{p}} \mathrm{e}^{-\frac{\sqrt{p}}{a}|x-\xi|} \mathrm{d}\xi + \int_{-\infty}^{\infty} F(\xi,p) \frac{1}{2a\sqrt{p}} \mathrm{e}^{-\frac{\sqrt{p}}{a}|x-\xi|} \mathrm{d}\xi \tag{13.4.4}$$

对(13.4.4)式作拉普拉斯逆变换,并查阅拉普拉斯变换表,得原定解问题(13.4.1)的解为

$$u(x,t) = \int_{-\infty}^{\infty} \varphi(\xi) \frac{1}{2a\sqrt{\pi t}} \exp\left[-\frac{(x-\xi)^2}{4a^2 t}\right] \mathrm{d}\xi$$

$$+ \int_0^t \int_{-\infty}^{\infty} f(\xi,\tau) \frac{1}{2a\sqrt{\pi(t-\tau)}} \exp\left[-\frac{(x-\xi)^2}{4a^2(t-\tau)}\right] \mathrm{d}\tau \mathrm{d}\xi \tag{13.4.5}$$

13.4.2　半无界区域的问题

例 13.4.2　求定解问题

$$\begin{cases} u_t = a^2 u_{xx} & (0 < x < \infty, t > 0) \\ u(x,0) = 0, & u_x(0,t) = q(t) \\ |u(x,t)| < M & (0 < x < \infty, t > 0) \end{cases} \tag{13.4.6}$$

【解】 首先做变量 t 的拉普拉斯变换

$$\mathscr{L}[u(x,t)]=U(x,p),\ \mathscr{L}[u_t(x,t)]=pU(x,p)-u(x,0)$$

$$\mathscr{L}[q(t)]=Q(p)\tag{13.4.7}$$

原定解问题即为

$$\frac{\mathrm{d}^2U}{\mathrm{d}x^2}-\frac{p}{a^2}U(x,p)=0$$

$$U_x(0,p)=Q(p),\ |U(x,p)|<M\tag{13.4.8}$$

易得到式(13.4.8)的解为

$$U(x,p)=C(p)\mathrm{e}^{-\frac{\sqrt{p}}{a}x}+D(p)\mathrm{e}^{+\frac{\sqrt{p}}{a}x}\tag{13.4.9}$$

因为 $|u(x,p)|<M\ (0<x<\infty)$,所以

$$D(p)=0\tag{13.4.10}$$

又

$$U_x(0,p)=Q(p)\tag{13.4.11}$$

故

$$U(x,p)=-\frac{a}{\sqrt{p}}Q(p)\mathrm{e}^{-\frac{\sqrt{p}}{a}x}\tag{13.4.12}$$

利用

$$\mathscr{L}^{-1}\left[\frac{1}{\sqrt{p}}\mathrm{e}^{-\frac{\sqrt{p}}{a}x}\right]=\frac{1}{\sqrt{\pi t}}\mathrm{e}^{-\frac{x^2}{4a^2t}}\tag{13.4.13}$$

及拉普拉斯变换的卷积定理

$$\mathscr{L}^{-1}[Q(p)G(p)]=\int_0^t q(\tau)g(t-\tau)\mathrm{d}\tau\tag{13.4.14}$$

最后得原定解问题的解为

$$u(x,t)=-\int_0^t q(\tau)\frac{a}{\sqrt{\pi(t-\tau)}}\mathrm{e}^{-\frac{x^2}{4a^2(t-\tau)}}\mathrm{d}\tau\tag{13.4.15}$$

例 13.4.3　求解在无失真条件下($RC=LG$),电报方程的定解问题

$$\begin{cases}v_{xx}=LCv_{tt}+(RC+LG)v_t+RGv\\ v(x,0)=0,v_t(x,0)=0\\ v(0,t)=\varphi(t),\ \lim\limits_{x\to\infty}v(x,t)=0\end{cases}\tag{13.4.16}$$

【解】 令 $\alpha^2=\dfrac{1}{LC},\beta=\sqrt{RG}$,并考虑到无失真条件则原方程(13.4.16)化为

$$v_{xx}=\frac{1}{\alpha^2}v_{tt}+\frac{2\beta}{\alpha}v_t+\beta^2v\tag{13.4.17}$$

若对时间 t 作拉普拉斯变换有

$$\mathscr{L}[v(x,t)]=V(x,p),\quad\mathscr{L}[\varphi(t)]=\Phi(p)$$

于是定解问题化为下列常微分方程的边值问题:

$$\frac{\mathrm{d}^2V}{\mathrm{d}x^2}=\left(\frac{1}{a^2}p^2+\frac{2\beta}{\alpha}p+\beta^2\right)V$$

$$V(0,p)=\Phi(p),\ \lim\limits_{x\to\infty}|V(x,p)|<M\tag{13.4.18}$$

上述问题的解为

$$V(x,p)=C(p)\,\mathrm{e}^{-\left(\frac{1}{\alpha}p+\beta\right)\,x}+D(p)\,\mathrm{e}^{+\left(\frac{1}{\alpha}p+\beta\right)\,x}$$

因为 $\lim\limits_{x\to\infty}|V(x,p)|<M$，所以 $D(p)=0$。因为 $V(0,p)=\Phi(p)$，所以 $C(p)=\Phi(p)$。于是

$$V(x,p)=\Phi(p)\,\mathrm{e}^{-\left(\frac{1}{\alpha}p+\beta\right)\,x}$$

最后利用拉普拉斯变换的延迟定律，得定解问题(13.4.16)的解为

$$u(x,t)=\mathscr{L}^{-1}[V(x,p)]=\mathrm{e}^{-\beta x}\varphi\left(t-\frac{x}{\alpha}\right)u\left(t-\frac{x}{\alpha}\right)$$

或

$$u(x,t)=\begin{cases}\mathrm{e}^{-\beta x}\varphi\left(t-\dfrac{x}{\alpha}\right) & t\geqslant\dfrac{x}{\alpha}\\[2mm]0 & t<\dfrac{x}{\alpha}\end{cases}\tag{13.4.19}$$

小　结

1. 傅里叶变换定义及其性质

傅里叶变换　若 $f(x)$ 满足傅里叶积分定理条件，称表达式

$$F(\omega)=\int_{-\infty}^{+\infty}f(x)\,\mathrm{e}^{-\mathrm{i}\omega x}\,\mathrm{d}x$$

为 $f(x)$ 的傅里叶变换式，记作 $F(\omega)=\mathscr{F}[f(x)]$。

傅里叶逆变换　如果

$$f(x)=\frac{1}{2\pi}\int_{-\infty}^{+\infty}F(\omega)\,\mathrm{e}^{\mathrm{i}\omega x}\,\mathrm{d}\omega$$

则上式为 $f(x)$ 的傅里叶逆变换式，记为 $f(x)=\mathscr{F}^{-1}[F(\omega)]$。

傅里叶变换的性质

性质 13.1.1　线性定理　函数的线性组合的傅里叶变换等于函数的傅里叶变换的线性组合.即是说，如果 α,β 为任意常数，则对函数 $f_1(x),f_2(x)$ 有

$$\mathscr{F}[\alpha f_1(x)+\beta f_2(x)]=\alpha\mathscr{F}[f_1(x)]+\beta\mathscr{F}[f_2(x)]$$

性质 13.1.2　对称定理　若已知 $F(\omega)=\mathscr{F}[f(x)]$，则有

$$\mathscr{F}[F(x)]=2\pi f(-\omega)$$

这反映出傅里叶变换具有一定程度的对称性，若采用第一种定义，则完全对称。

性质 13.1.3　位移定理　若已知 $F(\omega)=\mathscr{F}[f(x)]$，则

$$\mathscr{F}[f(x\pm x_0)]=\mathrm{e}^{\pm\mathrm{i}\omega x_0}\mathscr{F}[f(x)]$$

$$\mathscr{F}^{-1}[F(\omega\pm\omega_0)]=\mathrm{e}^{\mp\mathrm{i}\omega_0 x}f(x)$$

性质 13.1.4　坐标缩放定理　设 a 是不等于零的实常数，若 $\mathscr{F}[f(x)]=F(\omega)$，则有

$$\mathscr{F}[f(ax)]=\frac{1}{|a|}F\left(\frac{\omega}{a}\right)$$

性质 13.1 5　卷积定理和频谱卷积定理

(1) 卷积概念：已知函数 $f_1(x),f_2(x)$ 则积分 $\int_{-\infty}^{+\infty}f_1(x)f_2(x-\tau)\,\mathrm{d}\tau$ 称为函数 $f_1(x)$ 与 $f_2(x)$

的卷积，记作 $f_1(x)*f_2(x)$，即有 $f_1(x)*f_2(x)=\int_{-\infty}^{+\infty}f_1(x)f_2(x-\tau)\,\mathrm{d}\tau$

(2) 卷积定理

设 $\mathscr{F}[f_1(x)]=F_1(\omega),\mathscr{F}[f_1(x)]=F_1(\omega)$，则 $\mathscr{F}[f_1(x)*f_2(x)]=F_1(\omega)\cdot F_2(\omega)$ 成立。这个定理说明了两个函数卷积的傅里叶变换等于这两个函数傅里叶变换的乘积。

(3) 频谱卷积定理

$$\mathscr{F}[f_1(x)\cdot f_2(x)]=\frac{1}{2\pi}F_1(\omega)*F_2(\omega)$$

这个定理说明：两个函数 $f_1(x),f_2(x)$ 乘积的傅里叶变换等于它们各自的傅里叶变换的卷积除以 2π。

性质 13.1.6　乘积定理　设 $\mathscr{F}[f_1(x)]=F_1(\omega),\mathscr{F}[f_2(x)]=F_2(\omega)$ 则

$$\int_{-\infty}^{\infty}f_1(x)f_2(x)dx=\frac{1}{2\pi}\int_{-\infty}^{\infty}\overline{F_1(\omega)}F_2(\omega)\mathrm{d}\omega=\frac{1}{2\pi}\int_{-\infty}^{\infty}F_1(\omega)\overline{F_2(\omega)}\mathrm{d}\omega$$

其中，$f_1(x),f_2(x)$ 为 x 的实函数，而 $\overline{F_1(\omega)}$，$\overline{F_2(\omega)}$ 代表对应函数的共轭。

性质 13.1.7　傅里叶变换的微分定理或导数定理　若 $x\to\infty$，$f(x)\to 0$，且满足 $F(\omega)=\mathscr{F}[f(x)]$，则

$$\mathscr{F}[f'(x)]=\mathrm{i}\omega F(\omega)$$

性质 13.1.8　傅里叶变换的积分定理　设 $F(\omega)=\mathscr{F}[f(x)]$，则

$$\mathscr{F}\left[\int_{-\infty}^{x}f(\xi)d\xi\right]=\frac{1}{\mathrm{i}\omega}F(\omega)$$

性质 13.1.9　巴塞瓦 (Parseval) 定理　若有 $F(\omega)=\mathscr{F}[f(x)]$，则

$$\int_{-\infty}^{+\infty}[f(x)]^2\mathrm{d}x=\frac{1}{2\pi}\int_{-\infty}^{+\infty}|F(\omega)|^2\mathrm{d}\omega$$

这个定理也称为能量积分或瑞利定理。

2. 拉普拉斯变换的定义及其性质

(1) 定义　设函数 $f(t)$ 当 $t\geq 0$ 时有定义，而且积分 $\int_0^{+\infty}f(t)\mathrm{e}^{-pt}\mathrm{d}t$（$p$ 是一个复参量）在 p 的某一区域内收敛，则将函数

$$F(p)=\int_0^{+\infty}f(t)\mathrm{e}^{-pt}\mathrm{d}t$$

称为 $f(t)$ 的拉普拉斯变换（像函数），记为 $F(p)=\mathscr{L}[f(t)]$。

拉普拉斯变换对函数的要求要比傅里叶变换低，工程技术中所遇到的函数大部分都存在拉普拉斯变换，因而拉普拉斯变换的应用范围更为广泛。

(2) 一些常用的函数的拉普拉斯变换

$$\mathscr{L}[u(t)]=\frac{1}{p};\qquad \mathscr{L}[\delta(t)]=1;$$

$$\mathscr{L}[\mathrm{e}^{kt}]=\frac{1}{p-k};\qquad \mathscr{L}[t^m]=\frac{m!}{p^{m+1}}(m\text{ 为正整数});$$

$$\mathscr{L}[\sin kt]=\frac{k}{p^2+k^2};\qquad \mathscr{L}[\cos kt]=\frac{p}{p^2+k^2}。$$

拉普拉斯逆变换定义：

若满足 $F(p)=\int_0^{+\infty}f(t)\mathrm{e}^{-pt}\mathrm{d}t$，我们称 $f(t)$ 为 $F(p)$ 的**拉普拉斯逆变换**，简称拉普拉斯逆变

换(或称为原函数),记为 $f(t) = \mathscr{F}^{-1}[F(p)]$ 。

拉普拉斯变换的性质:

性质 13.2.1　线性定理　若 α,β 为任意常数,且 $F_1(p) = \mathscr{L}[f_1(t)]$, $F_2(p) = \mathscr{L}[f_2(t)]$,则

$$\mathscr{L}[\alpha f_1(t) + \beta f_2(t)] = \alpha \mathscr{L}[f_1(t)] + \beta \mathscr{L}[f_2(t)]$$

性质 13.2.2　延迟定理　若设 τ 为非负实数, $\mathscr{L}[f(t)] = F(p)$,又当 $t<0$ 时, $f(t) = 0$,则

$$\mathscr{L}[f(t-\tau)] = e^{-p\tau}F(p) = e^{-p\tau}\mathscr{L}[f(t)]$$

性质 13.2.3　位移定理　若 $\mathscr{L}[f(t)] = F(p)$,则有

$$\mathscr{L}[e^{at}f(t)] = F(p-a), (\mathrm{Re}(p-a) > p_0)$$

性质 13.2.4　相似定理　设 $\mathscr{L}[f(t)] = F(p)$,对于大于零的常数 c,则

$$\mathscr{L}[f(ct)] = \frac{1}{c}F\left(\frac{p}{c}\right)$$

性质 13.2.5　微分定理　设 $\mathscr{L}[f(t)] = F(p)$,设 $f^{(n)}(t)$ $(n = 1, 2, \cdots)$ 存在且分段连续,则

$$\mathscr{L}[f^{(n)}(t)] = p^n\mathscr{L}[f(t)] - p^{n-1}f(0) - p^{n-2}f'(0) - \cdots - pf^{(n-2)}(0) - f^{(n-1)}(0)$$

性质 13.2.6　像函数的微分定理

$$\frac{\mathrm{d}^n}{\mathrm{d}p^n}F(p) = \mathscr{L}[(-t)^n f(t)]$$

性质 13.2.7　积分定理　设 $\mathscr{L}[f(t)] = F(p)$,则

$$\mathscr{L}\left[\int_0^t f(\tau)\mathrm{d}\tau\right] = \frac{1}{p}\mathscr{L}[f(t)] = \frac{1}{p}F(p)$$

性质 13.2.8　像函数的积分定理

$$\int_p^{+\infty} F(p')\mathrm{d}p' = \mathscr{L}\left[\frac{f(t)}{t}\right]$$

性质 13.2.9　拉普拉斯变换的卷积定理

(1) 拉普拉斯变换的卷积定义

$$f_1(t) * f_2(t) = \int_0^t f_1(\tau)f_2(t-\tau)\mathrm{d}\tau$$

因为在拉普拉斯变换中总认为 $t<0$ 时像函数 $f(t)$ 恒为零,因此把上式定义为拉普拉斯变换的卷积。

(2) 拉普拉斯变换的卷积定理

$$\mathscr{L}[f_1(t) * f_2(t)] = \mathscr{L}[f_1(t)] \cdot \mathscr{L}[f_2(t)]$$

3. 傅里叶变换的应用

傅里叶变换求解数学物理定解问题(弦振动问题、热传导问题和稳定场问题)。

4. 拉普拉斯变换的应用

拉普拉斯变换求解数学物理定解问题(无界区域的定解问题、半无界区域定解问题)。

习　题　13

用傅里叶变换法求解 13.1、13.2、13.3 题,用拉普拉斯变换法求解 13.4、13.5、13.6 题。

13.1　二维波动,初始速度为零,初始位移在圆 $\rho = 1$ 以内为 1,在圆外为零,试求 $u|_{\rho=0}$。

13.2　半无界杆,杆端 $x=0$ 有谐变热流 $B\sin\omega t$ 进入,求长时间以后的杆上温度分布 $u(x,t)$。

13.3　研究半无限长细杆导热问题。杆端 $x=0$ 温度保持为零,初始温度分布为 $B(e^{-\lambda x}-1)$。

13.4　求解一维无界空间中的扩散问题即 $u_t-a^2u_{xx}=0,u\big|_{t=0}=\varphi(x)$。

13.5　求解一维无界空间的有源输运问题即 $u_t-a^2u_{xx}=f(x,t),u\big|_{t=0}=0$。

13.6　求解无界弦的受迫振动即 $u_{tt}-a^2u_{xx}=f(x,t),u\big|_{t=0}=\varphi(x),u_t\big|_{t=0}=\psi(x)$。

13.7　利用计算机仿真(Matlab 中的傅里叶变换法)对习题 13.1 进行求解。

13.8　利用计算机仿真(Matlab 中的拉普拉普拉斯变换法)对习题 13.6 进行求解。

第 14 章 保角变换法求解定解问题

在电学、热学、光学、流体力学和弹性力学等物理问题中,经常会遇到解平面场的拉普拉斯方程或泊松方程的问题,尽管可用前几章的理论方法如分离变量法或格林函数法等来解决,但当边值问题中的边界形状变得十分复杂时,分离变量法和格林函数法却显得十分困难,甚至不能解决。对于复杂的边界形状,拉普拉斯方程定解问题常采用保角变换法求解。

保角变换法解定解问题的基本思想是:通过解析函数的变换(或映射),将 z 平面上具有复杂边界形状的边值问题变换为 w 平面上具有简单形状(通常是圆、上半平面或带形域)的边值问题,而后一问题的解易于求得,再通过逆变换就求得了原始定解问题的解。

这就是本章将要介绍的一种解决数学物理方程定解问题中的解析法——保角变换法,它是解决这类复杂边界的最有效方法,特别适合于分析平面场的问题,如静电场的问题。由于这种求解复杂边界的定解问题具有较大的实用价值,所以有必要单独以一章的内容进行介绍。复变函数论中已经系统介绍了保角变换理论,本章主要介绍利用保角变换法求解定解问题。

14.1 保角变换与拉普拉斯方程边值问题的关系

在复变函数论中我们已经知道,由解析函数 $w=f(z)$ 实现的从 z 平面到 w 平面的变换在 $f'(z) \neq 0$ 的点具有保角性质,因此这种变换称为保角变换。下面我们主要讨论一一对应的保角变换,即假定 $w=f(z)$ 和它的反函数都是单值函数,或者如果它们之中有多值函数就规定取它的黎曼面的一叶。

定理 14.1.1 如果把由 $z=x+\mathrm{i}y$ 到 $w=u+\mathrm{i}v$ 的保角变换看成为二元实变函数 $\Phi(x,y)$ 的变量由 x,y 到 u,v 的变量代换,则 z 平面上的边界变成了 w 平面上的边界。我们能证明,如果 $\Phi(x,y)$ 满足拉普拉斯方程,则经过保角变换后得到的 $\Phi(u,v)$ 也满足拉普拉斯方程。

【证明】 利用复合函数求导法,则有

$$\frac{\partial \Phi}{\partial x} = \frac{\partial \Phi}{\partial u}\frac{\partial u}{\partial x} + \frac{\partial \Phi}{\partial v}\frac{\partial v}{\partial x}$$

$$\frac{\partial^2 \Phi}{\partial x^2} = \frac{\partial \Phi}{\partial u}\frac{\partial^2 u}{\partial x^2} + \frac{\partial^2 \Phi}{\partial u^2}\left(\frac{\partial u}{\partial x}\right)^2 + \frac{\partial \Phi}{\partial v}\frac{\partial^2 v}{\partial x^2} + \frac{\partial^2 \Phi}{\partial v^2}\left(\frac{\partial v}{\partial x}\right)^2 + 2\frac{\partial^2 \Phi}{\partial u \partial v}\frac{\partial u}{\partial x}\frac{\partial v}{\partial x} \tag{14.1.1}$$

同理

$$\frac{\partial^2 \Phi}{\partial y^2} = \frac{\partial \Phi}{\partial u}\frac{\partial^2 u}{\partial y^2} + \frac{\partial^2 \Phi}{\partial u^2}\left(\frac{\partial u}{\partial y}\right)^2 + \frac{\partial \Phi}{\partial v}\frac{\partial^2 v}{\partial y^2} + \frac{\partial^2 \Phi}{\partial v^2}\left(\frac{\partial v}{\partial y}\right)^2 + 2\frac{\partial^2 \Phi}{\partial u \partial v}\frac{\partial u}{\partial y}\frac{\partial v}{\partial y} \tag{14.1.2}$$

两式相加得到

$$\frac{\partial^2 \Phi}{\partial x^2} + \frac{\partial^2 \Phi}{\partial y^2} = \left[\left(\frac{\partial u}{\partial x}\right)^2 + \left(\frac{\partial u}{\partial y}\right)^2\right]\frac{\partial^2 \Phi}{\partial u^2} + \left[\left(\frac{\partial v}{\partial x}\right)^2 + \left(\frac{\partial v}{\partial y}\right)^2\right]\frac{\partial^2 \Phi}{\partial v^2} + \left(\frac{\partial^2 u}{\partial x^2} + \frac{\partial^2 u}{\partial y^2}\right)\frac{\partial \Phi}{\partial u} +$$

$$\left(\frac{\partial^2 v}{\partial x^2} + \frac{\partial^2 v}{\partial y^2}\right)\frac{\partial \Phi}{\partial v} + 2\left(\frac{\partial u}{\partial x}\frac{\partial v}{\partial x} + \frac{\partial u}{\partial y}\frac{\partial v}{\partial y}\right)\frac{\partial^2 \Phi}{\partial u \partial v} \tag{14.1.3}$$

利用解析函数 $w=f(z)=u+\mathrm{i}v$ 的 C-R 条件

$$\frac{\partial u}{\partial x} = \frac{\partial v}{\partial y}, \quad \frac{\partial v}{\partial x} = -\frac{\partial u}{\partial y} \tag{14.1.4}$$

以及解析函数的实部和虚部分别满足拉普拉斯方程的性质

$$\frac{\partial^2 u}{\partial x^2} + \frac{\partial^2 u}{\partial y^2} = 0, \quad \frac{\partial^2 v}{\partial x^2} + \frac{\partial^2 v}{\partial y^2} = 0 \tag{14.1.5}$$

将式(14.1.4)和式(14.1.5)代入到式(14.1.3),化简后得到

$$\frac{\partial^2 \Phi}{\partial x^2} + \frac{\partial^2 \Phi}{\partial y^2} = \left[\left(\frac{\partial u}{\partial x}\right)^2 + \left(\frac{\partial v}{\partial x}\right)^2\right]\left(\frac{\partial^2 \Phi}{\partial u^2} + \frac{\partial^2 \Phi}{\partial v^2}\right) = |f'(z)|^2 \left(\frac{\partial^2 \Phi}{\partial u^2} + \frac{\partial^2 \Phi}{\partial v^2}\right)$$

上式已经使用了 $w' = f'(z) = \frac{\partial u}{\partial x} + i\frac{\partial v}{\partial x}$。

对于保角变换 $w' = f'(z) \neq 0$,因而只要 $\Phi(x,y)$ 满足拉普拉斯方程,则 $\Phi(u,v)$ 也满足拉普拉斯方程,即

$$\frac{\partial^2 \Phi}{\partial x^2} + \frac{\partial^2 \Phi}{\partial y^2} = 0 \rightarrow \left(\frac{\partial^2 \Phi}{\partial u^2} + \frac{\partial^2 \Phi}{\partial v^2}\right) = 0 \tag{14.1.6}$$

这样我们就有结论:如果在 $z = x + iy$ 平面上给定了 $\Phi(x,y)$ 的拉普拉斯方程边值问题,则利用保角变换 $w = f(z)$,可以将它转化为 $w = u + iv$ 平面上 $\Phi(u,v)$ 的拉普拉斯方程边值问题。

同理可以证明,在单叶解析函数 $w = f(z)$ 变换下,泊松方程

$$\frac{\partial^2 \Phi}{\partial x^2} + \frac{\partial^2 \Phi}{\partial y^2} = -\rho(x,y) \tag{14.1.7a}$$

仍然变为泊松方程

$$\frac{\partial^2 \Phi}{\partial u^2} + \frac{\partial^2 \Phi}{\partial v^2} = -\frac{\rho(x,y)}{|f'(z)|^2} \tag{14.1.7b}$$

由上式可知,在保角变换下,泊松方程中的电荷密度发生了变化。

同理可以证明,亥姆霍兹方程

$$\frac{\partial^2 \Phi}{\partial x^2} + \frac{\partial^2 \Phi}{\partial y^2} + k^2 \Phi = 0 \tag{14.1.8a}$$

经变换后仍然变为亥姆霍兹方程

$$\frac{\partial^2 \Phi}{\partial u^2} + \frac{\partial^2 \Phi}{\partial v^2} + \frac{k^2}{|f'(z)|^2}\Phi = 0 \tag{14.1.8b}$$

该方程要比原先复杂,且 Φ 前的系数可能不是常系数。

下面将举例说明如何通过保角变换法来求解拉普拉斯方程。

保角变换法的优点不仅在于拉普拉斯方程、泊松方程等方程的类型在保角变换下保持不变,更重要的是,能将复杂边界问题变为简单边界问题,从而使问题得到解决。

14.2 保角变换法求解定解问题典型实例

例 14.2.1 设有半无限平板 $y > 0$,在边界 $y = 0$ 上,$|x| < a (a > 0)$ 范围内保持温度 $u = u_0$,$|x| > a$ 范围内保持温度 $u = 0$。求平板上的稳定温度分布。

【解】 根据题意可得出定解问题

$$\begin{cases} \dfrac{\partial^2 u}{\partial x^2} + \dfrac{\partial^2 u}{\partial y^2} = 0 \\ u\Big|_{y=0} = \begin{cases} u_0, & (|x| < a) \\ 0, & (|x| > a) \end{cases} \end{cases} \tag{14.2.1}$$

作如下保角变换:

（1）作分式线性变换

$$\zeta_1=\xi_1+\mathrm{i}\eta_1=\frac{z-a}{z+a} \qquad (14.2.2)$$

考虑 z 平面上实轴 $z=x$，（此时 $y=0$）的对应关系，可以验证：

① 若 $|x|<a$，则 $-a<x<a$，故 $\xi_1=\dfrac{x-a}{x+a}<0$，即 $\xi_1<0$。

② 若 $|x|>a$ 则 $x<-a$ 或 $x>a$：

（a）首先讨论 $x<-a$ 的情况，考虑到题给条件 $a>0$，则 $x+a<0$，$x-a<-2a<0$，故 $\xi_1=\dfrac{x-a}{x+a}>0$。

（b）再考虑 $x>a$ 的情况，则 $x-a>0$，$x+a>2a>0$，故 $\xi_1=\dfrac{x-a}{x+a}>0$。

如图 14.1 所示，根据式（14.2.1）中的边界条件，对应于 $|x|<a$ 处温度为 u_0，故 ζ_1 平面的负实轴（即 $\xi_1<0$）温度保持为 u_0；而在 $|x|>a$ 处有 $\xi_1>0$，故 ζ_1 平面的正实轴温度保持为零。

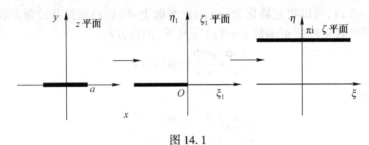

图 14.1

（2）作变换

$$\zeta=\ln\zeta_1=\ln|\zeta_1|+\mathrm{i}\arg\zeta_1 \qquad (14.2.3)$$

把 ζ_1 平面的上半平面变成 ζ 平面上平行于实轴，宽为 π 的一个带形区域，ζ_1 平面的正实轴变换为 ζ 平面的实轴（正实轴辐角为零，故对应于 $\eta=0$，温度 $u|_{y=0}=0$），ζ_1 平面的负实轴变换为 ζ 平面的平行于实轴的直线（负实轴辐角为 π，故对应于 $\eta=\pi$，温度 $u|_{y=0}=u_0$）。

于是，作变换

$$\zeta=\ln\frac{z-a}{z+a} \qquad (14.2.4)$$

定解问题变为

$$\begin{cases} u_{\xi\xi}+u_{\eta\eta}=0 \\ u\big|_{\eta=0}=0 \\ u\big|_{\eta=\pi}=u_0 \end{cases} \qquad (14.2.5)$$

在这种情况下，等温线是与实轴 ξ 平行的直线 $\eta=$ 常数，热流线则是与虚轴平行的直线 $\xi=$ 常数。在 (ξ,η) 坐标系中，由对称性知拉普拉斯方程的解与 ξ 无关，故定解问题又简化为

$$\begin{cases} \dfrac{\mathrm{d}^2u}{\mathrm{d}\eta^2}=0 \\ u\big|_{\eta=0}=0,u\big|_{\eta=\pi}=u_0 \end{cases} \qquad (14.2.6)$$

该方程的解是

$$u=A\eta+B$$

考虑边界条件，即得到

$$u = \frac{u_0}{\pi} \eta \qquad (14.2.7)$$

回到 z 平面,则定解问题的解为

$$u(x,y) = \frac{u_0}{\pi} \mathrm{Im}\left[\ln\left(\frac{z-a}{z+a}\right)\right] = \frac{u_0}{\pi} \mathrm{Im}\left[\ln(z-a) - \ln(z+a)\right]$$

$$= \frac{u_0}{\pi}\left[\arctan\frac{y}{x-a} - \arctan\frac{y}{x+a}\right] = \frac{u_0}{\pi}\arctan\frac{2ay}{x^2+y^2-a^2}$$

例 14.2.2　试求平面静电场的电势分布 $\varphi(x,y)$:

$$\Delta\varphi = 0 \qquad (\mathrm{Im}z>0) \qquad (14.2.8)$$

$$\varphi(x,0) = \begin{cases} V_1, x<0 \\ V_2, x>0 \end{cases} \qquad (14.2.9)$$

【解】　变换 $w=\ln z$ 使上半 z 平面变成 w 平面上的带形域(见图 14.2),而在带形域上的解是显然的。类似于上面定解问题(14.2.6)的结果即式(14.2.7),则本定解问题可归结为

$$\varphi(u,v) = \frac{V_1-V_2}{\pi}v \qquad (14.2.10)$$

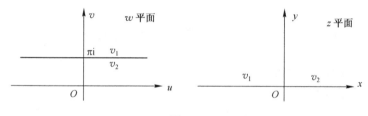

图 14.2

而

$$w = u + iv = \ln z = \ln|z| + i\arg z$$

所以 $v=\arg z$。于是,作反变换便可求得所求定解问题的解为

$$\varphi(x,y) = \frac{V_1-V_2}{\pi}\arg z = \frac{V_1-V_2}{\pi}\theta = \frac{V_1-V_2}{\pi}\arctan\frac{y}{x}$$

进一步讨论:

① 同理可证,$\varphi_1(x,y) = \frac{V_1'-V_2'}{\pi}\arg(z+1)$ 是下列定解问题的解

$$\Delta\varphi_1 = 0(y>0, -\infty<x<\infty), \varphi_1(x,0) = \begin{cases} V_1', & -\infty<x<-1 \\ V_2', & -1<x<\infty \end{cases}$$

说明:这里的 V' 和下面的 V'' 不代表求导,是指彼此不同的值。

② 同理可证,$\varphi_2(x,y) = \frac{V_1''-V_2''}{\pi}\arg(z-1)$ 是下列定解问题的解

$$\Delta\varphi_2 = 0(y>0, -\infty<x<\infty), \quad \varphi_2(x,0) = \begin{cases} V_1'', -\infty<x<1 \\ V_2'', 1<x<\infty \end{cases}$$

③ 可证 $\varphi(x,y) = \varphi_1(x,y) + \varphi_2(x,y)$ 是下列定解问题的解:

$$\Delta\varphi=0(y>0,-\infty<x<\infty),\quad \varphi(x,0)=\begin{cases}V_0,& -\infty<x<-1\\V_1,& -1<x<1\\V_2,& 1<x<\infty\end{cases}$$

其中，$V_0=V'_1+V''_1$，$V_1=V'_2+V''_1$，$V_2=V'_2+V''_2$。而 $\varphi(x,y)$ 又可改写成

$$\varphi(x,y)=\frac{V_0-V_1}{\pi}\arg(z+1)+\frac{V_1-V_2}{\pi}\arg(z-1)+V_2$$

④ 进一步推广

$$\varphi(x,y)=\frac{V_0-V_1}{\pi}\arg(z-x_1)+\frac{V_1-V_2}{\pi}\arg(z-x_2)+\cdots+\frac{V_{n-1}-V_n}{\pi}\arg(z-x_n)+V_n$$

是下列定解问题的解

$$\Delta\varphi=0\quad (y>0,-\infty<x<\infty)$$

$$\varphi(x,0)=\begin{cases}V_0,& -\infty<x<x_1\\V_1,& x_1<x<x_2\\V_2,& x_2<x<x_3\\\cdots\cdots\\V_n,& x_n<x<\infty\end{cases}$$

例 14.2.3　若把柱面充电到 $v=\begin{cases}v_1,& 0<\varphi<\pi\\v_2,& \pi<\varphi<2\pi\end{cases}$，试用保角变换法求解一半径为 a 的无限长导体圆柱壳内的电场分布情况。

【解】　即求解定解问题

$$\begin{cases}\Delta_2 v=0,& \rho\leqslant a\\v\mid_{\rho=a}=\begin{cases}v_1,& 0<\varphi<\pi\\v_2,& \pi<\varphi<2\pi\end{cases}\end{cases}$$

作如下保角变换：

（1）作变换 $z_1=\dfrac{z}{a}$，把原图像缩小为 $\dfrac{1}{a}$ 倍，即将任意的圆周变换为单位圆。

（2）作变换 $z_2=\mathrm{i}\dfrac{1-z_1}{1+z_1}$，把 $|z_1|<1$ 变换为 $\mathrm{Im}z_2>0$，其边界的变换是将下半圆周对应于负半实轴，上半圆周对应于正半实轴。

（3）作变换 $\zeta=\ln z_2$，把 z_2 平面的上半平面变成 ζ 平面上平行于实轴，宽为 π 的一个带形区域，其边界的变换是将 z_2 平面的正半实轴变换为 ζ 平面的实轴，z_2 平面的负半实轴变换为 ζ 平面的平行于实轴的直线 $\mathrm{Im}\zeta=\pi$，见图 14.3。

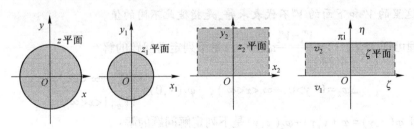

图 14.3

所以,在变换 $\zeta=\ln\dfrac{a-z}{a+z}\mathrm{i}$ 下,原定解问题变为

$$\begin{cases} \Delta_2 v=0 \\ v\mid_{\eta=0}=v_1 \\ v\mid_{\eta=\pi}=v_2 \end{cases}$$

定解问题的解(仿例 14.2.1)为

$$v=\frac{v_2-v_1}{\pi}\eta+v_1=\frac{v_2-v_1}{\pi}\mathrm{Im}\zeta$$

回到 z 平面,则

$$v=v_1+\frac{v_2-v_1}{\pi}\mathrm{Im}\left[\ln\left(\frac{a-z}{a+z}\mathrm{i}\right)\right]$$

$$=v_1+\frac{v_2-v_1}{\pi}\mathrm{Im}\left\{\ln\left[y+\mathrm{i}(a-x)\right]-\ln\left[(x+a)+\mathrm{i}y\right]\right\}$$

$$=v_1+\frac{v_2-v_1}{\pi}\left[\arctan\frac{a-x}{y}-\arctan\frac{y}{x+a}\right]=v_1+\frac{v_2-v_1}{\pi}\arctan\frac{a^2-x^2-y^2}{2ay}$$

$$=v_1+\frac{v_2-v_1}{\pi}\left[\frac{\pi}{2}-\arctan\frac{2ay}{a^2-x^2-y^2}\right]=\frac{v_1+v_2}{2}+\frac{v_1-v_2}{\pi}\arctan\frac{2ay}{a^2-x^2-y^2}$$

化成极坐标形式,则上式又改写成

$$v(\rho,\varphi)=\frac{v_1+v_2}{2}+\frac{v_1-v_2}{\pi}\arctan\frac{2a\rho\sin\varphi}{a^2-\rho^2}\quad(\rho\leqslant a)$$

从上面的例题我们总结出,对于平面标量场的问题,不管边界如何复杂,只要能通过保角变换把原来的边界所围成的区域变换成上半平面的带形域 $0<\mathrm{Im}\zeta<\pi$,问题就容易解决了。

习　题　14

14.1　求解一半径为 R 的无限长导体圆柱壳内的电场分布。设柱面上的电势为

$$u=\begin{cases} u_1, & 0<\varphi<\pi \\ u_2, & \pi<x<2\pi \end{cases}$$

14.2　试求垂直于 z 平面,并与 z 平面交于圆 $|z|=1$ 及 $|z-1|=5/2$ 的两个圆柱之间的静电场分布。设两柱面之间的电势差为 1。

计算机仿真编程实践

14.3　用计算机仿真方法求解例 14.2.1。

14.4　用计算机仿真方法求解例 14.2.3。

14.5　用计算机仿真方法求解习题 14.1。

14.6　用计算机仿真方法求解习题 14.2。

第 15 章　数学物理方程综述

15.1　线性偏微分方程解法综述

对于二阶线性偏微分方程定解问题,前面我们介绍了几种主要解法,并详细阐述了其解题思路。为了理解方便,对它们综述如下:

行波法:先求出满足定解问题的通解,再根据定解条件确定其定解问题的解。行波法是通解法中的一种特殊情形,行波法又称为达朗贝尔解法。它不仅可以求解无界区域的线性偏微分方程,而且能求解某些非线性偏微分方程。

分离变量法:先求出满足一定条件(如边界条件)的特解族,然后再用线性组合的办法组合成级数或含参数的积分,最后得出适合定解条件的特解。

这是求解线性偏微分方程定解问题的最主要方法。从理论上说,分离变量法的依据是施-刘型方程的本征值问题。从解题步骤上看,要求本征值问题所对应的定解条件必须是齐次的(若为非齐次,则需先齐次化),从而使得这种解法对于定解问题中微分方程的具体形式有一定的限制,同时对所讨论问题的空间区域形状也有明显限制,并且还涉及正交曲面坐标系的选取。

在具体求解时,当然还必须求解相应的常微分方程的本征值问题。除了本书中介绍过的几种典型的本征值问题外,也可能会出现其他类型的本征值问题。

幂级数解法:在某个任选点的邻域上,把待求的解表示为系数待定的级数,代入方程以逐个确定系数。勒让德多项式、贝塞尔函数即用幂级数解法求解得出。这种解法普遍,但计算量大且较为烦琐,必要时可借助于计算机迭代计算。

格林函数法:这种方法具有极大的理论意义。它给出了定解问题的解和方程的非齐次项以及定解条件之间的关系,因而便于讨论当方程的非齐次项或定解条件发生变化时,解是如何相应地发生变化的。格林函数法已经成为理论物理研究中的常用方法之一。

积分变换方法:这种方法的优点是减少方程自变量的数目。从原则上说,无论对于时间变量还是空间变量,无论是无界空间还是有界空间,都可以采用积分变换的方法求解线性偏微分方程的定解问题。但从实际计算上看,还需要根据方程和定解条件的类型,选择最合适的积分变换。而反演问题是关系到拟采用的积分变换是否实际可行的关键问题。若反演时涉及的积分很简单,甚至有现成的结果(如查积分变换表、专用工具书等)可供引用,采用积分变换的确可以带来极大的便利。但若涉及的积分比较复杂,而且没有现成的积分变换结果可供引用,那么反演问题就成为了积分变换的难点。

积分变换法和分离变量法存在密切的联系。例如,当本征值过渡到连续谱时,分离变量法就变为相应的积分变换法。

另外,从实用的角度来看,如果空间是有界的,一般来说,积分变换法和分离变量法没有什么差别,仍不妨采用分离变量法。

积分变换法也具有分离变量法所没有的优点:可以应用于求解某些非线性偏微分方程。

　　保角变换法：这种方法的理论基础是解析函数所代表的变换具有保角性。这种解法主要用于二维拉普拉斯方程或泊松方程的边值问题，因为在保角变换下，前者的形式不变，后者也只是非齐次项作相应的改变。粗略地说，运用保角变换，可以把"不规则"的边界形状化为规则的边界形状。例如，可以把多边形化为上半平面或单位圆内部，再结合上半平面或单位圆内的泊松公式，就能直接求出二维拉普拉斯方程的解。

　　运用保角变换，可以解决一些典型的物理问题或工程问题。例如，有限大小的平行板电容器的边缘效应问题，空气动力学中的机翼问题，以及其他一些流体力学问题。又如，应用保角变换法，可以把偏心圆化为同心圆。

　　变分法：这个方法具有理论价值和实用价值。在理论上，它可以把不同类型的偏微分方程的定解问题用相同的泛函语言表示出来（当然不同问题中出现的泛函是不同的），或者说，把不同的物理问题用相同的泛函语言表达出来。正是由于这个原因，变分或泛函语言已经成为表述物理规律的常用工具之一。在实用上，变分法又提供了一种近似计算的好方法。有效地利用物理知识，灵活巧妙地选取试探函数，可以使计算大为简化。在物理学中，无论过去或现在，变分法都是常用的一种近似计算方法。例如，在原子和分子光谱的计算中就广泛地采用了变分法。

　　计算机仿真解法：利用数学工具软件（Matlab，Mathematic，Mathcad）和常用计算机语言（Visual C++）等实现对数学物理方程的求解，参考第四篇计算机仿真部分对三类典型的数学物理方程的求解及其解的动态演示。

　　数值计算法：对于边界条件复杂、几何形状不规则的数学物理定解问题，精确求解很困难，甚至不可能的情形下，拟采用数值求解的方法，其中主要的数值解法包括有限差分法、蒙特-卡洛法等。

15.2　非线性偏微分方程

　　前面我们讨论了线性偏微分方程定解问题的解法，而现实中的许多物理现象都是非线性地依赖于一些物理参量变化的，从而描述这些现象的数学物理方程就是非线性偏微分方程。非线性偏微分方程有许多不同于线性偏微分方程的特征，比如线性偏微分方程的叠加原理对非线性偏微分方程就不再成立，从而基于叠加原理的求解方法对非线性偏微分方程就不再适用。而且，解的性质也有许多本质的变化。

　　自 20 世纪 60 年代以来，非线性方程在物理、化学、生物等各个学科领域中不断出现，其研究内容日趋丰富。与线性方程的定解问题一样，非线性方程同样存在定解问题的适定性，但后者要复杂得多。限于篇幅，本节简要介绍物理现象中典型的非线性方程及其求解方法，它们在非线性光学、量子场论和现代通信技术等领域具有广泛的应用前景。

　　典型非线性方程及其行波解：在无限空间，线性或非线性偏微分方程

$$Pu = 0 \tag{15.2.1}$$

其中，P 为包括时间 t 和空间 x 偏导数的微分算子。对于形如 $u(x,t) = F(x-ct)$ 的解，称为上式的行波解，c 为常数。对线性偏微分方程，如波动方程，$F(\xi) = F(x-ct)$ 为满足一定条件的任意函数。但对非线性偏微分方程，由于叠加原理已不成立，$F(\xi)$ 只能取特定的形式才有可能满足式（15.2.1）。事实上，满足式（15.2.1）的特定形式 $F(\xi)$ 是方程的非线性本征模式。由行波解可以分析非线性偏微分方程解的重要性质。对于非线性偏微分方程，我们特别感兴趣的是其所谓"孤立波"形式的解。

15.2.1　孤立波

1834 年,英国科学家 S. Russel 沿河边骑马时发现一个有趣的现象,由于船的推动,河中涌起一个孤立的波,以几乎不变的速度和不变的波形向前推进(如图 15.1 所示),很久以后才遇

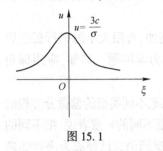

图 15.1

障碍而消失。Russel 后来发表了观察报告,首先提出"**孤立波**"的名词概念。1895 年,荷兰数学家 D. J. Korteweg 和他的学生 G. de Vries在研究浅水波时,导出了如下形式的方程

$$u_t + \sigma u u_x + u_{xxx} = 0 \qquad (15.2.2)$$

其中 σ 是常数,该方程以两位科学家命名而称为 **KdV 方程**。由于方程左边第二项关于 u, u_x 是非线性的,所以式(15.2.2)是一非线性偏微分方程。

现在来寻求方程(15.2.2)的平面前进波(简称行波)解,令

$$\xi = x - ct, u(x,t) = u(\xi) \qquad (15.2.3)$$

其中,c 是常数。将式(15.2.3)代入方程(15.2.2),得

$$-cu_\xi + \sigma u u_\xi + u_{\xi\xi\xi} = 0$$

对 ξ 积分一次得

$$-cu + \frac{\sigma}{2}u^2 + u_{\xi\xi} = A \qquad (A \text{ 为任意常数}) \qquad (15.2.4)$$

用 u_ξ 乘式(15.2.4)两边,并对 ξ 积分,得

$$3u_\xi^2 + \sigma u^3 - 3cu^2 - 6Au = 6B \qquad (15.2.5)$$

其中,B 为任意常数。由于孤立波是一个局部波,当 $\xi \to \pm\infty$ 时,$u(\xi)$ 及其各阶导数都趋于零。于是,由式(15.2.4)和式(15.2.5)知,当 $\xi \to \pm\infty$ 时,有 $A = B = 0$,从而式(15.2.5)变成

$$3u_\xi^2 = u^2(3c - \sigma u) \qquad (15.2.6)$$

从方程(15.2.6)可看出,只有当 $3c - \sigma u \geq 0$ 时,KdV 方程才可能有实的行波解。当 $u = \dfrac{3c}{\sigma}$ 时,$u_\xi = 0$,可知当 ξ 由 $-\infty$ 变到 $+\infty$ 时,u 由零上升到极大值 $\dfrac{3c}{\sigma}$,然后又下降到零,其图形大致如图 15.1 所示,这种形状的波称为**孤立波**。

下面我们来求 u 的具体表达式,为此把方程(15.2.6)写成变量分离的形式

$$\frac{\sqrt{3}\,\mathrm{d}u}{u\sqrt{3c - \sigma u}} = \mathrm{d}\xi \qquad (15.2.7)$$

查积分表,可解得

$$\xi + A = \int \frac{\sqrt{3}\,\mathrm{d}u}{u\sqrt{3c - \sigma u}} = \frac{1}{\sqrt{c}}\ln\frac{\sqrt{3c} + \sqrt{3c - \sigma u}}{\sqrt{3c} - \sqrt{3c - \sigma u}} \qquad (15.2.8)$$

其中,A 为积分常数。不妨设 $A = 0$(否则对 ξ 作平移),则式(15.2.7)可化简为

$$u = \frac{3c}{\sigma}\operatorname{sech}^2\left(\frac{\sqrt{c}}{2}\xi\right) = \frac{3c}{\sigma}\left(\frac{\mathrm{e}^{\frac{\sqrt{c}}{2}\xi} + \mathrm{e}^{-\frac{\sqrt{c}}{2}\xi}}{2}\right)^{-2}, \quad \xi = x - ct \qquad (15.2.9)$$

这个函数的图形如图 15.1 所示,它表示 KdV 方程(15.2.1)有任意波速 c 的孤立波解,其峰高

为 $\dfrac{3c}{\sigma}$。由式(15.2.9)及图 15.1 可得出结论：

① 波峰高与波速成正比。

② 由式(15.2.8)知，当 u 固定时，相应的 $\pm\xi$ 的绝对值 $\sqrt{c}$ 近似地成反比。因此，速率 c 大的孤立波，其波宽反而小。

sech(x) 是钟形的正割双曲函数，其图形与浅水槽中观察到的孤立波的形状相同。上述 KdV 方程的行波解(15.2.9)称为孤立波解，从而在数学上证实了孤立波的存在。20 世纪 70 年代，两位美国科学家(Zabusky 和 Kruskal)用数值模拟证实了：两个相对运动的孤立波在碰撞之后仍为两个稳定的、形状与碰撞前相同的孤立波，仅仅相位发生了变化，也就是说两个孤立波的碰撞类似于粒子之间的碰撞。这种孤立波具有类似粒子的性能，因而这两位科学家将孤立波命名为"孤立子"(Solition)。

20 世纪中期，人们不仅在浅水波中发现孤立波，在光纤通信、金属相变、神经传播等许多领域中都发现了"孤立波"现象。

非线性偏微分方程存在孤立波解，除 KdV 方程之外，还有很多，例如：

① 非线性薛定谔方程

$$\mathrm{i}\,\frac{\partial \Psi}{\partial t}+\frac{\partial^2 \Psi}{\partial x^2}+k\,|\,\Psi\,|^{\,2}\Psi=0 \tag{15.2.10}$$

② 正弦—戈登方程

$$\frac{\partial^2 \varphi}{\partial t^2}+\frac{\partial^2 \varphi}{\partial x^2}=\sin\varphi \tag{15.2.11}$$

此外，还有 Klein-Gordon 方程、Toda 非线性晶格方程等，这些非线性偏微分方程在等离子体物理、非线性光学、量子场论和通信技术等领域都有着十分重要的地位和作用。

15.2.2　冲击波

本节研究另一类非线性偏微分方程

$$\frac{\partial u}{\partial t}+u\,\frac{\partial u}{\partial x}-\beta\,\frac{\partial^2 u}{\partial x^2}=0 \tag{15.2.12}$$

式(15.2.12)称为 **Burgers 方程**。其中，$\beta>0$ 为常数，Burgers 方程是非线性耗散方程。

下面我们来分析其冲击波解。设式(15.2.12)有行波解，并具有下列形式

$$u=u(\xi)\,;\xi=x-ct \tag{15.2.13}$$

将其代入 Burgers 方程得到

$$\beta\,\frac{\mathrm{d}^2 u}{\mathrm{d}\xi^2}+c\,\frac{\mathrm{d}u}{\mathrm{d}\xi}-u\,\frac{\mathrm{d}u}{\mathrm{d}\xi}=0 \tag{15.2.14}$$

对 ξ 积分得到

$$\beta\,\frac{\mathrm{d}u}{\mathrm{d}\xi}+cu-\frac{1}{2}u^2=\frac{a}{2} \tag{15.2.15}$$

其中，a 为积分常数。上式可改写成

$$\frac{\mathrm{d}u}{\mathrm{d}\xi}=\frac{1}{2\beta}(u^2-2cu+a) \tag{15.2.16}$$

设方程右边有两个实根

$$u_1 = c + \sqrt{c^2 - a}, \quad u_2 = c - \sqrt{c^2 - a} \tag{15.2.17}$$

由于 c 和 a 都是待定常数,取 $c^2 - a > 0$,于是式(15.2.16)变为

$$\frac{\mathrm{d}u}{\mathrm{d}\xi} = \frac{1}{2\beta}(u - u_1)(u - u_2) \tag{15.2.18}$$

对式(15.2.18)积分可得到

$$u = \frac{1}{2}(u_1 + u_2) - \frac{1}{2}(u_1 - u_2)\,\mathrm{th}\,\frac{u_1 - u_2}{4\beta}(\xi - \xi_0) \tag{15.2.19}$$

其中,ξ_0 为积分常数。因此,得到了 Burgers 方程(15.2.12)的行波解式(15.2.19),这种行波解称为 Burgers 方程的**冲击波解**。波的振幅和波速为

$$A = \frac{1}{2}(u_1 - u_2), \quad c = \frac{1}{2}(u_1 + u_2) \tag{15.2.20}$$

容易得到下列关系

$$\frac{\mathrm{d}u}{\mathrm{d}\xi}\bigg|_{u=u_1} = \frac{\mathrm{d}u}{\mathrm{d}\xi}\bigg|_{u=u_2} = 0$$

$$u\big|_{\xi=\xi_0} = c, \quad u\big|_{\xi\to-\infty} = u_1, \quad u\big|_{\xi\to+\infty} = u_2$$

下面分析平衡点 $u = u_1$ 和 $u = u_2$ 的稳定性,把二阶方程(15.2.14)写成一阶方程组

$$\frac{\mathrm{d}}{\mathrm{d}\xi}\begin{pmatrix} u \\ v \end{pmatrix} = \begin{pmatrix} 0 & 1 \\ 0 & \dfrac{1}{\beta}(u-c) \end{pmatrix}\begin{pmatrix} u \\ v \end{pmatrix} \tag{15.2.21}$$

在平衡点 $u = u_1$ 处,上述方程的系数矩阵的特征值 λ 满足

$$\begin{vmatrix} -\lambda & 1 \\ 0 & \dfrac{1}{\beta}(u_1-c)-\lambda \end{vmatrix} = 0 \tag{15.2.22}$$

容易求得两个特征值为

$$\lambda_1^{(1)} = 0, \quad \lambda_2^{(1)} = \frac{1}{\beta}(u_1 - c) = \frac{\sqrt{c^2-a}}{\beta} > 0$$

因此 $u = u_1$ 是不稳定的平衡点。对于平衡点 $u = u_2$,可求得

$$\lambda_1^{(2)} = 0, \quad \lambda_2^{(2)} = \frac{1}{\beta}(u_2 - c) = -\frac{\sqrt{c^2-a}}{\beta} < 0$$

可见,$u = u_2$ 为稳定的平衡点。从不稳定平衡点 $u = u_1$ 向稳定平衡点 $u = u_2$ 的过渡速度由宽度量 Δ 描述,且决定于 $(u_2 - u_1)/\beta$。式(15.2.19)对 ξ 微分可得到

$$v(\xi) = \frac{\mathrm{d}u}{\mathrm{d}\xi} = -\frac{(u_1 - u_2)^2}{8\beta}\,\mathrm{sech}^2\left(\frac{u_1 - u_2}{4\beta}\right)(\xi - \xi_0) \tag{15.2.23}$$

显然,当 $\xi \to \pm\infty$ 时,$v(\xi) \to 0$。再回到 (x, t) 变量,上式表示向 x 方向传播的"孤立"波。值得指出的是,从式(15.2.20)可知,"孤立"波传播的速度与振幅有关,这也是非线性本征模式的典型特性。

小　结

数学物理方程求解方法总结框图如下。

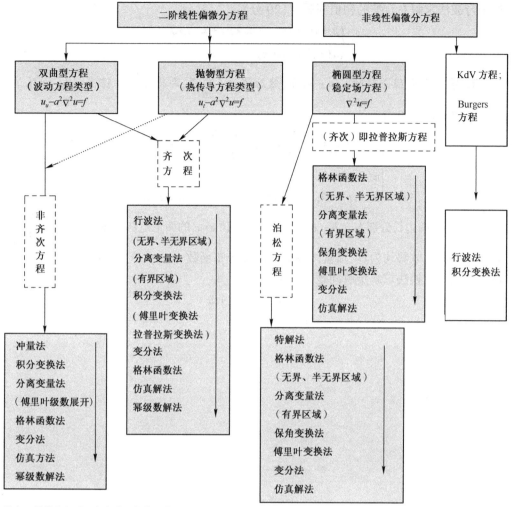

注意：具体求解时，考虑边界条件，并由上至下优先选择最恰当的解法

第二篇综合测试题

一、填空(20 分)

1. 定解问题 $\begin{cases} u_{tt} - a^2 u_{xx} = 0, & -\infty < x < +\infty, t > 0 \\ u(x,0) = 0, u_t(x,0) = 1 \end{cases}$ 的解为 $u(x,t) = $ _____。

2. 确定下列本征值问题 $\begin{cases} X''(x) + \lambda X(x) = 0 \\ X(0) = 0, X'(l) = 0 \end{cases}$ 的本征值 $\lambda = $ _____，本征函数 $X(x) = $ _____。

3. 已知 $J[y(x)] = \int_1^2 [(y')^2 - 2xy] dx$，则 $\delta J = $ _____。

4. 定解问题 $\begin{cases} u_{xx} - u_{yy} = 1 \\ u(x,0) = x \\ u_y(x,0) = 0 \end{cases}$ 的解为 $u(x,y) = $ _____。

二、试用行波法求解右行波的初值问题。（20分）

$$\begin{cases} u_t + a u_x = 0, & -\infty < x < +\infty, t > 0 \\ u(x,0) = \varphi(x) \end{cases}$$

（**提示**：第一个方程分别对 t 和 x 求导，然后消去 $\dfrac{\partial^2 u}{\partial t \partial u}$ 项，即得波动方程 $u_{tt} - a^2 u_{xx} = 0$。）

三、试求定解问题（20分）

$$\begin{cases} u_{tt} = a^2 u_{xx} + \sin\left(\dfrac{2\pi}{l} x\right) \sin\left(\dfrac{2a\pi}{l} t\right), & 0 < x < l, t > 0 \\ u(0,t) = 0, u(l,t) = 0, & t \geq 0 \\ u(x,t) = 0, u_t(x,t) = 0, & 0 \leq x \leq l \end{cases}$$

四、设沿 x,y,z 方向边长分别为 a,b,c 的长方形，除上顶 $z=c$ 的面上电势为 $\sin\left(\dfrac{\pi}{a} x\right) \sin\left(\dfrac{3\pi}{b} y\right)$ 外，其他几个面的电势均为零，求盒内各处的电位分布函数 $u(x,y,z)$。（20分）

五、试用傅里叶变换法求解定解问题。（20分）

$$\begin{cases} u_t = a^2 u_{xx} + b u_x + c u \\ u\big|_{t=0} = \varphi(x) \end{cases}$$

第三篇 特殊函数

本篇主要内容:勒让德多项式及球函数;贝塞尔函数和柱函数。

本篇重点:勒让德多项式和贝塞尔函数。

本篇特点:加强思维能力的训练以及计算机仿真绘图在特殊函数中的应用。

当用分离变量法求解有界弦振动问题时,曾经从偏微分方程的定解问题中导出了一个常微分方程的边值问题

$$\begin{cases} X''(x) + \lambda X(x) = 0 \\ X(0) = X(l) = 0 \end{cases}$$

当泛定常数 λ 遍取所有特征值 $\lambda_n = \left(\dfrac{n\pi}{l}\right)^2$ ($n = 1, 2, 3, \cdots$) 时,得到了相应的一系列特解。

这些解组成一个正交函数系 $\left\{\sin\dfrac{n\pi}{l}x\right\}$,借助于这个正交函数系就得出了偏微分方程定解问题的级数解。这不难使我们想到,当用分离变量法求解其他偏微分方程的定解问题时,在不同的坐标系下分离变量可能也会导出其他形式的常微分方程的边值问题,从而得到各种各样的坐标函数系。这些坐标函数系就是人们常说的特殊函数,诸如熟知的勒让德多项式、贝塞尔函数、埃尔米特多项式和拉盖尔多项式等。

在分离变量法中,我们通过在球坐标系和柱坐标系中对物理学中两个重要的方程(拉普拉斯方程和亥姆霍兹方程)的分离变量,得到了几个特殊的常微分方程,如勒让德方程和贝塞尔方程等,在幂级数解法中得到了微分方程的解:特殊函数。本篇主要讨论特殊函数的一些基本性质及其在物理学中的应用。

第 16 章 勒让德多项式——球函数

16.1 勒让德方程及其解的表示

16.1.1 勒让德方程、勒让德多项式

我们已经知道，拉普拉斯方程

$$\frac{1}{r^2}\frac{\partial}{\partial r}\left(r^2\frac{\partial u}{\partial r}\right)+\frac{1}{r^2\sin\theta\partial\theta}\frac{\partial}{\partial\theta}\left(\sin\theta\frac{\partial u}{\partial\theta}\right)+\frac{1}{r^2\sin^2\theta\partial\varphi^2}\frac{\partial^2 u}{\partial\varphi^2}=0$$

在球坐标系下分离变量后得到欧拉型常微分方程和球谐函数方程。

$$r^2\frac{\mathrm{d}^2 R}{\mathrm{d}r^2}+2r\frac{\mathrm{d}R}{\mathrm{d}r}-l(l+1)R=0 \tag{16.1.1}$$

$$\frac{1}{\sin\theta\partial\theta}\frac{\partial}{\partial\theta}\left(\sin\theta\frac{\partial Y}{\partial\theta}\right)+\frac{1}{\sin^2\theta\partial\varphi^2}\frac{\partial^2 Y}{\partial\varphi^2}+l(l+1)Y=0 \tag{16.1.2}$$

式(16.1.2)的解 $Y(\theta,\varphi)$ 与半径 r 无关，故称为**球谐函数**，或简称为**球函数**。

球谐函数方程进一步分离变量，令 $Y(\theta,\varphi)=\Theta(\theta)\Phi(\varphi)$ ，得到关于 Θ 的常微分方程

$$\frac{1}{\sin\theta\mathrm{d}\theta}\frac{\mathrm{d}}{}\left(\sin\theta\frac{\mathrm{d}\Theta}{\mathrm{d}\theta}\right)+\left[l(l+1)-\frac{m^2}{\sin^2\theta}\right]\Theta=0 \tag{16.1.3}$$

称为 l 阶**连带勒让德方程**。

若令 $\theta=\arccos x$（即 $x=\cos\theta$）和 $y(x)=\Theta(x)$ ，可把自变数从 θ 换为 x ，则方程(16.1.3)可以化为下列形式的 l 阶连带勒让德方程

$$(1-x^2)\frac{\mathrm{d}^2 y}{\mathrm{d}x^2}-2x\frac{\mathrm{d}y}{\mathrm{d}x}+\left[l(l+1)-\frac{m^2}{1-x^2}\right]y=0 \tag{16.1.4}$$

若所讨论的问题具有旋转轴对称性，即定解问题的解与 φ 无关，则 $m=0$ ，即

$$\frac{1}{\sin\theta\mathrm{d}\theta}\frac{\mathrm{d}}{}\left(\sin\theta\frac{\mathrm{d}\Theta}{\mathrm{d}\theta}\right)+l(l+1)\Theta=0 \tag{16.1.5}$$

称为 l 阶**勒让德方程**。

若记 $\theta=\arccos x,y(x)=\Theta(x)$ ，则上述方程也可写为下列形式的 l 阶勒让德方程

$$\frac{\mathrm{d}}{\mathrm{d}x}\left[(1-x^2)\frac{\mathrm{d}y}{\mathrm{d}x}\right]+l(l+1)y=0 \tag{16.1.6}$$

16.1.2 勒让德多项式的表示

1. 勒让德多项式的级数表示

我们知道，在自然边界条件下，勒让德方程的解 $P_l(x)$ 为

$$P_l(x)=\sum_{k=0}^{\left[\frac{l}{2}\right]}(-1)^k\frac{(2l-2k)!}{2^l k!(l-k)!(l-2k)!}x^{l-2k} \tag{16.1.7}$$

其中，
$$\left[\frac{l}{2}\right]=\begin{cases}\dfrac{l}{2}, & l=2n \\[2mm] \dfrac{l-1}{2}, & l=2n+1\end{cases}\qquad (n=0,1,2,\cdots)$$

式(16.1.7)具有多项式的形式，故称 $P_l(x)$ 为 l 阶**勒让德多项式**。勒让德多项式也称为**第一类勒让德函数**。式(16.1.7)即为**勒让德多项式的级数表示**。

注意到 $x=\cos\theta$，故可方便地得出前几个勒让德多项式：

$P_0(x)=1$

$P_1(x)=x=\cos\theta$

$P_2(x)=\dfrac{1}{2}(3x^2-1)=\dfrac{1}{4}(3\cos2\theta+1)$

$P_3(x)=\dfrac{1}{2}(5x^3-3x)=\dfrac{1}{8}(5\cos3\theta+3\cos\theta)$

$P_4(x)=\dfrac{1}{8}(35x^4-30x^2+3)=\dfrac{1}{64}(35\cos4\theta+20\cos2\theta+9)$

$P_5(x)=\dfrac{1}{8}(63x^5-70x^3+15x)=\dfrac{1}{128}(63\cos5\theta+35\cos3\theta+30\cos\theta)$

$P_6(x)=\dfrac{1}{16}(231x^6-315x^4+105x^2-5)=\dfrac{1}{512}(231\cos6\theta+126\cos4\theta+105\cos2\theta+50)$

其勒让德多项式的图形可通过计算机仿真(如 MATLAB 仿真)得到(见图 16.1)。

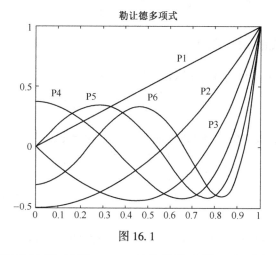

图 16.1

勒让德多项式的特殊值计算：计算 $P_l(0)$，显然其值应等于多项式 $P_l(x)$ 的常数项。如 $l=2n+1$(即为奇数)，则 $P_{2n+1}(x)$ 只含奇数次幂，不含常数项，所以
$$P_{2n+1}(0)=0 \tag{16.1.8}$$

如 $l=2n$(即为偶数)时，则 $P_{2n}(x)$ 含有常数项，即式(16.1.7)中 $k=l/2=n$ 的项，所以
$$P_{2n}(0)=(-1)^n\frac{(2n)!}{2^{2n}\cdot n!\cdot n!}=(-1)^n\frac{(2n-1)!!}{(2n)!!} \tag{16.1.9}$$

其中，$(2n)!!=(2n)(2n-2)(2n-4)\cdots6\cdot4\cdot2$，$(2n-1)!!=(2n-1)(2n-3)(2n-5)\cdots5\cdot3\cdot1$，因此 $(2n)!=(2n)!!\cdot(2n-1)!!$。

除上述勒让德多项式的级数表示即式(16.1.7)外，它还具有微分及积分表示。

2. 勒让德多项式的微分表示

勒让德多项式的微分表示如下

$$P_l(x) = \frac{1}{2^l l!} \frac{d^l}{dx^l}(x^2-1)^l \tag{16.1.10}$$

上式通常又称为勒让德多项式的**罗德里格斯公式**。

下面我们来证明式(16.1.10)和式(16.1.7)是相同的。

【证明】 用二项式定理把$(x^2-1)^l$展开

$$\frac{1}{2^l l!}(x^2-1)^l = \frac{1}{2^l l!}\sum_{k=0}^{l}\frac{l!}{(l-k)!k!}(x^2)^{l-k}(-1)^k = \sum_{k=0}^{l}(-1)^k\frac{1}{2^l k!(l-k)!}x^{2l-2k}$$

把上式对x求导l次。凡是幂次$(2l-2k)<l$的项在l次求导过程中成为零,只需保留幂次

$(2l-2k) \geq l$的项,即$k \leq \dfrac{l}{2}$的项,应取$k_{max} = \left[\dfrac{l}{2}\right]$,并且注意到

$$\frac{d^l}{dx^l}x^{2l-2k} = (2l-2k)(2l-2k-1)\cdots[2l-2k-(l-1)]x^{l-2k}$$

因此有

$$\frac{1}{2^l l!}\frac{d^l}{dx^l}(x^2-1)^l = \sum_{k=0}^{\left[\frac{l}{2}\right]}(-1)^k\frac{(2l-2k)(2l-2k-1)\cdots(l-2k+1)}{2^l k!(l-k)!}x^{l-2k}$$

$$= \sum_{k=0}^{\left[\frac{l}{2}\right]}(-1)^k\frac{(2l-2k)!}{2^l k!(l-k)!(l-2k)!}x^{l-2k} = P_l(x)$$

3. 勒让德多项式的积分表示

根据柯西积分公式的高阶导数,并取正方向积分有

$$f^{(l)}(z) = \frac{l!}{2\pi i}\oint_C \frac{f(\xi)}{(\xi-z)^{l+1}}d\xi$$

容易证明,微分表示式(16.1.10)也可表示为环路积分形式

$$P_l(x) = \frac{1}{2\pi i}\frac{1}{2^l}\oint_C \frac{(\xi^2-1)^l}{(\xi-x)^{l+1}}d\xi \tag{16.1.11}$$

C为z平面上围绕$z=x$点的任一闭合回路,并取正方向。它叫做勒让德多项式的**施列夫利积分表示式**。

事实上,式(16.1.11)还可以进一步表示为下述拉普拉斯积分

$$P_l(x) = \frac{1}{\pi}\int_0^\pi \left(x + i\sqrt{1-x^2}\cos\varphi\right)^l d\varphi \tag{16.1.12}$$

【证明】 取C为圆周,圆心在$z=x$,半径为$\sqrt{|x^2-1|}$。在C上有$\xi-x = \sqrt{x^2-1}\,e^{i\varphi}$,$d\xi = i\sqrt{x^2-1}\,e^{i\varphi}d\varphi = i(\xi-x)d\varphi$,并注意到

$$\xi^2 - 1 = \left(x + \sqrt{x^2-1}\,e^{i\varphi}\right)^2 - 1 = (x^2-1)(1+e^{i2\varphi}) + 2x\sqrt{x^2-1}\,e^{i\varphi}$$

$$= 2\sqrt{x^2-1}\,e^{i\varphi}\left(x + \sqrt{x^2-1}\cos\varphi\right) = 2(\xi-x)\left(x + \sqrt{x^2-1}\cos\varphi\right)$$

代入到式(16.1.12),得到

$$P_l(x) = \frac{1}{2\pi}\int_0^{2\pi}\left(x + \sqrt{x^2-1}\cos\varphi\right)^l d\varphi$$

$$= \frac{1}{\pi} \int_0^\pi \left(x + \mathrm{i}\sqrt{1-x^2}\cos\varphi \right)^l \mathrm{d}\varphi$$

这即为勒让德多项式的**拉普拉斯积分表示**。从该积分还很容易看出

$$\mathrm{P}_l(1) = 1, \quad \mathrm{P}_l(-1) = (-1)^l \tag{16.1.13}$$

利用拉普拉斯积分表示即式(16.1.12),还可以证明

$$|\mathrm{P}_l(x)| \leqslant 1 \qquad (-1 \leqslant x \leqslant 1) \tag{16.1.14}$$

【证明】　若将 x 再回到原来的变量 θ, $x = \cos\theta$,则

$$\mathrm{P}_l(x) = \frac{1}{\pi} \int_0^\pi [\cos\theta + \mathrm{i}\,\sin\theta\cos\varphi]^l \mathrm{d}\varphi$$

$$|\mathrm{P}_l(x)| \leqslant \frac{1}{\pi} \int_0^\pi |\cos\theta + \mathrm{i}\,\sin\theta\cos\varphi|^l \mathrm{d}\varphi = \frac{1}{\pi} \int_0^\pi [\cos^2\theta + \sin^2\theta\cos^2\varphi]^{l/2} \mathrm{d}\varphi$$

$$\leqslant \frac{1}{\pi} \int_0^\pi [\cos^2\theta + \sin^2\theta]^{l/2} \mathrm{d}\varphi = \frac{1}{\pi} \int_0^\pi \mathrm{d}\varphi = 1$$

16.2　勒让德多项式的性质及其应用

16.2.1　勒让德多项式的性质

1. 勒让德多项式的零点

对于勒让德多项式的零点,有如下结论:
① $\mathrm{P}_n(x)$ 的 n 个零点都是实的,且在 $(-1,1)$ 内。
② $\mathrm{P}_n(x)$ 的零点与 $\mathrm{P}_{n-1}(x)$ 的零点互相分离。

2. 奇偶性

根据勒让德多项式的定义式,作代换 $x \to -x$,容易得到

$$\mathrm{P}_l(-x) = (-1)^l \mathrm{P}_l(x) \tag{16.2.1}$$

即当 l 为偶数时,勒让德多项式 $\mathrm{P}_l(x)$ 为偶函数;l 为奇数时,$\mathrm{P}_l(x)$ 为奇函数。

3. 勒让德多项式的正交性及其模

作为施图姆-刘维尔本征值问题的正交关系的特例,不同阶的勒让德多项式在区间 $[-1, 1]$ 上满足

$$\int_{-1}^1 \mathrm{P}_n(x)\mathrm{P}_l(x)\,\mathrm{d}x = N_l^2 \delta_{n,l} \tag{16.2.2}$$

其中

$$\delta_{nl} = \begin{cases} 1, & n=l \\ 0, & n \neq l \end{cases}$$

当 $n \neq l$ 时满足

$$\int_{-1}^1 \mathrm{P}_n(x)\mathrm{P}_l(x)\,\mathrm{d}x = 0 \tag{16.2.3}$$

这称为**正交性**。相等时可求出其模

$$N_l = \sqrt{\int_{-1}^1 [\mathrm{P}_l(x)]^2 \mathrm{d}x} = \sqrt{\frac{2}{2l+1}} \quad (l = 0,1,2,\cdots) \tag{16.2.4}$$

下面给出式(16.2.2)及式(16.2.4)的证明。

【证明】　（1）**正交性**。勒让德多项式必然满足勒让德方程，故有

$$\frac{\mathrm{d}}{\mathrm{d}x}\left[\,(1-x^2)\,\mathrm{P}_l'(x)\,\right]+l(l+1)\mathrm{P}_l(x)=0$$

$$\frac{\mathrm{d}}{\mathrm{d}x}\left[\,(1-x^2)\,\mathrm{P}_n'(x)\,\right]+n(n+1)\mathrm{P}_n(x)=0$$

两式相减，并在$[-1,1]$区间上对x积分，得

$$\int_{-1}^{1}\left\{\mathrm{P}_n(x)\frac{\mathrm{d}}{\mathrm{d}x}\left[\,(1-x^2)\,\mathrm{P}_l'(x)\,\right]-\mathrm{P}_l(x)\frac{\mathrm{d}}{\mathrm{d}x}\left[\,(1-x^2)\,\mathrm{P}_n'(x)\,\right]\right\}\mathrm{d}x$$

$$=\left[\,n(n+1)-l(l+1)\,\right]\int_{-1}^{1}\mathrm{P}_l(x)\mathrm{P}_n(x)\,\mathrm{d}x$$

因为上面等式左边的积分值为

$$(1-x^2)\left[\,\mathrm{P}_n(x)\mathrm{P}_l'(x)-\mathrm{P}_l(x)\mathrm{P}_n'(x)\,\right]\,\Big|_{-1}^{1}=0$$

所以当$n\neq l$时，必然有

$$\int_{-1}^{1}\mathrm{P}_l(x)\mathrm{P}_n(x)\,\mathrm{d}x=0$$

（2）**模**（利用分部积分法证明）。根据

$$N_l^2=\int_{-1}^{1}\left[\,\mathrm{P}_l(x)\,\right]^2\mathrm{d}x$$

为了分部积分的方便，把上式的$\mathrm{P}_l(x)$用微分表示给出，则有

$$N_l^2=\frac{1}{2^{2l}(l!)^2}\int_{-1}^{1}\frac{\mathrm{d}^l(x^2-1)^l}{\mathrm{d}x^l}\frac{\mathrm{d}}{\mathrm{d}x}\left[\frac{\mathrm{d}^{l-1}(x^2-1)^l}{\mathrm{d}x^{l-1}}\right]\mathrm{d}x$$

$$=\frac{1}{2^{2l}(l!)^2}\left[\frac{\mathrm{d}^l(x^2-1)^l}{\mathrm{d}x^l}\frac{\mathrm{d}^{l-1}(x^2-1)^l}{\mathrm{d}x^{l-1}}\right]_{-1}^{1}-\frac{1}{2^{2l}(l!)^2}\int_{-1}^{1}\frac{\mathrm{d}^{l-1}(x^2-1)^l}{\mathrm{d}x^{l-1}}\frac{\mathrm{d}}{\mathrm{d}x}\left[\frac{\mathrm{d}^l(x^2-1)^l}{\mathrm{d}x^l}\right]\mathrm{d}x$$

注意到$(x^2-1)^l=(x-1)^l(x+1)^l$，以$x=\pm1$为l级零点，故其$l-1$阶导数$\dfrac{\mathrm{d}^{l-1}(x^2-1)^l}{\mathrm{d}x^{l-1}}$必然以$x=\pm1$为一级零点，从而上式已积出部分的值为零，则

$$N_l^2=\frac{(-1)^l}{2^{2l}(l!)^2}\int_{-1}^{1}\frac{\mathrm{d}^{l-1}(x^2-1)^l}{\mathrm{d}x^{l-1}}\frac{\mathrm{d}^{l+1}(x^2-1)^l}{\mathrm{d}x^{l+1}}\mathrm{d}x$$

再进行l次分部积分，即得

$$N_l^2=\frac{(-1)^l}{2^{2l}(l!)^2}\int_{-1}^{1}(x^2-1)^l\frac{\mathrm{d}^{2l}(x^2-1)^l}{\mathrm{d}x^{2l}}\mathrm{d}x$$

$(x^2-1)^l$是$2l$次多项式，其$2l$阶导数也就是最高幂项x^{2l}的$2l$阶导数为$(2l)!$。故

$$N_l^2=(-1)^l\frac{(2l)!}{2^{2l}(l!)^2}\int_{-1}^{1}(x-1)^l(x+1)^l\mathrm{d}x$$

再对上式分部积分一次

$$N_l^2=(-1)^l\frac{(2l)!}{2^{2l}(l!)^2}\cdot\frac{1}{l+1}\left[(x-1)^l(x+1)^l\,\Big|_{-1}^{1}-l\int_{-1}^{1}(x-1)^{l-1}(x+1)^{l+1}\mathrm{d}x\right]$$

$$=(-1)^l\frac{(2l)!}{2^{2l}(l!)^2}\cdot(-1)\frac{l}{l+1}\int_{-1}^{1}(x-1)^{l-1}(x+1)^{l+1}\mathrm{d}x$$

容易看出，已积出部分以$x=\pm1$为零点。至此，分部积分的结果是使$(x-1)$的幂次降低一次，$(x+1)$的幂次升高一次，且积分乘上一个相应的常数因子。继续分部积分（计l次），即得

$$N_l^2 = (-1)^l \frac{(2l)!}{2^{2l}(l!)^2} \cdot (-1)^l \cdot \frac{l}{l+1} \cdot \frac{l-1}{l+2} \cdots \frac{1}{2l} \int_{-1}^{1} (x-1)^0 (x+1)^{2l} dx$$

$$= \frac{1}{2^{2l}} \cdot \frac{1}{2l+1} (x+1)^{2l+1} \Big|_{-1}^{1} = \frac{2}{2l+1}$$

故勒让德多项式的模为

$$N_l = \sqrt{\frac{2}{2l+1}} \qquad (l=0,1,2,\cdots)$$

且有 $\displaystyle\int_{-1}^{1} P_l(x) P_l(x) dx = \frac{2}{2l+1}$。

4. 广义傅里叶级数

勒让德方程属于施图姆-刘维尔型方程,故其本征函数:勒让德多项式 $P_l(x)(l=0,1,2,\cdots)$ 是完备的,可作为广义傅里叶级数展开的基。关于函数展开有下述定理。

定理 16.2.1　在区间 $[-1,1]$ 上的任一连续函数 $f(x)$,可展开为勒让德多项式的级数

$$f(x) = \sum_{n=0}^{+\infty} C_n P_n(x) \tag{16.2.5}$$

其中,系数为

$$C_n = \frac{2n+1}{2} \int_{-1}^{1} f(x) P_n(x) dx \tag{16.2.6}$$

在实际应用中,经常要作代换 $x = \cos\theta$,此时勒让德方程的解为 $P_n(\cos\theta)$,这时有

$$f(\cos\theta) = \sum_{n=0}^{+\infty} C_n P_n(\cos\theta) \tag{16.2.7}$$

其中,系数为

$$C_n = \frac{2n+1}{2} \int_{0}^{\pi} f(\cos\theta) P_n(\cos\theta) \sin\theta d\theta \tag{16.2.8}$$

16.2.2　勒让德多项式的应用(广义傅里叶级数展开)

例 16.2.1　将函数 $f(x) = x^3$ 按勒让德多项式形式展开。

【解】　根据式(16.2.5),设 $x^3 = C_0 P_0(x) + C_1 P_1(x) + C_2 P_2(x) + C_3 P_3(x)$,考虑到 $P_n(-x) = (-1)^n P_n(x)$,由式(16.2.6)知,$C_0 = C_2 = 0$,则

$$C_1 = \frac{3}{2} \int_{-1}^{1} x^3 P_1(x) dx = \frac{3}{2} \int_{-1}^{1} x^3 \cdot x dx = \frac{3}{5}$$

$$C_3 = \frac{7}{2} \int_{-1}^{1} x^3 P_3(x) dx = \frac{7}{2} \int_{-1}^{1} x^3 \cdot \frac{1}{2} (5x^3 - 3x) dx = \frac{2}{5}$$

所以

$$x^3 = \frac{3}{5} P_1(x) + \frac{2}{5} P_3(x)$$

例 16.2.2　将函数 $\cos 2\theta (0 \le \theta \le \pi)$ 展开为勒让德多项式 $P_n(\cos\theta)$ 形式。

【解】　用直接展开法。令 $\cos\theta = x$,则由 $\cos 2\theta = 2\cos^2\theta - 1 = 2x^2 - 1$。

我们知道:$P_0(x) = 1$,$P_1(x) = x$,$P_2(x) = \frac{1}{2}(3x^2 - 1)$。可设 $2x^2 - 1 = C_0 P_0(x) +$

$C_1 P_1(x) + C_2 P_2(x)$，考虑到勒让德函数的奇偶性，显然 $C_1 = 0$，则

$$2x^2 - 1 = C_0 + C_2 \frac{1}{2}(3x^2 - 1)$$

由 x^2 和 x^0 项的系数，显然得出 $C_2 = \frac{4}{3}$，$C_0 = -\frac{1}{3}$，故有

$$\cos(2\theta) = -\frac{1}{3}P_0(x) + \frac{4}{3}P_2(x) = -\frac{1}{3}P_0(\cos\theta) + \frac{4}{3}P_2(\cos\theta)$$

下面我们给出**一般性结论**。

结论 16.2.1　设 k 为正整数，可以证明：

$$x^{2k} = C_{2k}P_{2k}(x) + C_{2k-2}P_{2k-2}(x) + \cdots + C_0 P_0(x)$$
$$x^{2k-1} = C_{2k-1}P_{2k-1}(x) + C_{2k-3}P_{2k-3}(x) + \cdots + C_1 P_1(x)$$

结论 16.2.2　根据勒让德函数的奇偶性，若需展开的函数 $f(x)$ 为奇函数，则展开式 (16.2.5) 的系数 $C_{2n} = 0$，若需展开的函数 $f(x)$ 为偶函数，则展开式 (16.2.5) 的系数 $C_{2n+1} = 0$ ($n = 0, 1, 2, 3, \cdots$)。

例 16.2.3　以勒让德多项式为基，在 $[-1, 1]$ 区间上把 $f(x) = 2x^3 + 3x + 4$ 展开为广义傅里叶级数。

【解】　本例不必应用一般公式。事实上，$f(x)$ 是三次多项式($f(x)$ 既非奇函数，也非偶函数)，设它表示为

$$
\begin{aligned}
2x^3 + 3x + 4 &= \sum_{n=0}^{3} C_n P_n(x) \\
&= C_0 \cdot 1 + C_1 \cdot x + C_2 \cdot \frac{1}{2}(3x^2 - 1) + C_3 \cdot \frac{1}{2}(5x^3 - 3x) \\
&= \left(C_0 - \frac{1}{2}C_2\right) + \left(C_1 - \frac{3}{2}C_3\right)x + \frac{3}{2}C_2 x^2 + \frac{5}{2}C_3 x^3
\end{aligned}
$$

比较同次幂即得到

$$C_3 = \frac{4}{5}, \quad C_2 = 0, \quad C_1 = \frac{21}{5}, \quad C_0 = 4$$

由此得到

$$2x^3 + 3x + 4 = 4P_0(x) + \frac{21}{5}P_1(x) + \frac{4}{5}P_3(x)$$

例 16.2.4　求球形域内的电势分布。在半径为 1 的球内求解拉普拉斯方程 $\Delta u = 0$，使满足边界条件 $u\Big|_{r=1} = 6\cos 2\theta + 2$。

【解】　根据边界条件的形式知，所求的电势分布函数 u 只与变量 r 和 θ 有关，而与变量 φ 无关，故可以归结为下列定解问题

$$
\begin{cases}
\dfrac{1}{r^2}\dfrac{\partial}{\partial r}\left(r^2 \dfrac{\partial u}{\partial r}\right) + \dfrac{1}{r^2 \sin\theta}\dfrac{\partial}{\partial \theta}\left(\sin\theta \dfrac{\partial u}{\partial \theta}\right) = 0 \qquad (0 < r < 1) & (16.2.9) \\
u(r, \theta)\Big|_{r=1} = 6\cos 2\theta + 2 & (16.2.10)
\end{cases}
$$

设 $u(r, \theta) = R(r)\Theta(\theta)$，代入泛定方程 (16.2.9)，并分离变量得到

$$\frac{r^2 R'' + 2rR'}{R} = -\frac{\Theta'' + \cos\theta\,\Theta'}{\Theta} = \lambda$$

将常数 λ 写成 $\lambda = l(l+1)$,则得到两个常微分方程

$$r^2 R'' + 2rR' - l(l+1)R = 0 \tag{16.2.11}$$

$$\frac{1}{\sin\theta \mathrm{d}\theta}\left(\sin\theta \frac{\mathrm{d}\Theta}{\mathrm{d}\theta}\right) + l(l+1)\Theta = 0 \tag{16.2.12}$$

方程(16.2.12)即为勒让德方程。

由本问题的物理意义知,函数 $u(r,\theta)$ 应是有界的,$\Theta(\theta)$ 也应有界,由勒让德方程的幂级数解法知道,只有当 $l=n$ 为整数时,勒让德方程在区间 $\theta \in [0,\pi]$ 内才有有界的解

$$\Theta_n(\theta) = \mathrm{P}_n(\cos\theta)$$

而欧拉型方程(16.2.11)的通解为

$$R_n(r) = C_n r^n + D_n r^{-(n+1)} \tag{16.2.13}$$

故此定解问题的通解形式为

$$u(r,\theta) = \sum_{n=0}^{\infty} (C_n r^n + D_n r^{-(n+1)})\mathrm{P}_n(\cos\theta) \tag{16.2.14}$$

但若要使 R_n 在球内($0<r<1$)有界,应取 $D_n=0$。故球内定解问题的解为

$$u(r,\theta) = \sum_{n=0}^{\infty} C_n r^n \mathrm{P}_n(\cos\theta) \tag{16.2.15}$$

由边界条件得到

$$\sum_{n=0}^{\infty} C_n r^n \mathrm{P}_n(\cos\theta) = 6\cos2\theta + 2$$

令 $x=\cos\theta$,则上式化为

$$\sum_{n=0}^{\infty} C_n \times 1^n \times \mathrm{P}_n(x) = 6\cos2\theta + 2 = 12x^2 - 4$$

因为 $\mathrm{P}_0(x) = 1, x^2 = \frac{1}{3}\mathrm{P}_0(x) + \frac{2}{3}\mathrm{P}_2(x)$,代入上式并比较系数得到

$$C_2 = 8, \quad C_n = 0 \quad (n \neq 2)$$

由此定解问题的解为

$$u(r,\theta) = 8r^2 \mathrm{P}_2(\cos\theta) = 4r^2(3\cos^2\theta - 1)$$

特别指出:若要求球外的定解问题,则对于式(16.2.13)要求在 $r\to\infty$ 有界,故必须 $C_n=0$,这样就得到球外定解问题的通解为

$$u(r,\theta) = \sum_{n=0}^{\infty} D_n r^{-(n+1)} \mathrm{P}_n(\cos\theta) \tag{16.2.16}$$

16.3 勒让德多项式的生成函数(母函数)

16.3.1 勒让德多项式的生成函数的定义

如图 16.2 所示,设在一个单位球的北极放置一带电量为 $4\pi\varepsilon_0$ 的正电荷,则在球内任一点 M(其球坐标记为 r,θ,φ)的静电势为

$$\frac{1}{d} = \frac{1}{\sqrt{1-2r\cos\theta+r^2}} \tag{16.3.1}$$

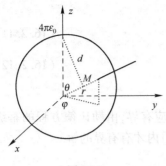

其静电势应遵从拉普拉斯方程,且以球坐标系的极轴为对称轴,因此 $\frac{1}{d}$ 应具有轴对称情况下拉普拉斯方程一般解的形式即式(16.2.14),即

$$\frac{1}{d} = \sum_{n=0}^{\infty}\left(C_n r^n + D_n \frac{1}{r^{n+1}}\right)P_n(\cos\theta) \qquad (16.3.2)$$

首先不妨研究单位球内的静电势分布。在球心 $(r=0)$,电势应该是有限的,故必须取 $D_n=0$,则

$$\frac{1}{\sqrt{1-2r\cos\theta+r^2}} = \sum_{n=0}^{\infty} C_n r^n P_n(\cos\theta) \quad (r<1)$$

$$(16.3.3)$$

为确定系数 C_n ,在式(16.3.3)中令 $\theta=0$,并注意到 $P_n(1)=1$,则得到

$$\frac{1}{1-r} = \sum_{n=0}^{\infty} C_n r^n P_n(1) = \sum_{n=0}^{\infty} C_n r^n \quad (r<1) \qquad (16.3.4)$$

将式(16.3.4)左边在 $r=0$ 的邻域上展为泰勒级数

$$\frac{1}{1-r} = 1+r+r^2+r^3+\cdots+r^n+\cdots \quad (r<1) \qquad (16.3.5)$$

与式(16.3.4)相比较即知

$$C_n = 1 \qquad (n=0,1,2,\cdots)$$

于是式(16.3.3)成为

$$\frac{1}{\sqrt{1-2r\cos\theta+r^2}} = \sum_{n=0}^{\infty} r^n P_n(\cos\theta) \quad (r<1) \qquad (16.3.6)$$

若考虑单位球内、球外的静电势分布,则有

$$\frac{1}{\sqrt{1-2r\cos\theta+r^2}} = \begin{cases} \sum_{n=0}^{\infty} r^n P_n(\cos\theta), & r \leqslant 1 \\ \sum_{n=0}^{\infty} \frac{1}{r^{n+1}} P_n(\cos\theta), & r>1 \end{cases} \qquad (16.3.7)$$

在式(16.3.6)中代入 $x=\cos\theta$,则

$$\frac{1}{\sqrt{1-2rx+r^2}} = \begin{cases} \sum_{n=0}^{\infty} r^n P_n(x), & r \leqslant 1 \\ \sum_{n=0}^{\infty} \frac{1}{r^{n+1}} P_n(x), & r>1 \end{cases} \quad (-1 \leqslant x \leqslant 1) \qquad (16.3.8)$$

因此, $\frac{1}{\sqrt{1-2r\cos\theta+r^2}}$ 或 $\frac{1}{\sqrt{1-2rx+r^2}}$ 叫做勒让德多项式的**生成函数**(或**母函数**)。

16.3.2　勒让德多项式的递推公式

根据勒让德多项式的母函数可以导出勒让德多项式的递推公式。先把式(16.3.6)写成

$$\frac{1}{\sqrt{1-2rx+r^2}} = \sum_{n=0}^{\infty} r^n P_n(x) \qquad (16.3.9)$$

对 r 求导

$$\frac{x-r}{(1-2rx+r^2)^{3/2}} = \sum_{n=0}^{\infty} nr^{n-1}P_n(x)$$

对上式两边同乘以 $(1-2rx+r^2)$，得

$$\frac{x-r}{\sqrt{1-2rx+r^2}} = (1-2rx+r^2)\sum_{n=0}^{\infty} nr^{n-1}P_n(x) \qquad (16.3.10)$$

将式 (16.3.9) 代入上式左边

$$(x-r)\sum_{n=0}^{\infty} r^n P_n(x) = (1-2rx+r^2)\sum_{n=0}^{\infty} nr^{n-1}P_n(x)$$

比较上式两边的 r^k 项的系数，得

$$xP_k(x)-P_{k-1}(x) = (k+1)P_{k+1}(x)-2xkP_k(x)+(k-1)P_{k-1}(x)$$

即

$$(k+1)P_{k+1}(x) = (2k+1)xP_k(x)-kP_{k-1}(x) \qquad (k\geqslant 1) \qquad (16.3.11)$$

式 (16.3.11) 即为勒让德多项式的一个**递推公式**。

相反，若将式 (16.3.9) 两边对 x 求导，得

$$\frac{r}{(1-2rx+r^2)^{3/2}} = \sum_{l=0}^{\infty} r^l P_l'(x)$$

上式两边同乘以 $(1-2rx+r^2)$，得

$$\frac{r}{\sqrt{1-2rx+r^2}} = (1-2rx+r^2)\sum_{l=0}^{\infty} r^l P_l'(x)$$

将式 (16.3.9) 代入上式左边得到

$$r\sum_{l=0}^{\infty} r^l P_l(x) = (1-2rx+r^2)\sum_{l=0}^{\infty} r^l P_l'(x)$$

比较上式两边 r^{k+1} 项的系数，得到另一含导数的**递推公式**

$$P_k(x) = P_{k+1}'(x)-2xP_k'(x)+P_{k-1}'(x) \qquad (k\geqslant 1) \qquad (16.3.12)$$

对式 (16.3.11) 两边同时对 x 求导，得到

$$(k+1)P_{k+1}'(x)-(2k+1)P_k(x)-(2k+1)xP_k'(x)+kP_{k-1}'(x)=0 \qquad (k\geqslant 1) \qquad (16.3.13)$$

通过运算，还可以得到下列递推公式

$$P_{k+1}'(x) = (k+1)P_k(x)+xP_k'(x) \qquad (16.3.14)$$

$$(2k+1)P_k(x) = P_{k+1}'(x)-P_{k-1}'(x) \qquad (k\geqslant 1) \qquad (16.3.15)$$

$$kP_k(x) = xP_k'(x)-P_{k-1}'(x) \qquad (k\geqslant 1) \qquad (16.3.16)$$

$$(x^2-1)P_k'(x) = kxP_k(x)-kP_{k-1}(x) \qquad (k\geqslant 1) \qquad (16.3.17)$$

这些都是勒让德多项式常见的递推公式。

上述递推公式有些可用来计算某些与勒让德多项式有关的定积分。

例 16.3.1　求 $\int_0^{\pi} P_n(\cos\theta)\sin(2\theta)\mathrm{d}\theta$。

【解】　
$$\int_0^{\pi} P_n(\cos\theta)\sin(2\theta)\mathrm{d}\theta = -2\int_0^{\pi} P_n(\cos\theta)\cos\theta\mathrm{d}(\cos\theta)$$

$$= -2\int_1^{-1} P_n(x)x\mathrm{d}x = 2\int_{-1}^{1} P_n(x)P_1(x)\mathrm{d}x$$

$$= \begin{cases} \dfrac{4}{3} & (n=1) \\ 0 & (n\neq 1) \end{cases}$$

例 16.3.2　求积分 $I = \int_{-1}^{1} x P_l(x) P_n(x) dx$。

【解】　利用递推式(16.3.11),有

$$(k+1) P_{k+1}(x) = (2k+1) x P_k(x) - k P_{k-1}(x) \quad (k \geqslant 1)$$

故

$$I = \int_{-1}^{1} x P_l(x) P_n(x) dx = \int_{-1}^{1} \left\{ \frac{1}{2l+1} [(l+1) P_{l+1}(x) + l P_{l-1}(x)] \right\} P_n(x) dx$$

$$= \frac{l+1}{2l+1} \int_{-1}^{1} P_{l+1}(x) P_n(x) dx + \frac{l}{2l+1} \int_{-1}^{1} P_{l-1}(x) P_n(x) dx$$

$$= \begin{cases} \dfrac{2n}{4n^2-1} & (l=n-1) \\[2mm] \dfrac{2(n+1)}{(2n+3)(2n+1)} & (l=n+1) \\[2mm] 0 & (l-n \neq \pm 1) \end{cases}$$

16.4　连带勒让德函数

16.4.1　连带勒让德函数的定义

当所讨论的定解问题不具备旋转对称性时,定解方程的解就与 r, θ 和 φ 都有关,因此更为一般的情况必须考虑 $m \neq 0$ 的**连带勒让德方程**,若令 $x = \cos\theta$,即有

$$(1-x^2) \frac{d^2 \Theta}{dx^2} - 2x \frac{d\Theta}{dx} + \left[l(l+1) - \frac{m^2}{1-x^2} \right] \Theta = 0 \tag{16.4.1}$$

其中,$m = 0, \pm 1, \pm 2, \cdots$ 是由关于 $\Theta(\varphi)$ 的本征问题确定的本征值。由于方程(16.4.1)中仅含 m^2 项,故将 m 换成 $-m$,方程不变。下面先讨论 m 为正值的情况。

下面我们先不解此方程,看它与勒让德方程

$$(1-x^2) \frac{d^2 y}{dx^2} - 2x \frac{dy}{dx} + l(l+1) y = 0 \tag{16.4.2}$$

是否有联系。

事实上,我们可以证明偏微分方程(16.4.1)就是勒让德方程(16.4.2)逐项求导 m 次后所得到的方程。勒让德多项式 $P_l(x)$ 必然满足勒让德方程,故有

$$(1-x^2) P_l''(x) - 2x P_l'(x) + l(l+1) P_l(x) = 0 \tag{16.4.3}$$

应用关于乘积求导的**莱布尼茨求导规则**

$$(uv)^{(m)} = u v^{(m)} + \frac{m}{1!} u' v^{(m-1)} + \frac{m(m-1)}{2!} u'' v^{(m-2)} + \cdots +$$

$$\frac{m(m-1)(m-2)\cdots(m-k+1)}{k!} u^{(k)} v^{(m-k)} + \cdots + u^{(m)} v$$

对式(16.4.3)求导 m 次,其结果是

$$\left[(1-x^2) P_l^{(m)}{}'' - m 2x P_l^{(m)}{}' - \frac{m(m-1)}{2} 2 P_l^{(m)} \right] - 2 \left[x P_l^{(m)}{}' + m P_l^{(m)} \right] + l(l+1) P_l^{(m)} = 0$$

即

$$(1-x^2) P_l^{(m)}{}'' - 2(m+1) x P_l^{(m)}{}' + [l(l+1) - m(m+1)] P_l^{(m)} = 0 \tag{16.4.4}$$

另一方面,令

$$\Theta = (1-x^2)^{\frac{m}{2}} y(x) \tag{16.4.5}$$

把待求函数从 Θ 变换为 $y(x)$。在此变换下有

$$\frac{d\Theta}{dx} = (1-x^2)^{\frac{m}{2}} y' - m(1-x^2)^{\frac{m}{2}-1} xy$$

$$\frac{d^2\Theta}{dx^2} = (1-x^2)^{\frac{m}{2}} y'' - 2m(1-x^2)^{\frac{m}{2}-1} xy' - m(1-x^2)^{\frac{m}{2}-1} y + m(m-2)(1-x^2)^{\frac{m}{2}-2} x^2 y$$

把以上 3 个式子代入连带勒让德方程(16.4.1),即得到

$$(1-x^2)y'' - 2(m+1)xy' + [l(l+1) - m(m+1)]y = 0 \tag{16.4.6}$$

比较方程(16.4.4)和方程(16.4.6),则方程(16.4.6)的解 $y(x)$ 应当是勒让德方程解 $P_l(x)$ 的 m 阶导数,即

$$y(x) = P_l^{(m)}(x) \tag{16.4.7}$$

代入式 (16.4.5),则有

$$\Theta = (1-x^2)^{m/2} P_l^{(m)}(x) \tag{16.4.8}$$

这称为**连带勒让德函数**,通常记为 $P_l^m(x)$,故

$$P_l^m(x) = (1-x^2)^{\frac{m}{2}} P_l^{(m)}(x) \tag{16.4.9}$$

注意:$P_l^m(x)$ 和 $P_l^{(m)}(x)$ 的区别,后者是 $P_l(x)$ 的 m 阶导数。

连带勒让德方程和自然边界条件也构成本征值问题,本征值是

$$l(l+1) \quad (l=0,1,2,\cdots) \tag{16.4.10}$$

本征函数则是连带勒让德函数 $P_l^m(x) = (1-x^2)^{\frac{m}{2}} P_l^{(m)}(x)$。

讨论:

① 由于 $P_l(x)$ 是 l 次多项式,故超过 l 次求导必为零。所以本征值 $l(l+1)$ 中的整数 l 必须满足 $m \leq l$。

② 对于确定的 l 值,连带勒让德函数式(16.4.10)中的 m 只能取

$$m = 0, \pm 1, \pm 2, \cdots, \pm l \tag{16.4.11}$$

③ 当 $m = 0$ 时,$P_l^0(x) = P_l(x)$,连带勒让德函数式(16.4.9)退化为勒让德多项式 $P_l(x)$。

④ 对于几个简单的连带勒让德函数的具体形式为:

$$P_1^1(x) = (1-x^2)^{1/2} = \sin\theta \tag{16.4.12}$$

$$P_2^1(x) = (1-x^2)^{1/2}(3x) = \frac{3}{2}\sin 2\theta \tag{16.4.13}$$

$$P_2^2(x) = 3(1-x^2) = 3\sin^2\theta = \frac{3}{2}(1-\cos 2\theta)$$

…

16.4.2 连带勒让德函数的微分表示

由勒让德多项式的微分表示立刻得到连带勒让德函数的微分表示

$$P_l^m(x) = \frac{(1-x^2)^{\frac{m}{2}}}{2^l l!} \cdot \frac{d^{l+m}}{dx^{l+m}}(x^2-1)^l \tag{16.4.14}$$

这也叫做罗德里格斯公式。

我们通过微分表示可以证明

$$\begin{cases} P_l^m(x) = (-1)^m \dfrac{(l+m)!}{(l-m)!} P_l^{-m}(x) \\[3mm] P_l^{-m}(x) = (-1)^m \dfrac{(l-m)!}{(l+m)!} P_l^m(x) \end{cases} \tag{16.4.15}$$

这表明 $P_l^m(x)$ 和 $P_l^{-m}(x)$ 是线性相关的,它们仅相差常数因子。

16.4.3　连带勒让德函数的积分表示

利用柯西积分公式,连带勒让德函数的微分表示式可表示为环路积分形式

$$P_l^m(x) = \frac{(1-x^2)^{\frac{m}{2}}}{2^l} \frac{1}{2\pi i} \frac{(l+m)!}{l!} \oint_C \frac{(z^2-1)^l}{(z-x)^{l+m+1}} dz \tag{16.4.16}$$

此式也叫做施列夫利积分表示。其中,C 为 z 平面上围绕 $z=x$ 的任一闭合回路。还可得到定积分

$$P_l^m(x) = \frac{i^m}{2\pi} \frac{(l+m)!}{l!} \int_{-\pi}^{\pi} e^{-im\varphi} \left[\cos\theta + i\sin\theta\cos\varphi \right]^l d\varphi \tag{16.4.17}$$

这叫做拉普拉斯积分。

16.4.4　连带勒让德函数的正交关系与模的公式

1. 连带勒让德函数满足正交性

$$\int_{-1}^{1} P_k^m(x) P_l^m(x) dx = 0 \quad (k \neq l) \tag{16.4.18}$$

如果从 x 回到原来的变数 θ,则式(16.4.19)应是

$$\int_0^{\pi} P_k^m(\cos\theta) P_l^m(\cos\theta) \sin\theta d\theta = 0 \quad (k \neq l) \tag{16.4.19}$$

2. 连带勒让德函数的模

类似勒让德多项式模的推导,可得连带勒让德函数的模

$$\int_{-1}^{1} \left[P_l^m(x) \right]^2 dx = (N_l^m)^2 = \frac{\left[(l+m)! \right]2}{(l-m)!(2l+1)} \tag{16.4.20}$$

即

$$N_l^m = \sqrt{\frac{(l+m)!2}{(l-m)!(2l+1)}} \tag{16.4.21}$$

16.4.5　连带勒让德函数——广义傅里叶级数

根据施图姆-刘维尔本征值问题的性质,连带勒让德函数 $P_l^m(x)$($l=0,1,2,\cdots$)是完备的,可作为广义傅里叶级数展开的基。我们可以把定义在 x 的区间$[-1,1]$上的函数$f(x)$或定义在 θ 的区间$[0,\pi]$上的函数 $f(\theta)$ 展开为广义傅里叶级数

$$f(x) = \sum_{l=0}^{\infty} C_l P_l^m(x) \tag{16.4.22}$$

其中,傅里叶系数为

$$C_l = \frac{2l+1}{2} \cdot \frac{(l-m)!}{(l+m)!} \int_{-1}^{+1} f(x) \mathrm{P}_l^m(x) \mathrm{d}x \tag{16.4.23}$$

或

$$f(\theta) = \sum_{l=0}^{\infty} C_l \mathrm{P}_l^m(\cos\theta)$$

$$C_l = \frac{2l+1}{2} \cdot \frac{(l-m)!}{(l+m)!} \int_0^{\pi} f(\theta) \mathrm{P}_l^m(\cos\theta) \sin\theta \mathrm{d}\theta \tag{16.4.24}$$

16.4.6　连带勒让德函数的递推公式

我们可以通过勒让德多项式的递推公式和连带勒让德函数的定义,方便地导出连带勒让德函数的 4 个基本的递推公式。

$$(2k+1)x\mathrm{P}_k^m(x) = (k+m)\mathrm{P}_{k-1}^m(x) + (k-m+1)\mathrm{P}_{k+1}^m(x) \quad (k \geqslant 1) \tag{16.4.25}$$

$$(2k+1)(1-x^2)^{\frac{1}{2}}\mathrm{P}_k^m(x) = \mathrm{P}_{k+1}^{m+1}(x) - \mathrm{P}_{k-1}^{m+1}(x) \quad (k \geqslant 1) \tag{16.4.26}$$

$$(2k+1)(1-x^2)^{\frac{1}{2}}\mathrm{P}_k^m(x) = (k+m)(k+m-1)\mathrm{P}_{k-1}^{m-1}(x) -$$
$$(k-m+2)(k-m+1)\mathrm{P}_{k+1}^{m-1}(x) \quad (k \geqslant 1) \tag{16.4.27}$$

$$(2k+1)(1-x^2)\frac{\mathrm{d}\mathrm{P}_k^m(x)}{\mathrm{d}x} = (k+1)(k+m)\mathrm{P}_{k-1}^m(x) - k(k-m+1)\mathrm{P}_{k+1}^m(x) \quad (k \geqslant 1)$$
$$\tag{16.4.28}$$

16.5　球　函　数

16.5.1　球函数的方程及其解

1. 球函数方程

根据分离变量法,在球坐标系中将下列亥姆霍兹方程实施分离变量

$$\Delta u + k^2 u = 0 \tag{16.5.1}$$

其中

$$\Delta = \frac{1}{r^2}\frac{\partial}{\partial r}\left(r^2\frac{\partial}{\partial r}\right) + \frac{1}{r^2\sin\theta}\frac{\partial}{\partial\theta}\left(\sin\theta\frac{\partial}{\partial\theta}\right) + \frac{1}{r^2\sin^2\theta}\frac{\partial^2}{\partial\varphi^2}$$

令 $u(r,\theta,\varphi) = R(r)Y(\theta,\varphi)$,则得到由亥姆霍兹方程实施分离变量 r 所满足的方程

$$\frac{\mathrm{d}}{\mathrm{d}r}\left(r^2\frac{\mathrm{d}R}{\mathrm{d}r}\right) + [k^2 r^2 - l(l+1)]R = 0 \tag{16.5.2}$$

它与拉普拉斯方程分离变量导出的欧拉方程(16.1.1)

$$r^2\frac{\mathrm{d}^2 R}{\mathrm{d}r^2} + 2r\frac{\mathrm{d}R}{\mathrm{d}r} - l(l+1)R = 0 \tag{16.5.3}$$

已经有所区别。关于方程(16.5.3)的解在贝塞尔函数部分讨论。

而角度部分的解 $Y(\theta,\varphi)$ 满足下列方程

$$\frac{1}{\sin\theta}\frac{\partial}{\partial\theta}\left(\sin\theta\frac{\partial Y}{\partial\theta}\right) + \frac{1}{\sin^2\theta}\frac{\partial^2 Y}{\partial\varphi^2} + l(l+1)Y = 0 \tag{16.5.4}$$

上式由亥姆霍兹方程实施分离变量所得的方程(16.5.4)与拉普拉斯方程导出的球函数

方程(16.1.2)具有相同的形式,仍为**球函数**(或**球谐函数**)方程。

球函数方程(16.5.4)再分离变量,令 $Y(\theta,\varphi)=\Phi(\varphi)\Theta(\theta)$,得到两组本征值问题:

① $$\frac{\mathrm{d}^2\Phi}{\mathrm{d}\varphi^2}+m^2\Phi=0,\quad \Phi(\varphi)=\Phi(2\pi+\varphi) \tag{16.5.5}$$

本征值: $m^2(m=0,\pm1,\pm2,\cdots)$。本征函数: $\Phi(\varphi)=A\cos m\varphi+B\sin m\varphi$。

② $$\frac{1}{\sin\theta}\frac{\mathrm{d}}{\mathrm{d}\theta}\left(\sin\frac{\mathrm{d}\Theta}{\mathrm{d}\theta}\right)+\left[l(l+1)-\frac{m^2}{\sin^2\theta}\right]\Theta=0 \quad (\Theta(\theta)<+\infty,\theta\in[0,\pi]) \tag{16.5.6}$$

本征值: $\lambda=l(l+1)(l=0,1,2,\cdots)$。本征函数: $\mathrm{P}_l^m(\cos\theta)$。

在区域 $0\leqslant\theta\leqslant\pi,0\leqslant\varphi\leqslant2\pi$ 中求解 $Y(\theta,\varphi)$,得到与本征值 l 和 m 相应的本征函数 $Y_l^m(\theta,\varphi)$,它实际上应由下列两个本征函数之积组成,即

$$Y_l^m(\theta,\varphi)\propto \mathrm{P}_l^m(\cos\theta)\mathrm{e}^{\mathrm{i}m\varphi} \tag{16.5.7}$$

其中, $\mathrm{e}^{\mathrm{i}m\varphi}$ 是变量 φ 相应于本征值 m 的本征函数, $\mathrm{P}_l^m(\cos\theta)$ 是变量 θ 相应于本征值 l(对于确定的 m)的本征函数。

2. 球函数表达式

(1) 复数形式的球函数表达式

为了使得式(16.5.7)所表示的函数系构成正交归一系,必须添加适当常系数,于是定义

$$Y_l^m(\theta,\varphi)=N_l^m\mathrm{P}_l^m(\cos\theta)\mathrm{e}^{\mathrm{i}m\varphi} \tag{16.5.8}$$

为球谐函数的本征函数(相应于本征值 l,m),并称它为**球函数(球谐函数)表达式**。

式(16.5.8)也是**复数形式的球函数**,其中归一化系数 N_l^m 的值后面会给出。

线性独立的 l 阶球函数共有 $2l+1$ 个,这是因为对应于 $m=0$,有一个球函数 $\mathrm{P}_l(\cos\theta)$;对应于 $m=1,2,\cdots,l$ 则各有两个球函数即 $\mathrm{P}_l^m(\cos\theta)\sin m\varphi$ 和 $\mathrm{P}_l^m(\cos\theta)\cos m\varphi$。

根据欧拉公式 $\cos m\varphi+\mathrm{i}\sin m\varphi=\mathrm{e}^{\mathrm{i}m\varphi}$, $\cos m\varphi-\mathrm{i}\sin m\varphi=\mathrm{e}^{-\mathrm{i}m\varphi}$,可将复数形式的球函数统一表示为

$$Y_l^m(\theta,\varphi)=N_l^m\mathrm{P}_l^{|m|}(\cos\theta)\mathrm{e}^{\mathrm{i}m\varphi}\quad\begin{pmatrix}l=0,1,2,3,\cdots\\m=0,\pm1,\pm2,\cdots,\pm l\end{pmatrix} \tag{16.5.9}$$

在式(16.5.9)中,独立的 l 阶球函数仍然是 $2l+1$ 个。由式(16.4.15)知

$$\mathrm{P}_l^{-m}(x)=(-1)^m\frac{(l-m)!}{(l+m)!}\mathrm{P}_l^m(x)$$

(2) 三角函数形式的球函数表达式

$$Y_l^m(\theta,\varphi)=N_l^m\mathrm{P}_l^m(\cos\theta)\begin{Bmatrix}\sin m\varphi\\\cos m\varphi\end{Bmatrix}\quad\begin{pmatrix}l=0,1,2,3,\cdots\\m=0,1,2,\cdots,l\end{pmatrix} \tag{16.5.10}$$

记号$\{\ \}$中所列举的函数是线性独立的,可任取其一。其中, l 叫做球函数的阶。

16.5.2　球函数的正交关系和模的公式

1. 球函数的正交性

根据 $\mathrm{e}^{\mathrm{i}m\varphi}$ 的正交性质,当 $m\neq n$ 时, $\displaystyle\int_0^{2\pi}\mathrm{e}^{\mathrm{i}m\varphi}\overline{\mathrm{e}^{\mathrm{i}n\varphi}}\mathrm{d}\varphi=0$。

根据 $\mathrm{P}_l^m(\cos\theta)$ 的正交性,当 $l\neq k$ 时, $\displaystyle\int_0^{\pi}\mathrm{P}_l^m(\cos\theta)\mathrm{P}_k^m(\cos\theta)\sin\theta\mathrm{d}\theta=0$。

可以得到 $Y_{lm}(\theta,\varphi)$ 的正交性，即当 $l\neq k$ 或 $m\neq n$ 时，有

$$\int_0^{2\pi}\mathrm{d}\varphi\int_0^{\pi}Y_l^m(\theta,\varphi)\ \overline{Y_k^n(\theta,\varphi)}\sin\theta\mathrm{d}\theta = 0$$

即

$$\int_0^{2\pi}\mathrm{d}\varphi\int_0^{\pi}Y_l^m(\theta,\varphi)\ \overline{Y_k^n(\theta,\varphi)}\sin\theta\mathrm{d}\theta = \delta_{lk}\delta_{mn} \tag{16.5.11}$$

上式中，$\overline{\mathrm{e}^{in\varphi}}$ 和 $\overline{Y_k^n(\theta,\varphi)}$ 分别代表函数 $\mathrm{e}^{in\varphi}$ 和 $Y_l^m(\theta,\varphi)$ 的共轭。

2. 球函数的模

利用连带勒让德多项式的归一化系数表达式(16.4.21)，可以证明球函数的模公式

$$\int_0^{\pi}\int_0^{2\pi}Y_l^m(\theta,\varphi)\ \overline{Y_l^m(\theta,\varphi)}\sin\theta\mathrm{d}\theta\mathrm{d}\varphi = (N_l^m)^2 = \frac{4\pi}{2l+1}\cdot\frac{(l+|m|)!}{(l-|m|)!} \tag{16.5.12}$$

$$N_l^m = \sqrt{\frac{4\pi}{2l+1}\cdot\frac{(l+|m|)!}{(l-|m|)!}} \tag{16.5.13}$$

故归一化的球函数为

$$Y_l^m(\theta,\varphi) = \sqrt{\frac{(2l+1)(l-|m|)!}{4\pi(l+|m|)!}}P_l^{|m|}(\cos\theta)\mathrm{e}^{im\varphi} \tag{16.5.14}$$

前几个球函数为

$$Y_0^0(\theta,\varphi) = \frac{1}{\sqrt{4\pi}},\quad Y_1^0(\theta,\varphi) = \sqrt{\frac{3}{4\pi}}\cos\theta = \sqrt{\frac{3}{4\pi}}\cdot\frac{z}{r}$$

$$Y_1^{\pm 1} = \sqrt{\frac{3}{8\pi}}\sin\theta\mathrm{e}^{\pm i\varphi} = \sqrt{\frac{3}{8\pi}}\frac{x\pm iy}{r}$$

$$Y_2^0 = \sqrt{\frac{5}{16\pi}}(3\cos^2\theta-1) = \sqrt{\frac{5}{16\pi}}\frac{2z^2-x^2-y^2}{r^2}$$

16.5.3　球面上函数的广义傅里叶级数

1. 复数形式的傅里叶级数展开

定义在球面 S 上的函数 $f(\theta,\varphi)$ 可用球函数展开成二重广义傅里叶级数。函数 $f(\theta,\varphi)$ 在球面 S 上的展开式为

$$f(\theta,\varphi) = \sum_{l=0}^{\infty}\sum_{m=-l}^{l}C_l^m Y_l^m(\theta,\varphi) \tag{16.5.15}$$

其中，系数 C_l^m 的计算公式为

$$C_l^m = \int_0^{2\pi}\int_0^{\pi}f(\theta,\varphi)\ \overline{Y_l^m(\theta,\varphi)}\sin\theta\mathrm{d}\theta\mathrm{d}\varphi$$

$$= \frac{2l+1}{4\pi}\cdot\frac{(l-|m|)!}{(l+|m|)!}\int_0^{\pi}\int_0^{2\pi}f(\theta,\varphi)P_l^{|m|}(\cos\theta)\overline{\mathrm{e}^{im\varphi}}\sin\theta\mathrm{d}\theta\mathrm{d}\varphi \tag{16.5.16}$$

2. 三角形式的傅里叶级数展开

定义在球面 S 上的函数 $f(\theta,\varphi)$ 也可用球函数的三角函数形式为基展开成二重广义傅里叶级数。首先，把 $f(\theta,\varphi)$ 对 φ 展开为傅里叶级数

$$f(\theta,\varphi) = \sum_{m=0}^{\infty}\left[A_m(\theta)\cos m\varphi + B_m(\theta)\sin m\varphi\right] \tag{16.5.17}$$

这里 θ 作为参数出现于傅里叶系数 A_m 和 B_m 之中

$$
\begin{cases}
A_m(\theta) = \dfrac{1}{\pi\delta_m}\displaystyle\int_0^{2\pi} f(\theta,\varphi)\cos m\varphi\,\mathrm{d}\varphi \\
B_m(\theta) = \dfrac{1}{\pi}\displaystyle\int_0^{2\pi} f(\theta,\varphi)\sin m\varphi\,\mathrm{d}\varphi
\end{cases}
\tag{16.5.18}
$$

又以 $P_l^m(\cos\theta)$ 为基,在区间 $[0,\pi]$ 上把 $A_m(\theta)$ 和 $B_m(\theta)$ 展开,得到

$$
\begin{cases}
A_m(\theta) = \displaystyle\sum_{l=m}^{\infty} A_l^m P_l^m(\cos\theta) \\
B_m(\theta) = \displaystyle\sum_{l=m}^{\infty} B_l^m P_l^m(\cos\theta)
\end{cases}
\tag{16.5.19}
$$

其中,l 从 m 开始,是因为如 $l<m$,则 $P_l^m(\cos\theta)=0$。

系数 A_l^m,B_l^m 由下式给出

$$
\begin{cases}
\begin{aligned}
A_l^m &= \frac{2l+1}{2}\cdot\frac{(l-m)!}{(l+m)!}\int_0^\pi A_m(\theta)P_l^m(\cos\theta)\sin\theta\,\mathrm{d}\theta \\
&= \frac{2l+1}{2\pi\delta_m}\cdot\frac{(l-m)!}{(l+m)!}\int_0^\pi \mathrm{d}\theta\int_0^{2\pi} f(\theta,\varphi)P_l^m(\cos\theta)\cos m\varphi\sin\theta\,\mathrm{d}\varphi \\
B_l^m &= \frac{2l+1}{2}\cdot\frac{(l-m)!}{(l+m)!}\int_0^\pi B_m(\theta)P_l^m(\cos\theta)\sin\theta\,\mathrm{d}\theta \\
&= \frac{2l+1}{2\pi}\cdot\frac{(l-m)!}{(l+m)!}\int_0^\pi \mathrm{d}\theta\int_0^{2\pi} f(\theta,\varphi)P_l^m(\cos\theta)\sin m\varphi\sin\theta\,\mathrm{d}\varphi
\end{aligned}
\end{cases}
\tag{16.5.20}
$$

其中
$$
\delta_m = \begin{cases} 2, & m=0 \\ 1, & m\neq 0 \end{cases}
$$

把式 $(16.5.19)$ 代入式 $(16.5.17)$,即得到 $f(\theta,\varphi)$ 在球面 S 上的展开式

$$
f(\theta,\varphi) = \sum_{m=0}^{\infty}\sum_{l=m}^{\infty}\left[A_l^m\cos m\varphi + B_l^m\sin m\varphi\right]P_l^m(\cos\theta)
\tag{16.5.21}
$$

式中两个累加号的次序也可交换,那就应当写成 $\displaystyle\sum_{l=0}^{\infty}\sum_{m=0}^{l}$,即

$$
f(\theta,\varphi) = \sum_{l=0}^{\infty}\sum_{m=0}^{l}\left[A_l^m\cos m\varphi + B_l^m\sin m\varphi\right]P_l^m(\cos\theta)
$$

16.5.4　拉普拉斯方程的非轴对称定解问题

例 16.5.1　在半径为 R 球内 $(r<R)$ 求解定解问题

$$
\begin{cases}
\Delta u = 0 \\
u\big|_{r=R} = f(\theta,\varphi)
\end{cases}
$$

【解】　在球坐标系下,定解问题即为

$$
\begin{cases}
\dfrac{\partial^2 u}{\partial r^2} + \dfrac{2}{r}\dfrac{\partial u}{\partial r} + \dfrac{1}{r^2}\left(\dfrac{\partial^2 u}{\partial\theta^2} + \dfrac{\cos\theta}{\sin\theta}\dfrac{\partial u}{\partial\theta}\right) + \dfrac{1}{r^2\sin^2\theta}\dfrac{\partial^2 u}{\partial\varphi^2} = 0 & (16.5.22)\\
u\big|_{r=R} = f(\theta,\varphi) & (16.5.23)
\end{cases}
$$

令 $u(r,\theta,\varphi)=R(r)\Phi(\varphi)\Theta(\theta)$,代入方程 $(16.5.22)$,通过分离变量得到拉普拉斯方程 $(16.5.22)$ 的一系列特解

$$
\begin{aligned}
u_n^m(r,\theta,\varphi) &= R_n\Phi_m\Theta_n^m = R_n Y_n^m(\theta,\varphi) \\
&= r^n(a_n^m\cos m\varphi + b_n^m\sin m\varphi)P_n^m(\cos\theta)
\end{aligned}
\tag{16.5.24}
$$

其中, a_n^m 和 b_n^m 都是任意常数 $(n = 0, 1, 2, \cdots; m \leq n)$。

其通解为

$$u(r, \theta, \varphi) = \sum_{n=0}^{\infty} r^n Y_l^m(\theta, \varphi) = \sum_{n=0}^{\infty} r^n \sum_{m=0}^{n} (a_n^m \cos m\varphi + b_n^m \sin m\varphi) P_n^m(\cos\theta) \qquad (16.5.25)$$

再代入定解条件 $u(r, \theta, \varphi)|_{r=R} = f(\theta, \varphi)$，得

$$f(\theta, \varphi) = \sum_{n=0}^{\infty} R^n \left[\sum_{m=0}^{\infty} (a_n^m \cos m\varphi + b_n^m \sin m\varphi) P_n^m(\cos\theta) \right] \qquad (16.5.26)$$

利用三角函数和连带勒让德多项式的正交性和归一性,可算出式(16.5.25)中的待定系数

$$a_n^m = \frac{(2n+1)(n-m)!}{2\pi\delta_m R^n(n+m)!} \int_0^{\pi} d\theta \int_0^{2\pi} f(\theta, \varphi) P_n^m(\cos\theta) \cos m\varphi \sin\theta d\varphi$$

$$b_n^m = \frac{(2n+1)(n-m)!}{2\pi R^n(n+m)!} \int_0^{\pi} d\theta \int_0^{2\pi} f(\theta, \varphi) P_n^m(\cos\theta) \sin m\varphi \sin\theta d\varphi$$

其中, $n = 0, 1, 2, \cdots; m = 1, 2, 3 \cdots, n$。

16.6　典型综合实例

例 16.6.1　利用勒让德多项式的递推公式,证明勒让德多项式模平方公式

$$N_n^2 = \int_{-1}^{1} [P_n(x)]^2 dx = \frac{2}{2n+1} \qquad (n = 0, 1, 2, \cdots)$$

【证明】　用数学归纳法证明。

(1) 若 $n = 1$，因为 $\int_{-1}^{1} [P_1(x)]^2 dx = \int_{-1}^{1} x^2 dx = \frac{2}{3} = \frac{2}{2 \times 1 + 1}$，故 $n = 1$ 时,模的公式成立。
(注:对于 $n = 0$,显然模的公式成立)

(2) 设 $n = m$ 时成立,则由勒让德多项式递推公式:

$$(2n+1)xP_n(x) - nP_{n-1}(x) = (n+1)P_{n+1}(x)$$

得

$$(m+1) \int_{-1}^{1} [P_{m+1}(x)]^2 dx = (2m+1) \int_{-1}^{1} xP_m(x)P_{m+1}(x) dx - m \int_{-1}^{1} P_{m-1}(x)P_{m+1}(x) dx$$

$$= (2m+1) \int_{-1}^{1} xP_m(x)P_{m+1}(x) dx$$

再在勒让德多项式的递推公式中,令 $n = m+1$,得:

$$xP_{m+1}(x) = \frac{m+2}{2m+3}P_{m+2}(x) + \frac{m+1}{2m+3}P_m(x)$$

从而

$$(m+1) \int_{-1}^{1} [P_{m+1}(x)]^2 dx = \frac{(2m+1)(m+2)}{2m+3} \int_{-1}^{1} P_m(x)P_{m+2}(x) dx +$$

$$\frac{(2m+1)(m+1)}{2m+3} \int_{-1}^{1} [P_m(x)]^2 dx$$

$$= \frac{(2m+1)(m+1)}{2m+3} \cdot \frac{2}{2m+1}$$

故

$$\int_{-1}^{1} [P_{m+1}(x)]^2 dx = \frac{2}{2(m+1)+1}$$

即当 $n = m+1$ 时也成立。故模的公式成立。

例 16.6.2　将 $f(x) = |x|$ 在区间 $[-1, 1]$ 内展成勒让德多项式的级数。

【解】　因 $f(x) = |x|$ 在 $[-1, 1]$ 内是偶函数,而 $P_{2n+1}(x)$ 是 x 的奇函数,故 $C_{2n+1} = 0$

（$n = 0, 1, 2, \cdots$）。下面来计算 $C_{2n}(n = 0, 1, 2, \cdots)$：

$$C_0 = \frac{1}{2} \int_{-1}^{1} f(x) \, dx = \frac{1}{2} \left[\int_{-1}^{0} (-x) \, dx + \int_{0}^{1} x \, dx \right] = \frac{1}{2}$$

$$\begin{aligned}
C_{2n} &= \frac{4n+1}{2} \int_{-1}^{1} f(x) P_{2n}(x) \, dx \\
&= \frac{4n+1}{2} \int_{-1}^{0} -x P_{2n}(x) \, dx + \frac{4n+1}{2} \int_{0}^{1} x P_{2n}(x) \, dx \\
&= \frac{4n+1}{2} \int_{-1}^{0} \left[-x \, \frac{1}{2^{2n}(2n)!} \, \frac{d^{2n}}{dx^{2n}} (x^2 - 1)^{2n} \right] dx + \\
&\qquad \frac{4n+1}{2} \int_{0}^{1} \left[x \, \frac{1}{2^{2n}(2n)!} \, \frac{d^{2n}}{dx^{2n}} (x^2 - 1)^{2n} \right] dx \\
&= \frac{4n+1}{2^{2n+1}(2n)!} \left[-x \, \frac{d^{2n-1}}{dx^{2n-1}} (x^2 - 1)^{2n} \Big|_{-1}^{0} + \int_{-1}^{0} \frac{d^{2n-1}}{dx^{2n-1}} (x^2 - 1)^{2n} \, dx \right] + \\
&\qquad \frac{4n+1}{2^{2n+1}(2n)!} \left[x \, \frac{d^{2n-1}}{dx^{2n-1}} (x^2 - 1)^{2n} \Big|_{0}^{1} - \int_{0}^{1} \frac{d^{2n-1}}{dx^{2n-1}} (x^2 - 1)^{2n} \, dx \right] \\
&= \frac{4n+1}{2^{2n+1}(2n)!} \left[\frac{d^{2n-2}}{dx^{2n-2}} (x^2 - 1)^{2n} \Big|_{-1}^{0} - \frac{d^{2n-2}}{dx^{2n-2}} (x^2 - 1)^{2n} \Big|_{0}^{1} \right] \\
&= \frac{4n+1}{2^{2n}(2n)!} \, \frac{d^{2n-2}}{dx^{2n-2}} (x^2 - 1)^{2n} \Big|_{x=0} \\
&= \frac{4n+1}{2^{2n}(2n)!} \, \frac{d^{2n-2}}{dx^{2n-2}} \left[\sum_{k=0}^{2n} C_{2n}^{k} x^{2k} (-1)^{2n-k} \right] \Big|_{x=0} \\
&= (-1)^{n+1} \frac{4n+1}{2^{2n}(2n)!} C_{2n}^{n-1} (2n-2)! \\
&= (-1)^{n+1} \frac{(4n+1)(2n-2)!}{2^{2n}(n-1)!(n+1)!}
\end{aligned}$$

从而

$$|x| = \frac{1}{2} P_0(x) + \sum_{n=1}^{\infty} \frac{(-1)^{n+1}(4n+1)(2n-2)!}{2^{2n}(n-1)!(n+1)!} P_{2n}(x) \quad (-1 \leqslant x \leqslant 1)$$

例 16.6.3　求球形域内、外的电势分布。在半径为 1 的球内和球外分别求调和函数 u，使它在球面上满足 $u|_{r=1} = \cos^2\theta$。

【解】　由于方程的自由项及定解条件中的已知函数均与变量 φ 无关，故可推知所求的调和函数只与变量 r 和 θ 有关，而与变量 φ 无关。因此，所提的问题可归结为下列定解问题：

$$\begin{cases} \dfrac{1}{r^2} \dfrac{\partial}{\partial r} \left(r^2 \dfrac{\partial u}{\partial r} \right) + \dfrac{1}{r^2 \sin\theta} \dfrac{\partial}{\partial \theta} \left(\sin\theta \dfrac{\partial u}{\partial \theta} \right) = 0 \quad (0 < r < 1 \text{ 或 } r > 1) \\ u|_{r=1} = \cos^2\theta \end{cases} \tag{16.6.1}$$

（1）首先求球形域内的电势分布（简称为内问题）。用分离变量法来解，令 $u(r, \theta) = R(r)\Theta(\theta)$，代入原方程，得

$$(r^2 R'' + 2r R') \Theta + (\Theta'' + \cot\theta \Theta') R = 0 \tag{16.6.2}$$

或

$$\frac{r^2 R'' + 2r R'}{R} = -\frac{\Theta'' + \cot\theta \Theta'}{\Theta} = \lambda \tag{16.6.3}$$

从而得到

$$r^2 R'' + 2r R' - \lambda R = 0 \tag{16.6.4}$$

$$\Theta''(\theta) + \frac{\cos\theta}{\sin\theta} \Theta'(\theta) + \lambda \Theta(\theta) = 0 \tag{16.6.5}$$

将常数 λ 写成 $\lambda = n(n+1)$，则方程(16.6.5)是勒让德方程。由定解问题的物理意义，函数 $u(r,\theta)$ 应是有界的，从而 $\Theta(\theta)$ 也应有界。我们已经指出，只有当 n 为整数时，勒让德方程(16.6.5)在区间 $0 \leqslant \theta \leqslant \pi$ 内才有有界解 $\Theta_n(\theta) = P_n(\cos\theta)$。

方程(16.6.4)的通解为 $R_n = C_1 r^n + C_2 r^{-(n+1)}$，要使 u 有界，必须 R_n 也有界，故 $C_2 = 0$，即 $R_n = C_n r^n$。

用叠加原理得到原问题的解为

$$u(r,\theta) = \sum_{n=0}^{\infty} C_n r^n P_n(\cos\theta) \qquad (16.6.6)$$

由式(16.6.3)中的边界条件，得

$$\cos^2\theta = \sum_{n=0}^{\infty} C_n P_n(\cos\theta) \qquad (16.6.7)$$

若在式(16.6.7)中以 x 代替 $\cos\theta$，则

$$x^2 = \sum_{n=0}^{\infty} C_n P_n(x)$$

由于 $x^2 = \dfrac{1}{3}P_0(x) + \dfrac{2}{3}P_2(x)$，比较这两式的右端，得

$$C_0 = \frac{1}{3},\ C_2 = \frac{2}{3},\ C_n = 0 \quad (n \neq 0,2)$$

因此所求内问题的解为

$$u(r,\theta) = \frac{1}{3} + \frac{2}{3}P_2(\cos\theta)r^2 = \frac{1}{3} + \left(\cos^2\theta - \frac{1}{3}\right)r^2$$

事实上，式(16.6.7)中的系数当然也可以用公式 $C_n = \dfrac{2n+1}{2}\displaystyle\int_{-1}^{1} f(x)P_n(x)\mathrm{d}x$ 来计算。

（2）求球形域外的电势分布（外问题）。与内问题的不同之处在于：式(16.6.3)分离变量所得的两个常微分方程(16.6.4)和方程(16.6.5)中，方程(16.6.4)的通解取 $R = C_2 r^{-n-1}$（因 $R\big|_{r\to+\infty} = 0$）。

用叠加原理得到的球外问题的解为

$$u(r,\theta) = \sum_{n=0}^{\infty} C_n r^{-n-1} P_n(\cos\theta) \qquad (16.6.8)$$

由式(16.6.3)中的边界条件得，外问题的解为

$$u(r,\theta) = \frac{1}{3r} + \frac{2}{3r^3}P_2(\cos\theta) = \frac{1}{3r} + \left(\cos^2\theta - \frac{1}{3}\right)\frac{1}{r^3}$$

总之，对于一般定解问题

$$\begin{cases} \dfrac{1}{r^2}\dfrac{\partial}{\partial r}\left(r^2\dfrac{\partial u}{\partial r}\right) + \dfrac{1}{r^2\sin\theta}\dfrac{\partial}{\partial\theta}\left(\sin\theta\dfrac{\partial u}{\partial\theta}\right) = 0 \quad (r < a\ \text{或}\ r > a) \\ u\big|_{r=a} = f(\theta) \end{cases}$$

对方程分离变量，令 $u = R(r)\Theta(\theta)$，得

欧拉方程 $\qquad\qquad r^2 R'' + 2rR' - n(n+1)R = 0$

和勒让德方程 $\qquad \Theta'' + \dfrac{\cos\theta}{\sin\theta}\Theta' + n(n+1)\Theta = 0$

当求球内问题时 $\qquad R = Cr^n \quad (R\big|_{r=0} < +\infty)$

当求球外问题时 $\qquad R = Cr^{-n-1} \quad (R\big|_{r\to+\infty} < +\infty)$

故有 $\qquad\qquad\qquad u = \displaystyle\sum_{n=0}^{\infty} C_n r^n P_n(\cos\theta) \quad (r < a)$

$$u = \sum_{n=0}^{\infty} C_n r^{-n-1} P_n(\cos\theta) \quad (r > a)$$

代入边界条件后,得到球内定解问题为

$$u(r,\theta,\varphi) = \sum_{n=0}^{\infty} \frac{2n+1}{2} \int_0^\pi \left(\frac{r}{a}\right)^n f(\theta) P_n(\cos\theta) P_n(\cos\theta) \sin\theta d\theta \quad (r < a)$$

球外定解问题为

$$u(r,\theta,\varphi) = \sum_{n=0}^{\infty} \frac{2n+1}{2} \int_0^\pi \left(\frac{a}{r}\right)^{n+1} f(\theta) P_n(\cos\theta) P_n(\cos\theta) \sin\theta d\theta \quad (r > a)$$

例 16.6.4 在均匀外电场 E_0 中置入半径为 r_0 的导体球,取球心为坐标原点,导体球上接有电池,使球与地保持电势差为 u_0。求球内、外的电势,设导体球置入前坐标原点的电势为零。

【解】 选坐标原点在球心、极轴沿 E_0 方向的球坐标系。

设球内电势为 u_1,球外电势为 u_2,因除球面上有自由电荷分布外,球内、外均无自由电荷分布,故 u_1 与 u_2 满足拉普拉斯方程。

定解问题为

$$\begin{cases} \nabla^2 u_1 = 0 & (r < r_0) & (16.6.9) \\ \nabla^2 u_2 = 0 & (r > r_0) & (16.6.10) \\ \lim_{r \to +\infty} u_2 = -E_0 r \cos\theta & & (16.6.11) \\ u_2|_{r=r_0} = u_1|_{r=r_0} = u_0 & & (16.6.12) \end{cases}$$

根据导体为等势体得 $u_1 = u_0$。考虑到轴对称性,则球外电势为

$$u_2 = \sum_l (A_l r^l + B_l r^{-l-1}) P_l(\cos\theta) \tag{16.6.13}$$

下面来确定待定系数。将式(16.6.13)代入式(16.6.11),得

$$\sum_l A_l r^l P_l(\cos\theta) = -E_0 r \cos\theta$$

由 $P_1(\cos\theta) = \cos\theta$ 及 $\{P_l(\cos\theta)\}$ 的正交性,得

$$A_1 = -E_0, \quad A_l = 0 \quad (l \neq 1)$$

$$u_2 = -E_0 r \cos\theta + \sum_{l=0}^{\infty} B_l r^{-(l+1)} P_l(\cos\theta) \tag{16.6.14}$$

将式(16.6.11)代入式(16.6.12)得

$$-E_0 r_0 \cos\theta + \sum_{l=0}^{\infty} B_l r_0^{-(l+1)} P_l(\cos\theta) = u_0$$

由 $\{P_l(\cos\theta)\}$ 的正交性,得

$$B_0 = u_0 r_0, \quad B_1 = E_0 r_0^3, \quad B_l = 0 \quad (l \neq 0, 1)$$

将以上结果代入式(16.6.14),即有

$$u_1 = u_0, \quad u_2 = -E_0 r \cos\theta + \frac{u_0 r_0}{r} + \frac{E_0 r_0^3 \cos\theta}{r^2}$$

小　结

1. 勒让德方程及其解的表示

(1) 典型偏微分方程

球谐函数方程: $\dfrac{1}{\sin\theta} \cdot \dfrac{\partial}{\partial\theta}\left(\sin\theta \cdot \dfrac{\partial Y}{\partial\theta}\right) + \dfrac{1}{\sin^2\theta} \cdot \dfrac{\partial^2 Y}{\partial\varphi^2} + l(l+1)Y = 0$

l 阶连带勒让德方程：$\dfrac{1}{\sin\theta} \cdot \dfrac{\mathrm{d}}{\mathrm{d}\theta}\left(\sin\theta \cdot \dfrac{\mathrm{d}\Theta}{\mathrm{d}\theta}\right) + \left[l(l+1) - \dfrac{m^2}{\sin^2\theta}\right]\Theta = 0$

l 阶勒让德方程：$\dfrac{1}{\sin\theta} \cdot \dfrac{\mathrm{d}}{\mathrm{d}\theta}\left(\sin\theta \cdot \dfrac{\mathrm{d}\Theta}{\mathrm{d}\theta}\right) + l(l+1)\Theta = 0$

（2）勒让德多项式的级数表示

$$P_l(x) = \sum_{k=0}^{\left[\frac{l}{2}\right]} (-1)^k \frac{(2l-2k)!}{2^l k!(l-k)!(l-2k)!} x^{l-2k}$$

特殊值：$P_{2n+1}(0) = 0$，$P_{2n}(0) = (-1)^n \dfrac{(2n)!}{2^{2n}n!n!} = (-1)^n \dfrac{(2n-1)!!}{(2n)!!}$。

（3）勒让德多项式的微分表示 $\quad P_l(x) = \dfrac{1}{2^l l!} \dfrac{\mathrm{d}^l}{\mathrm{d}x^l}(x^2-1)^l$。

（4）勒让德多项式的积分表示 $P_l(x) = \dfrac{1}{2\pi\mathrm{i}} \dfrac{1}{2^l} \oint_c \dfrac{(\xi^2-1)^l}{(\xi-x)^{l+1}}\mathrm{d}x$，它还可以进一步表示为下述拉普拉斯积分

$$P_l(x) = \frac{1}{\pi}\int_0^\pi (x + \mathrm{i}\sqrt{1-x^2}\cos\varphi)^l \mathrm{d}\varphi$$

2. 勒让德多项式的性质

（1）勒让德多项式的零点。

（2）奇偶性：$\qquad\qquad\qquad P_l(-x) = (-1)^l P_l(x)$

（3）勒让德多项式的正交性及其模平方

$$\int_{-1}^1 P_n(x)P_l(x)\mathrm{d}x = N_l^2\delta_{nl} = N_l^2 = \frac{2}{2l+1}\delta_{nl}$$

（4）广义傅里叶级数。

在区间 $[-1,1]$ 上的任一连续函数 $f(x)$，可展开为勒让德多项式的级数形式

$$f(x) = \sum_{n=0}^{+\infty} C_n P_n(x)$$

其中，系数为 $\qquad\qquad C_n = \dfrac{2n+1}{2}\int_{-1}^1 f(x)P_n(x)\mathrm{d}x$

（5）应用：对于具有球对称的球内拉普拉斯方程的定解问题，在满足自然边界条件下（即 $r \to 0$ 有界），得到球内定解问题的通解为 $u(r,\theta) = \sum\limits_{n=0}^\infty C_n r^n P_n(\cos\theta)$。

对于具有球对称的球外拉普拉斯方程的定解问题，在满足自然边界条件下（即 $r \to \infty$ 有界），球外定解问题的通解为 $u(r,\theta) = \sum\limits_{n=0}^\infty D_n r^{-(n+1)} P_n(\cos\theta)$。

3. 勒让德多项式的生成函数（母函数）与递推公式

（1）勒让德多项式的生成函数（母函数）

$$\frac{1}{\sqrt{1-2r\cos\theta+r^2}} \qquad 或 \qquad \frac{1}{\sqrt{1-2rx+r^2}}$$

(2) 勒让德多项式的递推公式

$$(k+1)P_{k+1}(x) = (2k+1)xP_k(x) - kP_{k-1}(x) \quad (k \geqslant 1)$$

$$P_k(x) = P'_{k+1}(x) - 2xP'_k(x) + P'_{k-1}(x) \quad (k \geqslant 1)$$

4. 连带勒让德函数

(1) 连带勒让德函数　　　　$P_l^m(x) = (1-x^2)^{\frac{m}{2}}P_l^{(m)}(x)$

(2) 连带勒让德函数的微分表示　　$P_l^m(x) = \dfrac{(1-x^2)^{\frac{m}{2}}}{2^l l!}\dfrac{\mathrm{d}^{l+m}}{\mathrm{d}x^{l+m}}(x^2-1)^l$

(3) 连带勒让德函数的积分表示

$$P_l^m(x) = \frac{(1-x^2)^{\frac{m}{2}}}{2^l}\frac{1}{2\pi\mathrm{i}}\frac{(l+m)!}{l!}\oint_C \frac{(z^2-1)^l}{(z-x)^{l+m+1}}\mathrm{d}z$$

(4) 连带勒让德函数的正交关系与模的公式：

正交性：　　　　　　　　$\displaystyle\int_{-1}^1 P_k^m(x)P_l^m(x)\mathrm{d}x = 0 \quad (k \neq l)$

模：　　　　　　$N_l^m = \sqrt{\dfrac{(l+m)!\ 2}{(1-m)!\ (2l+1)}} = \sqrt{\displaystyle\int_{-1}^1 \left[P_l^m(x)\right]^2\mathrm{d}x}$

(5) 连带勒让德函数——广义傅里叶级数。定义在 x 的区间 $[-1,1]$ 上的函数 $f(x)$ 或定义在 θ 的区间 $[0,\pi]$ 上的函数 $f(\theta)$ 展开为广义傅里叶级数 $f(x) = \displaystyle\sum_{l=0}^\infty C_l P_l^m(x)$，其中傅里叶系数为

$$C_l = \frac{2l+1}{2}\cdot\frac{(l-m)!}{(l+m)!}\int_{-1}^{+1} f(x)P_l^m(x)\mathrm{d}x$$

(6) 连带勒让德函数的递推公式

$$(2k+1)xP_k^m(x) = (k+m)P_{k-1}^m(x) + (k-m+1)P_{k+1}^m(x) \quad (k \geqslant 1)$$

$$(2k+1)(1-x^2)^{1/2}P_k^m(x) = P_{k+1}^{m+1}(x) - P_{k-1}^{m+1}(x) \quad (k \geqslant 1)$$

5. 球函数

(1) 球函数表达式

① 复数形式的球函数表达式

$$Y_l^m(\theta,\varphi) = N_l^m P_l^m(\cos\theta)\mathrm{e}^{\mathrm{i}m\varphi} = \sqrt{\frac{4\pi}{2l+1}\cdot\frac{(l+|m|)!}{(l-|m|)!}}P_l^m(\cos\theta)\mathrm{e}^{\mathrm{i}m\varphi}$$

② 三角函数形式的球函数表达式

$$Y_l^m(\theta,\varphi) = N_l^m P_l^m(\cos\theta)\begin{Bmatrix}\sin m\varphi\\\cos m\varphi\end{Bmatrix}$$

其中，$l = 0,1,2,3,\cdots;m=0,1,2,\cdots,l$。

(2) 球函数的正交关系与模

球函数的正交性：　　$\displaystyle\int_0^{2\pi}\mathrm{d}\varphi\int_0^\pi Y_l^m(\theta,\varphi)\overline{Y_k^n(\theta,\varphi)}\sin\theta\mathrm{d}\theta = \delta_{lk}\delta_{mn}$

球函数的模：　　$N_l^m = \sqrt{\dfrac{4\pi}{2l+1}\cdot\dfrac{(l+|m|)!}{(l-|m|)!}}$

(3) 球面上函数的广义傅里叶级数。

习　题　16

16.1　试证明 $\int_{-1}^{1} P_n(x)dx = 0$，其中 $n = 1,2,3,\cdots$。

16.2　计算 $I = \int_{-1}^{1} x^2 P_n(x)dx$。

16.3　求积分 $I = \int_{0}^{1} P_l(x)dx$，其中 $l = 0,1,2,3,\cdots$。

16.4　求积分 $I = \int_{0}^{1} x P_l(x)dx$，其中 $l = 0,1,2,3,\cdots$。

16.5　证明：$x^3 = \dfrac{3}{5}P_1(x) + \dfrac{2}{5}P_3(x)$。

16.6　证明：$(m + n + 1)\int_{0}^{1} x^m P_n(x)dx = m\int_{0}^{1} x^{m-1} P_{n-1}(x)dx$。

16.7　证明：$\int_{-1}^{1}(1 - x^2)\left[P_n'(x)\right]^2 dx = \dfrac{2n(n + 1)}{2n + 1}$　$(n = 0,1,2,\cdots)$。

16.8　计算积分。

$(1)\ I = \int_{-1}^{1} x P_n(x)dx$　　　　$(2)\ I = \int_{-1}^{1}(2 + 3x)P_n(x)dx$

16.9　试求球内的调和函数 u，使得它满足边界条件 $u|_{r=1} = \cos^2\theta$。

16.10　求解下列定解问题

$$\begin{cases} \dfrac{1}{r^2}\dfrac{\partial}{\partial r}\left(r^2 \dfrac{\partial u}{\partial r}\right) + \dfrac{1}{r^2\sin\theta}\dfrac{\partial}{\partial \theta}\left(\sin\theta \dfrac{\partial u}{\partial \theta}\right) = 0 \quad (0 < r < 1) \\ u|_{r=1} = \cos^2\theta + 2\cos\theta \end{cases}$$

16.11　设 $f(x) = \begin{cases} 0, -1 \leqslant x \leqslant a \\ 1, a < x \leqslant 1 \end{cases}$，试将函数 $f(x)$ 展开为广义傅里叶–勒让德级数。

16.12　在半径为 1 的球外部求调和函数，即求解下列定解问题

$$\begin{cases} \Delta u = 0 \\ u|_{r=1} = \cos^2\theta \\ \lim_{r \to \infty} u = 0 \end{cases}$$

计算机仿真编程实践

16.13　用计算机仿真方法绘出勒让德多项式 $P_1(x),P_2(x),P_3(x),P_4(x),P_5(x)$ 的曲线分布。

16.14　用计算机仿真方法绘出如下函数

$P_1^0(x);P_2^0(x),P_2^1(x),P_2^2(x);P_3^0(x),P_3^1(x),P_3^2(x),P_3^3(x)$ 的曲线分布。

（提示：若使用 MATLAB 绘图，利用语句 legendre(N,x)，但需注意连带勒让德函数调用格式与勒让德多项式有所区别。）

第 17 章 贝塞尔函数

贝塞尔函数(也称为圆柱函数)是现代科学技术领域中经常遇到的一类特殊函数。1732年伯努利研究直悬链的摆动问题,以及1764年欧拉研究拉紧圆膜的振动问题时,都涉及这类函数。1824年,德国数学家贝塞尔(F. W. Bessel,1784~1846)在研究天文学问题时又遇到了这类函数,并首次系统地研究了这类函数。因此人们称这类函数为贝塞尔函数,贝塞尔函数被广泛应用到数学、物理、光通信和其他科学技术领域之中。

本书在讲述分离变量法时,介绍了拉普拉斯方程在柱坐标系下分离变量,得到了一种特殊类型的常微分方程:贝塞尔方程。通过幂级数解法得到了其解,称为贝塞尔函数。贝塞尔函数具有一系列性质,在求解数学物理问题时主要是引用贝塞尔函数的正交完备性。

17.1 贝塞尔方程及其解

17.1.1 贝塞尔方程

拉普拉斯方程在柱坐标系下的分离变量得出了一般的贝塞尔方程。由于贝塞尔方程的普遍性,我们还能从其他典型的数学物理定解问题来导出贝塞尔方程的一般形式。

考虑固定边界的圆膜振动,可以归结为下述定解问题:

$$\begin{cases} u_{tt}=a^2(u_{xx}+u_{yy}) & (0\leqslant x^2+y^2<l^2,t>0) \\ u\mid_{x^2+y^2=l^2}=0 & (t\geqslant0) \\ u(x,y,t)\mid_{t=0}=\varphi(x,y) \\ u_t(x,y,t)\mid_{t=0}=\Psi(x,y) \end{cases} \tag{17.1.1}$$

其中,l 为已知正数,$\varphi(x,y)$ 和 $\Psi(x,y)$ 为已知函数。这个定解问题因宜于使用柱坐标,从而构成柱面问题(由于是二维问题,即退化为极坐标)。

设 $u(x,y,t)=u(\rho,\varphi,t)=T(t)U(\rho,\varphi)$,对泛定方程分离变量(取 $\lambda=k^2$)得

$$T''+k^2a^2T=0 \tag{17.1.2}$$

$$\begin{cases} U''_\rho+\dfrac{1}{\rho}U'_\rho+\dfrac{1}{\rho^2}U''_\varphi+k^2U=0 \\ U\mid_{\rho=l}=0 \end{cases} \tag{17.1.3}$$

再令 $U(\rho,\varphi)=R(\rho)\Phi(\varphi)$,得到

$$\Phi''+\nu^2\Phi=0 \tag{17.1.4}$$

$$\rho^2R''+\rho R'+(k^2\rho^2-\nu^2)R=0 \tag{17.1.5}$$

令 $k\rho=x,R(\rho)=y(x)$,于是

$$x^2\frac{d^2y}{dx^2}+x\frac{dy}{dx}+(x^2-\nu^2)y=0 \tag{17.1.6}$$

边界条件为 $y(k\rho)\mid_{\rho=l}=y(kl)=0$。

方程(17.1.6)称为 ν **阶贝塞尔微分方程**(这里 ν 和 x 可以为任意数)。

17.1.2　贝塞尔方程的解

通过数学物理方程的幂级数求解方法可以得出结论：

(1) 当 $\nu \neq$ 整数时，贝塞尔方程(17.1.6)的通解为

$$y(x) = AJ_\nu(x) + BJ_{-\nu}(x) \tag{17.1.7}$$

其中，A 和 B 为任意常数，$J_\nu(x)$ 定义为 ν 阶**第一类贝塞尔函数**(简称为**贝塞尔函数**)。但是当 $\nu = n$(整数)时，有 $J_{-n}(x) = (-1)^n J_n(x)$，故上述解中的 $J_n(x)$ 与 $J_{-n}(x)$ 是线性相关的，所以式 (17.1.7) 成为通解必须是 $\nu \neq$ 整数。

(2) 当 ν 取任意值时，定义为**第二类贝塞尔函数** $N_\nu(x)$，这样贝塞尔方程的通解可表示为

$$y(x) = AJ_\nu(x) + BN_\nu(x) \tag{17.1.8}$$

第二类贝塞尔函数也可写成 $Y_\nu(x)$，本书之所以选取 $N_\nu(x)$，是因为它又称为**诺依曼函数**，取其第一个大写字母。下面我们会看到，不管 ν 是否为整数，上式均成立。

(3) 当 ν 取任意值时，由第一、二类贝塞尔函数还可以构成线性独立的**第三类贝塞尔函数** $H_\nu(x)$，又称为**汉克尔函数**

$$\begin{cases} H_\nu^{(1)}(x) = J_\nu(x) + iN_\nu(x) \\ H_\nu^{(2)}(x) = J_\nu(x) - iN_\nu(x) \end{cases} \tag{17.1.9}$$

并分别将 $H_\nu^{(1)}$ 和 $H_\nu^{(2)}$ 称为第一种和第二种汉克尔函数。于是贝塞尔方程的通解又可以表示为

$$y(x) = AH_\nu^{(1)}(x) + BH_\nu^{(2)}(x) \tag{17.1.10}$$

ν 阶贝塞尔方程的通解通常有下列 3 种形式：

① $y(x) = AJ_\nu(x) + BJ_{-\nu}(x)$　　($\nu \neq$ 整数)

② $y(x) = AJ_\nu(x) + BN_\nu(x)$　　(ν 可以取任意数)

③ $y(x) = AH_\nu^{(1)}(x) + BH_\nu^{(2)}(x)$　　(ν 可以取任意数)

说明：第一、二、三类贝塞尔函数分别称为贝塞尔函数、诺依曼函数、汉克尔函数，又可分别称为第一、二、三类柱函数。

17.2　三类贝塞尔函数的表示式及性质

17.2.1　第一类贝塞尔函数

第一类贝塞尔函数(也可直接简称为**贝塞尔函数**，或**第一类柱函数**)$J_\nu(x)$ 的级数表示式为

$$J_\nu(x) = \sum_{k=0}^{\infty} (-1)^k \frac{1}{k! \Gamma(\nu + k + 1)} \left(\frac{x}{2}\right)^{\nu + 2k}$$

$$J_{-\nu}(x) = \sum_{k=0}^{\infty} (-1)^k \frac{1}{k! \Gamma(-\nu + k + 1)} \left(\frac{x}{2}\right)^{-\nu + 2k} \tag{17.2.1}$$

其中，$\Gamma(x)$ 是伽马函数，满足关系

$$\Gamma(\nu + k + 1) = (\nu + k)(\nu + k - 1) \cdots (\nu + 2)(\nu + 1) \Gamma(\nu + 1)$$

当 ν 为正整数或零时，$\Gamma(\nu + k + 1) = (\nu + k)!$。

当 ν 取整数时，$\Gamma(-\nu + k + 1) = \infty$ $(k = 0, 1, 2, \cdots, \nu - 1)$，所以当 $\nu = n$ 整数时，上述的级数实际上是从 $k = n$ 的项开始，即

$$J_n(x) = \sum_{k=0}^{\infty} (-1)^k \frac{1}{k!(n + k)!} \left(\frac{x}{2}\right)^{n + 2k} \qquad (n \geqslant 0) \tag{17.2.2}$$

而

$$J_{-n}(x) = \sum_{k=n}^{\infty} (-1)^k \frac{1}{k!\Gamma(-n+k+1)} \left(\frac{x}{2}\right)^{-n+2k}$$

$$= (-1)^n \sum_{l=0}^{\infty} (-1)^l \frac{1}{l!\Gamma(n+l+1)} \left(\frac{x}{2}\right)^{n+2l} \quad (l=k-n)$$

(17.2.3)

所以

$$J_{-n}(x) = (-1)^n J_n(x)$$

(17.2.4)

同理可证

$$J_{-n}(x) = J_n(-x)$$

(17.2.5)

因此有重要关系

$$J_n(-x) = (-1)^n J_n(x)$$

(17.2.6)

可得几个典型的贝塞尔函数表示式

$$J_0(x) = 1 - \left(\frac{x}{2}\right)^2 + \frac{1}{(2!)^2}\left(\frac{x}{2}\right)^4 - \frac{1}{(3!)^2}\left(\frac{x}{2}\right)^6 + \cdots$$

$$J_1(x) = \frac{x}{2} - \frac{1}{2!}\left(\frac{x}{2}\right)^3 + \frac{1}{2! \cdot 3!}\left(\frac{x}{2}\right)^5 - \cdots$$

当 x 很小时($x \to 0$),保留级数中前几项,可得

$$J_\nu(x) \approx \left(\frac{x}{2}\right)^\nu \frac{1}{\Gamma(\nu+1)} \quad (\nu \neq -1, -2, -3, \cdots)$$

(17.2.7)

特别地

$$J_0(0) = 1, \quad J_n(0) = 0 \quad (n=1,2,3,\cdots)$$

(17.2.8)

当 x 很大时

$$J_\nu(x) \approx \sqrt{\frac{2}{\pi x}} \cos\left(x - \frac{\pi}{4} - \frac{\nu\pi}{2}\right) + o\left(x^{-\frac{3}{2}}\right)$$

(17.2.9)

可以用 MATLAB 画出 $J_0(x), J_1(x), J_2(x), J_3(x)$ 的图形,如图 17.1 所示。

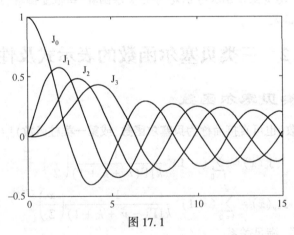

图 17.1

例 17.2.1 试证半奇数阶贝塞尔函数 $J_{\frac{1}{2}}(x) = \sqrt{\frac{2}{\pi x}} \sin x$。

【证明】 由式(17.2.1)有

$$J_{\frac{1}{2}}(x) = \sum_{k=0}^{\infty} (-1)^k \frac{x^{\frac{1}{2}+2k}}{2^{\frac{1}{2}+2k} k! \Gamma\left(\frac{1}{2}+k+1\right)}$$

而
$$\Gamma\left(\frac{3}{2}+k\right)=\frac{1\cdot3\cdot5\cdot\cdots\cdot(2k+1)}{2^{k+1}}\sqrt{\pi}$$

故
$$J_{\frac{1}{2}}(x)=\sqrt{\frac{2}{\pi x}}\sum_{k=0}^{\infty}\frac{(-1)^{k}}{(2k+1)!}x^{2k+1}=\sqrt{\frac{2}{\pi x}}\sin x$$

同理可证 $J_{-\frac{1}{2}}(x)=\sqrt{\dfrac{2}{\pi x}}\cos x$。

17.2.2　第二类贝塞尔函数

第二类贝塞尔函数(又称为**诺依曼函数**或**第二类柱函数**)定义为
$$N_{\nu}(x)=\frac{\cos(\nu\pi)J_{\nu}(x)-J_{-\nu}(x)}{\sin(\nu\pi)} \tag{17.2.10}$$

这样定义的理由是它既满足贝塞尔方程,又与 $J_{n}(x)$ 线性无关:

① 当 $\nu\neq$ 整数时,显然它与 $J_{\nu}(x)$ 线性独立。

② 当 $\nu=n$(整数)时,可以用洛必达法则求极限的方法来证明它也与 $J_{n}(x)$ 线性独立,且其结果与用级数法寻找的第二个线性独立的解一致。

应用洛必达法则可得
$$N_{n}(x)=\lim_{\nu\to n}N_{\nu}(x)=\lim_{\nu\to n}\frac{\dfrac{\partial J_{\nu}}{\partial\nu}\cos(\nu\pi)-\pi\sin(\nu\pi)J_{\nu}-\dfrac{\partial J_{-\nu}}{\partial\nu}}{\pi\cos(\nu\pi)}$$
$$=\frac{1}{\pi}\left[\left(\frac{\partial J_{\nu}}{\partial\nu}\right)_{\nu=n}-(-1)^{n}\left(\frac{\partial J_{-\nu}}{\partial\nu}\right)_{\nu=n}\right]$$

$N_{n}(x)$ 的级数表示为
$$N_{n}(x)=\frac{2}{\pi}\left[\gamma+\ln\frac{x}{2}\right]J_{n}(x)-\frac{1}{\pi}\sum_{k=0}^{n-1}\frac{(n-k-1)!}{k!}\left(\frac{x}{2}\right)^{-n+2k}-$$
$$\frac{1}{\pi}\sum_{k=0}^{\infty}\frac{(-1)^{k}}{k!(n+k)!}\{\varphi(k)+\varphi(n+k)\}\left(\frac{x}{2}\right)^{n+2k} \tag{17.2.11}$$

其中,欧拉常数 $\gamma=0.577216\cdots$, $\varphi(k)=\sum_{n=1}^{k}\dfrac{1}{n}$。

当 x 很小时($x\to0$),可得
$$N_{0}(x)\approx-\frac{1}{\pi}\ln x\quad(n=0) \tag{17.2.12}$$

$$N_{n}(x)\approx-\frac{1}{\pi}\left(\frac{2}{x}\right)^{n}\Gamma(n)\quad(n\neq0) \tag{17.2.13}$$

当 x 很大时($x\to\infty$),其近似为
$$N_{n}(x)\approx\sqrt{\frac{2}{\pi x}}\sin\left(x-\frac{\pi}{4}-\frac{n\pi}{2}\right) \tag{17.2.14}$$

读者可以通过计算机仿真(MATLAB)绘出 $N_{0}(x)$, $N_{1}(x)$, $N_{2}(x)$ 的图形。

17.2.3　第三类贝塞尔函数

第三类贝塞尔函数(又称为**汉克尔函数**或**第三类柱函数**),根据其定义式(17.1.10)得

$$\begin{cases} H_\nu^{(1)}(x) = J_\nu(x) + iN_\nu(x) \\ H_\nu^{(2)}(x) = J_\nu(x) - iN_\nu(x) \end{cases}$$

引入第三类贝塞尔函数的目的是,当 x 很大时,它具有很简单的渐近展开式。如在波的散射问题上就常用到此展开式。

当 x 很大时(如 $x \to \infty$),其渐近展开式为

$$H_\nu^{(1)}(x) = \sqrt{\frac{2}{\pi x}} e^{i\left(x - \frac{\pi\nu}{2} - \frac{\pi}{4}\right)} + o\left(x^{-\frac{3}{2}}\right)$$

$$H_\nu^{(2)}(x) = \sqrt{\frac{2}{\pi x}} e^{-i\left(x - \frac{\pi\nu}{2} - \frac{\pi}{4}\right)} + o\left(x^{-\frac{3}{2}}\right)$$

当 x 很小时(如 $x \to 0$),有

$$H_0^{(1)}(x) \approx i\frac{2}{\pi}\ln x$$

$$H_\nu^{(1)}(x) \approx -i\frac{(\nu-1)!}{\pi}\left(\frac{2}{x}\right)^\nu \qquad (\nu > 0)$$

$$H_0^{(2)}(x) \approx -i\frac{2}{\pi}\ln x$$

$$H_\nu^{(2)}(x) \approx i\frac{(\nu-1)!}{\pi}\left(\frac{2}{x}\right)^\nu \qquad (\nu > 0)$$

17.3　贝塞尔函数的基本性质

17.3.1　贝塞尔函数的递推公式

由贝塞尔函数的级数表达式(17.2.1)容易推出

$$\frac{d}{dx}\left[\frac{J_\nu(x)}{x^\nu}\right] = -\frac{J_{\nu+1}(x)}{x^\nu} \tag{17.3.1}$$

$$\frac{d}{dx}\left[x^\nu J_\nu(x)\right] = x^\nu J_{\nu-1}(x) \tag{17.3.2}$$

以上两式都是贝塞尔函数的线性关系式。诺依曼函数 $N_\nu(x)$ 和汉克尔函数 $H_\nu(x)$ 也应该满足上述递推关系。

若用 $Z_\nu(x)$ 代表 ν 阶的第一或第二或第三类函数,总是有

$$\frac{d}{dx}\left[x^\nu Z_\nu(x)\right] = x^\nu Z_{\nu-1}(x) \tag{17.3.3}$$

$$\frac{d}{dx}\left[x^{-\nu} Z_\nu(x)\right] = -x^{-\nu} Z_{\nu+1}(x) \tag{17.3.4}$$

把两式左端展开,又可改写为

$$Z_\nu'(x) - \frac{\nu}{x}Z_\nu(x) = -Z_{\nu+1}(x) \tag{17.3.5}$$

$$Z_\nu' + \frac{\nu}{x}Z_\nu(x) = Z_{\nu-1}(x) \tag{17.3.6}$$

从式(17.3.5)和式(17.3.6)消去 Z_ν 或消去 Z_ν',可得

$$Z_{\nu+1}(x) = Z_{\nu-1}(x) - 2Z_\nu'(x)$$

$$Z_{\nu+1}(x) = -Z_{\nu-1}(x) + \frac{2\nu}{x}Z_\nu(x)$$

即为从 $Z_{\nu-1}(x)$ 和 $Z_\nu(x)$ 推算 $Z_{\nu+1}(x)$ 的递推公式。它们也可以写成

$$Z_{\nu-1}(x) + Z_{\nu+1}(x) = 2\frac{\nu}{x}Z_\nu(x) \tag{17.3.7}$$

$$Z_{\nu-1}(x) - Z_{\nu+1}(x) = 2Z_\nu'(x) \tag{17.3.8}$$

满足一组递推关系的函数 $Z_\nu(x)$ 统称为柱函数。

例 17.3.1　证明柱函数满足贝塞尔方程。

【证明】　以满足式(17.3.7)和式(17.3.8)来进行证明。

将式(17.3.7)与式(17.3.8)相加或相减消去 $Z_{\nu+1}$ 或 $Z_{\nu-1}$，分别得到

$$Z_\nu'(x) + \frac{\nu}{x}Z_\nu(x) = Z_{\nu-1}(x) \tag{17.3.9}$$

$$Z_{\nu+1}(x) = \frac{\nu}{x}Z_\nu(x) - Z_\nu'(x) \tag{17.3.10}$$

将式(17.3.9) 中的 ν 换成 $\nu+1$，得到

$$Z_\nu(x) = Z_{\nu+1}'(x) + \frac{\nu+1}{x}Z_{\nu+1}(x) \tag{17.3.11}$$

将式(17.3.10)代入上式，立即得到 $Z_\nu(x)$ 满足 ν 阶贝塞尔方程。

但反过来，贝塞尔方程的解不一定满足递推公式，如 $J_\nu(x) + \nu N_\nu(x)$。因此贝塞尔方程的解不一定是柱函数，但柱函数一定满足贝塞尔方程。

另外，由式(17.3.1)，令 $\nu=0$，得

$$J_0'(x) = -J_1(x) \tag{17.3.12}$$

由式(17.3.2)，令 $\nu=1$，得

$$\frac{\mathrm{d}}{\mathrm{d}x}[xJ_1(x)] = xJ_0(x) \tag{17.3.13}$$

还有一些特殊的积分关系

$$\int x^{-m}J_{m+1}(x)\mathrm{d}x = -x^{-m}J_m(x) + c \tag{17.3.14}$$

$$\int J_1(x)\mathrm{d}x = -J_0(x) + c \tag{17.3.15}$$

$$\int x^m J_{m-1}(x)\mathrm{d}x = x^m J_m(x) + c \tag{17.3.16}$$

例 17.3.2　求 $\int xJ_2(x)\mathrm{d}x$。

【解】　根据式 (17.3.8)有

$$J_2(x) = J_0(x) - 2J_1'(x)$$

$$\int xJ_2(x)\mathrm{d}x = \int xJ_0(x)\mathrm{d}x - 2\int xJ_1'(x)\mathrm{d}x = xJ_1(x) - 2\left[xJ_1(x) - \int J_1(x)\mathrm{d}x\right]$$

$$= -xJ_1(x) - 2J_0(x) + c$$

例 17.3.3　证明下式成立：

$$\int_0^x x^{m+1}J_m(x)\mathrm{d}x = x^{m+1}J_{m+1}(x) \tag{17.3.17}$$

特别是

$$\int_0^x x^2 J_1(x)\mathrm{d}x = x^2 J_2(x) \tag{17.3.18}$$

【证明】 利用递推公式(17.3.2) 即$\dfrac{\mathrm{d}}{\mathrm{d}x}[x^{\nu}\mathrm{J}_{\nu}(x)]=x^{\nu}\mathrm{J}_{\nu-1}(x)$,令$\nu=m+1$,则

$$\frac{\mathrm{d}}{\mathrm{d}x}[x^{m+1}\mathrm{J}_{m+1}(x)]=x^{m+1}\mathrm{J}_{m}(x)$$

两边积分,得到

$$x^{m+1}\mathrm{J}_{m+1}(x)=\int_{0}^{x}x^{m+1}\mathrm{J}_{m}(x)\mathrm{d}x$$

若$m=1$,则为式(17.3.18)。

17.3.2 贝塞尔函数与本征值问题

第10章中讨论了拉普拉斯方程在柱坐标系下的分离变量,得到了方程(10.6.7) 即

$$\frac{\mathrm{d}^2 R}{\mathrm{d}\rho^2}+\frac{1}{\rho}\cdot\frac{\mathrm{d}R}{\mathrm{d}\rho}+\left(\mu-\frac{\nu^2}{\rho^2}\right)R=0 \tag{17.3.19}$$

为了使上式包含更一般的情形,用ν代替了方程(17.3.19)中的m(在自然周期边界条件下,$\nu=m$取整数,其他情况下ν可取任意复数)。

下面对另一本征值μ分3种情况:$\mu=0$,$\mu>0$和$\mu<0$进行讨论:

① $\mu=0$,方程(17.3.19)是欧拉方程。

② $\mu>0$,作代换$x=\rho\sqrt{\mu}$,则得到

$$x^2\frac{\mathrm{d}^2 R}{\mathrm{d}x^2}+x\frac{\mathrm{d}R}{\mathrm{d}x}+(x^2-\nu^2)R=0 \quad (x=\sqrt{\mu}\rho) \tag{17.3.20}$$

即为ν阶贝塞尔方程。

贝塞尔方程附加以$\rho=\rho_0$处(即半径为ρ_0的圆柱的侧面)的齐次边界条件构成本征值问题,决定μ的具体可能数值(本征值)。

③ $\mu<0$,记$-\mu=k^2>0$,以$\mu=-k^2$代入,并作代换$x=k\rho$,则方程化为

$$x^2\frac{\mathrm{d}^2 R}{\mathrm{d}x^2}+x\frac{\mathrm{d}R}{\mathrm{d}x}-(x^2+\nu^2)R=0 \tag{17.3.21}$$

它叫做虚宗量贝塞尔方程。事实上,如把贝塞尔方程(17.3.21)的宗量x改成虚数$\mathrm{i}x$,就成了方程(17.3.20)。

下面讨论贝塞尔方程本征值问题(即本征值$\mu>0$的情况)。

1. 第一类边界条件的贝塞尔方程本征值问题

$$\begin{cases}\dfrac{1}{\rho}\dfrac{\mathrm{d}}{\mathrm{d}\rho}\left[\rho\dfrac{\mathrm{d}R}{\mathrm{d}\rho}\right]+\left(k^2-\dfrac{\nu^2}{\rho^2}\right)R(\rho)=0 \quad (0\leqslant\rho\leqslant\rho_0)\\ R(\rho_0)=0 \quad |R(0)|<M\end{cases} \tag{17.3.22}$$

若上式中的贝塞尔方程来自于圆柱内部问题,根据圆柱的周期性边界条件$\Phi(\varphi)=\Phi(2\pi+\varphi)$,则方程(17.3.22)中的$\nu=m=0,1,2,3,\cdots$(读者可参考10.6节的讨论)。

上述方程(17.3.22)可进一步化为施-刘型本征值问题的形式

$$\begin{cases}\dfrac{\mathrm{d}}{\mathrm{d}\rho}\left[\rho\dfrac{\mathrm{d}R}{\mathrm{d}\rho}\right]+\left(-\dfrac{m^2}{\rho}\right)R+k^2\rho R(\rho)=0 \quad (0\leqslant\rho\leqslant\rho_0)\\ R(\rho_0)=0 \quad\quad\quad\quad\quad\quad (|R(0)|<M)\end{cases} \tag{17.3.23}$$

相应于施-刘型方程中的$k(x)=x,q(x)=-\dfrac{m^2}{x},\rho(x)=x,\lambda=\mu=k^2$,故施-刘型本征值问题

的结论对于贝塞尔方程的本征值问题也成立(这里的 $k(x)$ 与 $k=\sqrt{\lambda}=\sqrt{\mu}$ 有区别)。

贝塞尔方程(17.3.23)的通解为

$$R(\rho) = AJ_m(\sqrt{\mu}\rho) + BN_m(\sqrt{\mu}\rho) \qquad (17.3.24)$$

代入边界条件决定本征值及本征函数。因为 $R(0)<M$,故 $B=0$,又 $R(\rho_0)=0$,要 $A\neq0$,则必须 $J_m(k\rho_0)=0$,则 $J_m(x)=0$ 就是决定本征值的方程。用 $x_n^{(m)}$ 表征 $J_m(x)=0$ 的第 n 个正根,于是本征值

$$\lambda_n^{(m)} = \mu_n^{(m)} = \left[k_n^{(m)}\right]^2 = \left[\frac{x_n^{(m)}}{\rho_0}\right]^2 \qquad (n=1,2,3,\cdots) \qquad (17.3.25)$$

施-刘型本征值问题的结论:

① 本征值存在,且都是非负的实数。

② 本征值可构成单调递增的序列

$$\lambda_1 < \lambda_2 < \cdots < \lambda_n < \cdots$$

即

$$\left(\frac{x_1^{(m)}}{\rho_0}\right)^2 < \left(\frac{x_2^{(m)}}{\rho_0}\right)^2 < \cdots < \left(\frac{x_n^{(m)}}{\rho_0}\right)^2 < \cdots \qquad (17.3.26)$$

本征函数为 $\qquad J_m\left(\frac{x_1^{(m)}}{\rho_0}\rho\right), \ J_m\left(\frac{x_2^{(m)}}{\rho_0}\rho\right), \cdots, \ J_m\left(\frac{x_n^{(m)}}{\rho_0}\rho\right), \cdots \qquad (17.3.27)$

③ 对于每一个本征值 $\lambda_n^{(m)} = \left[k_n^{(m)}\right]^2$ 有一个相应的本征函数 $J_m(k_n^{(m)}\rho)$,且本征函数 $J_m(k_n^{(m)}\rho)$ 在 $[0,\rho_0]$ 区间上有 $n-1$ 个零点,即

$$\frac{x_1^{(m)}}{x_n^{(m)}}\rho_0, \qquad \frac{x_2^{(m)}}{x_n^{(m)}}\rho_0, \cdots, \qquad \frac{x_{n-1}^{(m)}}{x_n^{(m)}}\rho_0 \qquad (17.3.28)$$

若在区间 $[0,\infty]$ 上,则贝塞尔函数有无穷多个零点。

④ $J_m(x)$ 的零点与 $J_{m+1}(x)$ 的零点是彼此相间分布的,即 $J_m(x)$ 的任意两个相邻零点之间必有且仅有一个 $J_{m+1}(x)$ 的零点。

⑤ 以 $x_n^{(m)}$ 表示 $J_m(x)$ 的第 n 个正零点,则 $\lim\limits_{n\to+\infty}\left[x_{n+1}^{(m)}-x_n^{(m)}\right]=\pi$,即 $J_m(x)$ 几乎是以 2π 为周期的周期函数。

⑥ 零点还可以用下面的公式计算

$$x_n^{(m)} = A - \frac{B-1}{8A}\left(1 + \frac{C}{3(4A)^2} + \frac{2D}{15(4A)^4} + \frac{E}{105(4A)^6} + \cdots\right)$$

其中,$A=\left(m-\dfrac{1}{2}+2n\right)\dfrac{\pi}{2}$,$B=4m^2$,$C=7B-31$,$D=83B^2-982B+3779$,$E=6949B^3-153855B^2+1585743B-6277237$。

2. 第二类齐次边界条件 $R'(\rho_0)=0$

这个条件就是

$$\frac{\mathrm{d}}{\mathrm{d}\rho}\left[J_m(k\rho)\right]\Big|_{\rho=\rho_0} = kJ'_m(k\rho_0) = 0 \qquad (17.3.29)$$

对于 $k\neq0$,则本征值

$$\lambda_n^{(m)} = (x_n^{(m)}/\rho_0)^2 \qquad (17.3.30)$$

其中,$x_n^{(m)}$ 是 $J'_m(x)$ 的第 n 个零点。

$J'_m(x)$ 的零点在一般的数学用表中并未列出,而对于 $m=0$ 的特例还是容易得到的:由式

(17.3.12)得到 $J_0'(x) = -J_1(x)$，这样，$J_0'(x)$ 的零点不过就是 $J_1(x)$ 的零点，可从许多数学用表中查出。

至于 $m \neq 0$ 的情况，$J_m'(x)$ 的零点 $x_n^{(m)}$ 可以利用递推公式 (17.3.8)

$$J_m'(x) = \frac{1}{2}[J_{m-1}(x) - J_{m+1}(x)]$$

得到。这样 $J_m'(x)$ 的零点可从曲线 $J_{m-1}(x)$ 和 $J_{m+1}(x)$ 的交点得出。

另外，对于 $m \neq 0$ 的情况，$J_m'(x)$ 的零点 $x_n^{(m)}$ 还可以用下面的公式计算：

$$x_n^{(m)} = A - \frac{B+3}{8A} - \frac{C}{6(4A)^3} - \frac{D}{15(4A)^5} - \cdots$$

其中，$A = \left(m + \frac{1}{2} + 2n\right)\frac{\pi}{2}$，$B = 4m^2$，$C = 7B^2 + 82B - 9$，$D = 83B^3 + 2075B^2 - 3039B + 3537$。

3. 第三类齐次边界条件 $R(\rho_0) + HR'(\rho_0) = 0$

这个条件就是

$$J_m(k_n^{(m)}\rho_0) + Hk_n^{(m)}J_m'(k_n^{(m)}\rho_0) = 0 \tag{17.3.31}$$

令 $x_0 = k_n^{(m)}\rho_0$，$h = \rho_0/H$，并引用式 (17.3.5)，可将上式改写为

$$J_m(x_0) = \frac{x_0}{h+m}J_{m+1}(x_0) \tag{17.3.32}$$

所以本征值 $\mu_n^{(m)} = (x_n^{(m)}/\rho_0)^2$，其中 $x_n^{(m)}$ 是方程 (17.3.32) 的第 n 个根。

17.3.3　贝塞尔函数的正交性和模

1. 正交性

对应不同本征值的本征函数分别满足

$$\frac{d}{d\rho}\left[\rho\frac{dJ_m}{d\rho}\right] + \left\{[k_i^{(m)}]^2 - \frac{m^2}{\rho^2}\right\}J_m(k_i^{(m)}\rho) = 0 \tag{17.3.33}$$

$$\frac{d}{d\rho}\left[\rho\frac{dJ_m}{d\rho}\right] + \left\{[k_j^{(m)}]^2 - \frac{m^2}{\rho^2}\right\}J_m(k_j^{(m)}\rho) = 0 \tag{17.3.34}$$

将式 (17.3.33) 乘以 $J_m(k_j^{(m)}\rho)$，将式 (17.3.34) 乘以 $J_m(k_i^{(m)}\rho)$，然后两式相减，再积分，利用分部积分法得到

$$\{[k_i^{(m)}]^2 - [k_j^{(m)}]^2\}\int_0^{\rho_0} J_m(k_i^{(m)}\rho)J_m(k_j^{(m)}\rho)\rho d\rho$$

$$= \left[\rho J_m(k_i^{(m)}\rho)\frac{d}{d\rho}J_m(k_j^{(m)}\rho) - \rho J_m(k_j^{(m)}\rho)\frac{d}{d\rho}J_m(k_i^{(m)}\rho)\right]\Bigg|_0^{\rho_0} = 0$$

故当 $k_i^{(m)} \neq k_j^{(m)}$ 时

$$\int_0^{\rho_0} J_m(k_i^{(m)}\rho)J_m(k_j^{(m)}\rho)\rho d\rho = 0 \tag{17.3.35}$$

2. 贝塞尔函数的模 $N_n^{(m)}$

为了用贝塞尔函数为基进行广义傅里叶级数展开，要先计算贝塞尔函数 $J_m(k_n^{(m)}\rho)$ 的模平方

$$[N_n^{(m)}]^2 = \int_0^{\rho_0}[J_m(k_n^{(m)}\rho)]^2\rho d\rho \tag{17.3.36}$$

注意：$\lambda_n^{(m)} = [k_n^{(m)}]^2 = \left[\dfrac{x_n^{(m)}}{\rho_0}\right]^2$，对于 $x_n^{(m)} > 0$，把 $k_n^{(m)}\rho$ 记为 x，把 $k_n^{(m)}\rho_0$ 记为 x_0，则

$$
\begin{aligned}
[N_n^{(m)}]^2 &= \frac{1}{\lambda_n}\int_0^{x_0} [J_m(x)]^2 x\,dx = \frac{1}{2\lambda_n}\int_0^{x_0} [J_m(x)]^2 \,d(x^2) \\
&= \frac{1}{2\lambda_n}[x^2 J_m^2(x)]\Big|_0^{x_0} - \frac{1}{\lambda_n}\int_0^{x_0} [x^2 J_m(x)]J_m'(x)\,dx \\
&= \frac{1}{2\lambda_n}[x^2 J_m^2(x)]\Big|_0^{x_0} + \frac{1}{\lambda_n}\int_0^{x_0} [x^2 J_m''(x) + xJ_m'(x) - m^2 J_m(x)]J_m'(x)\,dx \\
&= \frac{1}{2\lambda_n}[x^2 J_m^2(x)]\Big|_0^{x_0} + \frac{1}{\lambda_n}\int_0^{x_0}\left[x^2 J_m'(x)\frac{dJ_m'(x)}{dx} + x(J_m')^2\right]dx - \frac{m^2}{\lambda_n}\int_0^{x_0} J_m\,dJ_m \\
&= \frac{1}{2\lambda_n}[x^2 J_m^2(x)]\Big|_0^{x_0} + \frac{1}{2\lambda_n}\int_0^{x_0} d[x^2 J_m'^2(x)] - \frac{m^2}{2\lambda_n}[J_m^2(x)]\Big|_0^{x_0} \\
&= \frac{1}{2\lambda_n}[(x^2 - m^2)J_m^2(x)]\Big|_0^{x_0} + \frac{1}{2\lambda_n}[x^2 J_m'^2(x)]\Big|_0^{x_0} \\
&= \frac{1}{2}\left(\rho_0^2 - \frac{m^2}{\lambda_n}\right)[J_m(k_n^{(m)}\rho_0)]^2 + \frac{1}{2}\rho_0^2 [J_m'(k_n^{(m)}\rho_0)]^2
\end{aligned} \tag{17.3.37}
$$

对于第一类齐次边界条件 $J_m(k_n^{(m)}\rho_0) = 0$，则式（17.3.37）变为

$$
[N_n^{(m)}]^2 = \frac{1}{2}\rho_0^2 [J_m'(k_n^{(m)}\rho_0)]^2 \tag{17.3.38}
$$

把式（17.3.5）代入上式，并且考虑到第一类齐次边界条件 $J_m(k_n^{(m)}\rho_0) = 0$，故

$$
[N_n^{(m)}]^2 = \frac{1}{2}\rho_0^2 [J_{m+1}(k_n^{(m)}\rho_0)]^2 \tag{17.3.39}
$$

对于第二类齐次边界条件 $J_m'(k_n^{(m)}\rho_0) = 0$，式（17.3.37）变为

$$
[N_n^{(m)}]^2 = \frac{1}{2}\left(\rho_0^2 - \frac{m^2}{\lambda_n}\right)[J_m(k_n^{(m)}\rho_0)]^2 \tag{17.3.40}
$$

对于第三类齐次边界条件 $J_m' = -\dfrac{J_m}{k_n^{(m)}H}$，式（17.3.37）变为

$$
[N_n^{(m)}]^2 = \frac{1}{2}\left(\rho_0^2 - \frac{m^2}{\lambda_n} + \frac{\rho_0^2}{\lambda_n H}\right)[J_m(k_n^{(m)}\rho_0)]^2 \tag{17.3.41}
$$

由上述模平方即可得到模。

17.3.4　广义傅里叶-贝塞尔级数

按照施-刘型本征值问题的性质，本征函数族 $J_m(k_m^{(m)}\rho)$ 是完备的，可作为广义傅里叶级数展开的基。

定义在区间 $[0,\rho_0]$ 上的函数 $f(\rho)$ 可以展开为广义的傅里叶-贝塞尔级数，即

$$
f(\rho) = \sum_{n=1}^{\infty} f_n J_m(k_n^{(m)}\rho) \tag{17.3.42}
$$

其中，广义傅里叶系数

$$
f_n = \frac{1}{[N_n^{(m)}]^2}\int_0^{\rho_0} f(\rho)J_m(k_n^{(m)}\rho)\rho\,d\rho \tag{17.3.43}
$$

例 17.3.4　在区间 $[0,\rho_0]$ 上，以 $J_0(k_n^{(0)}\rho)$ 为基，把函数 $f(\rho) = u_0$（常数）展开为傅里叶-贝塞尔级数（说明：其中 $\lambda_n^{(0)} = [k_n^{(0)}]^2$ 是本征函数 $J_0(k_n^{(0)}\rho)$ 对应的本征值）。

【解】 根据式(17.3.42)和式(17.3.43),则

$$u_0 = \sum_{n=1}^{\infty} f_n J_0(k_n^{(0)}\rho)$$

其中,系数

$$f_n = \frac{1}{\left[N_n^{(0)}\right]^2}\int_0^{\rho_0} u_0 J_0(k_n^{(0)}\rho)\rho\mathrm{d}\rho$$

这里的 $N_n^{(0)}$ 由第一类边界条件所对应的模公式(17.3.39)给出。本征值 $\lambda_n^{(0)} = \left[k_n^{(0)}\right]^2 = \left[\dfrac{x_n^{(0)}}{\rho_0}\right]^2$,而 $x_n^{(0)}$ 是 0 阶贝塞尔函数 $J_0(x)$ 的第 n 个零点,可由贝塞尔函数表查出。这样

$$f_n = \frac{2u_0}{\rho_0^2\left[J_1(x_n^{(0)})\right]^2}\int_0^{\rho_0} J_0\left(\frac{x_n^{(0)}}{\rho_0}\rho\right)\rho\mathrm{d}\rho$$

令 $x = \dfrac{x_n^{(0)}}{\rho_0}\rho$,则

$$f_n = \frac{2u_0}{\left[x_n^{(0)} J_1(x_n^{(0)})\right]^2}\int_0^{x_n^{(0)}} x J_0(x)\mathrm{d}x = \frac{2u_0}{\left[x_n^{(0)} J_1(x_n^{(0)})\right]^2}\left[xJ_1(x)\right]\Big|_0^{x_n^{(0)}} = \frac{2u_0}{x_n^{(0)} J_1(x_n^{(0)})}$$

故

$$u_0 = \sum_{n=1}^{\infty} \frac{2u_0}{x_n^{(0)} J_1(x_n^{(0)})}J_0\left(\frac{x_n^{(0)}}{\rho_0}\rho\right)$$

17.3.5　贝塞尔函数的母函数(生成函数)

1. 母函数(生成函数)

考虑解析函数 $G(x,z) = \mathrm{e}^{\frac{x}{2}\left(z-\frac{1}{z}\right)}$ 在 $0 < |z| < +\infty$ 内的罗朗展式(此处的 x 为参变数,不是复变数 z 的实部)。因为

$$\mathrm{e}^{\frac{x}{2}z} = \sum_{k=0}^{\infty} \frac{\left(\frac{x}{2}\right)^k}{k!}z^k, \quad \mathrm{e}^{-\frac{x}{2}z^{-1}} = \sum_{l=0}^{\infty} \frac{\left(\frac{x}{2}\right)^l}{l!}(-z)^{-l}$$

故

$$\mathrm{e}^{\frac{x}{2}\left(z-\frac{1}{z}\right)} = \sum_{k=0}^{\infty} \frac{\left(\frac{x}{2}\right)^k}{k!}z^k\sum_{l=0}^{\infty} \frac{\left(\frac{x}{2}\right)^l}{l!}(-z)^{-l}$$

对于固定的 z,以上两级数在 $0 < |z| < +\infty$ 内是可以相乘的,且可按任意方式并项。令 $k-l=n(n=0,\pm1,\pm2,\cdots)$,得

$$G(x,z) = \mathrm{e}^{\frac{x}{2}\left(z-\frac{1}{z}\right)} = \sum_{k=0}^{\infty}\sum_{l=0}^{\infty} \frac{(-1)^l}{k!l!}\left(\frac{x}{2}\right)^{k+l}z^{k-l} = \sum_{n=-\infty}^{\infty}\left[\sum_{l=0}^{\infty} \frac{(-1)^l}{(n+l)!l!}\left(\frac{x}{2}\right)^{2l+n}\right]z^n$$

故

$$G(x,z) = \sum_{n=-\infty}^{\infty} J_n(x)z^n \qquad (17.3.44)$$

$\mathrm{e}^{\frac{x}{2}\left(z-\frac{1}{z}\right)}$ 称为贝塞尔函数的**母函数**(或**生成函数**)。

2. 平面波用柱面波的形式展开

令 $z = \mathrm{i}\mathrm{e}^{\mathrm{i}\theta}$,$x = kr$,根据式(17.3.44)可导出在数学物理中很有用的公式

$$\mathrm{e}^{\mathrm{i}kr\cos\theta} = \sum_{n=-\infty}^{\infty} \mathrm{J}_n(kr)\,\mathrm{i}^n\mathrm{e}^{\mathrm{i}n\theta} = \mathrm{J}_0(kr) + \sum_{n=1}^{\infty}\left[\mathrm{J}_n(kr)\,\mathrm{i}^n\mathrm{e}^{\mathrm{i}n\theta} + \mathrm{J}_{-n}(kr)\,\mathrm{i}^{-n}\mathrm{e}^{-\mathrm{i}n\theta}\right]$$

$$\mathrm{e}^{\mathrm{i}kr\cos\theta} = \mathrm{J}_0(kr) + 2\sum_{n=1}^{\infty}\mathrm{i}^n\mathrm{J}_n(kr)\cos n\theta \tag{17.3.45}$$

这个公式是函数 $\mathrm{e}^{\mathrm{i}kr\cos\theta}$ 的傅里叶余弦展开式。当 $x=kr$ 为实数时,在物理意义上,式 (17.3.45) 可以理解为用柱面波来表示平面波,并可写为

$$\cos(kr\cos\varphi) = \mathrm{J}_0(kr) + 2\sum_{m=1}^{\infty}(-1)^m\mathrm{J}_{2m}(kr)\cos 2m\varphi \tag{17.3.46}$$

$$\sin(kr\cos\varphi) = 2\sum_{m=0}^{\infty}(-1)^m\mathrm{J}_{2m+1}(kr)\cos(2m+1)\varphi \tag{17.3.47}$$

3. 加法公式

利用母函数公式 $G(x,z) = \sum\limits_{n=-\infty}^{\infty}\mathrm{J}_n(x)z^n$,故有

$$G(x+y,z) = \mathrm{e}^{\frac{x+y}{2}\left(z-\frac{1}{z}\right)} = \sum_{n=-\infty}^{\infty}\mathrm{J}_m(x+y)z^m = \mathrm{e}^{\frac{x}{2}\left(z-\frac{1}{z}\right)}\mathrm{e}^{\frac{y}{2}\left(z-\frac{1}{z}\right)}$$

$$= G(x,z)G(y,z) = \sum_{k=-\infty}^{\infty}\mathrm{J}_k(x)z^k\sum_{n=-\infty}^{\infty}\mathrm{J}_n(y)z^n$$

比较两边的 z^m 项的系数,即得加法公式

$$\mathrm{J}_m(x+y) = \sum_{k=-\infty}^{+\infty}\mathrm{J}_k(x)\mathrm{J}_{m-k}(y) \tag{17.3.48}$$

4. 贝塞尔函数的积分表达式

利用母函数公式和罗朗展式的系数表达式,得到

$$\mathrm{J}_m(x) = \frac{1}{2\pi\mathrm{i}}\oint_C\frac{\mathrm{e}^{\frac{x}{2}\left(z-\frac{1}{z}\right)}}{z^{m+1}}\mathrm{d}z \quad (m=0,\ \pm 1,\ \pm 2,\cdots)$$

其中,C 是围绕 $z=0$ 点的任意一条闭曲线。若取 C 为单位圆,则在 C 上有 $z=\mathrm{e}^{\mathrm{i}\theta}$,从而得到

$$\mathrm{J}_m(x) = \frac{1}{2\pi\mathrm{i}}\int_0^{2\pi}\mathrm{e}^{\mathrm{i}x\sin\theta}(\mathrm{e}^{\mathrm{i}\theta})^{-m-1}(\mathrm{i}\mathrm{e}^{\mathrm{i}\theta})\mathrm{d}\theta = \frac{1}{2\pi}\int_0^{2\pi}\mathrm{e}^{\mathrm{i}(x\sin\theta-m\theta)}\mathrm{d}\theta$$

$$\mathrm{J}_m(x) = \frac{1}{2\pi}\int_0^{2\pi}\cos(x\sin\theta - m\theta)\mathrm{d}\theta \quad (m=0,\ \pm 1,\ \pm 2,\cdots) \tag{17.3.49}$$

其中,积分式中的 $\sin(x\sin\varphi-m\varphi)$ 项已被省去,因为在 $[0,2\pi]$ 上其积分值为零。

式(17.3.49)就是整数阶贝塞尔函数的积分表达式。特别地,若 $m=0$,有

$$\mathrm{J}_0(x) = \frac{1}{\pi}\int_0^{\pi}\cos(x\sin\theta)\mathrm{d}\theta \tag{17.3.50}$$

17.4　虚宗量贝塞尔方程及其解

17.4.1　虚宗量贝塞尔方程的解

在 17.3 节中,我们提到拉普拉斯方程在柱坐标系下的分离变量方程,在 $\mu<0$ 的情况下,$R(\rho)$ 应满足虚宗量贝塞尔方程,即式(17.3.21)

$$x^2 \frac{\mathrm{d}^2 R}{\mathrm{d}x^2} + x \frac{\mathrm{d}R}{\mathrm{d}x} - (x^2 + \nu^2)R = 0 \tag{17.4.1}$$

虚宗量贝塞尔方程也称为修正贝塞尔方程。

若令 $\xi = \mathrm{i}x, y(\xi) = R(x)$，代入方程(17.4.1)，得到贝塞尔方程形式

$$\xi^2 y'' + \xi y' + (\xi^2 - \nu^2)y = 0 \tag{17.4.2}$$

因此，在贝塞尔方程(17.4.2)的解中，令 $\xi = \mathrm{i}x$，即可得到虚宗量贝塞尔方程(17.4.1)的解。

我们定义虚宗量贝塞尔方程的解具有下列形式

$$\mathrm{I}_\nu(x) = \frac{1}{\mathrm{i}^\nu} \mathrm{J}_\nu(\xi) = (-\mathrm{i})^\nu \mathrm{J}_\nu(\mathrm{i}x) \tag{17.4.3}$$

式中，$(-\mathrm{i})^\nu$ 的引入是为了确保 $\mathrm{I}_\nu(x)$ 是实函数。利用 $\mathrm{J}_\nu(x)$ 的级数形式

$$\mathrm{J}_\nu(x) = \sum_{k=0}^{\infty} (-1)^k \frac{1}{k!\Gamma(\nu+k+1)} \left(\frac{x}{2}\right)^{\nu+2k}$$

则

$$\mathrm{I}_\nu(x) = (-\mathrm{i})^\nu \sum_{k=0}^{\infty} (-1)^k \frac{1}{k!\Gamma(\nu+k+1)} \left(\frac{\mathrm{i}x}{2}\right)^{\nu+2k}$$

$$= (-\mathrm{i})^\nu \mathrm{i}^\nu \sum_{k=0}^{\infty} \mathrm{i}^{2k} (-1)^k \frac{1}{k!\Gamma(\nu+k+1)} \left(\frac{x}{2}\right)^{\nu+2k}$$

故

$$\mathrm{I}_\nu(x) = \sum_{k=0}^{\infty} \frac{1}{k!\Gamma(\nu+k+1)} \left(\frac{x}{2}\right)^{\nu+2k} \tag{17.4.4}$$

$\mathrm{I}_\nu(x)$ 称为 ν 阶第一类虚宗量贝塞尔函数(也称为第一类修正贝塞尔函数)。

① 当 $\nu \neq$ 整数时，方程(17.4.1)的通解为

$$y(x) = C\mathrm{I}_\nu(x) + D\mathrm{I}_{-\nu}(x) \tag{17.4.5}$$

其中，C 和 D 为任意常数。

② 当 ν 取任意值时，由于任意值中可能包含 $\nu = m$ 整数，而根据

$$\mathrm{I}_{-m}(x) = \mathrm{i}^m \mathrm{J}_{-m}(\mathrm{i}x) = \mathrm{i}^m (-1)^m \mathrm{J}_m(\mathrm{i}x) = (-\mathrm{i})^m \mathrm{J}_m(\mathrm{i}x) = \mathrm{I}_m(x)$$

故 $\mathrm{I}_m(x), \mathrm{I}_{-m}(x)$ 线性相关。因此要求方程(17.4.1)的通解，必须先求出与 $\mathrm{I}_m(x)$ 线性无关的另一特解。为此我们定义

$$\mathrm{K}_\nu(x) = \frac{\pi}{2} \frac{\mathrm{I}_{-\nu}(x) - \mathrm{I}_\nu(x)}{\sin\pi\nu} \tag{17.4.6}$$

为 ν 阶第二类虚宗量贝塞尔函数(又称为麦克唐纳(Macdonale)函数，或第二类修正贝塞尔函数)。这样定义后，不管 ν 是否为整数，$\mathrm{K}_\nu(x)$ 和 $\mathrm{I}_\nu(x)$ 一起总能构成虚宗量贝塞尔方程(17.4.1)的两个线性无关的通解。故得到当 ν 取任意值时，球贝塞尔方程的通解为

$$y(x) = C\mathrm{I}_\nu(x) + D\mathrm{K}_\nu(x) \qquad (\nu \text{ 为任意值}) \tag{17.4.7}$$

其中，C 和 D 是两任意常数。

17.4.2　第一类虚宗量贝塞尔函数的性质

由第一类虚宗量贝塞尔函数的级数形式(17.4.4)知

$$\mathrm{I}_m(-x) = (-1)^m \mathrm{I}_m(x)$$

故当 m 为奇数时，$\mathrm{I}_m(x)$ 为奇函数；当 m 为偶数时，$\mathrm{I}_m(x)$ 为偶函数；而 $m=0$ 时，有

$$\mathrm{I}_0(x) = 1 + \frac{x^2}{2^2} + \frac{x^4}{2^4(2!)^2} + \frac{x^6}{2^6(3!)^2} + \cdots \tag{17.4.8}$$

① 特殊值:$I_0(0) = 1, I_m(0) = 0$　($m>0$)。

② 由级数表达式知,当 x 是大于零的实数时,所有的项都是正的,故 $I_\nu(x)$ 没有实零点。

③ 递推公式:

$$\begin{cases} I_{m-1}(x) - I_{m+1}(x) = \dfrac{2m}{x} I_m(x), & I_{m+1}(x) + I_{m-1}(x) = 2I'_m(x) \\[3mm] I'_m(x) + \dfrac{m}{x} I_m(x) = I_{m-1}(x), & I'_m(x) - \dfrac{m}{x} I_m(x) = I_{m+1}(x) \end{cases} \tag{17.4.9}$$

17.4.3　第二类虚宗量贝塞尔函数的性质

根据定义式(17.4.6),给出当 ν 为整数 m 时的级数形式:

$$K_m(x) = (-1)^{m+1} \left[\gamma + \ln \frac{x}{2} \right] I_m(x) + \frac{1}{2} \sum_{k=0}^{m-1} (-1)^k \frac{(m-k-1)}{k!} \left(\frac{x}{2} \right)^{m-2k} +$$

$$\frac{(-1)^m}{2} \sum_{k=0}^{\infty} \frac{1}{k!(m+k)!} \left[\varphi(m+k) + \varphi(k) \right] \left(\frac{x}{2} \right)^{m+2k} \tag{17.4.10}$$

其中,$\gamma = 0.577216\cdots$ 是欧拉常数,$\varphi(k) = \sum_{n=1}^{k} \dfrac{1}{n}$。

递推公式:

$$K_{m+1}(x) - K_{m-1}(x) = \frac{2m}{x} K_m(x), \quad K_{m+1}(x) + K_{m-1}(x) = -2K'_m(x) \tag{17.4.11}$$

$$K'_m(x) + \frac{m}{x} K_m(x) = -K_{m-1}(x), \quad K'_m(x) - \frac{m}{x} K_m(x) = -K_{m+1}(x) \tag{17.4.12}$$

17.5　球贝塞尔方程及其解

17.5.1　球贝塞尔方程

用球坐标系对亥姆霍兹方程进行分离变量,得到球贝塞尔方程,即

$$r^2 \frac{d^2 R}{dr^2} + 2r \frac{dR}{dr} + \left[k^2 r^2 - l(l+1) \right] R = 0 \tag{17.5.1}$$

称为 l 阶**球贝塞尔方程**。这是因为对于 $k>0$,可以把自变量 r 和函数 $R(r)$ 分别换成 x 和 $y(x)$,

令 $x = kr, R(r) = \sqrt{\dfrac{\pi}{2x}} y(x)$,则

$$x^2 \frac{d^2 y}{dx^2} + x \frac{dy}{dx} \left[x^2 - \left(l + \frac{1}{2} \right)^2 \right] y = 0 \tag{17.5.2}$$

即为 $l + \dfrac{1}{2}$ 阶**贝塞尔方程**。

而对于 $k=0$,方程(17.5.1)即为欧拉型方程,解为 $R(r) = Cr^l + \dfrac{D}{r^{l+1}}$。

下面将着重讨论 $k \neq 0$ 的情况。

17.5.2　球贝塞尔方程的解

根据贝塞尔方程(17.5.2)的解,可得球贝塞尔方程(17.5.1)的两个线性独立解为

$$J_{l+\frac{1}{2}}(x) \text{和} N_{l+\frac{1}{2}}(x) \qquad \text{或} \quad H^{(1)}_{l+\frac{1}{2}}(x) \text{和} H^{(2)}_{l+\frac{1}{2}}(x)$$

再将它们每一个乘以 $\sqrt{\dfrac{\pi}{2x}}$ 即得到下列定义：

$$\begin{cases} j_l(x) = \sqrt{\dfrac{\pi}{2x}} J_{l+\frac{1}{2}}(x) \\[3mm] n_l(x) = \sqrt{\dfrac{\pi}{2x}} N_{l+\frac{1}{2}}(x) = (-1)^{l+1} \sqrt{\dfrac{\pi}{2x}} J_{-\left(l+\frac{1}{2}\right)}(x) \end{cases} \tag{17.5.3}$$

它称为球贝塞尔方程的解,并且 $j_l(x)$ 称为**第一类球贝塞尔函数**,$n_l(x)$ 称为**第二类球贝塞尔函数或球诺依曼函数**。

第三类球贝塞尔函数或球汉克尔函数可定义为

$$\begin{cases} h^{(1)}_l(x) = \sqrt{\dfrac{\pi}{2x}} H^{(1)}_{l+\frac{1}{2}}(x) = j_l(x) + i \cdot n_l(x) \\[3mm] h^{(2)}_l(x) = \sqrt{\dfrac{\pi}{2x}} H^{(2)}_{l+\frac{1}{2}}(x) = j_l(x) - i \cdot n_l(x) \end{cases} \tag{17.5.4}$$

球贝塞尔方程的通解为

$$y(x) = Cj_l(x) + Dn_l(x) \tag{17.5.5}$$

或

$$y(x) = Ah^{(1)}_l(x) + Bh^{(2)}_l(x) \tag{17.5.6}$$

其中,A, B, C 和 D 为任意实数。

17.5.3　球贝塞尔函数的级数表示

根据球贝塞尔函数的定义式得到

$$j_l(x) = 2^l x^l \sum_{k=0}^{\infty} (-1)^k \frac{(k+l)!}{k!(2k+l+1)!} x^{2k} \tag{17.5.7}$$

$$n_l(x) = \frac{(-1)^{l+1}}{2^l x^{l+1}} \sum_{k=0}^{\infty} (-1)^k \frac{(k-l)!}{k!(2k-2l)!} x^{2k} \tag{17.5.8}$$

17.5.4　球贝塞尔函数的递推公式

若用 $f_l(x)$ 代表球贝塞尔函数或球诺依曼函数或球汉克尔函数,即令

$$f_l(x) = \sqrt{\frac{\pi}{2x}} Z_{l+1/2}(x) \tag{17.5.9}$$

根据贝塞尔函数的递推公式,并取 $\nu = l+1/2$,得

$$Z_{l-\frac{1}{2}}(x) + Z_{l+\frac{3}{2}}(x) = \frac{(2l+1)}{x} Z_{l+\frac{1}{2}}(x)$$

故有

$$f_{l+1}(x) = \frac{2l+1}{x} f_l - f_{l-1} \tag{17.5.10}$$

这就是从 f_{l-1} 和 f_l 推算 $f_{l+1}(x)$ 递推公式。

17.5.5　球贝塞尔函数的初等函数表示式

根据贝塞尔函数有 $J_{\frac{1}{2}}(x) = \sqrt{\dfrac{2}{\pi x}} \sin x$,$J_{-\frac{1}{2}}(x) = \sqrt{\dfrac{2}{\pi x}} \cos x$,根据式(17.5.7),有

$$j_0(x) = \frac{\sin x}{x}, \quad j_{-1}(x) = \frac{\cos x}{x} \tag{17.5.11}$$

于是,反复应用递推公式,我们就得出所有的 $j_l(x)$ 初等函数表示式。

至于半奇数阶的诺依曼函数,按其定义有

$$N_{l+\frac{1}{2}}(x) = \frac{J_{l+\frac{1}{2}}(x)\cos\left[\left(l+\frac{1}{2}\right)\pi\right] - J_{-l-\frac{1}{2}}(x)}{\sin\left[\left(l+\frac{1}{2}\right)\pi\right]} = (-1)^{l+1} J_{-l-\frac{1}{2}}(x)$$

改用球诺依曼函数 $n_l(x)$ 和球贝塞尔函数 $j_{-(l+1)}(x)$ 得出

$$n_l(x) = (-1)^{l+1} j_{-(l+1)}(x) \tag{17.5.12}$$

在上式中,依次置 $l=0$ 和 $l=-1$,即得

$$n_0(x) = -\frac{\cos x}{x}, \quad n_{-1}(x) = \frac{\sin x}{x} \tag{17.5.13}$$

对式(17.5.11)和式(17.5.13)分别反复应用递推公式(17.5.10),得到

$$j_0(x) = \frac{\sin x}{x}; j_1(x) = \frac{1}{x^2}(\sin x - x\cos x); j_2(x) = \frac{1}{x^3}[3(\sin x - x\cos x) - x^2\sin x]$$

……

$$n_0(x) = \frac{-\cos x}{x}; n_1(x) = \frac{-1}{x^2}(\cos x + x\sin x); n_2(x) = \frac{-1}{x^3}[3(\cos x + x\sin x) - x^2\cos x]$$

……

17.5.6　球形区域内的球贝塞尔方程的本征值问题

球贝塞尔方程(17.5.1)写成施图姆-刘维尔型为

$$\frac{\mathrm{d}}{\mathrm{d}r}\left(r^2\frac{\mathrm{d}R}{\mathrm{d}r}\right) - l(l+1)R + k^2 r^2 R = 0 \tag{17.5.14}$$

请注意左边最后一项的系数 $k^2 r^2$,这里的 k^2 是本征值,r^2 是权重函数。

考虑方程在 $r=0$ 有自然边界条件,应取 $j_l(kr)$ 而舍弃 $n_l(kr)$。而 $j_l(kr)$ 还应满足球面 $r=r_0$ 上的第一、二或三类齐次边界条件,这就决定了本征值 $k_m (m=1,2,3,\cdots)$。

在定解问题中,球贝塞尔函数的边界条件往往化为贝塞尔函数 $J_{l+1/2}(kr)$ 的边界条件来求解。对应不同本征值的本征函数在区间 $[0,r_0]$ 上带权重 r^2 正交

$$\int_0^{r_0} j_l(k_m r) j_l(k_n r) r^2 \mathrm{d}r = 0 \qquad (k_m \neq k_n) \tag{17.5.15}$$

本征函数族 $j_l(k_m r) (m=1,2,3,\cdots)$ 是完备的,可作为广义傅里叶展开的基

$$f(r) = \sum_{m=1}^{\infty} f_m j_l(k_m r) \tag{17.5.16}$$

其中,系数

$$f_m = \frac{1}{[N_m]^2}\int_0^{r_0} f(r) j_l(k_m r) r^2 \mathrm{d}r \tag{17.5.17}$$

$$[N_m]^2 = \int_0^{r_0} [j_l(k_m r)]^2 r^2 \mathrm{d}r = \frac{\pi}{2k_m}\int_0^{r_0} [J_{l+\frac{1}{2}}(k_m r)]^2 r\mathrm{d}r \tag{17.5.18}$$

17.6　典型综合实例

例 17.6.1　求积分 $\int_0^x x^3 J_0(x)\,dx$。

【解】
$$\int_0^x x^3 J_0(x)\,dx = \int_0^x x^2\left\{\frac{d}{dx}[xJ_1(x)]\right\}dx$$

$$= x^3 J_1(x) - 2\int_0^x x^2 J_1(x)\,dx = x^3 J_1(x) - 2x^2 J_2(x)$$

上式中的最后一步利用了递推关系

$$x^2 J_1(x) = \frac{d}{dx}[x^2 J_2(x)]$$

例 17.6.2　求不定积分 $\int xJ_2(x)\,dx$。

【解】　根据递推公式(17.3.3)，取 $\nu=1$，有

$$\frac{d}{dx}[xJ_1(x)] = xJ_0(x)$$

根据递推公式(17.3.8)，有

$$J_{n-1} - J_{n+1} = 2J_n'(x)$$

故

$$\int xJ_2(x)\,dx = \int xJ_0(x)\,dx - 2\int xJ_1'(x)\,dx = xJ_1(x) - 2xJ_1(x) + 2\int J_1(x)\,dx$$

$$= -xJ_1(x) - 2\int J_0'(x)\,dx = -xJ_1(x) - 2J_0(x) + c$$

例 17.6.3　设 $\alpha_k(k=1,2,\cdots)$ 是方程 $J_0(2x)=0$ 的正根，试将函数

$$f(x) = \begin{cases} 1, & 0<x<1 \\ \dfrac{1}{2}, & x=1 \\ 0, & 1<x<2 \end{cases}$$

展开成贝塞尔函数 $J_0(\alpha_k x)$ 的级数形式。

【解】　由题意，$J_0(2\alpha_k)=0$，$x_k^{(0)}=2\alpha_k$ 是 $J_0(x)$ 的正零点，根据 $0<x<2$，故边界 $\rho_0=2$，从而 $f(x)$ 可展开成 $J_0\left(\dfrac{x_k^{(0)}}{\rho_0}x\right)=J_0\left(\dfrac{2\alpha_k}{2}x\right)=J_0(\alpha_k x)$ 的级数

$$f(x) = \sum_{k=1}^{+\infty} A_k J_0(\alpha_k x)$$

由第一类边界条件的模公式(17.3.39)，令 $m=0,n=k$，且零点 $x_k^{(0)}=k_k^{(0)}\rho_0=2\alpha_k$，故

$$[N_k^{(0)}]^2 = \frac{4}{2}J_1^2(x_k^{(0)}) = 2J_1^2(2\alpha_k)$$

$$\int_0^2 xf(x)J_0(\alpha_k x)\,dx = \int_0^1 xJ_0(\alpha_k x)\,dx = \frac{1}{\alpha_k^2}\int_0^1 \alpha_k x J_0(\alpha_k x)\,d(\alpha_k x) = \frac{1}{\alpha_k^2}\alpha_k x J_1(\alpha_k x)\Big|_0^1 = \frac{J_1(\alpha_k)}{\alpha_k}$$

$$A_k = \int_0^2 \frac{xf(x)J_0(\alpha_k x)}{[N_k^{(0)}]^2}\,dx = \frac{J_1(\alpha_k)}{2\alpha_k J_1^2(2\alpha_k)}$$

最后得展开式为

$$f(x) = \sum_{k=1}^{+\infty} \frac{J_1(\alpha_k)}{2\alpha_k J_1^2(2\alpha_k)} J_0(\alpha_k x)$$

例 17.6.4　设 $\omega_n(n=1,2,\cdots)$ 是方程 $J_0(x)=0$ 的所有正根,试将函数 $f(x)=1-x^2$ $(0<x<1)$ 展开成贝塞尔函数 $J_0(\omega_n x)$ 的级数。

【解】　设

$$1 - x^2 = \sum_{n=1}^{\infty} C_n J_0(\omega_n x)$$

则

$$C_n = \frac{2}{J_1^2(\omega_n)} \int_0^1 (1-x^2) x J_0(\omega_n x)\, dx$$

$$= \frac{2}{J_1^2(\omega_n)\omega_n^2} \int_0^{\omega_n} t\left(1 - \frac{t^2}{\omega_n^2}\right) J_0(t)\, dt, \quad (t = \omega_n x)$$

$$= \frac{2}{J_1^2(\omega_n)\omega_n^2} \left[\left(1 - \frac{t^2}{\omega_n^2}\right) t J_1(t) \Big|_0^{\omega_n} + \frac{2}{\omega_n^2} \int_0^{\omega_n} t^2 J_1(t)\, dt \right]$$

$$= \frac{2}{\omega_n^2 J_1^2(\omega_n)} \cdot \frac{2}{\omega_n^2} t^2 J_2(t) \Big|_0^{\omega_n}$$

$$= \frac{4 J_2(\omega_n)}{\omega_n^2 J_1^2(\omega_n)}$$

由递推关系 $J_2(x) = \dfrac{2}{x} J_1(x) - J_0(x)$,且注意到 $J_0(\omega_n)=0$,得 $J_2(\omega_n) = \dfrac{2J_1(\omega_n)}{\omega_n}$,因而

$$C_n = \frac{8}{\omega_n^3 J_1(\omega_n)}$$

所以

$$1 - x^2 = \sum_{n=1}^{\infty} \frac{8}{\omega_n^3 J_1(\omega_n)} J_0(\omega_n x)$$

例 17.6.5　设有一半径为 1 的薄圆盘。初始时刻圆盘内温度分布为 $1-\rho^2$(其中 ρ 是圆盘内任一点的极半径),保持圆周边界上温度恒为零,试求圆盘内温度分布规律。

【解】　由于是在圆域内求定解问题,故选择极坐标系,并考虑到定解条件与极角 φ 无关,所以温度函数为 $u(\rho,t)$,于是此问题可归结为求解下列定解问题

$$\begin{cases} u_t = a^2\left(u_{\rho\rho} + \dfrac{1}{\rho} u_\rho\right) & (0<\rho<1, t>0) \\[2mm] u\Big|_{\rho=1} = 0 & (t\geq 0) \\[2mm] u\Big|_{t=0} = 1-\rho^2 & (0\leq\rho\leq 1) \end{cases} \tag{17.6.1}$$

此外,由物理意义,温度应有界,即 $|u|<+\infty$,且当 $t\to+\infty$ 时,应有 $u\to 0$。

可用分离变量求解此定解问题,令 $u(\rho,t)=R(\rho)T(t)$,代入方程后分离变量,得到两个常微分方程

$$\rho^2 R''(\rho) + \rho R'(\rho) + \lambda\rho^2 R(\rho) = 0 \tag{17.6.2}$$

$$T'(t) + a^2\lambda T(t) = 0 \tag{17.6.3}$$

方程(17.6.3)的解为

$$T(t) = C e^{-a^2\lambda t}$$

由 $t\to+\infty$ 时,$u\to 0$ 知,$\lambda>0$,令 $\lambda=\beta^2$,则

$$T(t) = Ce^{-a^2\beta^2 t}$$

把 $\lambda = \beta^2$ 代入方程(17.6.2),则得零阶贝塞尔方程,其通解为

$$R(\rho) = C_1 J_0(\beta\rho) + C_2 N_0(\beta\rho)$$

由 $u(\rho, t)$ 的有界性和第二类贝塞尔函数在原点的无界性,得 $C_2 = 0$。由边界条件可得 $R(1) = 0$,即 $J_0(\beta) = 0$,因此 β 是 $J_0(x)$ 的正零点,以 $\mu_n^{(0)}$ 表示之,则特征值为

$$\lambda_n = \beta_n^2 = (\mu_n^{(0)})^2 \quad (n = 1, 2, 3, \cdots)$$

相应的特征函数为

$$R_n(\rho) = J_0(\mu_n^{(0)}\rho)$$

从而,原定解问题的解可表示为

$$u(\rho, t) = \sum_{n=1}^{\infty} C_n e^{-a^2(\mu_n^{(0)})^2 t} J_0(\mu_n^{(0)}\rho)$$

由初值条件得

$$1 - \rho^2 = \sum_{n=1}^{\infty} C_n J_0(\mu_n^{(0)}\rho)$$

其中,C_n 是函数 $(1-\rho^2)$ 按贝赛尔函数系 $\{J_0(\mu_n^{(0)}\rho)\}$ 展开的系数,所以

$$C_n = \frac{2}{[J_0'(\mu_n^{(0)})]^2} \int_0^1 (1-\rho)^2 \rho J_0(\mu_n^{(0)}\rho) \, d\rho$$

$$= \frac{2}{[J_1(\mu_n^{(0)})]^2} \left[\int_0^1 \rho J_0(\mu_n^{(0)}\rho) \, d\rho - \int_0^1 \rho^3 J_0(\mu_n^{(0)}\rho) \, d\rho \right]$$

经过计算可得

$$C_n = \frac{4 J_2(\mu_n^{(0)})}{[\mu_n^{(0)} J_1(\mu_n^{(0)})]^2}$$

最后得原定解问题的解(即温度分布)为

$$u(\rho, t) = \sum_{n=1}^{\infty} \frac{4 J_2(\mu_n^{(0)})}{[\mu_n^{(0)} J_1(\mu_n^{(0)})]^2} J_0(\mu_n^{(0)}\rho) e^{-a^2(\mu_n^{(0)})^2 t}$$

小　结

1. 贝塞尔方程及其解

ν 阶贝塞尔方程:
$$x^2 \frac{dy}{dx} + x \frac{dy}{dx} + (x^2 - \nu^2) y = 0$$

贝塞尔方程的解:① 当 $\nu \neq$ 整数时,通解为 $y(x) = A J_\nu(x) + B J_{-\nu}(x)$,$J_\nu(x)$ 为第一类贝塞尔函数;② 当 ν 取任意值时,通解可表示为 $y(x) = A J_\nu(x) + B N_\nu(x)$,$N_\nu(x)$ 为第二类贝塞尔函数;③ 当 ν 取任意值时,通解也可表示为 $y(x) = A H_\nu^{(1)}(x) + B H_\nu^{(2)}(x)$,$H_\nu(x)$ 为第三类贝塞尔函数。

2. 三类贝塞尔函数的表示式

第一类贝塞尔函数级数表示式　$J_\nu(x) = \sum_{k=0}^{\infty} (-1)^k \frac{1}{k! \Gamma(\nu + k + 1)} \left(\frac{x}{2}\right)^{\nu + 2k}$

第二类贝塞尔函数表示式　$N_\nu(x) = \dfrac{\cos(\nu\pi) J_\nu(x) - J_{-\nu}(x)}{\sin(\nu\pi)}$

第三类贝塞尔函数表示式
$$\begin{cases} \mathrm{H}_\nu^{(1)}(x) = \mathrm{J}_\nu(x) + \mathrm{i} \cdot \mathrm{N}_\nu(x) \\ \mathrm{H}_\nu^{(2)}(x) = \mathrm{J}_\nu(x) - \mathrm{i} \cdot \mathrm{N}_\nu(x) \end{cases}$$

3. 贝塞尔方程的本征值

① 第一类边界条件的贝塞尔方程本征值：$\lambda_n^{(m)} = \mu_n^{(m)} = [k_n^{(m)}]^2 = \left[\dfrac{x_n^{(m)}}{\rho_0}\right]^2$ （$n = 1, 2,$ $3, \cdots$），其中 $x_n^{(m)}$ 表征 $\mathrm{J}_m(x) = 0$ 的第 n 个正零点。

② 第二类齐次边界条件的贝塞尔方程本征值：$\lambda_n^{(m)} = (x_n^{(m)}/\rho_0)^2$，其中 $x_n^{(m)}$ 是 $\mathrm{J}_m'(x)$ 的第 n 个零点。

③ 第三类齐次边界条件的贝塞尔方程本征值：$\lambda_n^{(m)} = \mu_n^{(m)} = (x_n^{(m)}/\rho_0)^2$，其中 $x_n^{(m)}$ 是 $R(\rho_0) + HR'(\rho_0) = 0$ 的第 n 个零点。

4. 贝塞尔函数的基本性质

（1）递推公式
$$\frac{\mathrm{d}}{\mathrm{d}x}\left[\frac{\mathrm{J}_\nu(x)}{x^\nu}\right] = -\frac{\mathrm{J}_{\nu+1}(x)}{x^\nu}, \qquad \frac{\mathrm{d}}{\mathrm{d}x}\left[x^\nu \mathrm{J}_\nu(x)\right] = x^\nu \mathrm{J}_{\nu-1}(x)$$

或
$$Z_{\nu-1}(x) + Z_{\nu+1}(x) = 2\frac{\nu}{x}Z_\nu(x), \qquad Z_{\nu-1}(x) - Z_{\nu+1}(x) = 2Z_\nu'(x)$$

满足一组递推关系的函数 $Z_\nu(x)$ 统称为柱函数。可以证明，柱函数满足贝塞尔方程。贝塞尔函数的递推公式是非常重要的。

（2）贝塞尔函数的正交性和模

① 正交性：当 $k_i^{(m)} \neq k_j^{(m)}$ 时，有 $\displaystyle\int_0^{\rho_0} \mathrm{J}_m(k_i^{(m)}\rho)\mathrm{J}_m(k_j^{(m)}\rho)\rho\,\mathrm{d}\rho = 0$

② 贝塞尔函数的模 $N_n^{(m)}$：

对于第一类齐次边界条件 $\mathrm{J}_m(k_n^{(m)}\rho_0) = 0$，模的平方为
$$[N_n^{(m)}]^2 = \frac{1}{2}\rho_0^2[\mathrm{J}_{m+1}(k_n^{(m)}\rho_0)]^2$$

对于第二类齐次边界条件 $\mathrm{J}_m'(k_n^{(m)}\rho_0) = 0$，模的平方为
$$[N_n^{(m)}]^2 = \frac{1}{2}\left(\rho_0^2 - \frac{m^2}{\lambda_n}\right)[\mathrm{J}_m(k_n^{(m)}\rho_0)]^2$$

对于第三类齐次边界条件 $\mathrm{J}_m' = -\dfrac{\mathrm{J}_m}{k_n^{(m)}H}$，模的平方为
$$[N_n^{(m)}]^2 = \frac{1}{2}\left(\rho_0^2 - \frac{m^2}{\lambda_n} + \frac{\rho_0^2}{\lambda_n H}\right)[\mathrm{J}_m(k_n^{(m)}\rho_0)]^2$$

（3）广义傅里叶-贝塞尔级数：定义在区间 $[0, \rho_0]$ 上的函数 $f(\rho)$，可以展开为广义的傅里叶-贝塞尔级数 $f(\rho) = \displaystyle\sum_{n=1}^{\infty} f_n \mathrm{J}_m(k_n^{(m)}\rho)$，其中广义傅里叶系数 $f_n = \dfrac{1}{[N_n^{(m)}]^2}\displaystyle\int_0^{\rho_0} f(\rho)\mathrm{J}_m(k_n^{(m)}\rho)\rho\,\mathrm{d}\rho$。

（4）贝塞尔函数的母函数（生成函数）：$\mathrm{e}^{\frac{x}{2}\left(z - \frac{1}{z}\right)}$。

（5）加法公式 $\qquad \mathrm{J}_m(x + y) = \displaystyle\sum_{k=-\infty}^{+\infty} \mathrm{J}_k(x)\mathrm{J}_{m-k}(y)$

(6) 贝塞尔函数的积分表示式　$J_m(x) = \dfrac{1}{2\pi i} \oint_C \dfrac{e^{\frac{x}{2}\left(z-\frac{1}{z}\right)}}{z^{m+1}} dz$　$(m = 0, \pm 1, \pm 2, \cdots)$

5. 虚宗量贝塞尔方程(也称为修正贝塞尔方程)

$$x^2 \frac{d^2R}{dx^2} + x\frac{dR}{dx} - (x^2+\nu^2)R = 0$$

虚宗量贝塞尔方程的解具有下列形式:

① 当 $\nu \neq$ 整数时,通解为 $y(x) = CI_\nu(x) + DI_{-\nu}(x)$,其中 $I_\nu(x) = \dfrac{1}{i^\nu}J_\nu(\xi) = (-i)^\nu J_\nu(ix)$。

② 当 ν 取任意值时,$y(x) = CI_\nu(x) + DK_\nu(x)$。

6. 球贝塞尔方程

① 球贝塞尔方程:　　　　$r^2\dfrac{d^2R}{dr^2} + 2r\dfrac{dR}{dr} + [k^2r^2 - l(l+1)]R = 0$

② 球贝塞尔函数的通解:　$y(x) = Cj_l(x) + Dn_l(x)$ 或 $y(x) = Ch_l^{(1)}(x) + Dh_l^{(2)}(x)$

③ 球贝塞尔函数的级数表示式:

$$j_l(x) = 2^l x^l \sum_{k=0}^{\infty} (-1)^k \frac{(k+l)!}{k!(2k+l+1)!} x^{2k}$$

$$n_l(x) = \frac{(-1)^{l+1}}{2^l x^{l+1}} \sum_{k=0}^{\infty} (-1)^k \frac{(k-l)!}{k!(2k-2l)!} x^{2k}$$

④ 递推公式:　　　　　　　$f_{l+1}(x) = \dfrac{2l+1}{x}f_l - f_{l-1}$

⑤ 球贝塞尔函数的初等函数表示式:　$j_0(x) = \dfrac{\sin x}{x}, \quad j_{-1}(x) = \dfrac{\cos x}{x}$

习　题　17

17.1　证明:$J_0'(x) = -J_1(x)$。

17.2　求 $\dfrac{d}{dx}J_0(ax)$。

17.3　求 $\dfrac{d}{dx}[xJ_1(ax)]$。

17.4　计算积分 $I = \int x^4 J_1(x)\,dx$。

17.5　验证函数 $y = \sqrt{x}\,J_{\frac{3}{2}}(x)$ 是方程 $x^2y'' + (x^2-2)y = 0$ 的解。

17.6　验证函数 $y = xJ_n(x)$ 是方程 $x^2y'' - xy' + (1-x^2-n^2)y = 0$ 的一个特解。

17.7　证明:(1) $\dfrac{d}{dx}[xJ_0(x)J_1(x)] = x[J_0^2(x) - J_1^2(x)]$;(2) $\int x^2 J_1(x)\,dx = 2xJ_1(x) - x^2 J_0(x) + c$。

17.8　证明:(1) $J_2(x) = J_0''(x) - \dfrac{1}{x}J_0'(x)$;(2) $J_3(x) + 3J_0'(x) + 4J_0'''(x) = 0$。

17.9　半径为 b,高为 h 的均匀圆柱体,下底和侧面保持为零度,上底温度分布为 r^2。求圆柱内的稳定温度分布。

17.10　设沿 z 方向均匀的电磁波在底半径为 1 的圆柱域内传播,在侧面沿法向方向导数等于零,从静止状态开始传播,初速度为 $1-r^2$。求其传播规律(假设对于极角 φ 对称)。

计算机仿真编程实践

17.11　计算机仿真绘出第一类贝塞尔函数 $J_0(x),J_1(x),J_2(x),J_3(x),J_4(x),J_5(x)$ 的图形。
(**提示**:若用 MATLAB 仿真,对应第一类贝塞尔函数可使用 Bessekj(n,x)。)

17.12　计算机仿真绘出第二类贝塞尔函数 $N_0(x),N_1(x),N_2(x),N_3(x),N_4(x),N_5(x)$ 的图形。(**提示**:若用 MATLAB 仿真,对于第二类贝塞尔函数可使用 Besseky(n,x)。)

17.13　计算机仿真绘出第一种汉克尔函数(第三类贝塞尔函数)$H_0^{(1)}(x),H_1^{(1)}(x),H_2^{(1)}(x),$ $H_3^{(1)}(x)$ 的图形。(**提示**:若用 MATLAB 仿真,对于第一种汉克尔函数可使用 Bessekh $(n,1,x)$。)

17.14　计算机仿真绘出第二种汉克尔函数(第三类贝塞尔函数)$H_0^{(2)}(x),H_1^{(2)}(x),H_2^{(2)}(x),$ $H_3^{(2)}(x)$ 的图形。(**提示**:若用 MATLAB 仿真,对于第二种汉克尔函数可使用 Bessekh $(n,2,x)$。)

第三篇综合测试题

一、填空:(20 分)

1. $\int_{-1}^{1} x^2 P_{358}(x) P_{1050}(x)\,\mathrm{d}x = $ ＿＿＿＿＿＿＿＿＿。

2. 在自然边界即 $y|_{x=\pm 1}$ 有界条件下,对于施-刘型本征值问题

$$\frac{\mathrm{d}}{\mathrm{d}x}\big[(1-x^2)y'\big] - \frac{m^2}{1-x^2}y(x) + \mu y(x) = 0 \quad (|x| < 1)$$

则本征值 = ＿＿＿＿＿＿＿＿；本征函数 = ＿＿＿＿＿＿＿＿。

3. 已知 $P_0(x)=1,P_1(x)=x$,则 $P_2(x)=$ ＿＿＿＿；而函数 $f(x)=3x^2+5x-\dfrac{1}{2}$ 按 $P_1(x)$ 的展开式为

$f(x)=$ ＿＿＿＿＿＿＿＿。

4. $\Delta u=0$ 在球域内的解为 $u(r,\theta,\varphi)=$ ＿＿＿＿＿＿＿＿。

二、利用特殊函数的有关性质,计算积分。(20 分)

(1) $I = \int_{-1}^{1} P_n(x)\,\mathrm{d}x$　　(2) $I = \int_{0}^{a} x^3 J_0(x)\,\mathrm{d}x$

三、利用勒让德多项式的递推公式,计算定积分 $I = \int_{0}^{1} P_k(x)\,\mathrm{d}x, (k=0,1,2,\cdots)$。(20 分)

四、在原来是匀强的静电场中放置均匀介质球。原来的电场强度是矢量 E_0,球的半径为 r_0,介电常数是 ε。试求解介质球内外的电场强度。(20 分)

五、设有一单位半径的圆板,它的表面绝热,而边缘保持温度为零,若板的初始温度为 $f(\rho)$,板的热传导系数为 D,求圆板在任一时刻的温度分布。若 $f(\rho)=\big[x_m^0\big]^2$($x_m^0$ 是零阶贝塞尔函数的零点),此时圆板的温度分布如何? (20 分)

第四篇　计算机仿真与实践

主要内容:计算机仿真在复变函数、数学物理方程和特殊函数中的应用。
重点:计算机仿真绘图和偏微分方程的求解及可视化。
特点:培养计算机仿真能力和程序设计能力。

　　本篇主要介绍计算机仿真在复变函数中的应用,以及计算机仿真在偏微分方程与特殊函数中的应用。

　　计算机仿真主要是利用数学工具软件(MATLAB, MATHEMATIC, MATHCAD, MAPLE)和常用计算机语言(Visual C++, Visual Basic 等)实现对复变函数、数学物理方程以及特殊函数的仿真求解,特别对初等复变函数、特殊函数的图形显示,对三类典型的数学物理方程的求解及其解的显示具有重要作用(与时间相关的波动方程和热传导方程能动态演示解的图形分布)。计算机仿真方法可以广泛应用于科学研究中并能对研究结果进行直观的显示(可视化)。计算机仿真是实现计算机自动计算取代手工计算的重要途径。本篇的所有程序在 MATLAB 7.0 软件环境下运行通过。

第 18 章　计算机仿真
在复变函数中的应用

基于 MATLAB 语言的广泛应用,我们介绍的计算机仿真方法主要立足于对 MATLAB 语言的仿真介绍,而其他数学工具软件(MATHEMATIC, MATHCAD, MAPLE)的仿真方法是类似的。

本章介绍使用 MATLAB 仿真方法进行复数、复变函数的各类基本运算及定理的验证,并介绍仿真计算留数、积分的方法及复变函数中泰勒级数展开、拉普拉斯变换和傅里叶变换。

18.1　复数运算和复变函数的图形

18.1.1　复数的基本运算

1. 复数的生成

复数可由语句 z=a+b*i 生成,也可简写成 z=a+bi;另一种生成复数的语句是z=r*exp(i*theta),其中 theta 是复数辐角的弧度值, r 是复数的模。

2. 复矩阵的生成

创建复矩阵有两种方法。

(1) 一般方法

例 18.1.1　创建复矩阵的一般方法。

$$A=[3+5*I \quad -2+3i \quad i \quad 5-i \quad 9*exp(i*6) \quad 23*exp(33i)]$$

%运行后答案为　A = 3.0000+5.0000i　−2.0000+3.0000i　0+1.0000i
　　　　　　　　　　5.0000−1.0000i　8.6415−2.5147i　−0.3054+22.9980i

说明:%后为注释语句,不需输入。

(2) 可将实、虚矩阵分开创建,再写成和的形式

例 18.1.2　将实、虚部合并构成复矩阵。

```
re=rand(3,2);
im=rand(3,2);
com=re+i*im
```

%运行后答案为　com = 0.9501+0.4565i　0.4860+0.4447i
　　　　　　　　　　0.2311+0.0185i　0.8913+0.6154i
　　　　　　　　　　0.6068+0.8214i　0.7621+0.7919i

18.1.2　复数的运算

1. 复数的实部和虚部

复数的实部和虚部的提取可由函数 real 和 imag 实现。调用形式如下:

　　　　real(z)　　　%返回复数 z 的实部
　　　　imag(z)　　　%返回复数 z 的虚部

2. 共轭复数

复数的共轭可由函数 conj 实现。调用形式为 conj(z),返回复数 z 的共轭复数。

3. 复数的模与辐角

复数的模与辐角的求取由函数 abs 和 angle 实现。调用形式为:

　　　　abs(z)　　　%返回复数 z 的模
　　　　angle(z)　　%返回复数 z 的辐角

例 18.1.3　求下列复数的实部与虚部、共轭复数、模与辐角。

$(1)\dfrac{1}{3+2i}$; $(2)\dfrac{1}{i}-\dfrac{3i}{1-i}$; $(3)\dfrac{(3+4i)(2-5i)}{2i}$; $(4)i^8-4i^{21}+i$.

【解】　a=[1/(3+2i)　1/i-3i/(1-i)　(3+4i)*(2-5i)/2i　i^8-4*i^21+i]

%a =0.2308-0.1538i　1.5000-2.5000i　-3.5000-13.0000i　1.0000-3.0000i

 real(a)

%ans =0.2308　　1.5000　　-3.5000　　1.0000

说明:凡 ans 及其后面的内容均不需输入,它是前面语句的答案。本句 ans 是 real(a)的答案。

imag(a)

%ans = -0.1538　　-2.5000　　-13.0000　　-3.0000

conj(a)

%ans =0.2308 + 0.1538i　1.5000+2.5000i　-3.5000+13.0000i　1.0000+3.0000i

abs(a)

%ans = 0.2774　　2.9155　　13.4629　　3.1623

angle(a)

%ans =-0.5880　　-1.0304　　-1.8338　　-1.2490

4. 复数的乘、除法

复数的乘、除法运算分别由" * "和"/"实现。

5. 复数的平方根

复数的平方根运算由函数 sqrt 实现。调用形式如下:

　　　　sqrt(z)　　　%返回复数 z 的平方根值

6. 复数的幂运算

复数的幂运算形式是"z^n",结果返回复数 z 的 n 次幂。

7. 复数的指数和对数运算

复数的指数和对数运算分别由函数 exp 和 log 实现。调用形式如下:

exp(z)   %返回复数 z 的以 e 为底的指数值
log(z)   %返回复数 z 的以 e 为底的对数值

例 18.1.4 求下列式的值。

（1）$\ln(-10)$；   （2）$e^{\frac{\pi}{2}i}$。

【解】

$\log(-10)$

%ans = 2.3026 + 3.1416i

$\exp(pi/2 * i)$

%ans = 0.0000+ 1.0000i

8. 复数方程求根

复数方程求根或实数方程的复数根求解由函数 solve 实现。

例 18.1.5 求方程 $x^3+8=0$ 所有的根。

【解】   solve('x^3+8=0')

%ans =

$$\begin{bmatrix} -2 \\ 1+i*3^{\wedge}(1/2) \\ 1-i*3^{\wedge}(1/2) \end{bmatrix}$$

9. 复数的三角函数运算

复数的三角函数运算请参见表 18.1。

表 18.1 复数三角函数表

函 数 名	函 数 功 能	函 数 名	函 数 功 能
sin(x)	返回复数 x 的正弦函数值	asin(x)	返回复数 x 的反正弦函数值
cos(x)	返回复数 x 的余弦函数值	acos(x)	返回复数 x 的反余弦函数值
tan(x)	返回复数 x 的正切函数值	atan(x)	返回复数 x 的反正切函数值
cot(x)	返回复数 x 的余切函数值	acot(x)	返回复数 x 的反余切函数值
sec(x)	返回复数 x 的正割函数值	asec(x)	返回复数 x 的反正割函数值
csc(x)	返回复数 x 的余割函数值	acsc(x)	返回复数 x 的反余割函数值
sinh(x)	返回复数 x 的双曲正弦值	coth(x)	返回复数 x 的双曲余切值
cosh(x)	返回复数 x 的双曲余弦值	sech(x)	返回复数 x 的双曲正割值
tanh(x)	返回复数 x 的双曲正切值	csch(x)	返回复数 x 的双曲余割值

18.1.3 复变函数的图形

1. 整幂函数的图形

例 18.1.6 绘出整幂函数 z^2 的图形。

【解】

z=cplxgrid(30);

cplxmap(z,z.^2);

```
colorbar('vert');
title('z^2')
%(见图 18.1)
```

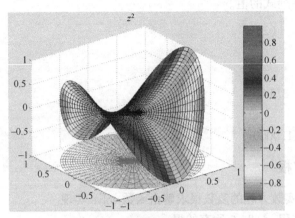

图 18.1　整幂函数 z^2 的图形

2. 根式函数的图形

例 18.1.7　绘出根式函数 $z^{\frac{1}{2}}$ 的图形。

【解】

```
z = cplxgrid(30);
cplxroot(2);
colorbar('vert');
title('z^[1/2]')     %(见图 18.2)
```

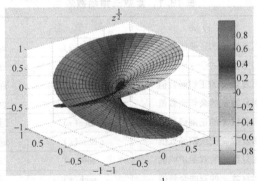

图 18.2　根式函数 $z^{\frac{1}{2}}$ 的图形

3. 复变函数中对数函数的图形

例 18.1.8　绘出对数函数 $\ln z$ 的图形。

【解】

```
z = cplxgrid(20);
w = log(z);
for k = 0:3
w = w+i * 2 * pi;
surf(real(z),imag(z),imag(w),real(w));
```

hold on
title('lnz')
end
view(-75,30)　　%(见图 18.3)

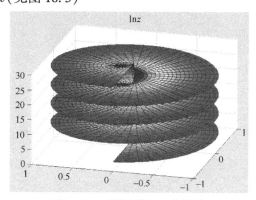

图 18.3　对数函数 lnz 的图形

例 18.1.9　绘出三角函数 sinz 的图形。

【解】　z = 5 * cplxgrid(30);
　　cplxmap(z,sin(z));
　　colorbar('vert');
　　title('sin(z)')

从图 18.4 可以看出，sinz 的绝对值可以大于 1。

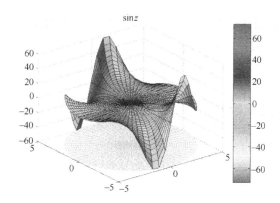

图 18.4　三角函数 sinz 的图形

例 18.1.10　计算机仿真编程实践：

若 $z_k(k=1,2,\cdots,n)$ 对应为 $z^n-1=0$ 的根，其中 $n \geqslant 2$ 且取整数。试用计算机仿真编程验证下列数学恒等式 $\displaystyle\sum_{k=1}^{n} \frac{1}{\displaystyle\prod_{\substack{m=1 \\ (m\neq k)}}^{n} (z_k - z_m)} = 0$ 成立。

【解】　仿真程序：

```
n = round(1000 * random('beta',1,1))+1
%　 n = input('please enter n=')
su = 1;
```

```
sum=0;
  for s=1:n
  N(s)=exp(i*2*s*pi/n);
  end
  for k=1:n
  for s=1:n
    if s˜=k
      su=1/(N(k)-N(s))*su;
    end
  end
    sum=sum+su;
    su=1;
  end
  sum
```

仿真验证结果为：

    n=735　　　sum=2.2335e-016-5.1707e-016i

其中，n 的值为随机产生的整数，可见其 sum 的实部和虚部均接近于零。

18.2　复变函数的极限与导数、解析函数

18.2.1　复变函数的极限

求复变函数的极限使用命令 limit( )。复变函数的极限存在要求复变函数实部和虚部同时存在极限。命令 limit( )的格式如下：

    limit(F,x,a)

例 18.2.1　对于复变函数 $f(z)=\dfrac{\sin z}{z}$，用 MATLAB 仿真计算极限$\lim\limits_{z\to 0}f(z)$，$\lim\limits_{z\to 1+i}f(z)$。

【解】　仿真程序如下：

```
clear
syms z
f=sin(z)/z;
limit(f,z,0)
%仿真结果为 ans=1
limit(f,z,1+i)
%仿真结果为
ans=1/2*sin(1)*cosh(1)-1/2*i*sin(1)*cosh(1)+1/2*i*cos(1)*sinh(1)+
    1/2*cos(1)*sinh(1)
```

例 18.2.2　若 x 为实数，求极限 $\lim\limits_{x\to+\infty}\left(1+\dfrac{1}{ix}\right)^{ix}$。

【解】　仿真程序如下：

```
clear
```

```
syms x
f=(1+1/(i*x))^(i*x);
limit(f,x,+inf)
% 仿真结果 ans = exp(1)
```

18.2.2　复变函数的导数

例 18.2.3　分别求下列函数在对应点的导数。

(1) $\ln(1+\sin z),z=i/2$;　　　　(2) $\sqrt{(z-1)(z-2)},z=3+i/2$

【解】　仿真程序如下：

```
clear
syms z
f1=log(1+sin(z));
f2=sqrt((z-1)*(z-2));
df1=diff(f1,z)
df2=diff(f2,z)
vdf1=subs(df1,z,i/2)
vf2=subs(df2,z,3+i/2)
```

仿真结果为：

```
df1 = cos(z)/(1+sin(z))
df2 = 1/2/((z-1)*(z-2))^(1/2)*(2*z-3)
vdf1 = 0.8868 - 0.4621i
vf2 = 1.0409 - 0.0339i
```

18.2.3　解析函数

例 18.2.4　研究电偶极子(Diploe)所产生的电势和电场强度[2]。设在 (a,b) 处有电荷 $+q$,在 $(-a,-b)$ 处有电荷 $-q$。则在电荷所在平面上任何一点的电势为 $V=\dfrac{q}{2\pi\varepsilon_0}\left(\dfrac{1}{r_+}-\dfrac{1}{r_-}\right)$,其中 $r_+=\sqrt{(x-a)^2+(y-b)^2},r_-=\sqrt{(x+a)^2+(y-b)^2},\dfrac{1}{4\pi\varepsilon_0}=9\times10^9,q=2\times10^{-6},a=1.5,b=-1.5$。

【解】　根据解析函数理论中求电势的方法,可由等势线求出电力线方程。

下面给出计算机仿真方法求解:仿真(MATLAB)程序和仿真结果。

```
clear ; clf;q=2e-6;k=9e9;a=1.5;b=-1.5;x=-6:0.6:6;y=x;
[X,Y]=meshgrid(x,y);
rp=sqrt((X-a).^2+(Y-b).^2);      rm=sqrt((X+a).^2+(Y+b).^2);
V=q*k*(1./rp-1./rm);      % 计算电势
[Ex,Ey]=gradient(-V);      %计算电场强度
AE=sqrt(Ex.^2+Ey.^2);Ex=Ex./AE;Ey=Ey./AE;      %场强归一化
cv=linspace(min(min(V)),max(max(V)),49);      %用黑实线绘等势线
contour (X,Y,V,cv,'k-')
%axis('square')
title('\fontname{宋体} \fontsize{22}电偶极子的场和等势线'),hold on
```

```
quiver(X,Y,Ex,Ey,0.7)
plot(a,b,'wo',a,b,'w+')
plot(-a,-b,'wo',-a,-b,'w-')
xlabel('x');        ylabel('y'),hold off
```

说明：图 18.5 中，黑实线代表等势线，箭头构成电力线。根据题中电荷的位置，不难看出图中右下方为正电荷，左上方为负电荷。

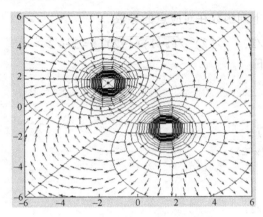

图 18.5　电偶极子的场和等势线

18.3　复变函数的积分与留数定理

18.3.1　非闭合路径的积分计算

非闭合路径的积分用函数 int 求解。

例 18.3.1　求积分 $x1 = \int_{\frac{\pi}{6}i}^{0} \mathrm{ch}3z\mathrm{d}z$；$x2 = \int_{0}^{i}(z-1)\mathrm{e}^{-z}\mathrm{d}z$。

【解】
```
syms z;
x1 = int(cosh(3 * z),z,pi/6 * i,0)
x2 = int((z-1) * exp(-z),z,0,i)
```
仿真结果为：
```
x1 = -1/3 * i
x2 = -i/exp(i)
```

18.3.2　闭合路径的积分计算

1. 求孤立奇点的留数

在 MATLAB 中求函数的留数的方法较简单，如果已知奇点 z_0 和重数 m，则可用下面的 MATLAB 语句求出相应的留数。

```
R=limit(F * (z-z0),z,z0)                              %单奇点
R=limit(diff(F * (z-z0)^m,z,m-1)/prod(1:m-1);z,z0)    % m 重奇点
```

例 18.3.2　试求函数 $f(z) = \dfrac{1}{z^3(z-1)}\sin\left(z+\dfrac{\pi}{3}\right)\mathrm{e}^{-2\pi}$ 的孤立奇点处的留数。

【解】　分析原函数可知:$z=0$ 是三重奇点,$z=1$ 是单奇点,因此可以直接使用下面的 MATLAB 语句分别求出这两个奇点的留数。

```
syms z
f=sin(z+pi/3) * exp(-2 * z)/(z^3 * (z-1))
R=limit(diff(f * z^3,z,2)/prod(1:2),z,0)
%仿真结果为:R = -1/4 * 3^(1/2)+1/2;
limit(f * (z-1),z,1)
%仿真结果为:R =1/2 * exp(-2) * sin(1)+1/2 * exp(-2) * cos(1) * 3^(1/2)
```

2. 利用留数定理计算闭合路径的积分

对闭合路径的积分,先计算闭区域内各孤立奇点的留数,再利用留数定理可得积分值。

留数定理:设函数 $f(z)$ 在区域 D 内除有限个孤立奇点 $z_1, z_2, \cdots, z_n$ 外处处解析,C 为 D 内包围诸奇点的一条正向简单闭曲线,则 $\oint_C f(z)\,\mathrm{d}z = 2\pi\mathrm{i}\sum_{k=1}^{n} \mathrm{Res}[f(z), z_k]$。

对于有理函数的留数计算,在 MATLAB 中用函数 residue。调用格式如下:

$$[R, P, K] = \mathrm{residue}(B, A)$$

向量 B 为 $f(z)$ 的分子系数;向量 A 为 $f(z)$ 的分母系数;向量 R 为留数;向量 P 为极点位置;向量 K 为直接项。

直接项是指有理分式 $f(z) = B(z)/A(z)$ 的展开式中的 $K(z)$,即为没有奇点的项,如

$$f(z) = \frac{B(z)}{A(z)} = \frac{Q(1)}{z-P(1)} + \frac{Q(2)}{z-P(2)} + \cdots + \frac{Q(n)}{z-P(n)} + K(z)$$

例 18.3.3　求函数 $\dfrac{z^2+1}{z+1}$ 在奇点处的留数。

【解】　$[R,P,K] = \mathrm{residue}([1,0,1],[1,1])$
仿真结果为:

```
R =      2
P =       -1
K = 1      -1
```

故在奇点 $z=-1$ 处的留数为 2。

例 18.3.4　仿真计算积分 $\displaystyle\oint_C \frac{z}{z^4 - 1}\,\mathrm{d}z$ 的值,其中 C 是正向圆周,$|z| = 2$。

【解】　先求被积函数的留数
$[R,P,K] = \mathrm{residue}([1,0],[1,0,0,0,-1])$
仿真结果为:

```
R =   0.2500
      0.2500
     -0.2500 + 0.0000i
     -0.2500 - 0.0000i
P = -1.0000
     1.0000
     0.0000 + 1.0000i
```

0. 0000－1. 0000i

K = [ ]

可见,在圆周$|z|=2$内有 4 个极点,所以积分值为 S = 2 * pi * i * sum(R)。仿真结果为

S = 0。故原积分 $\oint_C \dfrac{z}{z^4-1}dz = 2\pi i \cdot sum(R) = 0$。

例 18.3.5　仿真计算积分 $\displaystyle\oint_{|z|=2} \dfrac{1}{(z+i)^{10}(z-1)(z-3)}dz$ 的值。

【解】　仿真程序为:

```
clear
syms t  z
z=2*cos(t)+i*2*sin(t);
f=1/(z+i)^10/(z-1)/(z-3);
inc=int(f*diff(z),t,0,2*pi)
```

仿真结果为 inc ＝779/78125000 * i * pi+237/312500000 * pi。

为了直观显示,若只输出 6 位有效数值,可使用语句:

```
vpa(inc,6)
```

仿真结果为 ans =.238258e−5+.313254e−4 * i。

18.4　复变函数级数

18.4.1　复变函数级数的收敛及其收敛半径

1. 复数列的收敛

可以通过求极限的方法判断数列是否收敛。

例 18.4.1　计算机仿真判断下列数列 $\{\alpha_n\}$ 是否收敛,如收敛,则求出其极限。

$$\alpha_n = \frac{1+ni}{1-ni}$$

【解】　仿真程序如下:

```
clear
syms n
f1=(1+i*n)/(1-i*n);
limit(f1,n,Inf)
%仿真结果   f1 = −1
%数列{αn}收敛, 极限为 −1
%上述求极限中 Inf 代表 n=∞
```

2. 幂级数的收敛半径

可以利用复变函数求收敛半径的比值法或根值法,得到收敛半径:

$$R = \lim_{n\to\infty}\left|\frac{C_n}{C_{n+1}}\right|, \qquad R = \lim_{n\to\infty}\frac{1}{\sqrt[n]{|C_n|}} = \lim_{n\to\infty}|C_n|^{-\frac{1}{n}}$$

例 18.4.2　求下列幂级数的收敛半径。

$$（1）\sum_{n=0}^{\infty} \mathrm{e}^{\mathrm{i}\frac{\pi}{n}} z^n \qquad （2）\sum_{n=1}^{\infty} \left(\frac{z}{n\mathrm{i}}\right)^n$$

【解】　仿真程序如下：

```
clear
syms n
C1 = exp( i * pi/n)
C2 = 1/( i * n) ^ n
R1 = abs( limit( C1 ^ ( -1/n) ,n, inf) )
R2 = abs( limit( C2 ^ ( -1/n) ,n, inf) )
%仿真结果为
R1 = 1      % 收敛半径为 1
R2 = Inf    % 收敛半径为∞
```

18.4.2　单变量函数的泰勒级数展开

函数 $f(z)$ 在点 z_0 的泰勒级数展开式如下：

$$f(z) = f(z_0) + f'(z_0)(z-z_0) + \frac{f''(z_0)}{2!}(z-z_0)^2 + \frac{f'''(z_0)}{3!}(z-z_0)^3 + \cdots.$$

在 MATLAB 中可由函数 taylor 实现：

```
taylor( f )        %返回函数 f 的五次幂多项式近似。此功能函数可以有两个附加参数
taylor( f,n )      %返回 n-1 次幂多项式( n 可以是任意自然数)
taylor( f,a )      %返回 a 点附近的幂多项式近似
taylor( f,x,n )    %按 x = 0 进行泰勒幂级数展开，并返回 n-1 次幂多项式
taylor( f,a,n )    %按 x = a 进行泰勒幂级数展开，并返回 n-1 次幂多项式
```

注意：这里的泰勒展开式运算实质是符号运算，因此在 MATLAB 中执行此命令前应先定义符号变量 syms z，否则 MATLAB 将给出错误信息！

例 18.4.3　求下列函数在指定点的泰勒展开式。

$$（1）\frac{1}{z^2}，点 z_0 = -1 \qquad\qquad （2）\tan(z)，点 z_0 = \frac{\pi}{4}$$

【解】

```
syms z
taylor( 1/z ^ 2, -1)
```

仿真结果为：

```
%ans = 3+2 * z+3 * ( z+1) ^ 2+4 * ( z+1) ^ 3+5 * ( z+1) ^ 4+6 * ( z+1) ^ 5;
taylor ( tan( z) ,pi/4)
```

仿真结果为：

```
%ans = 1+2 * z-1/2 * pi+2 * ( z-1/4 * pi) ^ 2+8/3 * ( z-1/4 * pi) ^ 3+10/3 * ( z-1/4 * pi) ^ 4+64/15 *
( z-1/4 * pi) ^ 5.
```

例 18.4.4　试对正弦函数进行幂级数展开，观察不同阶次的图形。

【解】

```
x0 = -2 * pi:0.01:2 * pi;y0 = sin(x0);syms x;y = sin(x);
plot(x0,y0),axis([-2 * pi,2 * pi,-1.5,1.5]);
hold on
for n = [8:2:16]
p = taylor(y,x,n),y1 = subs(p,x,x0);line(x0,y1)
    end          %(见图18.6)
```

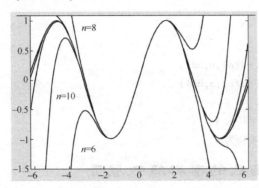

图 18.6　不同阶的正弦函数泰勒幂级数展开

18.4.3　多变量函数的泰勒级数展开

MATLAB 提供 mtaylor 命令用来求多元函数的完全泰勒级数展开,该命令的调用格式为:

mtaylor(f,v)

mtaylor(f,v,n)

mtaylor(f,v,n,w)

以上式中各符号表示如下:

f:完全展开的代数表达式。

v:变量名列表,格式为

[var1 = p1,var2 = p2,var3 = p3,...,varn = pn]

执行命令后,系统根据列表中的变量名和具体数值求解多元函数 f 在点(p1,p2,p3,…, pn)处的泰勒展开式。若某个变量(如 vari)只有变量名而没有给出具体数值,那么程序执行时将视该变量的值为 0。

n:泰勒展开式的阶数,为非负整数。

w:与变量名列表同维的正整数列表,用于设置相应变量在展开时的权重。

命令 mtaylor 并没有放在 MATLAB 符号运算工具箱的命令列表中,它是 MAPLE 符号运算函数库中的命令。

例 18.4.5　求函数 $z = f(x,y) = (x^2 - 2x)e^{-x^2 - y^2 - xy}$ 在原点(0,0)以及(1,a)点处的泰勒展开式。

【解】　执行以下命令:

```
syms x y; f = (x^2 - 2 * x) * exp(-x^2 - y^2 - x * y);
F = maple('mtaylor',f,'[x,y]',8)    %对(0,0)点处的泰勒级数展开
latex(collect(F,x))
syms a;
F = maple('mtaylor',f,'[x = 1,y = a]',3);      %对(1,a)点处的泰勒级数展开
```

F=maple('mtaylor',f,'[x=a]',3);　　　%i 对单变量展开,且 $x=a$

18.5　傅里叶变换及其逆变换

求解已知函数的傅里叶变换用数值编程的方式实现较为困难,但可借助于计算机数学语言,如 MATLAB 语言中的符号运算工具箱能方便地求解傅里叶变换。步骤为:

(1) 申明符号变量,并定义出原函数为 Fun。

(2) 直接调用函数 fourier( ) 求出所给函数的傅里叶变换式。该函数的调用格式为:

F=fourier(Fun)　　　　　%按默认变量进行傅里叶变换

F=fourier(Fun,v,u)　　　%将 v 的函数变换成 u 的函数

若已知傅里叶变换的表达,则可以用函数 ifourier( ) 求出该函数的傅里叶反变换。该函数的调用格式为:

f=ifourier(Fun)　　　　　%按默认变量进行傅里叶反变换

f=ifourier(Fun,u,v)　　　%将 u 的函数变换成 v 的函数

18.5.1　傅里叶积分变换

F=fourier(f)返回以默认独立变量 x 的数量符号 f 的傅里叶变换,默认返回为 w 的函数

$$F(\mathrm{w}) = \int_{-\infty}^{+\infty} f(x)\,\mathrm{e}^{-\mathrm{i}wx}\,\mathrm{d}x$$

F=fourier(f,v)以 v 代替默认变量 w 的傅里叶变换。且 fourier(f,v)等价于

$$F(\mathrm{v}) = \int_{-\infty}^{+\infty} f(x)\,\mathrm{e}^{-\mathrm{i}vx}\,\mathrm{d}x$$

F=fourier(f,u,v)以 v 代替 x,且对 u 积分。fourier(f,u,v)等价于

$$F(\mathrm{v}) = \int_{-\infty}^{+\infty} f(u)\,\mathrm{e}^{-\mathrm{i}vu}\,\mathrm{d}u.$$

例 18.5.1　求 $f(t) = \dfrac{1}{t}$ 的傅里叶变换。

【解】　syms t v

　　　　fourier(1/t)

%仿真结果为: ans = i * pi * (1-2 * heaviside(w))

例 18.5.2　求 $f(t) = \dfrac{1}{(t^2+a^2)}, a>0$ 的傅里叶变换。

【解】　syms t w;

　　　　syms a postitive

　　　　f=1/(t^2+a^2);

　　　　F=fourier(f,t,w)

%仿真结果为: F = pi * (exp(a * w) * heaviside(-w)+exp(-a * w) * heaviside(w))/a

例 18.5.3　试求 $f(t) = \dfrac{\sin^2(at)}{t} (a>0)$ 的傅里叶变换。

【解】　syms t w;

　　　　syms a positive;

　　　　f=sin(a * t)^2/t;

　　　　F=fourier(f,t,w)

%仿真结果为：F ＝1/2＊i＊pi＊(heaviside(w+2＊a)+heaviside(w-2＊a)-2＊heaviside(w))

18.5.2　傅里叶逆变换

f＝ifourier(F)返回默认独立变量 w 的符号表达式 F 的傅里叶逆变换,默认返回 x 的函数。一般

$$f(x) = \frac{1}{2\pi}\int_{-\infty}^{+\infty} F(w)\,e^{iwx}\,dw$$

f＝ifourier(F,u) 以变量 u 代替 x。

f＝ifourier(F,v,u) 以变量 v 代替 w, u 代替 x。

例 18.5.4　求 $F(w) = we^{-3w}$ heaviside(w) 的傅里叶逆变换。

【解】　syms　　t　　u　　w

　　　　　ifourier(w＊exp(-3＊w)＊sym('Heaviside(w)'))

%仿真结果为：ans ＝1/2/(-3+i＊x)^2/pi

18.6　拉普拉斯变换及其逆变换

积分变换可以巧妙地将一般常系数微分方程映射成代数方程,是电路分析、自动控制原理等的数学模型基础。

与求傅里叶变换一样,求解已知函数的拉普拉斯变换用数值编程的方式是难以实现的,也需要借助于计算机数学语言。MATLAB 语言的符号运算工具箱能方便地求解拉普拉斯变换。其求解步骤为:

① 定义符号变量 t,这样就能描述时域表达式 Fun 了。声明符号变量可以用 syms 命令。

② 直接用函数 laplace( ),就可以求出所需的时域函数的拉普拉斯变换。该函数的调用格式为:

　　　　F＝laplace(Fun)　　　　　采用默认的 t 为时域变量
　　　　F＝laplace(Fun,v,u)　　　用户指定时域变量 v 和复域变量名 u

还可以考虑用 simple( )等函数对其进行化简。

③ 对于复杂的问题来说,得出的结果形式通常难以阅读,所以需要调用函数 pretty( )或函数 latex( )对结果进行进一步处理。可以在屏幕上或利用 LATEX 软件的费时强大功能将结果用可读性更强的形式显示出来。

如果已知拉普拉斯变换式子,则应该首先给出拉普拉斯变换式子 Fun,然后采用符号运算工具箱中的函数 ilaplace( ) 对其进行反变换。该函数的调用格式为:

　　　　f＝laplace(Fun)　　　　　采用默认的 s 为时域变量
　　　　f＝ilaplace(Fun,u,v)　　　用户指定时域变量 v 和复变量名 u

获得变换式之后也可以对其进一步化简和改变显示格式。

18.6.1　拉普拉斯变换

L＝laplace(F)返回默认独立变量 t 的符号表达式 F 的拉普拉斯变换。函数返回默认变量为 s 的函数

$$L(s) = \int_0^\infty F(t)\,e^{-st}\,dt$$

L=laplace(F,t)以 t 代替 s 为变量的拉普拉斯变换。

L=laplace(F,w,z)以 z 代替 s 的拉普拉斯变换(对 w 积分)。

例 18.6.1　试求 $f(t)=t^3$ 的拉普拉斯变换。

【解】　syms　　t

　　　　laplace(t^3)

　　　　%仿真结果为：ans ＝6/s^4

例 18.6.2　求 $f(t)=\mathrm{e}^{at}$ 的拉普拉斯变换。

【解】　syms f t a;

　　　　F=laplace(exp(a＊t))

　　　　%仿真结果为：F＝ 1/(s-a)

例 18.6.3　试求 $f(x)=x^2\mathrm{e}^{-2x}\sin(x+\pi)$ 的拉普拉斯变换。

【解】　syms x w;

　　　　f=x^2＊exp(-2＊x)＊sin(x+pi);

　　　　F=laplace(f,x,w)

　　　　%仿真结果为：F ＝-8/((w+2)^2+1)^3＊(w+2)^2+2/((w+2)^2+1)^2

　　　　%上述表达式不易于阅读,可用语句 pretty(F),则得到下列显示结果

$$
-8\frac{(w+2)^2}{((w+2)^2+1)^3}+\frac{2}{((w+2)^2+1)^2}
$$

　　　　若读者使用另外的 LATEX 排版语言并调用函数 latex(ans)(注意该函数不是 MATLAB 中的语句)进行处理,可得到更为明显的结果

$$
-8\,\frac{(w+2)^2}{((w+2)^2+1)^3}+\frac{2}{((w+2)^2+1)^2}
$$

18.6.2　拉普拉斯逆变换

F=ilaplace(L)返回以默认独立变量 s 的符号表达式 L 的拉普拉斯逆变换,默认返回 t 的函数

$$
f(t)=\mathscr{L}^{-1}[F(s)]=\frac{1}{2\pi\mathrm{i}}\int_{c-\mathrm{i}\infty}^{c+\mathrm{i}\infty}F(s)\mathrm{e}^{st}\mathrm{d}s
$$

其中,c 是选定的实数,使得 $F(s)$ 的所有奇点都在直线 $s=c$ 的左侧。

F=ilaplace(L,y)以 y 代替默认的 t。

F=ilaplace(L,y,x) 以 x 代替 t,对 y 取积分。

例 18.6.4　求 $F(s)=\dfrac{1}{s-1}$ 的拉普拉斯逆变换。

【解】　syms s t w

　　　　F=ilaplace(1/(s-1))

　　　　%仿真结果为：F=exp(t)

例 18.6.5　求 $F(s)=\dfrac{1}{s^2+1}$ 的拉普拉斯逆变换。

【解】　syms s x;

$F = ilaplace(1/(s^\wedge 2+1))$

%仿真结果为：$F = sin(t)$

计算机仿真编程实践

18.1　利用计算机仿真求解下列复数的实部与虚部、共轭复数、模与辐角。

(1) $\dfrac{5+4i}{1-2i}$；　(2) $4ie^{3i} - \dfrac{i}{1-2i}$；　(3) $\dfrac{(3e^i+1)(1-2i)}{2i+3}$；　(4) $i^i - \sqrt[i]{i} + ie^{-i}$。

18.2　求复变函数的极限。

(1) $\lim\limits_{n\to\infty}\left(\dfrac{3+4i}{6}\right)^n$；　　(2) $\lim\limits_{n\to\infty}\left(n+\dfrac{n^2}{2}i\right)^{\frac{1}{n}}$。

18.3　解方程组 $\begin{cases} z_1 + 2z_2 = 1+i \\ 3z_1 + iz_2 = 2-3i \end{cases}$。

18.4　利用计算机仿真的方法分别绘出函数 $\cos z, \sinh z, \tan z$ 的图形。

18.5　利用计算机仿真的方法分别绘出函数 $2^x, \ln(1+x), z^3, z^{\frac{1}{3}}$ 的图形。

18.6　计算复变函数的积分。

(1) $\displaystyle\int_1^i \dfrac{1+\tan z}{\cos^2 z}dz$；　　(2) $\displaystyle\int_0^i (z-i)e^{-z}dz$。

18.7　求下列级数的收敛半径

(1) $\displaystyle\sum_{n=1}^{\infty} n^{\ln n} z^n$；　　(2) $\displaystyle\sum_{n=0}^{\infty} \cos(ni) z^n$。

18.8　试求函数 $f(z) = \dfrac{\sin z + z}{z^4}$ 在 $z=0$ 点的留数。

18.9　计算积分 $\displaystyle\oint_C \dfrac{z^3+z^2+1}{z^4-1}dz$ 的值，其中 C 是正向圆周，$|z|=2$。

18.10　求下列函数在指定点的泰勒展开式。

(1) $\dfrac{1}{1+z}$，点 $z_0=-1$；　　(2) $\sin(z)$，点 $z_0=\dfrac{\pi}{4}$。

18.11　求 $f(x) = \dfrac{1}{x^3}$ 的傅里叶变换。

18.12　求 $F(s) = \dfrac{2}{s^2+2}$ 的拉普拉斯逆变换。

第 19 章　数学物理方程的计算机仿真求解

偏微分方程定解问题有着广泛的应用前景。无论是理论上还是在工程应用上都是十分重要的，因为许多自然现象、工程问题通过数学建模后往往就得到一组偏微分方程。实际上，在高新技术领域，几乎处处都在与偏微分方程打交道。所以，解偏微分方程就成为摆在我们面前的一个艰巨而又重要的任务，而解偏微分方程恰恰是十分困难的，而且绝大多数偏微分方程都不能求得其实用的解析解。由于计算机技术的飞速发展，我们现在可以借助计算机这一工具来求解偏微分方程，从而得到其数值（近似）解。本章将主要讲述如何用 MATLAB 实现对偏微分方程的仿真求解。MATLAB 的偏微分方程工具箱（PDE Toolbox）的出现，为偏微分方程的求解以及定性研究提供了捷径。主要步骤为：

（1）设置 PDE 的定解问题，即设置二维定解区域、边界条件以及方程的形式和系数。

（2）用有限元法（FEM）求解 PDE，即网格的生成、方程的离散以及求出数值解。

（3）解的可视化。

用 PDE Toolbox 可以求解的基本方程有：椭圆方程、抛物方程、双曲方程、特征值方程、椭圆方程组以及非线性椭圆方程。

具体操作有两个途径：

（1）直接使用图形用户界面（Graphical User Interface，GUI）求解。

计算机仿真求解的偏微分方程类型分为：

椭圆型方程：
$$-\nabla \cdot (c \nabla u) + au = f$$

抛物型方程：
$$d \frac{\partial u}{\partial t} - \nabla \cdot (c \nabla u) + au = f$$

双曲型方程：
$$d \frac{\partial^2 u}{\partial t^2} - \nabla \cdot (c \nabla u) + au = f$$

特征值问题：$-\nabla \cdot (c \nabla u) + au = \lambda du$，特征值偏微分方程中不含参数 f。

（2）用 M 文件编程求解。

本章首先对可视化方法（GUI）求解作初步介绍，然后详细介绍用 M 文件编程解几类基本偏微分方程，并对典型偏微分的解的静态（或动态）显示曲线分布进行了讨论。

19.1　用偏微分方程工具箱求解偏微分方程

直接使用图形用户界面求解。

19.1.1　用 GUI 解 PDE 问题

用 GUI 解 PDE 问题主要采用下面两个步骤。

（1）Mesh：生成网格，自动控制网格参数。

（2）Solve：求解。设置初始边值条件后，能给出 t 时刻的解；可以求出区间内的特征值，求解后可以加密网格再求解。

19.1.2　计算结果的可视化

从 GUI 使用 Plot 方法实现可视化,用 Color、Height、Vector 等作图。对于含时方程,还可以生成解的动画。

例 19.1.1　解热传导方程 $u_t - \Delta u = f$,边界条件是齐次类型($u = 0$),定解区域自定。

【解】

(1) 启动 MATLAB,输入命令 pdetool 并回车,就进入 GUI。在 Options 菜单下选择 Grid 命令,打开栅格。栅格使用户容易确定所绘图形的大小。

(2) 选定定解区域。本题为自定区域,自拟定解区域如图 19.1 所示,E1-E2+R1-E3。具体用快捷工具分别画椭圆 E1、圆 E2、矩形 R1、圆 E3。然后在 Set formula 栏中进行编辑并用算术运算符将图形对象名称连接起来(或删去默认的表达式,直接输入 E1-E2+R1-E3)。

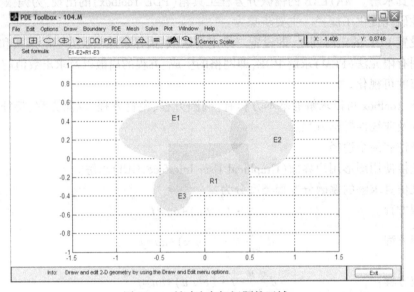

图 19.1　所讨论定解问题的区域

(3) 选取边界。首先选择 Boundary 菜单中的 Boundary Mode 命令,进入边界模式;然后单击 Boundary 菜单中的 Remove All Subdomain Borders 选项,从而去掉子域边界,见图 19.2;单击 Boundary 菜单中的 Specify Boundary Conditions 选项,打开 Boundary Conditions 对话框,输入边界条件。本例取默认条件,即将全部边界设为齐次 Dirichlet 条件,边界显示为红色。如果想将几何与边界信息存储,可选择 Boundary 菜单中的 Export Decomposed Geometry,Boundary Cond's 命令,将它们分别存储在变量 g、b 中,并通过 MATLAB 形成 M 文件。

(4) 设置方程类型。选择 PDE 菜单中的 PDE Mode 命令,进入 PDE 模式。再单击 PDE 菜单中 PDE Specification 选项,打开 PDE Specification 对话框,设置方程类型。本例取抛物型方程 $d\dfrac{\partial u}{\partial t} - \nabla \cdot (c\nabla u) + au = f$,故参数 c, a, f, d 分别是 1,0,10,1。

(5) 选择 Mesh 菜单中的 Initialize Mesh 命令,进行网格剖分。选择 Mesh 菜单中的 Refine Mesh 命令,使网格密集化,见图 19.3。

(6) 解偏微分方程并显示图形解。选择 Solve 菜单中的 Solve PDE 命令,解偏微分方程并显示图形解,见图 19.4。

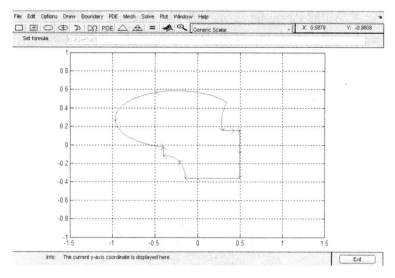

图 19.2　定解问题的边界

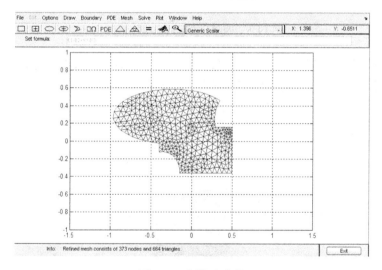

图 19.3　网格密集化

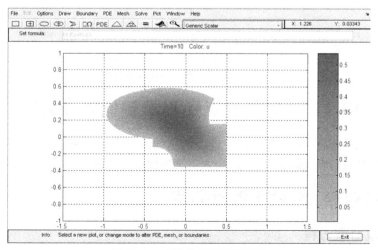

图 19.4　偏微分方程的图解图

（7）单击 Plot 菜单中的 Parameter 选项，打开 Plot Selection 对话框，选中 Color，Height（3-D plot）和 Show mesh 三项；再单击 Plot 按钮，显示三维图形解，见图 19.5。

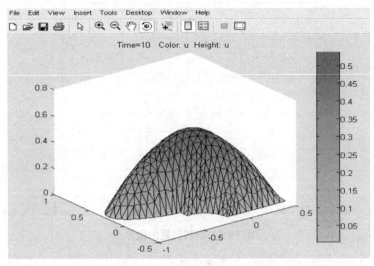

图 19.5　偏微分方程的三维图形解

（8）若要画等值线图和矢量场图，单击 Plot 菜单中的 Parameter 选项，在 Plot selection 对话框中选中 Contour 和 Arrows 两项；然后单击 Plot 按钮，可显示解的等值线图和矢量场图，见图 19.6。

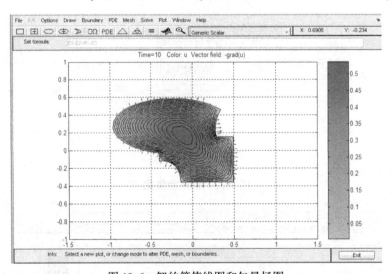

图 19.6　解的等值线图和矢量场图

19.2　计算机仿真编程求解偏微分方程

求解偏微分方程除了 19.1 节介绍的直接使用偏微分方程工具箱外，还可以用编写程序（对于 MATLAB 仿真，可以编写 M 文件）的方法求解偏微分方程。

19.2.1　双曲型波动方程的求解

1. 求解双曲型方程

下面将讨论标准波动方程的求解问题。波动方程属于双曲型方程，即

$$d\frac{\partial^2 u}{\partial t^2} - \nabla \cdot (c \nabla u) + au = f \qquad (a、c、d、f 是参数)$$

求解双曲型方程仿真语句如下：

（1）u1=hyperbolic(u0,ut0,tlist,b,p,e,t,c,a,f,d)

其中：参数 c、a、f、d 决定了方程的类型。b 代表求解域的边界条件。b 既可以是边界条件矩阵，也可以是相应的 PDE 边界条件 M 文件名。

网格坐标描述矩阵 p,e,t 是由网格初始化命令得到的。

（2）[p,e,t]=initmesh(g)

其中，g 代表求解区域几何形状，是相应的 PDE 几何分类函数 M 文件名。

initmesh 函数的作用是将求解区域进行三角形网格化，网格大小由区域的几何形状决定，输出的 p、e、t 都是网格数据。点阵 p 的第 1、2 行分别包含了网格中点的 x、y 坐标。e 是边缘矩阵，其各行的意义与求解步骤无直接关系，（从略）。t 是三角矩阵，其中的几行描述了区域的顶点。有时还会用到修整网格（精细化）命令。

（3）[p,e,t]=refinemesh(g,p,e,t)

即迭代过程，得到更细小的网格，使结果更精确。其中，u0、ut0（ut 即 $\partial u/\partial t$）是初始条件，tlist 是 t=0 时刻以后均匀的时间矩阵。

hyperbolic 函数返回的是 u 在 tlist 中各个时间点、在区域各三角形网格处的值 u1。u1 的每行是由 p 中相应列上的坐标值所得的函数值，u1 的每一列是矩阵 tlist 中相应的时间项所对应的函数值。

2. 动画图形显示

为了将所得的解形象地表示出来，还要通过一些动画图形命令。为了加速绘图，首先把三角形网格转化成矩形网格。调用形式如下。

（1）uxy=tri2grid(p,t,u1,x,y)

p、t 是描述三角形网格的矩阵，x、y 是求解区域中矩形网格的坐标点（矩阵 x、y 必须都是递增顺序），u1 是各时刻三角形网格中的解。输出矩阵 uxy 是用线性插值法在矩形网格点上得出的相应 u 值。

（2）[uxy,tn,a2,a3]=tri2grid(p,t,u,x,y)

uxy、p、t、u、x、y 意义同上，tn 是格点的指针矩阵，a2、a3 是内插法的系数。

（3）uxy=tri2grid(p,t,u,tn,a2,a3)

用此命令之前，应先用一个命令 tri2grid 得出矩阵 tn、a2、a3。用此方法可以加快运算速度。

注意：如果矩形网格点在三角形网格之外，则结果中将出现出错信息 NAN。

主要的绘图（包括动画）命令函数有 moviein、movie、pedplot、pdesurf 等，其具体应用见下面的例题。

例 19.2.1　用 MATLAB 求解下面波动方程定解问题并动态显示解的分布。

$$\begin{cases} \dfrac{\partial^2 u}{\partial t^2} - \left(\dfrac{\partial^2 u}{\partial x^2} + \dfrac{\partial^2 u}{\partial y^2}\right) = 0 \\[3mm] |u|_{x=1} = u|_{x=-1} = 0, \dfrac{\partial u}{\partial y}\Big|_{y=-1} = \dfrac{\partial u}{\partial y}\Big|_{y=1} = 0 \\[3mm] u(x,y,0) = \mathrm{atan}\left[\sin\left(\dfrac{\pi}{2}x\right)\right], u_t(x,y,0) = 2\cos(\pi x) \cdot \exp\left[\cos\left(\dfrac{\pi}{2}y\right)\right] \end{cases}$$

其中,求解域是方形区域。

【解】　采用步骤如下:

(1) 题目定义

```
g='squareg';                    % 定义单位方形区域
b='squareb3';                   % 左右零边界条件,顶底零导数边界条件
c=1;a=0;f=0;d=1;
```

(2) 初始的粗糙网格化

```
[p,e,t]=initmesh('squareg');
```

(3) 初始条件

```
x=p(1,:)';                      % 注意坐标向量都是列向量
y=p(2,:)';
u0=atan(sin(pi/2*x));
ut0=2*cos(pi*x).*exp(cos(pi/2*y));
```

(4) 在时间段 0~5 内的 31 个点上求解

```
n=31;
tlist=linspace(0,5,n);          % 在 0~5 之间产生 n 个均匀的时间点
```

(5) 求解此双曲问题

```
u1=hyperbolic(u0,ut0,tlist,b,p,e,t,c,a,f,d);
```

得到如下结果:

```
%Time: 0.166667
%Time: 0.333333
%Time: 0.5
%…
%Time: 4.5
%Time: 4.66667
%Time: 4.83333
%Time: 5
%428 successful steps
%62 failed attempts
%982 function evaluations
%1 partial derivatives
%142 LU decompositions
%981 solutions of linear systems
%现在把解 u1 用动态图形表示出来。
```

(6) 矩形网格插值

```
delta=-1:0.1:1;
[uxy, tn, a2, a3]=tri2grid(p, t, u1(:,1), delta, delta);
gp=[tn; a2; a3];
```

(7) 在 0~5 时间内动画显示

```
newplot;                        %建立新的坐标系
newplot;
```

```
M = moviein(n);
umax = max(max(u1));
umin = min(min(u1));
for i = 1: n, …                    %注意'…'符号不可省略
  if rem(i,10) = = 0, … %当 n 是 10 的整数倍时,在命令窗口打印出相应的数字
      fprintf('%d ', i); …
  end, …
  pdeplot(p, e, t, 'xydata', u1(:, i),'zdata', u1(:,i), 'zstyle', 'continuous', 'mesh', 'on',
  'xygrid','on', 'gridparam', gp, 'colorbar', 'off'); …
  axis([−1, 1, −1, 1 umin umax]); caxis([umin umax]); …
  M(:, i) = getframe; …
  if i = =n, …
      fprintf('done\n' ); …
  end, …
end
```

运行结果如下:

10 20 30 done

若要显示持续不断的动画,则再加上下面语句:

```
nfps = 5;
movie(M,10,nfps);
```

动态解图可以直接通过 MATLAB 仿真程序执行看出,图 19.7 是动态图的某一瞬间的解的分布。

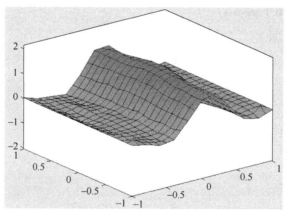

图 19.7 动态图的某一瞬间的解的分布

19.2.2 抛物型:热传导方程的求解

热传导方程属于抛物线方程,在 MATLAB 中是指如下形式:

$$d\frac{\partial u}{\partial t} - \nabla \cdot (c \nabla u) + au = f$$

求解抛物线方程使用如下命令:

u = parabolic(u0,tlist,b,p,e,t,c,a,f,d)

parabolic 函数性质与 hyperbolic 大致相同。

例 19.2.2 求解下列热传导定解问题。

$$\begin{cases} \dfrac{\partial u}{\partial t} - \left(\dfrac{\partial^2 u}{\partial x^2} + \dfrac{\partial^2 u}{\partial y^2} \right) = 0 \\[2mm] u(x,y,t)\big|_{x=y=-1} = u\big|_{x=y=1} = 0 \\[2mm] u(x,y,0) = \begin{cases} 1 & (r \leqslant 0.4) \\ 0 & (r > 0.4) \end{cases} \end{cases}$$

求解域是方形区域,其中空间坐标的个数由具体问题确定。

【解】 步骤如下:

(1) 题目定义

```
g = 'squareg';                        % 定义单位方形区域
b = 'squareb1';                       % 定义零边界条件
c = 1;a = 0;f = 1;d = 1;
```

(2) 网格化

```
[p,e,t] = initmesh(g);
```

(3) 定义初始条件

```
u0 = zeros(size(p,2),1);                      %产生零矩阵 u0,size(p,2)返回 p 的列数
ix = find(sqrt(p(1,:).^2+p(2,:).^2)<0.4);     % ix 是符合 √(x²+y²)<0.4 的矩阵
u0(ix) = ones(size(ix));                      % 产生行数与 ix 的行数相同的全 1 方阵
```

(4) 在时间段是 0~0.1 的 20 个点上求解

```
nframes = 20;
tlist = linspace(0,0.1,nframes);
```

(5) 求解此抛物问题

```
u1 = parabolic(u0,tlist,b,p,e,t,c,a,f,d);
```

得到如下结果:

```
Time: 0.00526316
Time: 0.0105263
Time: 0.0157895
    …
Time: 0.0894737
Time: 0.0947368
Time: 0.1
75 successful steps
1 failed attempts
154 function evaluations
1 partial derivatives
17 LU decompositions
153 solutions of linear systems
```

(6) 矩形网格插值

```
x = linspace(-1,1,31);
y = x;
```

```
[unused, tn, a2, a3] = tri2grid(p, t, u0, x, y);
```

（7）动画图示结果

```
newplot;
Mv = moviein(nframes);
umax = max(max(u1));
umin = min(min(u1));
for j = 1:nframes,…
u = tri2grid(p, t, u1(:,j), tn, a2, a3);
```

用 tri2grid 的第三种形式，以最快速度插值：

```
i = find(isnan(u));
```

isnan（is not a number）在不是数时返回 1，是数时返回 0，find 则是找出非零元素：

```
u(i) = zeros(size(i));…
surf(x, y, u);                  % 画出由 (x, y, u) 决定的表面
caxis([umin umax]);
colormap(cool),…
axis([-1 1 -1 1 0 1]);…
Mv(:,j) = getframe;…
end
```

若要连续显示动画，则用如下语句：

```
nfps = 5;
movie(Mv, 10, nfps)
```

某一瞬时的热传导方程解分布如图 19.8 所示。

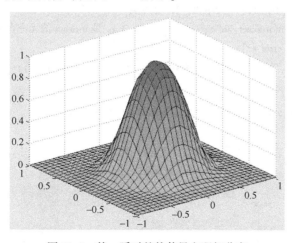

图 19.8　某一瞬时的热传导方程解分布

19.2.3　椭圆型：稳定场方程的求解

稳定场方程属于椭圆方程，下面我们来求解含有源项的标准稳定场方程，即泊松方程。在 MATLAB 中是指如下形式：

$$-\nabla \cdot (c \nabla u) + au = f$$

求解椭圆方程用命令：

```
u = assempde(b, p, e, t, c, a, f)
```

各输入量的意义同前。由于是稳定场方程,则输出的矩阵 u 是坐标矩阵 p 相应的解。

　　例 19.2.3　用 MATLAB 求解下列泊松方程,并将计算机仿真解与精确解比较。

　　方程如下:

$$\begin{cases} -\Delta u = 1 \\ u\mid_{r=1} = 0 \end{cases}$$

　　【解】　满足边值条件的精确解为 $u = \dfrac{1}{4}(1-x^2-y^2)$。

计算机仿真:MATLAB 求解步骤如下,并将仿真结果与精确解(解析解)进行比较:

(1) 题目定义

```
g='circleg';                  % 单位圆
b='circleb1';                 % 边界零条件
c=1;a=0;f=1;
```

(2) 初始的粗糙网格化

```
[p,e,t]=initmesh(g,'hmax',1);
```

% hmax 是内部常数,每个三角形网格的大小不能超过 hmax;1 代表三角形网格个数增加的速度(一般在 1.3 左右)。

(3) 迭代直至得到误差允许范围内的合理解

```
error=[ ];er=1;
while er>0.001,…
  [p,e,t]=refinemesh(g,p,e,t);…
  u=assempde(b,p,e,t,c,a,f);…
  exact=(1-p(1,:).^2-p(2,:).^2)'/4;…
  er=norm(u-exact,'inf');…              % er 是 u-exact 的无穷大的模
  error=[error er];…
fprintf('Error:%e. Number of nodes:       %d\n',er,size(p,2));…
end
```

运行结果是　Error:1.292265e-002. Number of nodes:25

　　　　　　　……

(4) 把结果用图形表示,如图 19.9(a)、(b)所示。

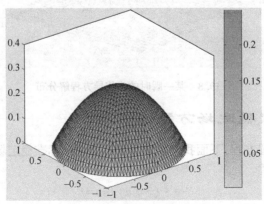

(a) 泊松方程的动态解图

图 19.9　例 19.2.3 图

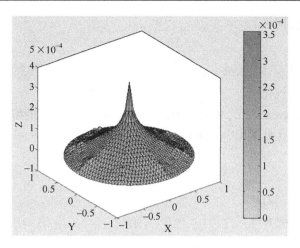

（b）精确解与仿真解的误差图

图 19.9　例 19.2.3 图（续）

%pdesurf(p,t,u);

pdeplot(p,e,t,'xydata', u, 'zdata', u, 'mesh', 'on');

figure;

%pdesurf(p,t,u-exact);

pdeplot(p,e,t,'xydata',u-exact, 'zdata',u-exact, 'mesh', 'on');　　　　　% 误差解图显示

19.2.4　点源泊松方程的适应解

本节介绍 δ 函数的适应性网格解法。

例 19.2.4　用 MATLAB 求解含点源的泊松方程,并与精确解比较。

方程如下:

$$\begin{cases} -\nabla^2 u = \delta(x,y) \\ u\big|_{r=1} = 0 \end{cases}$$

【解】　在单位圆的第一类齐次边界条件下,精确解是 $u = -\dfrac{1}{2\pi}\ln r$。通过使用适应性网格,能准确地得到在除原点区域外其他各处的解。

（1）题目定义

g = 'circleg';　　　　　　　% 单位圆

b = 'circleb1';　　　　　　　% 零边界条件

c = 1; a = 0;

f = 'circlef';　　　　　　　% 中心点源

（2）网格定义

[u, p, e, t] = adaptmesh(g, b, c, a, f, 'tripick', 'circlepick', 'maxt', 2000, 'par', 1e-3);

运行结果如下:

Number of triangles: 254

Number of triangles: 503

Number of triangles: 753

......

Maximum number of triangles obtained

（3）修改成适应性网格

```
pdemesh (p, e, t);
    figure(2);
```

（4）求解及解的可视化

pdeplot (p, e, t, 'xydata', u, 'zdata', u, 'mesh', 'off');% 绘出的解见图 19.10(a)

（5）同精确解比较（见图 19.10(b)）

```
x=p(1, :)';
y=p(2, :)';
r=sqrt(x .^2+y .^2);
uu=-log(r) / (2 * pi);
 figure(3);
pdeplot (p, e, t, 'xydata', u-uu, 'zdata', u-uu, 'mesh', 'off'); % 绘出解的误差图
```

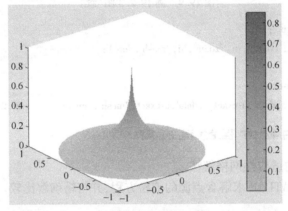

（a）　点源泊松方程的解图

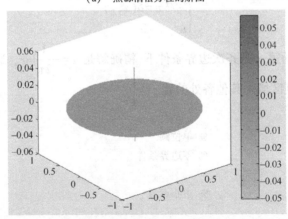

（b）　精确解与仿真解的误差图

图 19.10　例 19.2.4 图

19.2.5　亥姆霍兹方程的求解

亥姆霍兹方程在一般情况下可写成如下形式：

$$\Delta u+k^2 u=0 \qquad （k 的物理意义为波数）$$

可见，亥姆霍兹方程的形式也是一般的泊松方程，在 MATLAB 中写成

$$-\nabla \cdot (c \nabla u)+au=f$$

所以解亥姆霍兹方程也用函数 assempde，只是物理图像不同。

例 19.2.5　求解下面的亥姆霍兹方程并绘出反射波图像。

$$\Delta u + k^2 u = 0$$

定义求解域为一带有方洞的圆周，且定义入射到物体上的波满足狄利克莱条件。

【解】　设波从右侧过来。

（1）初始化参数

```
k=60;           % 设入射波有 60 个波数
g='scatterg';    % 定义求解域是一带有方洞的圆周
b='scatterb';    % 定义入射到物体上的波的狄利克雷条件和外边界上的出射波条件
c=1; a=-k^2; f=0;
```

（2）产生及修整网格

```
[p, e, t]=initmesh(g);
[p, e, t]=refinemesh(g, p, e, t);
[p, e, t]=refinemesh(g, p, e, t);
```

（3）定义网格是解偏微分方程的网格

```
pdemesh(p, e, t);      % 此命令的运行结果绘出了图形，如图 19.11 所示
```

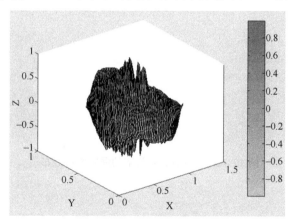

图 19.11　反射波波形图

（4）复杂振幅的求解

```
u=assempde(b, p, e, t, c, a, f);
```

（5）波形图的绘制

相位因子的实部代表了瞬时波区，本题以零相位为例，使用 z 级缓冲区绘图。

```
h=newplot;
set(get(h, 'Parent'), 'Renderer', 'zbuffer')
pdeplot(p, e, t, 'xydata', real(u), 'zdata', real(u), 'mesh', 'on');
colormap(cool)
```

19.3　定解问题的计算机仿真显示

本节主要对定解问题的求解给出计算机仿真显示，直观明了地给出解动态（或静态）分布，有利于对物理模型和物理意义的理解。

19.3.1　波动方程解的动态演示

例 19.3.1　讨论弦的一端 $x=0$ 固定，$x=L$ 一端受迫作谐振动 $2\sin\omega t$，弦的初始位移和初始速度为零，给出弦振动的解图。

【解】　根据题意得定解问题为

$$\begin{cases} u_{tt}-a^2 u_{xx}=0 \\ u(x,t)\big|_{x=0}=0,\ u(x,t)\big|_{x=L}=2\sin\omega t \\ u(x,t)\big|_{t=0},\qquad u_t(x,t)\big|_{t=0}=0 \end{cases}$$

解析解为

$$u = 2\frac{\sin(\omega x/a)}{\sin(\omega L/a)}\sin(\omega t) + \frac{4\omega}{aL}\sum_{n=1}^{\infty}\frac{(-1)^{n+1}}{\left(\dfrac{\omega}{a}\right)^2-\left(\dfrac{n\pi}{L}\right)^2}\sin\frac{n\pi a t}{L}\sin\frac{n\pi x}{L}$$

计算机仿真程序如下，最后得到的解析解的瀑布图形分布如图 19.12 所示。

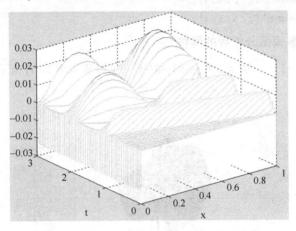

图 19.12　波动方程解析解的瀑布图形分布

```
clear
a=1;l=1;
A=2.0;w=6;
x=0:0.05:1;
t=0:0.001:4.3;
[X,T]=meshgrid(x,t);
u0=A*sin(w*X./a).*sin(w.*T)/sin(w*l/a);
u=0;
for n=1:100;
    uu=(-1)^(n+1)*sin(n*pi*X/l).*sin(n*pi*a*T/l)/(w*w/a/a-n*n*pi*pi/l/l);
    u=u+uu;
end
u=u0+2*A*w/a/l.*u;
figure(1)
axis([0 1 -0.05 0.05])
h=plot(x,u(1,:),'linewidth',3);
set(h,'erasemode','xor');
for j=2:length(t);
```

```
        set(h,'ydata',u(j,:));
        axis([0 1 -0.05 0.05])
        drawnow
    end
    figure(2)
    waterfall(X(1:50:3000,:),T(1:50:3000,:),u(1:50:3000,:))
    Xlabel('x')
    Ylabel('t')
```

19.3.2　热传导方程解的分布

例 19.3.2　讨论如下的有限长细杆的热传导定解问题：

$$\begin{cases} u_t = a^2 u_{xx} \\ u(x,t)\big|_{x=0} = u(x,t)\big|_{x=l} = 0 \\ u(x,t)\big|_{t=0} = \varphi(x) \end{cases}$$

取 $l=40, a=20$，且 $\varphi(x)=\begin{cases} 0, & (x<10, x>30) \\ 1, & (10 \leqslant x \leqslant 30) \end{cases}$。

【解】　定解问题的解析解（温度分布）为

$$u(x,t) = \sum_{n=1}^{\infty} \frac{2}{n\pi}\left[\cos\frac{10n\pi}{l} - \cos\frac{30n\pi}{l}\right] e^{-\left(\frac{n\pi a}{l}\right)^2 t} \sin\frac{n\pi}{l}x$$

将 10 个分波合成，计算机仿真程序如下，仿真的解析解分布如图 19.13 所示。

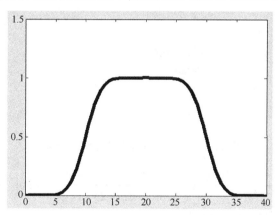

图 19.13　热传导细杆的温度分布

```
function yhj
N=10;
t=1e-5:0.00001:0.005;x=0:0.5:40;
w=rcdf(N,t(1));
h=plot(x,w,'linewidth',5);
axis([0,40,0,1.5])
for n=2:length(t)
    w=rcdf(N,t(n));
    set(h,'ydata',w);
    drawnow;
end
function u=rcdf(N,t)
```

```
x=0:0.5:40;u=0;
for k=1:2*N
    cht=2/k/pi*(cos(k*pi*10/40.0)-cos(k*pi*30./40))*sin(k*pi*x./40);
    u=u+cht*exp(-(k^2*pi^2*20^2/1600*t));
end
```

19.3.3　泊松方程解的分布

例 19.3.3　在矩形区域 $0<x<a,-b/2<y<b/2$ 上,对满足泊松方程 $\Delta u=-x^2y$,且边界上的值为零的定解问题的解,给出计算机仿真图形。

【解】　所讨论的定解问题即为

$$\begin{cases} \Delta u=-x^2y \\ u(x,y)\mid_{x=0}=u(x,y)\mid_{x=a}=0 \\ u(x,y)\mid_{y=-\frac{b}{2}}=u(x,y)\mid_{y=\frac{b}{2}}=0 \end{cases}$$

方法 1:其解可以用偏微分方程工具箱求得,即 19.1 节中的方法,然后画出其图形。

方法 2:限于篇幅这里直接给出其解析解的表达式,然后画出其解的图形分布(见图 19.14)。

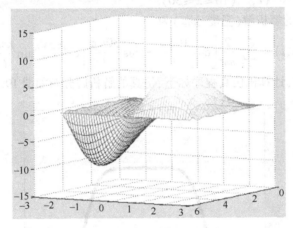

图 19.14　矩形域的泊松方程解的分布

$$u=\frac{xy}{12}(a^3-x^3)+\sum_{n=1}^{\infty}\frac{a^4b[(-1)^nn^2\pi^2+2-2(-1)^n]}{n^5\pi^5\sinh[n\pi b/(2a)]}\sinh\left(\frac{n\pi x}{a}\right)\sinh\left(\frac{n\pi y}{a}\right)$$

计算机仿真程序(程序中取 $a=8,b=8$):

```
syms a b
a=8;b=8;
[X,Y]=meshgrid(0:0.2:a,-b/2:0.2:b/2)
Z1=0;
for n=1:1:10
    Z2=a^4*b*((-1)^n*n^2*pi^2+2-2*(-1)^n)*sinh(n*pi.*Y/a).*…
        sin(n*pi.*X/a)/(n^5*pi^5*sinh(n*pi*b/(2*a)));
    Z1=Z1+Z2;
end
    Z=Z1+X.*Y.*(a^3-X.^3)/12;
    colormap(hot);
    mesh(X,Y,Z)
    view(119,7);
```

19.3.4　格林函数解的分布

例 19.3.4　在半径为 R 的圆外、距离圆心 r_0 处放置电量为 $4\pi\varepsilon_0 q$ 的点电荷,求圆域的格林函数及其所形成的静电场。

【解】　定解问题为

$$\begin{cases} \Delta G = -\delta(x-x_0, y-y_0) \\ G|_{\rho=R} = 0 \end{cases}$$

这里以 r_0 表示点电荷的位置,以 r 表示所计算的电场点。当点电荷在球外时,要求 $r>R, r_0>R$;而当点电荷在球内时,要求 $r<R, r_0<R$。这个问题的解可以用电像法求得,若以平面极坐标讨论,则格林函数可以表示为

$$G = \frac{1}{2\pi}\ln\frac{1}{R\sqrt{r_0^2-2r_0 r\cos\theta+r^2}} + \frac{1}{2\pi}\ln\rho_0\sqrt{\left(\frac{R^2}{r_0}\right)^2 - 2\left(\frac{R^2}{r_0}\right)r\cos\theta+r^2}$$

其中,第一项是原来的点电荷在空间产生的电场,第二项是电像的场。

计算机仿真程序(仿真的圆域外点电荷的电场分布,如图 19.15 所示)。

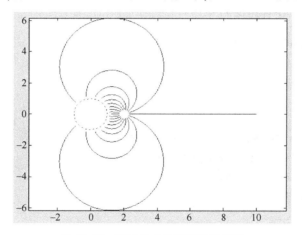

图 19.15　圆域外点电荷的电场分布

```
[X,Y]=meshgrid(-10:0.1:10);
[Q,a]=cart2pol(X,Y);
a(a<=1)=NaN;
r0=2;R=1;
ar=R/r0;
g1=sqrt((R*ar)^2-2*R*ar.*a.*cos(Q)+a.^2);
g2=sqrt(r0^2-2*r0*a.*cos(Q)+a.^2);
G=1/2*pi*log(r0/R*g1./g2);
contour(X,Y,G,7,'g')
hold on
axis equal
tt=0:pi/10:2*pi;
plot(exp(i*tt),'r:')
[ex,ey]=gradient(-G);
sx=2+0.3*cos(tt);sy=0.3*sin(tt);
streamline(X,Y,ex,ey,sx,sy)
```

对上述程序稍加改动,可以画出圆域内点电荷的电场分布,如图 19.16 所示。

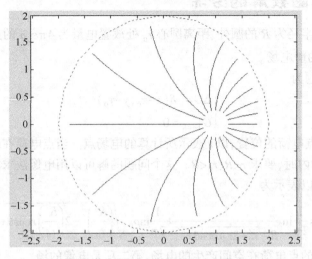

图 19.16　圆域内点电荷的电场分布

这时有 $r<R, r_0<R$。仿真程序如下:

```
[X,Y]=meshgrid(-3:0.1:3);
[Q,R]=cart2pol(X,Y);
R(R>=2)=NaN;
r0=1;a=2;
ar=a/r0;
g1=sqrt((a*ar)^2-2*a*ar.*R.*cos(Q)+R.^2);
g2=sqrt(r0^2-2*r0*R.*cos(Q)+R.^2);
G=1/2/pi*log(r0/a*g1./g2);
contour(X,Y,G,7,'g')
hold on
axis equal
tt=0:pi/10:2*pi;
plot(2*exp(i*tt),'r:')
[ex,ey]=gradient(-G);
sx=1+0.25*cos(tt);sy=0.25*sin(tt);
streamline(X,Y,ex,ey,sx,sy)
```

19.3.5　本征值问题中本征函数的分布

例 19.3.5　绘出下面矩形区域的本征振动。对应于 x, y 轴方向边长分别为 a, b 的四周固定的矩形膜的本征值问题是(见图 19.17)

$$u_{xx}(x,y)+u_{yy}(x,y)=\lambda u(x,y)$$

【解】　可以得到本征值问题的本征值和本征函数为

$$\lambda_{mn}=\left(\frac{m\pi}{a}\right)^2+\left(\frac{n\pi}{b}\right)^2$$

$$X_m(x)Y_n(y)=\sin\frac{m\pi x}{a}\sin\frac{n\pi y}{b}$$

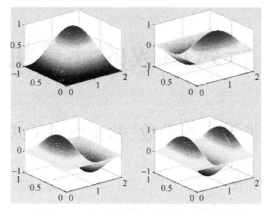

图 19.17 矩形膜前 4 个本征函数分布

绘图仿真程序:

```
syms a b
a=2;b=1;
[m,n]=meshgrid(1:3);
L=((m*pi./b).^2+(n*pi./a).^2)
x=0:0.01:2;y=0:0.01:1;
[X,Y]=meshgrid(x,y);
w11=sin(pi*Y./b).*sin(pi*X./a);
w12=sin(2*pi*Y./b).*sin(pi*X./a);
w21=sin(pi*Y./b).*sin(2*pi*X./a);
w22=sin(pi*Y./b).*sin(3*pi*X./a);
figure
subplot(2,2,1);mesh(X,Y,w11)
subplot(2,2,2);mesh(X,Y,w12)
subplot(2,2,3);mesh(X,Y,w21)
subplot(2,2,4);mesh(X,Y,w22)
```

计算机仿真编程实践

19.1 在矩形区域:$0 \leqslant x \leqslant 1; -1 \leqslant y \leqslant 1$,用 MATLAB 工具箱仿真求解波动方程 $u_{tt} - \Delta u = 1$,边界条件是齐次类型($u=0$)。并给出解的图形。

19.2 用 MATLAB 求解下列定解问题并动态显示解的分布。

$$\begin{cases} \dfrac{\partial^2 u}{\partial t^2} - \left(\dfrac{\partial^2 u}{\partial x^2} + \dfrac{\partial^2 u}{\partial y^2} \right) = 0 \\ u\big|_{x=0} = u\big|_{x=10} = 0, \dfrac{\partial u}{\partial y}\bigg|_{y=0} = \dfrac{\partial u}{\partial y}\bigg|_{y=20} = 0 \\ u(x,y,0) = \mathrm{atan}\big[\cos(3\pi x)\big], u_t(x,y,0) = 5\sin(2\pi x) \cdot \exp\big[\cos(\pi y)\big] \end{cases}$$

19.3 计算机仿真求解如下的有限长细杆的热传导定解问题,并给出解的图形分布。

$$\begin{cases} u_t = a^2 u_{xx} \\ u(x,t)\big|_{x=0} = u(x,t)\big|_{x=l} = 0 \\ u(x,t)\big|_{t=0} = \sin\dfrac{3\pi}{l}x \end{cases}$$

仿真可取 $l=10, a=5$,且 $\varphi(x) = \begin{cases} 0, & x<2, x>8 \\ 1, & 2 \leqslant x \leqslant 8 \end{cases}$。

第20章　特殊函数的计算机仿真应用

20.1　连带勒让德函数、勒让德多项式、球函数

20.1.1　连带勒让德函数

MATLAB 计算连带勒让德函数用下面语句：

p=legendre(n,x)

例20.1.1　画出所有三阶连带勒让德函数的图形分布(见图20.1)。

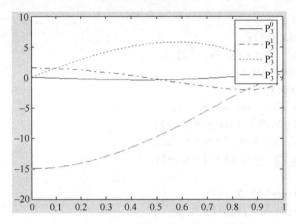

图 20.1　三阶连带勒让德函数图形分布

仿真程序如下：

```
x=0:0.01:1;
y=legendre(3,x);
plot(x,y(1,:),'-',x,y(2,:),'-.',x,y(3,:),':',x,y(4,:),'--')
legend('P_3^0','P_3^1','P_3^2','P_3^3');
```

20.1.2　勒让德多项式

例20.1.2　画出勒让德多项式的图形(见图20.2)。

```
x=0:0.01:1;
y1=legendre(1,x);
y2=legendre(2,x);
y3=legendre(3,x);
y4=legendre(4,x);
y5=legendre(5,x);
plot(x,y1(1,:),x,y2(1,:),x,y3(1,:),x,y4(1,:),x,y5(1,:))
title('Legendre')
```

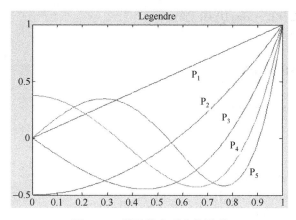

图 20.2 勒让德多项式的图形

20.1.3 球函数

根据公式

$$Y_l^m(\theta,\varphi) = \sqrt{\frac{(l-|m|)!(2l+1)}{(l+|m|)!4\pi}} P_l^{|m|}(\cos\theta) e^{im\varphi}$$

可以利用连带勒让德函数绘出球谐函数的图形分布。

20.1.4 勒让德多项式的母函数图形

根据勒让德多项式的母函数公式,有

$$\frac{1}{\sqrt{1-2r\cos\theta+r^2}} = \begin{cases} \sum_{n=0}^{\infty} r^n P_n(\cos\theta) & (r<1) \\ \sum_{n=0}^{\infty} r^{-n-1} P_n(\cos\theta) & (r>1) \end{cases}$$

其中,满足 $r<1$,且在第一象限的母函数(即上式左端)图形分布如图 20.3 所示。

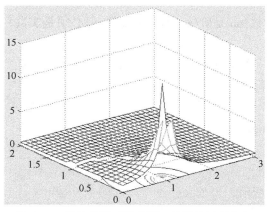

图 20.3 勒让德母函数在第一象限的图形分布

其仿真程序如下:

```
[X,Z] = meshgrid([0:0.1:3],[0:0.1:2]);
[Q,R] = cart2pol(X,Z);
R(find(R==1)) = NaN;
```

```
u = 1. /sqrt(1-2. * R. * cos(Q)+R. ^2);
meshc(X,Z,u)
Rin = R;
Rin(find(Rin>1)) = NaN;
Rout = R;
Rout(find(Rout<1)) = NaN;
Uin = 1;
Uout = 1. /Rout;
for k = 1:20
    Leg = legendre(k,cos(Q));
    legk = squeeze(Leg(1,:,:));
    uin = Rin. ^k. * legk;
    uout = 1. /Rout. ^(k+1). * legk;
    Uin = Uin+uin;
    Uout = Uout+uout;
end
figure
meshc(X,Z,Uin);
hold on
meshc(X,Z,Uout)
xlable('x')
```

20.2　贝塞尔函数(柱函数)及其性质

20.2.1　贝塞尔函数及仿真

1. 贝塞尔函数

第一类贝塞尔函数用下面的仿真语句

```
j = besselj(nu , z)
```

j 是第一类贝塞尔函数,nu 是阶(nu 不必是整数,但必须是实数),z 是贝塞尔方程的常点(z 可以是复数)。

例 20.2.1　绘出第一类贝塞尔函数 J_0, J_1, J_2, J_3, J_4, J_5 的曲线。

【解】　仿真程序如下:

```
clear
y = besselj(0:5,(0:0.2:10)');
figure(1)
plot((0:0.2:10)',y)
```

仿真结果如图 20.4 所示。

2. 第二类贝塞尔函数

第二类贝塞尔函数即诺依曼函数 $N_\nu(x)$,可用下面语句表示

```
y = bessely(nu, z)
```

y 是第二类贝塞尔函数,nu、z 的意义同上。

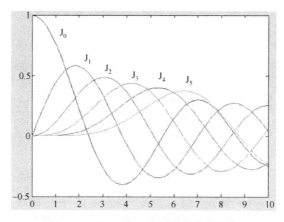

图 20.4　第一类贝塞尔函数曲线分布

例 20.2.2　绘出 $N_0(x)$，$N_1(x)$ 的图形。

【解】　仿真程序

```
y=bessely(0:1,(0:0.2:15)');
plot((0:0.2:15)',y)
grid on
```

仿真结果如图 20.5 所示。

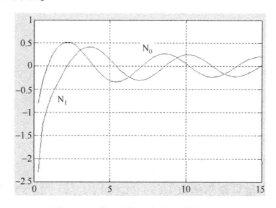

图 20.5　第二类贝塞尔函数的图形

3. 第三类贝塞尔函数

第三类贝塞尔函数即汉克尔函数,可用下面语句表示:

```
h=besselh(nu, k, z)
```

当 k=1 时,h 是第一种汉克尔函数;当 k=2 时,h 是第二种汉克尔函数。nu 和 z 的意义不变。

4. 贝塞尔函数的母函数

贝塞尔函数的母函数公式为

$$e^{\frac{x}{2}\left(z-\frac{1}{z}\right)} = \sum_{n=-\infty}^{\infty} J_n(x)z^n \qquad (0 < |z| < \infty)$$

这是以 x 为参数的负函数展开式,取 $x=3$,仿真程序如下,仿真图形如图 20.6 所示,它代表了母函数展开式右端的和,或左端的母函数的图形。

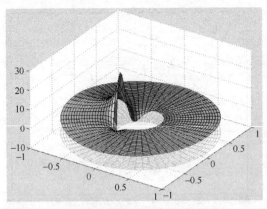

图 20.6　贝塞尔函数的母函数的图形（取 $x=3$）

```
m = 30;
r = (0.3 * m:m)'/m;
theta = pi * (-m:m)/m;
z = r * exp(i * theta);
z(find(z == 0)) = NaN;
figure
cplxmap(z, exp(z-1./z))
view(34, 44)
w = 0
for k = -20:20
    u = besselj(k, 3). * z.^k;
    w = w+u;
end
figure
cplxmap(z, w)
view(34, 44)
```

20.2.2　虚宗量贝塞尔函数

例 20.2.3　绘出虚宗量贝塞尔函数 $I_0(x)$，$I_1(x)$，$I_2(x)$，$I_3(x)$ 的曲线分布。

【解】　仿真程序为

```
clear
I = besseli(0:3, (0.1:0.1:3)');
plot((0.1:0.1:3)', I)
```

仿真结果如图 20.7 所示。

20.2.3　球贝塞尔函数的图形

例 20.2.4　绘出球贝塞尔函数 $j_0(x)$，$j_1(x)$，$j_2(x)$，$j_3(x)$ 的曲线分布。

```
x = eps:0.2:20;
j0 = sqrt(pi/2./x). * besselj(1/2, x);
j1 = sqrt(pi/2./x). * besselj(3/2, x);
j2 = sqrt(pi/2./x). * besselj(5/2, x);
j3 = sqrt(pi/2./x). * besselj(7/2, x);
plot(x, j0, x, j1, x, j2, x, j3)
```

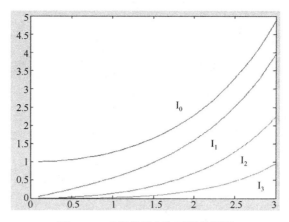

图 20.7　虚宗量贝塞尔函数的图形

仿真结果如图 20.8 所示。

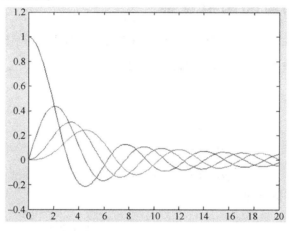

图 20.8　球贝塞尔函数 j_0，j_1，j_2，j_3 的曲线分布

20.2.4　平面波用柱面波形式展开

平面波用柱面波形式的展开式如下

$$\cos(kr\cos\varphi) = J_0(kr) + 2\sum_{m=1}^{\infty}(-1)^m J_{2m}(kr)\cos(2m\varphi)$$

仿真程序为

```
[X,Y] = meshgrid(0.05:0.2:20);
[Q,R] = cart2pol(X,Y);
 zu = besselj(0,R);
meshc(X,Y,zu)
for k = 1:1:20
    zuk = 2 * i^k * besselj(k,R). * cos(k * Q);
    zu = zu+zuk;
end
figure
    meshc(X,Y,zu)
```

仿真结果如图 20.9 所示。

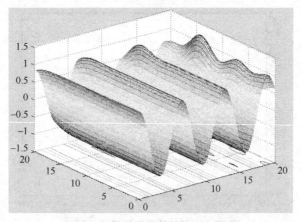

图 20.9　平面波展开为柱面波图形

20.2.5　定解问题的图形显示

例 20.2.5　讨论一半径为 r_0,高为 h,下底和侧面均保持为零度,上底温度分布为 $f(r) = r^2$,用计算机仿真方法给出柱体内稳定的温度分布图形。

【**解**】

定解问题即

$$\begin{cases} \Delta u = 0 \\ u(r_0, z) = 0 \\ u(r, z) \mid_{z=0} = 0, u(r, z) \mid_{z=h} = r^2 \end{cases}$$

可以得到定解问题的解析解为

$$u(r, z) = 2r_0^2 \sum_{n=1}^{\infty} \frac{1}{x_n^{(0)} J_1(x_n^{(0)})} \left(1 - \frac{4}{(x_n^{(0)})^2}\right) \left(\frac{\sinh \dfrac{x_n^{(0)} z}{r_0}}{\sinh \dfrac{x_n^{(0)} h}{r_0}}\right) J_0\left(\frac{x_n^{(0)}}{r_0} r\right)$$

```
j=1;a=[ ];N=30;
yy=inline('besselj(0,xx)','xx');
for k=1:N
    while(besselj(0,j)*besselj(0,j+1)>0),j=j+1;end
    q=fzero(yy,j);
    j=j+1;
    a=[a,q]
    k=k+1;
end
r0=0.5;L=1.0
x=0:0.01:L;
y=-r0:0.01:r0;
[X,Y]=meshgrid(x,y);
Z=0;
for n=1:N
ZZ=2*r0^2/a(n)/besselj(1,a(n))*(1-4./a(n).^2)*sinh(a(n).*X./r0)./sinh(a(n)*L/
```

r0). * besselj(0,a(n)/r0. * Y);

Z=Z+ZZ;

end

contour(x,y,Z,[0.00001:0.0003:0.001,0.0015,0.002:0.001:0.04]);

仿真结果如图 20.10 所示。

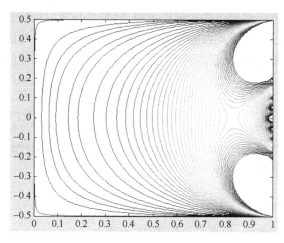

图 20.10 解析解的图形表示

20.3 其他特殊函数

表 20.1 列出了 MATLAB 中用于求其他特殊函数的专用数学函数。

表 20.1 MATLAB 中用于求其他特殊函数的专用数学函数

MATLAB 函数名	特殊函数	MATLAB 函数名	特殊函数
beta	Beta 函数	betainc	不完全的 Beta 函数
betaln	Beta 函数的对数	airy	Airy 函数
ellipj	Jacobi 椭圆函数	ellipke	完全椭圆积分
erf	误差函数	erfc	补充的误差函数
erfcx	比例补充误差函数	erfinv	反误差函数
expint	幂积分函数	gamma	Gamma 函数
gammainc	不完全 Gamma 函数	gammaln	Gamma 函数的对数

计算机仿真编程实践

20.1 计算机仿真绘出勒让德函数 $P_k(x)$,($k=0$, 1, 2, 3, 4, 5, 6)的图形。

20.2 计算机仿真绘出贝塞尔函数 $J_k(x)$,($k=0$, 1, 2, 3, 4, 5, 6)的图形。

20.3 计算机仿真绘出虚宗量贝塞尔函数 $I_0(x)$, $I_1(x)$, $I_2(x)$, $I_3(x)$, $I_4(x)$ 的图形。
（提示使用语句:besseli）

20.4 计算机仿真绘出虚宗量汉克尔函数 $K_0(x)$, $K_1(x)$ 的图形。
（提示使用语句:besselk）

20.5 计算机仿真绘出球诺依曼函数 $n_0(x)$, $n_1(x)$, $n_2(x)$, $n_3(x)$, $n_4(x)$, $n_5(x)$ 的图形。
（提示使用语句:bessely）

第 21 章 数学物理方法仿真实践

本章将复变函数仿真应用于正多边形作图中,将数学物理方程仿真、特殊函数仿真应用于光通信实践中,对高斯光束、光子晶体能带、布拉格光纤的光传输特性进行仿真,加强数学物理方法理论知识在科研中的应用,凸显理论、仿真、实践、探索的科教深度融合。

21.1 复变函数仿真实践

例 21.1.1 利用复数理论对正三边形、正五边形、正十七边形尺规作图并探究作图规律。

设边长为 a 的正多角形内接于单位圆,利用复数理论求出 a 的代数表达式,有助于解决该正多边形的尺规作图问题。

对于正三边形,由 $t^3-1=0$,设 $t=e^{i2\pi/3}$,解得正三角形的边长为 $a=2\sin\dfrac{\pi}{3}=\sqrt{3}$。利用复数理论对正三边形进行尺规作图,仿真结果如图 21.1 所示。

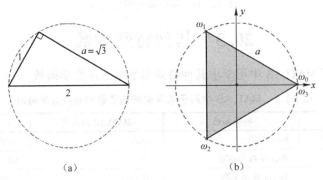

(a)   (b)

图 21.1 利用复数理论对正三边形进行尺规作图的仿真结果

对于正五边形,由 $t^5-1=0$,设 $t=e^{i2\pi/5}$,有 $p=t^{20}+t^{22}=t+t^4$,$q=t^{21}+t^{23}=t^2+t^3$ 和 $p=t^{30}+t^{32}=t+t^4$,$q=t^{31}+t^{33}=t^3+t^2$ 两种分解方法,均有 $p+q=-1$,$pq=-1$。解得 $p=(\sqrt{5}-1)/2$,$q=-(\sqrt{5}+1)/2$,从而求得正五边形边长为 $a=\sqrt{2-p}=\sqrt{(5-\sqrt{5})/2}$。利用复数理论对正五边形进行尺规作图仿真结果如图 21.2 所示。

对于正十七边形,考虑方程 $t^{17}-1=0$ 解的情况,设 $t=e^{i2\pi/17}$,则易见 $t^0,t^1,t^2,\cdots,t^{16}$ 均为方程的根。令

$$p=t^{30}+t^{32}+t^{34}+t^{36}+\cdots+t^{314}=t^1+t^9+t^{13}+t^{15}+t^{16}+t^8+t^4+t^2,$$
$$q=t^{31}+t^{33}+t^{35}+\cdots+t^{315}=t^3+t^{10}+t^5+t^{11}+t^{14}+t^7+t^{12}+t^6$$

可以验证:$p+q=\displaystyle\sum_{k=1}^{16}t^k=-1$,将 p 和 q 直接相乘,即可验证:$pq=-4$。

仿真验证程序:

```
n=2;
L=(2^(2^n))+1          %输出正 L 边形
P=0;Q=0;t=exp(i*2*pi/L);
```

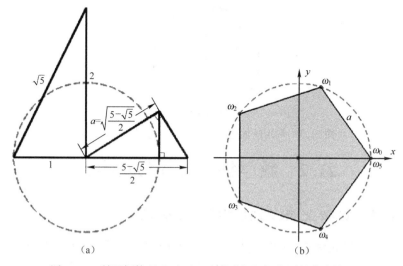

图 21.2　利用复数理论对正五边形进行尺规作图的仿真结果

```
for m=0:2:L-3;
    x=mod((z+1)^m,L);
    p=t^x;
    P=P+p;
end;
for N=1:2:L-2;
    y=mod((z+1)^N,L);
    q=t^y;
    Q=q+Q;
end
T=P+Q
S=P*Q
```

运行结果:

```
L = 17
T = -1.0000 + 0.0000i
S = -4.0000 - 0.0000i
```

仿真结果表明 T=P+Q=-1,S=P*Q=-4,验证正确。

在复平面上标出 $t^0,t^1,t^2,\cdots,t^{16}$ 的位置,可以看出,这些点均匀地分布在单位圆周上。且 t^1 与 t^{16},t^2 与 t^{15},t^4 与 t^{13},t^8 与 t^9 均互为共轭。根据 p 的表达式可推知 p 一定为实数,并且从 t^1,t^2,t^4,t^8 各点的具体位置可以进一步断定 p 为正值,因此

$$p=\frac{1}{2}(\sqrt{17}-1),\quad q=-\frac{1}{2}(\sqrt{17}+1)$$

进一步求得正十七边形的边长 a 的代数表达式,正十七边形的绘制方法与正三边形和正五边形类似,仿真结果如图 21.3 所示。

思考:根据正五边形、正十七边形的分解规律,改变验证程序中的 n,探索其余正多边形作图过程中 p 和 q 的分解方法是否具有上述的规律?

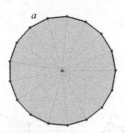

图 21.3　利用复数理论绘制正十七边形的仿真结果

21.2　数学物理方程仿真实践

21.2.1　基模高斯光束的传输特性仿真

从激光器出射的激光束是场振幅沿径向衰减的基模高斯函数,简称高斯光束,它是傍轴条件下亥姆霍兹方程的一个特解。基模高斯光束在自由空间中的传输规律可由以下表达式描述

$$E(x,y,z)=C\frac{\omega_0}{\omega(z)}\exp\left[-\frac{x^2+y^2}{\omega^2(z)}\right]\exp\left\{-\mathrm{i}k\left[z+\frac{x^2+y^2}{2R(z)}\right]\right\}\exp\left[-\mathrm{i}\arctan\left(\frac{\lambda z}{\pi\omega_0^2}\right)\right] \tag{21.1}$$

式中 C 为由初始条件决定的常数,$R(z)$ 为光束的曲率半径,$\exp\left[-(x^2+y^2)/\omega^2(z)\right]$ 为光波的振幅项,在垂直于 z 轴的截面上,若令 $r^2=x^2+y^2$,这是一个关于 r 的高斯函数。振幅中的 $\omega(z)$ 是光斑半径,定义为垂直于 z 轴横截面上的光场的光强衰落到中心光强的 $1/e^2$ 或振幅下降到中心振幅的 $1/e$ 时 r 的取值。$\exp\left[-\mathrm{i}k\frac{x^2+y^2}{2R(z)}\right]$ 项表示波阵面为球面,$\exp\left[-\mathrm{i}\arctan\left(\frac{\lambda z}{\pi\omega_0^2}\right)\right]$ 是对光束传播中振幅和相位变化的附加修正。光束的曲率半径和光斑半径分别为

$$R(z)=z\left[1+\left(\frac{\pi\omega_0^2}{\lambda z}\right)^2\right] \tag{21.2}$$

$$\omega^2(z)=\omega_0^2\left[1+\left(\frac{\lambda z}{\pi\omega_0^2}\right)^2\right] \tag{21.3}$$

高斯光束在 $z=0$ 的截面上各点的相位是相等的,视为平面波,该截面上的光斑半径 ω_0 即为基模高斯光束的光腰半径。

例 21.2.1　根据高斯光束的特性,在 MATLAB 中绘制光腰半径为 0.5mm 的高斯光束在光腰处的光强分布。

仿真程序为:

```
N=200;w0=0.5;              %长度单位为毫米
r=linspace(0,3*w0,N);
eta=linspace(0,2*pi,N);
[rho,theta]=meshgrid(r,eta);
[x,y]=pol2cart(theta,rho);
I=exp(-2*rho.^2/w0^2).^2;   %式(21.1)中,设初始常数 C=1
surf(x,y,I)
shading interp
xlabel('x(mm)')
ylabel('y(mm)')
zlabel('Intensity (a.u.)')
axis([-3*w0 3*w0 -3*w0 3*w0 0 1])
```

运行结果如图 21.4 所示。

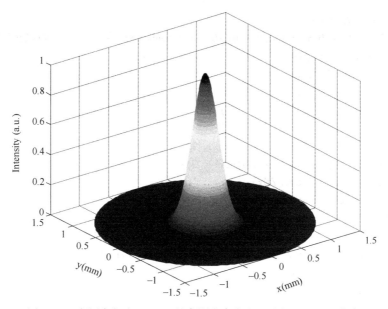

图 21.4　光腰半径为 0.5mm 的高斯光束在光腰处的三维光强分布

半导体激光器出射的高斯光束在垂直于结平面(即子午平面)和平行于结平面(即弧矢平面)方向上具有不对称的发散角特性,在光束横截面内的光强等高线为椭圆,基模椭圆高斯光束的电场表达式为:

$$
\begin{aligned}
E(x,y,z) = &E_0 \left(\frac{\omega_{0x}\omega_{0y}}{\omega_x(z)\omega_y(z)} \right)^{1/2} \exp\left[-\left(\frac{x^2}{\omega_x^2(z)} + \frac{y^2}{\omega_y^2(z)} \right) \right] \\
&\times \exp\left\{ -\mathrm{i}k\left[z + \frac{x^2}{2R_x(z)} + \frac{y^2}{2R_y(z)} \right] + \mathrm{i}\left[\varphi_x(z) + \varphi_y(z) \right] \right\}
\end{aligned}
\tag{21.4}
$$

其中,E_0 为由初始条件确定的常数,ω_{0x} 和 ω_{0y} 分别为子午面(x 方向)上和弧矢面(y 方向)上的光腰半径。$\omega_{x,y}(z)$,$R_{x,y}(z)$ 和 $\varphi_{x,y}(z)$ 分别为椭圆高斯光束在 z 处横截面内 x 和 y 方向上的光斑半径、曲率半径和轴上相移,它们的表达式如下

$$
\omega_{x,y}(z) = \omega_{0x,y}\sqrt{1 + \left(\frac{z - z_{0x,y}}{z_{Rx,y}} \right)^2}
\tag{21.5}
$$

$$
R_{x,y}(z) = (z - z_{0x,y})\left[1 + \left(\frac{z_{Rx,y}}{z - z_{0x,y}} \right)^2 \right]
\tag{21.6}
$$

$$
\varphi_{x,y}(z) = \frac{1}{2}\arctan\left(\frac{z - z_{0x,y}}{z_{Rx,y}} \right)
\tag{21.7}
$$

其中 $z_{0x,y}$ 为 x 和 y 方向上腰的位置,$z_{Rx,y}$ 为光束的瑞利长度,其表达式为

$$
z_{Rx,y} = \frac{\pi\omega_{0x,y}^2}{\lambda}
\tag{21.8}
$$

利用(21-4)至式(21-8)即可仿真得到椭圆高斯光束任意位置截面的光强分布。

例 21.2.2　假设有工作波长为 830nm 的半导体激光器,子午面上与弧矢面上的光腰半径分别为 $\omega_{0x} = 100\mu m$ 和 $\omega_{0y} = 75\mu m$,令子午面光腰位于 $z = 0$ 处,弧矢面光腰位于 $z = 5\mu m$ 处,绘制该半导体激光器出射的椭圆高斯光束在 $z = 0.1m$ 处的归一化光强分布。

仿真程序如下：

```
i=sqrt(-1);N=500;
wx0=0.1;wy0=0.075;z=100;zx0=0;zy0=5e-3;lambda=830e-6;    %长度单位毫米
[x,y]=meshgrid(linspace(-1,1,N),linspace(-1,1,N));
ZRx=pi. * wx0. ^2./lambda;
ZRy=pi. * wy0. ^2./lambda;
wx=wx0. * sqrt(1+((z-zx0)/ZRx). ^2);
wy=wy0. * sqrt(1+((z-zy0)/ZRy). ^2);
Rx=(z-zx0). * (1+(ZRx./(z-zx0+eps)). ^2);
Ry=(z-zy0). * (1+(ZRy./(z-zy0+eps)). ^2);
phix=1/2 * atan((z-zx0)./ZRx);
phiy=1/2 * atan((z-zy0)./ZRy);
E0=1;
E=E0 * sqrt(wx0. * wy0./(wx. * wy)). * exp(-x.^2./wx.^2-y.^2./wy.^2)...
    . * exp(-i * k * (z+x.^2./(2 * Rx)+y.^2./(2 * Ry))+i * (phix+phiy));
I=abs(E).^2;
Im=max(max(I));
surf(x,y,I./Im)
shadinginterp
colorbar
view(0,90)
xlabel('x (mm)')
ylabel('y (mm)')
title('Normalized Intensity Distribution of Elliptic Gauss Beam ')
axis equal
```

运行结果如图 21.5 所示。

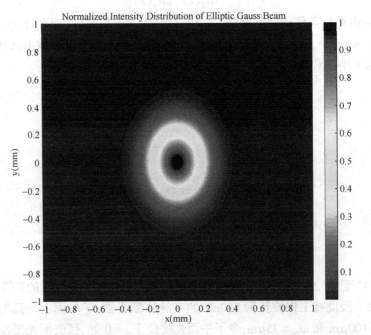

图 21.5　半导体激光器出射椭圆高斯光束在 $z=0.1\mathrm{m}$ 处的归一化光强分布

21.2.2　光子晶体中本征值问题的仿真

光子晶体是由介电常数周期排列形成的一种新型的人工合成材料。在一定的晶格常数和介电常数条件下,布拉格散射使在光子晶体中传播的电磁波受到调制形成类似于电子的能带结构。某些频域内的电磁波完全被禁止,此频域称为光子禁带(Photonic bandgap)。

假设光在无源、无损耗的光子晶体中传播,即 $\rho = J = 0$,$D(r) = \varepsilon(r)E(r)$,对于大多数电介质材料,有 $B = H$。Maxwell 方程组可以写为:

$$\begin{cases} \nabla \cdot H(r,t) = 0 \\ \nabla \times E(r,t) + \mu_0 \mu(r) \dfrac{\partial H(r,t)}{\partial t} = 0 \\ \nabla \cdot [\varepsilon(r)E(r,t)] = 0 \\ \nabla \times H(r,t) - \varepsilon_0 \varepsilon(r) \dfrac{\partial E(r,t)}{\partial t} = 0 \end{cases} \tag{21.9}$$

平面波的指数形式为:

$$H(r,t) = H(r)\mathrm{e}^{-\mathrm{i}\omega t} \tag{21.10}$$

$$E(r,t) = E(r)\mathrm{e}^{-\mathrm{i}\omega t} \tag{21.11}$$

若电场和磁场在空间中传输为横波,则 $H(r)$ 和 $E(r)$ 的旋度方程简化为

$$\nabla \times E(r) - \mathrm{i}\omega\mu_0 \mu(r)H(r) = 0 \tag{21.12}$$

$$\nabla \times H(r) + \mathrm{i}\omega\varepsilon_0 \varepsilon(r)E(r) = 0 \tag{21.13}$$

常数 μ_0 和 ε_0 与真空光束满足关系 $c = 1/\sqrt{\varepsilon_0\mu_0}$ 联立求解,分别得到电场和磁场的传播方程

$$\nabla \times \left(\frac{1}{\varepsilon(r)}\nabla \times H(r)\right) = \left(\frac{\omega}{c}\right)^2 H(r) \tag{21.14}$$

$$\frac{1}{\varepsilon(r)}\nabla \times \nabla \times E(r) = \left(\frac{\omega}{c}\right)^2 E(r) \tag{21.15}$$

上两式与电子材料中的周期性势场问题的 Schrödinger 方程类似,称为光子晶体的支配方程,$\varepsilon(r)$ 是光子晶体的介质周期分布函数。

对于介电常数 $\varepsilon(r)$ 为周期函数的光子晶体,Maxwell 方程组的核心方程是 $H(r)$ 的微分方程。光子晶体的支配方程可以表示为

$$\Theta H(r) = \left(\frac{\omega}{c}\right)^2 H(r) \tag{21.16}$$

该方程就是光子晶体的本征方程,本征矢量 $H(r)$ 为简谐模式的空间形态,$(\omega/c)^2$ 为本征值,Θ 为哈密顿本征算符,可写为

$$\Theta = \nabla \times \left(\frac{1}{\varepsilon(r)}\nabla \times\right) \tag{21.17}$$

平面波展开法就是将 $H(r)$ 或 $E(r)$ 展开为一系列平面波,将其微分方程转换为一系列线性方程组,再通过计算机求解本征方程的本征值 $(\omega/c)^2$,得到频率 ω 与波矢 k 之间的色散关系。

一维光子晶体是由两种不同介电常数的介质交替排列的结构,典型的一维光子晶体是沿同一个方向交替生长的多层膜(如图 21.6 所示)。一维光子晶体因其结构简单已经被广泛应用,如 Fabry-Perol 腔光学多层增反/增透膜等。

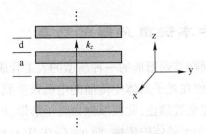

图 21.6　一维光子晶体结构示意图

一维光子晶体 TE 模式的本征方程

$$\frac{1}{\varepsilon_r}\left(-\frac{\partial^2}{\partial x^2}E_y-\frac{\partial^2}{\partial z^2}E_y\right)=\left(\frac{\omega}{c}\right)^2 E_y \tag{21.18}$$

对 $1/\varepsilon(r)$ 和 E_y 作傅里叶变换

$$\frac{1}{\varepsilon_r}=\sum_{m=-\infty}^{+\infty}\kappa_m^{\varepsilon_r}e^{-\mathrm{i}\frac{2\pi m}{a}z},\quad E_y=\sum_{n=-\infty}^{+\infty}\kappa_n^{E_y}e^{-\mathrm{i}\frac{2\pi n}{a}z}e^{-\mathrm{i}k_z z} \tag{21.19}$$

得到频谱空间中的本征方程:

$$\sum_n\left(\frac{2\pi n}{a}+k_z\right)^2\kappa_{m-n}^{\varepsilon_r}\kappa_n^{E_y}=\left(\frac{\omega}{c}\right)^2\kappa_m^{E_y} \tag{21.20}$$

例 21.2.3　利用平面波展开法计算一维光子晶体的带隙曲线,背景为空气,空气层厚度与周期之比为 $d/a=0.2$,周期性介质层的介电常数为 12.25。

仿真程序如下:

```
d=2; a=10; eps_r=12.25; d_over_a=d/a; Max=50;
Q=zeros(2*Max+1);
freq=[];
forkz=-pi/a:pi/(10*a):pi/a
    for m=1:2*Max+1
        for n=1:2*Max+1
            M=m-Max;
            N=n-Max;
            kn=(1-1/eps_r)*d_over_a.*sinc(pi*(M-N)*d_over_a)+((M-N)==0)*1/eps_r;
            Q(m,n)=(2*pi*N/a+kz).^2.*kn;
        end
    end
    omega_c=eig(Q);
    omega_c=sort(sqrt(omega_c));
    freq=[freq;omega_c.'];
end
kz=-pi/a:pi/(10*a):pi/a;
plot(kz,freq(:,1:10),'.-')
xlabel('K_z');
ylabel('\omega/c')
title('PBG of 10 DBR with d=2,a=10')
```

运行结果如图 21.7 所示:

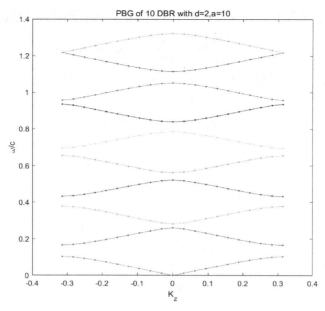

图 21.7　一维光子晶体的带隙曲线

21.3　特殊函数应用仿真实践——布拉格光纤光传输特性仿真

布拉格(Bragg)光纤是一种一维光子晶体光纤,其横截面分布如图 21.8(a)所示。介质包层折射率分布如图 21.8(b)所示。

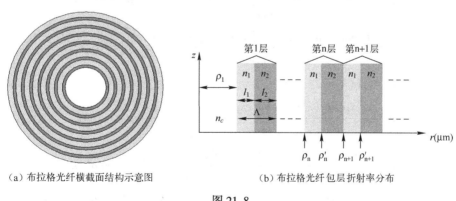

(a)布拉格光纤横截面结构示意图　　　　　　(b)布拉格光纤包层折射率分布

图 21.8

其中 Λ 为包层周期,纤芯半径为 ρ_1,纤芯可选为空气,即为空心布拉格光纤。若纤芯选用高折射率材料,构成同轴布拉格光纤。

选取 z 轴为光传播方向,在圆柱坐标系中,电磁波的电场强度 $\boldsymbol{E}$ 和磁场强度 $\boldsymbol{H}$ 可以写成如下三个分矢量之和的形式,即

$$\boldsymbol{E}=E_r\boldsymbol{e}_r+E_\theta\boldsymbol{e}_\theta+E_z\boldsymbol{e}_z$$
$$\boldsymbol{H}=H_r\boldsymbol{e}_r+H_\theta\boldsymbol{e}_\theta+H_z\boldsymbol{e}_z \tag{21.21}$$

式中场分量 E_z 和 H_z 满足标量波动方程。若用 $\psi(r,\theta,z)$ 代替 E_z 和 H_z,则有

$$\nabla^2\psi+k^2\psi=0 \tag{21.22}$$

公式中 $k^2=\omega^2\varepsilon\mu-\beta^2$,其中 ω 为角频率,β 为光传输常量,$\mu\varepsilon=n^2/c^2$,n 为介质折射率,c 为真空中光传播的速度。ε 和 μ 分别为介质包层的介电常数和磁导率。

对于电磁场分量 E_z 和 H_z 可以统一用 $\psi(r,\theta,z)=\psi(r,\theta)e^{i(\beta z)}$ 形式来描述,即有

$$\frac{1}{r}\frac{\partial}{\partial r}\left(r\frac{\partial \psi}{\partial r}\right)+\frac{1}{r^2}\frac{\partial^2 \psi}{\partial \theta^2}+(\omega^2\mu\varepsilon-\beta^2)\psi=0 \tag{21.23}$$

根据电磁场理论,横向场分量 $E_\theta, H_\theta, E_r, H_r$ 可以表示为 E_z 和 H_z 的形式

$$E_\theta=\frac{i\beta}{\omega^2\mu\varepsilon-\beta^2}\left(\frac{\partial E_z}{r\partial \theta}-\frac{\omega\mu}{\beta}\frac{\partial H_z}{\partial r}\right) \tag{21.24}$$

$$H_\theta=\frac{i\beta}{\omega^2\mu\varepsilon-\beta^2}\left(\frac{\partial H_z}{r\partial \theta}+\frac{\omega\varepsilon}{\beta}\frac{\partial E_z}{\partial r}\right) \tag{21.25}$$

$$E_r=\frac{i\beta}{\omega^2\mu\varepsilon-\beta^2}\left(\frac{\partial E_z}{\partial r}+\frac{\omega\mu}{\beta}\frac{\partial H_z}{r\partial \theta}\right) \tag{21.26}$$

$$H_r=\frac{i\beta}{\omega^2\mu\varepsilon-\beta^2}\left(\frac{\partial H_z}{\partial r}-\frac{\omega\varepsilon}{\beta}\frac{\partial}{r\partial \theta}E_z\right) \tag{21.27}$$

通过分离变量法,式(21.23)的通解可以写为

$$E_z=\left[AJ_l(kr)+BY_l(kr)\right]\cos(l\theta+\varphi)$$
$$H_z=\left[CJ_l(kr)+DY_l(kr)\right]\cos(l\theta+\phi) \tag{21.28}$$

其中 A,B,C,D,φ,ϕ 为待定常数,$J_l(kr)$ 和 $Y_l(kr)$ 分别为第一、二类贝塞尔函数,其中 l 取整数。

当贝塞尔函数中 $kr\to\infty$,包层中的电场 E_z 分量和磁场 H_z 分量分别为

$$E_z=a_c J_l(k_c r),\quad 0<r<\rho_1$$

$$E_z=\frac{a_n\exp[ik_1(r-\rho_n)]+b_n\exp[-ik_1(r-\rho_n)]}{\sqrt{k_1 r}},\quad \rho_n<r<\rho_n+l_1$$

$$E_z=\frac{a_n'\exp[ik_2(r-\rho_n')]+b_n'\exp[-ik_2(r-\rho_n')]}{\sqrt{k_2 r}},\quad \rho_n'<r<\rho_n'+l_2 \tag{21.29a}$$

$$H_z=c_c J_l(k_c r),\quad 0<r<\rho_1$$

$$H_z=\frac{c_n\exp[ik_1(r-\rho_n)]+d_n\exp[-ik_1(r-\rho_n)]}{\sqrt{k_1 r}},\quad \rho_n<r<\rho_n+l_1$$

$$H_z=\frac{c_n'\exp[ik_2(r-\rho_n')]+d_n'\exp[-ik_2(r-\rho_n')]}{\sqrt{k_2 r}},\quad \rho_n'<r<\rho_n'+l_2 \tag{21.29b}$$

其中 $k_c=[n_c^2(\omega/c)^2-\beta^2]^{1/2}$,$k_1=[n_1^2(\omega/c)^2-\beta^2]^{1/2}$ 和 $k_2=[n_2^2(\omega/c)^2-\beta^2]^{1/2}$。

根据 E_z, E_θ, H_z 和 H_θ 在两个相邻介质的界面处连续的边界条件,得到如下关系

$$\begin{pmatrix}a_{n+1}\\b_{n+1}\end{pmatrix}=\begin{bmatrix}A_{TM}&B_{TM}\\B_{TM}*&A_{TM}*\end{bmatrix}\begin{pmatrix}a_n\\b_n\end{pmatrix} \tag{21.30a}$$

$$\begin{pmatrix}c_{n+1}\\d_{n+1}\end{pmatrix}=\begin{bmatrix}A_{TE}&B_{TE}\\B_{TE}*&A_{TE}*\end{bmatrix}\begin{pmatrix}c_n\\d_n\end{pmatrix} \tag{21.30b}$$

其中 A_{TE}, B_{TE}, A_{TM} 和 B_{TM} 定义为:

$$A_{TE}=\exp(ik_1 l_1)\left[i\frac{k_1^2+k_2^2}{2k_1 k_2}\sin(k_2 l_2)+\cos(k_2 l_2)\right] \tag{21.31a}$$

$$B_{TE}=i\exp(-ik_1 l_1)\frac{k_1^2-k_2^2}{2k_1 k_2}\sin(k_2 l_2) \tag{21.31b}$$

$$A_{\text{TM}} = \exp(ik_1l_1)\left[i\frac{n_2^4k_1^2+n_1^4k_2^2}{2n_1^2n_2^2k_1k_2}\sin(k_2l_2)+\cos(k_2l_2)\right] \tag{21.31c}$$

$$B_{\text{TM}} = i\exp(-ik_1l_1)\frac{n_2^4k_1^2-n_1^4k_2^2}{2n_1^2n_2^2k_1k_2}\sin(k_2l_2) \tag{21.31d}$$

因在所有包层中 A_{TE}, B_{TE}, A_{TM} 和 B_{TM} 相同,将 Bloch 理论应用于包层场

$$\binom{a_{n+1}}{b_{n+1}} = \exp(iK_{\text{TM}}\Lambda)\binom{a_n}{b_n}$$

$$\binom{c_{n+1}}{d_{n+1}} = \exp(iK_{\text{TE}}\Lambda)\binom{c_n}{d_n} \tag{21.32a}$$

$$\exp(iK_{\text{TM}}\Lambda) = \text{Re}(A_{\text{TM}}) \pm \{[\text{Re}(A_{\text{TM}})]^2-1\}^{1/2} \tag{21.32b}$$

$$\exp(iK_{\text{TE}}\Lambda) = \text{Re}(A_{\text{TE}}) \pm \{[\text{Re}(A_{\text{TE}})]^2-1\}^{1/2} \tag{21.32c}$$

为了满足布拉格光纤的最佳限制条件,令 $k_1l_1=k_2l_2=\pi/2$,即包层厚度为 $\lambda/4$。求解传输常数 β 时,可利用 A_{TE}, B_{TE}, A_{TM} 和 B_{TM} 在 $r=\rho_1$ 处的匹配条件,即

$$\frac{\omega^2}{c^2}n_c^2\left[\frac{J_l'(k_c\rho_1)}{J_l(k_c\rho_1)}+i\frac{k_cn_1^2}{k_1n_c^2}\frac{\exp(iK_{\text{TM}}\Lambda)-A_{\text{TM}}-B_{\text{TM}}}{\exp(iK_{\text{TM}}\Lambda)-A_{\text{TM}}+B_{\text{TM}}}\right]$$

$$\times\left[\frac{J_l'(k_c\rho_1)}{J_l(k_c\rho_1)}+i\frac{k_c}{k_1}\frac{\exp(iK_{\text{TE}}\Lambda)-A_{\text{TE}}-B_{\text{TE}}}{\exp(iK_{\text{TE}}\Lambda)-A_{\text{TE}}+B_{\text{TE}}}\right]=\frac{\beta^2l^2}{k_c^2\rho_1^2} \tag{21.33}$$

当 $l\neq0$ 时,导模区域是 TE 和 TM 模式的混合。当 $l=0$ 时,导模可以分解为 TE 模式或 TM 模式。

对于 TE 模式,令 $l=0$,公式(21.33)简化为

$$\frac{J_0'(k_c\rho_1)}{J_0(k_c\rho_1)}+i\frac{k_c}{k_1}\frac{\exp(iK_{\text{TE}}\Lambda)-A_{\text{TE}}-B_{\text{TE}}}{\exp(iK_{\text{TE}}\Lambda)-A_{\text{TE}}+B_{\text{TE}}}=0 \tag{21.34}$$

对于 TE 模式, $E_z=0$,式(21.30)中的 $\exp(iK_{\text{TE}}\Lambda)$ 为绝对值小于 1 的实数,由(21.30)和(21.32)可得

$$\binom{c_n}{d_n} = C\exp[i(n-1)K_{\text{TE}}\Lambda]\begin{bmatrix}B_{\text{TE}}\\\exp(iK_{\text{TE}}\Lambda)-A_{\text{TE}}\end{bmatrix} \tag{21.35a}$$

$$\binom{c_n'}{d_n'} = \frac{1}{2}\sqrt{\frac{k_2}{k_1}}\begin{bmatrix}\frac{k_1+k_2}{k_1}\exp(ik_1l_1) & \frac{k_1-k_2}{k_1}\exp(-ik_1l_1)\\\frac{k_1-k_2}{k_1}\exp(ik_1l_1) & \frac{k_1+k_2}{k_1}\exp(-ik_1l_1)\end{bmatrix}\times\binom{c_n}{d_n} \tag{21.35b}$$

$$C = \frac{J_0(k_c\rho_1)\sqrt{k_1\rho_1}}{\exp(iK_{\text{TE}}\Lambda)-A_{\text{TE}}+B_{\text{TE}}} \tag{21.36}$$

例 21.3.1　对光通信系统中传输波长为 1.55μm 的布拉格光纤,纤芯为空气($n_c=1$),包层折射率分别为 $n_1=3$ 和 $n_2=1.5$,中空纤芯半径为 $\rho_1=1$μm,包层参数为 $l_1=0.130$μm 和 $l_2=0.265$μm,仿真绘出光纤的磁场分布。

仿真程序如下:

```
nc=1; n1=3;n2=1.5; r1=1;L1=0.13; L2=0.265; T=L1+L2; N=10;   %长度单位为微米
k1=pi/2/L1;k2=pi/2/L2;
syms x y
```

```
[x,y]=solve(k1^2-n1^2*x+y,k2^2-n2^2*x+y);
x=double(x);
y=double(y);
kc=sqrt(nc^2*x-y);
for r=0:0.01:r1
    Hz=besselj(0,kc*r);
    plot(r,Hz,'r.');hold on
end
xlabel('Radius (\mum)');ylabel('Hz (a.u.)');
ATE=-(k1^2+k2^2)/(2*k1*k2);
BTE=(k1^2-k2^2)/2/k1/k2;
KKK=real(ATE)+sqrt(real(ATE)^2-1);
C=besselj(0,kc*r1)*sqrt(k1*r1)/(KKK-ATE+BTE);
for n=1:N
    cn=C*KKK^(n-1)*BTE;
    dn=C*KKK^(n-1)*(KKK-ATE);rn=r1+(n-1)*T;
    for r=r1+(n-1)*T:0.015:r1+(n-1)*T+L1
        Hz=(cn*exp(i*k1*(r-rn))+dn*exp(-i*k1*(r-rn)))/sqrt(k1*r);
        plot(r,Hz,'g.');hold on
        cnp=1/2*sqrt(k2/k1)*((k1+k2)/k1*i*cn-i*(k1-k2)/k1*dn);
        dnp=1/2*sqrt(k2/k1)*((k1-k2)/k1*i*cn-i*(k1+k2)/k1*dn);
        rnp=rn+L1;
        for r=rnp:0.02:rnp+L2
            Hz=(cnp*exp(i*k2*(r-rnp))+dnp*exp(-i*k2*(r-rnp)))/sqrt(k2*r);
            plot(r,Hz,'b.');hold on
        end
    end
end
```

运行结果如图 21.9 所示。

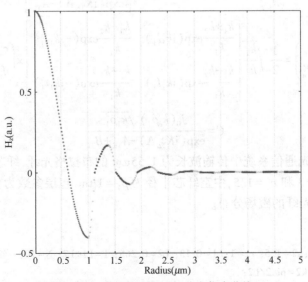

图 21.9　布拉格光纤磁场分布仿真曲线

可得到布拉格光纤磁场三维分布仿真结果如图 21.10 所示。

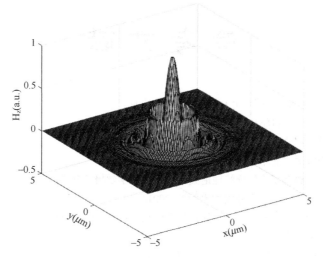

图 21.10　布拉格光纤磁场三维分布仿真结果

参 考 文 献

1　膝恒武,徐锡申. 理论物理基础. 北京大学出版社,1999.

2　邵惠民. 数学物理方法. 科学出版社,2004.

3　杨巧林. 复变函数与积分变换. 机械工业出版社,2002.

4　吴崇试. 数学物理方法. 北京大学出版社, 1999.

5　杨华军. 复变函数论典型环路积分的理论分析. 四川大学学报,P69-74,Aug. Vol 38 Sep,2001(增刊).

6　李惜雯. 数学物理方法. 西安交通大学出版社,2001.

7　宋香暖. 复变函数积分的几何意义. 天津商学院学报,Vol. 24. No. 3,2004(5).

8　盖云英等. 复变函数与积分变换. 科学出版社,2001.

9　周绍森等. 数学物理方法解题指导. 江西高校出版社,1993.

10　黄大奎等. 数学物理方法. 高等教育出版社,2001.

11　数学手册编委会. 现代数学手册. 华中科技大学出版社,1999.

12　西安交大数学教研室. 复变函数. 高等教育出版社,2000.

13　梁昆淼. 数学物理方法. 高等教育出版社,2001.

14　管平等. 数学物理方法. 高等教育出版社,2001.

15　程建春. 数学物理方程及其近似方法. 科学出版社,2004.

16　朱石焕. 复变函数展成幂级数的新方法. 安阳师大学报,2000(6).

17　李建林. 复变函数与积分变换. 西北工业大学出版社,2001.

18　陈守信. 数学物理方程. 河南大学出版社,2000.

19　薛定宇等. 高等应用数学问题的 MATLAB 求解. 清华大学出版社,2004.

20　Jeffreys & Jeffreys. Methods of Mathematical Physics. Cambridge University Press,1972.

21　James Ward Brown & Ruel V. Churchill. Complex Variables Applications. McGraw-Hill Companies,Inc. 2004.

22　Serway & Faughn. College Physics. Saunders College Publishing,1992.

23　蒲俊等. Matlab 工程数学解题指导. 浦东电子出版社,2001.

24　陆俊安等. 偏微分方程的 MATLAB 解法. 武汉大学出版社,2001.

25　彭芳麟. 数学物理方程的 MATLAB 解法与可视化. 清华大学出版社,2004.

26　李尚志等. 数学实验. 高等教育出版社,1999.

27　(俄国)　A. D 亚历山大洛夫等. 数学——它的内容方法和意义. 科学出版社,2001.

28　(美国) T. 帕帕斯. 数学趣闻集锦. 上海教育出版社,2001.

29　(美国) G. 波利亚. 数学与猜想. 科学出版社,2001.

30　王沫然. MATLAB 与科学计算. 电子工业出版社,2001.

31　黄忠霖等. MATLAB 符号运算及其应用. 国防工业出版社,2004.